工程软件高速加工实例详解

PowerMILL 2012 数控高速加工实例详解教程

第2版

刘　江　李万全　王金凤　黎胜容　主　编

机 械 工 业 出 版 社

本书基于 PowerMILL 2012 软件平台，通过大量典型实例，深入浅出地介绍了 PowerMILL 高速数控加工的原理、技术和实际应用。全书共包括 5 章，第 1、2 章为基础知识，简要介绍了高速加工机床的结构、工艺以及 PowerMILL 高速加工技术，使读者对高速加工特点与 PowerMILL 加工操作基础有一入门性的了解和熟悉；第 3～5 章为典型实例，从专业的角度，本着循序渐进、由浅入深的原则，分别介绍了 PowerMILL 2012 三轴、PowerMILL 2012 四轴和 PowerMILL 2012 五轴加工实例。这些实例全部来自于实际项目，代表性和实践性强，讲解方式由点及面、化难为简，无论读者是否具有数控基础，都可以轻松入门上手和提高，最后达到熟练应用和精通的效果。

本书含光盘一张，包括书中所有实例素材文件和视频操作演示，方便读者使用。本书可作为大中专院校相关专业学生的理想教材，同时也适合数控技术人员学习使用，是读者学习高速加工技术与应用的必备参考书。

图书在版编目（CIP）数据

PowerMILL 2012 数控高速加工实例详解教程/刘江等主编. —2 版. —北京：机械工业出版社，2014.2（2016.1 重印）
（工程软件高速加工实例详解）
ISBN 978-7-111-45790-9

Ⅰ. ①P… Ⅱ. ①刘… Ⅲ. ①数控机床—加工—计算机辅助设计—应用软件 Ⅳ. ①TG659-39

中国版本图书馆 CIP 数据核字（2014）第 026095 号

机械工业出版社（北京市百万庄大街 22 号 邮政编码 100037）
策划编辑：周国萍 责任编辑：周国萍 高依楠
版式设计：常天培 责任校对：薛 娜
封面设计：马精明 责任印制：乔 宇
唐山丰电印务有限公司印刷
2016 年 1 月第 2 版第 2次印刷
184mm×260mm · 19 印张 · 463 千字
3 001—3800 册
标准书号：ISBN 978-7-111-45790-9
ISBN 978-7-89405-295-7（光盘）
定价：56.00元（含DVD）

电话服务
策 划 编 辑：（010）88379733
社服务中心：（010）88361066
销 售 一 部：（010）68326294
销 售 二 部：（010）88379649
读者购书热线：（010）88379203

网络服务
教 材 网：http://www. cmpedu. com
机工官网：http:// www. cmpbook. com
机工官博：http://weibo. com/ cmp1952

第2版前言

高速加工技术是近年发展起来的一项较新的数控加工技术，它提高了加工精度和表面质量，大幅度减少了加工时间，简化了生产工艺流程，降低了生产成本。随着时间的推移，高速加工将得到广泛深入的应用。PowerMILL 是一款功能强大的高速加工软件，在我国沿海一带使用尤其广泛，但是目前市场上关于 PowerMILL 高速加工的学习教材较少，本书的出版正是为了弥补这种不足。

本书基于最新的 PowerMILL 2012 编写。全书内容共分为 5 章，具体内容如下：

第 1 章为高速加工的专业知识，简要介绍了高速加工的特点和应用、机床结构与分类、加工刀具材料和结构以及高速加工的工艺。通过学习，读者将对高速加工技术有一入门性的了解，熟悉和掌握高速加工的机床结构、工具选用以及加工工艺。

第 2 章介绍了 PowerMILL 2012 高速加工技术，包括三轴高速加工技术、四轴高速加工技术、五轴高速加工技术，重点讲解加工原理、操作方法和参数设置。为了使读者加深理解和巩固所学知识，同时讲解了大量训练实例。

第 3 章介绍了 PowerMILL 2012 三轴高速加工范例，包括垫板凸模高速加工、微波炉按钮凹模高速加工和烟灰缸凸模高速铣削加工。

第 4 章介绍了 PowerMILL 2012 四轴高速加工范例，包括饮料瓶曲面高速加工、空间凸轮高速加工和限位锁紧轴高速加工，学习难度从入门到提高，便于读者循序渐进地学习和掌握。

第 5 章介绍了 PowerMILL 2012 五轴高速加工范例，包括灯罩凸模高速加工、内凹凸台高速加工和叶轮高速加工。

全书实例代表性和指导性强，类型涵盖铣削、模具、航天零件等，读者学习后可举一反三，快速实现从入门到精通。

归纳起来，本书主要特点有：

（1）内容安排：专业理论→高速加工技术→典型应用实例，技术理论为辅，工程实践为主，集专业性和实用性于一体。

（2）讲解方式：由点及面、化难为简、深入浅出，无论读者是否具有高速加工基础，都可以轻松入门与提高，最终学以致用。

（3）本书光盘：提供全书所有实例操作的视频演示，手把手指导读者练习、温习和巩固，物超所值。

本书面向数控行业的初、中级用户，可作为大中专院校相关专业学生的理想教材，也适合数控技术人员使用。本书是读者学习高速加工技术与应用的必备参考书。

本书由刘江、李万全、王金凤、黎胜容主编，参加编写的还有黎双玉、高长银、马龙梅、涂志涛、刘红霞、刘铁军、何文斌、邓力、王乐、杨学围、张秋冬、闫延超、董延、郭志强、毕晓勤、贺红霞、史丽萍、袁丽娟、刘汝芳、夏劲松。

由于时间有限，书中难免会存在一些错误和不足之处，欢迎广大读者和业内人士予以批评指正。

目　录

第 1 章　高速加工的专业知识

高速加工是相对于常规加工而言的一种技术。对高速加工国内外机构各有以下不同的描述：

1）国际生产工程学院 CIRP 切削委员会在 1978 年提出，线速度在 500～7 000m/min 范围内的切削加工为高速加工。

2）德国 Darmstadt 工业大学生产工程与机床研究所 PTW 提出，高于普通切削速度 5～10 倍的切削加工为高速加工。

3）对铣削加工而言，以刀具夹持装置达到平衡要求时的速度来定义高速加工，ISO1940 提出主轴转速超过 8 000r/min 为高速加工。

4）从主轴设计的角度，以沿用多年的主轴转速特征值 DN 值来定义高速加工，DN 值在（5～15）$\times 10^5$mm • r/min 范围内时为高速加工。

5）从主轴和刀具的动力学角度来定义高速加工，它取决于刀具振动的主模式频率，在 ANSI/ASME 标准中用来进行切削性能测试时选择转速范围。

本章将首先介绍高速加工的专业知识，包括高速加工的特点、高速加工机床、高速加工刀具以及高速加工的工艺，使读者对高速加工有一个基础性的了解。

1.1 数控高速加工基础

高速加工与普通数控加工有很大的不同，具体区别见表 1-1。

表 1-1　高速加工与普通数控加工的区别

项　目	普通数控加工	高 速 加 工
切削速度	一般不超过 6 000r/min	约 10 000r/min 以上
进给速度	一般不超过 10m/min	30～100m/min
加工余量	小于刀具半径	（0.1～0.2）倍刀具半径
切削力	大	小
运动传递方式	轴、齿轮	电主轴
刀具材料	普通刀具材料	超硬刀具材料
加工表面质量	一般	较好（*Ra*=0.4μm）
加工时间	长	短
机床	普通机床（国产）	高速切削机床（进口）
机床价格	较低	较高
工艺流程	粗、半精、精、清根加工	粗、精加工

高速加工英文全称为 High Speed Cutting（HSC）。一般认为，高速加工是指采用比常规切削速度和进给速度高得多（一般要大于 5～10 倍）的速度来进行高效加工的先进制造技

术。高速加工一般采用高的主轴转速、高的进给速度，较小的切削深度，其切削速度伴随刀具材料的超硬耐磨性的发展而不断提高，现阶段一般把主轴转速在 10 000～20 000r/min 范围、进给速度在 30～100m/min 范围的切削归纳为高速加工。

1.1.1 高速加工的特点和应用

下面首先归纳介绍高速加工的特点。

1. **高速加工的特点**

（1）减少机加工时间，获得高的加工效率　高速加工提高了切削速度和进给速度，使单位时间内金属材料的切除率增大，减少了加工时间。对于精加工来说，高速加工的材料去除速度是常规加工的 4 倍以上，粗加工的材料去除率也可达到 $45cm^3/min$ 左右。此外，高速加工一般只需要进行粗、精加工，半精加工和清根加工可以省略，简化了工艺方案，机加工设备种类也有所减少。常规铣加工不能加工淬火后的材料，淬火变形必须人工修整或通过放电加工解决。高速加工可以直接加工淬火后的材料，省去了放电加工工序，消除了放电加工所带来的表面硬化问题，减少或免除了人工光整加工。由于高速加工采用极小的切削深度和小的切削宽度，所以可使用更小的刀具加工细小的凹圆角和精细结构，从而免除了其他加工工序，减少了钳工的修整工作。在模具制造工业中，高速加工为修模工作带来极大方便。以前只能由放电加工解决的修模工作现在可以由高速加工利用原有的 NC 程序来准确无误地直接完成，不需要再编程。

（2）获得高的加工精度和表面质量　由于高速加工采用极小的切削深度和小的切削宽度，因此可以得到高质量的加工表面，节省人工修光工序和放电加工工序。

1）高速加工时，切削深度很小，对同样的切削层，表现为切削力下降，工件变形减小。

2）由于高速加工的切削速度高，对工件切削时间短，大量的切削热来不及传导就随切屑排出，切削温度下降；工件的热变形小，仅受一次热冲击，工件表面损伤轻，使得表面粗糙度降低，可保持良好的表面力学性能，呈压应力状态。

3）高速加工时与主轴转速相关的激振频率远远高于工艺系统的固有频率，对切削加工的不利因素（如振动等）被削弱。

（3）高速加工可以加工薄壁零件　由于高速加工采用极小的切削深度和切削宽度，因此切削力较小，可以加工细弱零件和薄壁零件。此外，高速加工时随着切削速度的提高，切削剪切区温度升高，工件材料软化，材料屈服强度降低，使得单位时间切削力下降。因此高速加工在航空工业中可成功切削厚度为 0.1mm 的铝薄壁件。

（4）改善加工环境　在一些精密加工中（如模具制造等），型面加工多采用电加工，由于电加工会产生一些有害气体和烟雾，生产效率也不高，这同目前低能耗、与环境协调的绿色加工的发展方向不一致，用高速铣削加工来代替特种加工是模具制造业的一个发展方向。HSM 可以获得较好的表面质量（*Ra* 可达到 0.4μm），不仅可省去电火花加工后的磨削、抛光等工序，而且在工件表面上可形成压应力，提高模具的寿命。

2. **高速加工的应用**

高速加工是一项高新技术，它的基本特征为三高：高效率、高精度和高表面质量，因此在航空工业、汽车工业、模具行业和精密制造业等行业中应用比较多。

（1）航空工业　航空工业是高速加工的主要应用行业，例如飞机上的一些零件为了提高可靠性和降低成本，采用整体制造法，将原来由多个铆接或焊接而成的部件改成整体实心材料制造。有的整体构件的材料去除率高达 90%，而其中许多零件为薄壁、细筋结构，厚度甚至不到 1mm，由于刚度差，不允许有很大背吃刀量，因此高速切削成为此类零件加工工艺的唯一选择。采用高速切削可大大提高生产效率，降低成本。

此外，对于飞机材料中的难加工材料（如钛合金、高温合金及高强度合金）来说，它们的切削加工性能差，普通加工只能采用低速切削，制造和应用都受到限制，采用高速加工后，切削力减小，切削热大部分都被切屑带走，工件温度不高，制造难度下降。

（2）汽车工业　现在汽车产品的样式越来越多样化，汽车产品的换型越来越快，产品纷繁多样化，由原来单一工件的大批量生产变成了多种工件的较小批量的叠加成的大批量生产。因此，汽车制造工业占统治地位的组合机床自动线虽然效率高，但却无法满足汽车行业快速更新的现实。而以高速加工技术为基础的敏捷柔性自动生产线被越来越多的国内外汽车制造厂家所采用。国外如美国 GM 发动机总成工厂的高度柔性自动生产线、福特汽车公司和 Ingerso11 机床公司合作研制以 HVM800 卧式加工中心为主的汽车生产线。大批量生产的汽车行业面临产品快速更新换代而形成多品种生产线来代替组合机床生产线，高速加工中心则将柔性生产的生产速度提升到组合机床生产线水平。

（3）模具行业　在模具行业，高速切削是典型的高转速、高进给、低切削量应用，可以取代传统的磨削加工、电火花加工以及光整加工，减少加工时间，缩短工艺流程，提高生产率。根据研究统计，采用高速加工，可以使模具的制造周期缩短 30%～80%。

（4）精密制造业　在精密机械或光学仪器的制造中，尺寸精度、加工稳定性等方面往往要求较高，而采用高速加工时激振频率很高，工作平稳，容易获得较高的尺寸精度，高速加工正好大有用场，如图 1-1 所示为汽车远光灯反光杯手板的数控高速加工。

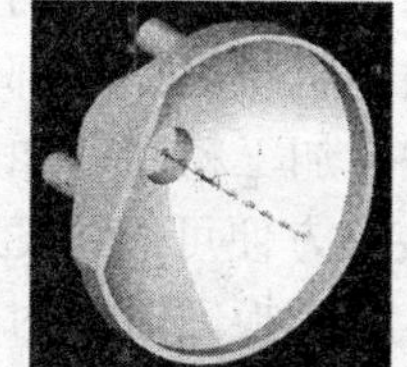
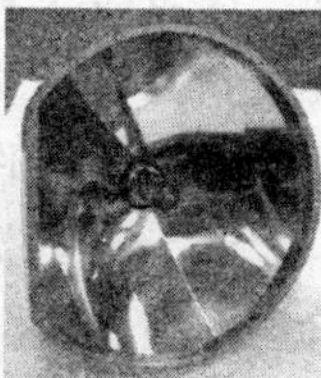

图 1-1　汽车远光灯反光杯手板的数控高速加工

1.1.2　高速加工机床的结构与分类

高速加工机床与普通加工机床存在很大不同，它必须能够提供高切削速度。在介绍机床结构与分类之前，首先对高速加工机床特点要求做一归纳。

1．高速加工机床特点

（1）高速主轴单元及驱动系统　高速主轴系统是高速切削的最关键技术之一。高速主轴系统不仅要提供高的转速，而且要有高的同轴度、高的传递力矩和传动功率、良好的散热或冷却装置，并具有动平衡精度。主轴部件的设计要保证具有良好的动态和热态特性，具有极高的角加减速度来保证在极短的时间内实现升降速和在指定位置上准停。

高速加工机床与普通机床主轴单元的不同之处：主轴转速一般为普通机床主轴转速的 5～10 倍，机床的最高转速一般都大于 10 000r/min，有的高达 60 000～100 000r/min；主轴的加、减速度比普通机床高得多，一般比常规数控机床高出一个数量级，达到 1～8g 的加速度，通常只需 1～2s 即可完成从起动到选定的最高转速（或从最高转速到停止）；主轴单元电动机功率一般高达 20～80kW，以满足高速、高效和重载荷切削的要求。

（2）高速进给系统和数控伺服驱动系统　在高速切削加工中，高速机床进给速度及其加、减速度也必须大幅度提高。同时机床空行程运动速度也大大提高。现代高速加工机床进给系统执行机构的运动速度要求达到 40～120m/min，进给加速度和减速度同样要求达到 1～8*g*，为此机床进给驱动系统的设计必须突破一般数控机床中的旋转伺服电动机+普通滚珠丝杠的进给传动模式。结构上采用主要措施如下：

1）大幅度减轻进给移动部件的重量，在结构上实现零传动，即直接采用直线电动机驱动。

2）采用多头螺纹行星滚珠丝杠代替常规钢球式滚珠丝杠以及采用无间隙直线滚动导轨，实现进给部件的高速移动和快速准确定位。

3）采用快速反应的伺服驱动 CNC 控制系统。

（3）高刚度的床体结构　高速加工机床在高速切削状态下，一方面产生切削力作用在床体上；另一方面因速度很高，还会产生较大的附加惯性力作用在床体上，因而机床床身受力较大。设计时要求其具有足够高的强度、刚度和高的阻尼特性。此外，高刚性和高的阻尼特性也是高速加工中保证质量和提高刀具寿命的必备条件。

（4）热态特性和精动态特性优良　高速切削加工情况下，单位时间内其移动部件间因摩擦产生的热量较多，热变性较大，机床结构设计必须保证其在内部热源和外部热源作用下不能产生较大的热变形。为此，高速切削加工机床一般要采取特殊的冷却措施来冷却主轴电动机、主轴支撑轴承、直线电动机、液压油箱、电气柜等，有的甚至冷却主轴箱、横梁、床身等大构件。由于高速切削加工下的动态力（惯性力、切削力、阻尼力）和静态力（夹紧力）较大，机床各支撑部件及其总体必须要有足够的动、静刚度，不致产生较大的变形，保证零件的加工精度、加工安全和可靠性。

（5）换刀装置方便可靠　随着切削速度的提高，切削时间的不断缩短，对换刀时间要求也逐渐提高。缩短换刀时间对于提高加工中心的生产率就显得更加重要，也成为高水平加工中心的一项重要指标。自动换刀装置的高速化也是高速加工中心的重要技术内容。新型换刀结构的设计要保证高速切削加工下换刀方便、可靠、迅捷，换刀时间短。

（6）冷却系统高效快速　在高速切削加工条件下，单位时间内切削区域会产生大量的切削热，如果不能及时将这些热量迅速地从切削区域散出，不但妨碍切削工作的正常进行，而且会造成机床、刀具、工具系统的热变形，严重影响加工精度和动刚度。进行高速电主轴结构设计时，冷却系统的设计也是不可忽略的一个重要方面。为了防止主轴部件在高速运转过程中出现过热现象，支撑轴承必须考虑采用有效的强制冷却方法。

（7）安全装置和实时监控系统　高速加工过程中若有刀具崩裂，飞出去的刀具碎片如同出膛的子弹一般，极易造成人身伤害。为此，机床工作时必须用足够厚的钢板将切削区域封闭起来，同时还要考虑便于人工观察切削区状况。此外，工件和刀具必须保证夹紧牢靠，必须采用主动在线监控系统，对刀具磨损、破损和主轴运行状况等进行在线识别和监控，确保操作人员和设备安全。

2. **高速加工机床结构**

高速加工机床与传统的机床有很大的区别，主要包括高速主轴系统、高速进给系统、高速数控系统和高速加工监测系统。

（1）高速主轴系统　高速主轴在结构上大都采用交流伺服电动机直接驱动的集成化结

构，取消了齿轮变速机构，采用电气无级调速，并配备强力的冷却和润滑装置。集成电动机主轴的特点是振动小、噪声小、体积紧凑。集成电动机主轴是把电动机转子与主轴做成一体，即将无壳电动机的空心转子用过盈配合的形式直接套装在机床主轴上，带有冷却套的定子则安装在主轴单元的壳体中，形成内装电动机主轴，简称为电主轴，如图 1-2 所示。电主轴电动机的转子就是机床的主轴，机床主轴单元的壳体就是电动机座，从而实现了变频电动机与机床主轴的一体化，这种传动方式把机床主传动链的长度缩短为零，实现了机床的零传动，具有机构紧凑、易于平衡、传动效率高等特点。

图 1-2　高速加工电主轴

1）电主轴结构。电主轴的结构如图 1-3 所示。电主轴交流伺服电动机的转子套装在机床主轴上，电动机定子安装在主轴单元的壳体中，采用自来水或油冷循环系统，使主轴在高速旋转时保持恒定的温度。电主轴的基本参数有套筒直径、最高转速、输出功率、转矩等，其中套筒直径为电主轴的主要参数。目前国内外专业的电主轴制造厂可供应几百种规格的电主轴，其套筒直径范围为 32～320mm，转速范围为 10 000～150 000r/min，功率范围为 0.5～80kW。

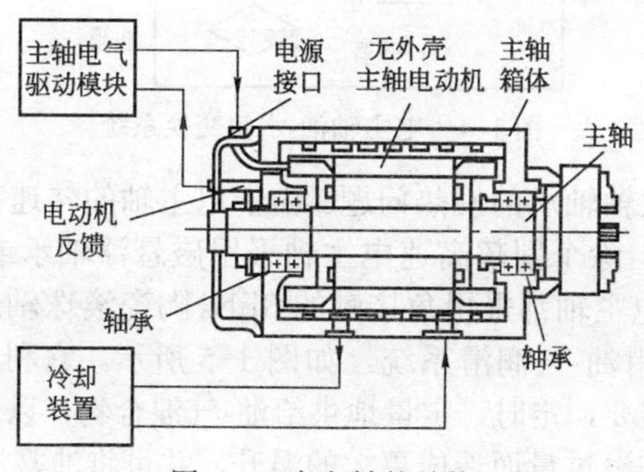

图 1-3　电主轴的结构

在电主轴中电动机内置会带来不少问题，但在高速加工中采用该措施几乎是唯一的选择，也是最佳的选择，原因如下：

①如果电动机不内置，仍采用电动机通过带或齿轮等方式传动，则在高速运转条件下，由此产生的振动和噪声等问题很难解决，势必影响高速加工的精度、加工表面粗糙度，并导致环境质量的恶化。

②高速加工的最终目的是为了提高生产率，相应地要求在最短时间内实现高转速的速度变化，也即要求主轴回转时具有极大的角加、减速度。达到这个严酷要求的最经济的方法，是将主轴传动系统的转动惯量尽可能减至最小。而只有将电动机内置，省掉齿轮、带等一系列中间环节，才能达到这个目的。

③电动机内置在主轴两支撑之间，与用带、齿轮等作为末端传动的结构相比，可以较大地提高主轴系统的刚度，也就提高了系统的固有频率，从而提高了其临界转速值。这样，电主轴即使在最高转速运转时，仍可确保低于临界转速，保证高速回转时的安全。

④由于没有中间传动环节的外力作用，主轴高速运行时没有冲击而是更为平稳，使得主轴轴承寿命相应得到延长。

2）电主轴的冷却和轴承的润滑。电主轴最突出的问题之一就是内装式高速电动机的发热问题，这与一般主轴部件不同。因为电动机安装在主轴的两支撑轴承的中央，所以电动机的发热会直接影响主轴轴承的工作精度，即影响主轴的工作精度。解决的办法之一就是在电动机定子的外面加一带螺旋槽的铝质冷却套。机床工作时，冷却油-水不断地在该螺旋槽中流动，从而把电动机发出的热量及时带走。冷却油-水的流量可根据电动机发出的热量计算确定。图 1-4 为电主轴的油-水热交换系统。

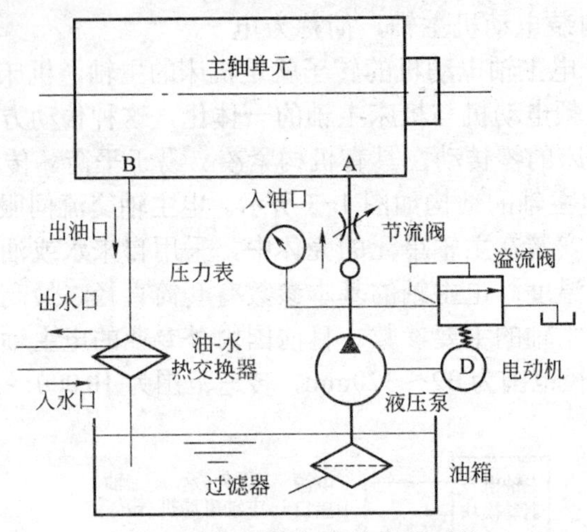

图 1-4　电主轴油-水热交换系统

另外，还必须解决主轴轴承的发热问题。由于电主轴的转速高，对主轴轴承的动态和热态特性要求十分严格。除个别超高速电主轴采用磁悬浮轴承或液体动静压轴承外，目前国内外绝大多数高速电主轴都采用角接触的 Si_3N_4 陶瓷滚珠轴承，为了降低主轴轴承的温升，电主轴轴承可采用油-气润滑系统，如图 1-5 所示。它利用分配阀，对所需润滑的不同部位，按照其实际需要，定时、定量地供给油-气混合物，以保证轴承的各个不同部位既不缺润滑，又不会因润滑过量而造成更大的温升，并可将油雾污染降至最低程度。

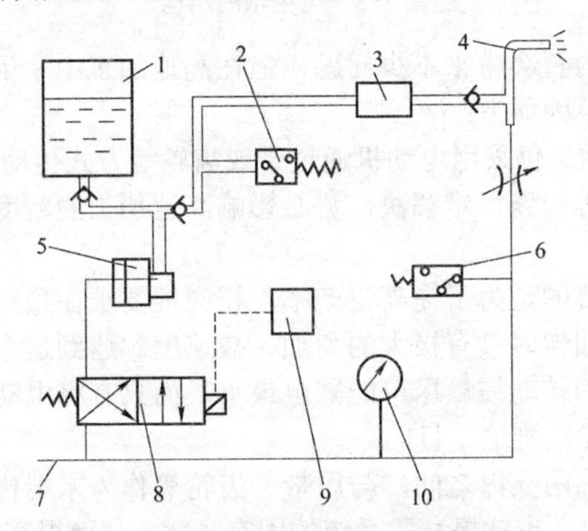

图 1-5　电主轴轴承油-气润滑系统

1—润滑油箱　2、6—压力开关　3—定量分配器　4—喷嘴　5—泵　7—压缩开关
8—电磁阀　9—时间继电器　10—压力表

（2）高速进给系统　高速进给系统是高速数控机床的关键部件之一。目前对高速进给

系统的要求包括以下几项：

①高速度。由于高速机床的主轴转速比常规机床要高得多，并且还有继续上升的趋势，因此为了保证高速切削的顺利进行和减少空程时间，提高数控加工效率，要求进给系统必须提供足够高的进给速度。目前高速机床对进给速度的基本要求为 60m/min，特殊情况可达到 120m/min，甚至更高。

②高加速度。由于大多数高速机床加工零件的工作行程范围只有几十毫米到几百毫米，如果不能提供很大的加速度来保证在瞬间达到高速和在高速行程中瞬间准停，高速度是没有意义的，因此对高速机床进给运动的加速度也提出了很高的要求。目前一般高速机床要求进给加速度为 1～2*g*，某些高速机床要求加速度达到 2～10*g*。

③高精度。精度是机床的关键指标，高速机床对精度的要求尤为突出。在高速运动情况下，进给驱动系统的动态性能对机床加工精度的影响很大，在设计高速机床进给系统时必须予以充分重视。此外，随着进给系统的不断提高，各坐标轴的跟踪误差对合成轨迹精度的影响将变得越来越突出，因此在开发新型高速机床时，一方面要提高各坐标轴自身位置闭环控制的精度，另一方面也须从合成轨迹和闭环控制的角度来研究高速情况下轨迹控制的方法与实现技术。

④高可靠性和高安全性。在高速加工情况下，如果机床可靠性与安全性差，将会造成灾难性的后果，这方面比普通数控机床的要求更加严格。由于进给伺服系统是数控机床中强、弱之间的接口环节，其故障率一般比较高，对机床整机的可靠性造成的影响也比较大；另一方面进给系统包含有运动部件，高速下一旦失控，将非常危险。因此提高高速进给系统的可靠性和安全性对提高高速机床的整机性能具有重要的意义。

⑤合理的成本。在保证质量和性能的前提下，降低高速机床的制造成本，提高其性能价格比，是推广应用这类新型机床的关键。考虑到进给系统的成本在高速机床总成本中占有比较大的比重，因此采取有效措施降低进给系统的成本，对控制整机成本具有重要意义。

1）高速滚珠丝杠副进给系统。为了使传统的滚珠丝杠传动系统应用到高速机床中，国内外有关制造厂商不断采取措施，提高滚珠丝杠的高速性能。主要措施如下：

①适当加大丝杠的转速、导程和螺纹头数。目前常用大导程滚珠丝杠名义直径与导程的匹配为 40mm×20mm、50mm×25mm、50mm×30mm 等，其进给速度均可达到 60m/min 以上。为了提高滚珠丝杠的刚度和承载能力，大导程滚珠丝杠一般采用双头螺纹，以提高滚珠的有效承载圈数。

②改进结构，提高滚珠运动的流畅性。改进滚珠循环反向装置，优化回珠槽的曲线参数，采用三维造型的导珠管和回珠器，真正做到沿着内螺纹的导程角方向将滚珠引进螺母体中，使滚珠运动的方向与滚道相切而不是相交。这样可把冲击损耗和噪声减至最小。

③采用“空心强冷”技术。高速滚珠丝杠在运行时由于摩擦产生高温，造成丝杠的热变形，直接影响高速机床的加工精度。采用“空心强冷”技术，就是将恒温切削液通入空心丝杠的孔中，对滚珠丝杠进行强制冷却，保持滚珠副温度的恒定。这个措施是提高中、大型滚珠丝杠高速性能和工作精度的有效途径。

④对大行程的高速进给系统，可采用丝杠固定、螺母旋转的传动方式。此时，螺母一边转动、一边沿固定的丝杠做轴向移动，由于丝杠不动，可避免受临界转速的限制，避免了细长滚珠丝杠高速运转时出现的种种问题。螺母惯性小、运动灵活，可实现的转速高。

⑤进一步提高滚珠丝杠的制造质量。通过采用上述种种措施后，可在一定程度上克

服传统滚珠丝杠存在的一些问题。日本和瑞士在滚珠丝杠高速化方面一直处于国际领先地位，其最大快速移动速度可达 60m/min，个别情况下甚至可达 90m/min，加速度可达 15m/s^2。由于滚珠丝杠历史悠久、工艺成熟、应用广泛、成本较低，因此在中等载荷、进给速度要求并不十分高、行程范围不太大（小于 4～5m）的一般高速加工中心和其他经济型高速数控机床上仍然经常被采用。

2）直线电动机进给驱动系统。1971 年后直线电动机开始进入独立应用的时期，各类直线电动机的应用得到了迅速的推广，制成了许多有实用价值的装置和产品，例如直线电动机驱动的钢管输送机、运煤机、各种电动门、电动窗等。利用直线电动机驱动的磁悬浮列车，速度已超过 500km/h，接近了航空飞行的速度，图 1-6 为直线电动机模型。

直线电动机是一种将电能直接转换成直线运动机械能，而不需要任何中间转换机构的传动装置。它可以看成是一台旋转电动机按径向剖开，并展成平面而成，如图 1-7 所示。由定子演变而来的一侧称为初级，由转子演变而来的一侧称为次级。在实际应用时，将初级和次级制造成不同的长度，以保证在所需行程范围内初级与次级之间的耦合保持不变。直线电动机可以是短初级长次级，也可以是长初级短次级。考虑到制造成本、运行费用，目前一般均采用短初级长次级。

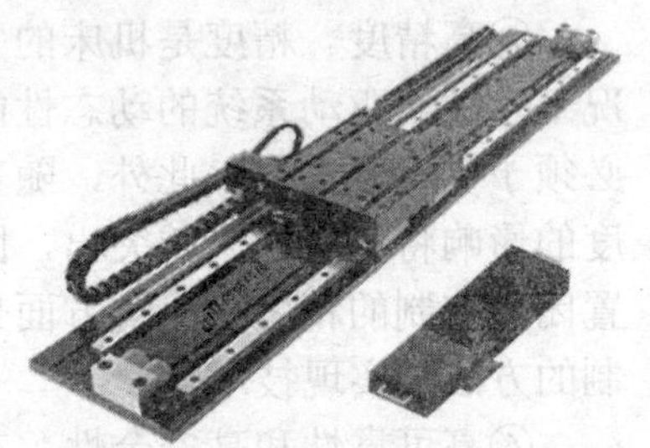

图 1-6　直线电动机模型

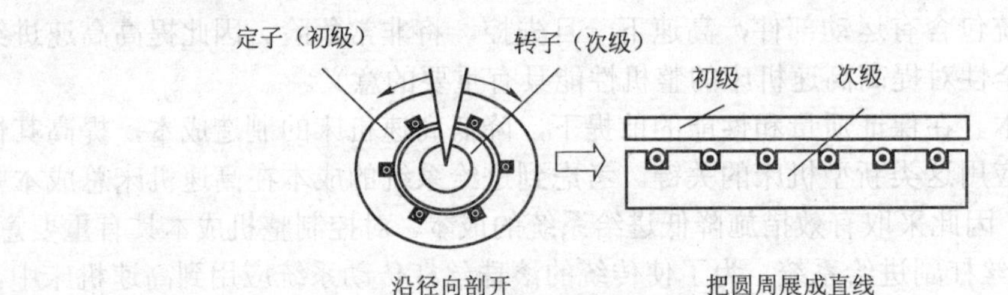

图 1-7　旋转电动机展开为直线电动机的过程

直线电动机的工作原理与旋转电动机相似。以直线感应电动机为例：当初级绕组通入交流电源时，便在气隙中产生行波磁场，次级在行波磁场切割下，将感应出电动势并产生电流，该电流与气隙中的磁场相作用就产生电磁推力。如果初级固定，则次级在推力作用下做直线运动；反之，则初级做直线运动。

采用直线电动机驱动系统代替滚珠丝杠可简化系统结构、提高定位精度、实现高速直线运动乃至平面运动，具有以下特点：

①精度高。由于取消了丝杠等机械传动机构，实现了零传动，可减少插补时因传动系统滞后带来的跟踪误差。利用光栅作为工作台的位置测量反馈元件进行闭环控制，通过反馈对工作台的位移进行精确控制，定位误差可达到 0.1μm 甚至 0.01μm。

②速度快、加减速过程短。直线电动机直接驱动进给部件，取消了中间机械传动件，无旋转运动和离心力作用，可容易地实现高速直线运动。目前，由于采用直线电动机直接驱动进给部件，实现零传动的高速响应性而使其加减速过程大大缩短，从而实现启动瞬间达到高速，高速运行时又能瞬间准停，其加速度可达到 2～10g，其最大进给速度可达到 80～180m/min。

③传动刚度高、推力平稳。由于采用直线电动机直接驱动进给部件，机床进给传动链

的长度缩短为零，实现了机床的零传动，这大大提高了其传动刚度。同时，直线电动机的布局可根据机床导轨的形面结构及其工作台运动时的受力情况来布置。

④高速响应性。由于机床进给传动链的长度缩短为零，在系统中取消了一些响应时间常数较大的机械传动件，使整个闭环控制系统动态响应性能大大提高。

⑤运行效率高、噪声低。由于无中间传动环节，消除了传动丝杠等部件的机械摩擦所导致的能量损耗，导轨副采用滚动导轨或磁垫悬浮导轨，无机械接触，使运动噪声大大下降。

⑥行程长度不受限制。在导轨上通过串联直线电动机的定件，可无限延长运动的行程长度。行程长度对整个系统的刚度不会有太大的影响。

3）并联结构的高速进给系统。现有高速机床的总体结构基本上采用工件和刀具共同运动的方案。在这类工件和工作台一体运动的常规结构中，由于工件、夹具和工作台的总重量比较大，不但增加了机床导轨中的摩擦阻力，需耗费较大的驱动功率，而且更为严重的是，要驱动大的质量体完成高加速度运动，将需要很大的推动力。这将显著提高直线伺服电动机的功率，既提高了机床成本又增加了发热，对机床加工精度造成不利影响。此外，传统高速机床结构是一种串联开链结构，组成环节多（特别是在多坐标机床中）、结构复杂，并且由于存在悬臂部件和环节间的连接间隙，不容易获得高的总体刚度，难以适应超高速加工进一步发展的要求。

采用基于 Stewart 平台原理的并联闭链多自由度驱动结构，构成了工件固定、刀具（主轴）运动的适合超高速加工中心的新方案，如图 1-8 所示。该机床的主轴单元由 6 根可变长度驱动杆支撑，6 根驱动杆的另一端固定于基础框架上。各驱动杆与主轴单元和基础框架的连接均采用可预紧的高刚度滚动结构。这样可使驱动杆不承受弯曲力矩且运动灵活。调节 6 根驱动杆的长度，可使主轴和刀具作六自由度运动，其中包括沿 3 个线性轴 *X*、*Y*、*Z* 的平移运动和沿 3 个转动轴 *A*、*B*、*C* 的旋转运动。由于驱动杆在切削力和温度变化作用下的受力变形和热变形主要影响杆的长度，因此通过对杆长进行闭环控制并对测量装置的误差进行实时补偿，可以有效校正杆长位移误差，使机床获得高的加工精度。在这一新型结构中，虽然需用 6 套进给伺服系统，但每一伺服系统的功率都比常规数控机床单个坐标的驱动功率小，因此总的进给驱动功率与常规机床相当，不会明显增加进给驱动部分的成本。

从总体上看，采用上述结构的超高速加工中心具有以下特点：

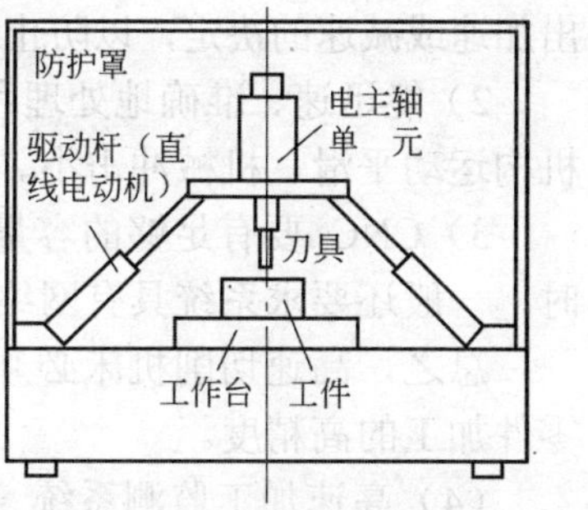

①机械结构简单，零部件通用化、标准化程度高，易于经济化批量生产。此外，该机床整体重量轻，约为常规机床的 1/5～1/3，因此原材料消耗少、加工量少，将进一步降低制造成本。

②工件固定而主轴相对于工件作多自由度运动，因此将主轴部件做成电主轴单元，可以有较小的质量，非常有利于获得高的加速度。

图 1-8　并联机床进给系统结构示意图

③进给机构为空间并联机构，在驱动电动机速度相同的条件下可以获得比采用串联结构的常规数控机床更高的进给速度，有利于满足超高速加工对进给速度的要求。

④六杆平台结构将传动与支撑功能集成为一体，6 根驱动杆既是机床的传动部件又兼做主轴单元的支撑部件。这不仅大幅度减小了摩擦阻力，有利于进一步提高进给速度与加

速度，而且将有效减少工件-机床-刀具链中的环节，消除这些环节带来的力变形和热变形，并可减少连接和传动间隙，提高接触刚度，有利于提高机床的综合精度。

⑤因机床的主体为并联闭链结构，消除了常规机床中的悬臂环节，经过合理设计可使各驱动杆和有关部件只承受拉压力而不受弯曲力矩，因而使机床总体刚度进一步提高（可比一般加工中心高5倍左右）。如果在传动与控制上处理得当，可以使由此构成的新型机床达到比常规机床高得多的加工精度和加工质量。

⑥机床上不存在沿固定导轨运动的直线和旋转工作台以及支承工作台所需的其他部件，因此，刀具在空间的定位精度和运动轨迹精度完全由传动、检测和控制来保证，从而彻底消除了导轨、工作台、立柱、横梁等引起的空间几何误差。

⑦利用该加工中心的主轴部件可作六自由度高速运动这一特点，让主轴直接参与换刀过程，不仅可使刀库配置位置灵活，而且可减少刀库运动的自由度，显著简化刀库和换刀装置的结构。更重要的是，换刀环节的减少和机械结构上的简化将有效提高换刀的可靠性，这在自动化加工系统中是非常重要的。

（3）高速数控系统　高速加工机床的数控系统，从基本原理上与普通数控机床的数控系统没有本质区别，只是由于主轴转速、进给速度和加减速非常高，而且在进给方向上采用直线电动机驱动，对数控系统提出了更高的要求。

高速机床CNC数控系统应满足以下基本要求：为了适应高速，要求单个程度段处理时间短；为了在高速下保证加工精度，要有前馈和大量的超前程序段处理功能；要求快速形成刀具路径，此路径应尽可能圆滑，走样条曲线而不是驻点跟踪，少折点，无尖转点；程序算法应保证高精度；遇到干扰能迅速调整，保持合理的进给速度，避免刀具振动等。

高速机床的CNC数控系统具有如下的特点：

1）采用32位CPU、多CPU处理器以及64位RISC芯片结构，以保证高速度处理程序段。因为在高速下要生成光滑、精确的复杂轮廓时，会使一个程序段的运动距离只等于1mm的几分之一，其结果使NC程序将包括几千个程序段。这样的处理负荷不但超过了大多数16位控制系统，甚至超过了某些32位系统的处理能力。超载的原因之一是控制系统必须高速阅读程序段，以达到高的切削速度和进给速度的要求；其二是控制系统必须预先做出加速或减速的决定，以防止滞后现象发生。

2）能迅速、准确地处理和控制信息流，把其加工误差控制在很小，同时保证控制执行机构运动平滑、机械冲击小。

3）CNC要有足够的容量和很大的缓冲内存，以保证大容量的加工程序高速运行。同时，一般还要求系统具有网络传输功能，便于实现复杂曲面的CAD/CAM/CAE的一体化。

总之，高速切削机床必须具有一个高性能数控系统，以保证高速下的快速反应能力和零件加工的高精度。

（4）高速加工监测系统　高速加工监测系统的主要任务是在高速加工中，通过传感、分析、信号处理等，对高速机床及系统的状态进行实时在线的监测和控制，包括位置检测、刀具检测、工件检测等多方面，下面分别叙述。

1）位置监测。为了实现高精度加工，必须使用位置反馈系统。位置反馈系统用来检测和控制刀架或工作台等按数控装置的指令值移动的移动量，它是高速加工机床闭环伺服系统的重要组成部分。高速加工机床常用测量元件有感应同步器、光栅、磁尺等。

位置检测是数控系统的关键之一，不同类型的数控机床对测量元件和测量系统的精度和速度要求也不同。一般的数控机床要求测量元件的分辨力在 0.001～0.01mm 范围内，要求数控机床快速移动速度在 1～10m/min 范围内，并且抗干扰能力强，能适应机床的工作环境。然后在高速加工中主轴最高转速高达 10^4～10^5r/min，最大进给速度在 10～100m/min 范围内；同时要求精度为 1～0.1μm。因此提高传感器的响应速度和精度，发展适合高速度、高精度的位移和转速传感器，提高处理速度、发展高速数字跟踪位置测量系统是必然的趋势。

2）刀具监测。在高速加工中高速旋转的刀具承受很大的离心力，并且刀具的磨损直接影响到加工质量，因此需要对刀具进行实时的检测和控制。目前根据监控方法主要分为直接监控法和间接监控法。直接监控方法是通过一定的测量手段来确定刀具材料在体积上或重量上的减少，并通过一定的数学模型来确定刀具的磨损或破损状态，包括光学图像法和接触电阻法。间接监控法是测量切削过程中与刀具磨损或破损有很大内在联系的某一种或几种参量，或测量某种物理现象，根据其变化并通过一定的标定关系来监控刀具的磨损或破损状态，包括切削力、振动监控法和声发射监控法等。

声发射监控法的主要缺点是不同的工艺系统互换性差，而且声发射传感器的定位安装也存在一定的困难，安装在刀具或工件上，虽然对信号采集有利，但实际应用存在一定困难，而如果安装在主轴上或冷却喷管中，则信号会有一定程度的减弱；振动传感器的监控位置选择也困难，其理想的安装位置是加工工件的垂直表面，但在实际加工中难以实现。因此基于高速加工复杂性，如果仅使用单一的传感器对加工过程刀具状态进行预报，往往会出现误测、误报，所以在实际加工中需要多传感器融合技术来提高检测、预报的准确性。

3）工件监测。在实际加工中由于影响加工的因素较多，需要对加工中的工件进行实时的监测。在工作区检测主要是指在线监测，它在加工过程中对工件的尺寸、形状、表面粗糙度等进行测定，并把测定的数据反馈到机床的进刀系统，以控制工具的准确位置，通常采用非接触式传感器来实现。

3. 高速加工机床分类

高速加工机床是高速加工的载体，按照结构类型可分为卧式高速加工中心、立式高速加工中心和龙门高速加工中心。

（1）卧式高速加工中心　如图 1-9 所示，卧式高速加工中心与普通的卧式加工机床相似，卧式加工中心的主轴是水平设置的。一般的卧式加工中心有 3～5 个坐标轴，常配有一个回转轴（或回转工作台），主轴转速在 10～10 000r/min 范围内，最小分辨率一般为 1μm，定位精度为 10～20μm。卧式加工中心刀库容量一般较大，有的刀库可存放几百把刀具。卧式加工中心的结构较立式加工中心复杂，体积和占地面积较大，价格也较高。卧式加工中心较适于加工箱体类零件，只要一次装夹在回转工作台上，即可对箱体（除顶面和底面之外）的四个面进行铣、镗、钻、攻螺纹等加工。

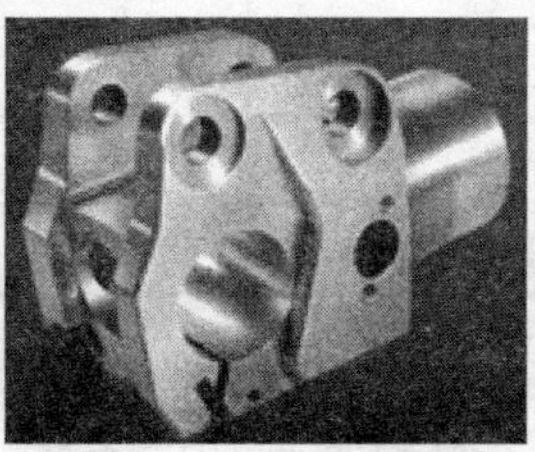
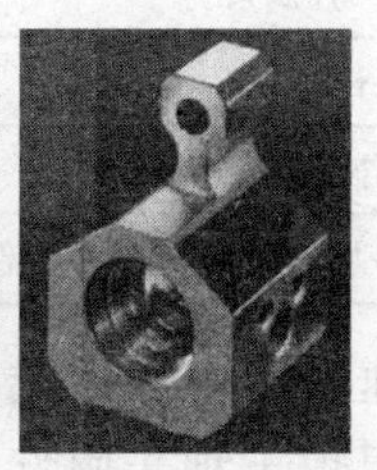

图 1-9　卧式高速加工中心加工的零件

卧式加工中心的程序调试不如立式加工中心直观，观察不易，对工件检查和测量也不方便，且对复杂零件的加工程序调试时间是正常加工的几倍，所以加工的工件数量越多，平均每件占用机床的时间越少，因此用卧式加工中心进行批量加工才合算。但是，由于它可实现普通设备难以达到的精度和质量要求，因此加工一些精度要求高，其他设备无法达到其精度要求的工件，特别是一些空间曲面和形状复杂的工件时，即使是单件生产，也可考虑在卧式加工中心上加工。由此可见加工中心既是高效、高质量的自动化生产设备，又是攻克工艺难题的设备。

（2）立式高速加工中心　立式高速加工中心采用普通立式加工的形式，刀具主轴垂直设置，能完成铣削、镗削、钻削、攻螺纹等多工序加工，适宜加工高度尺寸较小的零件。但立式高速加工中心在普通立式加工中心的基础上做了两个方面的改进，一方面由电主轴单元代替了原来的主轴系统；另一方面改变了机床的进给运动分配方案，由工作台运动变成刀具主轴（立柱）作进给运动，工作台固定不动。为了减轻运动部件的质量，刀库和换刀装置 ATC 不宜再装在立柱的侧面，而把它固定安装在工作台的一侧，由立柱快速移动到换刀位置进行换刀。图 1-10 为德国哈默 HERMLE 高速立式加工中心，表 1-2 为它的技术参数说明。

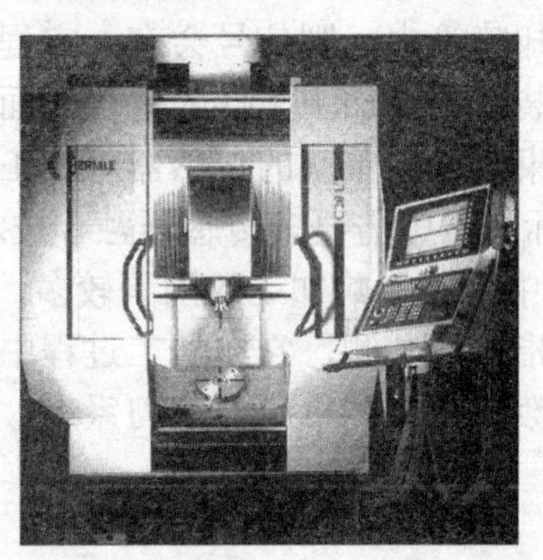

图 1-10　德国哈默 HERMLE 高速立式加工中心

表 1-2　德国哈默 HERMLE 高速立式加工中心技术参数

技 术 参 数	参　数
X 轴行程/mm	600
Y 轴行程/mm	450
Z 轴行程/mm	450
主轴转速/（r/min）	10 000 或 16 000 或 40 000
X、Y、Z 快速移动速度/（m/min）	45
控制系统	iTNC530/S840D
夹紧工作台（长×宽）/mm	800×465
工作台最大承重/kg	1 000
内置数控回转摆动工作台（在夹紧工作台内）	±115°

（3）龙门高速加工中心　龙门高速加工中心立轴多为垂直设置，除带有自动换刀装置外，还带有可更换主轴头附件，数控装置功能齐全。为了实现龙门式加工中心的高速

化，对机床结构和运动分配进行一些调整。普通龙门式机床采用工作台进给，但由于工作台质量大，加之加工的往往又是重型零件，要想实现工作台高速、高加减速度运动比较困难。因此在高速机床中采用双墙式结构支撑横梁，横梁在墙式支撑上可进行快速进给运动，调整工作台进给为横梁进给运动。

图 1-11 为意大利 POSEIDON 系列五轴联动桥式数控高速龙门加工中心，采用高刚性桥式结构，龙门电气双驱，齿轮齿条结构，高动态特性，模块化设计，高功率高转速。该设计确保了机床的高精度、高动态特性、高刚性和高稳定性。适合于任何非金属材料和轻铝合金材料的中、大型工件的五轴联动加工。表 1-3 为意大利 POSEIDON 系列五轴联动桥式数控高速龙门加工中心技术参数说明。

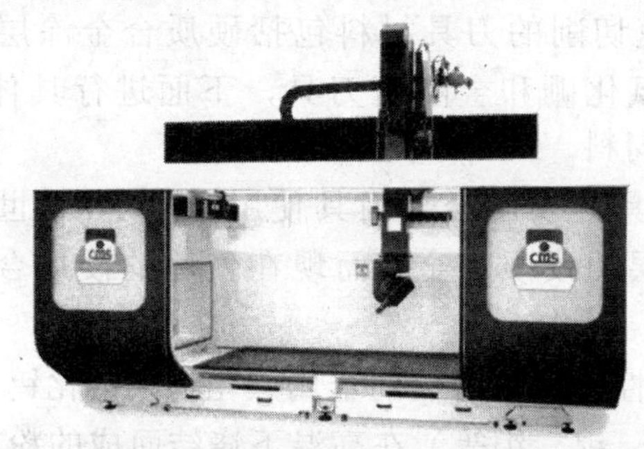

图 1-11　意大利 POSEIDON 系列五轴联动桥式数控高速龙门加工中心

表 1-3　意大利 POSEIDON 系列五轴联动桥式数控高速龙门加工中心技术参数

技 术 参 数	参　数
X 轴行程/mm	3 800/5 300/6 800/8 300/9 800/11 700
Y 轴行程/mm	3 100/3 300
Z 轴行程/mm	1 200/1 500/1 800
龙门立柱跨距/mm	4 470
主轴端部至工作台距离/mm	最低点：0～500；最高点：1 500～2 050
最大进给速度/（m/min）	30
最大加速度/（m/s^2）	3
最大转速/（r/min）	10 000，8 000（当滑枕为 CAC 结构时）
最大输出功率/kW	26，32（当滑枕为 CAC 结构时）
最大输出扭矩/N•m	500，611（当滑枕为 CAC 结构时）
截面尺寸（长×宽）/mm	590×590

1.1.3　高速加工刀具材料和结构

高速加工时产生的切削热和对刀具的磨损比普通速度切削时要高得多，因此要求高速刀具切削部分的材料要能承受高温，高压，强烈的摩擦、冲击和振动，具体如下：

1）高的硬度刀具材料的硬度必须高于工件材料的硬度，一般要求刀具材料的常温硬度在 60HRC 以上。

2）高的耐磨性。一般刀具材料的硬度越高，耐磨性越好。

3）足够的强度和韧性。以便承受切削力、冲击和振动，而不至于产生崩刃和折断。

4）高的耐热性（热稳定性）。耐热性是指刀具材料在高温下保持硬度、耐磨性、强度和韧性的能力。

5）良好的热物理性能和耐热冲击性能。刀具材料的导热性能要好，不会因受到大的热冲击产生刀具内部裂纹而导致刀具断裂。

6）良好的工艺性能。刀具材料应具有良好的锻造性能、热处理性能、焊接性能、磨削加工性能等。

1. **高速加工刀具材料及选择**

目前国内外用于高速切削的刀具材料包括硬质合金涂层刀具、TiC（N）基硬质合金、陶瓷刀具、立方氮化硼和金刚石刀具，下面进行具体叙述。

（1）常高速切削刀具材料

1）硬质合金涂层刀具。硬质合金刀具使用开始于20世纪40年代，20世纪70年代以前都是使用无涂层的硬质合金，而现在使用的硬质合金刀具三分之二以上是经过涂层处理的。

硬质合金是用高耐热性和高耐磨性的金属碳化物（碳化钨、碳化铁、碳化钽、碳化铌等）与金属粘结剂（钴、镍、钼等）在高温下烧结而成的粉末冶金制品。硬质合金刀具材料的问世，使切削加工水平出现了一个飞跃，但由于刀具的耐热和耐磨性差，适应不了高速切削。刀具磨损机理研究表明，在高速切削时，刀尖温度降超过900℃，此时刀具的磨损不仅是机械磨损（后刀面磨损），还有粘接磨损、扩散磨损以及氧化磨损（刀具刃口磨损和月牙洼磨损的主要形式）。因此高速下能够切削的刀具材料需要更高的硬度和耐热性、耐磨性。采用刀具涂层技术，在硬质合金刀片上加上一层或多层高性能的材料，就可以使硬质合金刀具在发挥本身的优势的同时，可以进行高速切削。刀具涂层技术使硬质合金焕发了青春，实践表明硬质合金涂层刀具在高速切削钢和铸铁时能获得良好的效果。

①刀具涂层方法。刀具涂层技术目前主要采用两种方法：CVD化学气相沉淀和PVD物理气相沉淀。

CVD是在相当高的温度下，混合气体与工件表面相互作用，使混合气体中的某些成分分解，并在工件表面形成一种金属或化合物固态薄膜或镀层。CVD的反应温度取决于沉淀物的特性，通常为900～2 000℃。

PVD物理气相沉淀是英文Physical Vapor Deposition（物理气相沉积）的缩写，是指在真空条件下，采用低电压、大电流的电弧放电技术，利用气体放电使靶材蒸发并使被蒸发物质与气体都发生电离，利用电场的加速作用，使被蒸发物质及其反应产物沉积在工件上。物理气相沉积方法有真空镀、真空溅射和离子镀三种，目前应用较广的是离子镀。离子镀是借助于惰性气体辉光放电，使涂料（如金属钛）汽化蒸发离子化，离子经电场加速，以较高能量轰击工件表面，此时如通入CO_2、N_2等反应气体，便可在工件表面获得TiC、TiN覆盖层，硬度高达2 000HV。离子镀的重要特点是沉积温度只有500℃左右，且覆盖层附着力强，适用于高速钢工具、热锻模等。

与 CVD 工艺相比，PVD 工艺处理温度低，在 600℃以下时对刀具材料的抗弯强度无影响；薄膜内部应力状态为压应力，更适于对硬质合金精密复杂刀具的涂层；PVD 工艺对环境无不利影响，符合现代绿色制造的发展方向。目前 PVD 涂层技术已普遍应用于硬质合金立铣刀、钻头、阶梯钻、油孔钻、铰刀、丝锥、可转位铣刀片、异形刀具、焊接刀具等的涂层处理。

②涂层刀具的特点。涂层刀具结合了基体高强度、高韧性和涂层高硬度、高耐磨性的优点，提供给刀具高的耐磨性而不降低其韧性。涂层刀具通用性广，加工范围显著扩大，使用涂层刀具可以获得明显的经济效益。一种涂层刀具可以替代数种非涂层刀具使用，因此可以大大减少刀具的品种和库存量，简化刀具管理，降低刀具和设备成本。但是，刀具用现有的涂层工艺进行涂层后，因基体材料和涂层材料性质差别较大，涂层残留内应力大，涂层和基体之间的界面结合强度低，涂层容易剥落；而且涂层过程中还造成基体强度下降；涂层刀片还具有重磨性差、涂层设备复杂、工艺要求高、涂层时间长、刀具成本上升等缺点。

2）TiC（N）基硬质合金。TiC（N）基硬质合金是以 TiC 为主要成分的合金，其性能介于陶瓷和硬质合金之间。由于 TiC（N）基硬质合金有接近于陶瓷的硬度和耐热性，加工时与钢的摩擦因数小，且抗弯强度和断裂韧度比陶瓷高。因此，TiC（N）基硬质合金可作为高速切削加工刀具材料，用于精车时，切削速度比硬质合金提高 20%～50%。

TiC（N）基硬质合金既具有陶瓷的高硬度，又具有硬质合金的高强度，用于可转位刀片，还能焊接。TiC（N）基硬质合金不仅可用于精加工，而且也扩大到半精加工、粗加工和断续切削。

3）陶瓷刀具。陶瓷具有很高的硬度、耐磨性及良好的高温性能，与金属亲和力小，并且化学稳定性好。因此陶瓷刀具可以加工传统刀具难以加工的高硬材料，实现以切代替磨，从而可以避免退火，简化工艺，大幅度地节省工时和电力；陶瓷刀具的最佳切削速度可比硬质合金刀具高 3～10 倍，而且寿命长，可以大大提高切削效率。用于高速加工的陶瓷刀具包括金属陶瓷、氧化铝陶瓷、氮化硅陶瓷等。氧化铝陶瓷刀具是以氧化铝为主要成分，热压或冷压成形并在高温下烧结而成的一种刀具材料。陶瓷刀具的主要缺点是抗弯强度和韧性差，热导率低；由于陶瓷刀具脆性大，抗弯强度和韧性低，因此承受冲击载荷的能力差；其热导率仅为硬质合金的 1/2～1/3，而线胀系数却比硬质合金高出 10%～30%，因而抗热冲击性能也差。当温度突变时，容易生成裂纹，导致刀具破损。用陶瓷刀具切削时，不要使用切削液。

陶瓷刀具具有硬度高、价格低的优点，在改进烧结制造工艺和采取增韧措施后，陶瓷刀具的强度和韧性大幅度提高，是对高硬度淬硬钢进行干切削的好刀具。研究表明，大多数的硬质合金刀具，包括涂层刀具都不适合切削硬度大于 58HRC 的淬硬钢。CBN 刀具和陶瓷刀具都具有很高显微硬度和热稳定性，也是干切削淬硬钢比较理想的刀具，但 CBN 刀片价格昂贵，且抗弯强度和断裂韧度比较低，而陶瓷刀具资源丰富，价格不到 CBN 的一半，因此采用陶瓷刀具也就更合适些。随着陶瓷强化技术的进一步发展，在高速精加工、半精加工、干切削和硬切削中，陶瓷刀具将会发挥更大的作用。

4）立方氮化硼刀具。立方氮化硼（Cubic Boron Nitride，简称 CBN）是用六方氮化硼为原料，利用超高温高压技术制成的一种无机超硬材料。聚晶立方氮化硼（PCBN）是在高温高压下将微细的 CBN 材料通过结合相烧结在一起的多晶材料，晶粒中的 CBN 质量分数为 50%～60%时，它具有很高的抗压强度和化学稳定性，主要用于硬切削。由于受 CBN 制造技术的限制，目前制造直接用于切削大颗粒的 CBN 刀具仍有困难，为此 PCBN 发展较快，PCBN 的性能主要受其中的 CBN 含量、CBN 粒径和结合剂的影响。

立方氮化硼类刀具具有很多优点，包括很高的硬度和耐磨性、较高的热稳定性、优良的化学稳定性、良好的热导性、较低的摩擦因数等。

虽然 CBN 刀具有很多优点，但也有软肋，如脆性大，强度及韧性较差，抗弯强度大约只有陶瓷刀具的 1/5～1/2，故一般只用于精加工。

目前立方氮化硼类刀具最适合加工高硬度淬火钢、高温合金、可切削轴承钢（60～62HRC）、工具钢（57～60HRC）、高速钢（63HRC）等材料的高速加工。在淬硬模具钢的加工中，用 CBN 刀具进行高速切削，可以起到以铣代磨的作用，大大减少了手工修光工作量，因而可大幅度提高加工效率。低含量 CBN（质量分数为 45%～65%）主要用于精加工 45～61HRC 的淬硬钢。高含量 CBN（质量分数为 80%～90%）主要用于粗、半粗加工镍、铬铸铁，断续切削淬硬钢，高速切削铸铁、硬金属、烧结金属与重合金等。

5）金刚石刀具。金刚石刀具分为天然金刚石和人造金刚石刀具。天然金刚石具有自然界物质中最高的硬度和热导率，但由于价格昂贵，加工、焊接都非常困难，除少数特殊用途外（如手表精密零件、光饰件和首饰雕刻等加工），很少作为切削工具应用在工业中。随着高技术和超精密加工日益发展，例如微型机械的微型零件、原子核反应堆及其他高技术领域的各种反射镜、导弹或火箭中的导航陀螺、计算机硬盘芯片、加速器电子枪等超精密零件的加工，单晶天然金刚石能满足上述要求。近年来开发了多种化学机理研磨金刚石刀具的方法和保护气氛钎焊金刚石技术，使天然金刚石刀具的制造过程变得比较简易。因此，在超精密镜面切削的高技术应用领域，天然金刚石起到了重要作用。

20 世纪 50 年代利用高温高压技术人工合成金刚石粉以后，70 年代制造出金刚石基的切削刀具即聚晶金刚石（PCD）。PCD 晶粒呈无序排列状态，不具方向性，因而硬度均匀。它有很高的硬度和导热性、低的热胀系数、高的弹性模量和较低的摩擦因数，刀刃非常锋利。它可加工各种有色金属和极耐磨的高性能非金属材料，如铝、铜、镁及其合金，硬质合金，纤维增塑材料，金属基复合材料，木材复合材料等。

金刚石刀具具有如下特点：极高的硬度和耐磨性、很低的摩擦因数、刀刃非常锋利、较低的线胀系数、金刚石刀具与有色金属和非金属材料间的亲和力很小等。因此，金刚石刀具是目前高速切削（2 500～5 000m/min）铝合金较理想的刀具材料，但由于碳对铁的亲和作用，特别是在高温下，金刚石能与铁发生化学反应，因此它不宜于切削铁及其合金工件。

（2）高速切削刀具材料的选择　目前广泛应用的高速加工刀具材料主要有金刚石、立方氮化硼、陶瓷、硬质合金涂层刀具等，而且每一类刀具都有其特定的加工范围，只能适应一定的工件材料和一定的切削速度范围，因此，高速加工用刀具材料必须根据所加工的工件和加工性质来选择。

一般而言，PCBN、陶瓷刀具、硬质合金涂层刀具及 TiC 基硬质合金刀具适合于钢铁等黑色金属的高速加工；而 PCD 刀具适合于对铝、镁、铜等有色金属材料及其合金和非金属材料的高速加工，几种刀具材料所适合加工的工件材料见表 1-4。

表 1-4　几种刀具材料所适合加工的工件材料

工件材料 / 刀具材料	高硬钢	耐热合金	钛合金	镍基高温合金	铸铁
PCD	×	×	●	×	×
PCBN	●	●	▲	●	▲
陶瓷刀具	●	●	×	●	●
硬质合金涂层刀具	▲	●	●	▲	●
●–优	▲–良	×–不适合			

1）铝合金。

①易切削铝合金：该材料在航空航天工业应用较多，适用的刀具有 K10、K20、PCD，切削速度为 2 000～4 000m/min，进给速度为 3～12m/min，刀具前角为 12°～18°，后角为 10°～18°，刃倾角可达 25°。

②铸铝合金：铸铝合金根据其 Si 含量的不同，选用的刀具也不同，对 w（Si）<12% 的铸铝合金可采用 K10、Si3N4 刀具，当 w（Si）>12%时，可采用 PKD（人造金刚石）、PCD（聚晶金刚石）及 CVD 金刚石涂层刀具。对于 w（Si）=16%～18%的过硅铝合金，最好采用 PCD 或 CVD 金刚石涂层刀具，其切削速度可选 1 100m/min，进给量为 0.125mm/r。

2）铸铁。对铸件，切削速度大于 350m/min 时，称为高速加工，切削速度对刀具的选用有较大影响。当切削速度低于 750m/min 时，可选用涂层硬质合金、金属陶瓷；切削速度为 510～2 000m/min 时，可选用 Si_3N_4 陶瓷刀具；切削速度为 2 000～4 500m/min 时，可使用 CBN 刀具。铸件的金相组织对高速切削刀具的选用有一定影响，加工以珠光体为主的铸件，在切削速度大于 500m/min 时，可使用 CBN 或 Si_3N_4，当以铁素体为主时，由于扩散磨损的原因，使刀具磨损严重，不宜使用 CBN，而应采用陶瓷刀具。如粘结相为金属 Co，晶粒尺寸平均为 3μm，w（CBN）>90%的 BZN6 000 在切削速度为 700m/min 时，宜加工高铁素体含量的灰铸铁。粘结相为陶瓷（$AlN+AlB_2$）、晶粒尺寸平均为 10μm、w（CBN）=90%～95%的 Amborite 刀片，在加工高珠光体含量的灰铸铁时，在切削速度小于 1 100m/min 的情况下，随切削速度的增加，刀具寿命也增加。

3）普通钢。切削速度对钢的表面质量有较大的影响，根据德国 Darmstadt 大学 PTW 所的研究，钢的最佳切削速度为 500～800m/min。目前，涂层硬质合金、金属陶瓷、非金属陶瓷、CBN 刀具均可作为高速切削钢件的刀具材料，其中涂层硬质合金可用切削液。用 PVD 涂层方法生产的 TiN 涂层刀具耐磨性能比用 CVD 涂层法生产的涂层刀具要好，因为前者可很好地保持刃口形状，使加工零件获得较高的精度和表面质量。金属陶瓷刀具占日本刀具市场的 30%，以 TiC-Ni-Mo 为基体的金属陶瓷化学稳定性好，但抗弯强度及导热性差，适于切削速度在 400～800m/min 范围内的小进给量、小切削深度的精加工；Carboly 公司用 TiCN 作为基体、结合剂中少钼多钨的金属陶瓷将强度和耐磨两者结合起来，Kyocera 公司用 TiN 来增加金属陶瓷的韧性，其加工钢或铸铁的切削深度可达 2～3mm。CBN 可用于铣削含有微量或不含铁素体组织的轴承钢或淬硬钢。

4）高硬度钢。高硬度钢（40～70HRC）的高速切削刀具可用金属陶瓷、陶瓷、TiC 涂层硬质合金、PCBN 等。金属陶瓷可用基本成分为 TiC 添加 TiN 的金属陶瓷，其硬度和断裂韧度与硬质合金大致相当，而热导率不到硬质合金的 1/10，并具有优异的耐氧化性、抗粘结性和耐磨性。另外其高温下力学性能好，与钢的亲和力小，适合于中高速（在 200m/min 左右）的模具钢 SKD 加工。金属陶瓷尤其适合于切槽加工，采用陶瓷刀具可切削硬度达 63HRC 的工件材料，如进行工件淬火后再切削，实现“以切代磨”。切削淬火硬度达 48～58HRC 的 45 钢时，切削速度可取 150～180m/min，进给量为 0.3～0.4mm/r，切削深度可取 2～4mm。粒度为 1μm，w(TiC)=20%～30%的 Al_2O_3-TiC 陶瓷刀具，在切削速度为 100m/min 左右时，可用于加工具有较高抗剥落性能的高硬度钢。

当切削速度高于 1 000m/min 时，PCBN 是最佳刀具材料，w（CBN）>90%的 PCBN 刀具适合加工淬硬工具钢（如 55HRC 的 H13 工具钢）。

5）高温镍基合金。Inconel 718 镍基合金是典型的难加工材料，具有较高的高温强度、动态剪切强度，热扩散系数较小，切削时易产生加工硬化，这将导致刀具切削区温度高、磨损速度加快。高速切削该合金时，主要使用陶瓷和 CBN 刀具。

碳化硅晶须增强氧化铝陶瓷在 100～300m/min 时可获得较长的刀具寿命，切削速度高于 500m/min 时，添加 TiC 氧化铝陶瓷刀具磨损较小，而在 100～300m/min 时其缺口磨损较大。氮化硅陶瓷（Si_3N_4）也可用于 Inconel718 合金的加工。

加拿大学者 M.A.Elbestawi 认为的 SiC 晶须增强陶瓷加工 Inconel718 最佳切削条件：切削速度为 700m/min，切削深度为 1～2mm，进给量为 0.1～0.18mm/z。

氮氧化硅铝（Sialon）陶瓷韧性很高，适合于切削过固溶处理的 Inconel718（45HRC）合金，Al_2O_3-SiC 晶须增强陶瓷适合于加工硬度低的镍基合金。

6）钛合金（Ti6Al6V2Sn）。钛合金强度、冲击韧性大，硬度稍低于 Inconel 718，但其加工硬化非常严重，故在切削加工时出现温度高、刀具磨损严重的现象。日本学者 T.Kitagawa 等经过大量实验得出，用直径 10mm 的硬质合金 K10 两刃螺旋铣刀（螺旋角为 30°）高速铣削钛合金，可达到满意的刀具寿命，切削速度可高达 628m/min，进给量可取 0.06～0.12mm/z，连续高速车削钛合金的切削速度不宜超过 200m/min。

7）复合材料。航天用的先进复合材料（如 Kevlar 和石墨类复合材料），以往用硬质合金和 PCD，硬质合金的切削速度受到限制，而在 900℃以上高温下，PCD 刀片与硬质合金或高速钢刀体焊接处熔化，用陶瓷刀具则可实现 300m/min 左右的高速切削。

用于干切削工艺的刀具材料有陶瓷、金属陶瓷、涂层硬质合金及 PCBN，就热硬性和热稳定性来说，PCBN 材料是最适合高速干切工艺的刀具材料，能获得比湿切削更高的刀具寿命。

2. 高速切削加工刀具的结构

高速加工刀具系统由装夹刀柄与切削刀具所组成，刀具系统的装夹刀柄与机床接口相配，切削刀具直接加工被加工零件。刀具系统接口技术包括刀具-机床接口技术与刀具-刀柄接口技术，下面具体介绍。

(1) 刀具-刀柄接口技术　刀柄对刀具的夹持力的大小和夹持精度的高低，在高速切削中具有十分重要的影响。如果刀柄对刀具夹持不牢固，轻则降低加工精度，重则导致刀具及工件损坏，甚至引发安全事故。要提高刀具系统夹持精度，就必须设法使刀具得到精密可靠定位，确保足够夹持力，就必须严格控制和提高刀具系统配合精度、加大夹持长度、优化结构设计及合理选材。目前，适宜高速切削加工的刀具夹头主要有以下几种：

1）热缩夹头。利用刀柄装刀孔热胀冷缩使刀具可靠夹紧，它是一种无夹紧元件的夹头，结构简单对称、夹紧力大。

2）高精度弹簧夹头。由日本大昭和精机株式会社生产的高精度弹簧夹头，采用锥角 12° 锥套，所有夹头都经过平衡修整以适应高速加工的要求。目前，这种夹头的转速可达 30 000～40 000r/min。

3）高精度液压夹头。Big-plus 刀具系统的高精度液压夹头采用两点夹持的一体型构造，具有很高的夹持力和夹持精度，且减小了夹头质量。

4）高精度静压膨胀式夹头。由德国雄克公司生产的高精度静压膨胀式夹头，通过拧紧加压螺栓提高油腔内的油压，使油腔内壁均匀对称地向轴线方向膨胀，以夹紧刀具。该夹头夹持精度极高，其径向圆跳动小于 3μm。

5）三棱变形夹头。该夹头利用夹头本身的变形力夹紧刀具，其自由状态为三棱形，装夹刀具时，利用液力作用使夹头内孔变为圆形，撤销外力后，内孔重新收缩为三棱形，以实现对刀具三点夹紧。该夹头具有结构紧凑、定位精度高（可达 3μm 以下）且对称、刀具装夹简单等特点。

（2）刀具-机床接口技术　常规数控机床通常采用 7:24 锥度实心长刀柄的 BT 工具系统，目前共有 6 种规格且已实现标准化，即 NT（传统型）、DIN69893（德国标准）、ISO7388/1（国际化标准）、ANSI、ASME（美国标准）和 BT（日本标准）。其中 BT（7:24 锥度）以其刀柄结构简单，成本低以及使用便利而得以广泛应用，如图 1-12 所示。

图 1-12　BT 刀柄

BT 刀柄的锥度为 7:24，转速在 10 000r/min 左右时，刀柄-主轴系统还不会出现明显的变形，但当主轴从 10 000r/min 升高到 40 000r/min 时，由于离心力的作用，主轴系统的端部将出现较大变形，其径向圆跳动急剧增加到 15μm 左右。刀柄与主轴锥孔间将出现明显的间隙，严重影响刀具的切削特性，因此 BT 刀柄一般不能用于高速切削。

为了克服传统刀柄仅仅依靠锥面定位导致的不利影响，一些科研机构和刀具制造商研究开发了一种能使刀柄在主轴内孔锥面和端面同时定位的新型连接方式——两面约束过定位夹持系统。该系统具有很高的接触刚度和重复定位精度，夹紧可靠。目前，该系统主要有短锥柄和 7:24 长锥柄两种形式。虽然 7:24 锥柄具有与传统 BT 刀柄可以互换，可方便地安装于主轴锥孔锥度为 7:24 的机床上，可提高刀柄与主轴的连接刚度和精度等优点，但从切削速度日趋提高的高速加工的发展趋势来看，锥度为 1:10 的短锥柄的刀柄结构的发展前景更为广阔。目前，短锥柄的两面约束刀柄主要有 HSK、KM、

NT、Big-Plus 等几种。

1）HSK 工具系统。HSK（德文 Hohl Shaft Kegel 的缩写）刀柄是由德国阿亨工业大学机床实验室研制的一种双面夹紧刀柄，为 1:10（2°51'78"）锥度，采用锥面（径向）和法兰端面（轴向）双面定位和夹紧，如图 1-13 所示。

工作时空心短锥柄与主轴锥孔能完全接触，起到定心作用，保证主轴的连接刚性。在拉紧机构作用下拉杆向右移动，此时刀柄前端锥面的弹性夹爪会径向扩张，同时夹爪的外锥面与空心短锥柄内孔的 30°锥面开始接触配合。此时空心短锥柄出现弹性变形，其端面与主轴端面靠紧，消除 HSK 刀柄法兰盘与主轴端面间隙（约 0.1mm），如图 1-14 所示。

图 1-13　HSK 工具系统

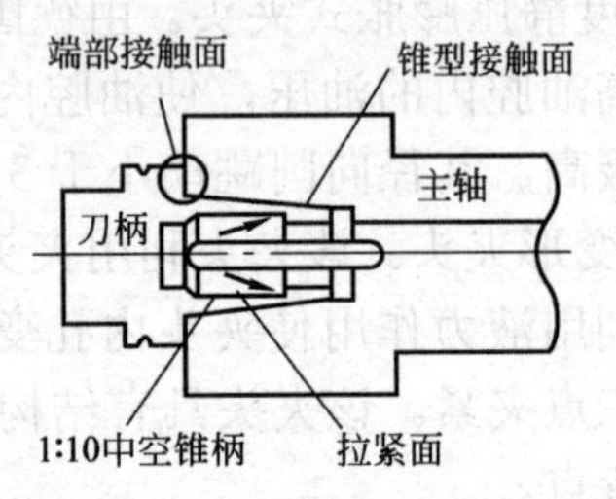

图 1-14　HSK 双重定位结构

HSK 工具系统突出特征是采用端面和锥面同步接触双重定位，保证配合可靠性。类似 BT 锥柄，HSK 的径向精度取决于锥面接触特性（二者的径向精度最高可达 0.2μm）。HSK 接口的轴向精度取决于接触端面，与轴向夹紧力无关，仅由结构决定，这与 BT 锥柄显著不同。HSK 刀柄的另一个特征是空心锥柄，以较小的夹紧力产生足够弹性变形，空心薄壁的径向膨胀量保持与主轴内锥孔变形对应。空心柄部还为夹紧拉钉提供了安装位置，实现由内向外夹紧，空心柄部还可内置切削液。采用内夹紧方式可使离心力化为夹紧力，保证高速旋转的刀柄夹紧可靠性。HSK 刀柄特征之三是采用 1:10 的小锥度钉减小锥面部分的夹紧力，提高 HSK 接口的承载能力，同时又能够保证锥部良好的定位作用。

2）KM 工具系统。KM 刀柄是 1987 年美国 Kennametal 公司与德国 Widia 公司联合研制的 1:10 短锥空心刀柄，其长度仅为标准 7:24 锥柄长度的 1/3，如图 1-15 所示。在夹紧机构拉杆上设有两个对称的圆弧凹槽，该槽底为两段弧形斜面。夹紧刀柄时，拉杆向右移动，钢球沿凹槽的斜面被推出，卡在刀柄上的锁紧孔斜面上。刀柄向主轴孔内拉紧后，薄壁锥柄产生弹性变形，使刀柄端面与主轴端面贴紧，实现锥面和端面同时接触双面定位。

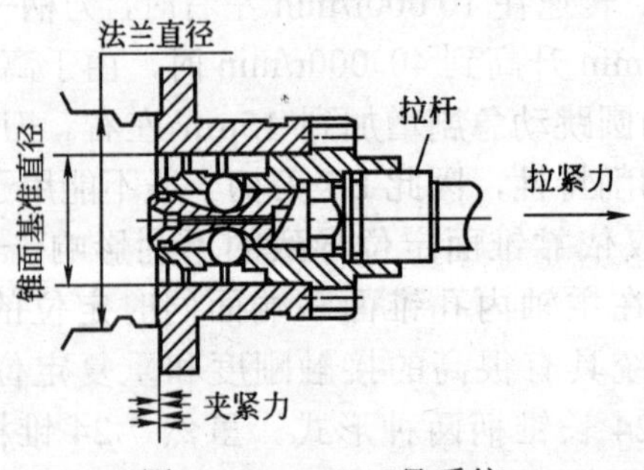

图 1-15　KM 工具系统

KM 系统采用二点接触和双钢珠锁定的方式连接，使 KM 系统具有刚度高、精度高、装夹快捷和维护简单等优点。研究表明：与 BT 刀柄相比，HSK 刀柄和 KM 刀柄具有更好的静刚度和动刚度。KM 刀柄的拉紧力、锁紧力和动刚度值明显大于 HSK 刀柄，整体性能最佳。由三者结构及性能比较（表略）知，KM 刀柄也存在一些不足，如具有较大过盈量，所需的夹紧力至少是 HSK 的 3 倍。

3）Big-plus 工具系统。Big-plus 刀柄由日本大昭和精机公司（Big-Daishowa Seiki）研制，并且成功申请了专利进行技术保护，与 7:24 刀柄可兼容互换。Big-plus 工具系统结构利用主轴内孔的弹性膨胀锁紧后补偿间隙，缩小刀柄装入主轴后与端面的间隙，保证刀柄与主轴端面配合。工作时，刀柄装入主轴后在主轴端面与刀柄法兰之间留有约 0.02mm 的间隙，当刀柄被拉紧后，主轴端口弹性扩张，实现锥面与端面的同时接触，避免因主轴的扩张造成刀柄的轴向移动。Big-plus 系统的主轴和刀柄制造精度非常高，可以保证系统的整体性能，因而被日本高速机床厂商普遍采用。

与 BT 锥柄相比，Big-plus 锥柄的弯矩承载能力因有一支撑直径而提高，增强了装夹稳定性。Big-plus 工具系统刚性高，有衰减振动的功能，在高速切削时可减少刀柄跳动，提高重复换刀精度，延长刀具的寿命，在高速加工领域可获得较高加工精度。

4）Showa D-F-C 工具系统。Showa D-F-C 刀柄是由日本圣和精机株式会社开发的，其柄部为 7:24 锥度圆柱形，圆柱面上配有带外锥面的锥套，锥套大端与刀柄本体的法兰端面之间设有碟形弹簧，具有缓冲吸振和双面定位效果。

刀柄采用锥套碟形弹簧的组合式结构，通过移动锥套，可以补偿锥部基准圆的微量轴向位置误差，能可靠地实现双向约束。当锥孔因离心力作用扩张时，在碟形弹簧的作用下，锥套产生轴向位移，补偿径向间隙，确保径向精度。碟形弹簧还能衰减切削时的微量振动，有利于提高刀具的耐用度、改善加工表面质量；该结构设计还解决了 HSK、KM、Big-Plus 等双面定位型结构在刀柄和主轴锥孔磨损后；锥面定位性能下降的问题。但是刀柄上锥套孔因离心力发生扩张，使 Showa D-F-C 柄部圆柱体出现间隙，径向刚度和径向位置精度有所下降。

5）Lock 工具系统。Lock 刀柄是日本株式会社日研工作所开发出的 7:24 锥度双面定位型结构。其柄部为圆柱体和圆锥体的组合，在该复合体上附带锥套，锥套大端与刀柄本体的法兰端面之间安置碟形弹簧，锥套小端通过细牙锁母定位和锁紧。

Lock 最大特点是用端面、锥面和锥套内孔三处锁紧，不同于两面接触高速刀柄仅端面与锥面接触，三处锁紧保证了高速旋转时的系统可靠性。三面定位避免因离心力导致锥套孔与柄部产生间隙，提高系统径向刚度和径向位置精度。但 Lock 刀柄锥套有开口缝，对动平衡精度有一定影响。

1.2 数控高速加工工艺

加工工艺是学习高速加工的重要内容，本节对数控高速加工的工艺特点、切削用量以及路径规划进行重点介绍。

1.2.1 高速加工的工艺特点

高速加工工艺的关键有下面 3 点：

①保持切削载荷平稳。

②最小的进给率损失。

③最大的程序处理速度。

其中控制切削载荷最为重要，它是实现后两点的基础。一般来说粗加工采用常规加工，因为它有较高的金属去除率；精加工采用高速加工，它能达到很高的走刀速度，并能切削更多的表面积（对小零件粗加工到精加工都可采用高速加工）。但是在粗加工后的半成品工件上的残留毛坯，需要用半精加工去除那些不均匀的多余材料，留下一个余量比较均匀的半成品毛坯，为精加工采用高速加工创造条件。

对于一个高速加工任务来说，要把粗加工、半精加工和精加工作为一个整体来考虑，设计出合理的加工方案，从总体上达到高效率和高质量的要求，充分发挥高速加工的特点，这就是高速加工工艺规划的原则。具体来说高速加工要遵循以下原则：

1）在高速加工中尽可能增加切削时间在整个工作时间的比例，减少非加工时间（如换刀、调整、空行程等）。

2）高速加工不仅仅是高的切削速度，应该把它看成一个过程，各个工序转接要流畅，需要对高速加工工艺规划进行非常细致的设计。

3）高速加工不一定就是高的主轴转速，许多高速切削的应用是在中等主轴转速下用大尺寸刀具完成的。

4）高速加工可以对淬硬材料进行加工，例如在精加工淬硬的钢材时可采用比常规加工高4～6倍的切削速度和进给率。

5）高速加工是一种高效加工，一般来说，对小尺寸的工件，适合从粗加工到精加工；对大尺寸的工件，适合精加工和超精加工。

1. **高速加工刀具路径特点**

综合已有的一些实践经验和理论分析结果，高速加工刀具路径具有以下特点：

1）加工余量的清除一般宜用系列刀具分别进行粗加工、半精加工和精加工的分段处理，不应企图用单一小刀具一次完成加工。

2）采用工序集中的原则和合理的工件装夹位置和方式，力求一次装夹定位完成工件的全部加工。

3）高速铣削加工中尽量采用顺铣加工，因为顺铣时刀具切入工件的切削厚度由最厚逐渐变化到最薄，刀刃受力状态好，产生热量比逆铣少，有利于延长刀具的使用寿命。

4）要保持金属去除率恒定，应该用高切削速度、小切削深度（背切深度不宜大于0.2mm）进行加工，以保证切削载荷的恒定，获得较好的转移切削热条件和加工质量。

5）要尽量不中断切削过程和刀具路径，减少刀具切入切出工件的次数，尽量避免刀具的急剧转向，在进退刀和从一个切削层进入到另一个切削层时，应采用螺旋、圆弧或斜线进出工件，以获得相对平稳的切削过程。

6）加工凹凸角时应采用圆弧速度补偿选项，调节刀具在拐角处的进给速度，但刀刃的切削速度仍保持恒定，以获得光滑的表面。

7）在生成加工程序前应对刀具路径进行优化，合并或取消那些零碎的和短的刀位轨迹，合理安排切削区域的加工顺序，减少进退刀次数和空刀移动的距离等，在保证加工精度要求的前提下，尽量减少程序段数。

8）采用小的切削深度，一般来说不大于刀具直径 10%，大量采用小层深的分层切削。

总之，相对于传统数控编程而言，高速加工要求刀具路径平稳，切削负荷稳定，空行程尽量短，切削效率高，且要求刀具路径必须有很高的安全性。

2. 高速加工 CAM 软件的特点

CAM 是计算机辅助制造软件的统称，它与机床和刀具系统配合，可高速高效地加工出合适的零件。由于高速加工工艺要求与传统加工工艺要求不同，因此，用于高速加工的 CAM 数控自动编程系统也需要有其特殊的功能考虑。为了使软件和设备能够协调“高速”，高速加工 CAM 软件必须具有以下功能：

（1）CAM 系统应该具有高计算量的编程速度　高速加工中采用极小的进给量和切削深度，单步量大，故数控程序比传统的程序要大得多，没有很高的运算处理能力是无法配合机床运动以及数控系统的执行速度的。快的编程速度使操作人员能够对多种加工策略进行比较，采取适当的工艺方法，对刀具轨迹进行编辑、调整和优化，以达到最佳的加工效率。

（2）CAM 系统应该具有全程自动防过切处理能力及自动刀具干涉检查　超过传统加工 10 倍以上切削速度的高速加工，如果发生过切，则后果不堪设想。所以一个 CAM 系统必须具有全程自动防过切处理能力。传统的 CAM 系统在只对局部进行加工编程时，没有考虑整个工件的情况，这样极其容易发生过切现象。当过切发生时，只是靠人工的选择干预的方法来防止，很难保证全局防护的安全性。另外，高速加工的重要特征之一是能够使用较小直径的刀具来加工零件的细部结构，CAM 系统必须能够自动地提示最短刀具系统（含刀头、刀柄和刀夹）的长度，自动进行刀具干涉检查。

（3）CAM 系统应该具有进给率优化处理功能　为了能够确保最大切削效率以及在高速切削时加工的安全性，CAM 系统必须有能够根据加工时余量的大小自动调整进给率，从而保证加工刀具受力状态的平稳性。

（4）CAM 系统应该具有丰富的符合高速加工要求的加工策略　相比传统加工方式，高速加工对工艺走刀方式有其特殊的机能要求，因而要求相配备的 CAM 系统能够满足这些要求。

①应避免走刀时刀具轨迹的突然变化，保持加工过程中刀具轨迹的平稳和连续性，避免突然的加速或减速，导致因局部过切而造成刀具和设备的损坏。

②下刀或行刀间过渡部分采用斜式下刀或圆弧下刀，避免直上直下下刀。

③行切的端点采用圆弧连接，避免直线连接。

④除非必须使用，应尽量避免全刀宽切削。

⑤残余量加工或清根加工时，应采用多次加工或采用系列刀具从大到小分次加工，避免用小刀一次加工完成。

⑥为了避免多余的空刀造成重复计算，对 CAM 系统的刀具轨迹编辑优化功能要求很高，通过这些功能对刀具轨迹进行镜像、复制、旋转等操作，还可以精确裁减空刀数量以提高效率。此外，还可以对零件的局部变化进行编程和计算，无须每一次都对整个模型重新编程。

（5）CAM 系统应该具有崭新的编程方式　虽然采用高速加工设备后，对编程人员的需求量增加，但是 CAM 系统的使用越来越简单和方便化，应更贴近于车间加工操作人员，而不是更多地依靠技术工程师坐在设计中心的大楼里编写“理论”程序。随着 CAM 技术智能化水平提高，编程人员只需输入加工工艺就可以完成自动化的编程操作，程序编制的复杂程度与零件的复杂程度无关，只与加工工艺有关，故非常易于掌握和学习。

1.2.2 高速加工切削用量的选择

高速加工切削用量的选择主要考虑加工效率、加工表面质量、刀具磨损和加工成本。不同刀具加工不同工件材料时，加工用量会有很大差异。

1. 切削用量选择的原则

切削参数主要包括切削速度、进给量和切削深度。高速铣削参数一般选择高的切削速度、中等的每齿进给量 a_f、较小的轴向切削深度 a_p、适当大的径向切削深度 a_e。如典型整体硬质合金立铣刀（采用 TiCN 或 TiAlN 涂层）切削 48～58HRC 淬硬钢时，粗加工选择 v_c=100m/min、a_p=（6%～8%）D、a_e=（35%～40%）D、a_f=0.05～0.1mm/z，半精加工选择 v_c=150～200m/min、a_p=（3%～4%）D、a_e=（20%～40%）D、a_f =0.05～0.15mm/z，精加工选择 v_c=200～250m/min，a_p=0.1～1.2mm，a_e=0.1～0.2mm，a_f =0.02～0.2mm/z。

（1）刀具直径和有效直径　高速铣削加工参数与刀具材料关系密切，不同刀具牌号的铣削用量有一定的影响，另外需要注意的是，由于球头铣刀的实际参与切削部分的直径和加工方式有关，在选择切削用量时要考虑刀具直径 D 和有效直径 D_{eff} 的关系，如图 1-16 所示。

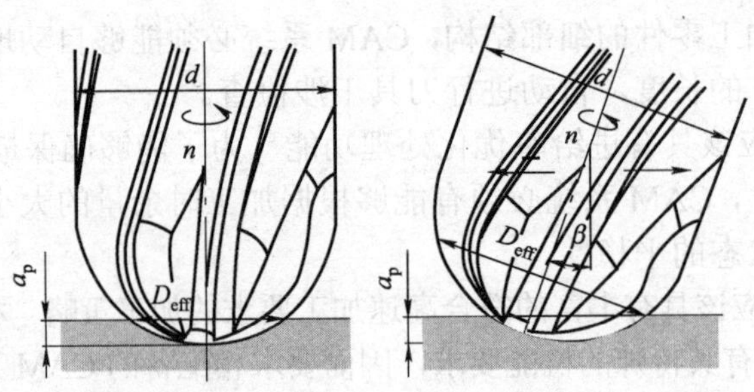

图 1-16　各种铣削方式下的铣刀直径

对于分层铣和面铣等有效直径来说，有

刀轴直立
$$D_{\text{eff}}=2\sqrt{Da_{\text{p}}-a_{\text{p}}^2}\text{，}\beta=0$$

刀轴倾斜
$$D_{\text{eff}}=D\sin\left[\beta\pm\arccos\left(\frac{D-2a_{\text{p}}}{D}\right)\right]\text{，}\beta\neq0$$

铣刀实际参与切削部分的最大线速度定义为有效线速度，球头铣刀的有效线速度为

刀轴直立
$$VD_{\text{eff}}=\frac{\pi n}{1\,000}\times2\sqrt{Da_{\text{p}}-a_{\text{p}}^2}\text{，}\beta=0$$

刀轴倾斜
$$VD_{\text{eff}}=\frac{\pi n}{1\,000}D\sin\left[\beta\pm\arccos\left(\frac{D-2a_{\text{p}}}{D}\right)\right]\text{，}\beta\neq0$$

采用球头铣刀加工时，如果轴向铣削深度小于刀具半径，则有效直径将小于铣刀名义直径，有效速度也将小于名义速度，当采用圆弧铣刀浅切削深度时也会出现上述情况。在优化加工参数时应该按有效铣削速度选择。

（2）选择径向切削深度　在应用球头铣刀进行精加工曲面时，为了获得较好的表面粗糙度以减少或省去手工抛光，径向切削深度最好和每齿进给量相等，这样加工出的表面纹理比较均匀，而且表面质量很高，如图 1-17 所示。

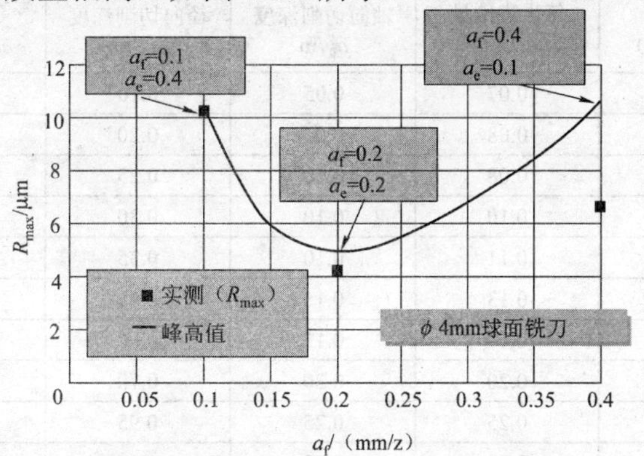

图 1-17　径向切削深度与每齿进给量对表面粗糙度的影响

（3）选择轴向切削深度　轴向切削深度是制定合理的高速切削参数的重要参数，它由刀具长度、刀具的长径比以及工件材料的硬度等因素确定。对较硬材料的铣削，轴向切削深度 a_p 可由下式计算：

$$a_p=RC_1C_2$$

式中　R——刀具圆角半径；

C_1——材料的硬度系数；

C_2——刀具的长径比系数。

C_1 和 C_2 分别如图 1-18 和图 1-19 所示。可见当材料硬度和刀具的长径比达到一定程度（材料硬度 HRC>50，长径比>5）时，材料硬度系数和刀具长径比系数急剧下降，允许的轴向切削深度也随着急剧下降，这种情况要尽量避免。

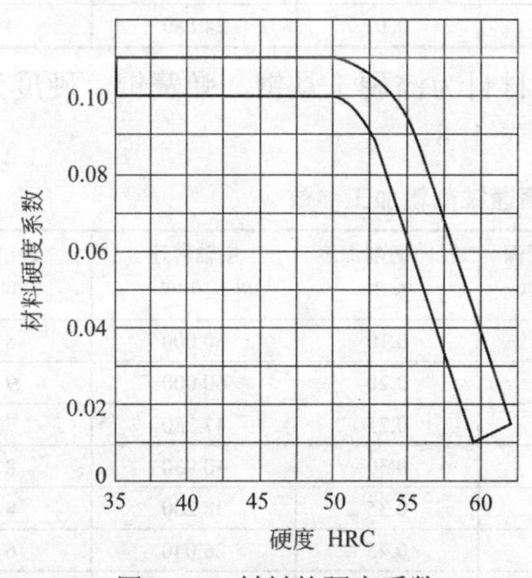

图 1-18　材料的硬度系数

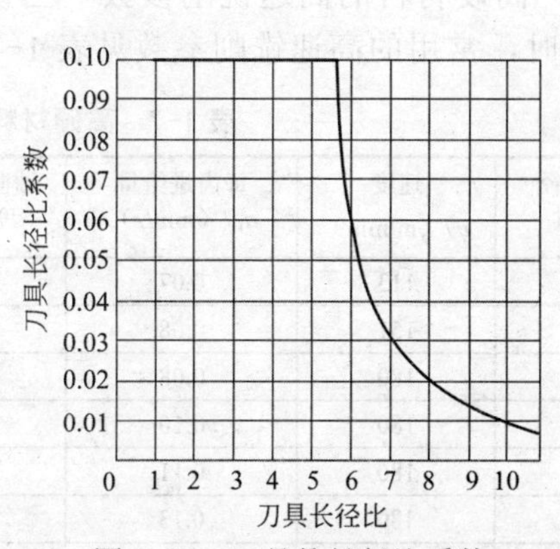

图 1-19　刀具的长径比系数

2. 常用材料的切削用量

（1）钢的高速铣削参数　当铣削材料为淬硬工具钢，硬度为 48～52HRC 时，常用的高速铣削参数见表 1-5 和表 1-6。

表 1-5 钢的高速铣削粗加工参数

刀具直径 D / mm	速度 v /（m/min）	每齿进给量 a_f /（mm/z）	轴向切削深度 a_p /m	径向切削深度 a_e /m	主轴转速 n/（r/min）	进给速度/（mm / min）
2	113	0.07	0.05	0.10	60 000	8 400
3	151	0.08	0.05	0.20	60 000	9 600
4	210	0.08	0.10	0.25	55 710	8 915
5	210	0.10	0.10	0.30	47 750	9 550
6	210	0.11	0.10	0.35	44 560	9 805
8	210	0.13	0.15	0.45	30 390	7 900
10	210	0.17	0.15	0.60	27 850	9 470
12	210	0.20	0.20	0.70	21 560	8 625
16	210	0.25	0.25	0.95	16 710	8 355
20	210	0.28	0.30	1.15	13 640	7 640

表 1-6 钢的高速铣削精加工参数

刀具直径 D/mm	速度 v /（m/min）	每齿进给量 a_f /（mm/z）	轴向切削深度 a_p /m	径向切削深度 a_e /m	主轴转速 n/（r/min）	进给速度/（mm/min）
2	132	0.04	0.06	0.04	60 000	4 800
3	188	0.05	0.08	0.05	60 000	6 000
4	226	0.05	0.10	0.05	60 000	6 000
5	283	0.05	0.12	0.05	60 000	6 000
6	339	0.06	0.14	0.06	60 000	7 200
8	380	0.07	0.16	0.07	54 000	7 560
10	380	0.08	0.18	0.08	45 460	7 278
12	380	0.09	0.20	0.09	39 370	7 087
16	380	0.10	0.25	0.10	30 480	6 096
20	380	0.10	0.30	0.10	24 880	4 976

（2）高硬材料的高速铣削参数　当铣削材料为淬硬工具钢、弹簧钢，硬度为 52～56HRC 时，常用的高速铣削参数见表 1-7 和表 1-8。

表 1-7 高硬材料的高速铣削粗加工参数

刀具直径 D/mm	速度 v /（m/min）	每齿进给量 a_f /（mm/z）	轴向切削深度 a_p /m	径向切削深度 a_e /m	主轴转速 n/（r/min）	进给速度/（mm/min）
2	113	0.07	0.05	0.10	60 000	8 400
3	151	0.08	0.05	0.20	60 000	9 600
4	180	0.08	0.10	0.25	47 750	7 640
5	180	0.10	0.10	0.30	40 930	8 185
6	180	0.11	0.10	0.35	38 200	8 405
8	180	0.13	0.15	0.45	26 040	6 770
10	180	0.17	0.15	0.60	23 870	8 115
12	180	0.20	0.20	0.70	18 480	7 390
16	180	0.25	0.25	0.95	14 320	7 160
20	180	0.28	0.30	1.15	11 690	6 545

表 1-8　高硬材料的高速铣削精加工参数

刀具直径 D/mm	速度 v/（m/min）	每齿进给量 a_f/（mm/z）	轴向切削深度 a_p/m	径向切削深度 a_e/m	主轴转速 n/（r/min）	进给速度/（mm/min）
2	132	0.04	0.06	0.04	60 000	4 800
3	188	0.05	0.08	0.05	60 000	6 000
4	226	0.05	0.10	0.05	60 000	6 000
5	283	0.05	0.12	0.05	60 000	6 000
6	300	0.06	0.14	0.06	52 720	6 326
8	300	0.07	0.16	0.07	42 630	5 968
10	300	0.08	0.18	0.08	35 910	5 746
12	300	0.09	0.20	0.09	31 080	5 594
16	300	0.10	0.25	0.10	2 460	4 812
20	300	0.10	0.30	0.10	19 640	3 928

（3）轻合金的高速铣削参数　当铣削材料为铝合金时，常用的高速铣削参数见表 1-9 和表 1-10。

表 1-9　铝合金的高速铣削粗加工参数

刀具直径 D/mm	速度 v/（m/min）	每齿进给量 a_f/（mm/z）	轴向切削深度 a_p/m	径向切削深度 a_e/m	主轴转速 n/（r/min）	进给速度/（mm/min）
3	450	0.10	0.75	1.50	60 000	12 000
4	600	0.12	1.0	2.00	6 000	14 400
5	750	0.15	1.25	2.50	60 000	18 000
6	900	0.18	1.50	3.00	60 000	21 600
8	1 200	0.20	2.00	4.00	47 750	19 100
10	1 200	0.22	2.5	5.00	38 200	16 810
12	1 200	0.25	3.00	6.00	31 830	15 915
16	1 200	0.28	4.00	8.00	23 780	13 365
20	1 200	0.30	5.00	10.0	19 100	11 460

表 1-10　铝合金的高速铣削精加工参数

刀具直径 D/mm	速度 v（m/min）	每齿进给量 a_f/（mm/z）	轴向切削深度 a_p/mm	径向切削深度 a_e/mm	主轴转速 n/（r/min）	进给速度/（mm/min）
2	132	0.04	0.06	0.04	60 000	4 800
3	188	0.05	0.08	0.05	60 000	6 000
4	226	0.05	0.10	0.05	60 000	6 000
5	339	0.06	0.14	0.06	60 000	6 000
6	339	0.06	0.14	0.06	60 000	7 200
8	415	0.07	0.16	0.07	60 000	8 400
10	509	0.08	0.18	0.08	60 000	9 600
12	584	0.09	0.20	0.09	60 000	10 800
16	754	0.10	0.25	0.10	60 000	12 000
20	924	0.10	0.30	0.10	60 000	12 000

（4）不锈钢、钛合金的高速铣削参数　当铣削材料为不锈钢、钛合金时，常用的高速铣削参数见表 1-11。

表 1-11　不锈钢、钛合金的高速铣削精加工参数

刀具直径 D/mm	速度 v/（m/min）	每齿进给量 a_f/（mm/z）	轴向切削深度 a_p/mm	径向切削深度 a_e/mm	主轴转速 n/（r/min）	进给速度/（mm/min）
2	132	0.04	0.06	0.04	60 000	4 800
3	188	0.05	0.08	0.05	60 000	6 000
4	226	0.05	0.10	0.05	60 000	6 000
5	240	0.05	0.12	0.05	49 920	4 992
6	240	0.06	0.14	0.06	42 170	5 060
8	240	0.07	0.16	0.07	34 110	4 775
10	240	0.08	0.18	0.08	28 730	4 597
12	240	0.09	0.20	0.09	24 860	4 475
16	240	0.10	0.25	0.10	19 250	3 850
20	240	0.10	0.30	0.10	15 710	3 142

1.2.3　高速加工路径规划

根据高速加工的工艺特点，在做高速加工编程时要进行必要的刀具路径的规划。包括进退刀模式、走刀模式、移刀模式和刀具路径的拐角模式等，下面逐一介绍。

1．高速加工进退刀模式

传统数控加工进退刀为直上直下的方式，这种方式的优点是比较直接，不需要太多的计算，缺点是由于刀具直接向工件垂直切入加工会产生较大的冲击力，对刀具提出了很高的要求，并且这种进刀方式也不容易排屑，产生大量的热不容易散发，刀具和工件的变形加大，如图 1-20 所示。

斜向进退刀时由于采用侧刃切削工件，加工时需要设置两个角度：X-Y 平面角度，从垂直方向看时，刀具轨迹与 X 轴的夹角通常为零；与工件的夹角，即刀具切入加工面的角度如图 1-21 所示。设置这个角度时，如果选取得太小，则刀具每次切入深度较浅，有利于保护刀具和工件，但是这会造成切入斜线增长，加工路线加长。

高速加工中为了使刀具在工件表面上平稳起降，通常尽量采用轮廓的切向进、退刀方式，如图 1-22 所示。在对曲面进行加工时，刀具可以是 Z 向垂直进退刀，曲面法向进退刀，曲面正向与反向进退刀和斜向或螺旋进退刀。根据实际加工效果，曲面的切向进退刀和螺旋进退刀更适合于高速加工。

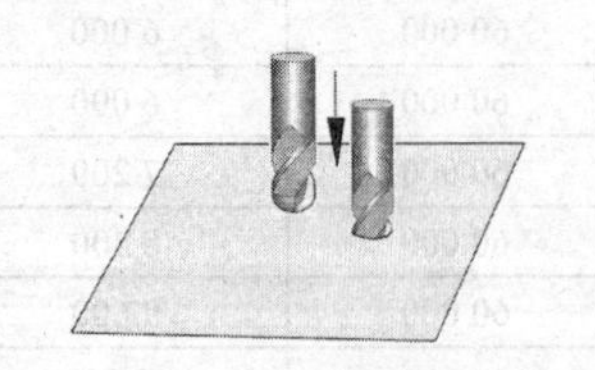

图 1-20　直上直下的方式进退刀

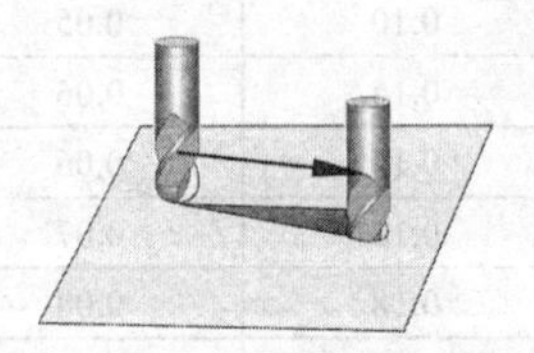

图 1-21　斜向进退刀

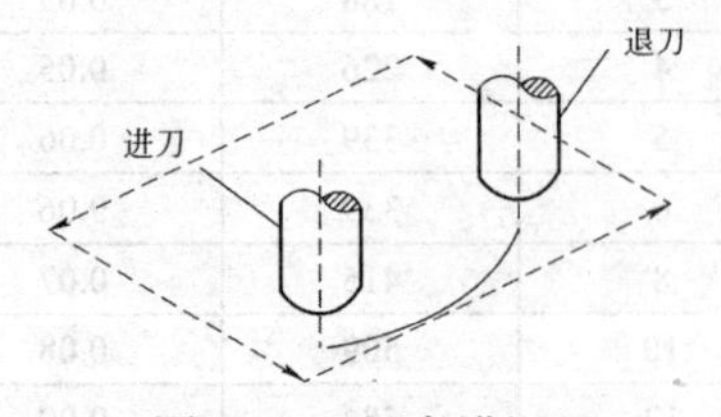

图 1-22　切向进退刀

2．高速加工走刀模式

高速加工走刀应避免刀具轨迹中走刀方向的突然变化，以免因局部过切而造成刀具或设备的损坏，走刀速度要平稳，避免突然加速或减速，避免多余空刀，应采用光滑的转弯

走刀。高速加工走刀模式如下：

1）平行铣削。最常用的走刀方式，采用平行扫描线的形式对多张曲面构成的模型进行加工，如汽车覆盖件模具加工。

2）环形铣削。同时对多个曲面进行加工的计算方法，其走刀路线是以外轮廓的形状由外向内进行走刀。

3）摆线走刀。摆线走刀是高速加工典型的刀位轨迹策略，摆线相当于一个圆沿着一条曲线作纯滚动时，圆上某一固定点的轨迹。采用这种刀具轨迹，刀具在切削时距某条曲线保持一个恒定的半径，从而可使进给速度在加工过程中保持不变，刀具的寿命较长，如图 1-23 所示。

4）等高线层切法。将零件分成若干层，一层一层逐层往下切，在每层中将零件所有区域加工完后再进行下一层，在每一层均采用螺旋或圆弧进刀，同时采用无尖角刀具轨迹，这样有利于排屑，也避免了切削力发生突变，如图 1-24 所示。特别是对薄壁零件来说更应采用这种刀具轨迹，因为这种刀具轨迹的切削过程中薄壁还能保持较高的刚性。

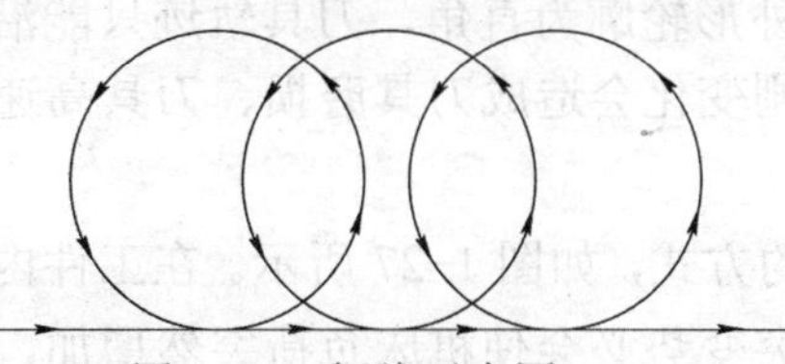

图 1-23　摆线示意图

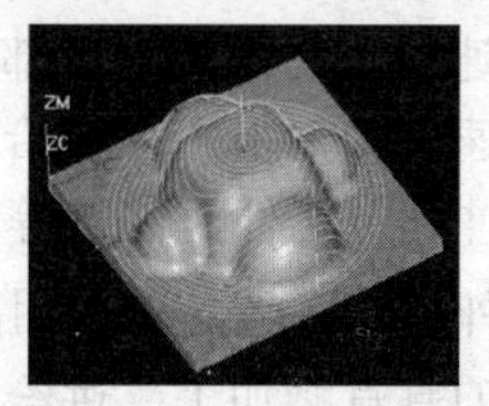

图 1-24　等高层切方式

3. 高速加工移刀模式

移刀方式主要是指高速加工行切时的行间移刀、环切中的环间移刀、等高加工的层间移刀等。普通数控的移刀模式不适合高速加工的要求，如行切移刀时，刀具多是直接垂直于原来行切方向的法向移刀，致使刀具路径中存在尖角；在环切的情况下，环间移刀也是从原来轨迹的法向直接移刀，也致使刀路轨迹存在不平滑情况；在等高加工中的层间移刀时，也存在移刀尖角；这些都导致高速机床频繁地加减速，影响了加工效率，阻碍高速加工的发挥。

（1）行切移刀　行切方式对大平面或相对平坦轮廓的切削较为高效便捷，其主要包括以下几种：

1）采用切圆弧连接。在行切削用量较大的情况下处理得很好，在行切量（行间距小于0.2mm）较小的情况下，由于圆弧半径过小，导致圆弧接近一点，即近似为行间的直接直线移刀，从而导致机床频繁的加减速，影响加工效率，对机床不利。

2）采用内侧或外侧圆弧过渡移刀。在使用小直径刀具进行精加工时，由于刀路轨迹间距非常小，使用切圆弧移刀效果不理想，可采用内侧或外侧圆弧移刀，如图 1-25 所示。

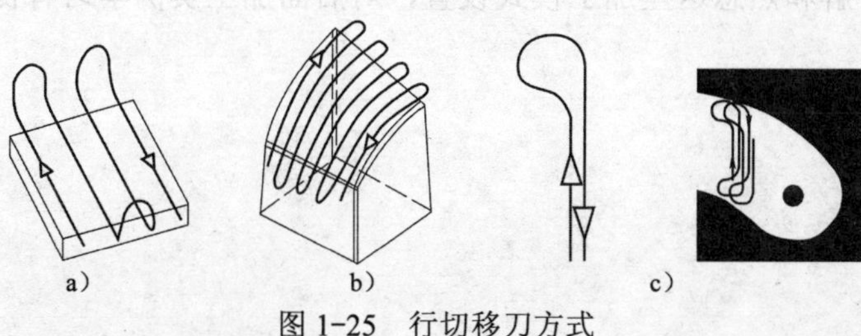

图 1-25　行切移刀方式

a）空间内向圆弧走刀　b）空间外向圆弧走刀　c）“高尔夫”抬刀过渡走刀

3）高尔夫球杆头式移刀。由于该种移刀方式的轨迹像高尔夫球杆头，故称为高尔夫球杆头式移刀，它克服了切圆弧半径过小而导致圆弧接近一点。

（2）环切移刀　采用环间圆弧连接时，由于移刀轨迹直接在两个刀路轨迹之间生成圆弧，在间距较大的情况下，会产生过切。因此该方法一般多用于两轴半加工，所有的加工都在一个平面内，如图1-26所示。

图1-26　环切移刀

（3）层间移刀　在进行等高加工时可采用螺旋式等高线间的移刀。

（4）高速加工拐角模式　部分工件的外形轮廓为直角，刀具轨迹只能沿着轮廓直角进给，会导致速度变化很大。进给速度的急剧变化会造成刀具磨损、刀具高速运动到转角处可能发生前冲超过工件而过切等。

在工件外形轮廓转角处采用圆滑过渡的方式，如图1-27所示。在工件内部圆角如果采用等半径的刀具直接加工，进给方向发生突变势必会使机床负荷突然增加，加工这种类型的圆角最好是使用较小半径的刀具，一般情况下刀具半径最好比圆角几何尺寸小70%以上，这样可使拐角处的切削刀具进给方向变化平滑，避免刀具的突然转向。使用小直径刀具加工和直接切入拐角相比，机床负荷可以降低约1/3。

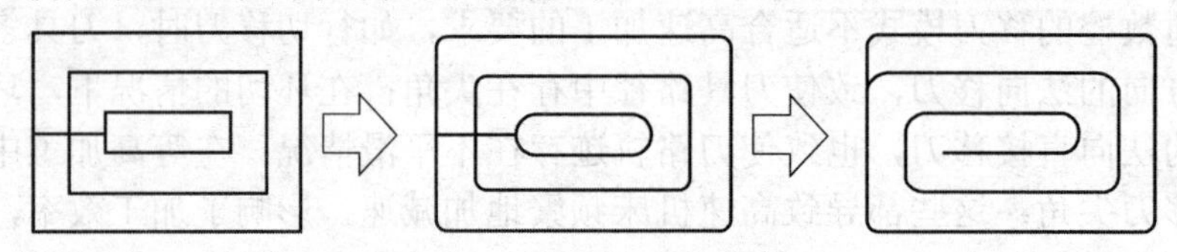

图1-27　工件外形走圆角

1.3　本章小结

本章对数控高速加工的基础专业知识进行了扼要介绍，包括加工机床、加工刀具以及加工工艺等内容，其中加工工具的选择、加工切削用量的选择是重点。另外，高速加工路径规划包括进退刀模式、走刀模式、移刀模式和刀具路径的拐角模式等，建议读者学习的时候前后比较，了解和熟悉这些加工模式设置，对后面加工实例学习有良好的辅助作用。

第 2 章　PowerMILL 2012 高速加工基础

PowerMILL 2012 多轴高速加工技术主要包括三轴高速加工、四轴高速加工和五轴高速加工，实现难度从低到高。下面结合一定的练习实例具体讲述。

2.1　PowerMILL 三轴高速加工技术

三轴高速加工就是机床的 X、Y、Z 三轴能同时在运动中进行加工。PowerMILL 对三轴高速加工提供了粗加工和精加工策略。

2.1.1　3D 粗加工

PowerMILL 粗加工策略主要是三维区域清除加工策略，这类策略主要包括“拐角区域清除”“模型区域清除”“模型轮廓”“模型残留区域清除”“模型残留轮廓”“插铣”“等高切面区域清除”“等高切面轮廓”8 种。单击主工具栏上的“刀具路径策略”按钮，弹出“策略选取器”对话框，单击“三维区域清除”选项卡，弹出三维区域清除策略选项，如图 2-1 所示。

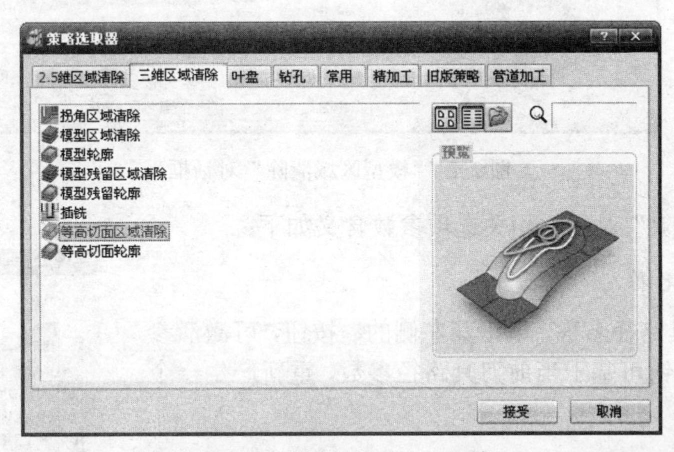

图 2-1　“策略选取器”对话框

下面仅介绍高速加工常用的“模型区域清除”“模型轮廓”“模型残留区域清除”“模型残留轮廓”“等高切面区域清除”和“等高切面轮廓”加工策略。

2.1.1.1 模型区域清除

模型区域清除策略是零件粗加工最常用的一种刀具路径生成方法。该策略的刀具路径在Z轴方向是按下切步距分成多个切层累积而成的，全部清除一层后，再下切刀一个Z高度，并重复完成上述动作。模型区域清除模型策略是为高速加工所设计的一种加工策略，这种策略具有非常恒定的材料切除率，但代价是刀具在工件上存在大量的快速移动（对高速加工来说是可以接受的）。

单击主工具栏上的“刀具路径策略”按钮，弹出“策略选取器”对话框，单击“三维区域清除”选项卡，选中“模型区域清除”选项，单击“接受”按钮，弹出“模型区域清除”对话框，如图2-2所示。

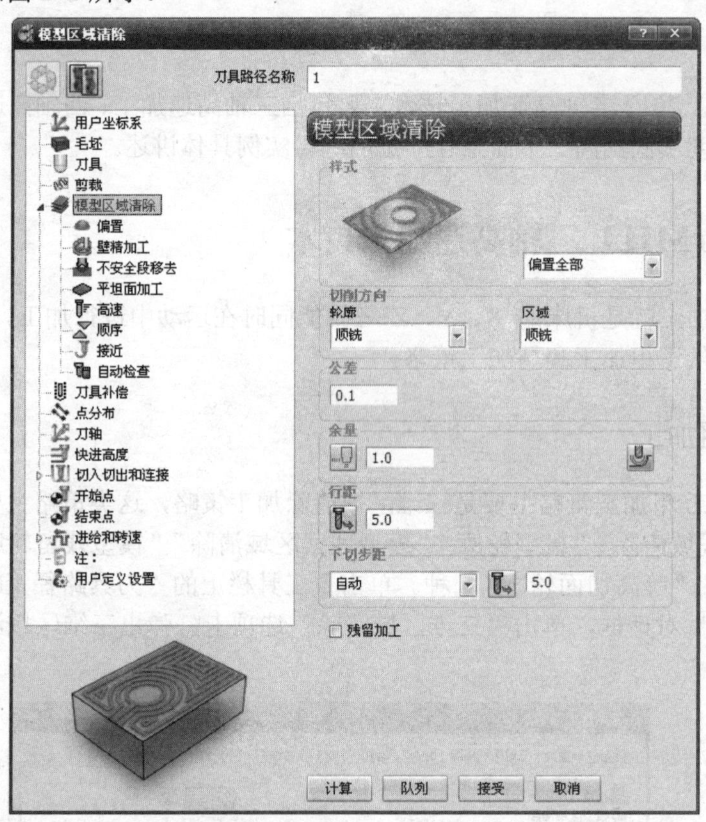

图2-2 “模型区域清除”对话框

“模型区域清除”对话框相关选项参数含义如下：

1. ***刀具路径名称***

用于输入刀具路径名称，单击其左侧的按钮，可激活参数设置，单击按钮可基于当前刀具路径参数，重新产生一个新的刀具路径。

2. ***用户坐标系***

单击左侧列表框中的“用户坐标系”选项，在右侧显示用户坐标系参数，如图2-3所示。

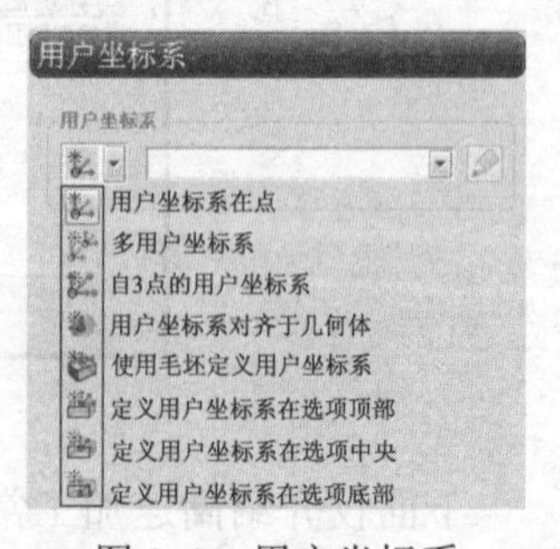

图2-3 用户坐标系

用户坐标系是编程员根据编程、测量等需要而创建的在世界坐标系范围和基础上的坐标系，它相对于世界坐标系移动和旋转，根据需要激活或不激活。在 PowerMILL 系统中，用户坐标系是浅灰色的，其箭头线条用虚线表示，一个模型可以有多个用户坐标系。

3. 毛坯

单击左侧列表框中的“毛坯”选项，在右侧显示毛坯参数，如图 2-4 所示。

“毛坯”对话框的“由…定义”下拉列表共提供了 5 种毛坯定义方式，下面分别加以介绍。

（1）方框

方框指将毛坯定义为用户坐标系下的长方体，其具体尺寸由“限界”组框中的参数决定，它是毛坯最常用的定义方式。

● 【限界】：用户可在“最小”和“最大”文本框中输入毛坯在 X、Y、Z 方向的最大值和最小值，这里的 X、Y、Z 值是针对于当前激活坐标系而言的。

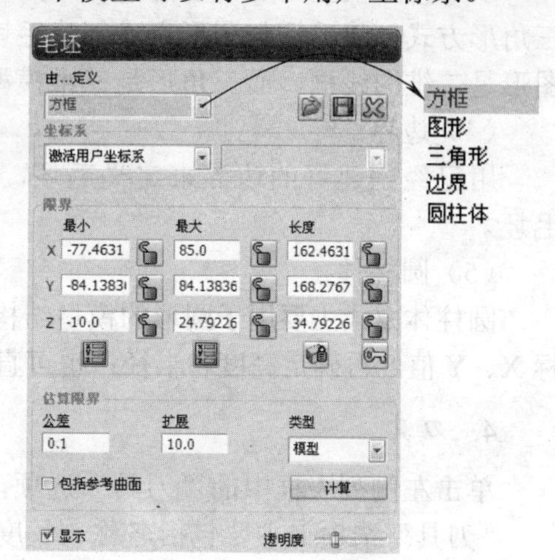

图 2-4 毛坯参数

注意

设置毛坯的最大值和最小值时可单击“计算”按钮，系统根据模型的大小自动计算毛坯尺寸，或者手工输入毛坯生成之后还可以在图形区用鼠标单击拖动。

● 【估算限界】：“估算限界”包括“公差”“类型”“扩展”和“计算”等选项。

➢ 【公差】：用于设置生成毛坯的公差，公差越小，毛坯越精确，但计算时间越长，反之亦然。

➢ 【类型】：用于指定选择何种类型的图素来创建毛坯，包括“模型”“边界”“激活参考线”“刀具路径参考线”和“特征”。

➢ 【扩展】：用于输入毛坯的扩展值，毛坯将沿未锁定的各个方向延伸输入的扩展值。

➢ 【计算】：单击该按钮，系统自动计算毛坯限界，使其大到足以包括“由…定义”下拉列表框中所选的元素。

● 【显示】复选框：用于控制已定义好的毛坯显示/不显示于图形区。另外，用户也可以单击“查看”工具栏上的“毛坯”按钮来进行显示/隐藏切换。

● 【透明度】：用于控制已定义的毛坯在图形区显示的透明度。

● 【其他按钮】：操作界面上的其他按钮含义如下：

➢ 【从文件装载毛坯】：当“由…定义”下拉列表框选择为“图形”或“三角形”时，此按钮激活。

➢ 【删除毛坯】：删除当前定义的毛坯。

➢ 【锁定】：锁定坐标轴，使用该选项坐标值将被锁定，不能对其改变。

➢ 【锁定全部限界】：将毛坯锁定在世界坐标系内，此时不能进行手工编辑。

➢ 【解锁全部限界】：解开所有的锁定。

（2）图形

图形是指将已保存的二维图形拉伸成三维形体来定义毛坯，此时使用的二维图形必须保存为 DUCT 图形文件（*.pic）。

（3）三角形

以三角形模型（后缀名为*.dmt、*.tri 或*.stl）作为毛坯，常用于半精加工或精加工。三角形方式创建毛坯与图形方式创建毛坯相类似，都是由外部图形来定义毛坯；不同的是，图形是二维的线框，而三角形是三维模型。

（4）边界

用已经创建好的边界来定义毛坯，用边界的方法创建毛坯类似于用图形方法来创建毛坯。

（5）圆柱体

圆柱体方式主要用于圆形的模型结构。要产生圆柱形毛坯，必须先指定圆柱体的圆心坐标 X、Y 值，再确定高度和半径；也可直接单击“计算”按钮，计算出圆柱体毛坯的尺寸。

4. 刀具

单击左侧列表框中的“刀具”选项，在右侧显示刀具设置参数，如图 2-5 所示。

“刀具”选项卡主要包括名称、长度、直径、刀具状态、刀具编号、槽数等，如图 2-5 所示。

- 【名称】：用于定义刀具名称。
- 【长度】：用于设置刀具有效切削部分的长度。
- 【刀尖圆角半径】：用于设置刀具的刀尖圆角半径。
- 【直径】：用于设置刀具直径。设置刀具直径时，应根据加工工件形状、大小、结构合理地选择。输入直径值后，长度选项自动按默认设置为刀具直径的 5 倍。
- 【刀具编号】：用于设置所选刀具的编号，在换刀加工时便于区分刀具。
- 【槽数】：用于设置刀具的有效切削齿数。

5. 模型区域清除

单击左侧列表框中的“模型区域清除”选项，在右侧显示模型区域清除参数，如图 2-6 所示。

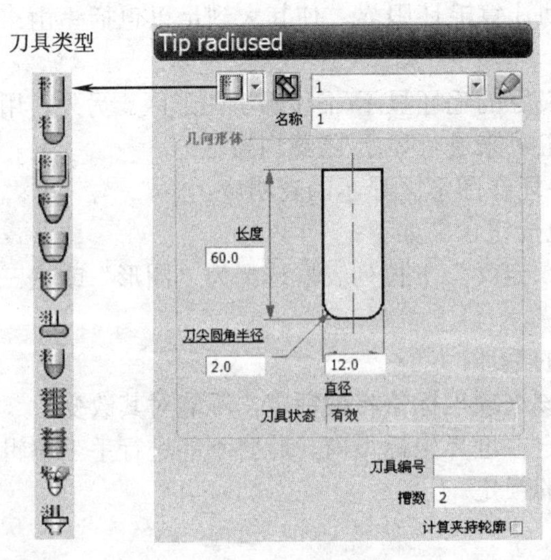

图 2-5 刀具参数

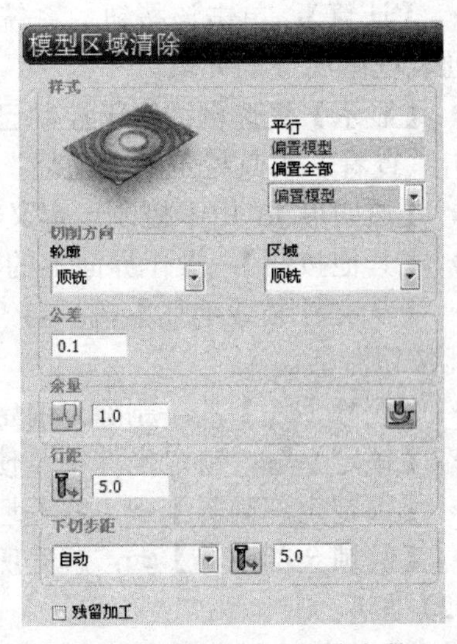

图 2-6 模型区域清除参数

“模型区域清除”选项卡相关参数含义如下：

（1）样式

● 【平行】：根据模型的形状，按所设置的行距，Z 轴方向是按下切步距和加工角度进行平行的直线切削。它是计算刀具路径最快的一种策略，适用于结构比较简单的零件粗加工，如图 2-7 所示。

● 【偏置模型】：只依据模型轮廓偏置生成刀具路径。该刀路能保持相同的刀具切削载荷以及均匀的切屑，避免加工短小及薄壁坚固的构件，如图 2-7 所示。

● 【偏置全部】：按工件和零件的轮廓偏距产生刀路，该刀路具有最少的提刀次数，尤其适用于软材料加工，如图 2-7 所示。

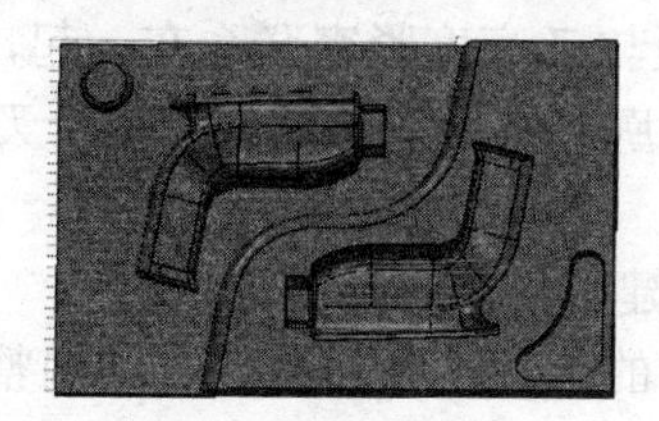

平行

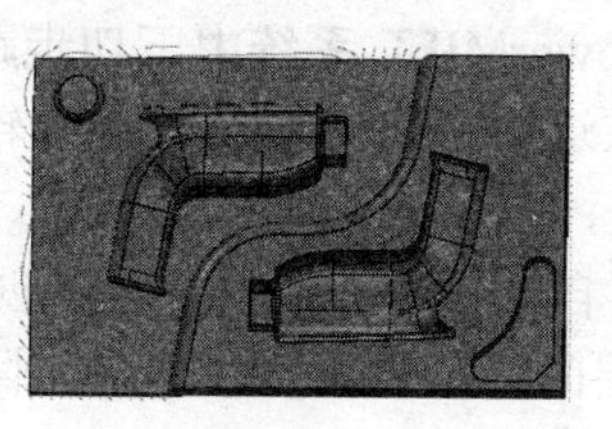

偏置模型

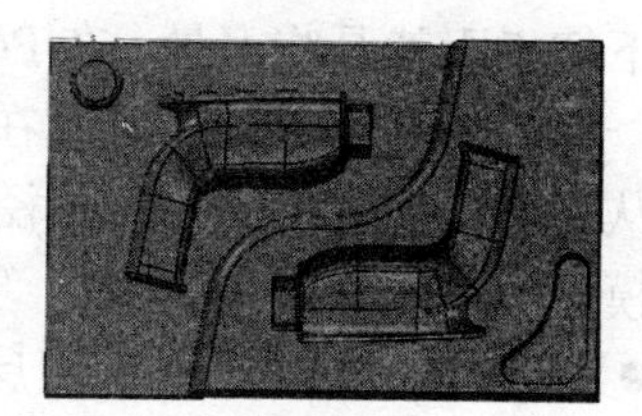

偏置全部

图 2-7　样式

（2）切削方向

用于控制刀具路径的切削方向，包括以下选项：

● 【任意】：系统自动选择进行顺铣或逆铣，两者交互进行。

● 【顺铣】：控制刀具只进行顺铣，一般精加工采用，如图 2-8 所示。

● 【逆铣】：控制刀具只进行逆铣，一般粗加工采用，如图 2-8 所示。

注意

在高速加工中切削方向应尽量选择顺铣，这样对零件加工质量、刀具寿命、机床保护、加工效率等都有好处。

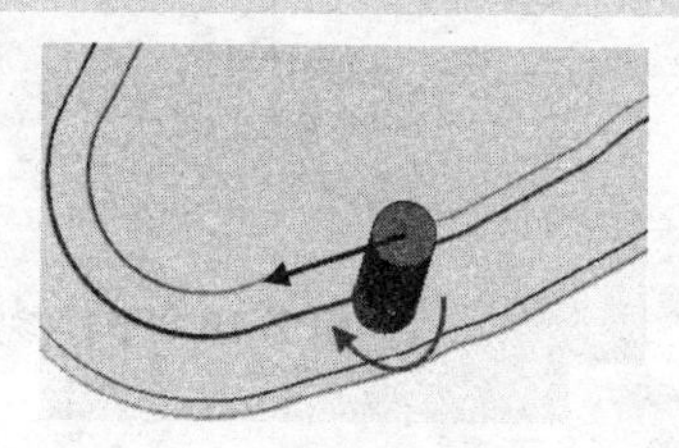

顺铣

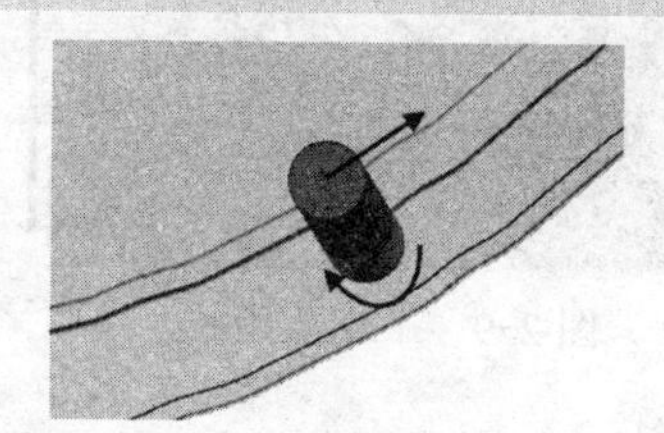

逆铣

图 2-8　切削方向

（3）公差

用于确定刀具路径沿模型轮廓的精度，公差越小，刀位点越多，加工精度越高，但计算时间也越长，会占用系统大量资源。因此，一般粗加工设置为 0.5，精加工为 0.02。

（4）余量

余量用于确定加工后材料表面上留下的材料量。余量分径向余量和轴向余量两种。默认情况下，系统同时使用相同的径向余量和轴向余量。

● 【启用/禁止轴向余量】按钮：默认情况下系统使用相同的径向余量和轴向余量。单击该按钮，可开启轴向余量设置。

● 【部件余量】按钮：单击该按钮，打开“部件余量”对话框。用户指定某一个或几个表面与整个零件的余量设置不同。

（5）行距

行距用于设置刀具路径两行之间的间距，也称为径向吃刀量。实际编程中一般根据刀具直径及路径策略来确定行距数值，如果策略是利用刀具底部进行逐层开粗加工，则行距一般设置为端铣刀具的直径60%～80%。

（6）下切步距

下切步距就是吃刀量，在PowerMILL系统中下切步距与Z高度紧密联系在一起，Z高度是一系列的Z值列表，系统在这些Z值高度层与零件轮廓产生交线然后偏置一个刀具半径，从而产生区域清除刀具路径，如图2-9所示。

模型区域清除系统提供了“自动”和“手动”两种创建下切步距的方法：

● 【自动】：输入Z高度层间的最大下切距离，实际的下切步距由系统自动调整，以保证下切均匀。

● 【手动】：指用户自行定义Z高度层。选择该方式后，单击其他的“Z高度”按钮，弹出“区域清除Z高度”对话框。

6. 平行

当在“样式”中选择“平行”时，在对话框左侧列表框中显示“平行”选项，单击该选项，在右侧显示平行参数，如图2-10所示。

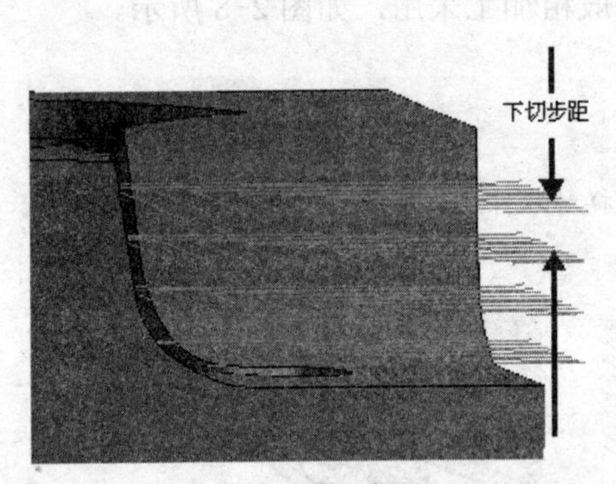

图2-9　下切步距

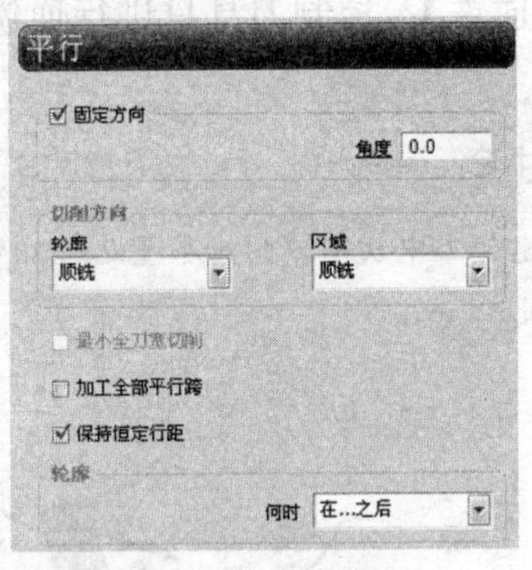

图2-10　平行参数

（1）固定方向

用于决定平行刀路与X轴的角度，选中“固定方向”复选框将角度固定为0°，用户可在“角度”文本框中输入平行刀路与X轴的夹角，如图2-11所示。

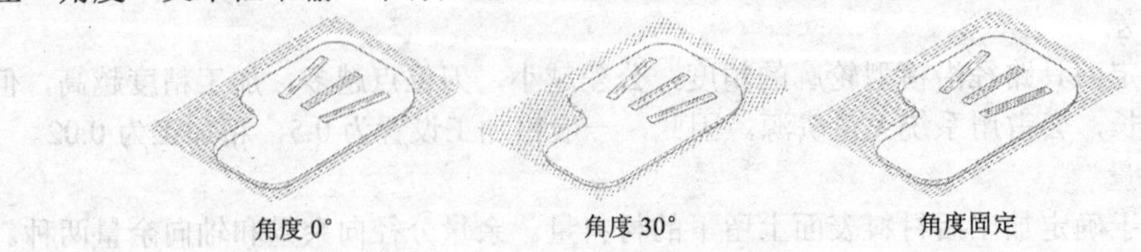

图2-11　固定方向

（2）最小全刀宽切削

选中该复选框，系统将尽可能多地调整刀具路径以使刀具进行全刀宽切削的平行移动。该选项只有“切削方向”为“任意”时才能激活。

（3）加工全部平行跨

选中该复选框，所有平行跨均有刀路，当取消该复选框时，不必要的平行跨没有生成刀路。不必要的平行跨是指刀具不会切削到任何材料的跨，主要出现在区域清除的起始和结束刀路处，以及平行跨比刀具直径要短的位置。对高度加工建议选中该选项，以保证平衡的刀具负载。

（4）保持恒定行距

选中该复选框，系统将参照行距数值自动调整区域内的行距，使得行距保持恒定，如图 2-12 所示。

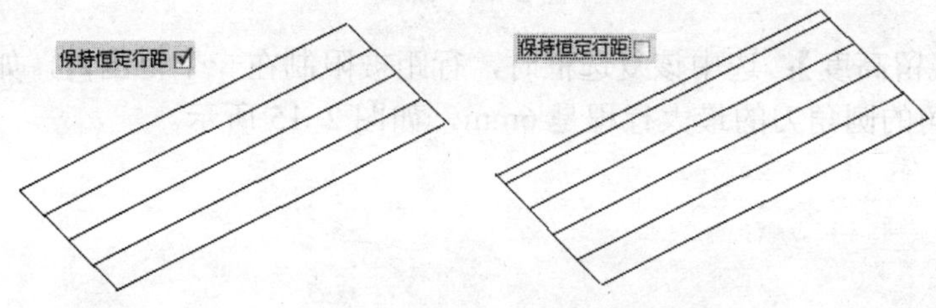

图 2-12　保持恒定行距

（5）轮廓

用于设置平行区域清除时，是否依据零件的轮廓生成加工刀路。“何时”用来确定零件轮廓加工与区域清除的先后关系，包括以下选项：

● 【无】：不进行零件轮廓加工。

● 【在…之前】：刀具首先切削零件轮廓，然后再进行区域清除加工。

● 【在…期间】：在进行区域清除过程中，遇到零件轮廓时，进行零件轮廓加工，然后接着进行区域清除。

● 【在…之后】：刀具首先进行区域清除加工，然后切削零件轮廓，该选项是系统默认选项。

7. 偏置

单击左侧列表框中的“偏置”选项，在右侧显示偏置参数，如图 2-13 所示。

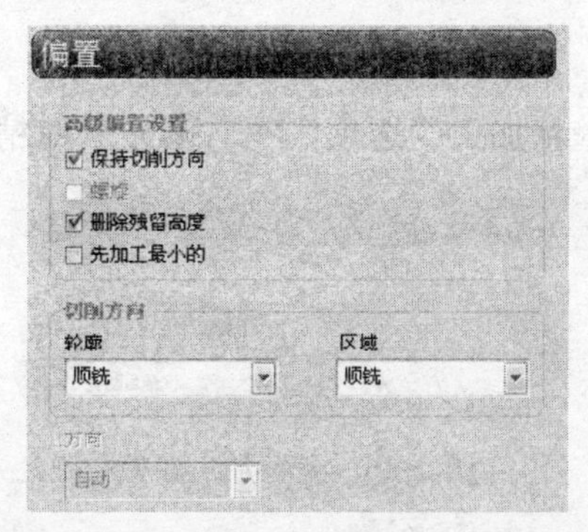

图 2-13　偏置参数

（1）高级偏置设置

● 【保持切削方向】：当需要保持切削方向时，进行提刀。需要注意的是，如果要使用限制刀具过载功能，必须选择此选项。

● 【螺旋】：选中该复选框将产生螺旋刀轨，如图 2-14 所示。

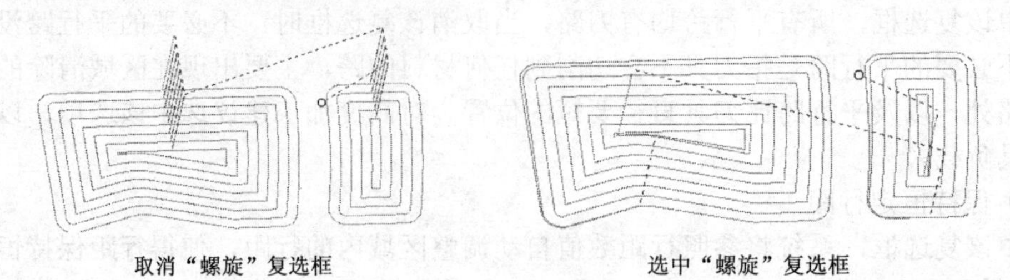

图 2-14　螺旋

● 【删除残留高度】：选中该复选框时，行距被限制在一个范围内，如直径为 10mm、带 2mm 刀尖圆角的圆角刀的最大行程是 6mm，如图 2-15 所示。

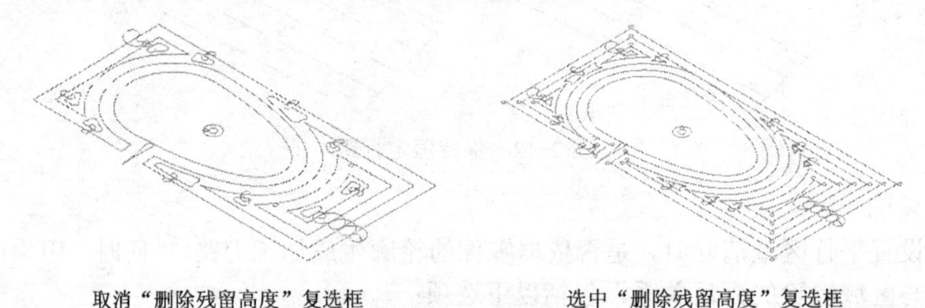

图 2-15　删除残留高度

● 【先加工最小的】：选中该复选框，先加工最小材料的岛屿，以避免损坏刀具。

（2）切削方向

用于控制刀具路径偏置移动的方向，包括以下选项：

● 【自动】：系统自动控制刀具路径加工方向由内向外还是由外向内，主要取决于模型形状。

● 【由内向外】：从最内层轮廓开始向外层轮廓加工。

● 【由外向内】：从最外层轮廓开始向内层轮廓加工。

8. 壁精加工

单击左侧列表框中的“壁精加工”选项，在右侧显示壁精加工参数，如图 2-16 所示。

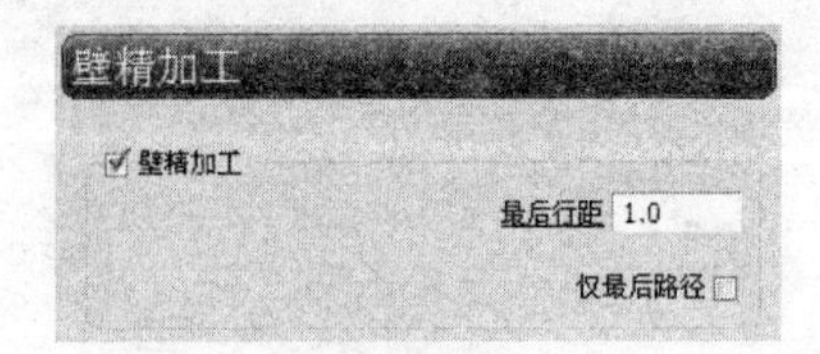

图 2-16　壁精加工参数

● 【最后行距】：用于设置壁精加工的行距值，该值可不同于加工中用到的行距，如

图 2-17 所示。

● 【仅最后路径】：只在最后的 Z 高度增加壁清理刀路，如图 2-18 所示。

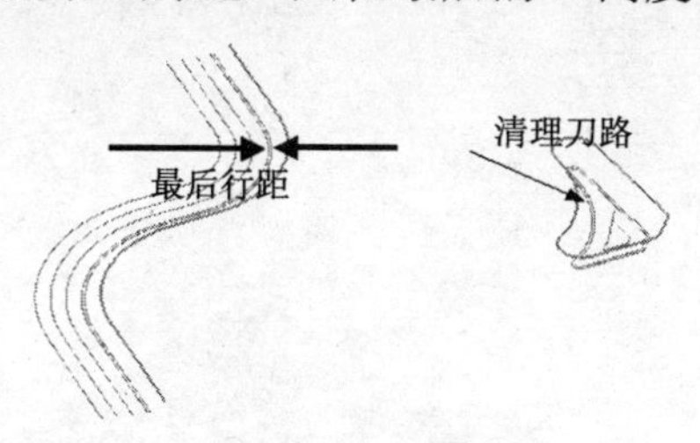

图 2-17　最后行距

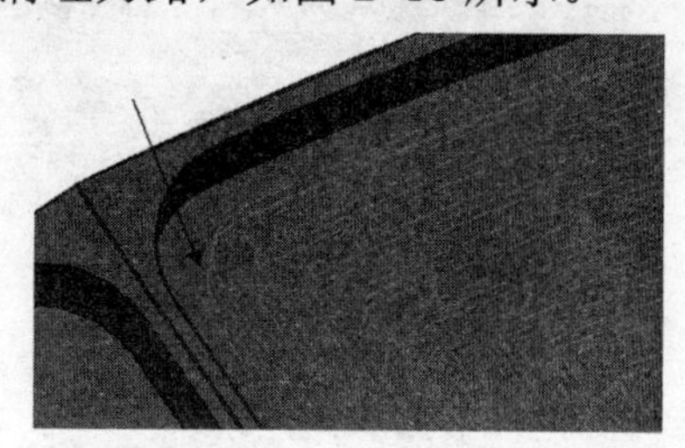

图 2-18　仅最后路径

9. **不安全段移去**

单击左侧列表框中的“不安全段移去”选项，在右侧显示不安全段移去参数，如图 2-19 所示。

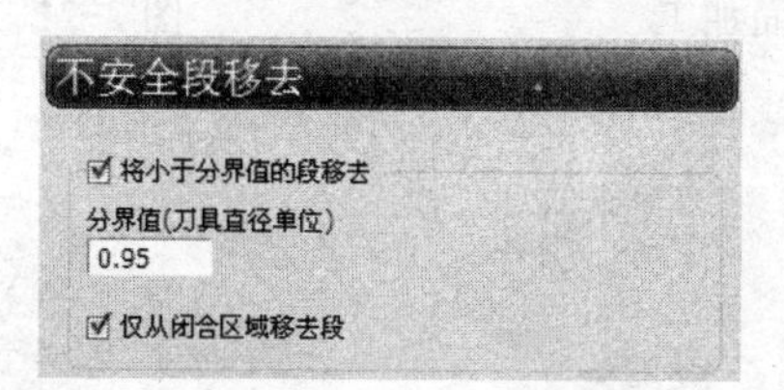

图 2-19　不安全段移去

通过不安全段移去设置来分离某些区域，不对这些区域进行粗加工，包括以下选项：

● 【将小于分界值的段移去】：产生刀具路径时，系统会根据输入的阈值来过滤比阈值小的区域。“分界值”用于控制对模型全部区域作比较的阈值大小。此值和刀具直径有关，不考虑余量的前提下，模型区域阈值=刀具直径×分界值。如果是过滤小区域，阈值一般要大于 0.7。

● 【仅从闭合区域移去段】：模型小区域或大区域可以是闭合的也可以是开放的。选中该复选框，计算时不过滤开放的区域。

10. **平坦面加工**

单击左侧列表框中的“平坦面加工”选项，在右侧显示平坦面加工参数，如图 2-20 所示。

（1）加工平坦区域

选择“下切步距”为自动时，加工平坦区域选项激活。加工平坦区域用于指定在粗加工时，是否加工零件中所包含的平坦面以及其加工方式，包括以下选项：

● 【层】：选择该选项，如果模型在毛坯高度间有平坦面，下切步距计算时侦测平坦区域，并将平坦区域和毛坯顶部和顶部分割高度区域，每个高度区域再按上述原则定义层高度值，即加工零件中的整个平坦层，包括平坦面和空区域，如图 2-21 所示。

● 【区域】：选择该选项，下切步距也将侦测平坦区域，但只在平坦区域范围内产生一个增补的刀具路径，不会在整个切层内产生，即在平坦区域产生刀具路径，而 Z 高度层的空区域不生成刀路，如图 2-22 所示。

● 【关】：选择此选项，下切步距计算不侦测平坦区域，即平坦区域和空区域在平坦面 Z 高度层都未生成刀路，如图 2-23 所示。

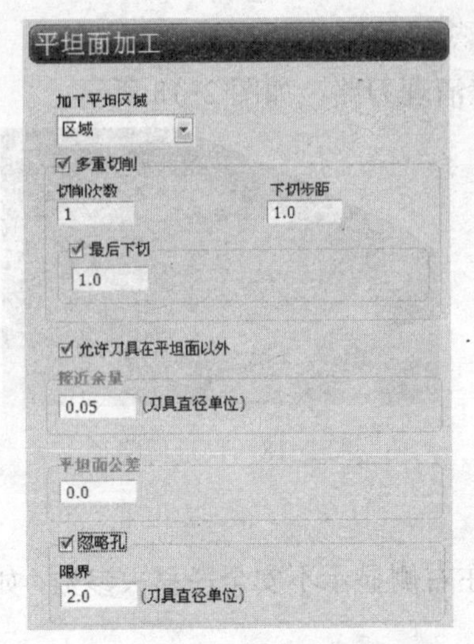

图 2-20　平坦面加工

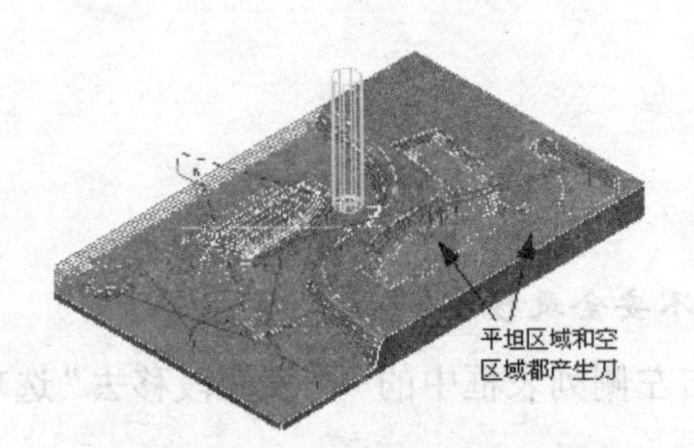

图 2-21　层方式刀路

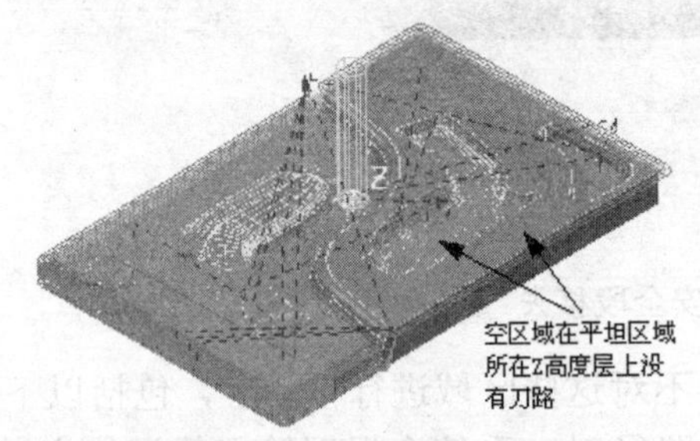

图 2-22　区域方式刀路

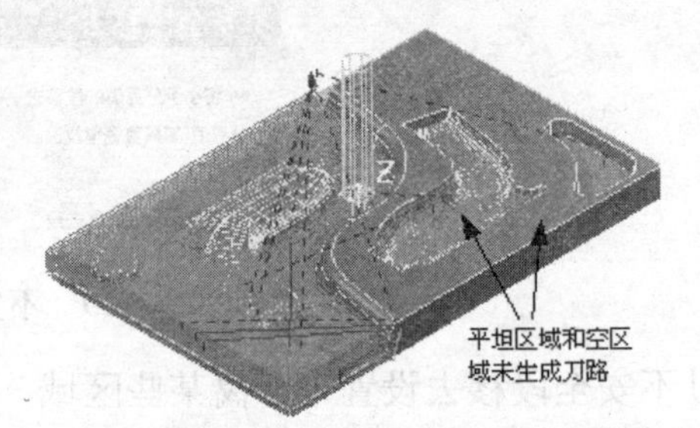

图 2-23　关方式刀路

（2）多重切削

用于定义切削次数和下切步距来决定多重切削，包括以下选项：

- 【切削次数】：定义总的切削次数。
- 【下切步距】：用于定义每层的下切步距距离。
- 【最后下切】：用于定义最后一层的下切步距距离。

（3）其他参数

- 【允许刀具在平坦面以外】：选中该复选框，在加工过程中允许刀具移出平坦区域之外。
- 【接近余量】：外部接近平坦面的余量，以刀具直径为单位。
- 【平坦面公差】：指平坦曲面 Z 轴方向所允许的最大偏差。
- 【忽略孔】：加工平坦面时，忽略那些直径小于设定值的孔，刀具路径直接切过孔。

11. 高速加工

单击左侧列表框中的“高速”选项，在右侧显示高速参数，如图 2-24 所示。

在 PowerMILL 软件中提供高速加工选项，主要包括“轮廓光顺”“光顺余量”和“摆线移动”等，它们分别对应于“倒圆行切加工技术”“赛车线加工技术”和“自动摆线加工技术”等高速加工技术。

（1）轮廓光顺

用于控制每一个 Z 高度切层内刀具路径在零件尖角部位倒圆，以避免刀具切削方向急剧变化，如图 2-25 所示。“拐角半径（TDU）”用于设置刀具路径在尖角倒圆角处的半径大小，用刀具直径乘以此系数值来计算。此外，也可以拖动滑条来设置，范围为 0.005～0.2。

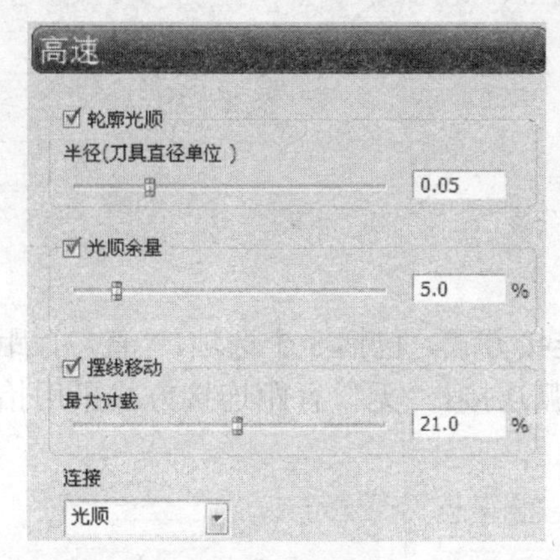

图 2-24　高速参数

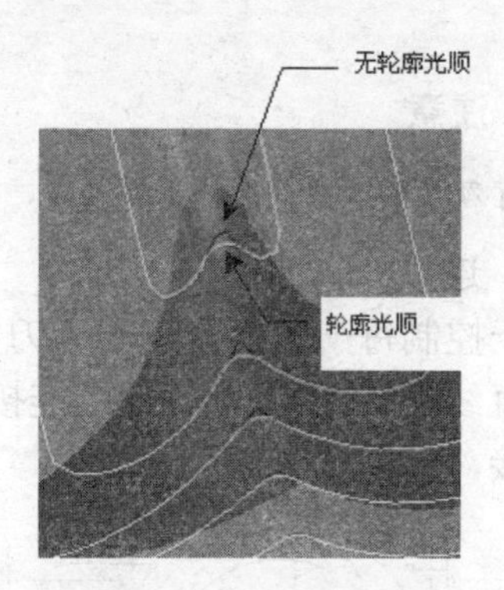

图 2-25　轮廓光顺

（2）光顺余量

赛车线加工技术是 Delcam 公司的专利高速粗加工技术。该技术将刀具路径在许可步距范围内进行光顺处理，远离零件轮廓的刀具路径其尖角处用倒圆角代替，使刀具路径在形式上就像赛车道，如图 2-26 所示。拖动滑条可定义外层刀路偏离原始刀路的大小，滑条上的数值代表做圆弧替代处理时，外层刀路偏离原始刀具路径最大偏差距离与行距的比例值。

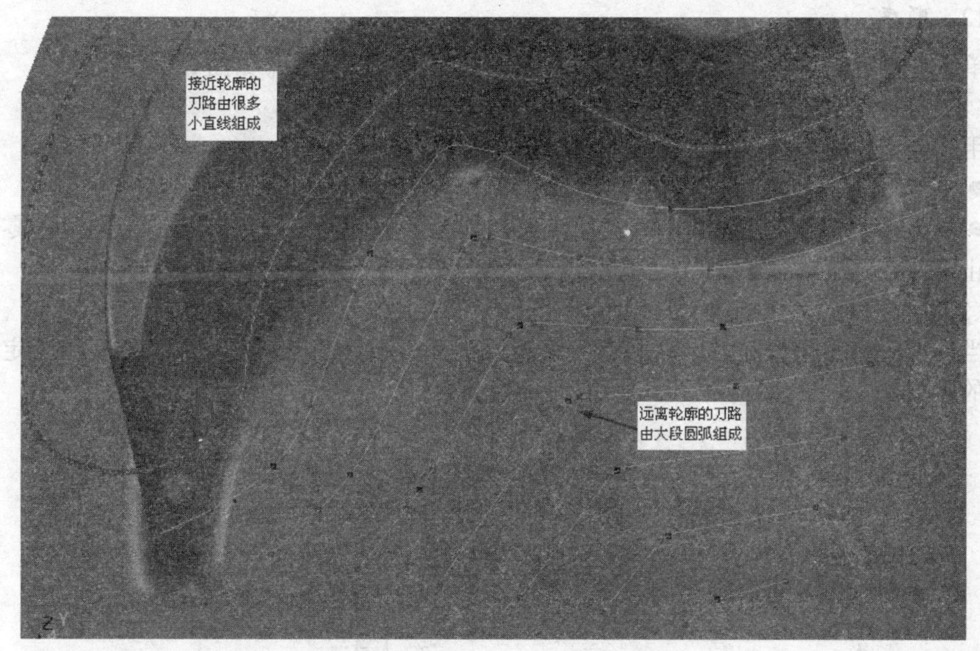

图 2-26　光顺余量（赛车线加工技术）

（3）摆线移动

用于设置在刀具路径中是否插入摆线路径，其中“最大过载”是指当刀具初始切入毛坯或刀具切入零件的角落、狭长沟道和槽时，会由于切削量的增大而出现刀具过载，此时通过最大过载选项，在过载处插入摆线刀路，从而避免刀具过载。选择“最大过载”选项，可通过滑条输入行距的阈值，当实际切削行距超出设置的行距阈值时，在该处插入摆线。例如，设置行距为 10mm，限制刀具过载为 10%，那么实际切削行距超过 11mm 时，系统自动在该处插入摆线。

注意

只有刀具路径按模型轮廓偏置时，“摆线移动”才能激活。

（4）连接

用于控制每一 Z 高度切层内刀具路径行距连接方式，包括 3 个选项。“直”行距连接方式采用直线连接；“光顺”行距连接方式采用圆弧连接；“无”行距连接方式采用抬到安全高度连接，如图 2-27 所示。

图 2-27　连接方式

12. 顺序

单击左侧列表框中的“顺序”选项，在右侧显示顺序参数，如图 2-28 所示。

（1）排序方式

用于定义模型型腔的加工顺序，包括以下选项：

- 【范围】：先加工完一个型腔后刀具移动至另一个型腔进行加工。
- 【层】：全部型腔切削完一层厚，再切削全部型腔的下一层。其适用于薄壁零件，以防止零件在加工过程中变形。

（2）排序

当零件具有多个型腔时，就会有各个型腔加工的先后顺序问题。加工排序用于定义模型中的区域加工顺序，如图 2-29 所示。

图 2-28　顺序参数

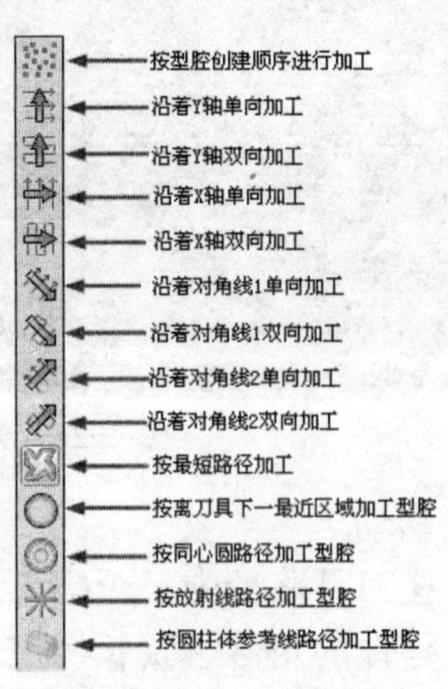

图 2-29　加工排序

13. 接近

单击左侧列表框中的“接近”选项，在右侧显示接近参数，如图 2-30 所示。

● 【钻孔】：在切入点位置预先钻一个引导孔供粗加工使用。

● 【增加从外侧接近】：选中该复选框，迫使刀具由当前切削层向下一切削层切入时，从毛坯外部切入。

14. 刀轴

单击左侧列表框中的“刀轴”选项，在右侧显示刀轴参数，如图 2-31 所示。用于定义当前刀具路径的刀轴方向，默认的情况下刀轴指向是垂直的，即机床的 Z 轴垂直于 XY 平面。

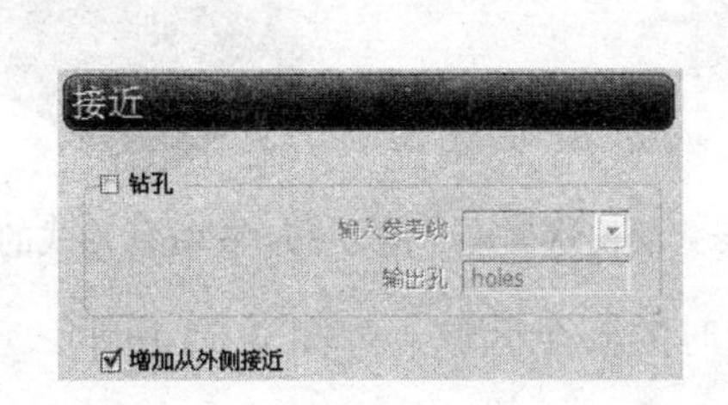

图 2-30 接近参数

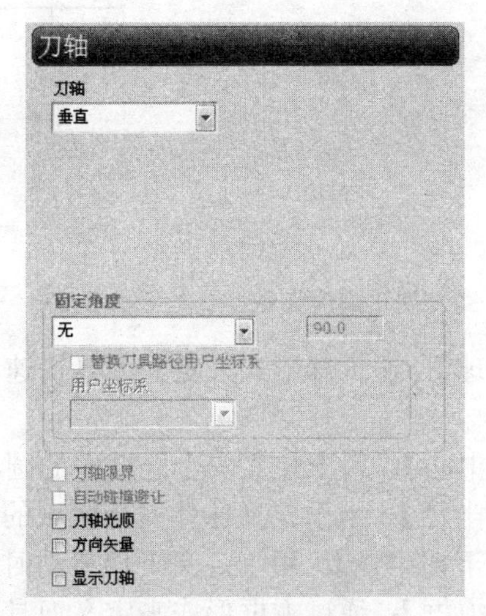

图 2-31 刀轴参数

15. 快进高度

单击左侧列表框中的“快进高度”选项，在右侧显示快进高度参数，如图 2-32 所示。

在 PowerMILL 中称安全高度为快进高度，快进高度定义了刀具在两刀位点之间以最短时间完成移动的高度。快进高度关系到刀具的进刀、抬刀高度和刀具路径连接高度等，如果设置不当，在切削过程中会引起刀具与工件相撞。

（1）几何形体

几何形体是指刀具以快进速度移动到工作坐标系的绝对高度位置。包括以下方式：

● 【平面】：通过平面形式来定义刀具快进移动时的安全区域，特别适合于 3+2 轴加工，如图 2-33 所示。

➢ 【法线】：定义 I、J、K 的矢量垂直于快速移动平面。如果 K=1，其他为 0，此时的平面垂直于 Z 平面。

➢ 【安全 Z 高度】：安全 Z 高度是刀具撤回后在工件上快进的高度，此时刀具以 G00 执行移动。必须保证刀具或刀具夹持装置在以快进速度移动时不与零件或工件产生任何接触。

➢ 【开始 Z 高度】：刀具从安全 Z 高度向下移动到开始 Z 高度，然后刀具转为下切速度。

● 【圆柱体】；通过圆柱体形式来定义刀具快速移动时的安全区域，特别适合于旋转精加工刀具路径和放射状精加工刀具路径。包括以下参数，如图 2-34 所示：

➢ 【位置】：用于定义圆柱体安全区域中的圆心点。
➢ 【方向】：通过定义 I、J、K 的矢量确定圆柱体在安全区域轴上的方向。
➢ 【半径】：用于定义圆柱体安全区域半径。
➢ 【下切半径】：用于定义下切移动时的圆柱体半径。

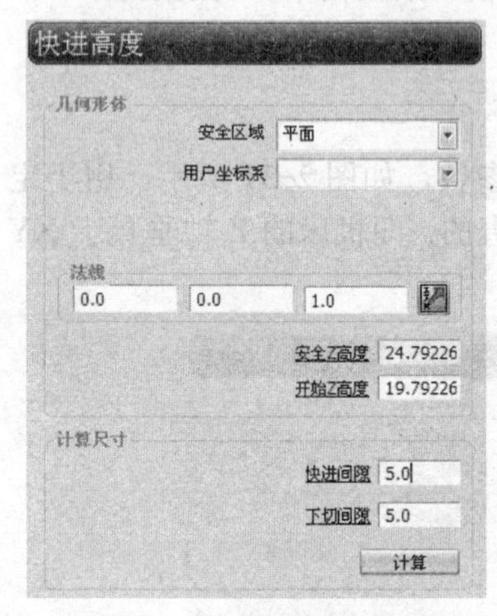

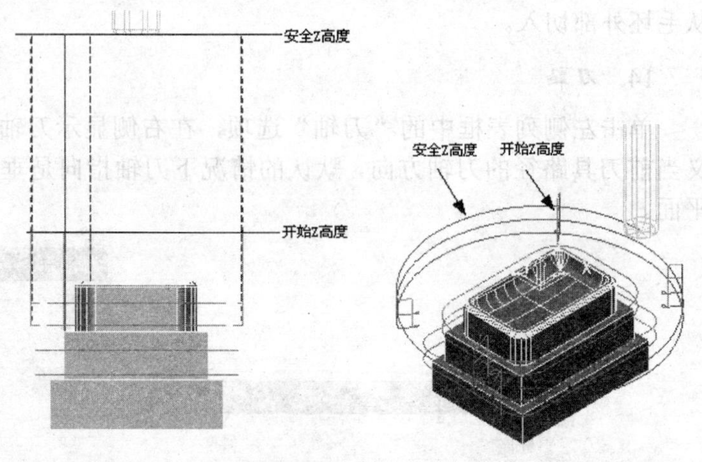

图 2-32 快进高度参数　　图 2-33 平面形式的快进高度　图 2-34 圆柱体形式的快进高度

● 【球】：通过球形式来定义刀具快速移动时的安全区域，如图 2-35 所示。包括以下参数：
➢ 【中心】：用于定义安全区域中的圆心。
➢ 【半径】：用于定义球体安全区域的半径。
➢ 【下切半径】：用于定义下切移动时的球体半径。
● 【方框】：通过方框形式来定义刀具快速移动时的安全区域，如图 2-36 所示。包括以下参数：
➢ 【角落】：用于定义方框形状安全区域其他中一个拐角位置。
➢ 【尺寸】：通过设置 X、Y、Z 参数指定拐角点。

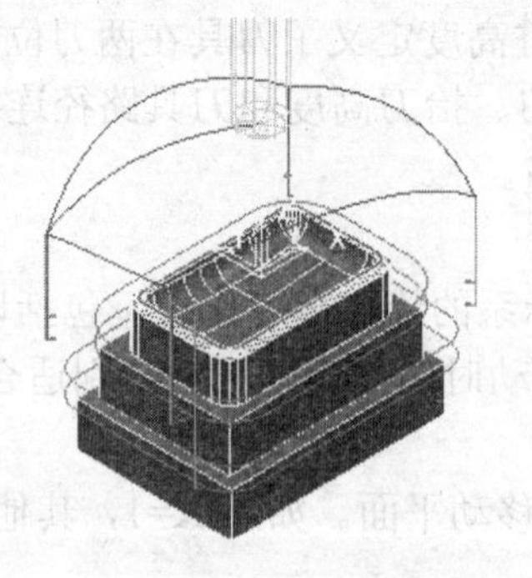

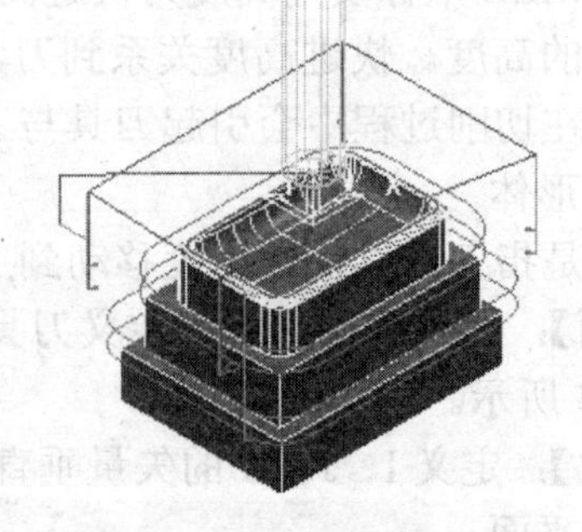

图 2-35 球形式的快进高度　　图 2-36 方框形式的快进高度

（2）计算尺寸
用于设置计算快进高度的尺寸参数，包括以下选项：
● 【快进间隙】：用于设置安全 Z 高度高于工件最上层的高度值。
● 【下切间隙】：用于设置开始 Z 高度高于工件最上层的高度值。

16. 切入切出和连接

一条完整的刀具路径包括靠近段、切入段、切削段、连接段、切出段和撤回段等，一般靠近段、撤回段和连接段被设置成 G00 速度，如图 2-37 所示。其中，刀具路径的切削段有粗、精加工策略来计算，其余各段一般通过“切入切出和连接”参数设置。

单击左侧列表框中的“切入切出和连接”选项，在右侧显示切入切出和连接参数，如图 2-38 所示。

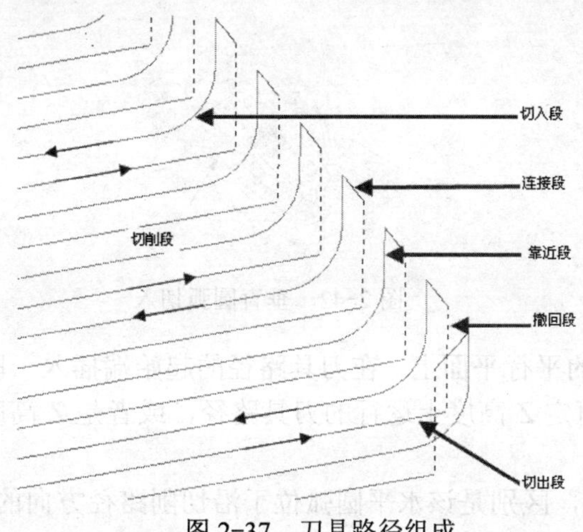

图 2-37　刀具路径组成

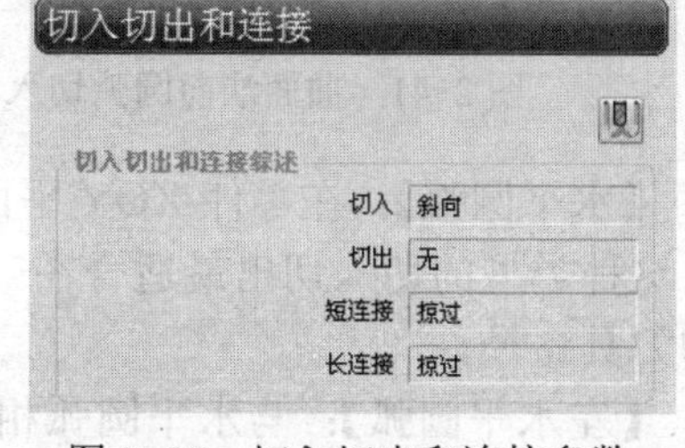

图 2-38　切入切出和连接参数

(1) 切入和切出

“切入”选项卡用于设置刀具每次切入毛坯时的切入方式，如图 2-39 所示。“切出”选项卡用于设置刀具每次离开毛坯时的切出方式，如图 2-40 所示。“切入”和“切出”选项卡中的参数相同。

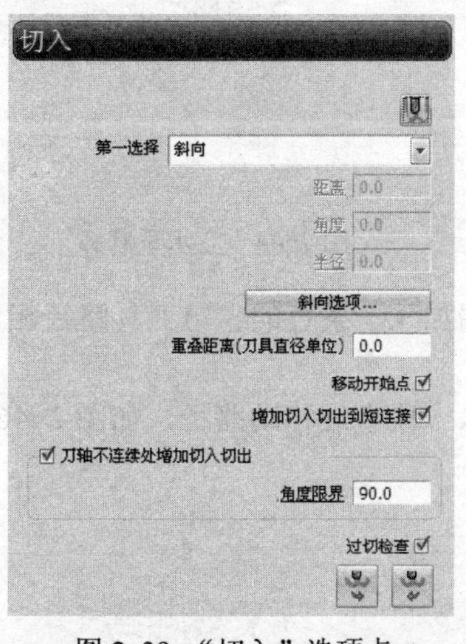

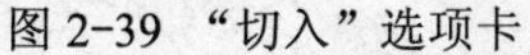

图 2-39 “切入”选项卡

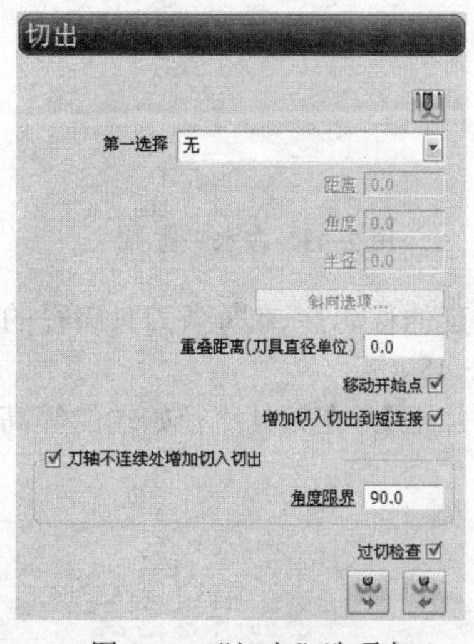

图 2-40 “切出”选项卡

切入或切出方式有“第一选择”选项，如果第一选择的切入或切出方式都无法实现，则切入方式为无。

● 【第一选择】：第一选择共提供了 11 种切入方式，下面介绍常用的几种切入方式：

➢【无】：刀具直接切入毛坯，表明切入每条切削路径之间不附加任何路径。

➢【曲面法向圆弧】：在刀具路径相切方向线和零件法向线组成的平面上，刀具以切向圆弧切入，如图 2-41 所示。

➢【垂直圆弧】：在零件 XOY 平面的垂直平面上，在刀具路径的起始端插入一段垂直圆弧，如图 2-42 所示。因为垂直圆弧拓展了刀具路径，因此要选中“过切检查”复选框。

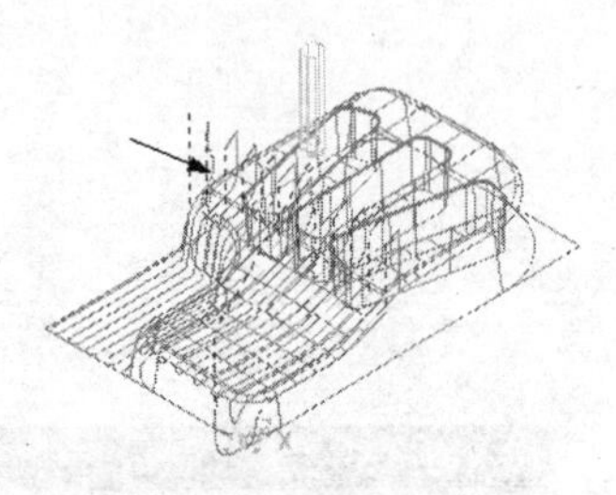

图 2-41 曲面法向圆弧切入

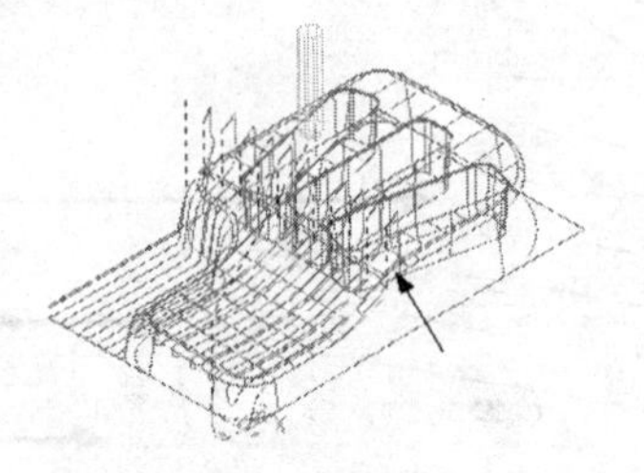

图 2-42 垂直圆弧切入

➢【水平圆弧】：在零件 XOY 平面的平行平面上，在刀具路径的起始端插入一段水平圆弧。这种类型的切入切出最适合在一恒定 Z 高度上运行的刀具路径，或者是 Z 高度变化较小的刀具路径。

➢【左水平圆弧】：与水平圆弧相同，区别是该水平圆弧位于沿切削路径方向的左边，如图 2-43 所示。

➢【右水平圆弧】：与水平圆弧相同，区别是该水平圆弧位于沿切削路径方向的右边，如图 2-44 所示。

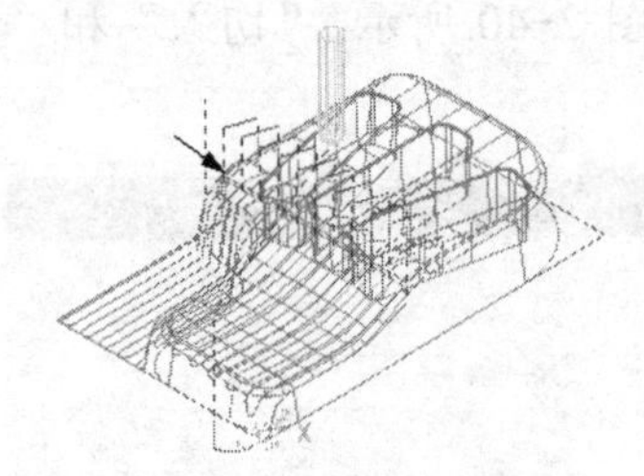

图 2-43 左水平圆弧

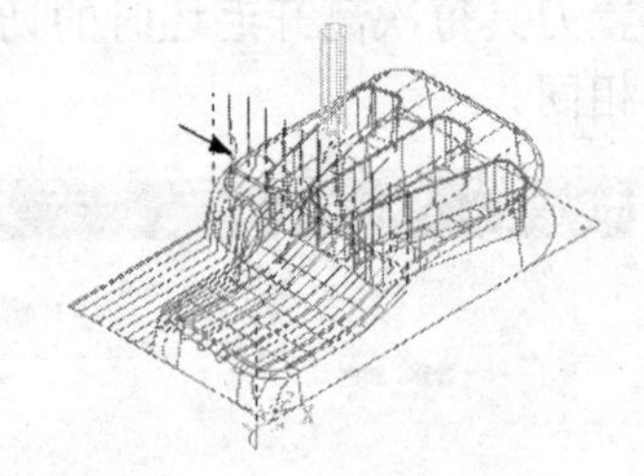

图 2-44 右水平圆弧

➢ 【延伸移动】：在每条刀具路径的开始端加入一条直的、与刀具路径相切的直线路径，如图 2-45 所示。

➢ 【加框】：在刀具路径始端的等高层插入一段直线移动路径，如图 2-46 所示。

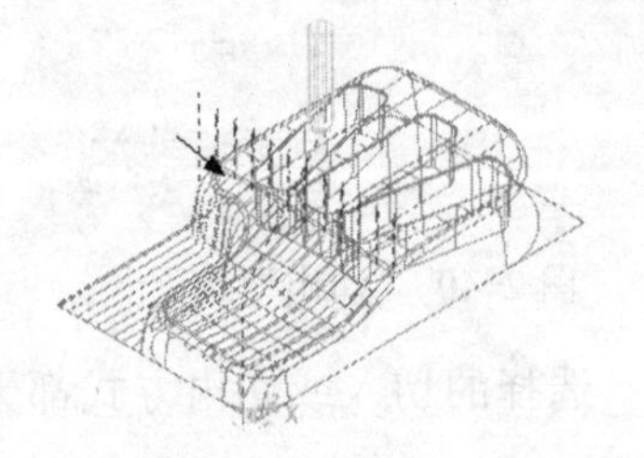

图 2-45 延伸移动

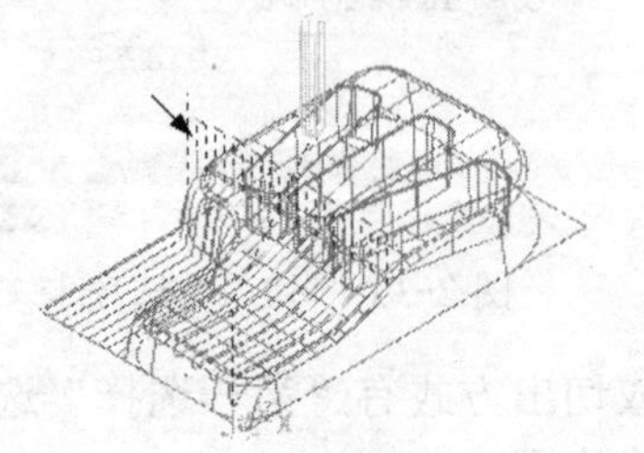

图 2-46 加框

➢【直】：在刀具路径始端的等高层上插入一段直线移动路径，如图 2-47 所示。选择该方式，不仅要设置直线段的长度，而且还要设定直线段与切削段方向的角度。

➢【斜向】：刀具路径在指定高度，以圆弧、直线或轮廓方式斜向切入路径，如图 2-48 所示。

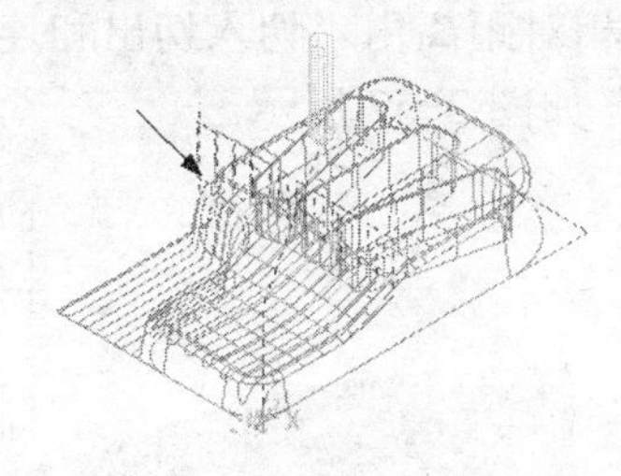

图 2-47　直

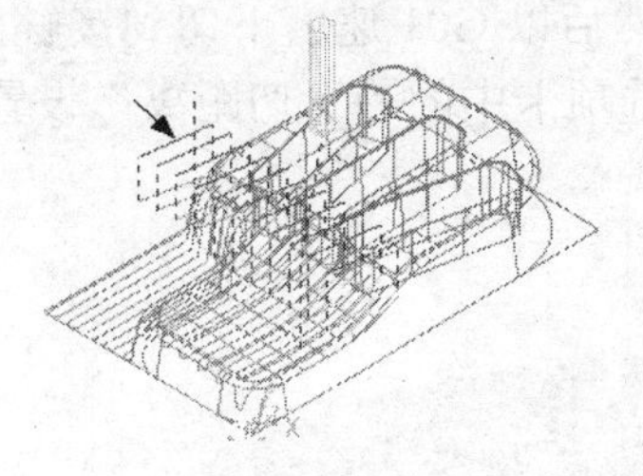

图 2-48　斜向

● 其他参数：包括以下选项：

➢【重叠距离】：应用于封闭刀具路径的切入或切出，在切入或切出刀具路径前，刀具以该距离超过刀具路径端点。

➢【移动开始点】：允许自动移动闭合环的开始点，以便于寻找不过切的位置。

➢【增加切入切出到短连接】：用于控制切入切出是否增加到短连接。默认值是切入切出应用到所有的连接移动中。然后，有时候为了追求效率和质量，有些场合将切入切出加到长连接、刀具路径开始点和结束点处，并不想将切入切出增加到短连接处。

（2）连接

“连接”选项卡用于设置两个相邻刀具路径之间的过渡方式，如图 2-49 所示。连接功能在编程时是经常用到的功能。

连接分短连接、长连接和缺省连接等 3 种，长短由“长/短分界值”表示，刀路段间的距离小于此值为短，如图 2-50 所示。

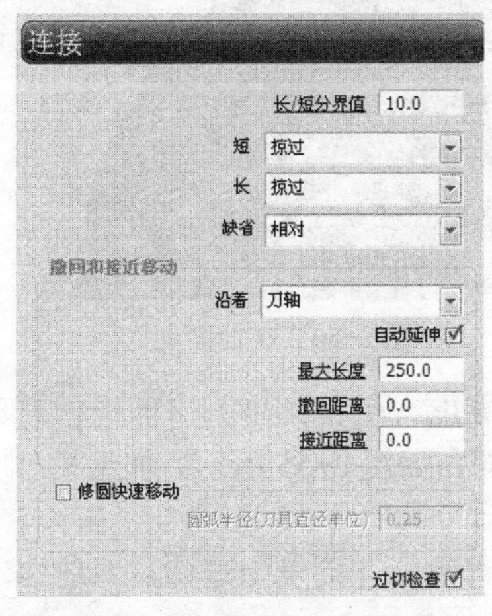

图 2-49 “连接”选项卡

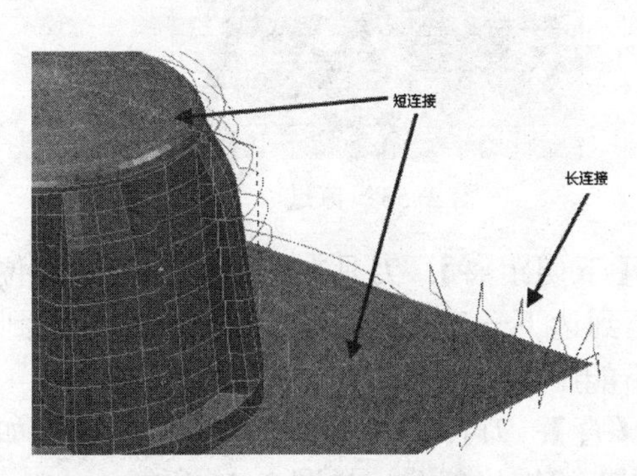

图 2-50　短连接和长连接

●【短连接】：用于设置短连接方式，包括以下选项：

➢【安全高度】：刀具以 G00 速度快速撤回到由“快进高度”定义的“绝对高度”栏所设置的安全 Z 高度平面上，进行短连接后，快速下降到“快进高度”对话框中的“绝对高度”栏所设置的开始 Z 高度平面上，然后以 G01 速度下切到刀位点。该方式比较安全，但效率低，如图 2-51 所示。

➢ 【相对】：与安全高度近似，刀具以 G00 快速撤回到“快进高度”对话框中的“绝对高度”栏所设置的安全 Z 高度平面上，进行短连接后，快速下降到距刀位点指定相对距离的平面上，然后以 G01 速度下切到接触点。该相对距离由“切入切出和连接”对话框中的“Z 高度”选项卡中的“下切距离”设置高度，如图 2-52 所示。

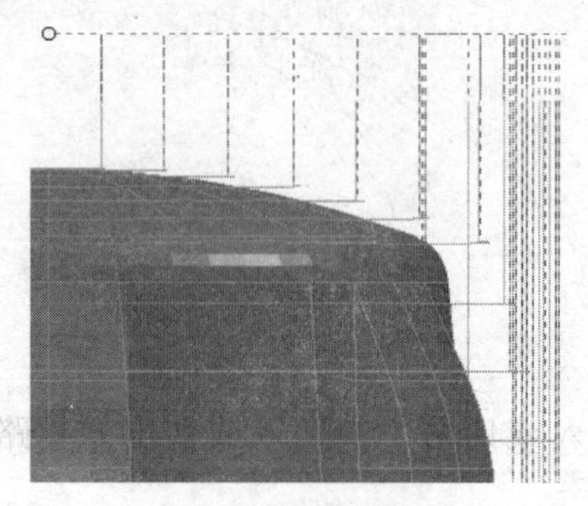
图 2-51 安全高度

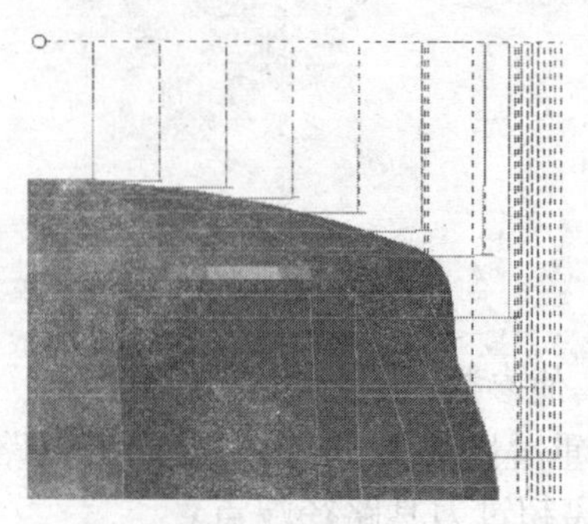
图 2-52 相对

➢ 【掠过】：掠过短连接与掠过距离是直接相关联的，如图 2-53 所示。例如，在“切入切出和连接”对话框中设置“掠过高度”为 10，“下切距离”为 5，则刀具以 G00 速度快速撤回到曲面最高点以上 10mm 处，快速移动到邻近刀具路径段，并快速下降到刀位点 3mm 处，然后以下切速率切入毛坯。

➢ 【在曲面上】：短连接沿相切曲面进行，如图 2-54 所示。该方式很少提刀，因此多用于精加工刀具路径中。

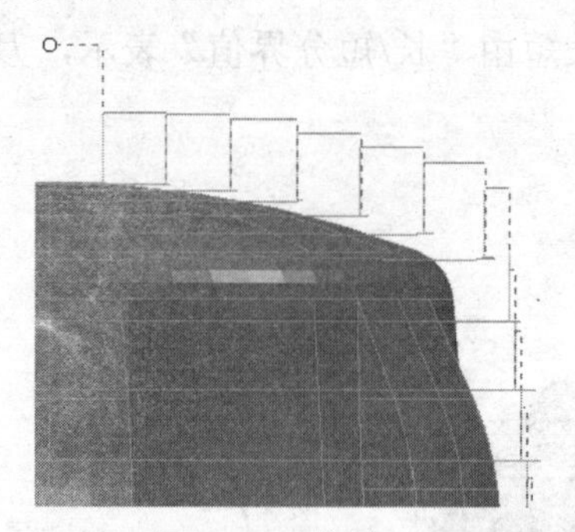
图 2-53 掠过

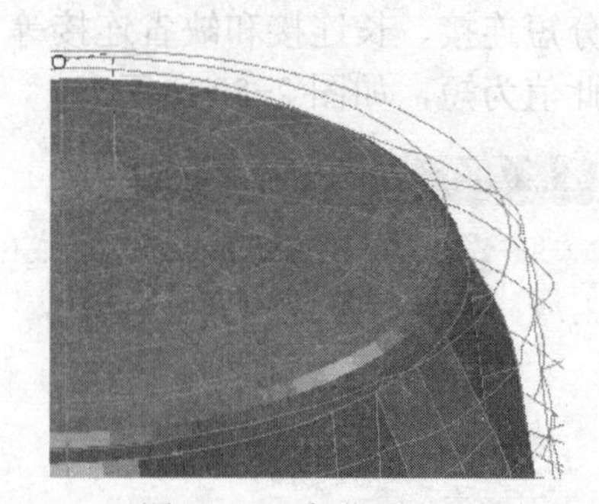
图 2-54 在曲面上

➢ 【下切距离】：刀具在发生短连接的刀位点高度（恒定高度）平面上做直线连接运动，直至到达下一刀具路径开始处，然后下切到曲面，如图 2-55 所示。如果模型中存在过切，则不能产生这种类型的链接。

➢ 【直】：刀具沿曲面做直线连接移动，如果直线短连接发生过切，系统自动用长连接替代该直线连接部分，如图 2-56 所示。

➢ 【圆形圆弧】：从一条刀具路径末端以圆弧方式过渡到另一条刀具路径的始端，通常适用于刀具路径末端的几何形状为平行形状的情况。

● 【长连接】：长连接用于定义长连接方式，包括“安全高度”“相对”和“掠过”等 3 种，它们的含义与短连接中含义基本相同。

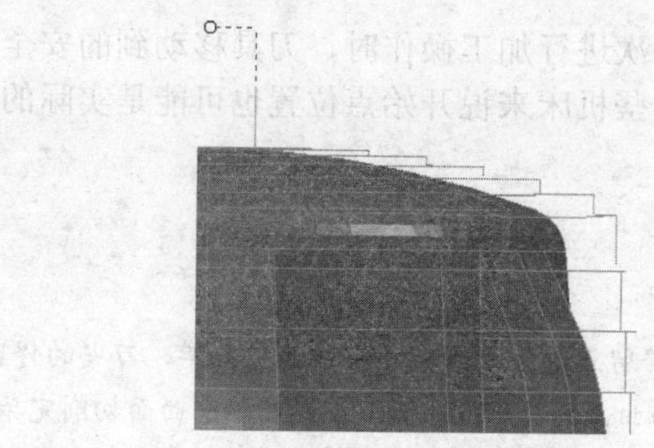

图 2-55　下切距离

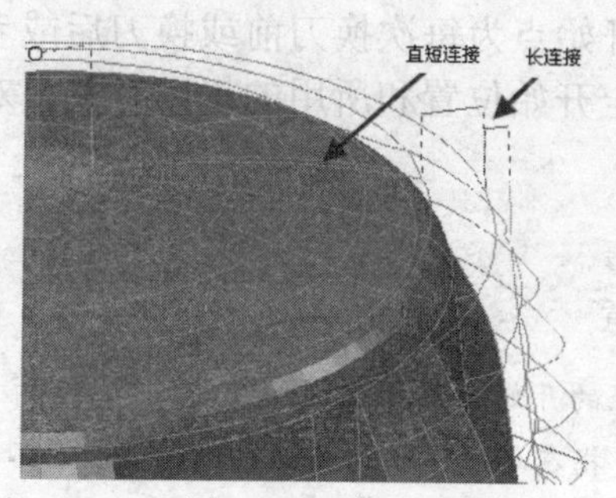

图 2-56　直

● 【缺省】：如果长连接或短连接发生过切时，系统自动应用“缺省”连接。“缺省”连接与长连接参数相同。

● 【撤回和接近移动】：“撤回和接近移动”用于定义连接路径的长度和方向，它多用于多轴加工编程，控制刀具接近和撤离工件的移动方向。包括以下 4 种方式：

➢ 【刀轴】：刀具撤离和接近移动沿刀轴方向。

➢ 【接触点法向】：刀具撤离和接近移动沿曲面法线方向。

➢ 【正切】：刀具撤离和接近移动沿曲面切线方向。

➢ 【径向】：刀具撤离和接近移动垂直于刀轴和刀具路径方向。

● 【修圆快速移动】：该选项用于定义连接移动路径的修圆大小，如图 2-57 所示。在“半径”文本框中确定快速移动链接的圆弧半径值，此值以刀具直径单位计算。

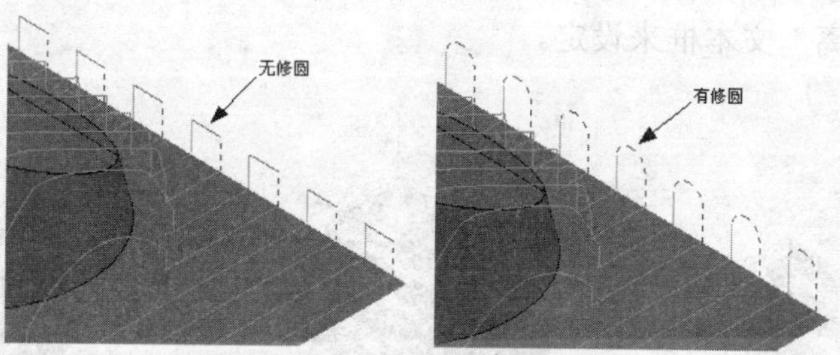

图 2-57　修圆快速移动示意图

17. **开始点和结束点**

单击左侧列表框中的“开始点”和“结束点”选项，在右侧显示开始点和结束点参数，如图 2-58 所示。

图 2-58　开始点和结束点参数

刀具的开始点为每次换刀前或换刀后或者每次进行加工操作时，刀具移动到的安全开始位置。安全开始位置和所用的机床有关，对某些机床来说开始点位置也可能是实际的换刀位置。

注意

刀具路径的开始点是指切削加工前，刀尖的初始停留点；结束点是指程序执行完毕，刀尖的停留点；进刀点是指在单一曲面的初始切削位置上，刀具与曲面的接触点；退刀点是指单一曲面切削完毕，刀具与曲面的接触点。

开始点和结束点设置方法相同，下面以开始点为例来讲解。

（1）使用

用于指定开始点类型，包括以下选项：

● 【毛坯中心安全高度】：开始点在毛坯中心之上的一个绝对安全 Z 高度的位置上，这是最常用的刀具开始点位置定义方法，如图 2-59 所示。

● 【第一点安全高度】：开始点在刀具路径第一点上的一个安全 Z 高度的位置上，如图 2-60 所示。对于多轴加工的刀具路径，开始点通过与刀具路径第一点相隔一定距离的点来设置，沿着刀具主轴测量距离，并延伸到安全 Z 高度平面上或者旋转精加工刀具路径的圆柱体上。

● 【最后一点】：开始点在与刀具路径第一点相隔一定距离的位置上，如图 2-61 所示。该距离由“接近距离”文本框来设定。

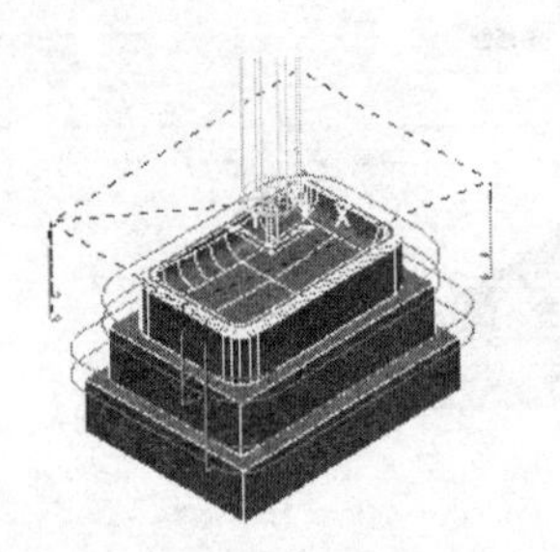

图 2-59 毛坯中心安全高度

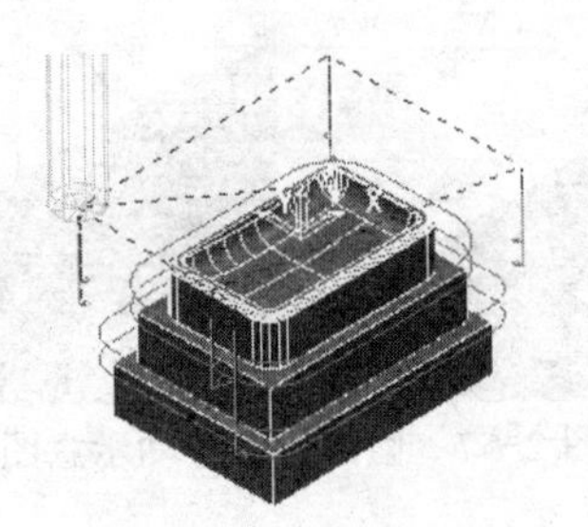

图 2-60 第一点安全高度

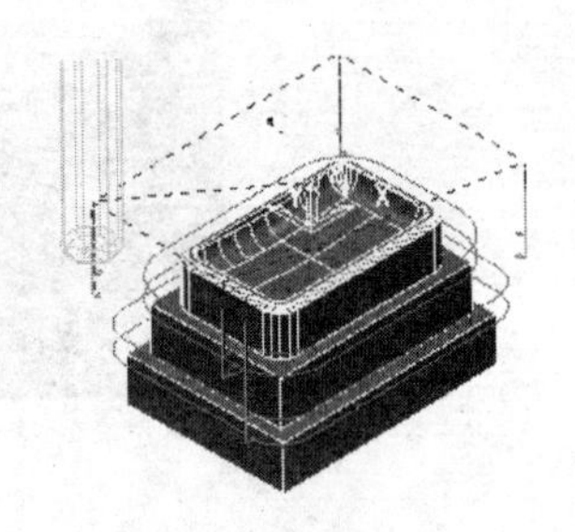

图 2-61 最后一点

● 【绝对】：选择该选项，开始点由“坐标”框中输入的坐标值来确定。

（2）沿…撤回

用于设置刀具完成接近移动的方向，包括以下选项：

● 【刀轴】：第一个接近移动和最后一个撤回移动的方向与刀轴方向一样。

● 【接触点法线】：第一个接近移动和最后一个撤回移动方向在接触点法线方向上。如果刀具路径没有接触法线，则该选项不可用。

● 【正切】：第一个接近移动和最后一个撤回移动的方向是相切的。

（3）坐标

当使用“绝对”方式时，用于输入 X、Y、Z 坐标值来确定开始点。

（4）刀轴

用于定义刀具路径的开始点和结束点刀轴，多用于多轴加工时使用。

18. 进给和转速

单击左侧列表框中的“进给和转速”选项，在右侧显示进给和转速参数，如图 2-62 所示。

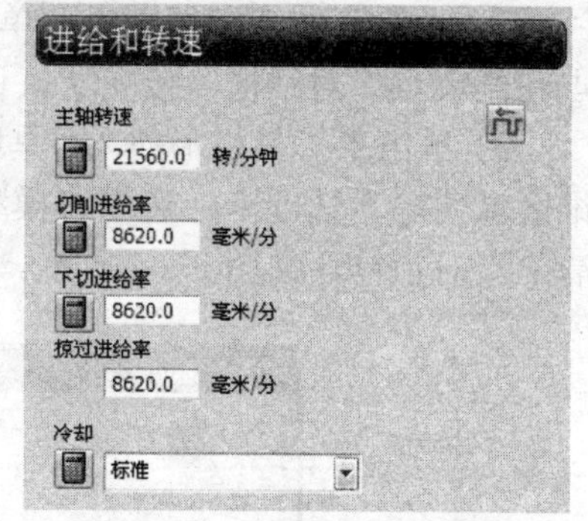

图 2-62 进给和转速参数

- 【主轴转速】：用于设置主轴转速。通常设置高速钢ϕ3～16mm 刀具的主轴转速为 500～1 800，硬质合金刀具的主轴转速为 1 500～3 000（高速加工除外）。
- 【切削进给率】：表示刀具在 X、Y 方向上切削进给速度，切削速度的提高可增加生产效率。
- 【下切进给率】：刀具沿 Z 轴移动到铣削高度的进给速度。为了避免撞刀，在模型型面或自由曲面沿面下刀时，选择较小的进给率。当离开工件下刀时，取较大进给率，以便于节省加工时间。
- 【掠过进给率】：刀具提刀或不铣削工件时的进给速率。为提高生产加工效率，避免空刀慢行，可将快进速度尽量设置大些，一般设置为 2 000～5 000。
- 【冷却】：用于设置加工过程中采用何种冷却方式，包括“无”“标准”“液体”“雾状”“水冷”“风冷”“经主轴”和“双冷”等。

练习 1：模型区域清除模型范例演练

1）选择下拉菜单“文件”→“删除全部”命令，在弹出的“PowerMILL 询问”对话框中单击“是”按钮，删除所有文件。然后选择下拉菜单“工具”→“重设表格”命令，将所有表格重新设置为系统默认状态。

2）选择下拉菜单中的“文件”→“范例”命令，弹出“打开范例”对话框，选择“handle.tri”（“随书光盘:\第 2 章\exercise1\uncompleted\handle.tri”）文件，单击“打开”按钮即可，如图 2-63 所示。

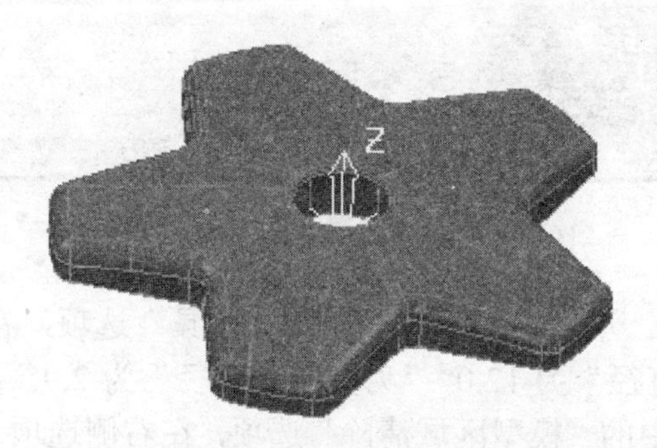

图 2-63 打开范例文件

3）单击主工具栏上的“毛坯”按钮，弹出“毛坯”对话框。在“由...定义”下拉列表中选择“方框”，单击“估算限界”框中的“计算”按钮，然后单击“最大 Z”和“最小 Z”后面的按钮，使其变为锁定，锁住 Z 坐标，在“扩展”文本框中输入 10，再单击“计算”按钮，接着单击“接受”按钮，图形区显示所创建的毛坯。

4）设置快进高度。单击主工具栏上的“快进高度”按钮，弹出“快进高度”对话框。在“绝对高度”选择中的“安全区域”下拉列表中选择“平面”选项，单击“接受”按钮退出。

5）设置开始点和结束点。单击主工具栏上的“开始点和结束点”按钮，弹出“开始点和结束点”对话框，接受默认设置，单击“接受”按钮退出。

6）单击主工具栏上的“刀具路径策略”按钮，弹出“策略选取器”对话框，单击“三维区域清除”选项卡，选中“模型区域清除”选项，单击“接受”按钮，弹出“模型区域清除”对话框，如图2-64所示。

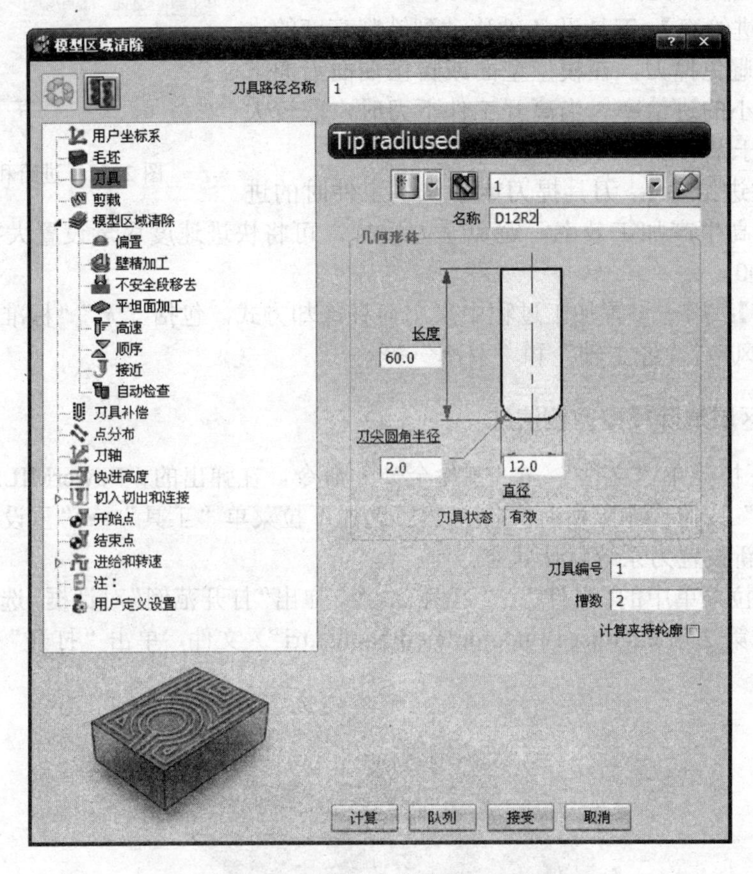

图2-64 “模型区域清除”对话框

● 创建刀具D12R2。单击左侧列表框中的“刀具”选项，在右侧选项卡中选择“刀尖圆角端铣刀”，设置“直径”为12.0，“刀尖圆角半径”为2.0。

● 单击左侧列表框中的“模型区域清除”选项，在右侧选项卡中设置“行距”为0.7，“下切步距”为0.2，“切削方向”为“顺铣”，如图2-65所示。

● 单击左侧列表框中的“高速”选项，在右侧选项卡中选择“轮廓光顺”“光顺余量”和“摆线移动”复选框，选择“连接”为“光顺”，如图2-66所示。

● 单击左侧列表框中的“切入”和“切出”选项，在右侧选项卡中选择“第一选择”为“斜向”，如图2-67所示。

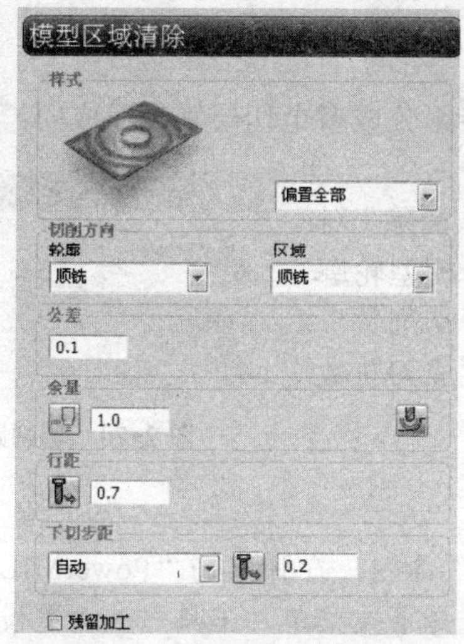

图 2-65 模型区域清除参数

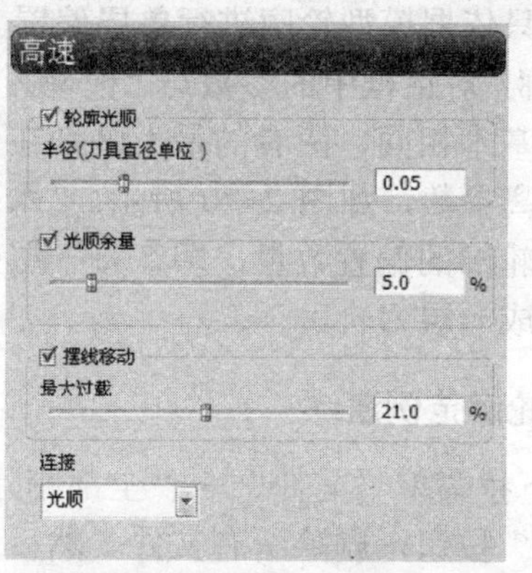

图 2-66 高速参数

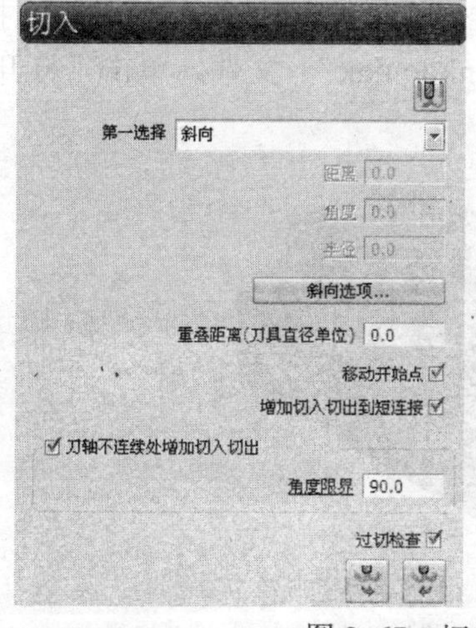

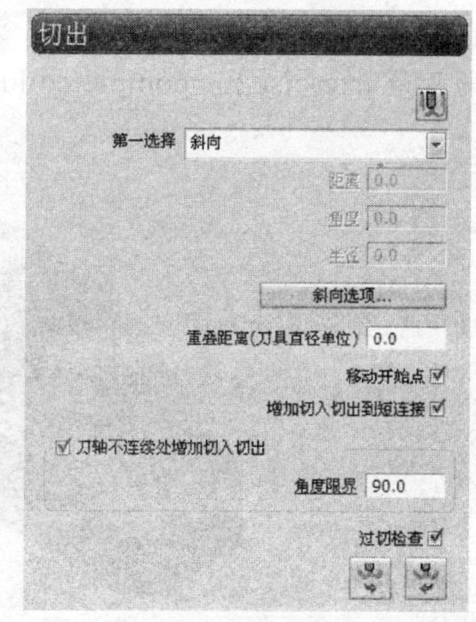

图 2-67 切入和切出参数

● 单击左侧列表框中的“进给和转速”选项，在右侧选项卡中设置相关参数，如图 2-68 所示。

7）在“模型区域清除”对话框中单击“计算”按钮和“接受”按钮，确定参数并退出对话框，生成的刀具路径如图 2-69 所示。

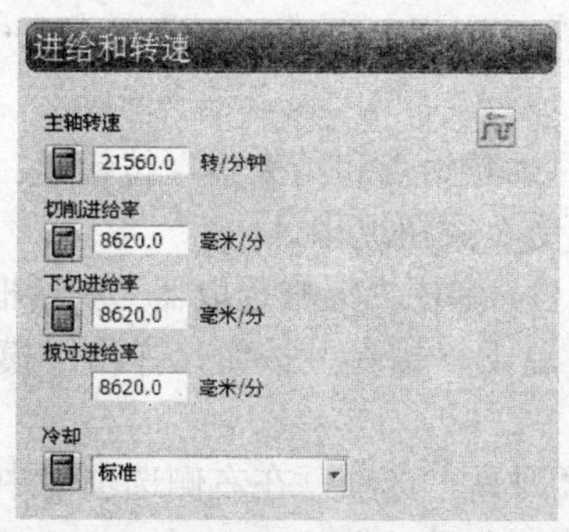

图 2-68 进给和转速参数

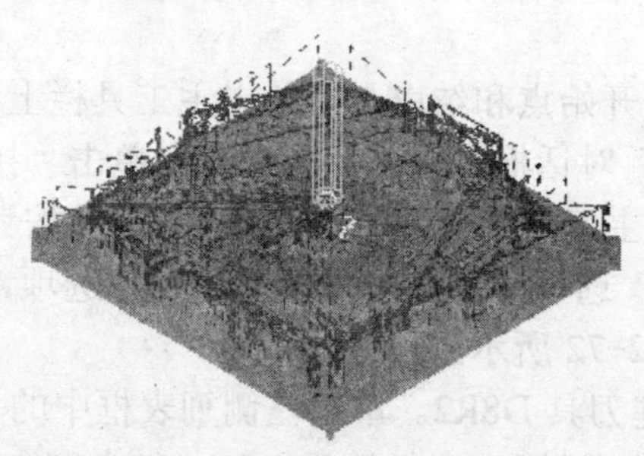

图 2-69 生成的刀具路径

2.1.1.2 模型轮廓

模型轮廓刀具路径在Z轴方向是按下切步距分成多个切层累积而成的，而每一切层的刀具路径轨迹只依据模型轮廓进行单层偏置。

“模型轮廓”对话框中的参数与“模型区域清除”对话框中的参数基本相同，两者的最大区别在于模型轮廓增加了切削距离参数，如图2-70所示。“水平切削数”用于设置模型轮廓的偏置数量，即在每一层生成刀轨数量，默认只生成一层刀轨。

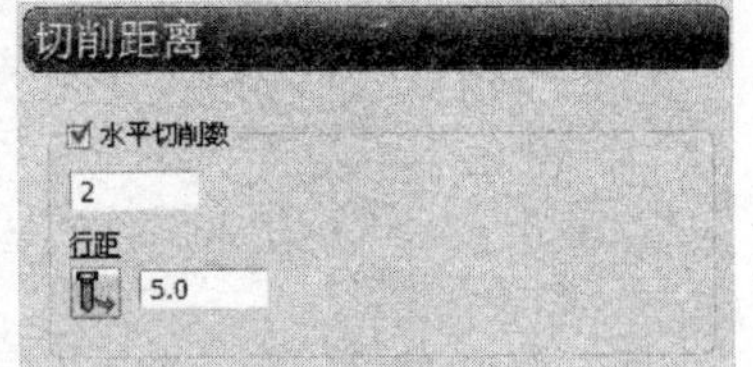

图2-70 切削距离参数

练习2：模型轮廓范例演练

1）选择下拉菜单“文件”→“全部删除”命令，在弹出的“PowerMILL 询问”对话框中单击“是”按钮，删除所有文件。然后选择下拉菜单“工具”→“重设表格”命令，将所有表格重新设置为系统默认状态。

2）选择下拉菜单中的“文件”→“范例”命令，弹出“打开范例”对话框，选择“lunkuo.dgk”（“随书光盘: \第2章\exercise2\uncompleted\lunkuo.dgk”）文件，单击“打开”按钮即可，如图2-71所示。

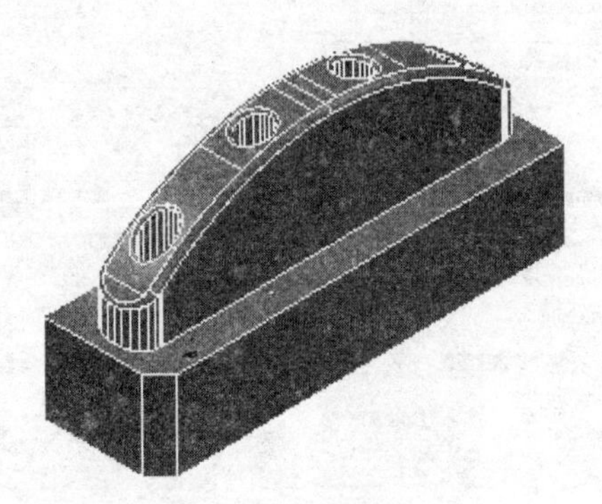

图2-71 打开范例文件

3）单击主工具栏上的“毛坯”按钮，弹出“毛坯”对话框。在“由...定义”下拉列表中选择“方框”，单击“估算限界”框中的“计算”按钮，然后单击“接受”按钮，图形区显示所创建的毛坯。

4）设置快进高度。单击主工具栏上的“快进高度”按钮，弹出“快进高度”对话框。在“绝对高度”选择中的“安全区域”下拉列表中选择“平面”选项，单击“接受”按钮退出。

5）设置开始点和结束点。单击主工具栏上的“开始点和结束点”按钮，弹出“开始点和结束点”对话框，接受默认设置，单击“接受”按钮退出。

6）单击主工具栏上的“刀具路径策略”按钮，弹出“策略选取器”对话框，单击“三维区域清除”选项卡，选中“模型轮廓”选项，单击“接受”按钮，弹出“模型轮廓”对话框，如图2-72所示。

- 创建刀具D8R2。单击左侧列表框中的“刀具”选项，在右侧选项卡中选择“刀尖圆角端铣刀”，设置“直径”为8.0，“刀尖圆角半径”为2.0。

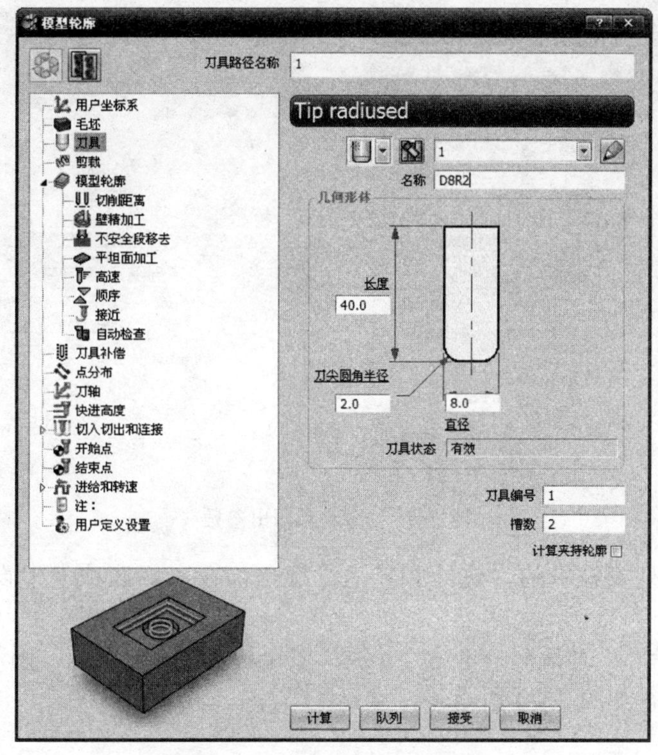

图 2-72 “模型轮廓”对话框

● 单击左侧列表框中的“模型轮廓”选项，在右侧选项卡中设置“行距”为 5.0，“下切步距”为 0.15，“切削方向”为“顺铣”，如图 2-73 所示。

● 单击左侧列表框中的“高速”选项，在右侧选项卡中选择“轮廓光顺”“光顺余量”和“摆线移动”复选框，选择“连接”为“光顺”，如图 2-74 所示。

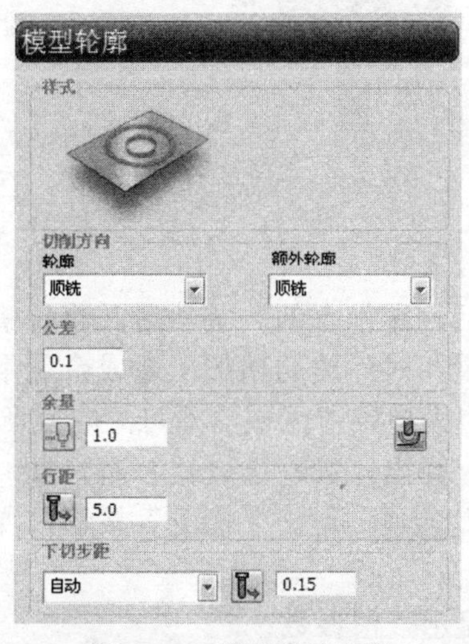

图 2-73　模型轮廓参数

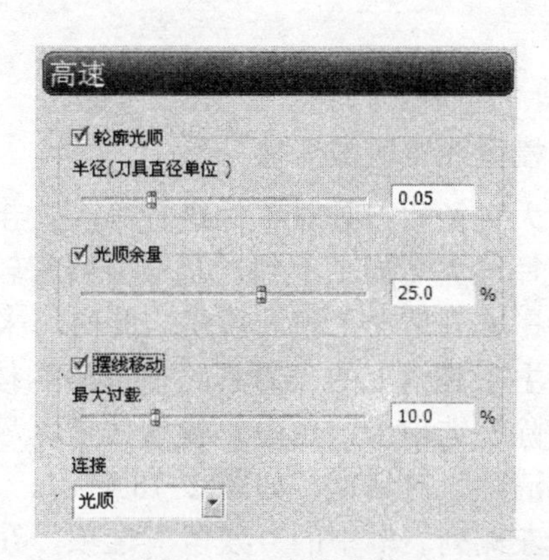

图 2-74　高速参数

● 单击左侧列表框中的“切入”和“切出”选项，在右侧选项卡中选择“第一选择”为“斜向”，如图 2-75 所示。

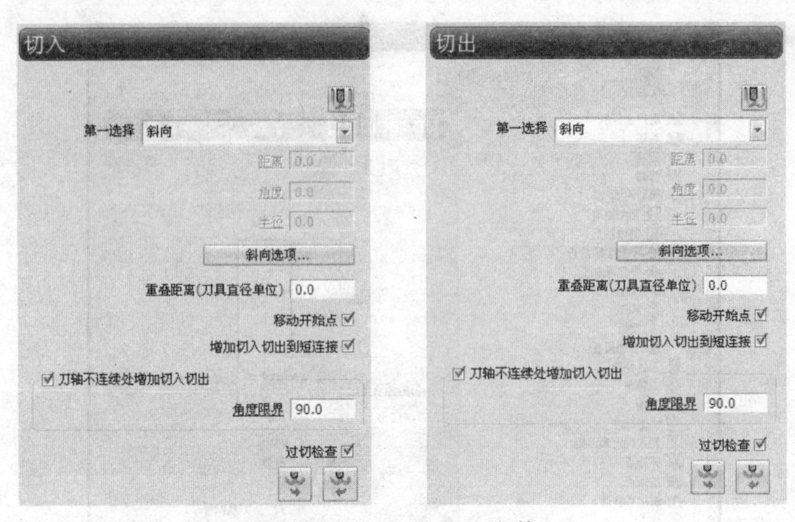

图 2-75 切入和切出参数

● 单击左侧列表框中的“进给和转速”选项，在右侧选项卡中设置相关参数，如图 2-76 所示。

7）在“模型轮廓”对话框中单击“计算”按钮和“接受”按钮，确定参数并退出对话框，生成的刀具路径如图 2-77 所示。

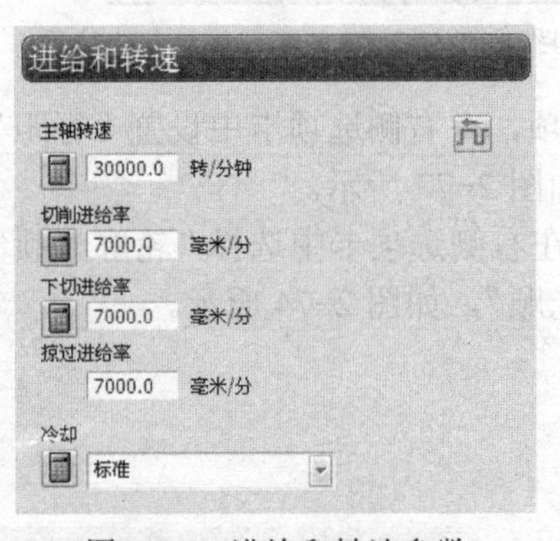

图 2-76 进给和转速参数

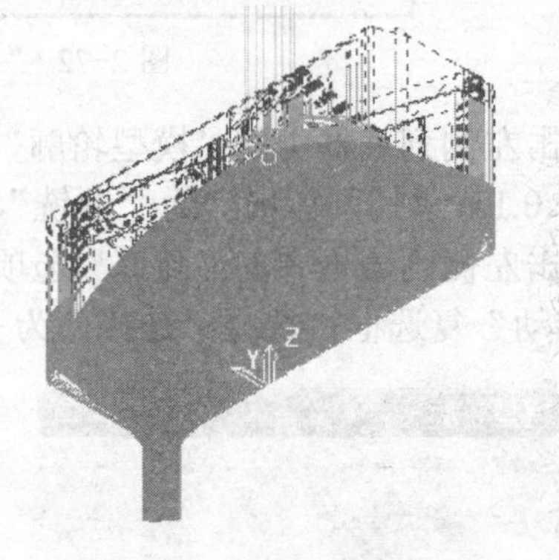

图 2-77 生成的刀具路径

2.1.1.3 模型残留区域清除

使用大直径的刀具对零件进行第一次粗加工后，零件上的一些角落及狭长槽部位会因为刀具直径过大而加工不到，从而会残留较多余量，对后续的精加工造成余量不均匀的后果，直接影响到精加工表面质量。此时，采用使用模型残留区域清除可清除残留余量。

单击主工具栏上的“刀具路径策略”按钮，弹出“策略选取器”对话框，单击“三维区域清除”选项卡，选中“模型残留区域清除”选项，单击“接受”按钮，弹出“模型残留区域清除”对话框，如图 2-78 所示。

单击左侧列表框中的“残留”选项，在右侧显示残留参数：

（1）残留加工

选中“残留加工”复选框，残留加工选项区将被激活。其中残留加工方式有以下 4 个参数：

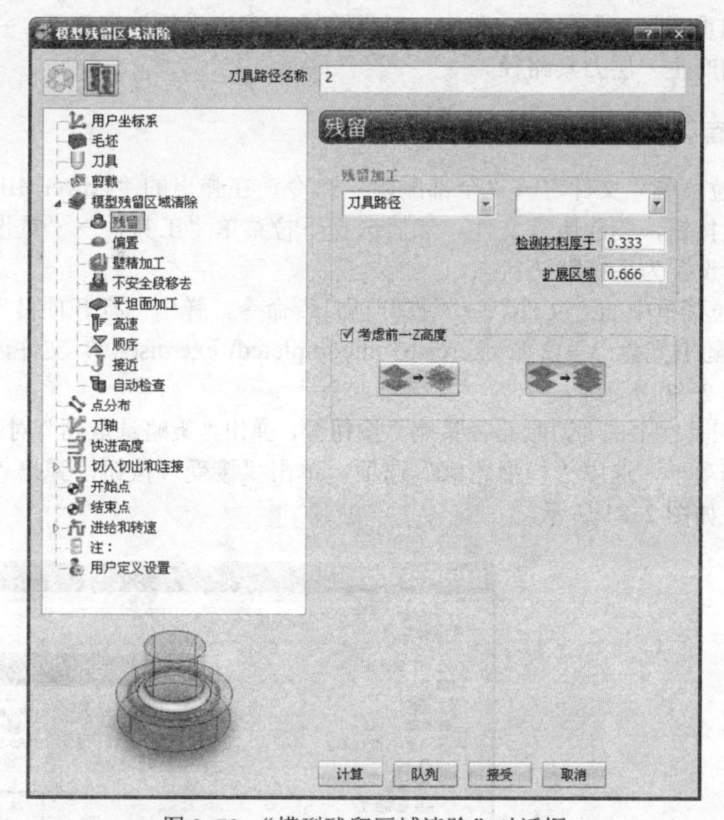

图 2-78 “模型残留区域清除”对话框

● 【刀具路径】：计算第一次粗加工后留下的超过余量厚度值的材料，对这些区域计算残留加工刀路。

● 【残留模型】：使用预先创建出来的残留模型作为加工对象计算残留加工刀路。

● 【检测材料厚度】：设置一个材料厚度值，系统在计算零件加工区域生成残留加工刀路时，忽略比设置材料厚度值小的区域。

● 【扩展区域】：残留区域沿零件轮廓表面按该系数值大小进行扩展，该选项可与“检测材料厚度”选项联合使用，如图 2-79 所示。

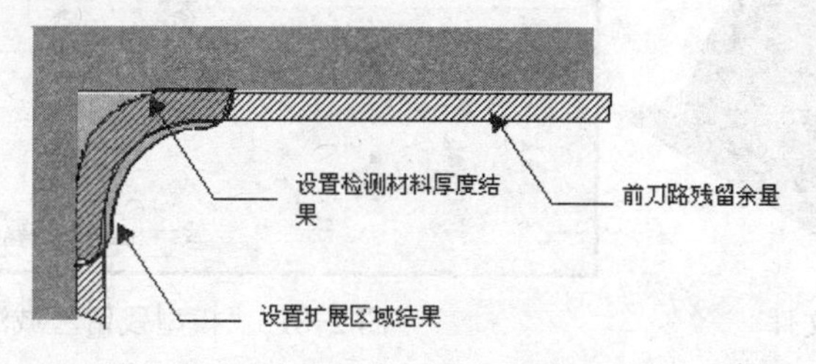

图 2-79 扩展区域结果

（2）考虑前一 Z 高度

用于设置残留加工 Z 高度与参考刀路 Z 高度的关系，包括以下 2 个选项：

● 【加工中间 Z 高度】：用下切步距值计算新的 Z 高度，忽略参考刀具路径 Z 高度值。

● 【加工和重新加工】：在前一刀具路径 Z 高度重新计算加工，并在前一刀具路径 Z 高度层之间产生一层刀具路径。

练习 3：模型残留区域清除范例演练

1）选择下拉菜单“文件”→“全部删除”命令，在弹出的“PowerMILL 询问”对话框中单击“是”按钮，删除所有文件。然后选择下拉菜单“工具”→“重设表格”命令，将所有表格重新设置为系统默认状态。

2）选择下拉菜单中的“文件”→“打开项目”命令，弹出“打开项目”对话框，选择“exercise3”（“随书光盘: \第 2 章\exercise3\uncompleted\ exercise3”）文件，单击“打开”按钮即可，如图 2-80 所示。

3）单击主工具栏上的“刀具路径策略”按钮，弹出“策略选取器”对话框，单击“三维区域清除”选项卡，选中“模型轮廓”选项，单击“接受”按钮，弹出“模型残留区域清除”对话框，如图 2-81 所示。

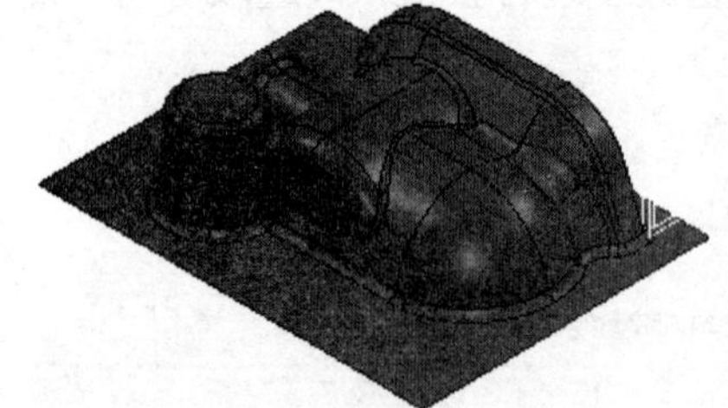

图 2-80 打开文件

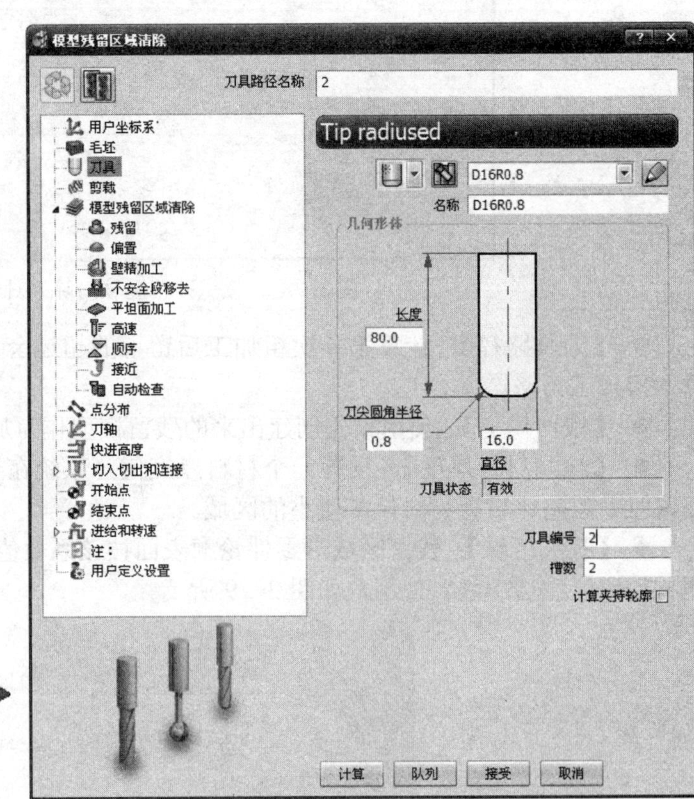

图 2-81 “模型残留区域清除”对话框

● 创建刀具 D16R0.8。单击左侧列表框中的“刀具”选项，在右侧选项卡中选择“刀尖圆角端铣刀”，设置“直径”为 16.0，“刀尖圆角半径”为 0.8。

● 单击左侧列表框中的“模型残留区域清除”选项，在右侧选项卡中设置“行距”为 5，“下切步距”为 2.0，“切削方向”为“顺铣”，如图 2-82 所示。

● 单击左侧列表框中的“残留”选项，在右侧选项卡中设置“残留加工”为“刀具路径”，选择刀具路径“1”，如图 2-83 所示。

● 单击左侧列表框中的“高速”选项，在右侧选项卡中选择“轮廓光顺”“光顺余量”和“摆线移动”复选框，选择“连接”为“光顺”，如图 2-84 所示。

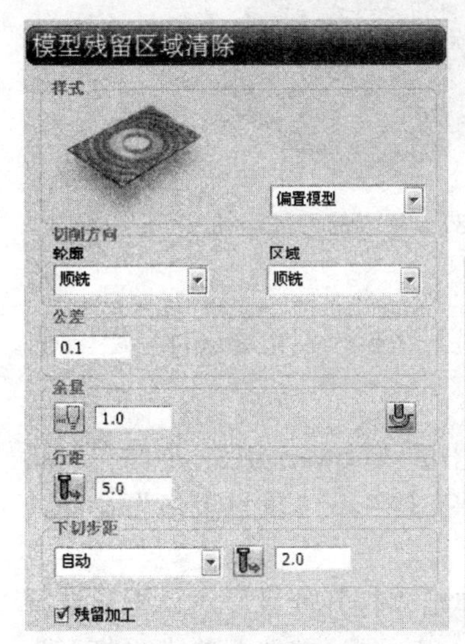

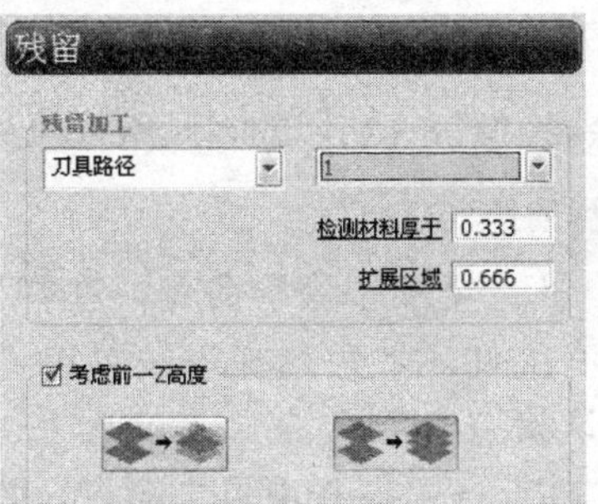

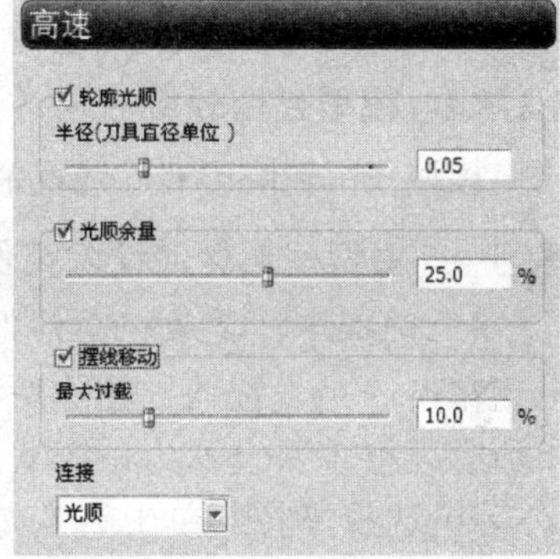

图 2-82　模型残留区域清除参数　　图 2-83　残留参数　　图 2-84　高速参数

● 单击左侧列表框中的“切入”和“切出”选项，在右侧选项卡中选择“第一选择”为“斜向”，如图 2-85 所示。

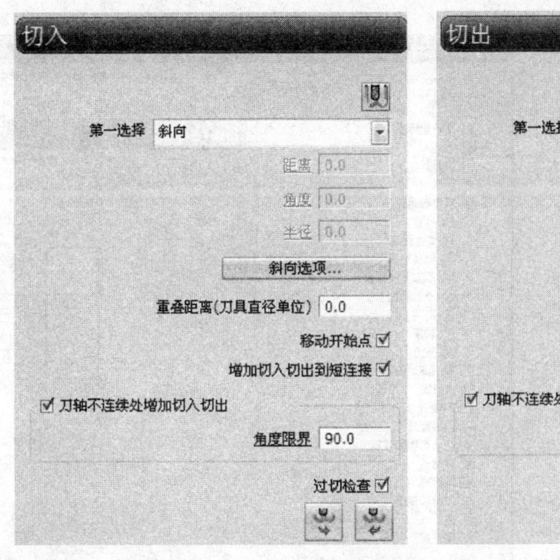

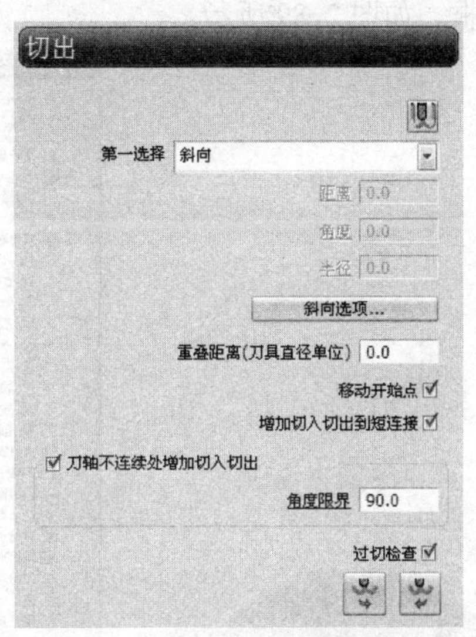

图 2-85　切入和切出参数

● 单击左侧列表框中的“进给和转速”选项，在右侧选项卡中设置相关参数，如图 2-86 所示。

4）在“模型残留区域清除”对话框中单击“计算”按钮和“接受”按钮，确定参数并退出对话框，生成的刀具路径如图 2-87 所示。

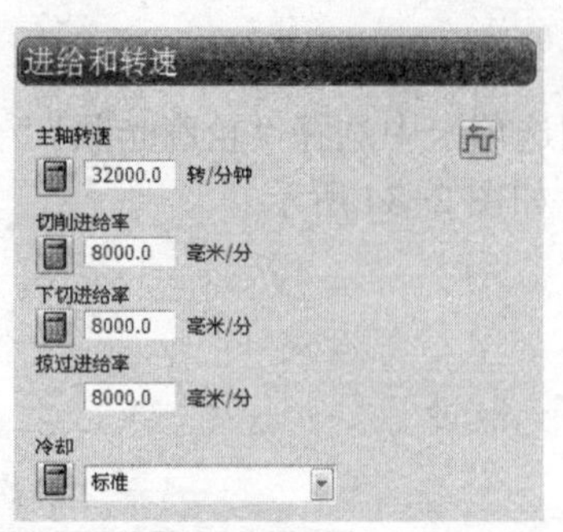

图 2-86　进给和转速参数

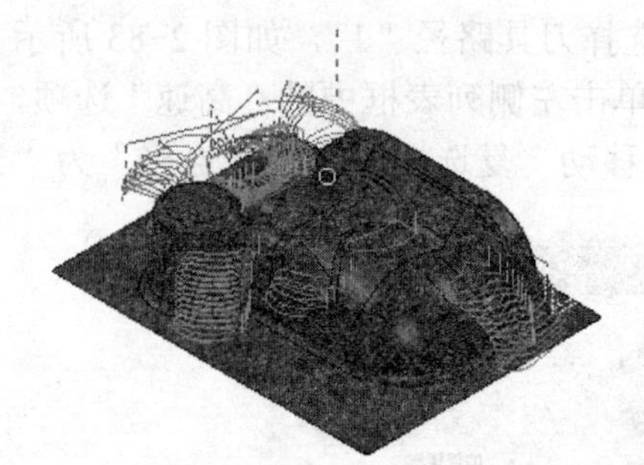

图 2-87　生成的刀具路径

2.1.1.4　模型残留轮廓

模型残留轮廓可清除残留余量，但每一切层的刀具路径轨迹只依据模型轮廓进行单层偏置。

练习 4：模型残留区域清除范例演练

1）选择下拉菜单“文件”→“全部删除”命令，在弹出的“PowerMILL 询问”对话框中单击“是”按钮，删除所有文件。然后选择下拉菜单“工具”→“重设表格”命令，将所有表格重新设置为系统默认状态。

2）选择下拉菜单中的“文件”→“打开项目”命令，弹出“打开项目”对话框，选择“exercise4”（“随书光盘: \第 2 章\exercise4\uncompleted\ exercise4”）文件，单击“打开”按钮即可，如图 2-88 所示。

3）单击主工具栏上的“刀具路径策略”按钮，弹出“策略选取器”对话框，单击“三维区域清除”选项卡，选中“模型残留轮廓”选项，单击“接受”按钮，弹出“模型残留轮廓”对话框，如图 2-89 所示。

图 2-88　打开文件

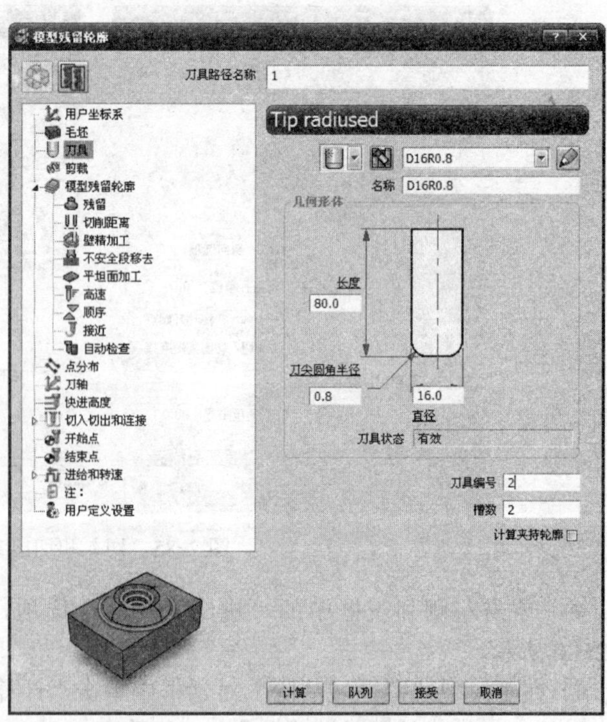

图 2-89　“模型残留轮廓”对话框

● 创建刀具 D16R0.8。单击左侧列表框中的“刀具”选项，在右侧选项卡中选择“刀尖圆角端铣刀”，设置“直径”为 16.0，“刀尖圆角半径”为 0.8。

● 单击左侧列表框中的“模型残留轮廓”选项，在右侧选项卡中设置“下切步距”为 2.0，“切削方向”为“顺铣”，如图 2-90 所示。

● 单击左侧列表框中的“残留”选项，在右侧选项卡中设置“残留加工”为“刀具路径”，选择刀具路径“1”，如图 2-91 所示。

● 单击左侧列表框中的“高速”选项，在右侧选项卡中选择“轮廓光顺”，如图 2-92 所示。

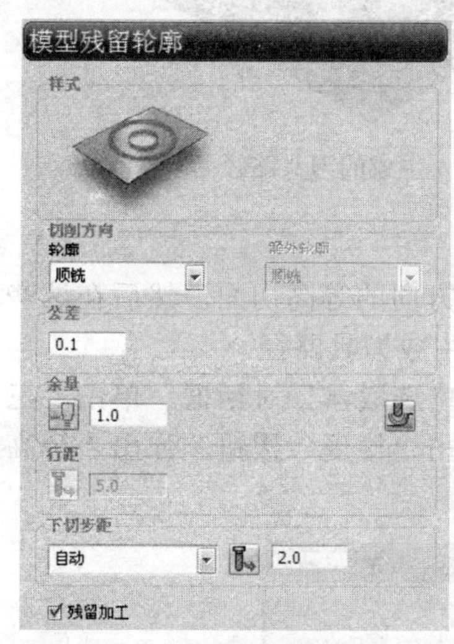

图 2-90 模型残留轮廓参数

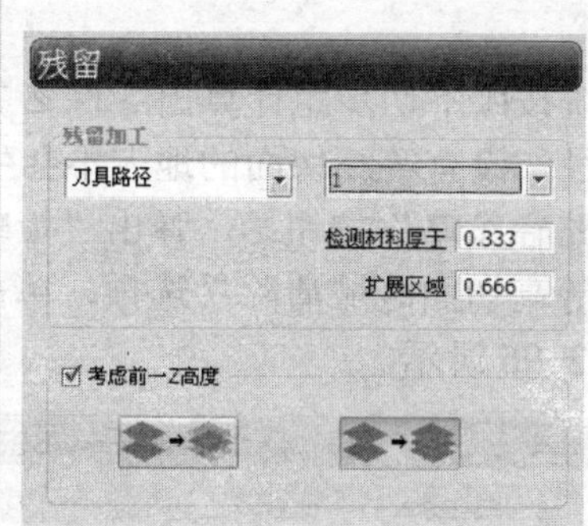

图 2-91 残留参数

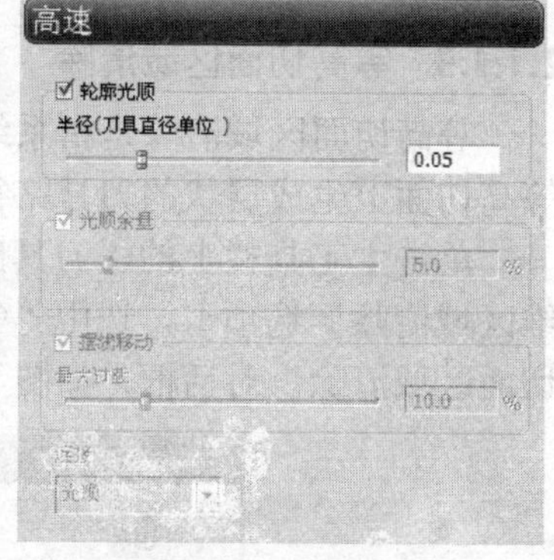

图 2-92 高速参数

● 单击左侧列表框中的“切入”和“切出”选项，在右侧选项卡中选择“第一选择”为“斜向”，如图 2-93 所示。

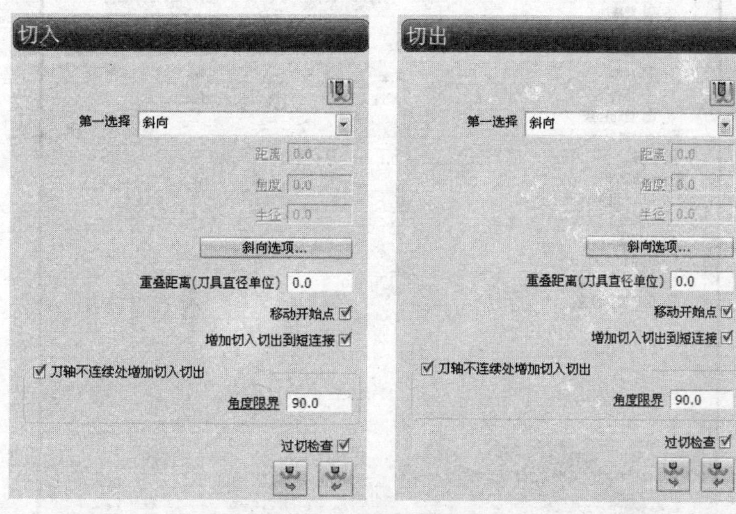

图 2-93 切入和切出参数

● 单击左侧列表框中的“进给和转速”选项，在右侧选项卡中设置相关参数，如图 2-94 所示。

4）在“模型残留轮廓”对话框中单击“计算”按钮和“接受”按钮，确定参数并退出对话框，生成的刀具路径如图 2-95 所示。

图 2-94　进给和转速参数

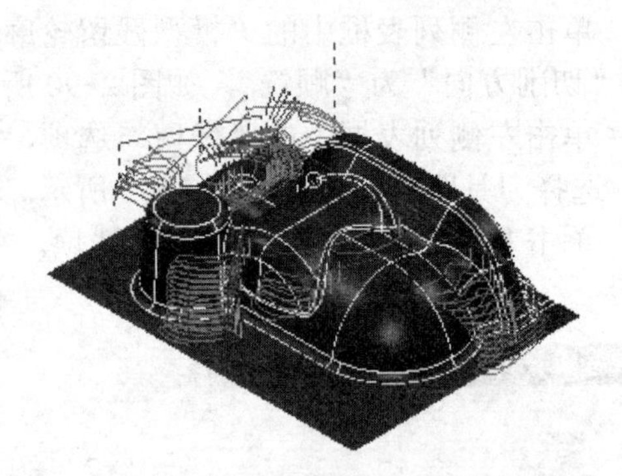

图 2-95　生成的刀具路径

2.1.1.5　等高切面区域清除

等高切面区域清除是指系统按照下切步距计算出零件 Z 方向的等高切面，然后在这些等高切面上生成层状的刀具路径，没有等高切面的地方不会生成刀具路径。

单击主工具栏上的“刀具路径策略”按钮，弹出“策略选取器”对话框，单击“三维区域清除”选项卡，选中“等高切面区域清除”选项，单击“接受”按钮，弹出“等高切面区域清除”对话框，如图 2-96 所示。

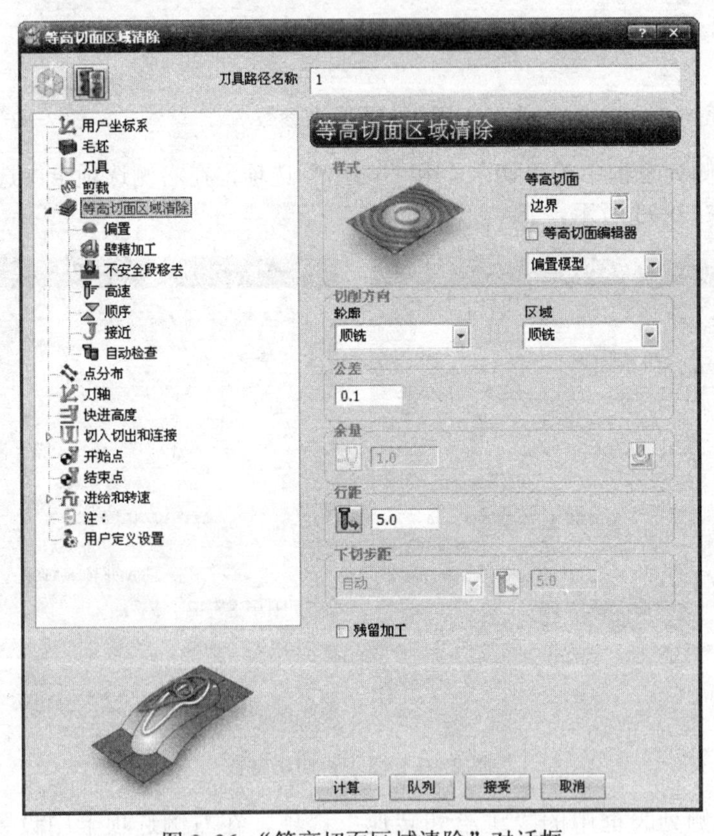

图 2-96　“等高切面区域清除”对话框

等高切面可参照机械制图课程中讲解剖视图时提到的剖切面来理解，既然是剖切的概念，就要有剖切对象，在“等高切面区域清除”选项卡中“等高切面”下拉列表中指定。

- 【边界】：切割当前激活的边界生成等高切面。
- 【参考线】：切割当前激活的参考线生成等高切面。
- 【文件】：从等高切面文件（后缀名为 pic）导入等高切面。
- 【刀具路径】：从激活的刀具路径中抽取出等高切面。
- 【平坦面】：只对零件中的平坦面做等高切面，也就是只加工平坦面。

练习 5：等高切面区域清除范例演练

1）选择下拉菜单“文件”→“全部删除”命令，在弹出的“PowerMILL 询问”对话框中单击“是”按钮，删除所有文件。然后选择下拉菜单“工具”→“重设表格”命令，将所有表格重新设置为系统默认状态。

2）选择下拉菜单中的“文件”→“范例”命令，弹出“打开范例”对话框，选择“punch.dgk”（“随书光盘: \第 2 章\exercise5\uncompleted\punch.dgk”）文件，单击“打开”按钮即可，如图 2-97 所示。

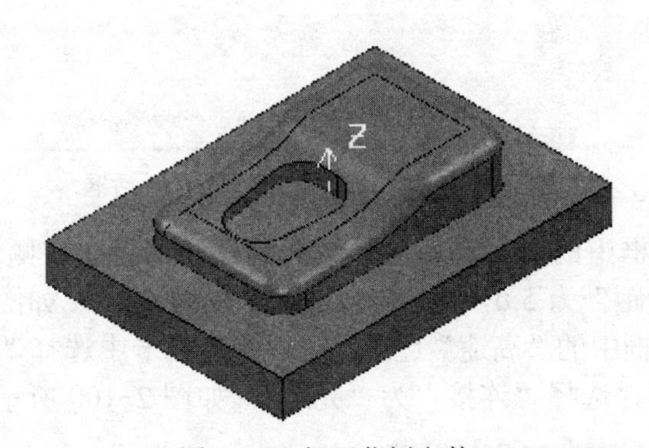

图 2-97　打开范例文件

3）单击主工具栏上的“毛坯”按钮，弹出“毛坯”对话框。在“由...定义”下拉列表中选择“方框”，单击“估算限界”框中的“计算”按钮，然后单击“接受”按钮，图形区显示所创建的毛坯。

4）设置快进高度。单击主工具栏上的“快进高度”按钮，弹出“快进高度”对话框。在“绝对高度”选择中的“安全区域”下拉列表中选择“平面”选项，单击“接受”按钮退出。

5）设置开始点和结束点。单击主工具栏上的“开始点和结束点”按钮，弹出“开始点和结束点”对话框，接受默认设置，单击“接受”按钮退出。

6）单击主工具栏上的“刀具路径策略”按钮，弹出“策略选取器”对话框，单击“三维区域清除”选项卡，选中“等高切面区域清除”选项，单击“接受”按钮，弹出“等高切面区域清除”对话框，如图 2-98 所示。

- 创建刀具 D10R2。单击左侧列表框中的“刀具”选项，在右侧选项卡中选择“刀尖圆角端铣刀”，设置“直径”为 10.0，“刀尖圆角半径”为 2.0。

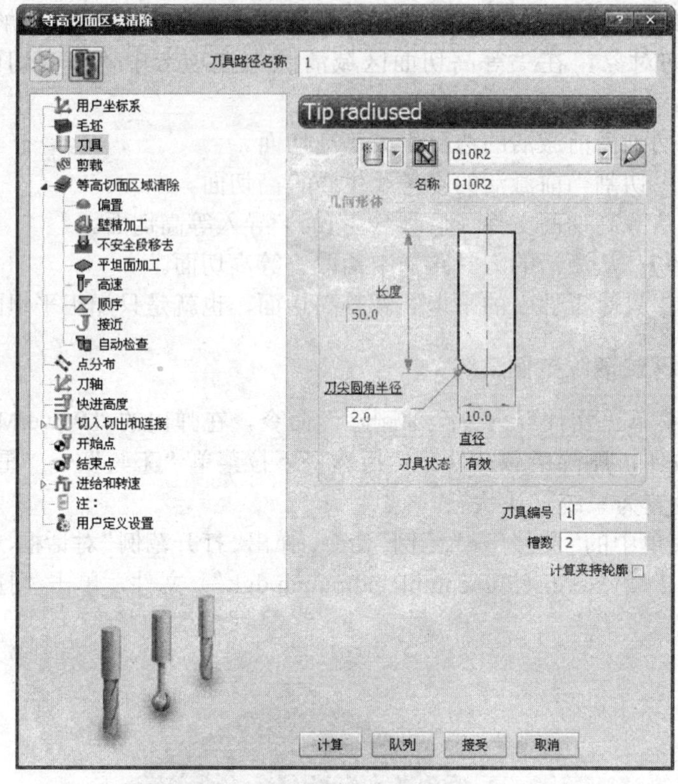

图 2-98 “等高切面区域清除”对话框

● 单击左侧列表框中的“等高切面区域清除”选项，在右侧选项卡中设置“等高切面”为“平坦面”，“行距”为 5.0，“切削三方向”为“顺铣”，如图 2-99 所示。

● 单击左侧列表框中的“高速”选项，在右侧选项卡中选择“轮廓光顺”“光顺余量”和“摆线移动”复选框，选择“连接”为“光顺”，如图 2-100 所示。

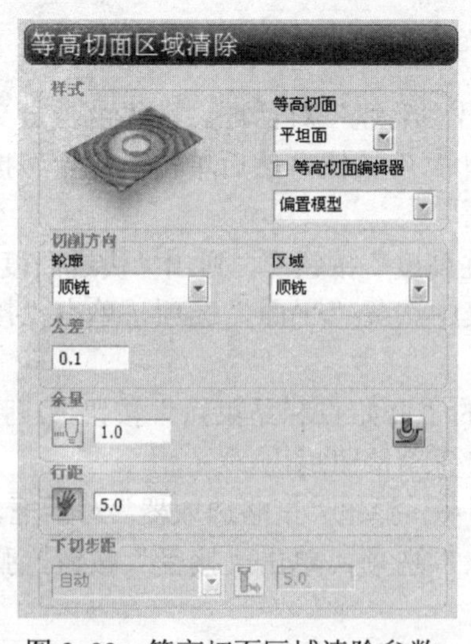

图 2-99 等高切面区域清除参数

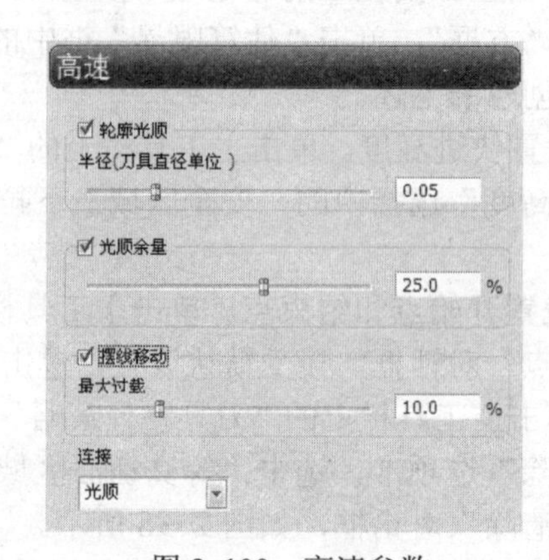

图 2-100 高速参数

● 单击左侧列表框中的“切入”和“切出”选项，在右侧选项卡中选择“第一选择”

为“斜向”，如图 2-101 所示。

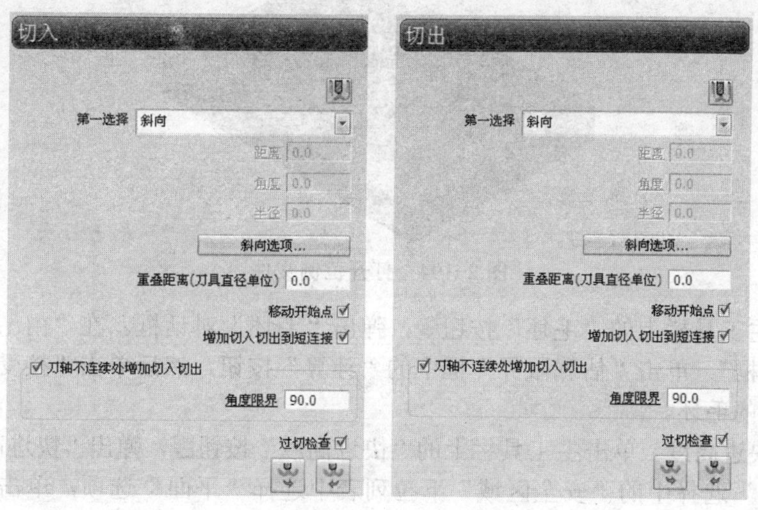

图 2-101　切入和切出参数

● 单击左侧列表框中的“进给和转速”选项，在右侧选项卡中设置相关参数，如图 2-102 所示。

7）在“等高切面区域清除”对话框中单击“计算”按钮和“接受”按钮，确定参数并退出对话框，生成的刀具路径如图 2-103 所示。

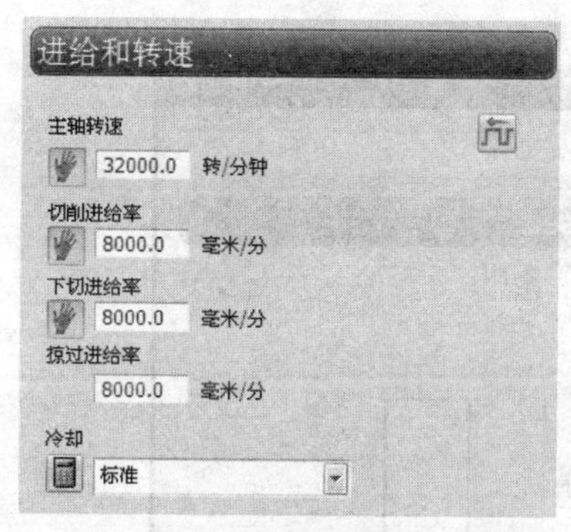

图 2-102　进给和转速参数

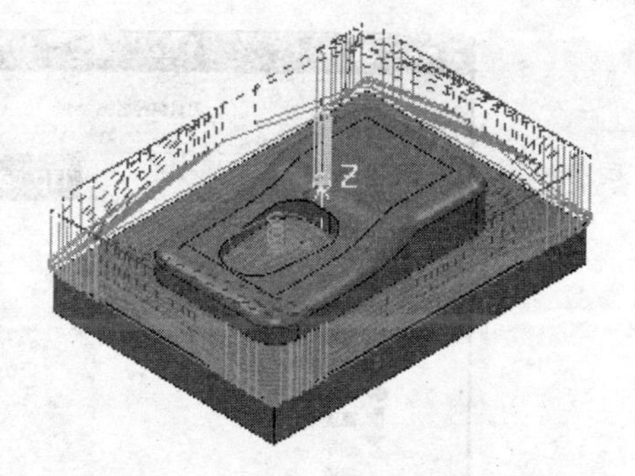

图 2-103　生成的刀具路径

2.1.1.6　等高切面轮廓

等高切面轮廓是指系统按照下切步距计算出零件 Z 方向的等高切面，然后在这些等高切面上生成层状的刀具路径，而每一切层的刀具路径轨迹只依据模型轮廓进行单层偏置。

练习 6：等高切面轮廓范例演练

1）选择下拉菜单“文件”→“全部删除”命令，在弹出的“PowerMILL 询问”对话框中单击“是”按钮，删除所有文件。然后选择下拉菜单“工具”→“重设表格”命令，将所有表格重新设置为系统默认状态。

2）选择下拉菜单中的“文件”→“范例”命令，弹出“打开范例”对话框，选择“punch.dgk”（“随书光盘: \第 2 章\exercise6\uncompleted\punch.dgk”）文件，单击“打开”按钮即可，如图 2-104 所示。

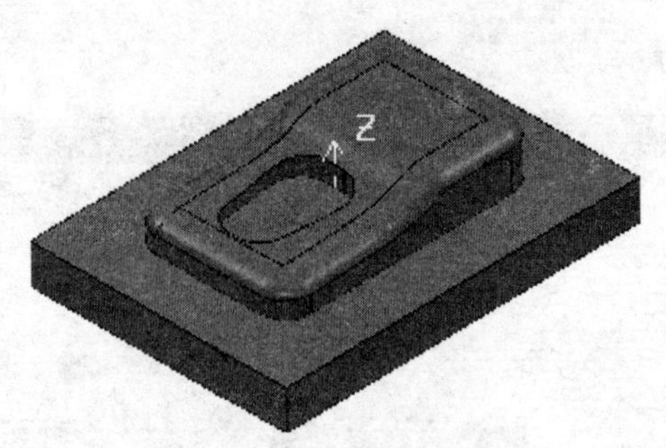

图 2-104 打开范例文件

3）单击主工具栏上的“毛坯”按钮，弹出“毛坯”对话框。在“由...定义”下拉列表中选择“方框”，单击“估算限界”框中的“计算”按钮，然后单击“接受”按钮，图形区显示所创建的毛坯。

4）设置快进高度。单击主工具栏上的“快进高度”按钮，弹出“快进高度”对话框。在“绝对高度”选择中的“安全区域”下拉列表中选择“平面”选项，单击“接受”按钮退出。

5）设置开始点和结束点。单击主工具栏上的“开始点和结束点”按钮，弹出“开始点和结束点”对话框，接受默认设置，单击“接受”按钮退出。

6）单击主工具栏上的“刀具路径策略”按钮，弹出“策略选取器”对话框，单击“三维区域清除”选项卡，选中“等高切面轮廓”选项，单击“接受”按钮，弹出“等高切面轮廓”对话框，如图 2-105 所示。

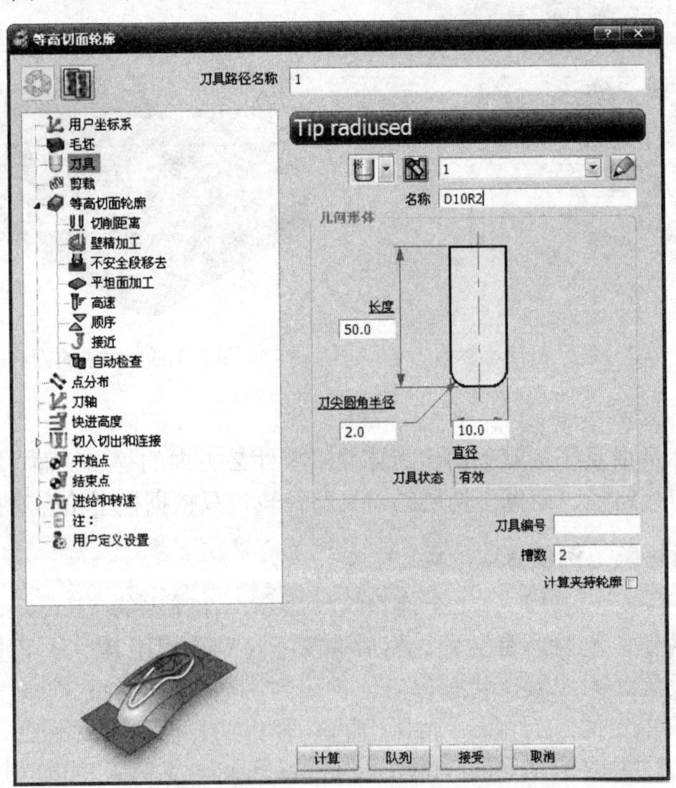

图 2-105 “等高切面轮廓”对话框

● 创建刀具 D10R2。单击左侧列表框中的“刀具”选项，在右侧选项卡中选择“刀尖圆角端铣刀”，设置“直径”为 10.0，“刀尖圆角半径”为 2.0。

● 单击左侧列表框中的“等高切面轮廓”选项，在右侧选项卡中设置“等高切面”为“平坦面”，“切削方向”为“顺铣”，如图 2-106 所示。

● 单击左侧列表框中的“高速”选项，在右侧选项卡中选择“轮廓光顺”，如图 2-107 所示。

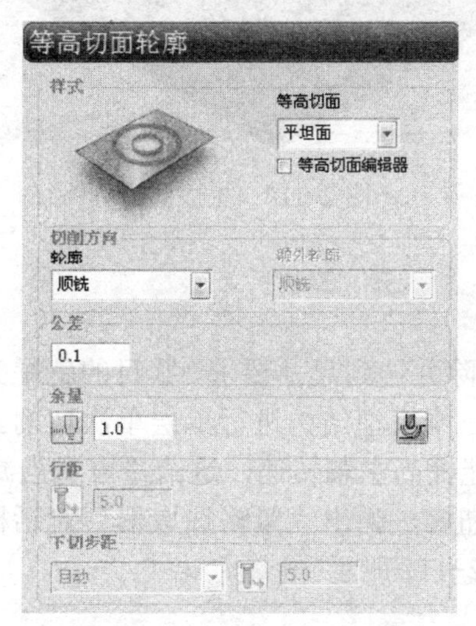

图 2-106　等高切面轮廓参数

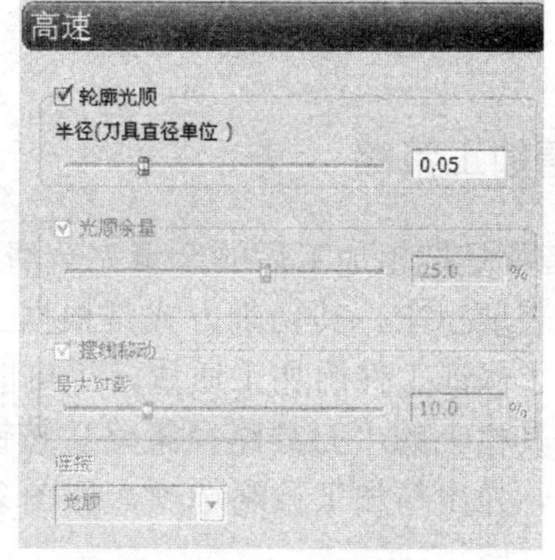

图 2-107　高速参数

● 单击左侧列表框中的“切入”和“切出”选项，在右侧选项卡中选择“第一选择”为“斜向”，如图 2-108 所示。

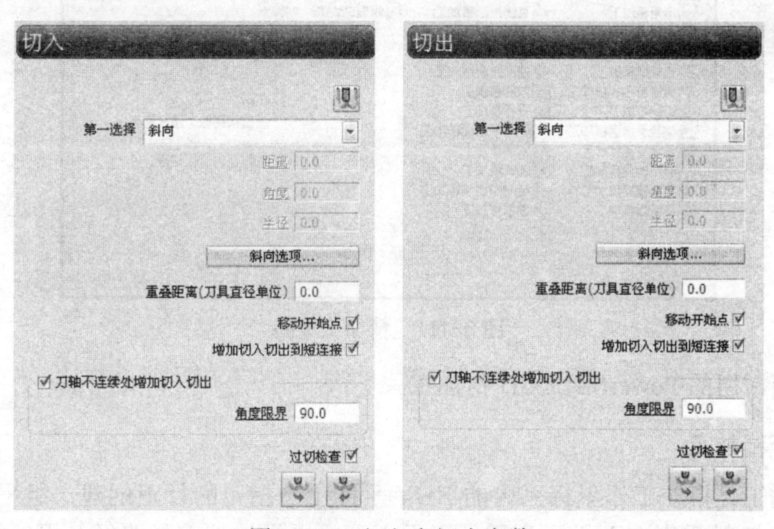

图 2-108　切入和切出参数

● 单击左侧列表框中的“进给和转速”选项，在右侧选项卡中设置相关参数，如图 2-109 所示。

7）在“等高切面轮廓”对话框中单击“计算”按钮和“接受”按钮，确定参数并退出对话框，生成的刀具路径如图 2-110 所示。

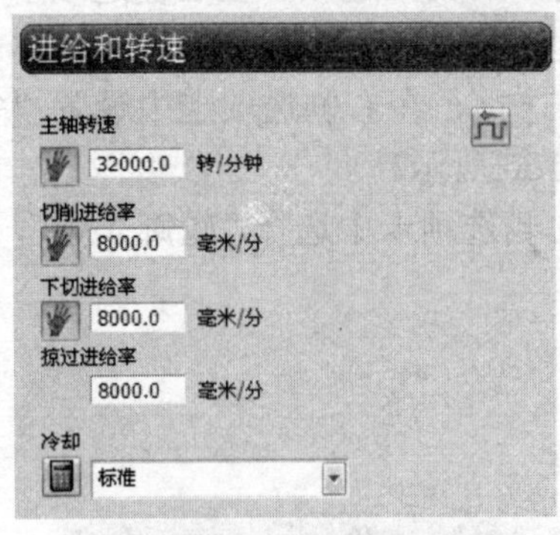

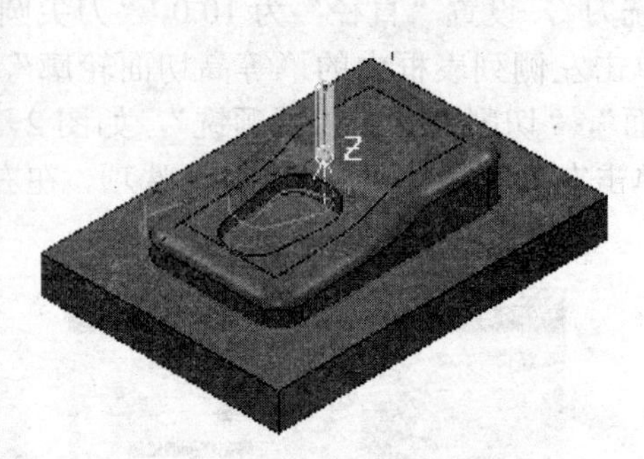

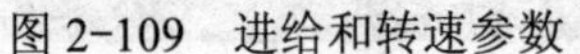

图 2-109　进给和转速参数　　　　图 2-110　生成的刀具路径

2.1.2　3D 精加工策略

3D 精加工就是把粗加工后的余量完全清除并达到尺寸要求，其目的就是为了精确地将三维模型结构表现出来，其切削方式是根据三维模型结构进行单层单次切削。精加工余量必须均匀，为了保证工件的加工质量，尽可能提高主轴转速，进给量可适当减小。

单击主工具栏上的“刀具路径策略”按钮，弹出“策略选取器”对话框，单击“精加工”选项卡，弹出精加工策略选项，如图 2-111 所示。

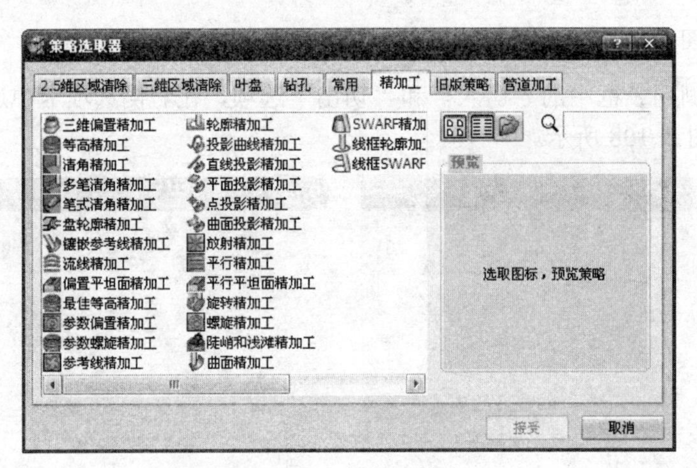

图 2-111　精加工策略

下面介绍常用的 PowerMILL 3D 精加工。

2.1.2.1　平行精加工

平行精加工是指在工作坐标系内的 XOY 平面上按指定的行距创建一组平行线，然后这这组平行线沿 Z 轴垂直向下投影到零件表面上形成平行加工刀具路径。平行精加工应用广泛，主要应用于圆弧过渡及陡峭面的模具结构中。

单击主工具栏上的“刀具路径策略”按钮，弹出“策略选取器”对话框，单击“精加工”选项卡，选中“平行精加工”选项，单击“接受”按钮，弹出“平行精加工”对话框，如图 2-112 所示。

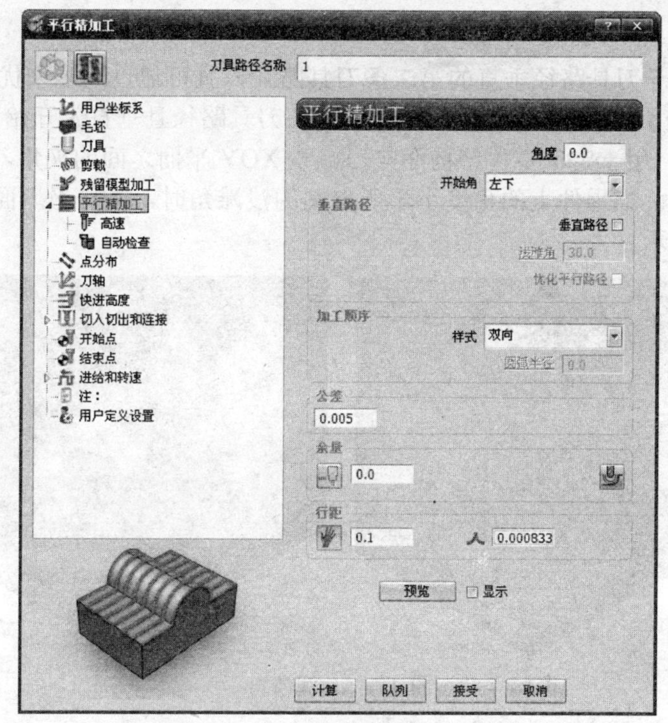

图 2-112 “平行精加工”对话框

“平行精加工”选项卡中相关选项参数含义如下：

（1）角度

用于定义平行精加工刀具路径与工作坐标系 X 轴之间的夹角，如图 2-113 所示。

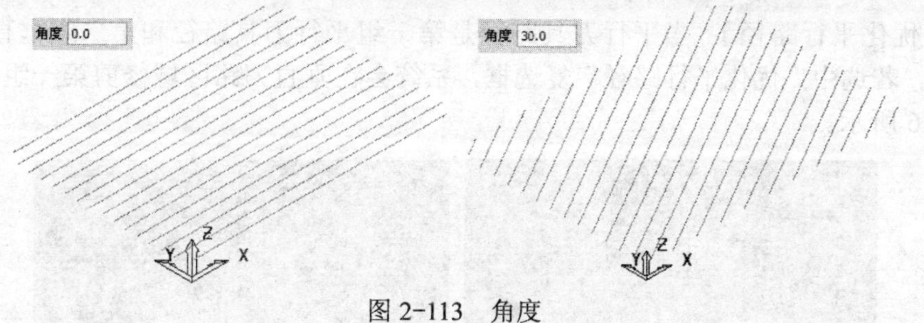

图 2-113　角度

（2）开始角位置

用于指定刀具路径开始下切时所选择的模型相对位置，包括左下、右下、左上、右上，如图 2-114 所示。

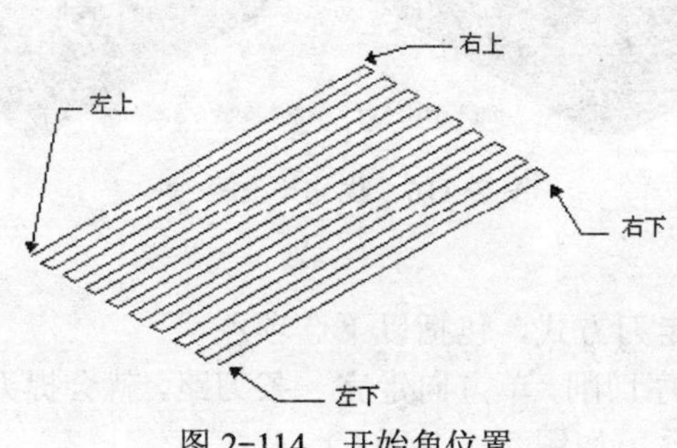

图 2-114　开始角位置

（3）垂直路径

用于产生与第一刀具路径垂直的第二条刀具路径，且可通过选项来优化刀具路径。

- 【垂直路径】：选中该复选框，产生第二条刀具路径且垂直于开始刀具路径。
- 【浅滩角】：用于定义零件结构面与坐标系 XOY 平面之间的夹角，以区别零件的陡峭部位和平坦部位。当零件上的角度小于所定义的浅滩角时，当作平坦面，不产生垂直路径，如图 2-115 所示。

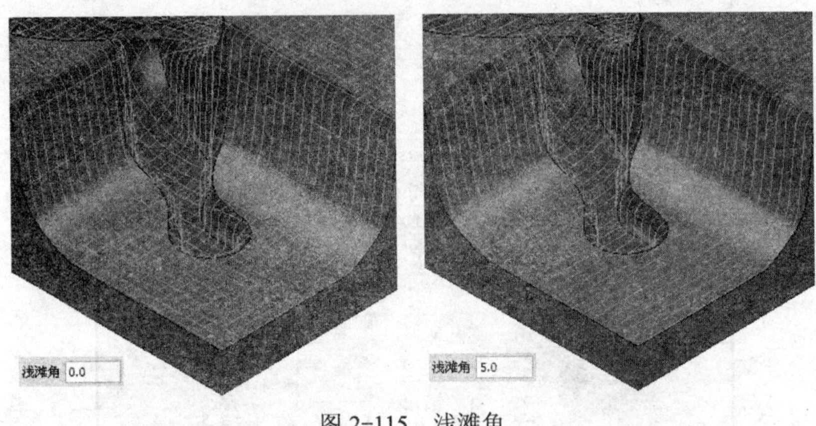

图 2-115 浅滩角

注意

浅滩角的取值范围为 0° ～90° ，特殊情况下，当浅滩角为 0° 时，零件所有表面都会计算垂直刀路，当浅滩角为 90° 时，零件所有表面都不会有垂直刀路。

- 【优化平行路径】：当平行刀具路径是第一组平行刀具路径和第二组垂直的刀具路径组成时，若选中“优化平行路径”复选框，系统会在垂直刀路区域修剪第一组平行刀路，如图 2-116 所示。

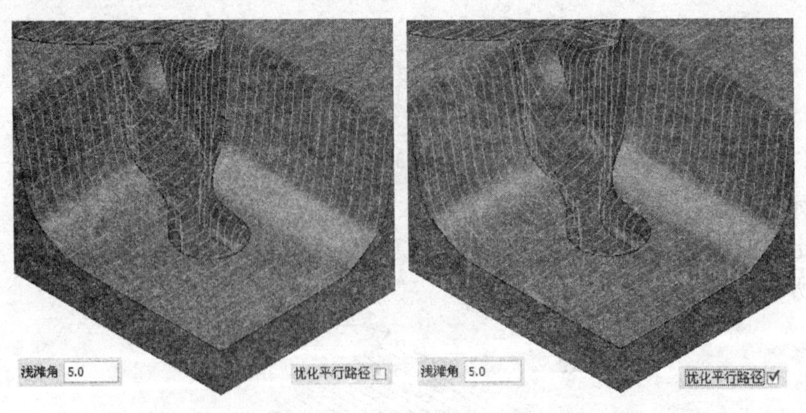

图 2-116 优化平行路径

（4）加工顺序

用于定义刀具路径的走刀方式，包括以下选项：

- 【单向】：按单向顺序切削，单方向走完一条刀路，就会提刀一次走第二条刀路……，这样会产生较多的提刀动作，如图 2-117 所示。

● 【单向组】：单方向按最短路径连接刀路，同样会有较多提刀，如图 2-118 所示。用于刀具路径被分割成若干组或区域的情况。

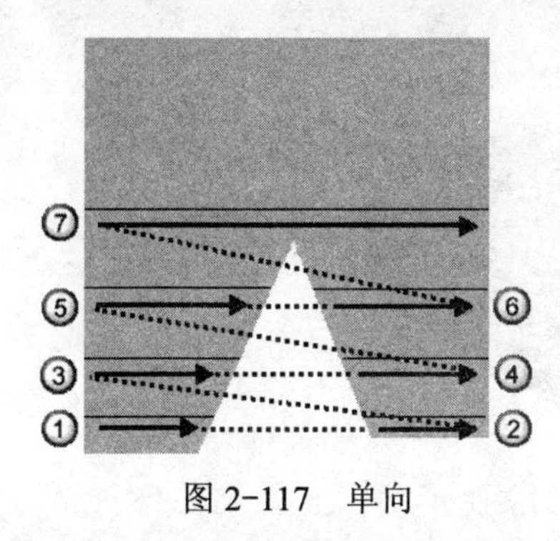

图 2-117　单向

图 2-118　单向组

● 【双向】：双向连接刀路，连接的段是直线刀路，如图 2-119 所示。

● 【双向连接】：双向连接刀路，连接的段是圆弧刀路。系统激活“圆弧半径”选项，添加连接段的圆弧半径值（该值应大于或等于行距的一半），如图 2-120 所示。

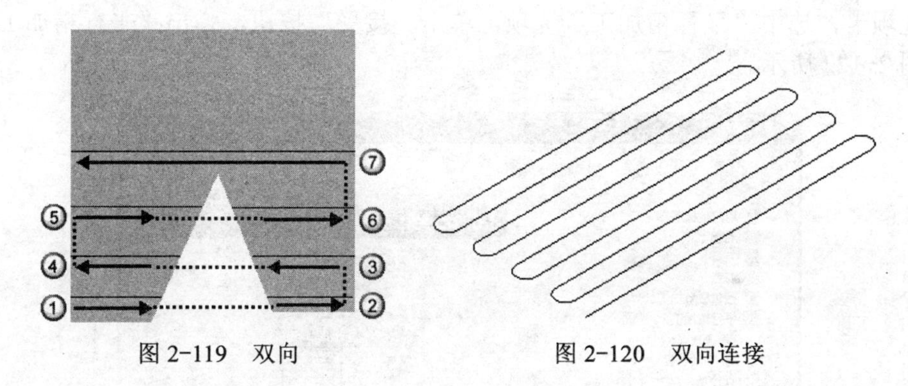

图 2-119　双向　　　　图 2-120　双向连接

● 【向上】：使刀路总是沿着零件结构面的坡度从下向上加工，为了保证向上加工，系统会对刀路进行分割，重新安排单条刀路的切削方向，因此会产生较多提刀动作。

● 【向下】：与向上相反，使刀路总是沿着零件结构面的坡度从上向下加工。

练习 7：平行精加工范例演练

1）选择下拉菜单“文件”→“全部删除”命令，在弹出的“PowerMILL 询问”对话框中单击“是”按钮，删除所有文件。然后选择下拉菜单“工具”→“重设表格”命令，将所有表格重新设置为系统默认状态。

2）选择下拉菜单中的“文件”→“范例”命令，弹出“打开范例”对话框，选择“groove.dgk”（“随书光盘: \第 2 章\exercise7\uncompleted\groove.dgk”）文件，单击“打开”按钮即可，如图 2-121 所示。

3）单击主工具栏上的“毛坯”按钮，弹出“毛坯”对话框。在“由...定义”下拉列表中选择“方框”，单击“估算限界”框中的“计算”按钮，然后单击“最大 X”和“最小 X”、“最大 Y”和“最小 Y”、“最小 Z”后面的按钮，使其变为锁定，在“扩展”文本框中输入 10，再单击“计算”按钮，接着单击“接受”按钮，图形区显示所创建的毛坯。

4）设置快进高度。单击主工具栏上的“快进高度”按钮，弹出“快进高度”对话框。

在“绝对高度”选择中的“安全区域”下拉列表中选择“平面”选项，单击“接受”按钮退出。

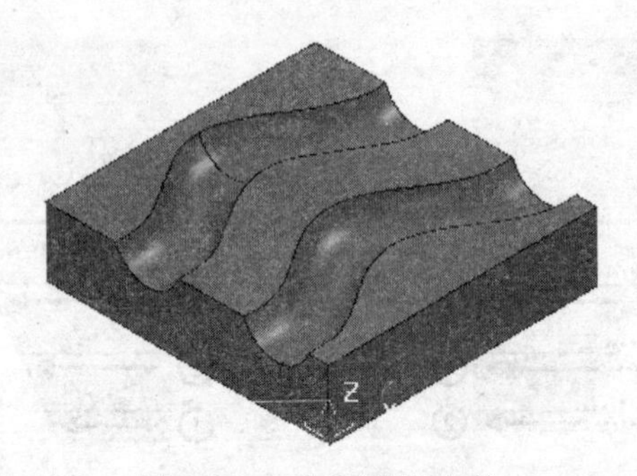

图 2-121　打开范例文件

5）设置开始点和结束点。单击主工具栏上的“开始点和结束点”按钮，弹出“开始点和结束点”对话框，接受默认设置，单击“接受”按钮退出。

6）单击主工具栏上的“刀具路径策略”按钮，弹出“策略选取器”对话框，单击“精加工”选项卡，选中“平行精加工”选项，单击“接受”按钮，弹出“平行精加工”对话框，如图 2-122 所示。

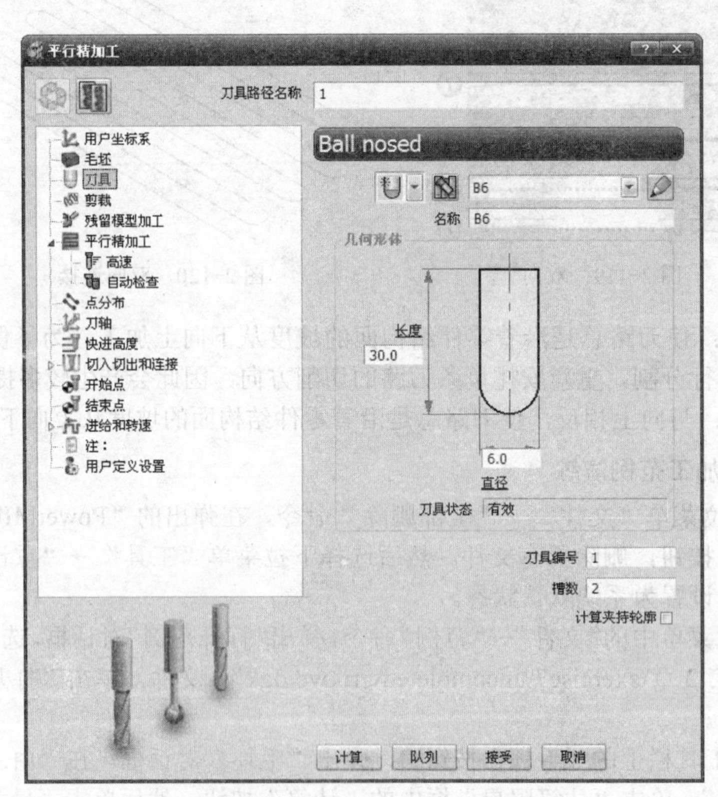

图 2-122　“平行精加工”对话框

- 创建刀具 B6。单击左侧列表框中的“刀具”选项，在右侧选项卡中选择“球头刀”，设置“直径”为 6.0。

● 单击左侧列表框中的“平行精加工”选项，在右侧选项卡中设置“行距”为 0.1，选择“开始角”为“左下”，如图 2-123 所示。

● 单击左侧列表框中的“高速”选项，在右侧选项卡中选择“修圆拐角”复选框，如图 2-124 所示。

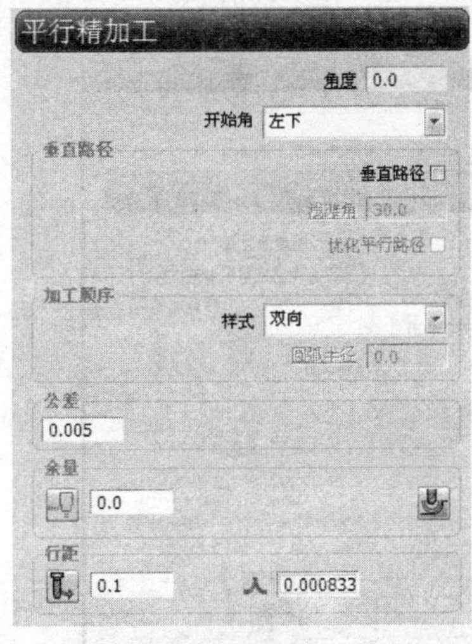

图 2-123 平行精加工参数

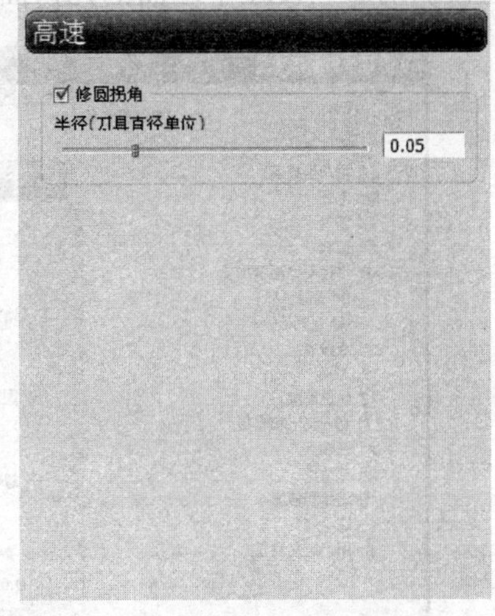

图 2-124 高速参数

● 单击左侧列表框中的“进给和转速”选项，在右侧选项卡中设置相关参数，如图 2-125 所示。

7）在“平行精加工”对话框中单击“计算”按钮和“接受”按钮，确定参数并退出对话框，生成的刀具路径如图 2-126 所示。

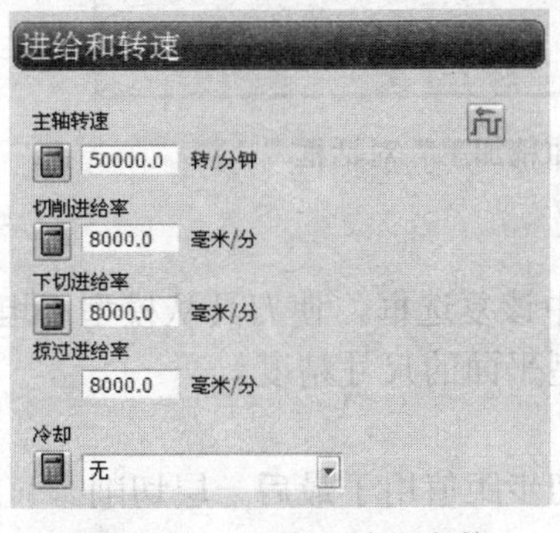

图 2-125 进给和转速参数

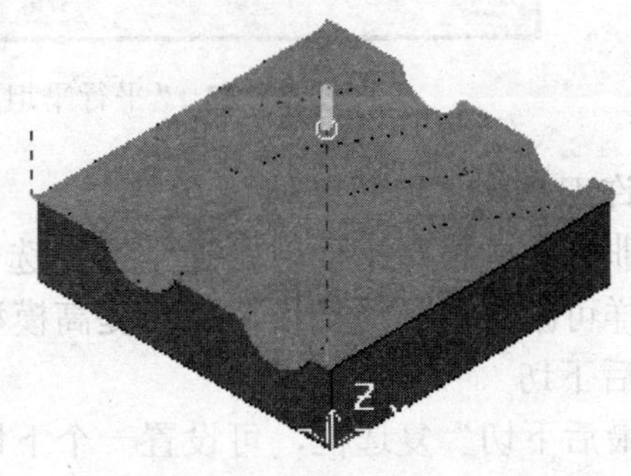

图 2-126 生成的刀具路径

2.1.2.2 平行平坦面精加工

平行平坦面精加工与平行精加工原理相同，不同的是它只对零件的平面以平行区域的形式进行平面精加工。

单击主工具栏上的“刀具路径策略”按钮，弹出“策略选取器”对话框，单击“精加工”选项卡，选中“平行平坦面精加工”选项，单击“接受”按钮，弹出“平行平坦面精加工”对话框，如图 2-127 所示。

“平行平坦面精加工”选项卡中相关选项参数含义如下：

（1）平坦面公差

默认值为 0，即系统只将零件上与 XOY 平行的平面作为平坦面。如果模型在绘制和数据转换等过程中，有可能会产生一些误差或变形，此时可设置一个平坦面公差值，让系统能用此公差值去识别那些接近平坦面的几何面。

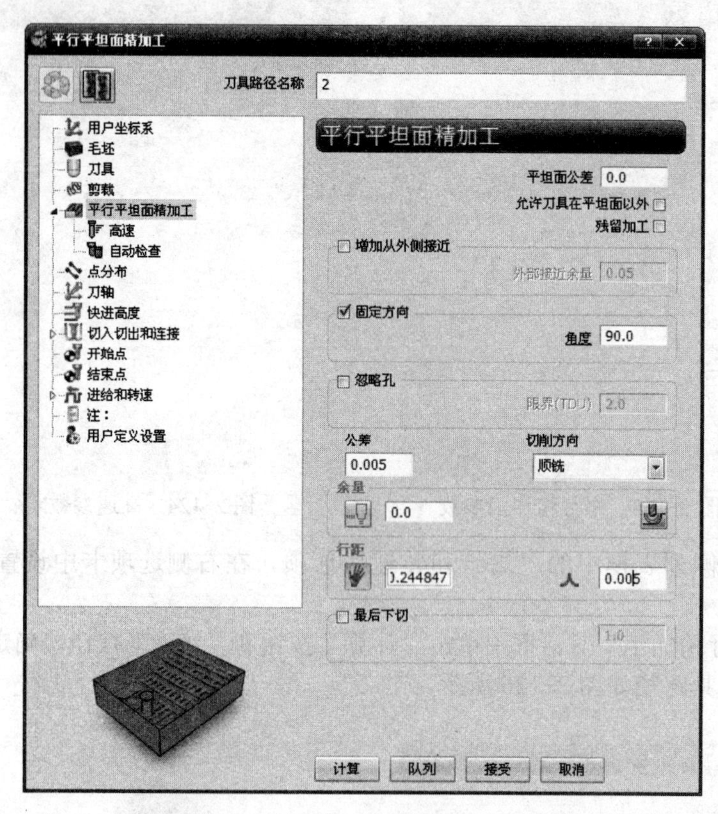

图 2-127 “平行平坦面精加工”对话框

（2）允许刀具在平坦面以外

在加工非型腔的模型平面时，通常需要选中该复选框，使刀具从模型平坦面的外部开始下切，这样可减少刀具的磨损，从而提高模型平面的尺寸精度。

（3）最后下切

选中“最后下切”复选框，可设置一个下切步距值用于最后一层切削。

练习 8：平行平坦面精加工范例演练

1）选择下拉菜单“文件”→“全部删除”命令，在弹出的“PowerMILL 询问”对话框中单击“是”按钮，删除所有文件。然后选择下拉菜单“工具”→“重设表格”命令，将所有表格重新设置为系统默认状态。

2）选择下拉菜单中的“文件”→“范例”命令，弹出“打开范例”对话框，选择“flats.dgk”（“随书光盘:\第 2 章\exercise8\uncompleted\flats.dgk”）文件，单击“打开”按钮即可，如图 2-128 所示。

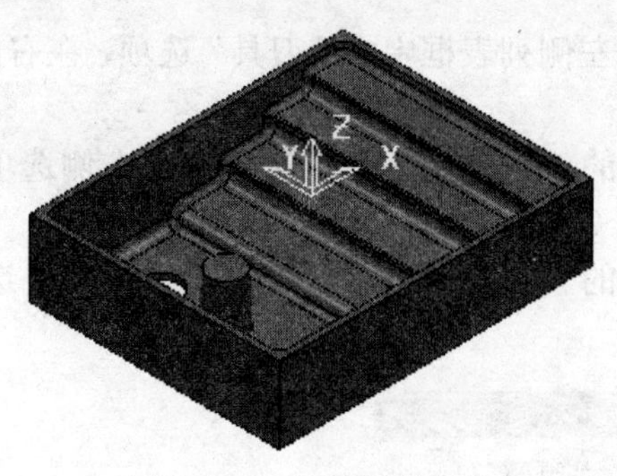

图 2-128 打开范例文件

3）单击主工具栏上的“毛坯”按钮，弹出“毛坯”对话框。在“由...定义”下拉列表中选择“方框”，单击“估算限界”框中的“计算”按钮，接着单击“接受”按钮，图形区显示所创建的毛坯。

4）设置快进高度。单击主工具栏上的“快进高度”按钮，弹出“快进高度”对话框。在“绝对高度”选择中的“安全区域”下拉列表中选择“平面”选项，单击“接受”按钮退出。

5）设置开始点和结束点。单击主工具栏上的“开始点和结束点”按钮，弹出“开始点和结束点”对话框，接受默认设置，单击“接受”按钮退出。

6）单击主工具栏上的“刀具路径策略”按钮，弹出“策略选取器”对话框，单击“精加工”选项卡，选中“平行平坦面精加工”选项，单击“接受”按钮，弹出“平行平坦面精加工”对话框，如图 2-129 所示。

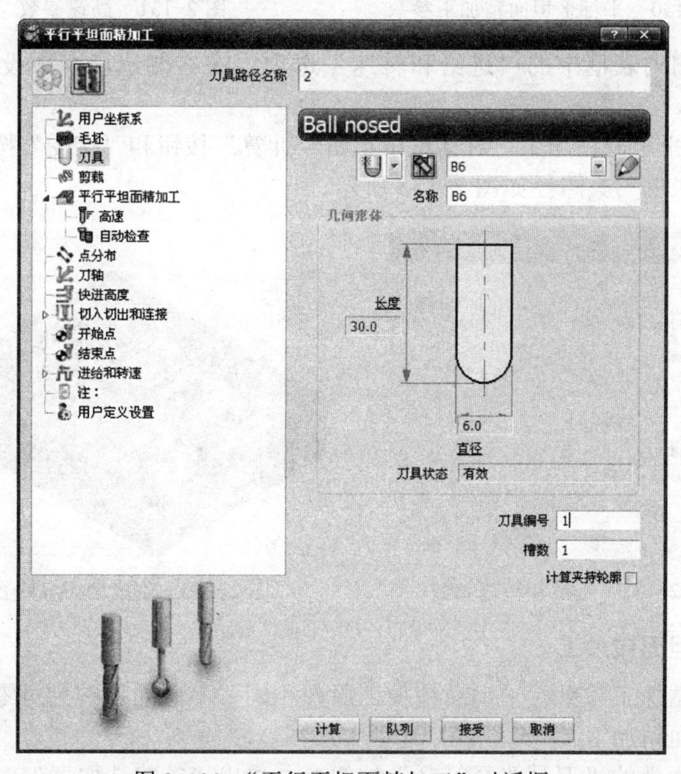

图 2-129 “平行平坦面精加工”对话框

● 创建刀具B6。单击左侧列表框中的“刀具”选项，在右侧选项卡中选择“球头刀”，设置“直径”为6.0。

● 单击左侧列表框中的“平行精加工”选项，在右侧选项卡中设置“平坦面公差”为0.0，“行距”为残留高度0.005，如图2-130所示。

● 单击左侧列表框中的“高速”选项，在右侧选项卡中选择“轮廓光顺”复选框，如图2-131所示。

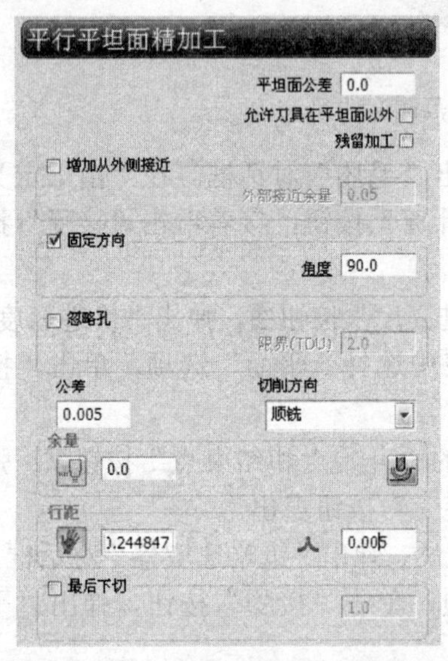

图2-130 平行平坦面精加工参数

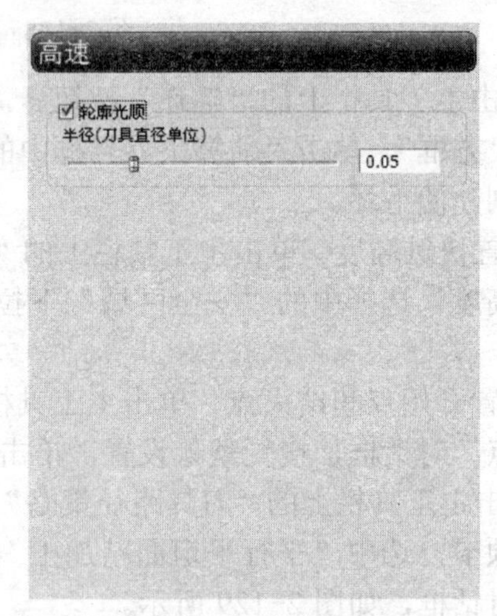

图2-131 高速参数

● 单击左侧列表框中的“进给和转速”选项，在右侧选项卡中设置相关参数，如图2-132所示。

7）在“平行平坦面精加工”对话框中单击“计算”按钮和“接受”按钮，确定参数并退出对话框，生成的刀具路径如图2-133所示。

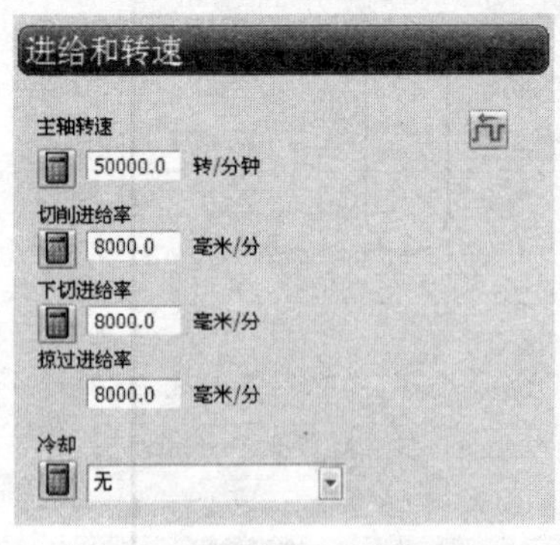

图2-132 进给和转速参数

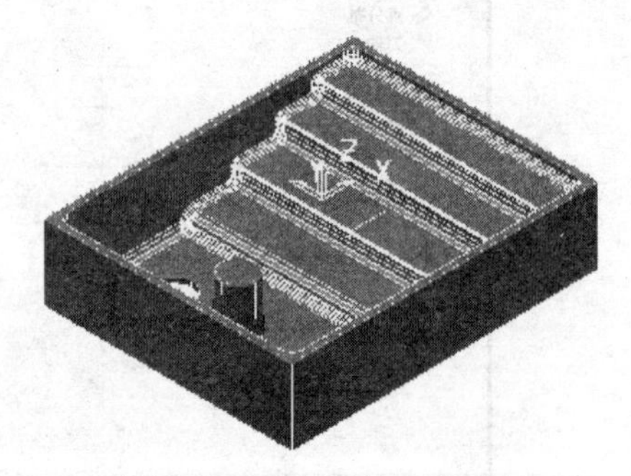

图2-133 生成的刀具路径

2.1.2.3 偏置平坦面精加工

偏置平坦面精加工与平行平坦面精加工原理相同，不同的是它只对零件平面以偏置区域的形式进行平面精加工。

单击主工具栏上的“刀具路径策略”按钮，弹出“策略选取器”对话框，单击“精加工”选项卡，选中“偏置平坦面精加工”选项，单击“接受”按钮，弹出“偏置平坦面精加工”对话框，如图 2-134 所示。

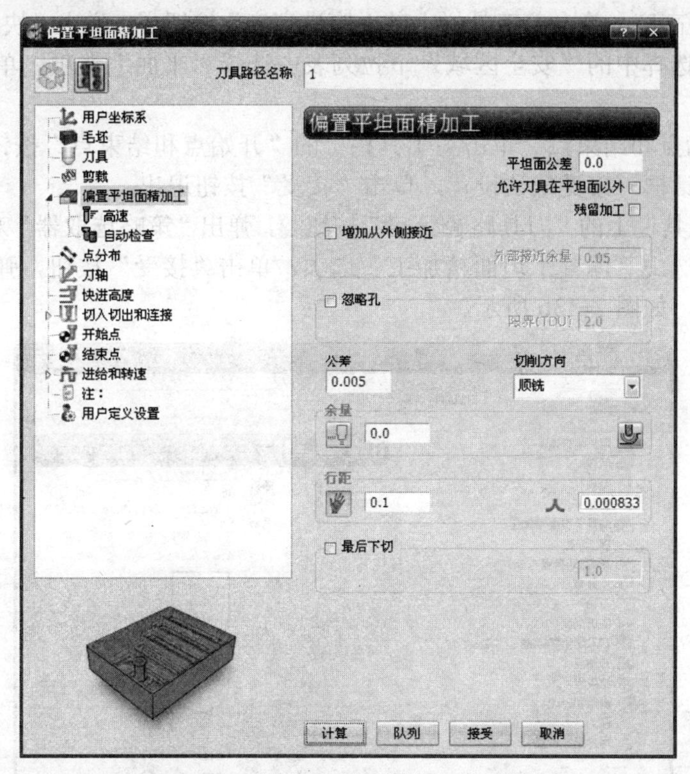

图 2-134　“偏置平坦面精加工”对话框

练习 9：偏置平坦面精加工范例演练

1）选择下拉菜单“文件”→“全部删除”命令，在弹出的“PowerMILL 询问”对话框中单击“是”按钮，删除所有文件。然后选择下拉菜单“工具”→“重设表格”命令，将所有表格重新设置为系统默认状态。

2）选择下拉菜单中的“文件”→“范例”命令，弹出“打开范例”对话框，选择“flats.dgk”（“随书光盘: \第 2 章\exercise9\uncompleted\flats.dgk”）文件，单击“打开”按钮即可，如图 2-135 所示。

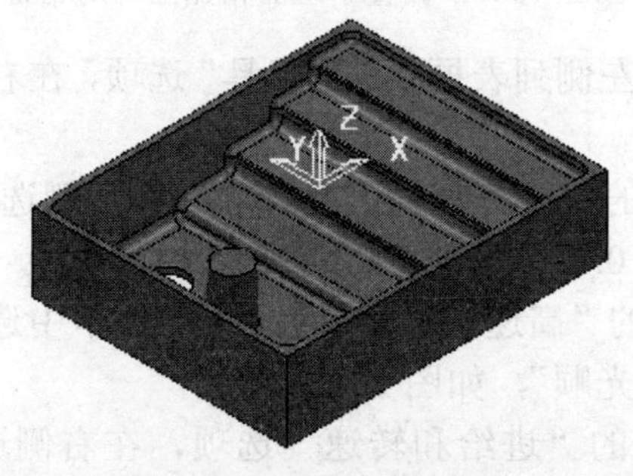

图 2-135　打开范例文件

3）单击主工具栏上的“毛坯”按钮，弹出“毛坯”对话框。在“由…定义”下拉列表中选择“方框”，单击“估算限界”框中的“计算”按钮，接着单击“接受”按钮，图形区显示所创建的毛坯。

4）设置快进高度。单击主工具栏上的“快进高度”按钮，弹出“快进高度”对话框。在“绝对高度”选择中的“安全区域”下拉列表中选择“平面”选项，单击“接受”按钮退出。

5）设置开始点和结束点。单击主工具栏上的“开始点和结束点”按钮，弹出“开始点和结束点”对话框，接受默认设置，单击“接受”按钮退出。

6）单击主工具栏上的“刀具路径策略”按钮，弹出“策略选取器”对话框，单击“精加工”选项卡，选中“偏置平坦面精加工”选项，单击“接受”按钮，弹出“偏置平坦面精加工”对话框，如图2-136所示。

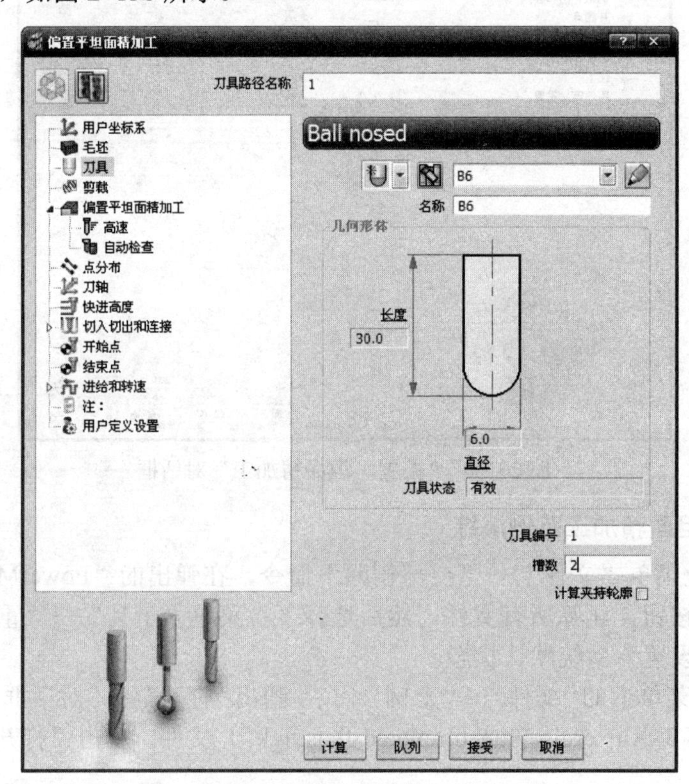

图2-136 “偏置平坦面精加工”对话框

- 创建刀具B6。单击左侧列表框中的“刀具”选项，在右侧选项卡中选择“球头刀”，设置“直径”为6.0。
- 单击左侧列表框中的“平行精加工”选项，在右侧选项卡中设置“平坦面公差”为0.0，“行距”为残留高度0.05，如图2-137所示。
- 单击左侧列表框中的“高速”选项，在右侧选项卡中选择“轮廓光顺”“光顺余量”复选框，设置“连接”为“光顺”，如图2-138所示。
- 单击左侧列表框中的“进给和转速”选项，在右侧选项卡中设置相关参数，如图2-139所示。

7）在“偏置平坦面精加工”对话框中单击“计算”按钮和“接受”按钮，确定参数并退出对话框，生成的刀具路径如图 2-140 所示。

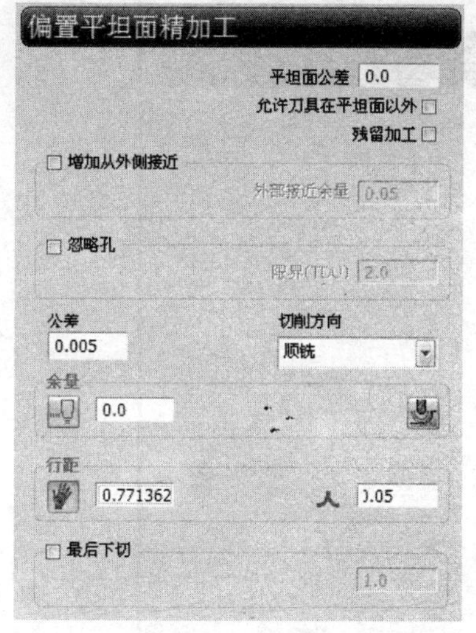

图 2-137 偏置平坦面精加工参数

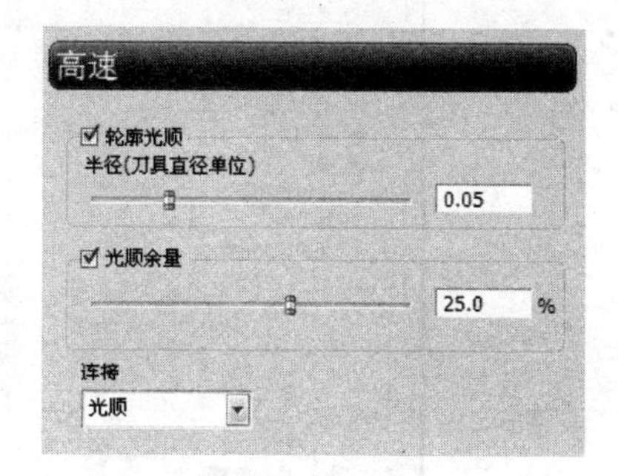

图 2-138 高速参数

图 2-139 进给和转速参数

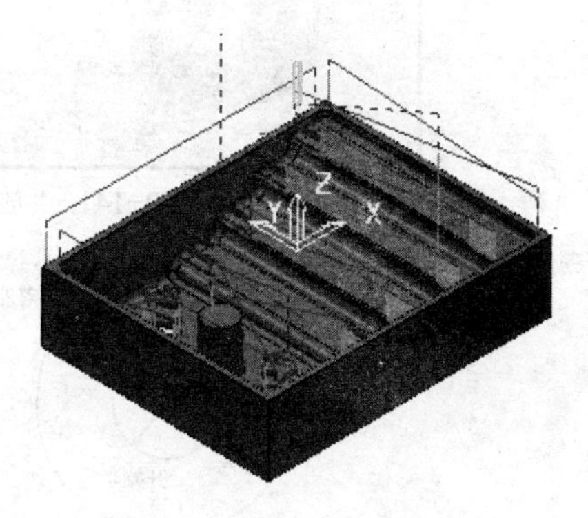

图 2-140 生成的刀具路径

2.1.2.4 放射精加工

放射精加工首先按用户设置的放射线参数生成一组放射线，然后投影到模型曲面而生成刀具路径，适用于零件上旋转类表面的精加工。

单击主工具栏上的“刀具路径策略”按钮，弹出“策略选取器”对话框，单击“精加工”选项卡，选中“放射精加工”选项，单击“接受”按钮，弹出“放射精加工”对话框，如图 2-141 所示。

“放射精加工”对话框相关参数含义如下：

（1）中心点

用于定义放射线中心点，默认中心为工件坐标系的原点。单击“按毛坯中心重设”按钮，可将中心点定义在毛坯中心。

（2）半径

用于定义开始半径和结束半径，两个半径的大小可确定刀具路径的加工顺序。当开始半径小于结束半径时，刀具路径由内向外方向加工；反之，当开始半径大于结束半径时，刀具路径由外向内方向加工，如图 2-142 所示。

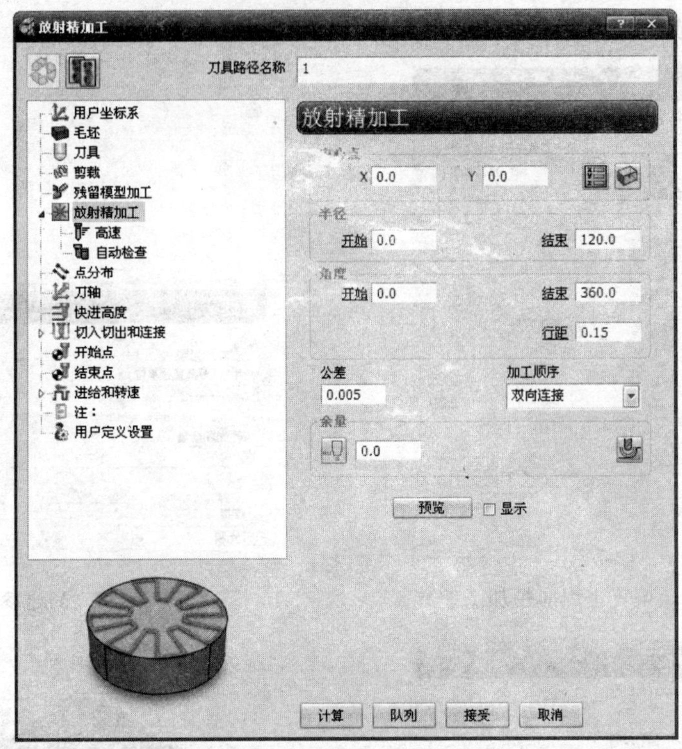

图 2-141 “放射精加工”对话框

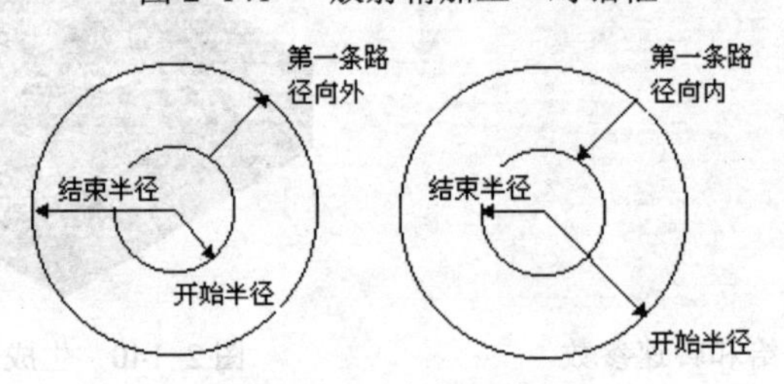

图 2-142 半径示意图

（3）角度

用于设置开始角度和结束角度。两个角度之间的差值即为刀具路径的加工范围。当开始角度小于结束角度时，刀具沿逆时针方向运动；当开始角度大于结束角度时，刀具沿顺时针方向运动，如图 2-143 所示。

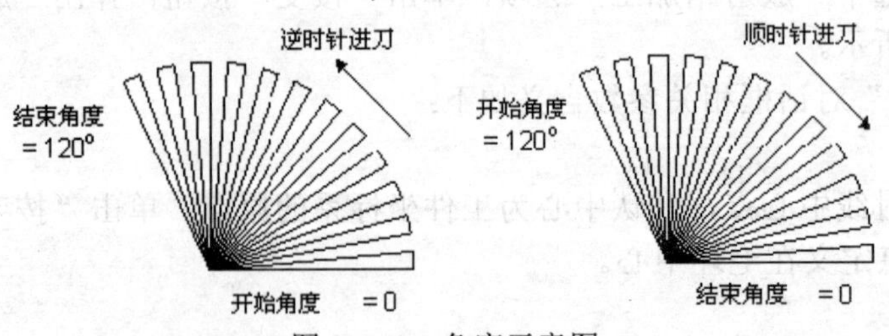

图 2-143 角度示意图

（4）行距

用于设置相邻刀具路径之间的距离，刀具路径离中心点越远，行距就越稀疏；刀具路径离中心点越近，行距就越紧密。

练习 10：放射精加工范例演练

1）选择下拉菜单“文件”→“全部删除”命令，在弹出的“PowerMILL 询问”对话框中单击“是”按钮，删除所有文件。然后选择下拉菜单“工具”→“重设表格”命令，将所有表格重新设置为系统默认状态。

2）选择下拉菜单中的“文件”→“范例”命令，弹出“打开范例”对话框，选择“radius.dgk”（“随书光盘: \第 2 章\exercise10\uncompleted\radius.dgk”）文件，单击“打开”按钮即可，如图 2-144 所示。

3）单击主工具栏上的“毛坯”按钮，弹出“毛坯”对话框。在“由...定义”下拉列表中选择“方框”，单击“估算限界”框中的“计算”按钮，接着单击“接受”按钮，图形区显示所创建的毛坯。

4）设置快进高度。单击主工具栏上的“快进高度”按钮，弹出“快进高度”对话框。在“绝对高度”选择中的“安全区域”下拉列表中选择“平面”选项，单击“接受”按钮退出。

5）设置开始点和结束点。单击主工具栏上的“开始点和结束点”按钮，弹出“开始点和结束点”对话框，接受默认设置，单击“接受”按钮退出。

6）单击主工具栏上的“刀具路径策略”按钮，弹出“策略选取器”对话框，单击“精加工”选项卡，选中“放射精加工”选项，单击“接受”按钮，弹出“放射精加工”对话框，如图 2-145 所示。

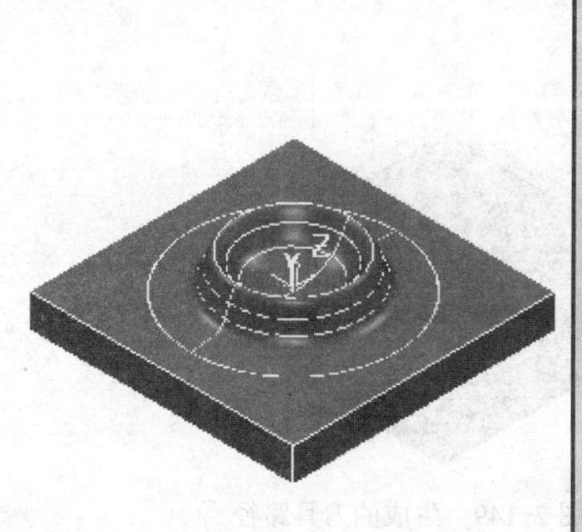

图 2-144　打开范例文件

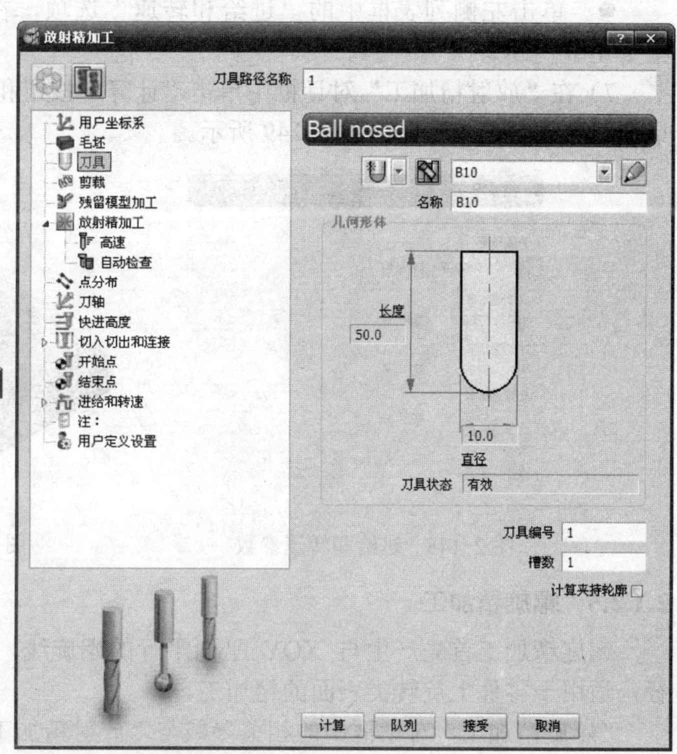

图 2-145　“放射精加工”对话框

- 创建刀具B10。单击左侧列表框中的“刀具”选项，在右侧选项卡中选择“球头刀”，设置“直径”为10.0。
- 单击左侧列表框中的“放射精加工”选项，在右侧选项卡中设置“中心点”为X0.0，Y0.0“行距”为1.0，如图2-146所示。
- 单击左侧列表框中的“高速”选项，在右侧选项卡中选择“修圆拐角”复选框，如图2-147所示。

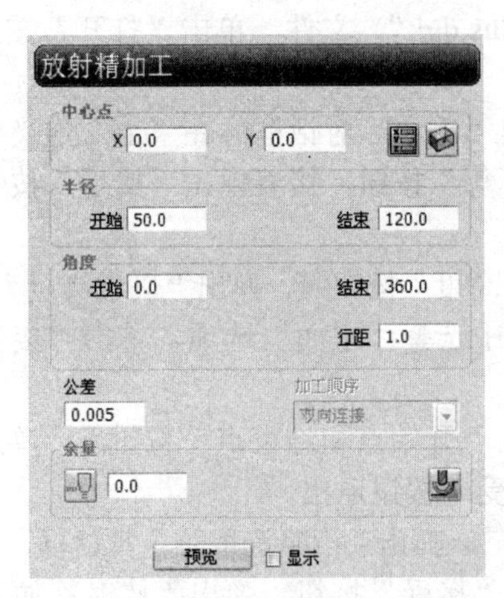

图2-146 放射精加工参数

图2-147 高速参数

- 单击左侧列表框中的“进给和转速”选项，在右侧选项卡中设置相关参数，如图2-148所示。

7）在“放射精加工”对话框中单击“计算”按钮和“接受”按钮，确定参数并退出对话框，生成的刀具路径如图2-149所示。

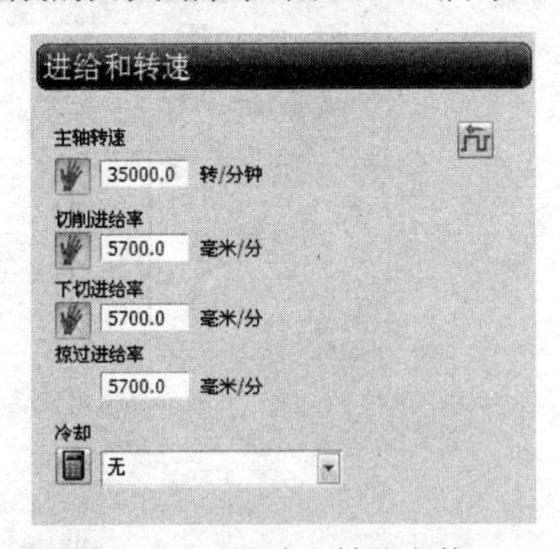

图2-148 进给和转速参数

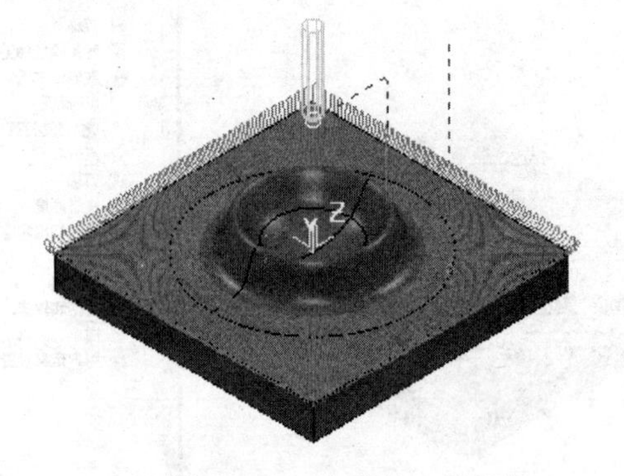

图2-149 生成的刀具路径

2.1.2.5 螺旋精加工

螺旋精加工首先产生与XOY平面平行的螺旋线，然后投影到模型曲面而生成刀具路径，适用于零件上旋转类表面的精加工。

“螺旋精加工”对话框中的相关参数与“放射精加工”基本相同，其中“方向”用于设置按逆时针还是顺时针方向产生螺旋线。

练习 11：螺旋精加工范例演练

1）选择下拉菜单“文件”→“全部删除”命令，在弹出的“PowerMILL 询问”对话框中单击“是”按钮，删除所有文件。然后选择下拉菜单“工具”→“重设表格”命令，将所有表格重新设置为系统默认状态。

2）选择下拉菜单中的“文件”→“范例”命令，弹出“打开范例”对话框，选择“radius.dgk”（“随书光盘: \第 2 章\exercise11\uncompleted\radius.dgk”）文件，单击“打开”按钮即可，如图 2-150 所示。

3）单击主工具栏上的“毛坯”按钮，弹出“毛坯”对话框。在“由...定义”下拉列表中选择“方框”，单击“估算限界”框中的“计算”按钮，接着单击“接受”按钮，图形区显示所创建的毛坯。

4）设置快进高度。单击主工具栏上的“快进高度”按钮，弹出“快进高度”对话框。在“绝对高度”选择中的“安全区域”下拉列表中选择“平面”选项，单击“接受”按钮退出。

5）设置开始点和结束点。单击主工具栏上的“开始点和结束点”按钮，弹出“开始点和结束点”对话框，接受默认设置，单击“接受”按钮退出。

6）单击主工具栏上的“刀具路径策略”按钮，弹出“策略选取器”对话框，单击“精加工”选项卡，选中“螺旋精加工”选项，单击“接受”按钮，弹出“螺旋精加工”对话框，如图 2-151 所示。

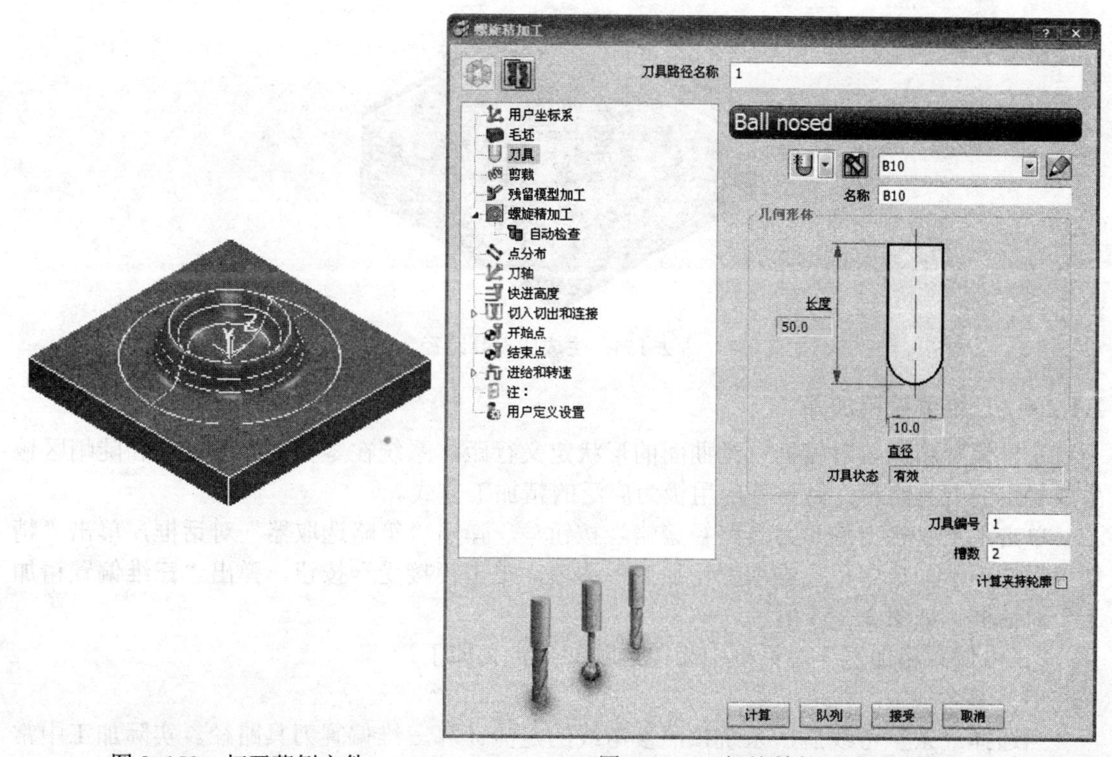

图 2-150　打开范例文件　　图 2-151　“螺旋精加工”对话框

● 创建刀具 B10。单击左侧列表框中的“刀具”选项，在右侧选项卡中选择“球头刀”，设置“直径”为 10.0。

● 单击左侧列表框中的“螺旋精加工”选项，在右侧选项卡中设置“中心点”为X0.0 Y0.0，“行距”为残留高度0.005，如图2-152所示。

● 单击左侧列表框中的“进给和转速”选项，在右侧选项卡中设置相关参数，如图2-153所示。

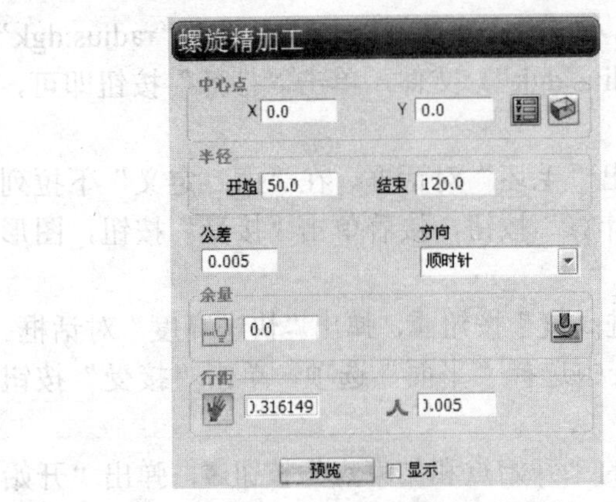

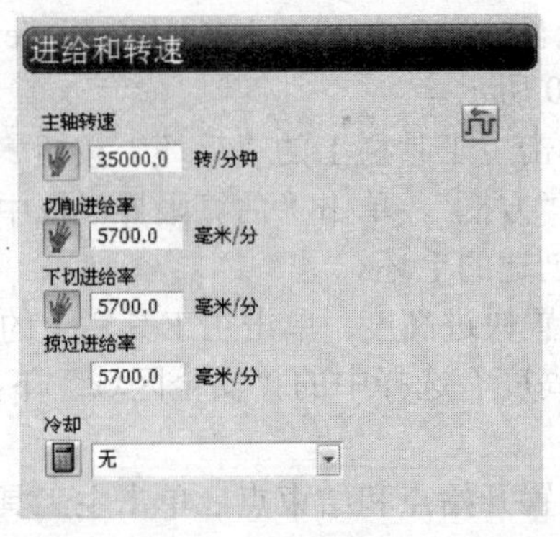

图2-152 螺旋精加工参数　　图2-153 进给和转速参数

7）在“螺旋精加工”对话框中单击“计算”按钮和“接受”按钮，确定参数并退出对话框，生成的刀具路径如图2-154所示。

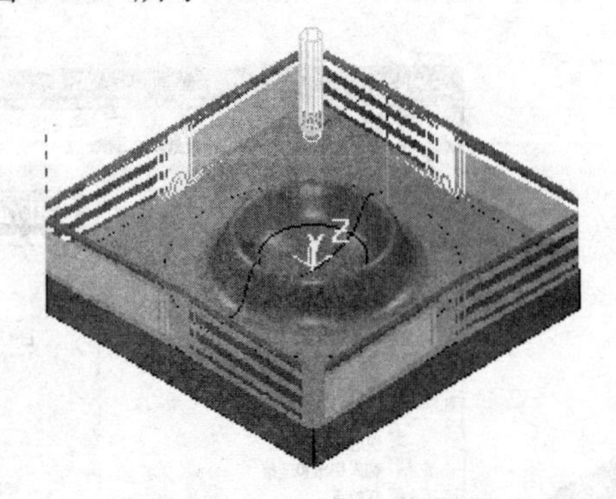

图2-154 生成的刀具路径

2.1.2.6 三维偏置精加工

三维偏置精加工时根据三维曲面的形状定义行距，系统在零件的平坦区域和陡峭区域生成稳定的刀具路径，是一种应用极为广泛的精加工方式。

单击主工具栏上的“刀具路径策略”按钮，弹出“策略选取器”对话框，单击“精加工”选项卡，选中“三维偏置精加工”选项，单击“接受”按钮，弹出“三维偏置精加工”对话框，如图2-155所示。

“三维偏置精加工”对话框中相关选项参数含义如下：

（1）参考线

当选择一条参考线后，系统按照参考线的走势计算三维偏置刀具路径。实际加工中常借用参考线来控制刀具路径的走势，以获得更好的切削效果，故称参考线为引导线。

（2）由参考线开始

选中该复选框，刀具路径从参考线位置开始计算。

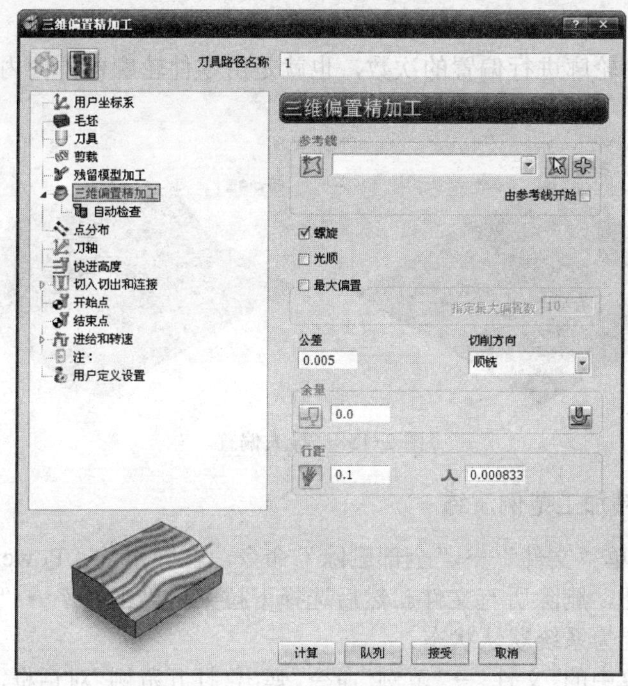

图 2-155 “三维偏置精加工”对话框

（3）螺旋

选中该复选框，由零件轮廓外向轮廓内产生连续的螺旋状偏置刀具路径，刀具将尽量和加工模型保持接触，并可显著减少刀具的切入切出和连接，如图 2-156 所示。

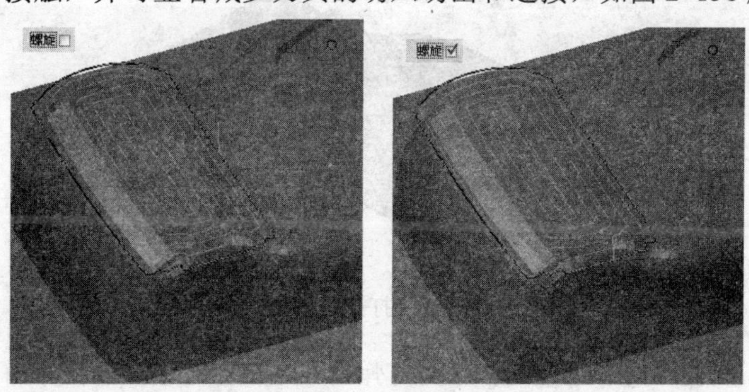

图 2-156 螺旋示意图

（4）光顺

用于光滑设置整个刀轨，如图 2-157 所示。

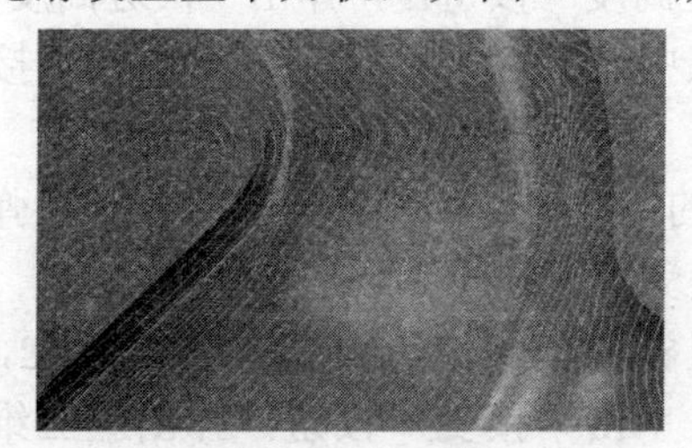

选中“光顺”复选框

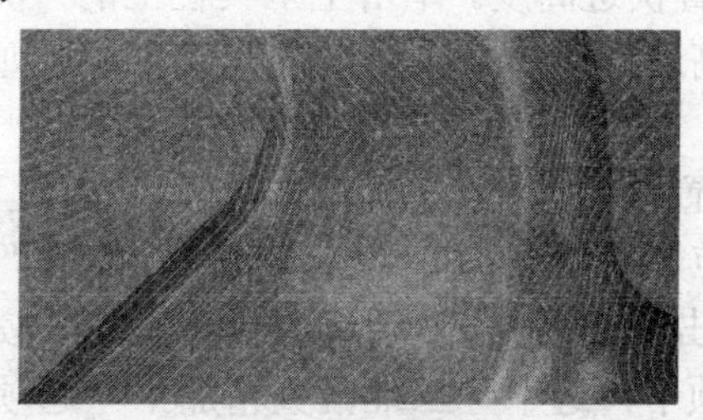

取消“光顺”复选框

图 2-157 光顺

（5）最大偏置

用于设置对零件轮廓进行偏置的次数，也就是由零件轮廓由外向内生成刀路的数量，如图 2-158 所示。

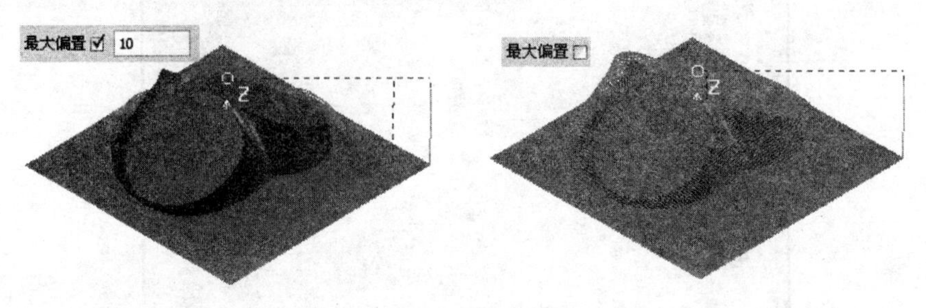

图 2-158 最大偏置

练习 12：三维偏置精加工范例演练

1）选择下拉菜单“文件”→“全部删除”命令，在弹出的“PowerMILL 询问”对话框中单击“是”按钮，删除所有文件。然后选择下拉菜单“工具”→“重设表格”命令，将所有表格重新设置为系统默认状态。

2）选择下拉菜单中的“文件”→“范例”命令，弹出“打开范例”对话框，选择“cowling.dgk”（“随书光盘:\第 2 章\exercise12\uncompleted\cowling.dgk”）文件，单击“打开”按钮即可，如图 2-159 所示。

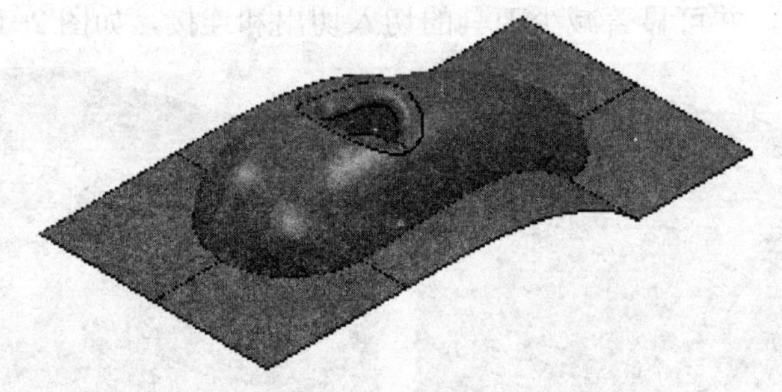

图 2-159 打开范例文件

3）单击主工具栏上的“毛坯”按钮，弹出“毛坯”对话框。在“由...定义”下拉列表中选择“方框”，单击“估算限界”框中的“计算”按钮，接着单击“接受”按钮，图形区显示所创建的毛坯。

4）设置快进高度。单击主工具栏上的“快进高度”按钮，弹出“快进高度”对话框。在“绝对高度”选择中的“安全区域”下拉列表中选择“平面”选项，单击“接受”按钮退出。

5）设置开始点和结束点。单击主工具栏上的“开始点和结束点”按钮，弹出“开始点和结束点”对话框，接受默认设置，单击“接受”按钮退出。

6）单击主工具栏上的“刀具路径策略”按钮，弹出“策略选取器”对话框，单击“精加工”选项卡，选中“三维偏置精加工”选项，单击“接受”按钮，弹出“三维偏置精加工”对话框，如图 2-160 所示。

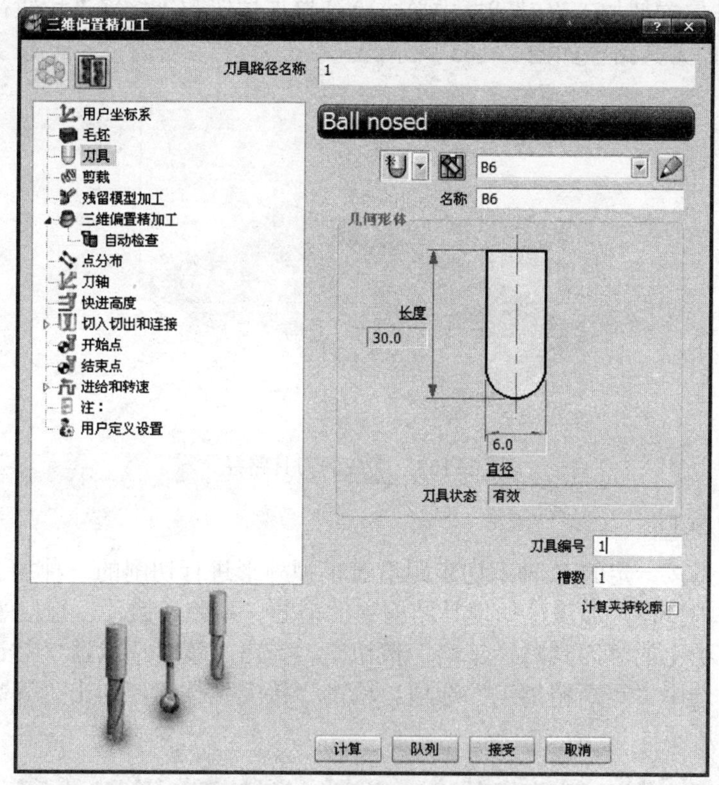

图 2-160 “三维偏置精加工”对话框

- 创建刀具 B6。单击左侧列表框中的“刀具”选项，在右侧选项卡中选择“球头刀”，设置“直径”为 6.0。
- 单击左侧列表框中的“三维偏置精加工”选项，在右侧选项卡中选中“螺旋”和“光顺”复选框，设置“行距”为残留高度 0.005，如图 2-161 所示。
- 单击左侧列表框中的“进给和转速”选项，在右侧选项卡中设置相关参数，如图 2-162 所示。

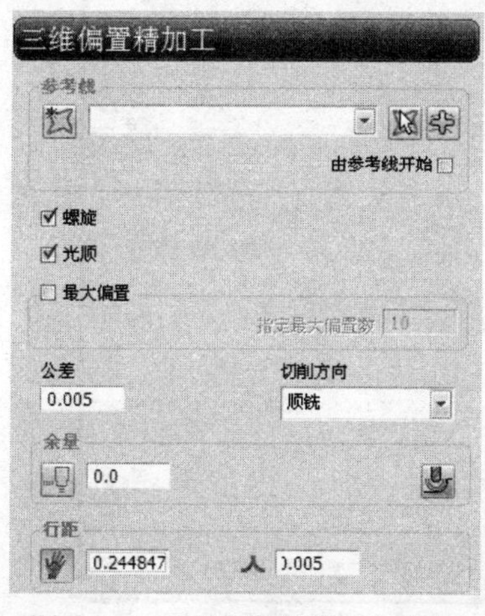

图 2-161　三维偏置精加工参数

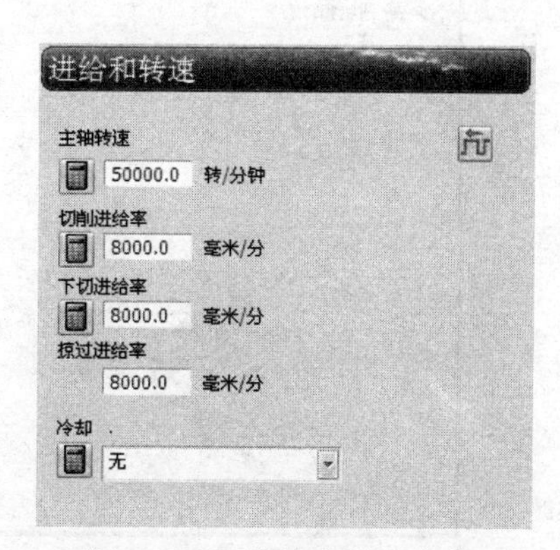

图 2-162　进给和转速参数

7）在“三维偏置精加工”对话框中单击“计算”按钮和“接受”按钮，确定参数并退出对话框，生成的刀具路径如图2-163所示。

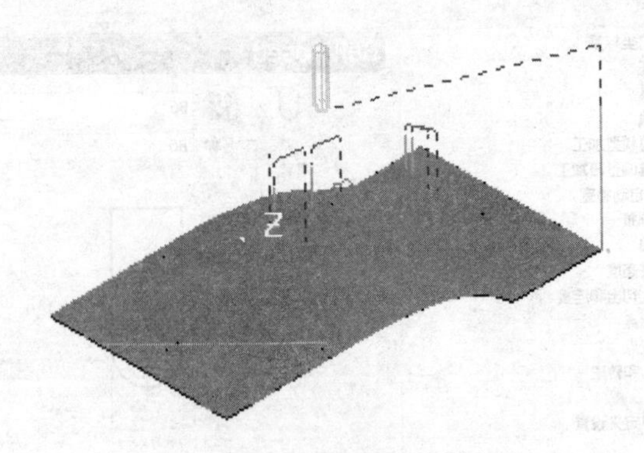

图2-163 生成的刀具路径

2.1.2.7 等高精加工

等高精加工是按一定的Z轴下切步距沿着模型外形进行切削的一种加工方法，适用于陡峭或垂直面的峭壁模型加工，如模具结构中的型芯、型腔、镶件、行位等。

单击主工具栏上的“刀具路径策略”按钮，弹出“策略选取器”对话框，单击“精加工”选项卡，选中“等高精加工”选项，单击“接受”按钮，弹出“等高精加工”对话框，如图2-164所示。

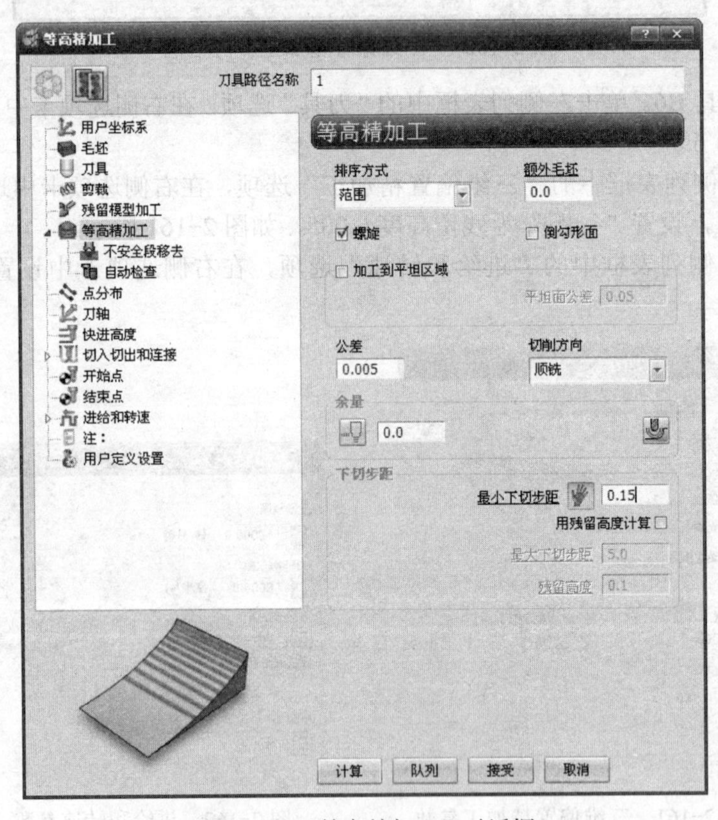

图2-164 “等高精加工”对话框

“等高精加工”对话框中相关选项参数含义如下：

（1）排序方式

● 【范围】：选中该方式，刀具路径会先加工好一个区域后，再加工另一个区域。

● 【层】：选中该方式，刀具路径会先加工所有区域的一层后，再加工下一层。

（2）螺旋

选中“螺旋”复选框，生成螺旋刀具路径，此选项适用于高速加工。

（3）下切步距

● 【最小下切步距】：设定 Z 轴两相邻加工层间的下切距离。数值越大则加工越快，刀具的负荷也越大，且表面质量及精度就越差，数值越小，精度高，但加工时间也长。

● 【用残留高度计算】：选中该复选框，由最大下切步距和残留高度来确定下切步距，此功能要与最小切削步距配合使用，在切削加工时平坦面会加密步距，而陡峭面则放大步距。最小下切步距就是平坦面加密的最小步距；最大下切步距是指 Z 轴两相邻加工层间的最大下切距离，而残留高度就是相邻之间的刀轨所残留的未加工区域的高度。

练习 13：等高精加工范例演练

1）选择下拉菜单“文件”→“全部删除”命令，在弹出的“PowerMILL 询问”对话框中单击“是”按钮，删除所有文件。然后选择下拉菜单“工具”→“重设表格”命令，将所有表格重新设置为系统默认状态。

2）选择下拉菜单中的“文件”→“范例”命令，弹出“打开范例”对话框，选择“camera.ttr”（“随书光盘: \第 2 章\exercise13\uncompleted\camera.ttr”）文件，单击“打开”按钮即可，如图 2-165 所示。

3）单击主工具栏上的“毛坯”按钮，弹出“毛坯”对话框。在“由...定义”下拉列表中选择“方框”，单击“估算限界”框中的“计算”按钮，接着单击“接受”按钮，图形区显示所创建的毛坯。

4）设置快进高度。单击主工具栏上的“快进高度”按钮，弹出“快进高度”对话框。在“绝对高度”选择中的“安全区域”下拉列表中选择“平面”选项，单击“接受”按钮退出。

5）设置开始点和结束点。单击主工具栏上的“开始点和结束点”按钮，弹出“开始点和结束点”对话框，接受默认设置，单击“接受”按钮退出。

6）单击主工具栏上的“刀具路径策略”按钮，弹出“策略选取器”对话框，单击“精加工”选项卡，选中“等高精加工”选项，单击“接受”按钮，弹出“等高精加工”对话框，如图 2-166 所示。

● 创建刀具 B10。单击左侧列表框中的“刀具”选项，在右侧选项卡中选择“球头刀”，设置“直径”为 10.0。

● 单击左侧列表框中的“等高精加工”选项，在右侧选项卡中选中“螺旋”复选框，设置“下切步距”为 0.15，如图 2-167 所示。

● 单击左侧列表框中的“进给和转速”选项，在右侧选项卡中设置相关参数，如图 2-168 所示。

7）在“等高精加工”对话框中单击“计算”按钮和“接受”按钮，确定参数并退出对话框，生成的刀具路径如图 2-169 所示。

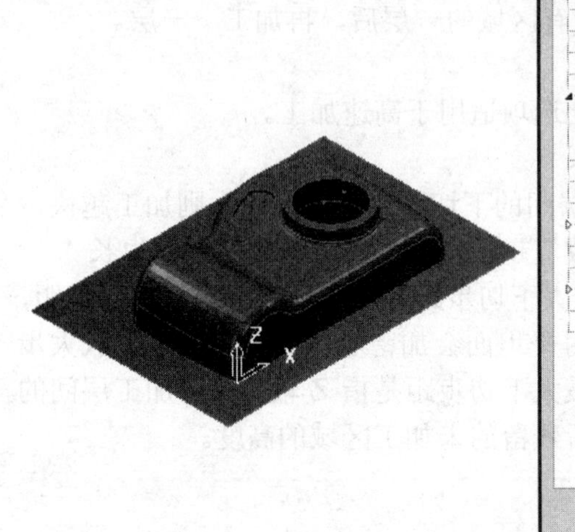

图 2-165 打开范例文件

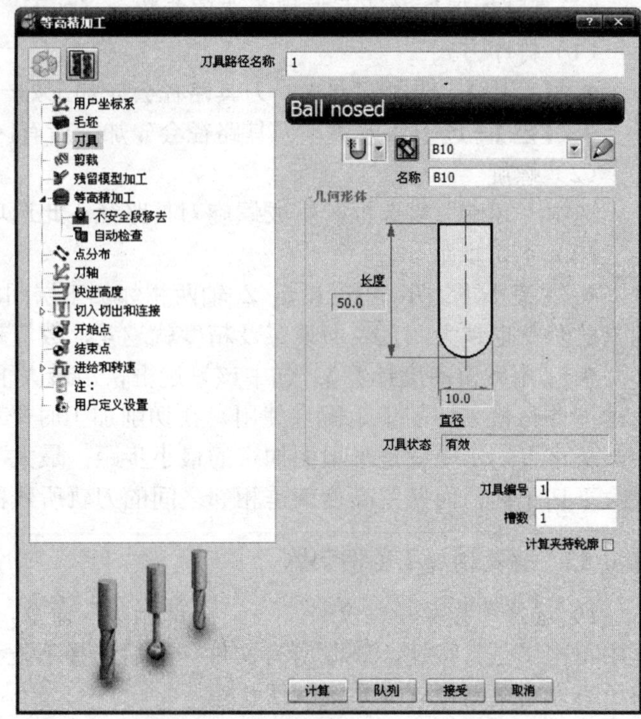

图 2-166 “等高精加工”对话框

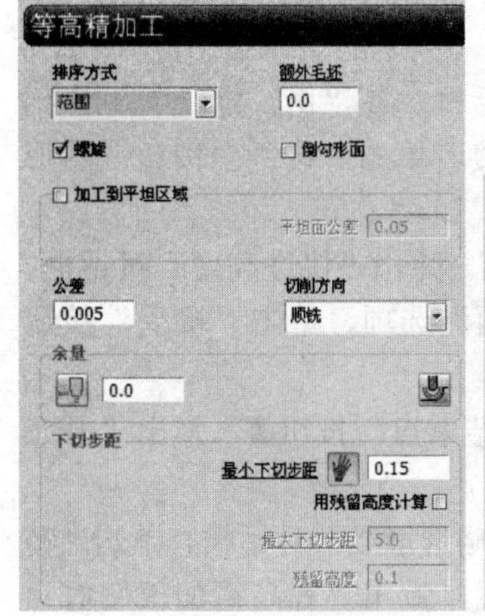

图 2-167 等高精加工参数

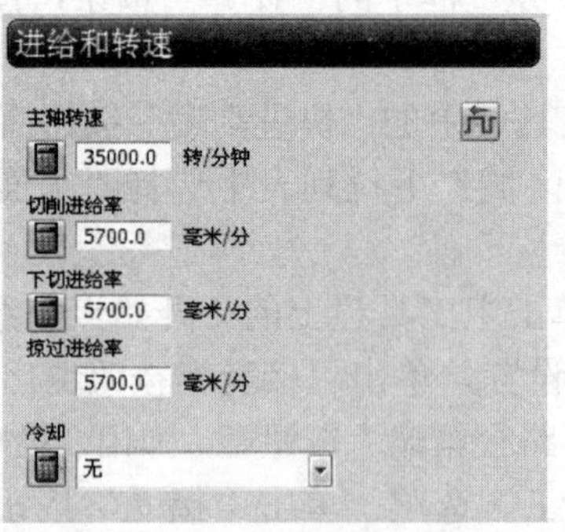

图 2-168 进给和转速参数

图 2-169 生成的刀具路径

2.1.2.8 最佳等高精加工

最佳等高精加工是指在陡峭的模型区域采用等高精加工，而在平坦区域使用三维偏置精加工的加工方式，它综合了等高精加工和三维偏置精加工的特点，应用非常广泛，对加工一些复杂的模型曲面非常方便。

单击主工具栏上的“刀具路径策略”按钮，弹出“策略选取器”对话框，单击“精加工”选项卡，选中“最佳等高精加工”选项，单击“接受”按钮，弹出“最佳等高精加工”对话框，如图 2-170 所示。

图 2-170 “最佳等高精加工”对话框

“最佳等高精加工”对话框中相关选项参数含义如下：

（1）封闭式偏置

该选项是针对平坦区域而言，选中该复选框，创建从外向内的封闭三维偏置刀具路径；否则创建从内向外的三维偏置刀具路径，如图 2-171 所示。

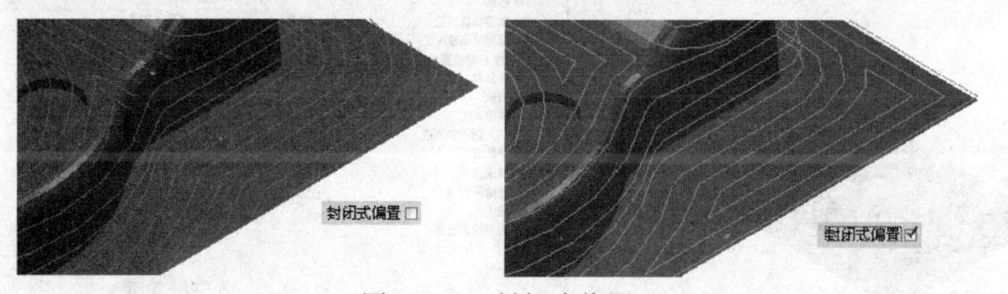

图 2-171 封闭式偏置

（2）使用单独的浅滩行距

该选项是针对平坦区域刀路而言，选中该复选框，可单独设置平坦区域刀路的行距，要求浅滩行距一定要大于或等于“最佳等高精加工”对话框中的行距值，如图 2-172 所示。

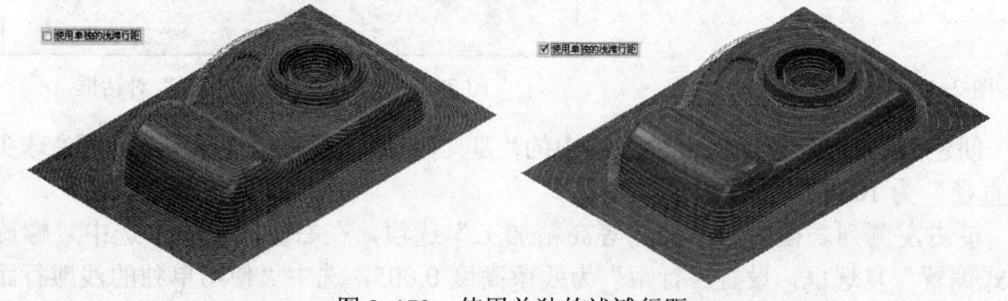

图 2-172 使用单独的浅滩行距

练习 14：最佳等高精加工范例演练

1）选择下拉菜单“文件”→“全部删除”命令，在弹出的“PowerMILL 询问”对话框中单击“是”按钮，删除所有文件。然后选择下拉菜单“工具”→“重设表格”命令，将所有表格重新设置为系统默认状态。

2）选择下拉菜单中的“文件”→“范例”命令，弹出“打开范例”对话框，选择“camera.ttr”（“随书光盘: \第 2 章\exercise14\uncompleted\camera.ttr”）文件，单击“打开”按钮即可，如图 2-173 所示。

3）单击主工具栏上的“毛坯”按钮，弹出“毛坯”对话框。在“由...定义”下拉列表中选择“方框”，单击“估算限界”框中的“计算”按钮，接着单击“接受”按钮，图形区显示所创建的毛坯。

4）设置快进高度。单击主工具栏上的“快进高度”按钮，弹出“快进高度”对话框。在“绝对高度”选择中的“安全区域”下拉列表中选择“平面”选项，单击“接受”按钮退出。

5）设置开始点和结束点。单击主工具栏上的“开始点和结束点”按钮，弹出“开始点和结束点”对话框，接受默认设置，单击“接受”按钮退出。

6）单击主工具栏上的“刀具路径策略”按钮，弹出“策略选取器”对话框，单击“精加工”选项卡，选中“最佳等高精加工”选项，单击“接受”按钮，弹出“最佳等高精加工”对话框，如图 2-174 所示。

图 2-173　打开范例文件

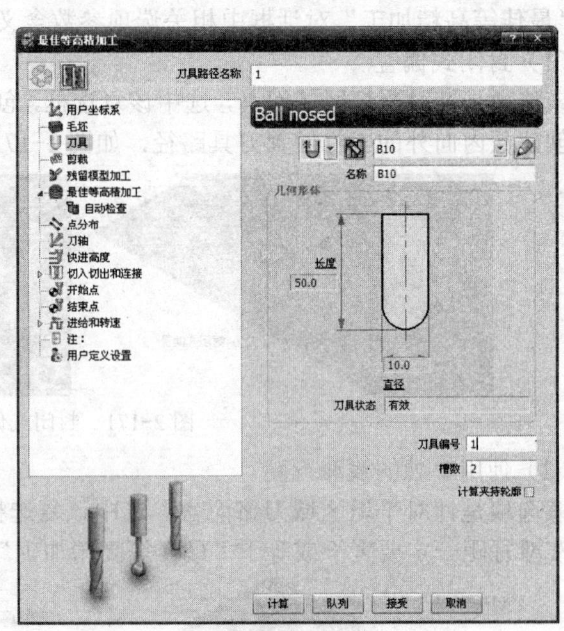

图 2-174　“最佳等高精加工”对话框

- 创建刀具 B10。单击左侧列表框中的“刀具”选项，在右侧选项卡中选择“球头刀”，设置“直径”为 10.0。
- 单击左侧列表框中的“最佳等高精加工”选项，在右侧选项卡中选中“螺旋”和“封闭式偏置”复选框，设置“行距”为残留高度 0.005，选中“使用单独的浅滩行距”复选框，设置“浅滩行距”为 2.0，如图 2-175 所示。

● 单击左侧列表框中的“进给和转速”选项，在右侧选项卡中设置相关参数，如图 2-176 所示。

7）在“最佳等高精加工”对话框中单击“计算”按钮和“接受”按钮，确定参数并退出对话框，生成的刀具路径如图 2-177 所示。

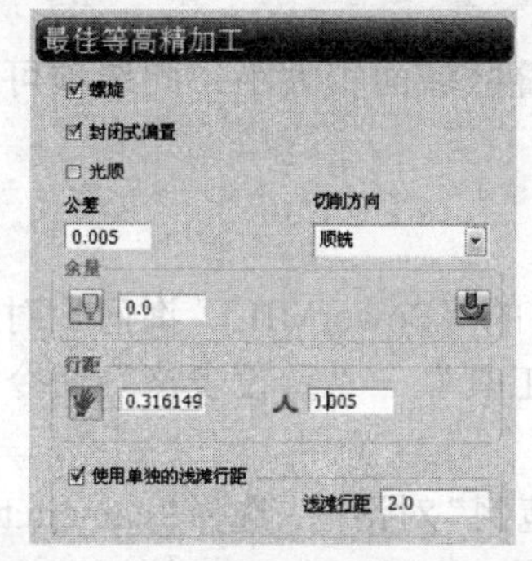

图 2-175　最佳等高精加工参数

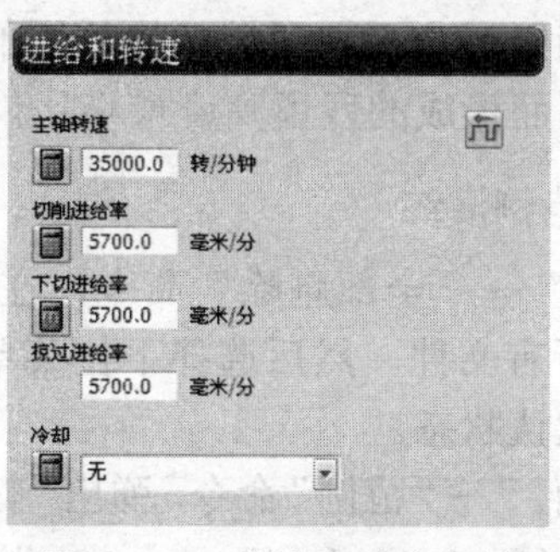

图 2-176　进给和转速参数

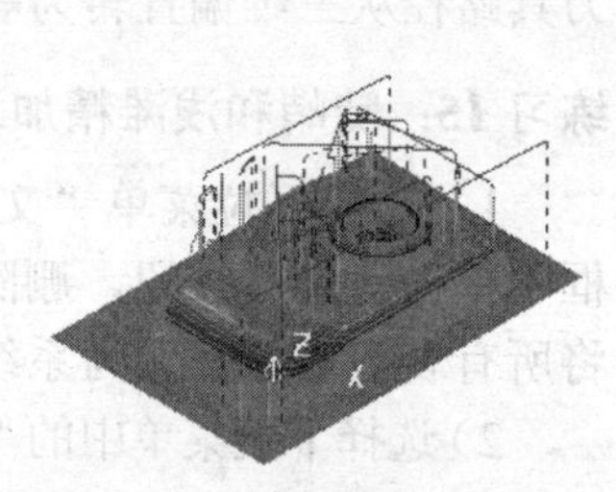

图 2-177　生成的刀具路径

2.1.2.9　陡峭和浅滩精加工

陡峭和浅滩精加工是指根据用于定义的分界角来采用等高精加工和三维偏置精加工的加工方式。它与最佳等高精加工的区别为，第一，交叉等高精加工策略可以设置一个分界角用来区分零件上的陡峭区域和平坦区域，而最佳等高精加工是由系统自动区分陡峭面和平坦面；第二，交叉等高精加工可以指定刀具路径在陡峭区域与平坦区域相接位置的重叠区域大小，而最佳等高精加工没有此功能。

单击主工具栏上的“刀具路径策略”按钮，弹出“策略选取器”对话框，单击“精加工”选项卡，选中“陡峭和浅滩精加工”选项，单击“接受”按钮，弹出“陡峭和浅滩精加工”对话框，如图 2-178 所示。

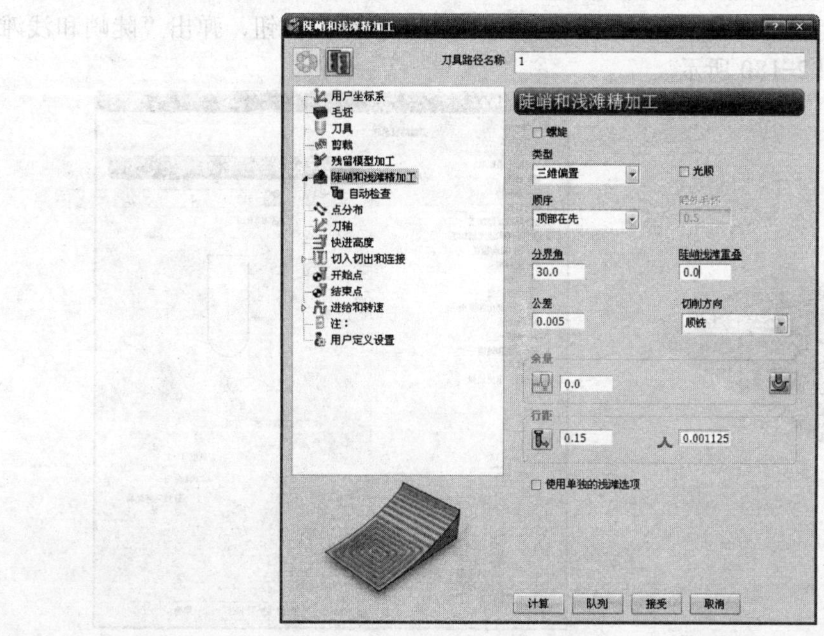

图 2-178　“陡峭和浅滩精加工”对话框

“陡峭和浅滩精加工”对话框中相关选项参数含义如下：

（1）分界角

用于区分零件上的陡峭面和平坦面，该角度从水平面开始计算，零件上的表面与水平面的夹角小于分界角的为平坦面，否则为陡峭面。

（2）陡峭浅滩重叠

用于指定刀具路径在陡峭区域与平坦区域相接位置的重叠区域面积大小，此选项可将刀具路径从三维偏置转为等高而形成的残留高度最小化。

练习 15：陡峭和浅滩精加工范例演练

1）选择下拉菜单“文件”→“全部删除”命令，在弹出的“PowerMILL 询问”对话框中单击“是”按钮，删除所有文件。然后选择下拉菜单“工具”→“重设表格”命令，将所有表格重新设置为系统默认状态。

2）选择下拉菜单中的“文件”→“范例”命令，弹出“打开范例”对话框，选择“camera.ttr”（“随书光盘: \第 2 章\exercise15\uncompleted\camera.ttr”）文件，单击“打开”按钮即可，如图 2-179 所示。

3）单击主工具栏上的“毛坯”按钮，弹出“毛坯”对话框。在“由...定义”下拉列表中选择“方框”，单击“估算限界”框中的“计算”按钮，接着单击“接受”按钮，图形区显示所创建的毛坯。

4）设置快进高度。单击主工具栏上的“快进高度”按钮，弹出“快进高度”对话框。在“绝对高度”选择中的“安全区域”下拉列表中选择“平面”选项，单击“接受”按钮退出。

5）设置开始点和结束点。单击主工具栏上的“开始点和结束点”按钮，弹出“开始点和结束点”对话框，接受默认设置，单击“接受”按钮退出。

6）单击主工具栏上的“刀具路径策略”按钮，弹出“策略选取器”对话框，单击“精加工”选项卡，选中“陡峭和浅滩精加工”选项，单击“接受”按钮，弹出“陡峭和浅滩精加工”对话框，如图 2-180 所示。

图 2-179 打开范例文件

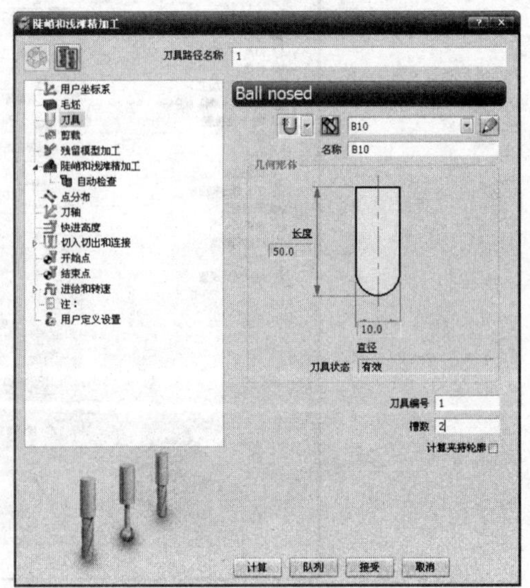

图 2-180 “陡峭和浅滩精加工”对话框

● 创建刀具 B10。单击左侧列表框中的“刀具”选项，在右侧选项卡中选择“球头刀”，设置“直径”为 10.0。

● 单击左侧列表框中的“陡峭和浅滩精加工”选项，在右侧选项卡中选中“螺旋”和“光顺”复选框，设置“分界角”为 30.0，如图 2-181 所示。

● 单击左侧列表框中的“进给和转速”选项，在右侧选项卡中设置相关参数，如图 2-182 所示。

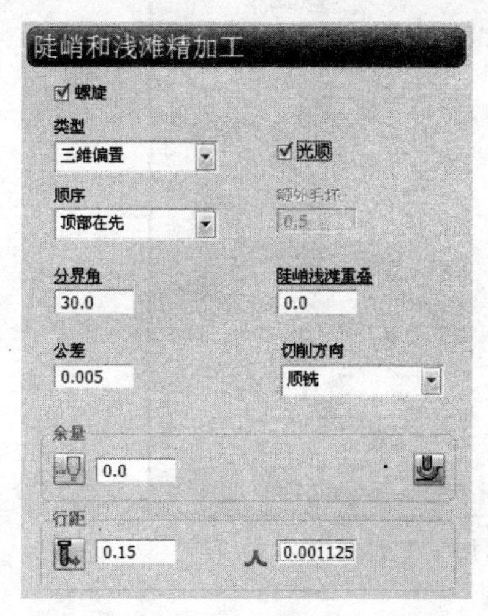

图 2-181 陡峭和浅滩精加工参数

图 2-182 进给和转速参数

7）在“陡峭和浅滩精加工”对话框中单击“计算”按钮和“接受”按钮，确定参数并退出对话框，生成的刀具路径如图 2-183 所示。

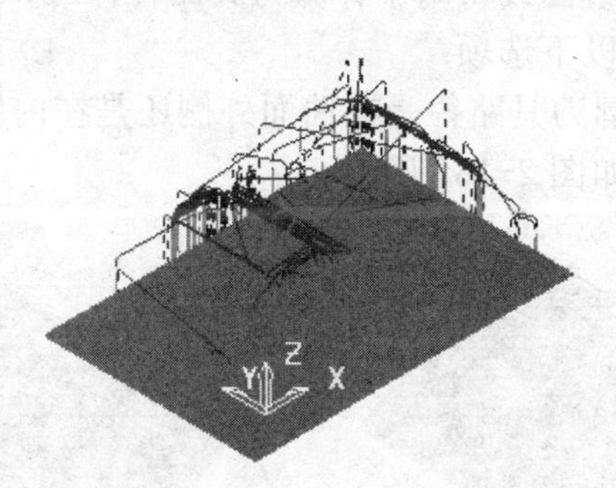

图 2-183 生成的刀具路径

2.1.2.10 轮廓精加工

轮廓精加工是按所选曲面轮廓作为驱动曲线产生刀具路径的精加工策略，经常用于加工模型外形和五轴槽位加工。轮廓精加工刀具路径可设置成单层刀具路径，也可是多层刀具路径。需要注意的是，轮廓精加工策略只对曲面模型有效，对三角模型（后缀名为.dmt 或.tri）是无效的。

单击主工具栏上的“刀具路径策略”按钮，弹出“策略选取器”对话框，单击“精加工”选项卡，选中“轮廓精加工”选项，单击“接受”按钮，弹出“轮廓精加工”对话框，如图 2-184 所示。

图 2-184 “轮廓精加工”对话框

1. **轮廓精加工**

单击左侧列表框中的“轮廓精加工”选项，在右侧显示轮廓精加工参数，如图 2-184 所示。

（1）驱动曲线

用于确定哪一条或哪一组曲线将用于计算刀具路径，PowerMILL 系统使用选定的曲面边缘线作为驱动曲线，包括以下选项：

- 【侧】：用于确定轮廓刀具路径是在曲面外侧还是在内侧，该选项包括“外侧边缘”和“内侧边缘”2 个选项，如图 2-185 所示。

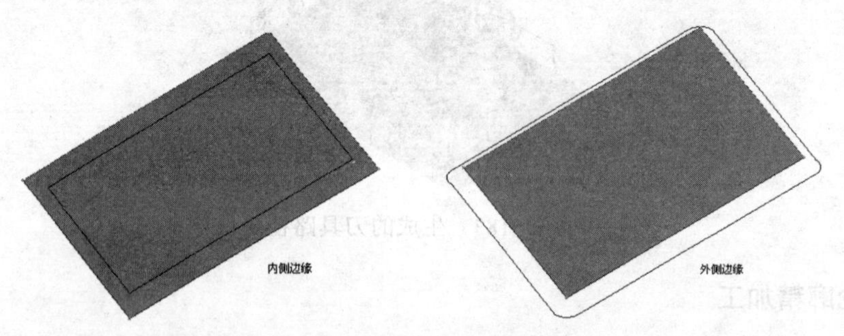

图 2-185 侧示意图

- 【径向偏置】：用于定义刀具与驱动曲线之间的间距，该间距在刀具直径方向上测量。
- 【方向】：用于定义刀具路径的加工方向，包括“顺铣”“逆铣”和“任意”3 个选项。

（2）下限

用于定义轮廓刀具路径的最低位置，包括以下选项：

- 【底部位置】：定义刀具路径的最低位置。其中“驱动曲线”是指根据所选曲面的边缘线计算刀具路径，如图 2-186 所示；而“自动”是指使刀具降低位置以接触到零件表面来计算刀具路径，如图 2-187 所示。

图 2-186 驱动曲线

图 2-187 自动

● 【轴向偏置】：刀具路径在刀具轴线方向的偏置量。当为 0 时，刀具路径与曲面边缘在同一面上，输入正值时，刀具路径在曲面的正上方；输入负值时，刀具路径在曲面的正下方。

（3）避免过切

用于检查所生成的轮廓刀具路径是否与模型发生过切现象。选中“过切检查”复选框，避免过切选项被激活，否则不可用。

2. 避免过切

单击左侧列表框中的“避免过切”选项，在右侧显示避免过切参数，如图 2-188 所示。

图 2-188 避免过切参数

（1）上限

选中“上限”复选框时，可设置一个数值来定义刀具提起到哪个高度值后生成刀具路径。

（2）策略

用于定义刀具路径避免过切的方法，包括以下选项：

● 【跟踪】：指在刀具轴线方向上，系统在所选择曲面的最低位置尝试刀具路径，如果不能生成，系统将刀具提起到一个最低不过切位置生成刀具路径，如图 2-189 所示。

● 【提起】：指在刀具轴线方向上，系统在所选择曲面的最低位置尝试刀具路径，如果不能生成，系统将自动删除可能发生过切刀具路径，如图 2-190 所示。

图 2-189 跟踪

图 2-190 提起

3. 多重切削

单击左侧列表框中的“多重切削”选项，在右侧显示多重切削参数，如图 2-191 所示。

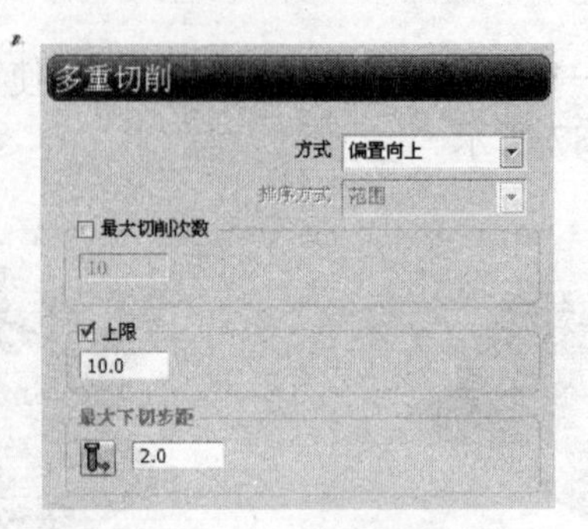

图 2-191　多重切削参数

用于在刀具轴线方向上生成多层刀具路径，包括以下选项：

（1）方式

用于定义多重刀具路径的方式，包括以下 4 个选项：

- 【关】：不生成多重刀具路径，如图 2-192 所示。
- 【偏置向下】：沿刀轴向下偏置顶部轮廓曲线，如图 2-193 所示。

图 2-192　关

图 2-193　偏置向下

- 【偏置向上】：沿刀轴向上偏置底部轮廓曲线，如图 2-194 所示。
- 【合并】：沿刀轴向下偏置顶部轮廓线，同时向上偏置底部轮廓线，并将偏置出的轮廓线进行合并，如图 2-195 所示。

图 2-194　偏置向上

图 2-195　合并

（2）最大切削次数

用于定义多重切削的刀具路径层数。

（3）最大下切步距

用于定义多重切削的最大下切步距。

练习 16：轮廓精加工范例演练

（1）选择下拉菜单“文件”→“全部删除”命令，在弹出的“PowerMILL 询问”对话框中单击“是”按钮，删除所有文件。然后选择下拉菜单“工具”→“重设表格”命令，将所有表格重新设置为系统默认状态。

（2）选择下拉菜单中的“文件”→“范例”命令，弹出“打开范例”对话框，选择“lunkuo.dgk”（“随书光盘:\第 2 章\exercise16\uncompleted\lunkuo.dgk”）文件，单击“打开”按钮即可，如图 2-196 所示。

（3）单击主工具栏上的“毛坯”按钮，弹出“毛坯”对话框。在“由...定义”下拉列表中选择“方框”，单击“估算限界”框中的“计算”按钮，接着单击“接受”按钮，图形区显示所创建的毛坯。

（4）设置快进高度。单击主工具栏上的“快进高度”按钮，弹出“快进高度”对话框。在“绝对高度”选择中的“安全区域”下拉列表中选择“平面”选项，单击“接受”按钮退出。

（5）设置开始点和结束点。单击主工具栏上的“开始点和结束点”按钮，弹出“开始点和结束点”对话框，接受默认设置，单击“接受”按钮退出。

（6）单击主工具栏上的“刀具路径策略”按钮，弹出“策略选取器”对话框，单击“精加工”选项卡，选中“轮廓精加工”选项，单击“接受”按钮，弹出“轮廓精加工”对话框，如图 2-197 所示。

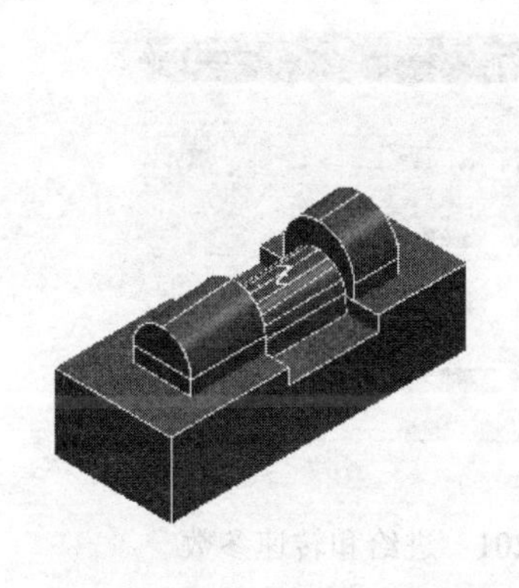

图 2-196　打开范例文件

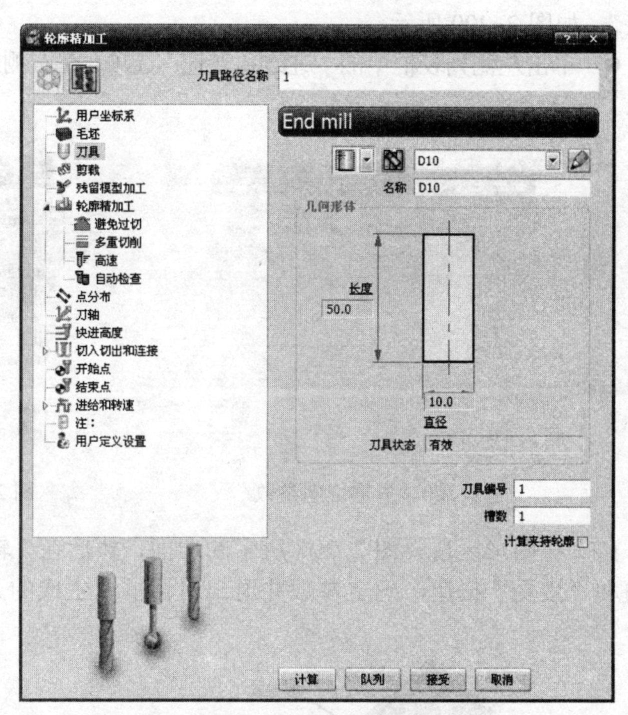

图 2-197　“轮廓精加工”对话框

● 创建刀具 D10。单击左侧列表框中的“刀具”选项，在右侧选项卡中选择“端铣刀”，设置“直径”为 10.0。

● 单击左侧列表框中的“轮廓精加工”选项，在右侧选项卡中选中“外侧边缘”方式，“底部位置”为“驱动曲线”，“最大下切步距”为 2.0，如图 2-198 所示。

● 单击左侧列表框中的“避免过切”选项，在右侧选项卡中设置“策略”为“跟踪”，如图 2-199 所示。

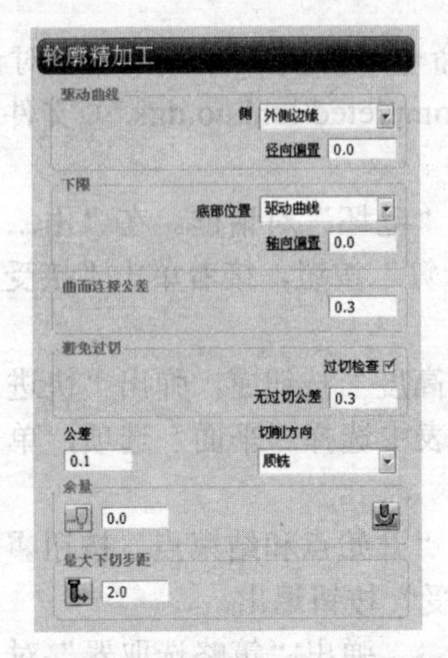

图 2-198 轮廓精加工参数

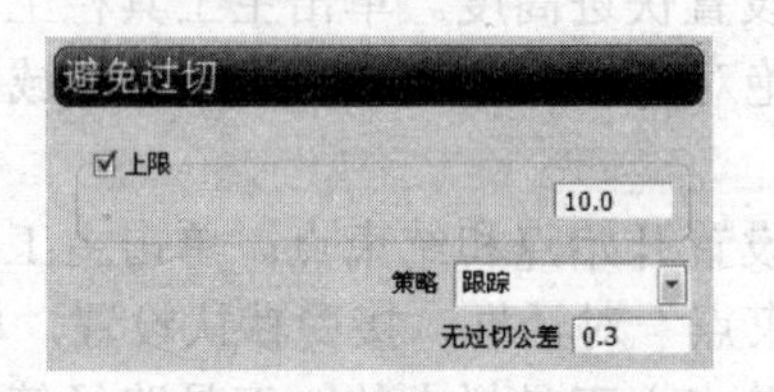

图 2-199 避免过切参数

● 单击左侧列表框中的"多重切削"选项，在右侧选项卡中设置"方式"为"偏置向上"，如图 2-200 所示。

● 单击左侧列表框中的"进给和转速"选项，在右侧选项卡中设置相关参数，如图 2-201 所示。

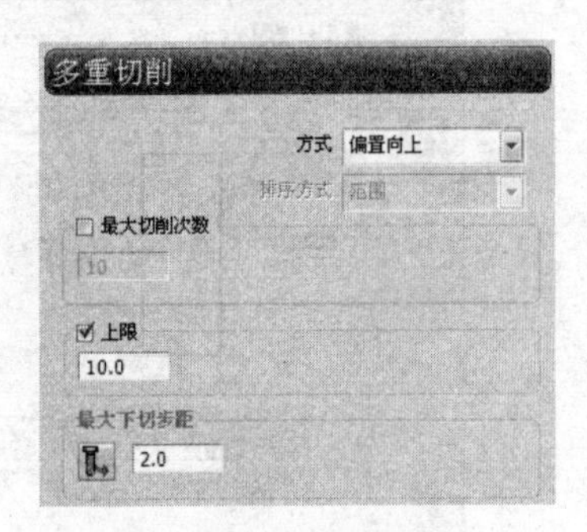

图 2-200 多重切削参数

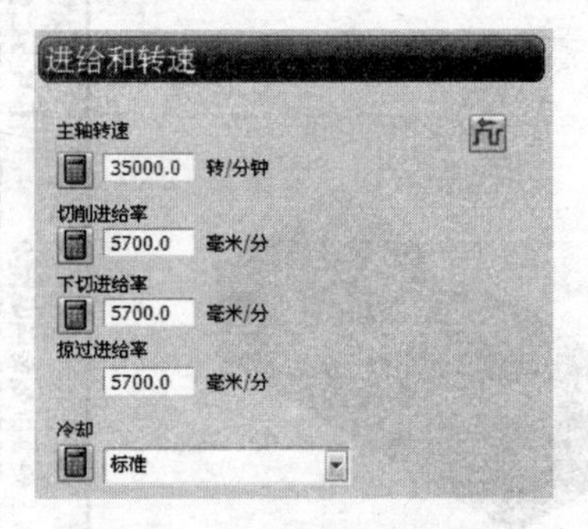

图 2-201 进给和转速参数

（7）在图形区选择图 2-202 所示的曲面，然后在"轮廓精加工"对话框中单击"计算"按钮和"接受"按钮，确定参数并退出对话框，生成的刀具路径如图 2-203 所示。

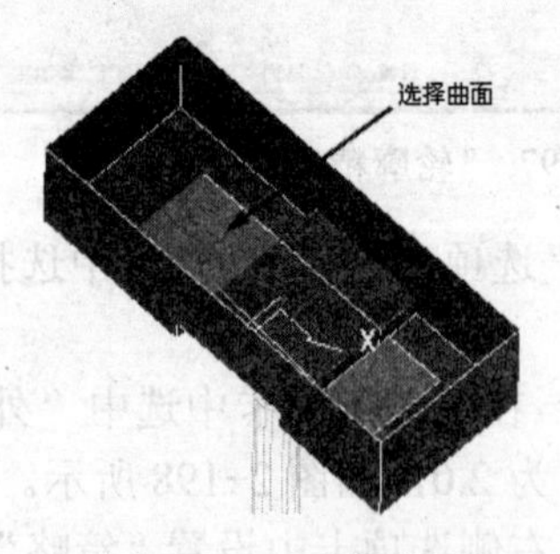

图 2-202 选择曲面

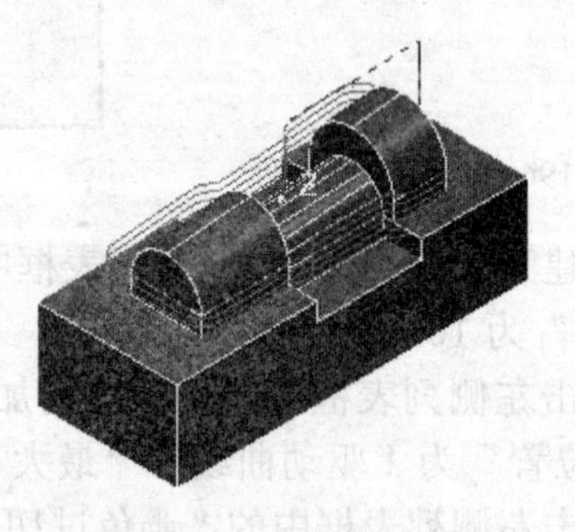

图 2-203 生成的刀具路径

2.1.2.11 参考线精加工

参考线精加工是指将参考线投影到模型表面上，然后沿着投影后的参考线计算出刀具路径，生成刀具路径时，刀具中心始终会落在参考线上。适用于划线、雕刻文字以及其他一些非标准加工。

单击主工具栏上的“刀具路径策略”按钮，弹出“策略选取器”对话框，单击“精加工”选项卡，选中“参考线精加工”选项，单击“接受”按钮，弹出“参考线精加工”对话框，如图 2-204 所示。

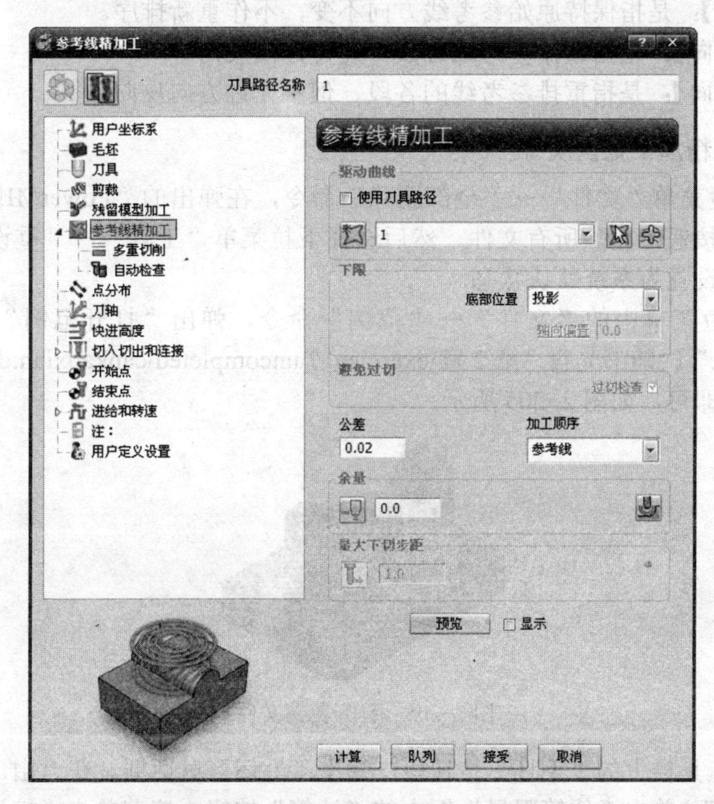

图 2-204 “参考线精加工”对话框

“参考线精加工”对话框中相关选项含义如下：

（1）驱动曲线

用于选择控制刀具路径驱动轨迹的曲线，包括以下选项：

● 【使用刀具路径】：选中该复选框，表示使用指定的刀具路径作为参考线来对模型进行加工。常用于将现有的三维刀具路径转换为多轴路径。

● 【参考线】：创建或选取要用来加工的参考线或刀具路径的名称。当选择“使用刀具路径”复选框时，“参考线”选项将转换为刀具路径选项，用于选择刀具路径元素。使用参考线时，单击“产生新的参考线”按钮可创建参考线，否则单击其后的按钮，可在图形区选择所需的参考线。

（2）下限

用于定义切削路径的最低位置，包括以下 3 个选项：

- 【自动】：沿着刀轴方向降下刀具至零件表面。在固定三轴加工中，刀轴为铅直状态，这个选项的功能与投影功能相同。
- 【投影】：沿刀轴方向降下刀具至零件表面。
- 【驱动曲线】：直接将参考线转换为刀具路径，不进行投影。

（3）加工顺序

往往一条参考线是由多段线组成的，各线段的方向在转换为刀具路径后就变成切削方向。“加工顺序”用于重排组成参考线各段，以减少刀具路径的连接距离。

- 【参考线】：是指保持原始参考线方向不变，不作重新排序。
- 【自由方向】：是指重排参考线各段，允许方向反向。
- 【固定方向】：是指重排参考线的各段，但不允许方向反向。

练习 17：参考线精加工范例演练

1）选择下拉菜单“文件”→“全部删除”命令，在弹出的“PowerMILL 询问”对话框中单击“是”按钮，删除所有文件。然后选择下拉菜单“工具”→“重设表格”命令，将所有表格重新设置为系统默认状态。

2）选择下拉菜单中的“文件”→“范例”命令，弹出“打开范例”对话框，选择“cankaoxian.dgk”（“随书光盘: \第2章\exercise17\uncompleted\cankaoxian.dgk”）文件，单击“打开”按钮即可，如图2-205所示。

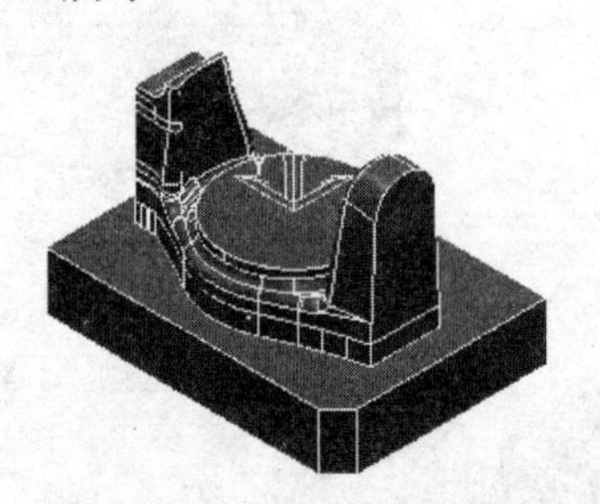

图2-205　打开范例文件

3）单击主工具栏上的“毛坯”按钮，弹出“毛坯”对话框。在“由...定义”下拉列表中选择“方框”，单击“估算限界”框中的“计算”按钮，接着单击“接受”按钮，图形区显示所创建的毛坯。

4）设置快进高度。单击主工具栏上的“快进高度”按钮，弹出“快进高度”对话框。在“绝对高度”选择中的“安全区域”下拉列表中选择“平面”选项，单击“接受”按钮退出。

5）设置开始点和结束点。单击主工具栏上的“开始点和结束点”按钮，弹出“开始点和结束点”对话框，接受默认设置，单击“接受”按钮退出。

6）在“PowerMILL 资源管理器”中右击“参考线”选项，在弹出的快捷菜单中选择“产生参考线”命令，系统即产生出一条空的参考线1。选中所创建的参考线1，单击鼠标右键，在弹出的快捷菜单中选择“插入”→“文件”命令，选择“powermill.dgk”（“随书光盘: \第2章\exercise17\uncompleted\powermill.dgk”）文件。

7）单击主工具栏上的“刀具路径策略”按钮，弹出“策略选取器”对话框，单击“精加工”选项卡，选中“参考线精加工”选项，单击“接受”按钮，弹出“参考线精加工”

对话框，如图 2-206 所示。

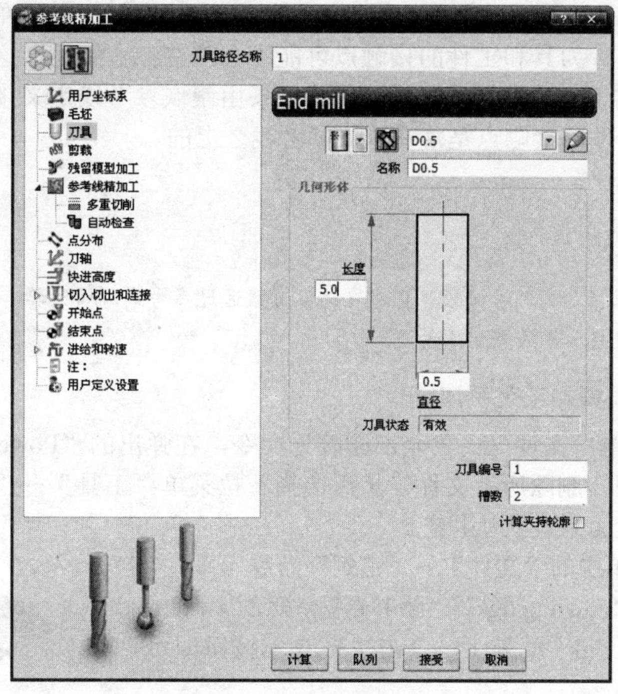

图 2-206 “参考线精加工”对话框

● 创建刀具 D0.5。单击左侧列表框中的“刀具”选项，在右侧选项卡中选择“端铣刀”，设置“直径”为 0.5。

● 单击左侧列表框中的“参考线精加工”选项，在右侧选项卡中选中参考线 1 作为驱动曲线，在“底部位置”下拉列表中选择“投影”，如图 2-207 所示。

● 单击左侧列表框中的“进给和转速”选项，在右侧选项卡中设置相关参数，如图 2-208 所示。

8）在“参考线精加工”对话框中单击“计算”按钮和“接受”按钮，确定参数并退出对话框，生成的刀具路径如图 2-209 所示。

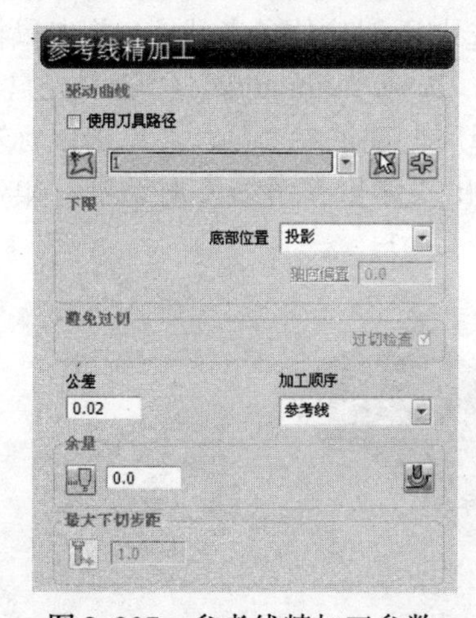

图 2-207 参考线精加工参数

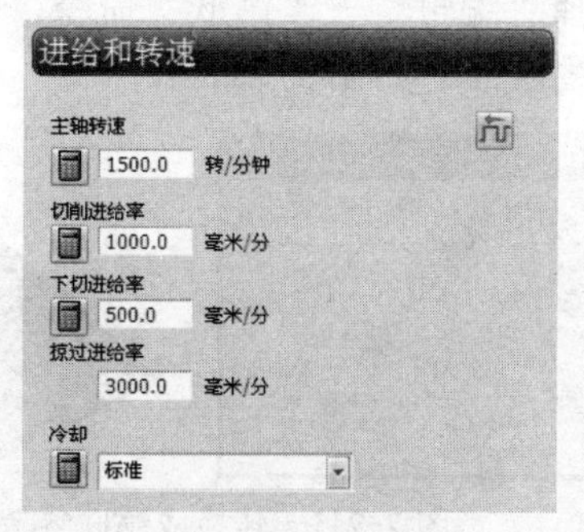

图 2-208 进给和转速参数

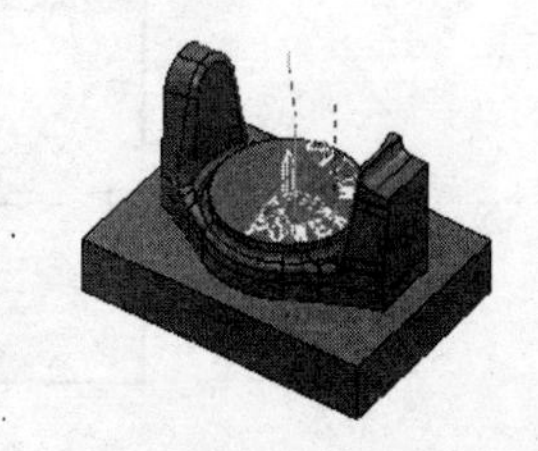

图 2-209 生成的刀具路径

2.1.2.12 镶嵌参考线精加工

在参考线精加工策略中，刀具与工件的接触点在浅滩面部位会落在参考线上，而在坡度较大的陡峭曲面上，刀具和工件的接触点可能不会落在参考线上，这就意味着加工出来的线不会与参考线重合。镶嵌参考线加工创建一条由镶嵌参考线定义接触点的刀具路径，它严格保证刀具与工件的接触点是落在镶嵌参考线之上的。

> **注意**
>
> 在使用镶嵌参考线精加工时，必须将已存在的参考线通过参考线编辑菜单下的“镶嵌”命令进行镶嵌，否则不能应用镶嵌参考线精加工方式。

练习 18：镶嵌参考线精加工范例演练

1）选择下拉菜单“文件”→“全部删除”命令，在弹出的“PowerMILL 询问”对话框中单击“是”按钮，删除所有文件。然后选择下拉菜单“工具”→“重设表格”命令，将所有表格重新设置为系统默认状态。

2）选择下拉菜单中的“文件”→“范例”命令，弹出“打开范例”对话框，选择“cowling.dgk”（“随书光盘: \第 2 章\exercise18\uncompleted\cowling.dgk”）文件，单击“打开”按钮即可，如图 2-210 所示。

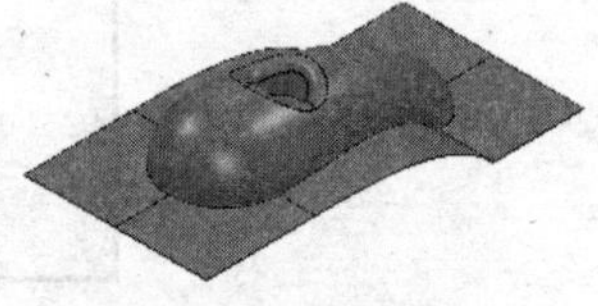

图 2-210 打开范例文件

3）单击主工具栏上的“毛坯”按钮，弹出“毛坯”对话框。在“由...定义”下拉列表中选择“方框”，单击“估算限界”框中的“计算”按钮，接着单击“接受”按钮，图形区显示所创建的毛坯。

4）设置快进高度。单击主工具栏上的“快进高度”按钮，弹出“快进高度”对话框。在“绝对高度”选择中的“安全区域”下拉列表中选择“平面”选项，单击“接受”按钮退出。

5）设置开始点和结束点。单击主工具栏上的“开始点和结束点”按钮，弹出“开始点和结束点”对话框，接受默认设置，单击“接受”按钮退出。

6）在“PowerMILL 资源管理器”中右击“参考线”选项，在弹出的快捷菜单中选择“产生参考线”命令，系统即产生出一条空的参考线 1。选中所创建的参考线 1，单击鼠标右键，在弹出的快捷菜单中选择“插入”→“文件”命令，选择“yihu.dgk”（“随书光盘: \第 2 章\exercise18\uncompleted\yihu.dgk”）文件。然后选择所创建的参考线 1，单击鼠标右键在弹出的快捷菜单中选择“编辑”→“镶嵌”命令，弹出“镶嵌参考线”对话框，单击“应用”按钮，完成参考线镶嵌，如图 2-211 所示。

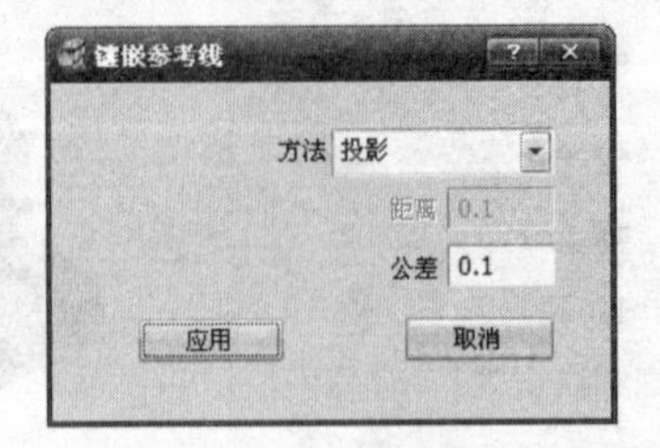

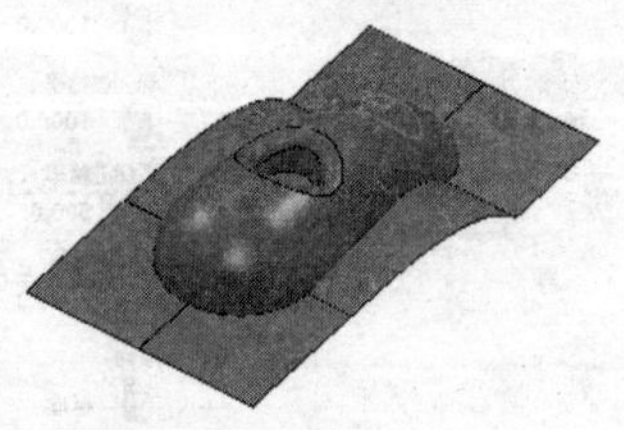

图 2-211 转换成镶嵌参考线

7）单击主工具栏上的“刀具路径策略”按钮，弹出“策略选取器”对话框，单击“精加工”选项卡，选中“镶嵌参考线精加工”选项，单击“接受”按钮，弹出“镶嵌参考线精加工”对话框，如图 2-212 所示。

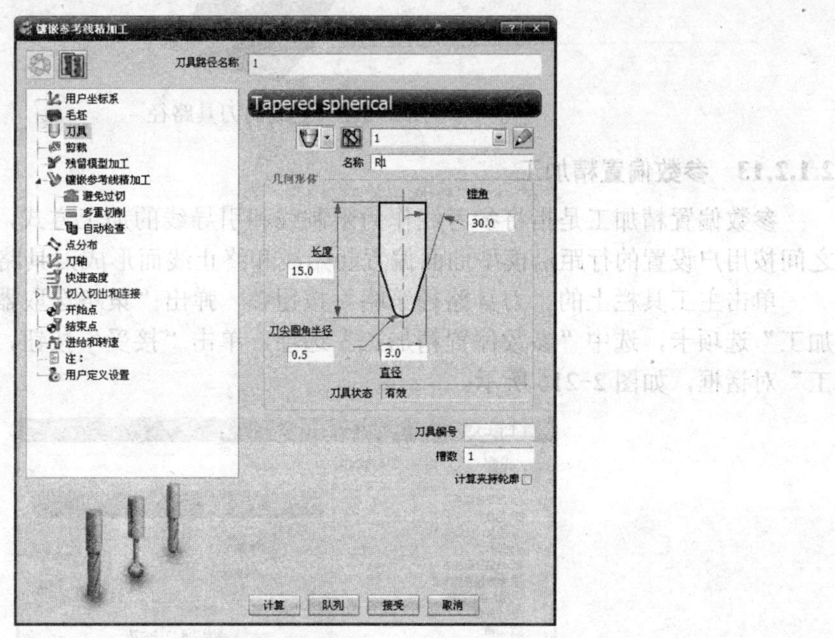

图 2-212 “镶嵌参考线精加工”对话框

● 创建刀具 D0.5。单击左侧列表框中的“刀具”选项，在右侧选项卡中选择“锥度球铣刀”，设置相关参数，如图 2-212 所示。

● 单击左侧列表框中的“镶嵌参考线精加工”选项，在右侧选项卡中选中参考线“1_1”作为驱动曲线，如图 2-213 所示。

● 单击左侧列表框中的“进给和转速”选项，在右侧选项卡中设置相关参数，如图 2-214 所示。

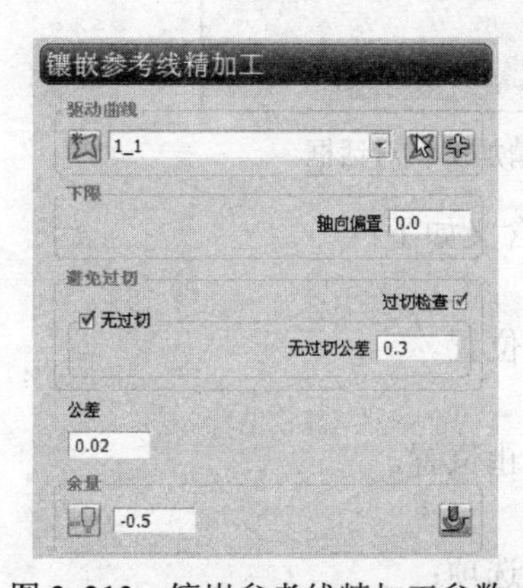

图 2-213 镶嵌参考线精加工参数

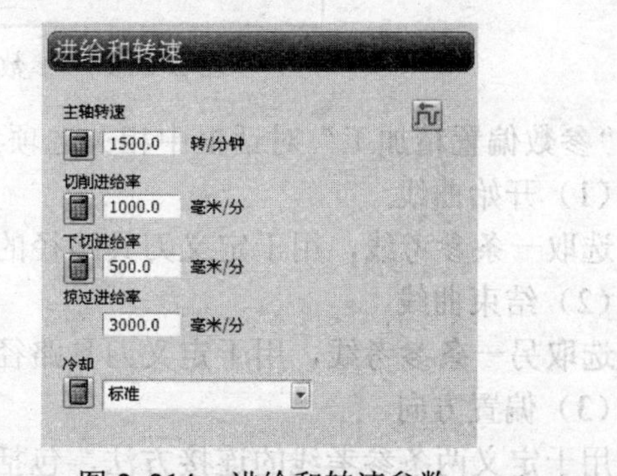

图 2-214 进给和转速参数

8）在“镶嵌参考线精加工”对话框中单击“计算”按钮和“接受”按钮，确定参数并退出对话框，生成的刀具路径如图 2-215 所示。

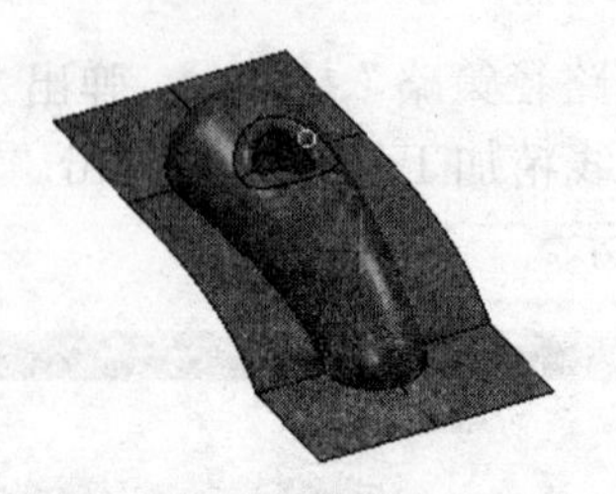

图 2-215 生成的刀具路径

2.1.2.13 参数偏置精加工

参数偏置精加工是指将参考线作为限制线和引导线的加工方式，它在起始线和终止线之间按用户设置的行距沿模型曲面偏置起始线和终止线而形成刀具路径。

单击主工具栏上的“刀具路径策略”按钮，弹出“策略选取器”对话框，单击“精加工”选项卡，选中“参数偏置精加工”选项，单击“接受”按钮，弹出“参数偏置精加工”对话框，如图 2-216 所示。

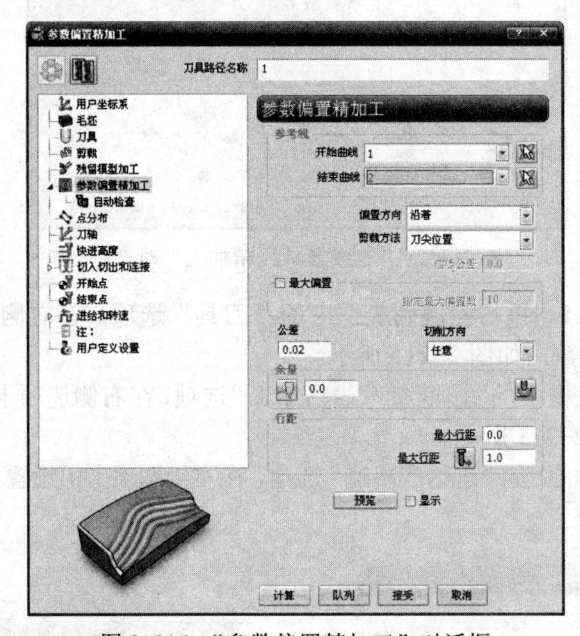

图 2-216 “参数偏置精加工”对话框

“参数偏置精加工”对话框中相关选项参数含义如下：

（1）开始曲线

选取一条参考线，用于定义刀具路径的起始位置。

（2）结束曲线

选取另一条参考线，用于定义刀具路径的终止位置。

（3）偏置方向

用于定义两条参考线的连接方法，包括以下选项：

- 【沿着】：从起始参考线向终止参考线偏置出刀具路径，如图 2-217 所示。
- 【交叉】：从起始参考线上的一个点移动到终止参考线上的对应点而形成刀具路径，如图 2-218 所示。

图 2-217　沿着

图 2-218　交叉

（4）裁剪方法

用于定义参考线约束刀具路径的方法，包括以下 2 个选项：

- 【刀尖位置】：刀具尖点落在参考线上。
- 【接触点位置】：刀具接触点落在参考线上。

（5）最小行距和最大行距

- 【最小行距】：参数偏置精加工策略根据所用的刀具半径和公差来定义行距值。默认的行距为 0，表示行距值是系统自动计算的。
- 【最大行距】：如果系统自动计算的行距值太大，刀具路径过于稀疏，加工的表面质量就会很粗糙，可用“最大行距”来限制过大的行距值。

（6）最大偏置

用于控制刀具路径的偏置数量，如果不选中该复选框，则刀具路径不受此限制。

练习 19：参数偏置精加工范例演练

（1）选择下拉菜单“文件”→“全部删除”命令，在弹出的“PowerMILL 询问”对话框中单击“是”按钮，删除所有文件。然后选择下拉菜单“工具”→“重设表格”命令，将所有表格重新设置为系统默认状态。

（2）选择下拉菜单中的“文件”→“打开项目”命令，弹出“打开范例”对话框，选择“随书光盘:\第 2 章\exercise19\uncompleted”文件，如图 2-219 所示。

（3）单击主工具栏上的“刀具路径策略”按钮，弹出“策略选取器”对话框，单击“精加工”选项卡，选中“参数偏置精加工”选项，单击“接受”按钮，弹出“参数偏置精加工”对话框，如图 2-220 所示。

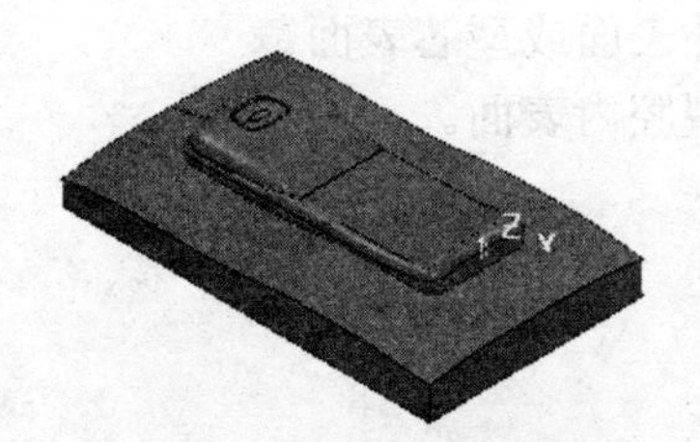

图 2-219　打开范例文件

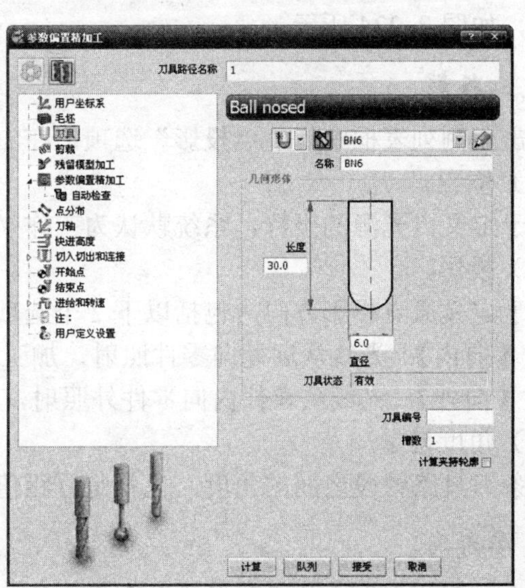

图 2-220　“参数偏置精加工”对话框

● 创建刀具 BN6。单击左侧列表框中的“刀具”选项，在右侧选项卡中选择“球头刀”，设置“直径”为 6.0。

● 单击左侧列表框中的“参数偏置精加工”选项，在右侧选项卡中选中参考线“1”作为开始曲线，选择参考线“2”作为结束曲线，在“偏置方向”下拉列表中选择“沿着”，如图 2-221 所示。

● 单击左侧列表框中的“进给和转速”选项，在右侧选项卡中设置相关参数，如图 2-222 所示。

（4）在“参数偏置精加工”对话框中单击“计算”按钮和“接受”按钮，确定参数并退出对话框，生成的刀具路径如图 2-223 所示。

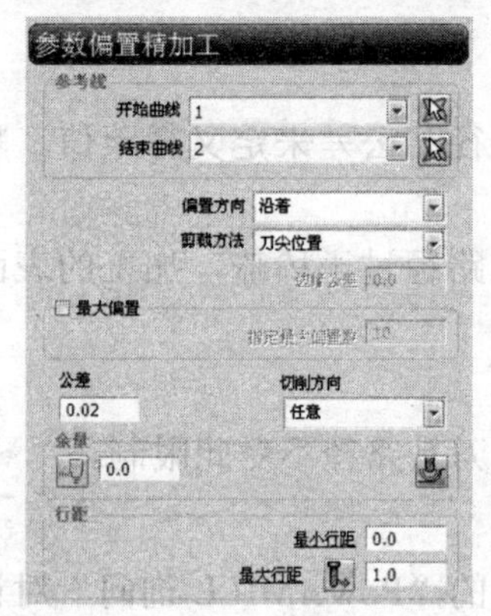

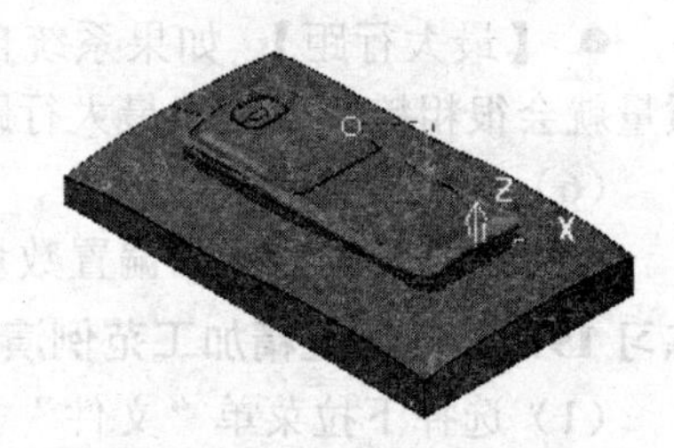

图 2-221 参数偏置精加工参数　图 2-222 进给和转速参数　图 2-223 生成的刀具路径

2.1.2.14 点投影精加工

点投影精加工是指按设定的投影原点，投影指定样式轨迹到模型某一区域生成刀具路径，适用于加工回转体类型面。

单击主工具栏上的“刀具路径策略”按钮，弹出“策略选取器”对话框，单击“精加工”选项卡，选中“点投影精加工”选项，单击“接受”按钮，弹出“点投影精加工”对话框，如图 2-224 所示。

1. 点投影

单击左侧列表框中的“点投影”选项，在右侧显示点投影精加工参数。

（1）位置

用于定义点光源的坐标，系统默认为工作坐标系的原点。

（2）投影

用于定义原点投影方向，包括以下 2 个选项：

● 【向内】：光线从远处向零件照射，加工零件外表面或型芯表面。

● 【向外】：光线从零件内向零件外照射，加工型腔内表面。

（3）角度增量

两条刀具路径段之间的角度，也就是行距值。

2. 参考线

单击左侧列表框中的“参考线”选项，在右侧显示参考线加工参数，如图 2-225 所示。

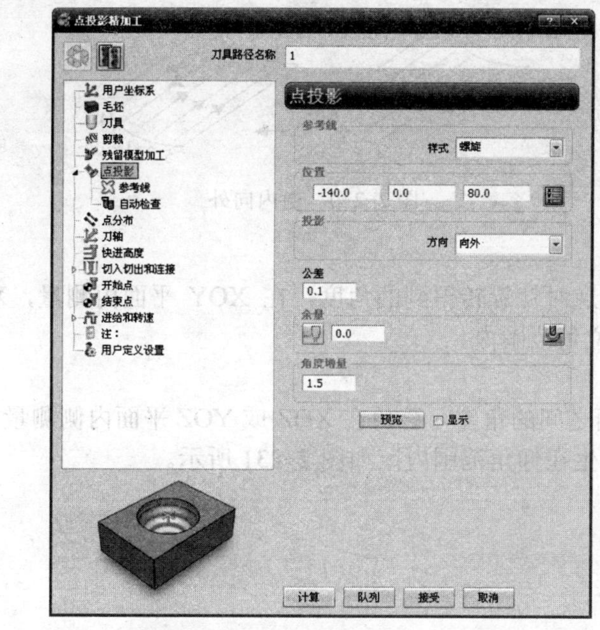

图 2-224 “点投影精加工”对话框

图 2-225　参考线参数

（1）参考线

用于定义刀具路径的极限及方向，包括以下选项：

- 【样式】：用于定义参考线的形式，包括以下 3 个选项：
- ➢【圆形】：刀具路径为多组圆形，用短连接过渡，类似等高精加工，如图 2-226 所示。
- ➢【螺旋】：刀具路径为一条连续的、封闭的螺旋线，如图 2-227 所示。
- ➢【径向】：刀具路径为多根放射线，在放射线末端用短连接过渡，如图 2-228 所示。

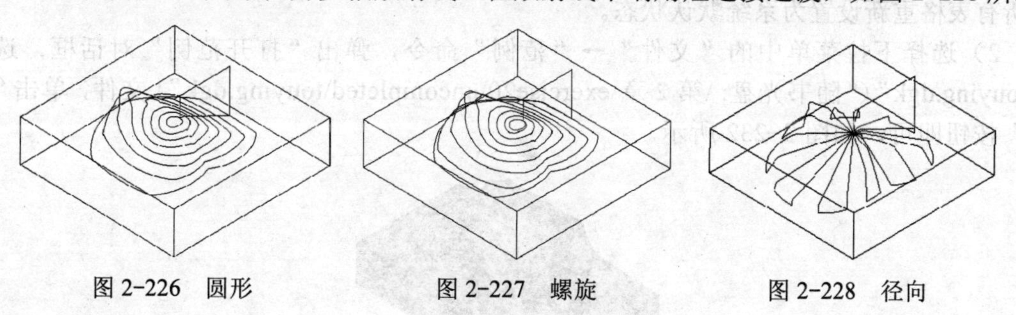

图 2-226　圆形　　图 2-227　螺旋　　图 2-228　径向

（2）方向

用于定义原点投影方向，包括以下选项：

- 【方向】：当参考线样式为螺旋时，定义螺旋线是顺时针，还是逆时针方向螺旋。
- 【加工顺序】：用于定义刀具路径连接方式，包括“单向”“双向”“双向连接”等选项。
- 【顺序】：用于更改刀具路径段的走刀顺序，包括以下 3 个选项：
- ➢【无】：不更改刀具路径段的顺序。
- ➢【由外向内】：刀具路径段由曲面外向曲面内加工，如图 2-229 所示。
- ➢【由内向外】：刀具路径段有曲面内向曲面外加工，如图 2-230 所示。

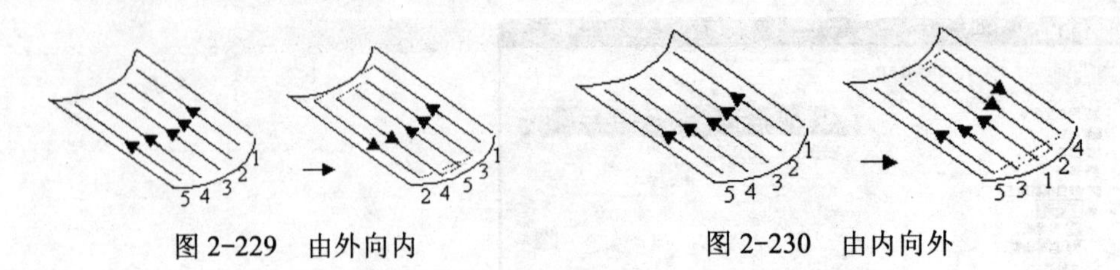

图 2-229　由外向内　　　　图 2-230　由内向外

（3）方位角

投影光源绕零件工作坐标系的 Z 轴逆时针旋转得到的角度，在 XOY 平面内测量，X 轴为基准零轴，刀具路径只会产生在方位角范围内。

（4）仰角

投影光源与零件坐标系的 XOY 平面之间的角度，该角在 XOZ 或 YOZ 平面内侧测量，XOY 平面为基准平面，刀具路径只会产生在仰角范围内，如图 2-231 所示。

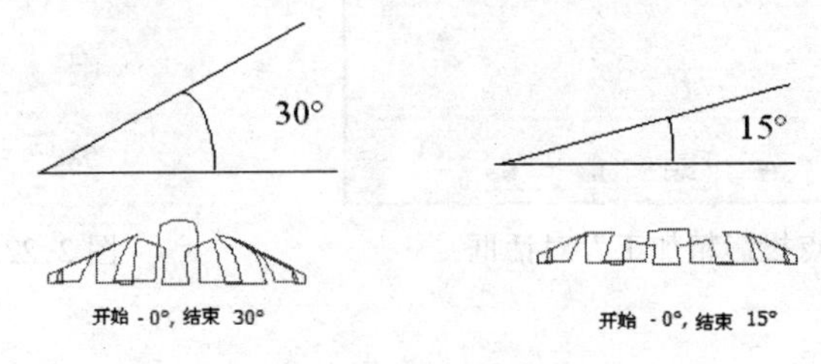

图 2-231　仰角

练习 20：点投影精加工范例演练

1）选择下拉菜单“文件”→“全部删除”命令，在弹出的“PowerMILL 询问”对话框中单击“是”按钮，删除所有文件。然后选择下拉菜单“工具”→“重设表格”命令，将所有表格重新设置为系统默认状态。

2）选择下拉菜单中的“文件”→“范例”命令，弹出“打开范例”对话框，选择“touying.dgk”（“随书光盘:\第 2 章\exercise20\uncompleted\touying.dgk”）文件，单击“打开”按钮即可，如图 2-232 所示。

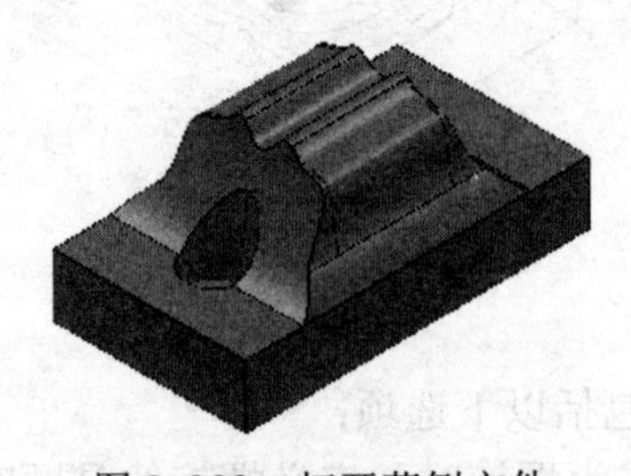

图 2-232　打开范例文件

3）单击主工具栏上的“毛坯”按钮，弹出“毛坯”对话框。在“由...定义”下拉列表中选择“方框”，单击“估算限界”框中的“计算”按钮，接着单击“接受”按钮，图形区显示所创建的毛坯。

4）单击主工具栏上的“刀具路径策略”按钮，弹出“策略选取器”对话框，单击“精加工”选项卡，选中“点投影精加工”选项，单击“接受”按钮，弹出“点投影精加工”对话框，如图 2-233 所示。

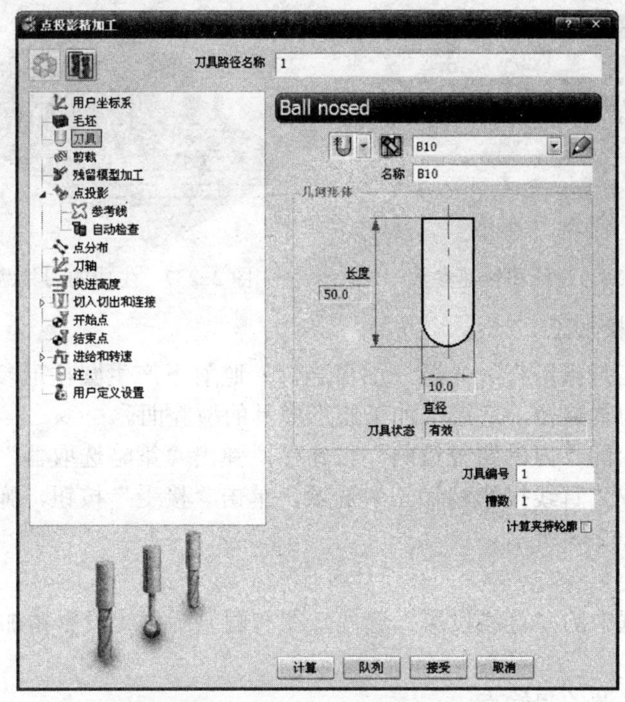

图 2-233　“点投影精加工”对话框

● 创建刀具 B10。单击左侧列表框中的“刀具”选项，在右侧选项卡中选择“球头刀”，设置“直径”为 10.0。

● 单击左侧列表框中的“点投影”选项，在右侧选项卡中设置“位置”为（-140.0，0.0，0.0），“方向”为“向外”，如图 2-234 所示。

● 单击左侧列表框中的“参考线”选项，在右侧选项卡中设置“样式”为螺旋，“仰角”为开始 0.0 和结束 90.0，如图 2-235 所示。

图 2-234　点投影参数

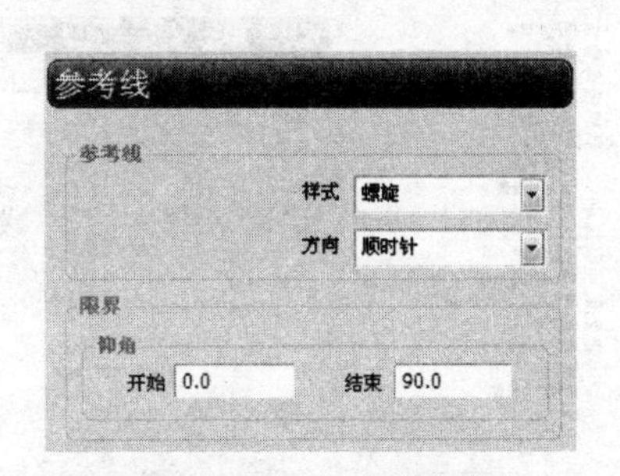

图 2-235　参考线参数

● 单击左侧列表框中的“进给和转速”选项，在右侧选项卡中设置相关参数，如图 2-236 所示。

5）在“点投影精加工”对话框中单击“计算”按钮和“接受”按钮，确定参数并退出对话框，生成的刀具路径如图 2-237 所示。

图 2-236　进给和转速参数

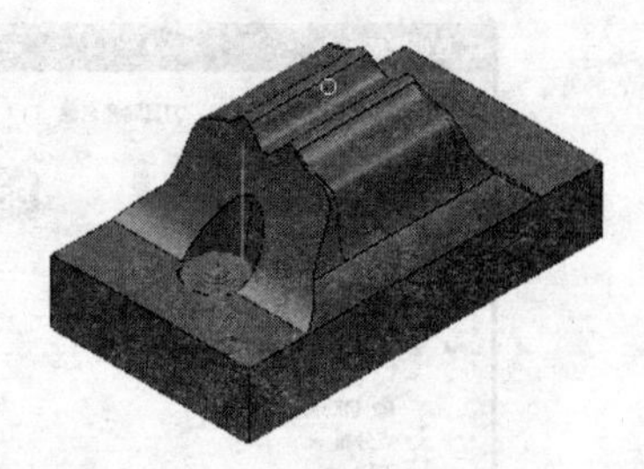

图 2-237　生成的刀具路径

2.1.2.15　直线投影精加工

直线投影精加工是指用直线光源（如日光灯）照射下产生圆柱形参考线，并将其投影到零件表面上形成刀具路径，适用于加工瓶形模具的型腔面。

单击主工具栏上的“刀具路径策略”按钮，弹出“策略选取器”对话框，单击“精加工”选项卡，选中“直线投影精加工”选项，单击“接受”按钮，弹出“直线投影精加工”对话框，如图 2-238 所示。

1. ***直线投影***

单击左侧列表框中的“直线投影”选项，在右侧显示直线投影精加工参数。

（1）位置

用于定义直线光源的起始点。

（2）方位角

用于定义直线光源绕 Z 轴旋转的角度（直线在 XY 平面角度）。若方位角为 0°，则直线在 X 轴上；若方位角为 90°，则直线在 Y 轴上，方位角的变化范围为 0°～360°。

（3）仰角

用于定义光源与 Z 轴的角度，它以 Z 轴为基准零位。若仰角为 0°，则投影直线在 Z 轴上；若仰角为 90°，则投影直线在 XOY 平面上，仰角的变化范围为 0°～90°。

2. ***参考线***

单击左侧列表框中的“参考线”选项，在右侧显示参考线加工参数，如图 2-239 所示。

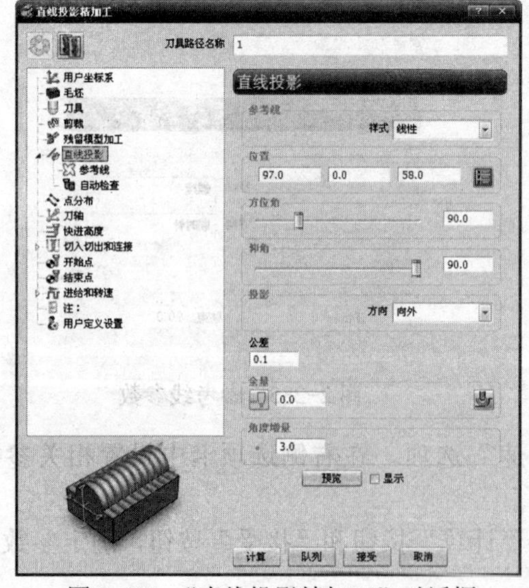

图 2-238 “直线投影精加工”对话框

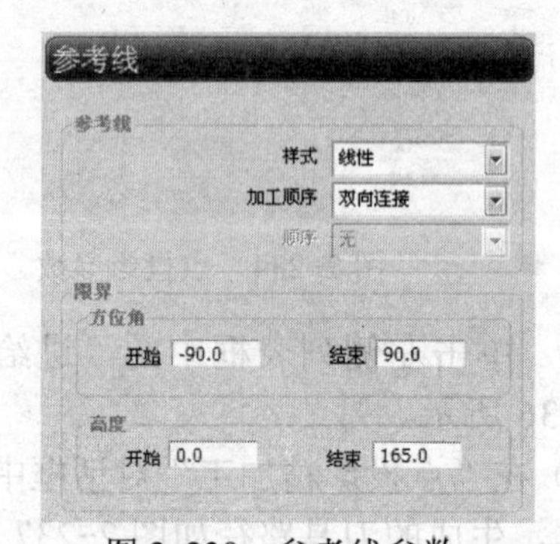

图 2-239　参考线参数

（1）方位角

用于定义直线投影参考线在用户坐标系 XOY 平面内范围。用户坐标系 XOY 平面视图内沿顺时针方向的角度为正值，逆时针方向的角度为负值。开始角和结束角之间的大小关系决定了刀具的初始切削方向，方位角从开始角开始按所设置的角度行距递增，直到达到所设置的结束角。

（2）高度

用于定义直线光源的起始高度和结束高度，即直线光源的长度。高度从开始框数值开始，按设置高度行距递增，直到达到所设置的结束高度。

练习 21：直线投影精加工范例演练

1）选择下拉菜单“文件”→“全部删除”命令，在弹出的“PowerMILL 询问”对话框中单击“是”按钮，删除所有文件。然后选择下拉菜单“工具”→“重设表格”命令，将所有表格重新设置为系统默认状态。

2）选择下拉菜单中的“文件”→“范例”命令，弹出“打开范例”对话框，选择“bottle.dmt”（“随书光盘: \第 2 章\exercise21\uncompleted\bottle.dmt”）文件，单击“打开”按钮即可，如图 2-240 所示。

3）单击主工具栏上的“毛坯”按钮，弹出“毛坯”对话框。在“由…定义”下拉列表中选择“方框”，单击“估算限界”框中的“计算”按钮，接着单击“接受”按钮，图形区显示所创建的毛坯。

4）单击主工具栏上的“刀具路径策略”按钮，弹出“策略选取器”对话框，单击“精加工”选项卡，选中“直线投影精加工”选项，单击“接受”按钮，弹出“直线投影精加工”对话框，如图 2-241 所示。

图 2-240　打开范例文件

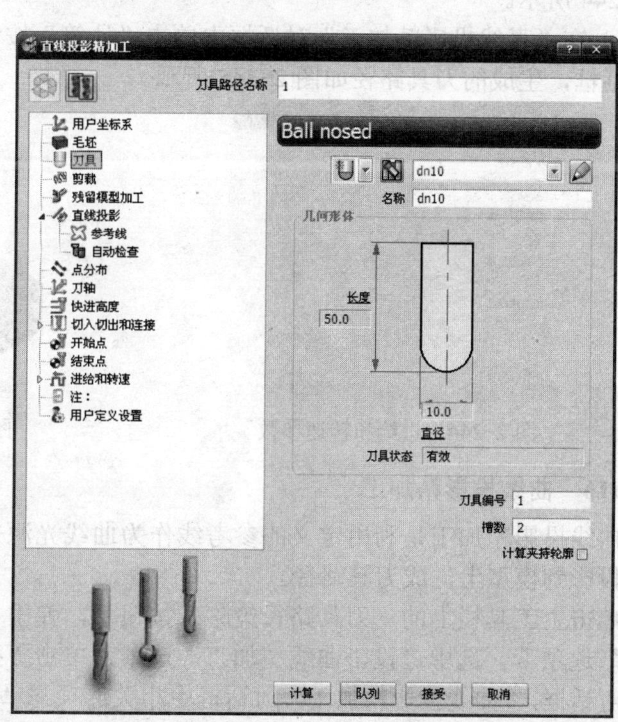

图 2-241　“直线投影精加工”对话框

● 创建刀具 dn10。单击左侧列表框中的“刀具”选项，在右侧选项卡中选择“球头刀”，设置“直径”为 10.0。

● 单击左侧列表框中的“直线投影”选项，在右侧选项卡中设置“位置”为（97.0，0.0，58.0），“方向”为“向外”，如图 2-242 所示。

● 单击左侧列表框中的“参考线”选项，在右侧选项卡中设置“样式”为线性，“方位角”为开始-90.0 和结束 90.0，如图 2-243 所示。

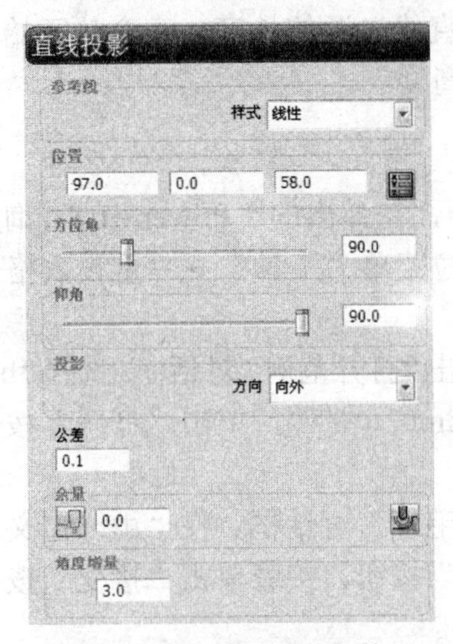

图 2-242　直线投影参数

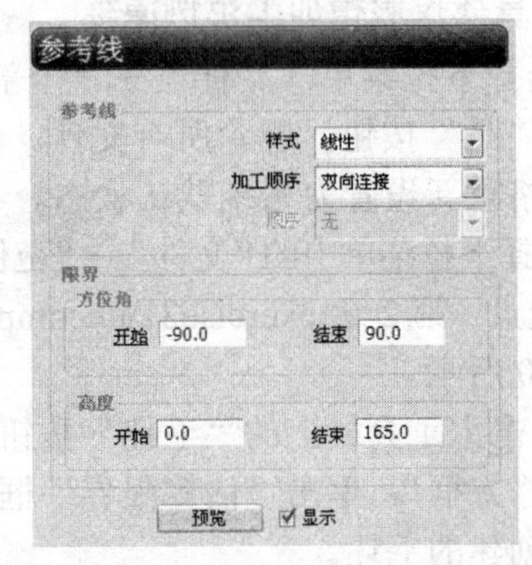

图 2-243　参考线参数

● 单击左侧列表框中的“进给和转速”选项，在右侧选项卡中设置相关参数，如图 2-244 所示。

5）在“直线投影精加工”对话框中单击“计算”按钮和“接受”按钮，确定参数并退出对话框，生成的刀具路径如图 2-245 所示。

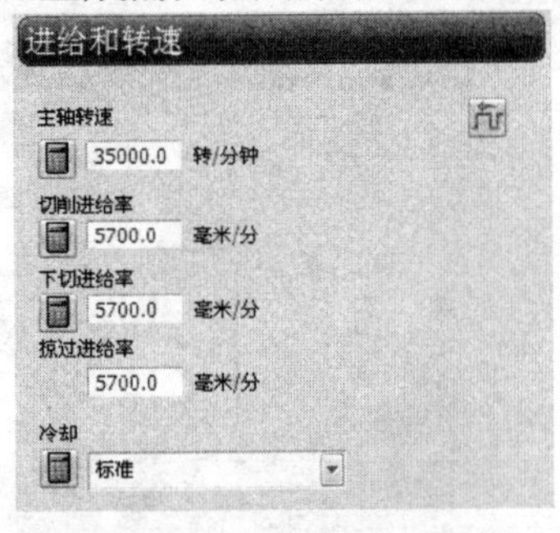

图 2-244　进给和转速参数

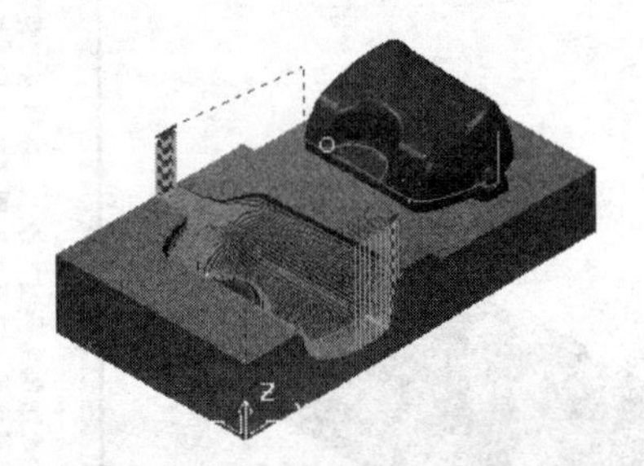

图 2-245　生成的刀具路径

2.1.2.16　曲线投影精加工

曲线投影精加工是利用定义的参考线作为曲线光源来生成曲线投影参考线，并由此参考线投影到模型上生成刀具路径。

单击主工具栏上的“刀具路径策略”按钮，弹出“策略选取器”对话框，单击“精加工”选项卡，选中“投影曲线精加工”选项，单击“接受”按钮，弹出“曲线投影精加工”对话框，“曲线投影精加工”对话框中相关选项与“直线投影精加工”基本相同，下面通过实例进行介绍。

练习 22：曲线投影精加工范例演练

1）选择下拉菜单“文件”→“全部删除”命令，在弹出的“PowerMILL 询问”对话框中单击“是”按钮，删除所有文件。然后选择下拉菜单“工具”→“重设表格”命令，将所有表格重新设置为系统默认状态。

2）选择下拉菜单中的“文件”→“打开项目”命令，弹出“打开项目”对话框，选择“exercise22”(“随书光盘:\第 2 章\exercise22\uncompleted\exercise22”)文件，如图 2-246 所示。

3）单击主工具栏上的“毛坯”按钮，弹出“毛坯”对话框。在“由…定义”下拉列表中选择“方框”，单击“估算限界”框中的“计算”按钮，接着单击“接受”按钮，图形区显示所创建的毛坯。

4）单击主工具栏上的“刀具路径策略”按钮，弹出“策略选取器”对话框，单击“精加工”选项卡，选中“曲线投影精加工”选项，单击“接受”按钮，弹出“曲线投影精加工”对话框，如图 2-247 所示。

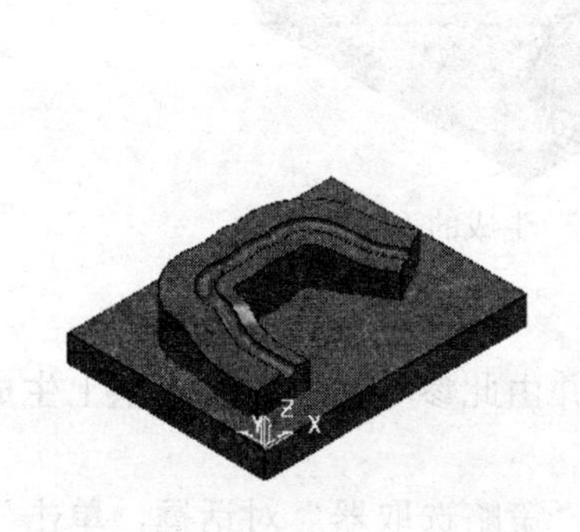

图 2-246　打开范例文件

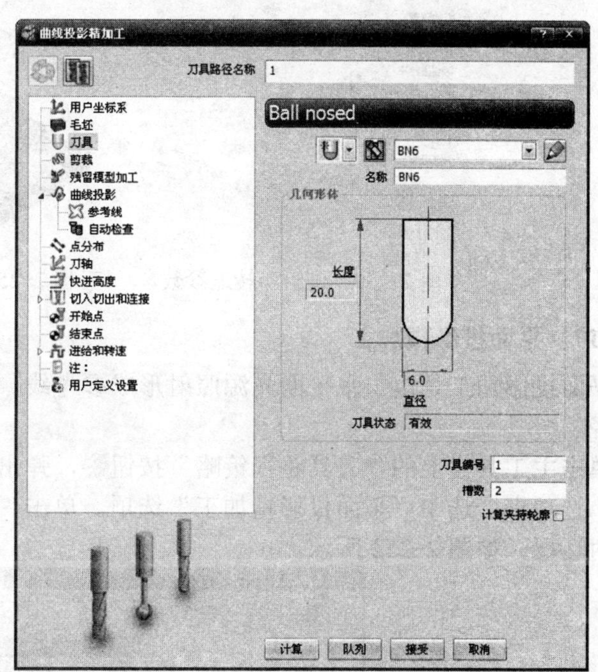

图 2-247　“曲线投影精加工”对话框

● 创建刀具 BN6。单击左侧列表框中的“刀具”选项，在右侧选项卡中选择“球头刀”，设置“直径”为 6.0。

● 单击左侧列表框中的“曲线投影”选项，在右侧选项卡中设置“曲线定义”为“1”，“方向”为“向外”，如图 2-248 所示。

● 单击左侧列表框中的“参考线”选项，在右侧选项卡中设置“样式”为线性，“方位角”为开始-80.0 和结束 80.0，如图 2-249 所示。

● 单击左侧列表框中的“进给和转速”选项，在右侧选项卡中设置相关参数，如图 2-250 所示。

5）在“曲线投影精加工”对话框中单击“计算”按钮和“接受”按钮，确定参数并退出对话框，生成的刀具路径如图 2-251 所示。

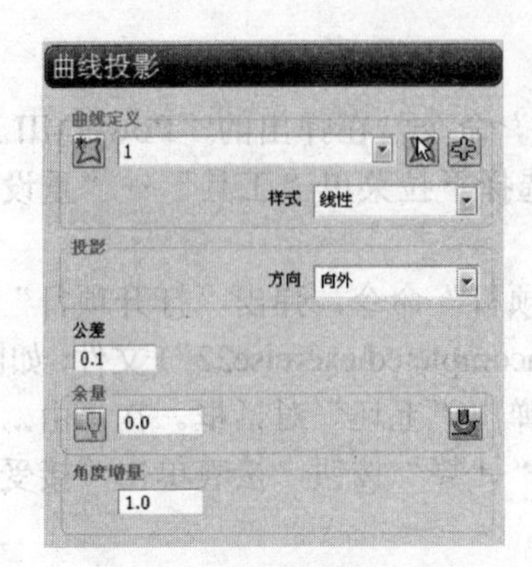

图 2-248　曲线投影参数

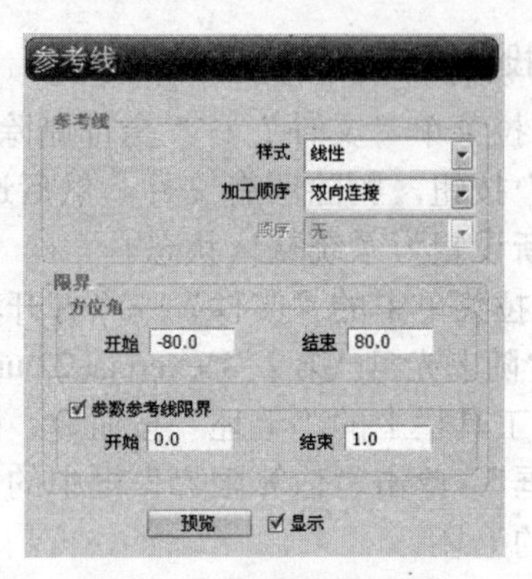

图 2-249　参考线参数

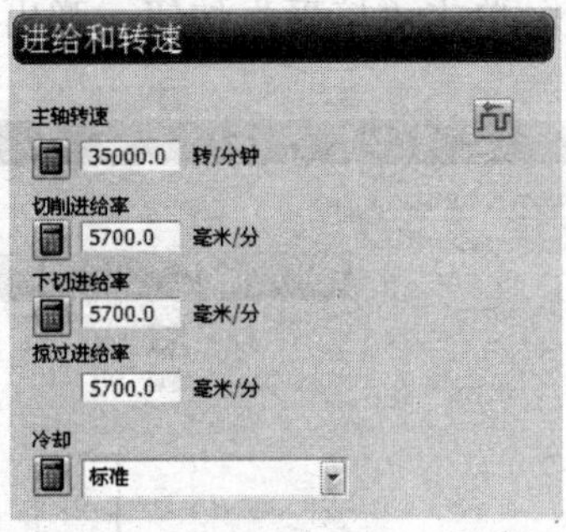

图 2-250　进给和转速参数

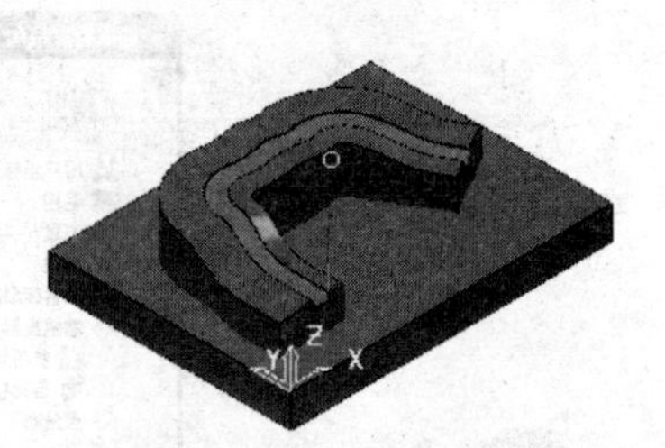

图 2-251　生成的刀具路径

2.1.2.17　平面投影精加工

平面投影加工是由一张平面光源照射形成参考线，并由此参考线投影到模型上生成刀具路径。

单击主工具栏上的“刀具路径策略”按钮，弹出“策略选取器”对话框，单击“精加工”选项卡，选中“平面投影精加工”选项，单击“接受”按钮，弹出“平面投影精加工”对话框，如图 2-252 所示。

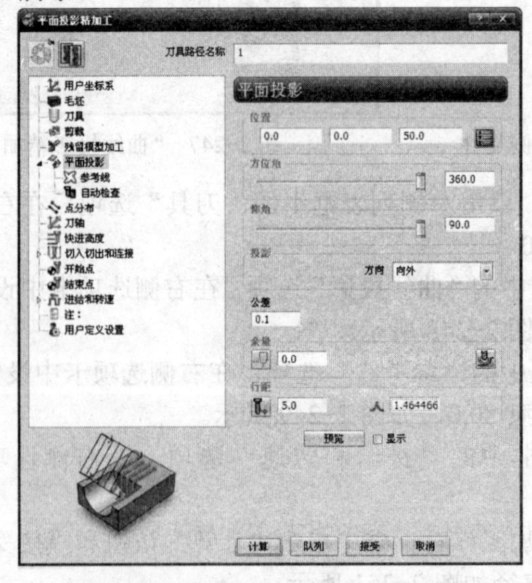

图 2-252　“平面投影精加工”对话框

1. 平面投影

单击左侧列表框中的“平面投影”选项，在右侧显示曲线投影精加工参数。

- 【位置】：用于定义平面光源的角落点，该点坐标位置相对于用户坐标系来定义，默认是用户坐标系原点。
- 【方位角】：用于定义平面投影参考线沿用户坐标系 Z 轴负方向逆时针旋转的角度，范围为 0°～360°。
- 【仰角】：用于定义平面投影参考线沿用户坐标系 Y 轴正方向逆时针旋转的角度，范围为 0°～90°。

2. 参考线

单击左侧列表框中的“参考线”选项，在右侧显示参考线加工参数，如图 2-253 所示。

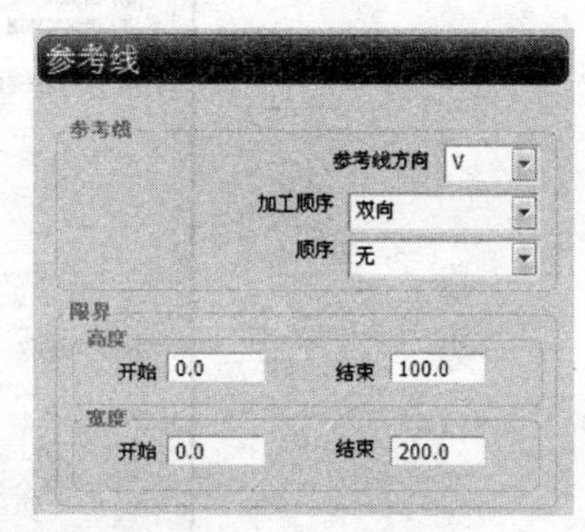

图 2-253　参考线参数

- 【参考线方向】：平面光源在零件表面形成的参考线方向，包含 U 和 V 两个方向，其中 U 方向表示参考线与 X 轴平行的方向；V 方向表示与 Y 轴平行的方向。
- 【高度】：用于定义平面投影参考线的宽度范围。平面投影参考线沿用户坐标系 Z 轴正方向延伸为正，负方向延伸为负。
- 【宽度】：用于定义平面投影参考线的宽度范围。平面投影参考线沿用户坐标系 Y 轴正方向延伸为正，负方向延伸为负。

练习 23：平面投影精加工范例演练

1）选择下拉菜单“文件”→“全部删除”命令，在弹出的“PowerMILL 询问”对话框中单击“是”按钮，删除所有文件。然后选择下拉菜单“工具”→“重设表格”命令，将所有表格重新设置为系统默认状态。

2）选择下拉菜单中的“文件”→“范例”命令，弹出“打开范例”对话框，选择“camera.ttr”（“随书光盘: \第 2 章\exercise23\uncompleted\camera.ttr”）文件，单击“打开”按钮即可，如图 2-254 所示。

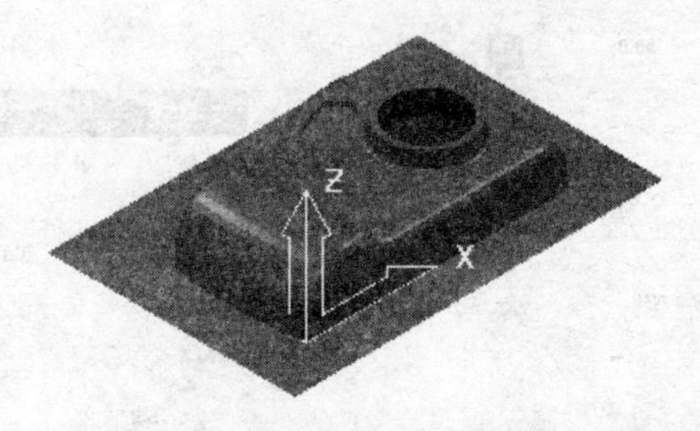

图 2-254　打开范例文件

3）单击主工具栏上的“毛坯”按钮，弹出“毛坯”对话框。在“由...定义”下拉列表中选择“方框”，单击“估算限界”框中的“计算”按钮，接着单击“接受”按钮，图形区显示所创建的毛坯。

4）单击主工具栏上的“刀具路径策略”按钮，弹出“策略选取器”对话框，单击“精加工”选项卡，选中“平面投影精加工”选项，单击“接受”按钮，弹出“平面投影精加工工”对话框，如图 2-255 所示。

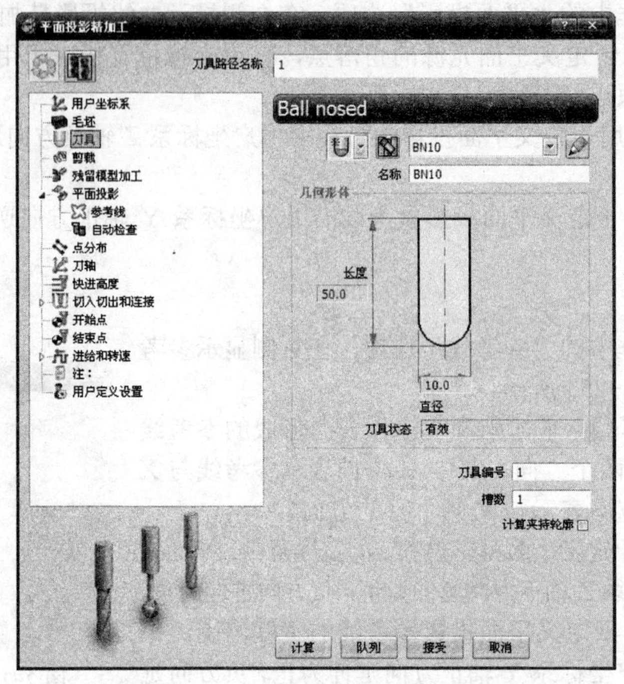

图 2-255 “平面投影精加工”对话框

● 创建刀具 BN10。单击左侧列表框中的“刀具”选项，在右侧选项卡中选择“球头刀”，设置“直径”为 10.0。

● 单击左侧列表框中的“直线投影”选项，在右侧选项卡中设置“位置”为（0.0，0.0，50.0），“方向”为“向外”，如图 2-256 所示。

● 单击左侧列表框中的“参考线”选项，在右侧选项卡中设置“参考线方向”为“V”，“高度”为开始 0.0 和结束 100.0，“宽度”为开始 0.0 和结束 200.0，如图 2-257 所示。

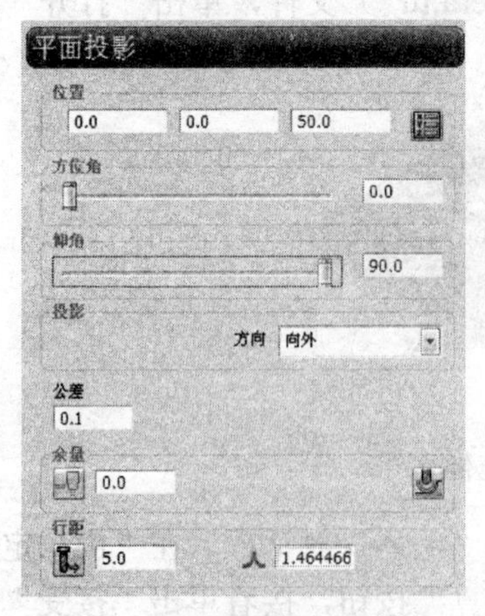

图 2-256 平面投影参数

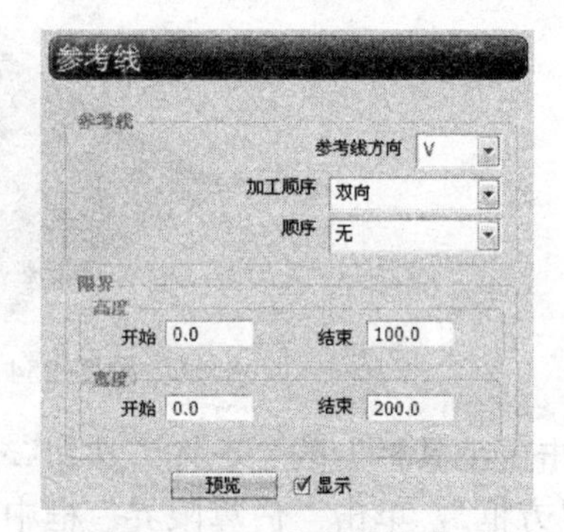

图 2-257 参考线参考

● 单击左侧列表框中的“进给和转速”选项，在右侧选项卡中设置相关参数，如图 2-258 所示。

5）在“平面投影精加工”对话框中单击“计算”按钮和“接受”按钮，确定参数并退出对话框，生成的刀具路径如图 2-259 所示。

图 2-258　进给和转速

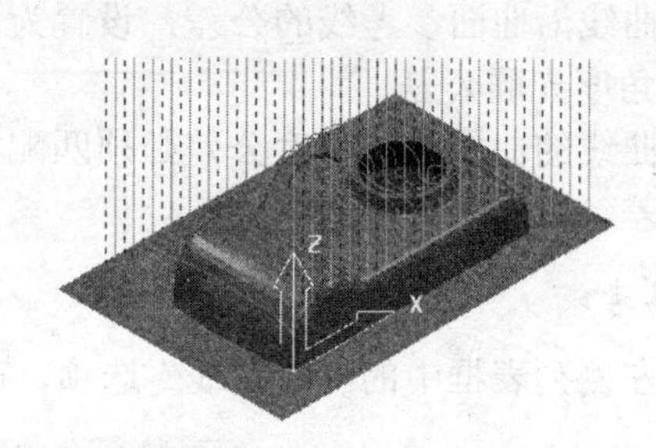

图 2-259　生成的刀具路径

2.1.2.18　曲面投影精加工

曲面投影精加工是使用一张曲面光源照射形成参考线来计算出刀具路径的加工方式。

单击主工具栏上的“刀具路径策略”按钮，弹出“策略选取器”对话框，单击“精加工”选项卡，选中“曲面投影精加工”选项，单击“接受”按钮，弹出“曲面投影精加工”对话框，如图 2-260 所示。

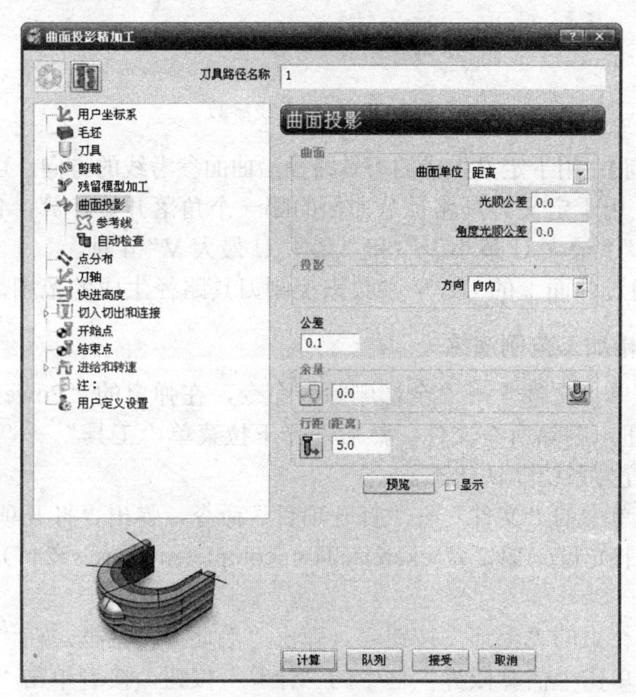

图 2-260 “曲面投影精加工”对话框

1. 曲面投影

单击左侧列表框中的“曲面投影”选项，在右侧显示曲面投影精加工参数。

（1）曲面单位

用于确定行距和限界值的定义方式，包括以下 3 个选项：

- 【距离】：行距和限界由曲面的参数来定义。

● 【参数】：行距和限界由用户输入的行距和限界值参数来定义。

● 【正常】：行距和限界由曲面法向参数来确定。

（2）光顺公差

样条曲线沿曲面参考线的公差，设置为 0 时，表示使用自动公差。

（3）角度光顺公差

样条曲线的曲面法向角度公差必须匹配曲面参考线的曲面法线，设置为 0 时，表示使用自动公差。

2. *参考线*

单击左侧列表框中的“参考线”选项，在右侧显示参考线加工参数，如图 2-261 所示。

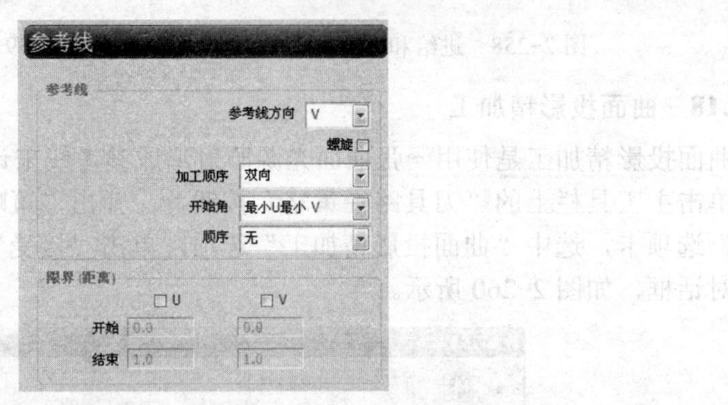

图 2-261　参考线参数

● 【参考线方向】：用于定义生成的刀具路径沿曲面参考线的方向，可选择 V 和 U 方向。

● 【开始角】：用于定义刀具路径从曲面的哪一个角落开始计算，包括“最小 U 最小 V”“最小 U 最大 V”“最大 U 最小 V”和“最大 U 最大 V”4 种。

● 【限界】：通过曲面上的 U、V 参数来控制刀具路径生成的范围。

练习 24：曲面投影精加工范例演练

1）选择下拉菜单“文件”→“全部删除”命令，在弹出的“PowerMILL 询问”对话框中单击“是”按钮，删除所有文件。然后选择下拉菜单“工具”→“重设表格”命令，将所有表格重新设置为系统默认状态。

2）选择下拉菜单中的“文件”→“打开项目”命令，弹出“打开项目”对话框，选择“exercise24”（“随书光盘: \第 2 章\exercise24\uncompleted\exercise24”）文件，如图 2-262 所示。

3）单击主工具栏上的“毛坯”按钮，弹出“毛坯”对话框。在“由...定义”下拉列表中选择“方框”，单击“估算限界”框中的“计算”按钮，接着单击“接受”按钮，图形区显示所创建的毛坯。

4）单击主工具栏上的“刀具路径策略”按钮，弹出“策略选取器”对话框，单击“精加工”选项卡，选中“曲面投影精加工”选项，单击“接受”按钮，弹出“曲面投影精加工”对话框，如图 2-263 所示。

● 创建刀具 BN10。单击左侧列表框中的“刀具”选项，在右侧选项卡中选择“球头刀”，设置“直径”为 10.0。

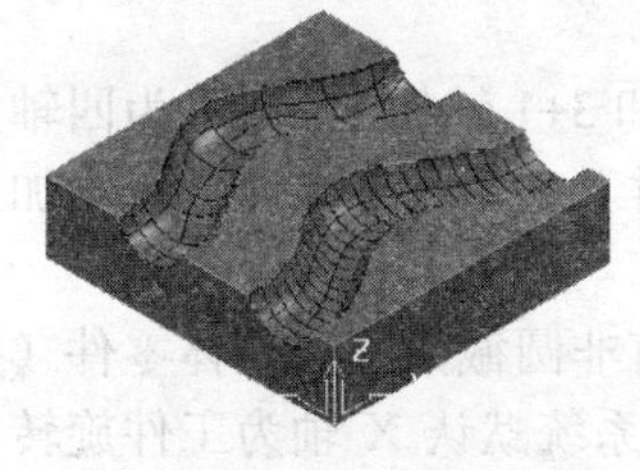

图 2-262 打开范例文件

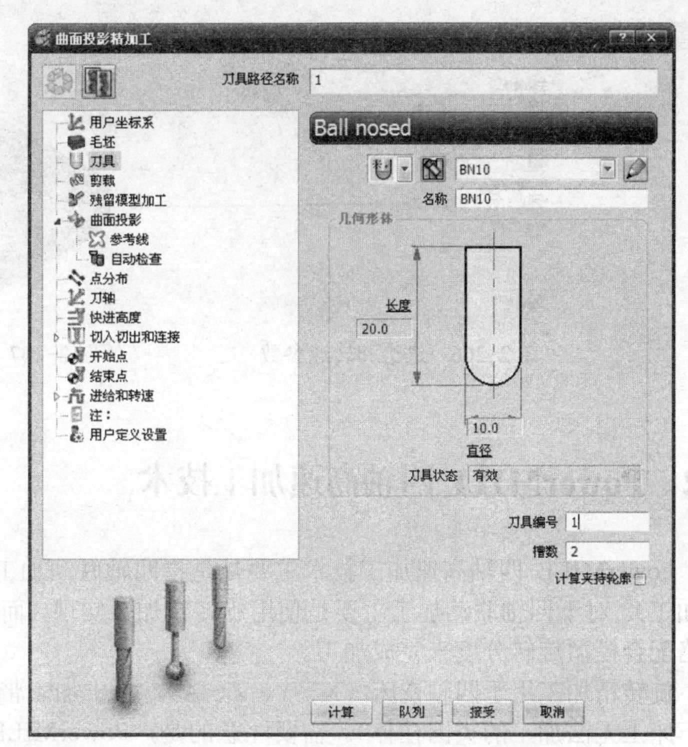

图 2-263 “曲面投影精加工”对话框

● 单击左侧列表框中的“曲面投影”选项，在右侧选项卡中设置“曲面单位”为“距离”，“方向”为“向内”，如图 2-264 所示。

● 单击左侧列表框中的“参考线”选项，在右侧选项卡中设置“参考线方向”为“V”，如图 2-265 所示。

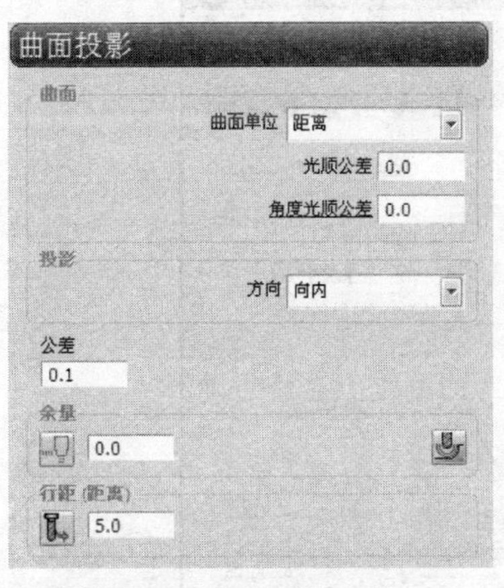

图 2-264 曲面投影参数

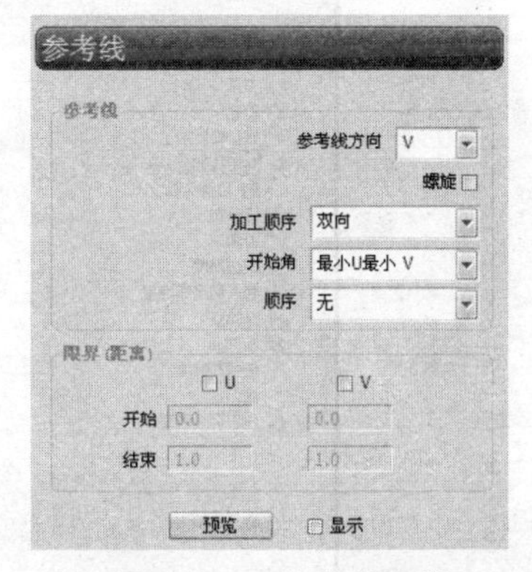

图 2-265 参考线参数

● 单击左侧列表框中的“进给和转速”选项，在右侧选项卡中设置相关参数，如图 2-266 所示。

5）在“曲面投影精加工”对话框中单击“计算”按钮和“接受”按钮，确定参数并退出对话框，生成的刀具路径如图 2-267 所示。

图 2-266　进给和转速参数

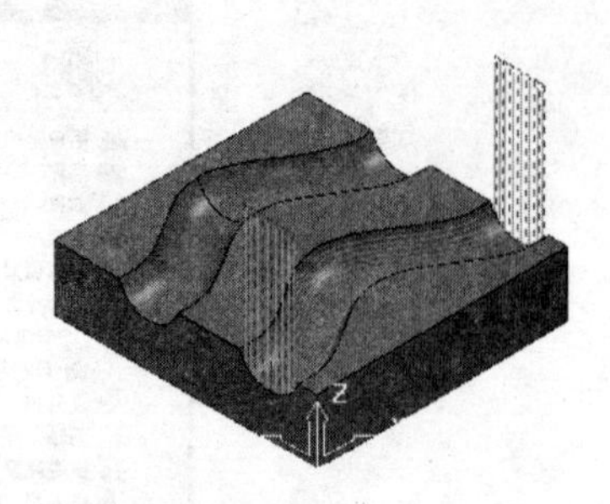

图 2-267　生成的刀具路径

2.2　PowerMILL 四轴高速加工技术

PowerMILL 四轴高速加工技术主要是是指四轴联动加工和 3+1 轴加工（或称为四轴定位加工）。对于四轴联动加工主要是使用旋转精加工实现，而对于 3+1 轴主要通过三轴加工策略配合模型旋转分度来完成加工。

旋转精加工用于四轴铣床（X、Y、Z、A），用于加工带有非圆截面的回转体零件（数控车床上无法加工的类圆柱体）。需要注意的是，PowerMILL 系统默认 X 轴为工件旋转中心线，工件绕 X 轴旋转，同时工件可以沿 X、Y 向作直线运动，刀具沿 Z 向做直线运动，完成四轴加工。

单击主工具栏上的“刀具路径策略”按钮，弹出“策略选取器”对话框，单击“精加工”选项卡，选中“旋转精加工”选项，单击“接受”按钮，弹出“旋转精加工”对话框，如图 2-268 所示。

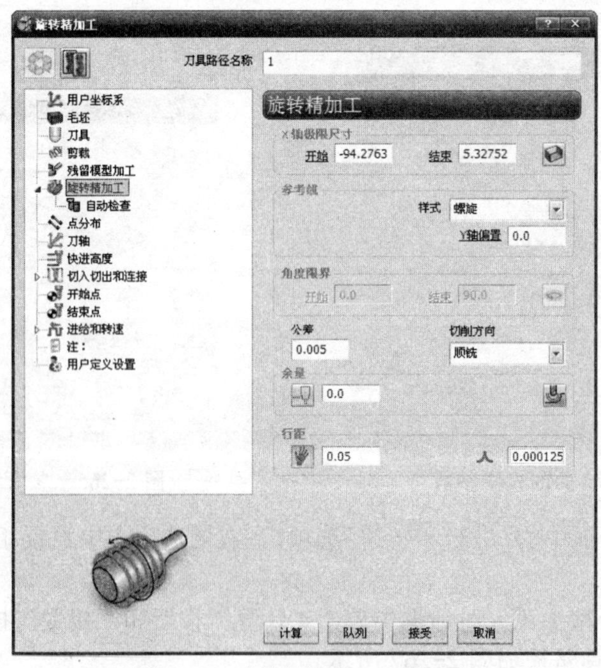

图 2-268　“旋转精加工”对话框

“旋转精加工”对话框中相关选项参数如下：

（1）X 轴极限尺寸

用于控制沿 X 轴的加工范围，包括以下选项：

● 【开始和结束】：用于输入刀具路径开始处和结束处 X 坐标值。

● 【按毛坯限界重设】：单击该按钮，系统自动将 X 轴极限定义为毛坯限界。

（2）参考线

用于设置刀具路径的切削方式，包括以下选项：

● 【样式】：用于定义切削方法，包括“圆形”“直线”和“螺旋”等，如图 2-269 所示。

➢ 【圆形】：圆形旋转加工时，工件旋转而刀具处于一固定方向，在工件旋转时，刀具将沿其刀轴来回移动而产生出所需截面形状。加工完一个截面后，刀具前进一个节距，再加工出下一个截面形状。

➢ 【直线】：使用直线方式加工时，刀具沿 X 轴以直线方式移动，在每个路径的末端，刀具将撤回并移动到下一路径开始位置上，与此同时，旋转轴按角度进行行距分度定位，随后刀具切入，开始新的切削。

➢ 【螺旋】：刀具将沿工件的 X 轴方向绕形体进行连续螺旋线形切削。为保证加工完整性，螺旋线两端位置被固定，其具有恒定的 X 位置且为整圆切削。由于螺旋刀具路径为单个连续的刀具路径，因此切削方向要么是顺铣要么是逆铣，故角度限界无效。

● 【Y 轴偏置】：为了避免球头刀具刀尖点切削工件，将刀具向 Y 轴方向偏移一个距离，如图 2-270 所示。

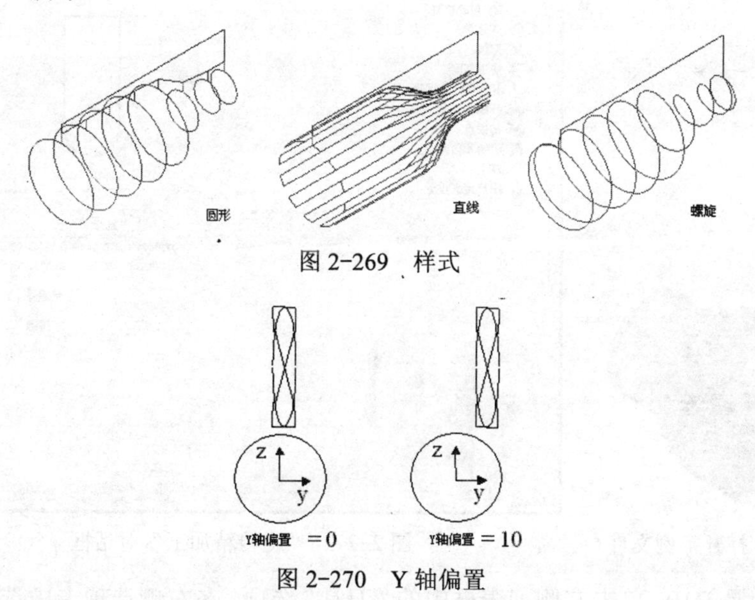

图 2-269 样式

图 2-270 Y 轴偏置

（3）角度限界

当“样式”选择直线时，用于控制路径中开始和结束的角度位置。

（4）切削方向

用于定义切削方向，包括“顺铣”“逆铣”和“任意”3 种。由于刀具的旋转有可能具有限制范围，所以选择“任意”方式可以交替改变铣削方向，从而防止旋转轴旋转超过限制角度。

练习 25：旋转精加工范例演练

1）选择下拉菜单“文件”→“全部删除”命令，在弹出的“PowerMILL 询问”对话框中单击“是”按钮，删除所有文件。然后选择下拉菜单“工具”→“重设表格”命令，将所有表格重新设置为系统默认状态。

2）选择下拉菜单中的“文件”→“范例”命令，弹出“打开范例”对话框，选择“xuanzhuansizhou.dgk”（“随书光盘：\第 2 章\exercise25\uncompleted\xuanzhuansizhou.dgk”）文件，单击“打开”按钮即可，如图 2-271 所示。

3）单击主工具栏上的“毛坯”按钮，弹出“毛坯”对话框。在“由...定义”下拉列表中选择“方框”，单击“估算限界”框中的“计算”按钮，接着单击“接受”按钮，图形区显示所创建的毛坯。

4）单击主工具栏上的“刀具路径策略”按钮，弹出“策略选取器”对话框，单击“精加工”选项卡，选中“旋转精加工”选项，单击“接受”按钮，弹出“旋转精加工”对话框，如图 2-272 所示。

图 2-271　打开范例文件

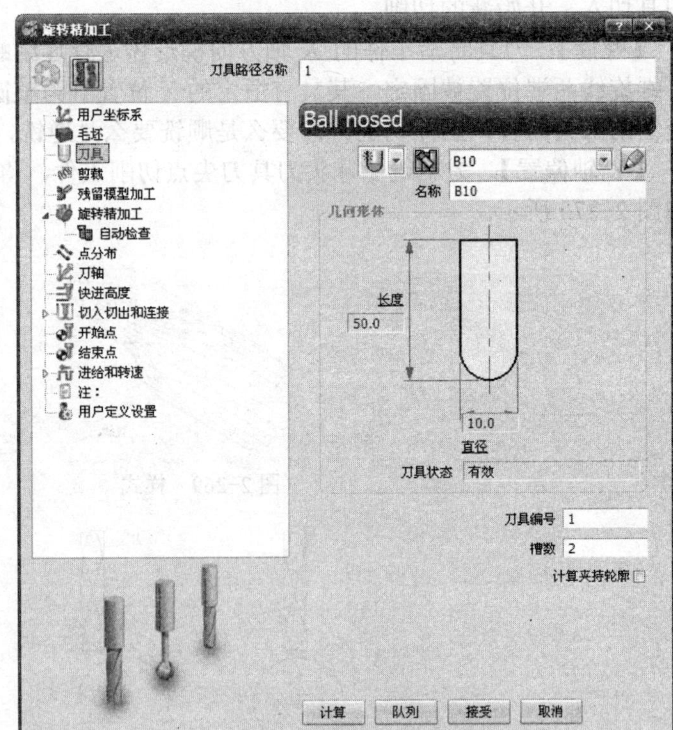

图 2-272　“旋转精加工”对话框

● 创建刀具 B10。单击左侧列表框中的“刀具”选项，在右侧选项卡中选择“球头刀”，设置“直径”为 10.0。

● 单击左侧列表框中的“旋转精加工”选项，在右侧选项卡中设置“X 轴极限尺寸”为开始-80.0 和结束 0.0，“样式”为“螺旋”，其他参数如图 2-273 所示。

● 单击左侧列表框中的“进给和转速”选项，在右侧选项卡中设置相关参数，如图 2-274 所示。

5）在“旋转精加工”对话框中单击“计算”按钮和“接受”按钮，确定参数并退出对话框，生成的刀具路径如图 2-275 所示。

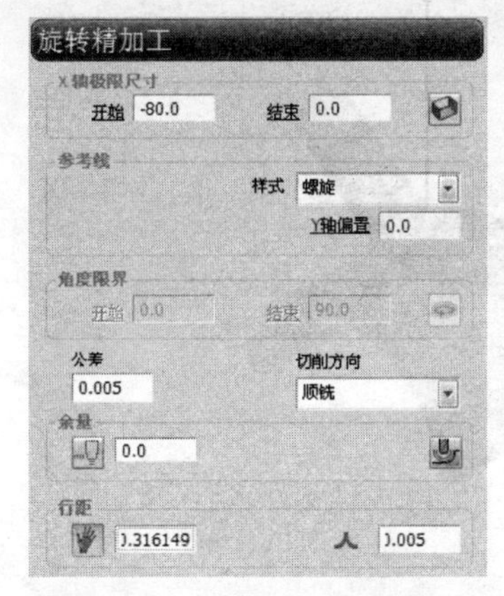

图 2-273　旋转精加工参数

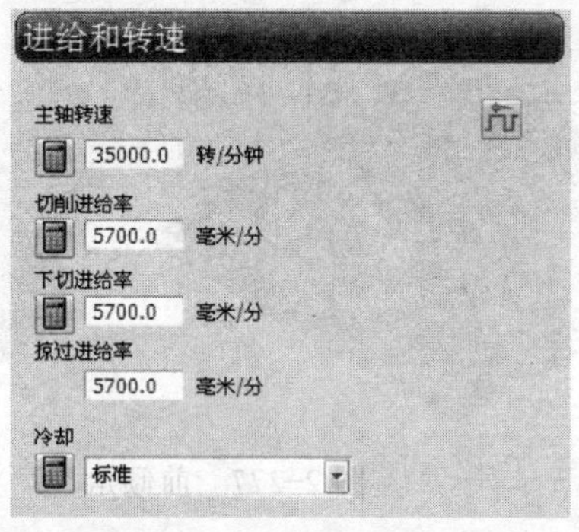

图 2-274　进给和转速参数

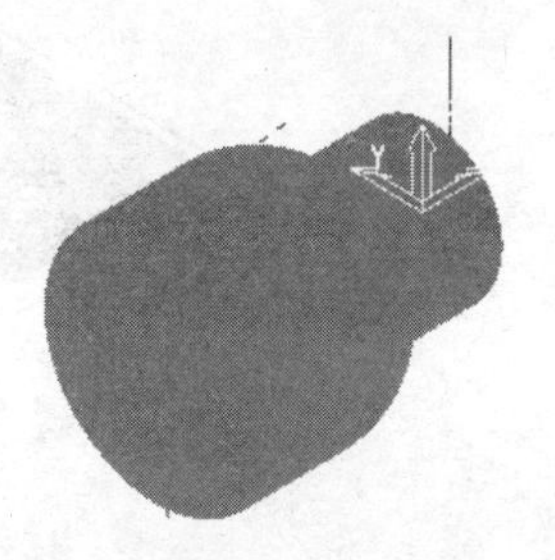

图 2-275　生成的刀具路径

2.3　PowerMILL 五轴高速加工技术

五轴加工主轴或工作台除沿三维坐标做线性移动的同时，还会做旋转移动。PowerMILL 主要有两种方式实现五轴加工，一种是通过三维精加工策略并配合刀轴控制来实现，另外一种方法是通过 SWARF 精加工和线框 SWARF 精加工来实现。

2.3.1　刀轴设置

1. *刀轴方向控制*

在 PowerMILL 中多轴加工是由三维精加工加上刀轴方向控制而实现的，即多轴加工还是用三维精加工，但刀轴不再是恒定的，而是可以调整的。下面介绍常用的刀轴控制方法。

单击主工具栏上的“刀轴”按钮，弹出“刀轴”对话框，单击“定义”选项卡，如图 2-276 所示。

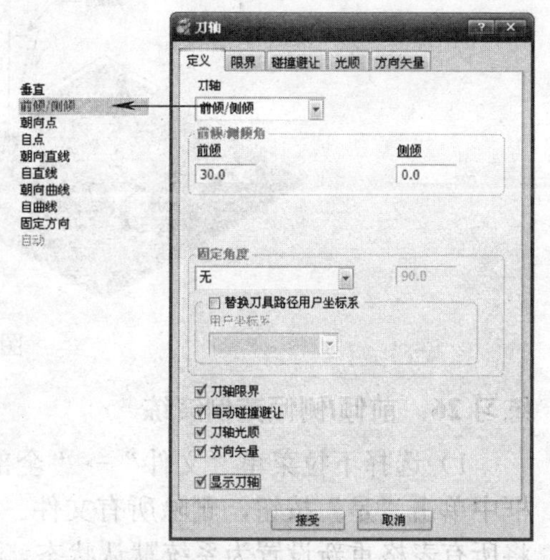

图 2-276　“定义”选项卡

（1）垂直

刀轴始终与坐标系 Z 轴保持一致，主要用于三轴加工之中，是系统的默认选项。

（2）前倾/侧倾

在投影形成刀具路径的参考线的每一个点上，刀轴相对于参考线以及参考线方向成固定夹角，包括前倾和侧倾。

● 【前倾角】：前倾角为刀轴与刀具路径切削方向所成角度，它从加工方向的垂直线开始测量，设置为 0°，刀轴是垂直的。前倾角的目的是用来避免使用球头刀具加工平面区域时刀具切削点落在球刀中心尖点上，如图 2-277 所示。通常将前倾角设置为 15°。

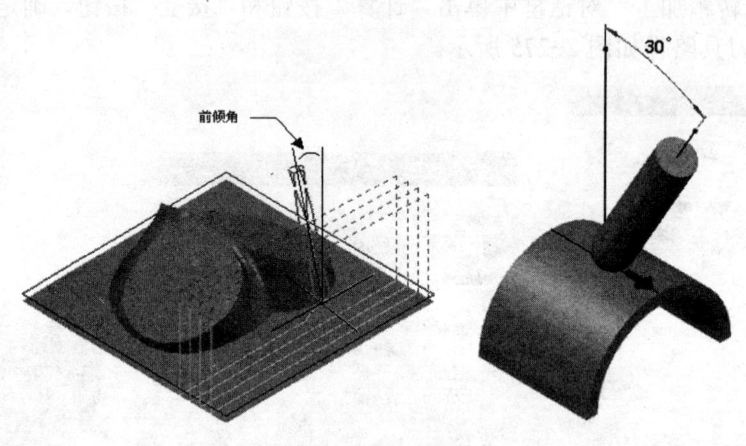

图 2-277 前倾角

- 【侧倾角】：用于定义刀轴与刀具路径切削方向右侧向的夹角。设置为 0° 时刀轴是垂直的。侧倾角的目的是用来避免在切削陡峭部件时刀柄与零件发生碰撞，如图 2-278 所示。

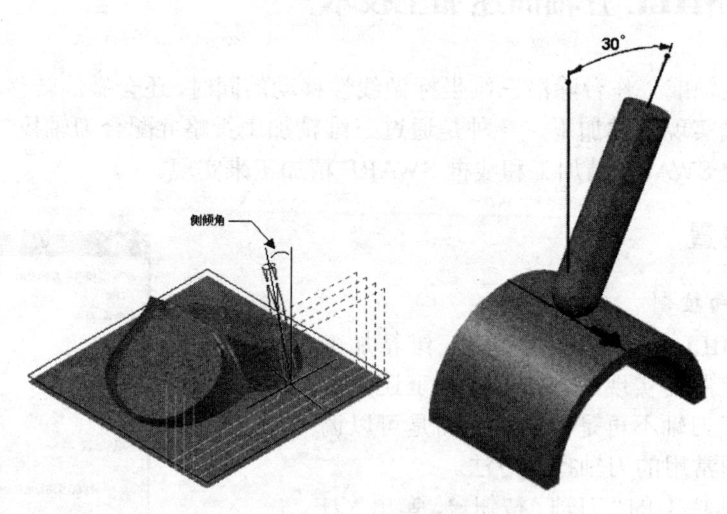

图 2-278 侧倾角

练习 26：前倾/侧倾范例演练

1）选择下拉菜单“文件”→“全部删除”命令，在弹出的“PowerMILL 询问”对话框中单击“是”按钮，删除所有文件。然后选择下拉菜单“工具”→“重设表格”命令，将所有表格重新设置为系统默认状态。

2）选择下拉菜单中的“文件”→“打开项目”命令，弹出“打开项目”对话框，选择“exercise26”（“随书光盘: \第 2 章\exercise26\uncompleted\exercise26”）文件，如图 2-279 所示。

3）单击主工具栏上的“刀具路径策略”按钮，弹出“策略选取器”对话框，单击“精加工”选项卡，选中“平行精加工”选项，单击“接受”按钮，弹出“平行精加工”对话框，如图 2-280 所示。

图 2-279 打开范例文件

图 2-280 “平行精加工”对话框

4）单击左侧列表框中的“刀轴”选项，在右侧选项卡中设置刀轴相关参数，如图 2-281 所示。

5）在“平行精加工”对话框中单击“计算”按钮和“接受”按钮，确定参数并退出对话框，生成的刀具路径如图 2-282 所示。

图 2-281 刀轴参数

图 2-282 前倾角 30° 生成的刀具路径

（3）朝向点

朝向点是指刀具刀尖总是指向固定点，即与铣床相连的刀具头部连续动作，而刀具刀尖保持相对静止，如图 2-283 所示。适合于加工型芯等凸型面，特别是带有陡峭凸壁、负角面的零件加工，而带有负角面的精加工往往会使用投影精加工策略来计算刀具路径，因此多数情况下朝向点选项是配合点投影精加工策略一起使用的。

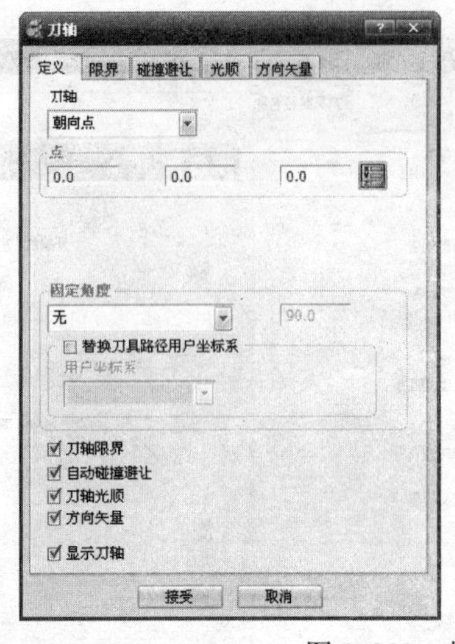

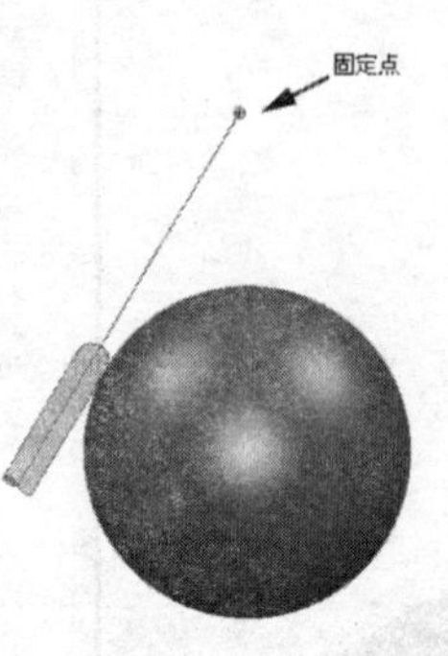

图 2-283　朝向点

练习 27：朝向点范例演练

1）选择下拉菜单“文件”→“全部删除”命令，在弹出的“PowerMILL 询问”对话框中单击“是”按钮，删除所有文件。然后选择下拉菜单“工具”→“重设表格”命令，将所有表格重新设置为系统默认状态。

2）选择下拉菜单中的“文件”→“打开项目”命令，弹出“打开项目”对话框，选择“exercise27”(“随书光盘: \第 2 章\exercise27\uncompleted\exercise27”) 文件，如图 2-284 所示。

3）单击主工具栏上的“刀具路径策略”按钮，弹出“策略选取器”对话框，单击“精加工”选项卡，选中“点投影精加工”选项，单击“接受”按钮，弹出“点投影精加工”对话框，如图 2-285 所示。

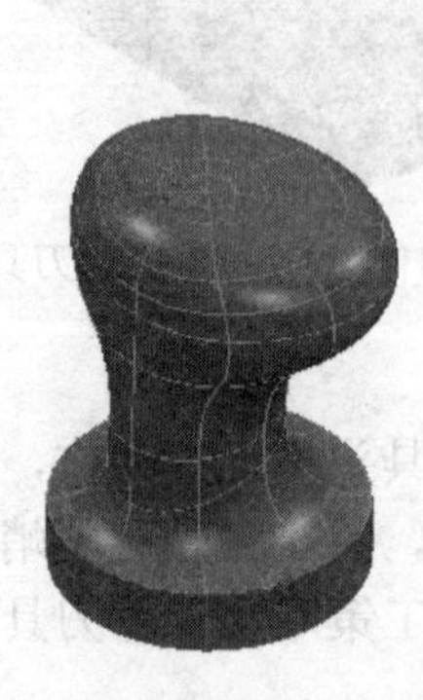

图 2-284　打开范例文件

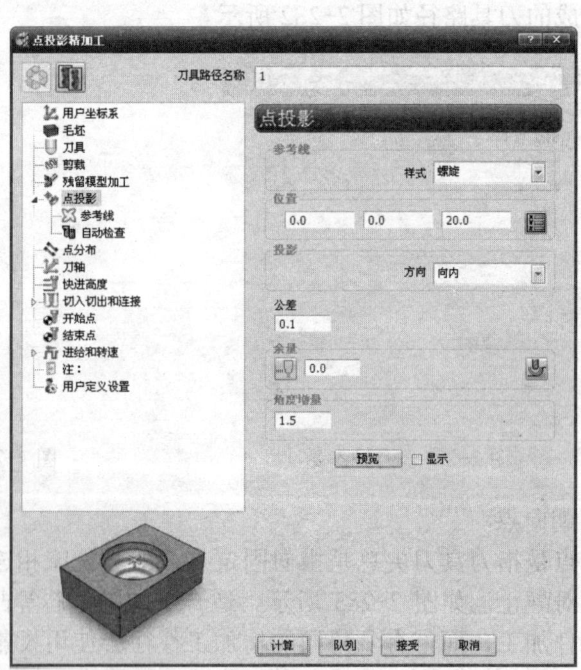

图 2-285　“点投影精加工”对话框

4）单击左侧列表框中的"刀轴"选项，在右侧选项卡中设置刀轴相关参数，如图 2-286 所示。

5）在"点投影精加工"对话框中单击"计算"按钮和"接受"按钮，确定参数并退出对话框，生成的刀具路径如图 2-287 所示。

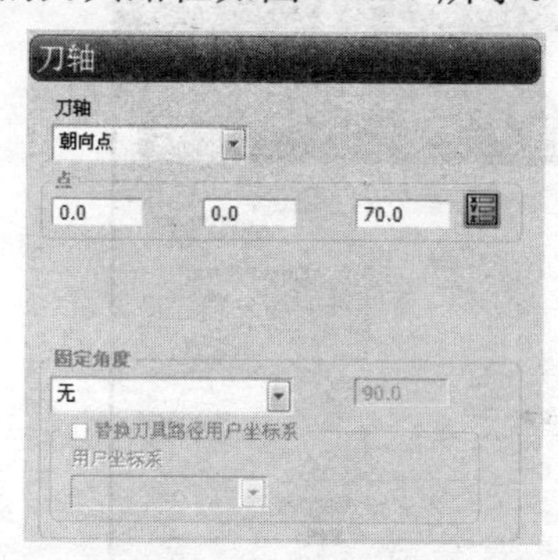

图 2-286　刀轴参数

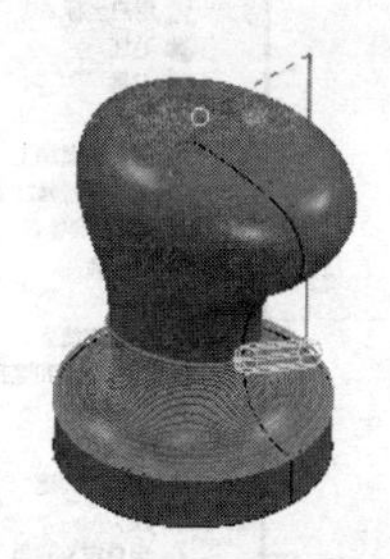

图 2-287　生成的刀具路径

（4）自点

自点是指刀具刀尖总是远离固定点，即连续动作刀具刀尖，而与铣床相连的刀具头部保持相对静止，如图 2-288 所示。适合于加工型腔等凹型面，特别是带有型腔、负角面的凹模零件加工。自点也是配合点投影精加工策略使用的。

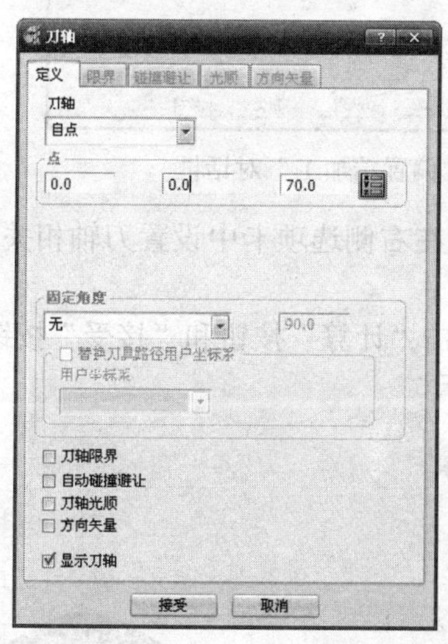

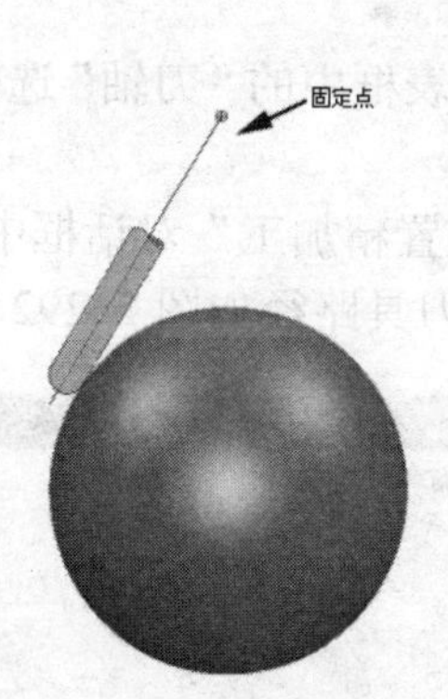

图 2-288　自点

练习 28：自点范例演练

1）选择下拉菜单"文件"→"全部删除"命令，在弹出的"PowerMILL 询问"对话框中单击"是"按钮，删除所有文件。然后选择下拉菜单"工具"→"重设表格"命令，将所有表格重新设置为系统默认状态。

2）选择下拉菜单中的"文件"→"打开项目"命令，弹出"打开项目"对话框，选择"exercise28"（"随书光盘：\第 2 章\exercise28\uncompleted\exercise28"）文件，如图 2-289 所示。

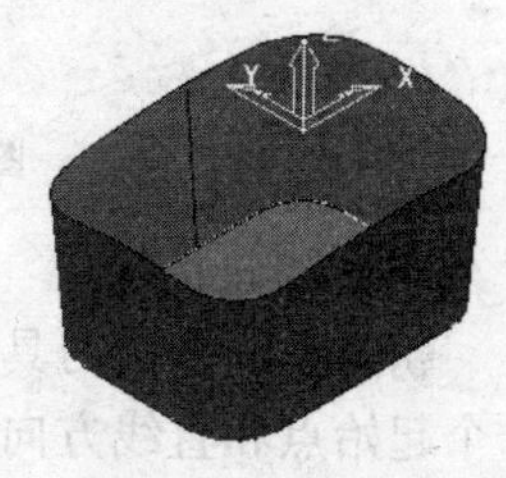

图 2-289　打开范例文件

3）单击主工具栏上的“刀具路径策略”按钮，弹出“策略选取器”对话框，单击“精加工”选项卡，选中“三维偏置精加工”选项，单击“接受”按钮，弹出“三维偏置精加工”对话框，如图 2-290 所示。

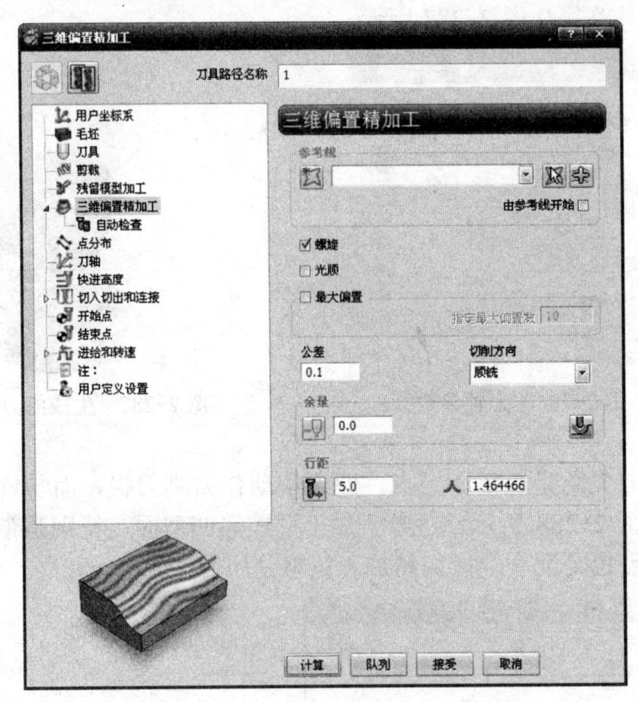

图 2-290 “三维偏置精加工”对话框

4）单击左侧列表框中的“刀轴”选项，在右侧选项卡中设置刀轴相关参数，如图 2-291 所示。

5）在“三维偏置精加工”对话框中单击“计算”按钮和“接受”按钮，确定参数并退出对话框，生成的刀具路径如图 2-292 所示。

图 2-291 刀轴参数

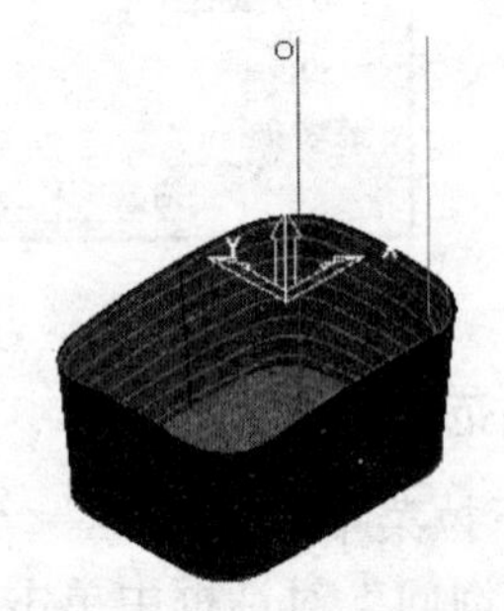

图 2-292 生成的刀具路径

（5）朝向直线

朝向直线是指刀具刀尖总是指向用户定义的直线，如图 2-293 所示。直线的定义采用一个起始点和直线方向来实现，直线的方向用 I、J、K 来表示，I、J、K 分别表示 X、Y、Z 三个坐标轴平行的单位矢量，其取值范围为 0～1。

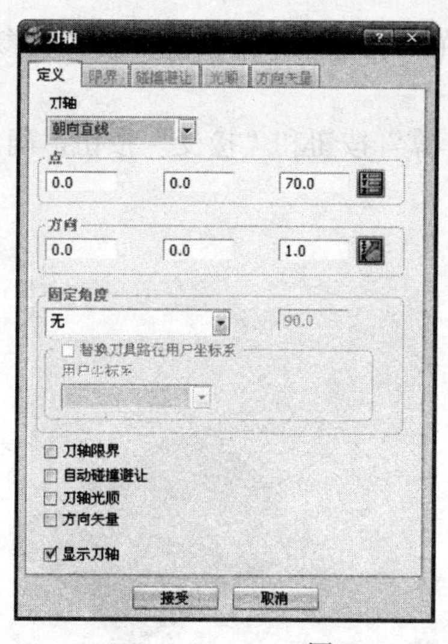

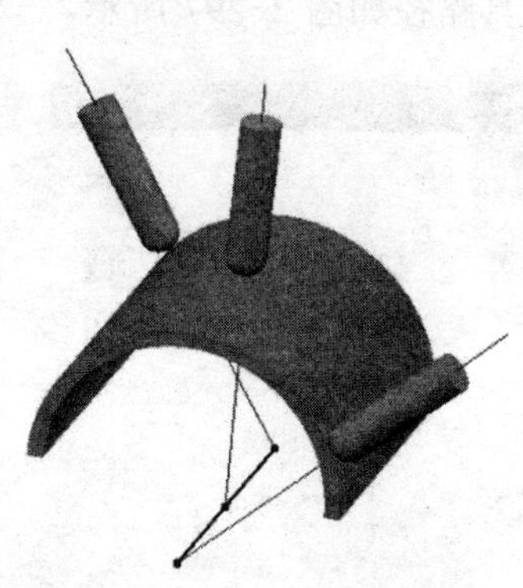

图 2-293　朝向直线

练习 29：朝向直线范例演练

1）选择下拉菜单“文件”→“全部删除”命令，在弹出的“PowerMILL 询问”对话框中单击“是”按钮，删除所有文件。然后选择下拉菜单“工具”→“重设表格”命令，将所有表格重新设置为系统默认状态。

2）选择下拉菜单中的“文件”→“打开项目”命令，弹出“打开项目”对话框，选择“exercise29”(“随书光盘:\第 2 章\exercise29\uncompleted\exercise29”) 文件，如图 2-294 所示。

3）单击主工具栏上的“刀具路径策略”按钮，弹出“策略选取器”对话框，单击“精加工”选项卡，选中“平行精加工”选项，单击“接受”按钮，弹出“平行精加工”对话框，如图 2-295 所示。

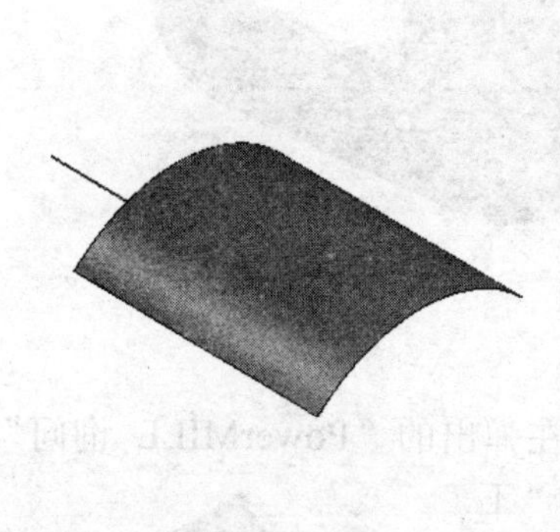

图 2-294　打开范例文件

图 2-295　“平行精加工”对话框

4）单击左侧列表框中的“刀轴”选项，在右侧选项卡中设置刀轴相关参数，如图 2-296 所示。

5）在“平行精加工”对话框中单击“计算”按钮和“接受”按钮，确定参数并退出对话框，生成的刀具路径如图 2-297 所示。

图 2-296　刀轴参数

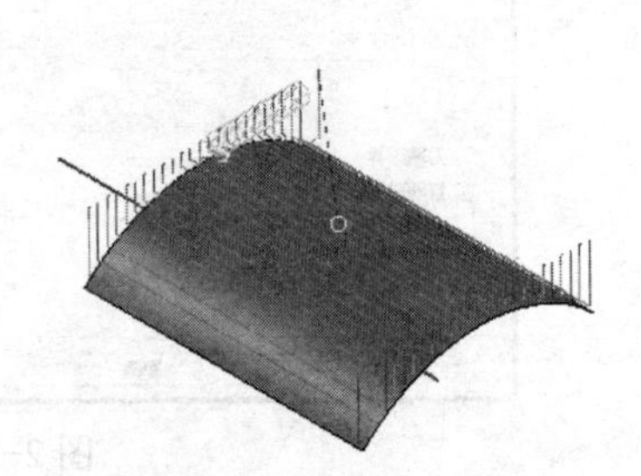

图 2-297　生成的刀具路径

（6）自直线

自直线是指刀具刀尖总是远离用户定义的直线，如图 2-298 所示。

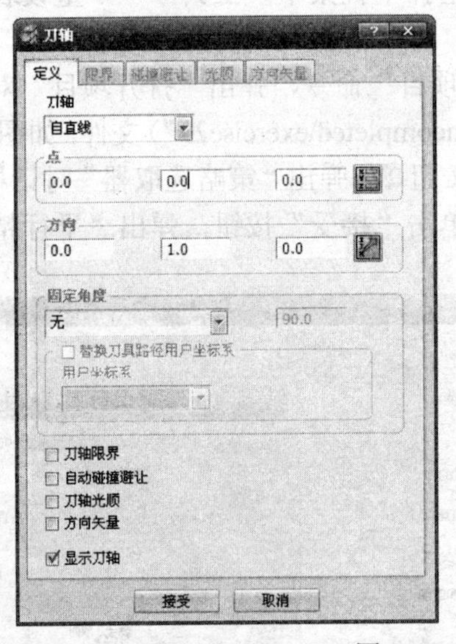

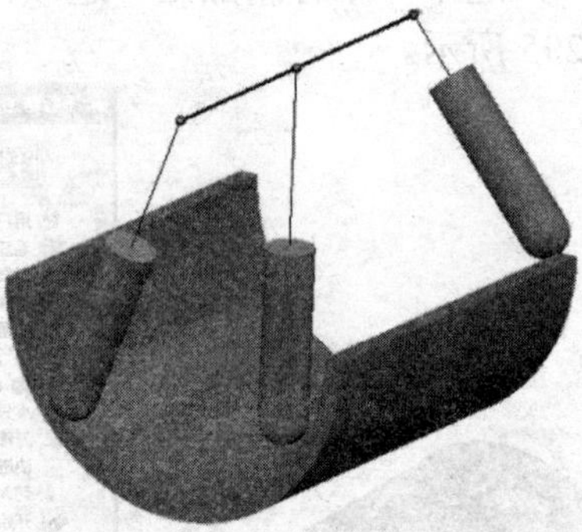

图 2-298　自直线

练习 30：自直线倾范例演练

1）选择下拉菜单“文件”→“全部删除”命令，在弹出的“PowerMILL 询问”对话框中单击“是”按钮，删除所有文件。然后选择下拉菜单“工具”→“重设表格”命令，将所有表格重新设置为系统默认状态。

2）选择下拉菜单中的“文件”→“打开项目”命令，弹出“打开项目”对话框，选择“exercise30”（“随书光盘: \第 2 章\exercise30\uncompleted\exercise30”）文件，如图 2-299 所示。

图 2-299　打开范例文件

3）单击主工具栏上的“刀具路径策略”按钮，弹出“策略选取器”对话框，单击“精加工”选项卡，选中“平行精加工”选项，单击“接受”按钮，弹出“平行精加工”对话框，如图 2-300 所示。

4）单击左侧列表框中的“刀轴”选项，在右侧选项卡中设置刀轴相关参数，如图 2-301 所示。

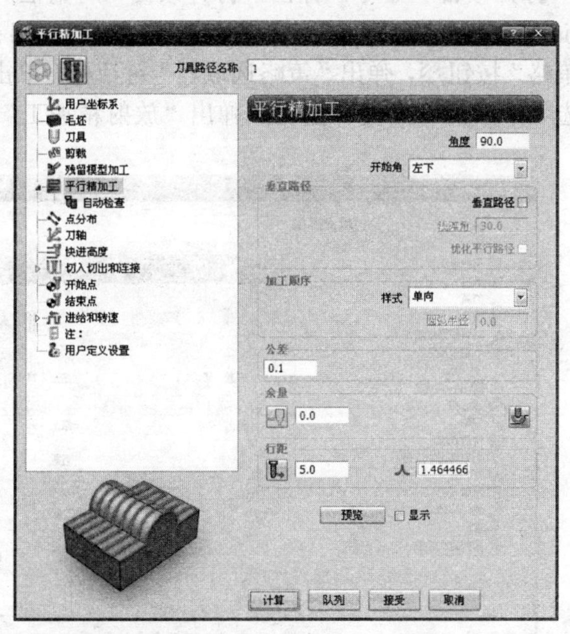

图 2-300 “平行精加工”对话框

图 2-301 刀轴参数

5）在“平行精加工”对话框中单击“计算”按钮和“接受”按钮，确定参数并退出对话框，生成的刀具路径如图 2-302 所示。

（7）朝向曲线

朝向曲线是指刀具刀尖总是指向用户定义的曲线，如图 2-303 所示。所用的曲线用参考线来定义，并且这个参考线只能由一段线条构成，因此，在使用前应创建出曲线参考线。

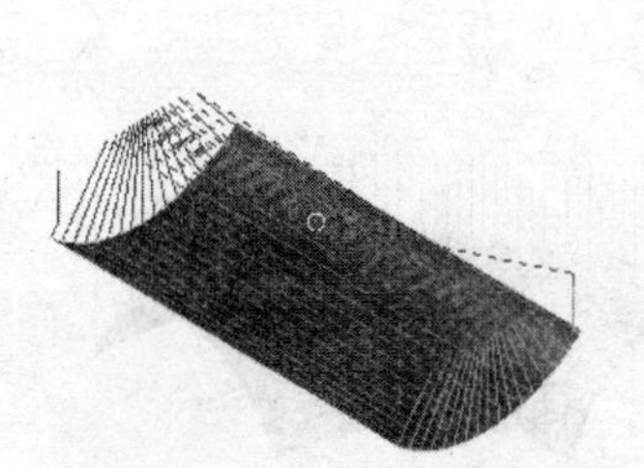

图 2-302 生成的刀具路径

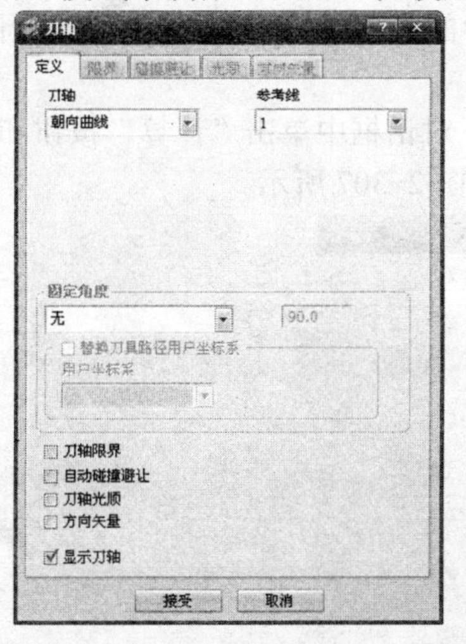

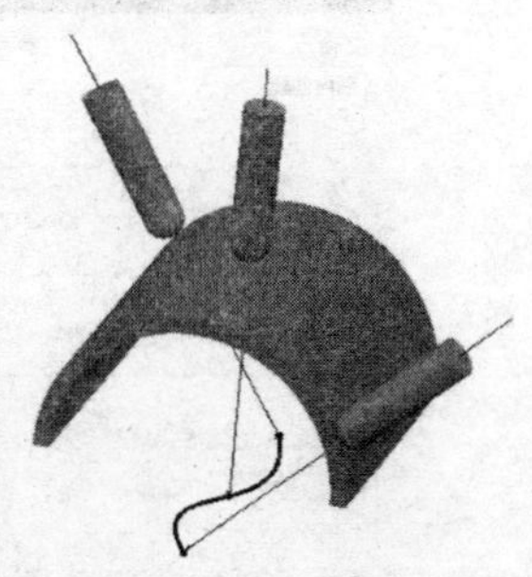

图 2-303 朝向曲线

练习 31：朝向曲线范例演练

1）选择下拉菜单“文件”→“全部删除”命令，在弹出的“PowerMILL 询问”对话框中单击“是”按钮，删除所有文件。然后选择下拉菜单“工具”→“重设表格”命令，将所有表格重新设置为系统默认状态。

2）选择下拉菜单中的“文件”→“打开项目”命令，弹出“打开项目”对话框，选择“exercise31”(“随书光盘: \第 2 章\exercise31\uncompleted\exercise31”) 文件，如图 2-304 所示。

3）单击主工具栏上的“刀具路径策略”按钮，弹出“策略选取器”对话框，单击“精加工”选项卡，选中“放射精加工”选项，单击“接受”按钮，弹出“放射精加工”对话框，如图 2-305 所示。

图 2-304　打开范例文件

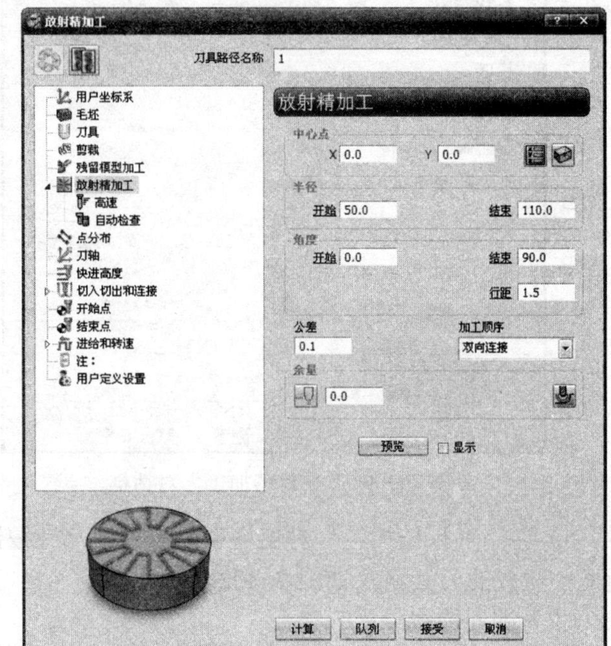

图 2-305　“放射精加工”对话框

4）单击左侧列表框中的“刀轴”选项，在右侧选项卡中设置刀轴相关参数，如图 2-306 所示。

5）在“放射精加工”对话框中单击“计算”按钮和“接受”按钮，确定参数并退出对话框，生成的刀具路径如图 2-307 所示。

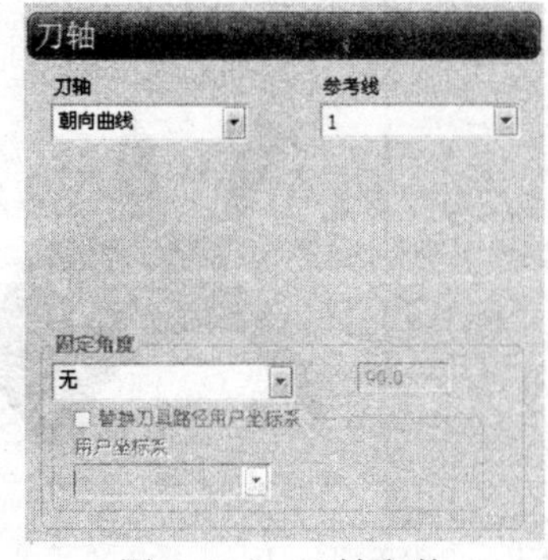

图 2-306　刀轴参数

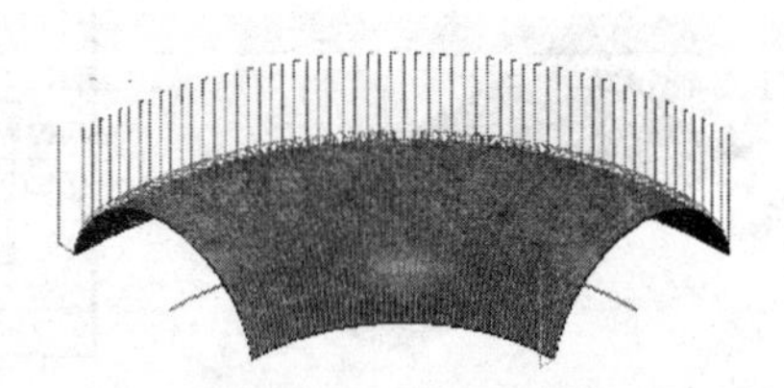

图 2-307　生成的刀具路径

（8）自曲线

自曲线是指刀具刀尖总是远离用户定义的曲线，如图 2-308 所示。

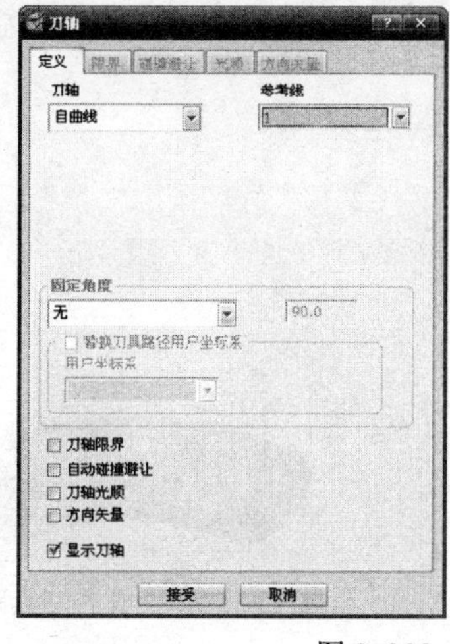

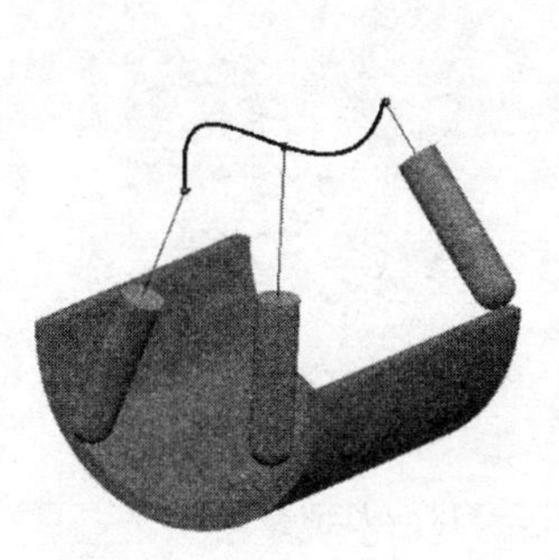

图 2-308　自曲线

练习 32：自曲线范例演练

1）选择下拉菜单“文件”→“全部删除”命令，在弹出的“PowerMILL 询问”对话框中单击“是”按钮，删除所有文件。然后选择下拉菜单“工具”→“重设表格”命令，将所有表格重新设置为系统默认状态。

2）选择下拉菜单中的“文件”→“打开项目”命令，弹出“打开项目”对话框，选择“exercise32”（“随书光盘:\第 2 章\exercise32\uncompleted\exercise32”）文件，如图 2-309 所示。

3）单击主工具栏上的“刀具路径策略”按钮，弹出“策略选取器”对话框，单击“精加工”选项卡，选中“放射精加工”选项，单击“接受”按钮，弹出“放射精加工”对话框，如图 2-310 所示。

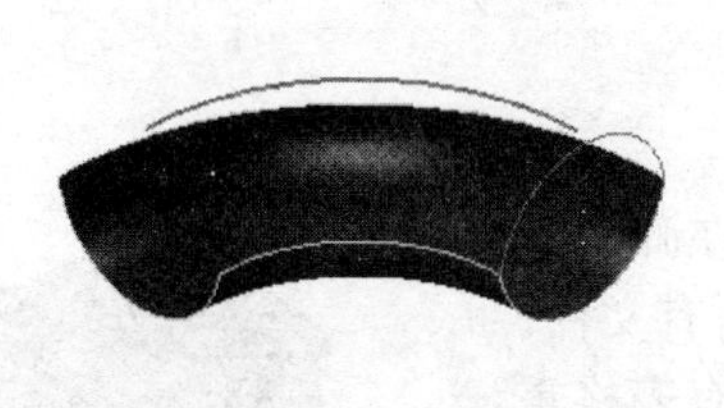

图 2-309　打开范例文件

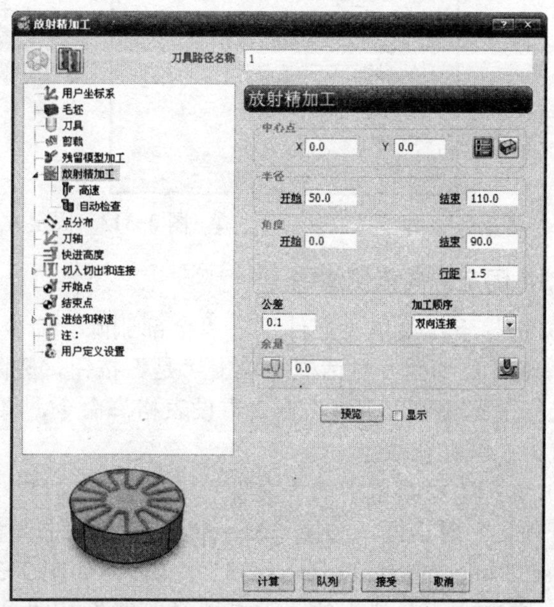

图 2-310　“放射精加工”对话框

4）单击左侧列表框中的“刀轴”选项，在右侧选项卡中设置刀轴相关参数如图 2-311 所示。

5）在“放射精加工”对话框中单击“计算”按钮和“接受”按钮，确定参数并退出对话框，生成的刀具路径如图 2-312 所示。

图 2-311　刀轴参数

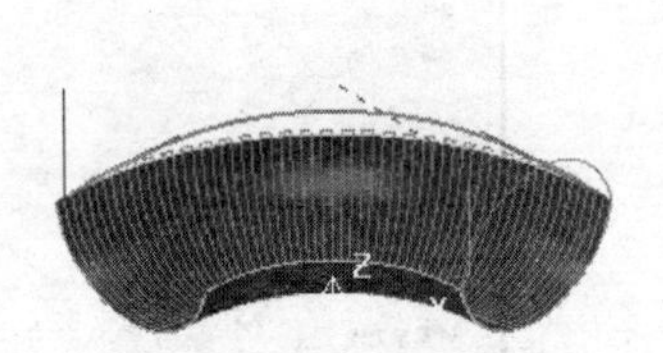

图 2-312　生成的刀具路径

（9）固定方向

将刀轴设置为用户定义的角度，刀具刀轴始终与定义的方向矢量平行，如图 2-313 所示。

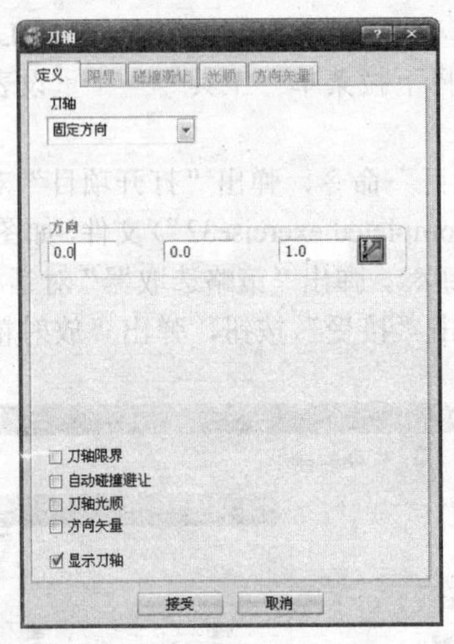

图 2-313　固定方向

练习 33：固定方向范例演练

1）选择下拉菜单“文件”→“全部删除”命令，在弹出的“PowerMILL 询问”对话框中单击“是”按钮，删除所有文件。然后选择下拉菜单“工具”→“重设表格”命令，将所有表格重新设置为系统默认状态。

2）选择下拉菜单中的“文件”→“打开项目”命令，弹出“打开项目”对话框，选择“exercise33”（“随书光盘: \第 2 章\exercise33\uncompleted\exercise33”）文件，如图 2-314 所示。

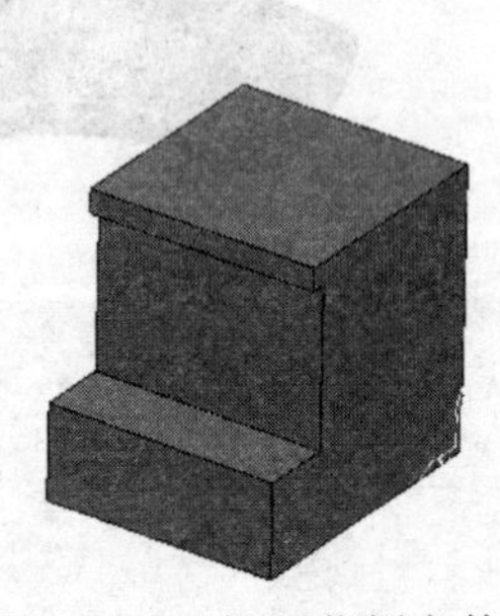

图 2-314　打开范例文件

3）单击主工具栏上的“刀具路径策略”按钮，弹出“策略选取器”对话框，单击“精加工”选项卡，选中“平面投影精加工”选项，单击“接受”按钮，弹出“平面投影精加工”对话框，如图 2-315 所示。

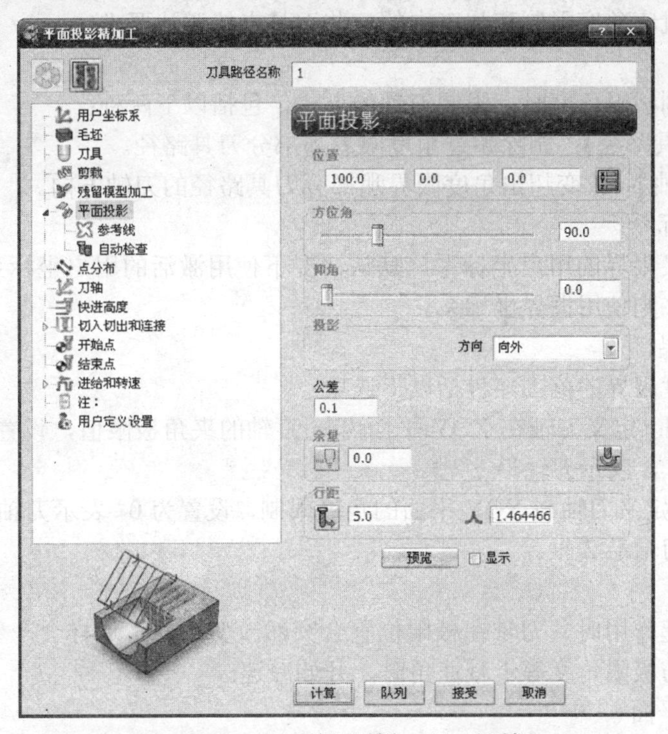

图 2-315 “平面投影精加工”对话框

4）单击左侧列表框中的“刀轴”选项，在右侧选项卡中设置刀轴相关参数，如图 2-316 所示。

5）在“平面投影精加工”对话框中单击“计算”按钮和“接受”按钮，确定参数并退出对话框，生成的刀具路径如图 2-317 所示。

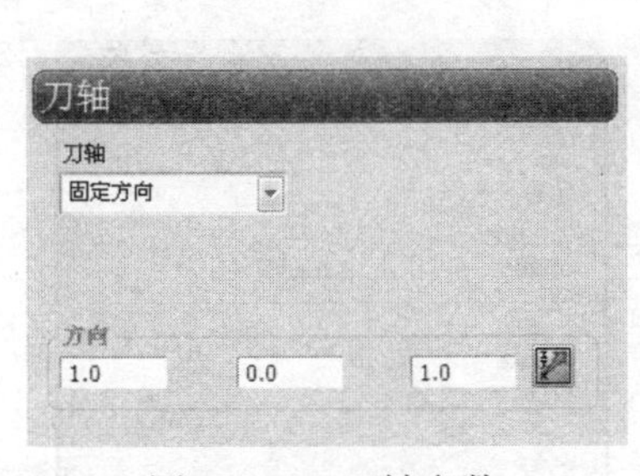

图 2-316　刀轴参数

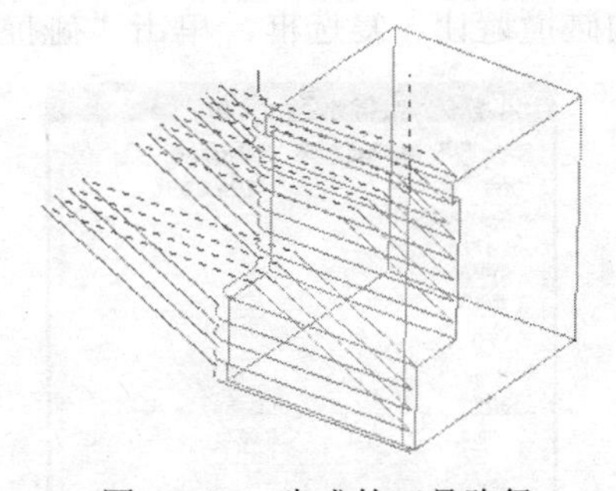

图 2-317　生成的刀具路径

（10）自动

当选择精加工策略中的 SWARF 及线框 SWARF 加工时，自动刀轴方向表示刀具轴线沿则被加工曲面的主导线自动调整，有关范例请参见下面的 SWARF 精加工。

2. 限界

单击主工具栏上的“刀轴”按钮，弹出“刀轴”对话框，单击“定义”选项卡，选中“刀轴限界”复选框，单击“限界”选项卡，如图 2-318 所示。

“限界”选项卡主要是控制刀轴方位角和仰角的角度限界，使刀具路径能配合当前用户实际所用的五轴机床角度限制和加工中的一些刀具夹持避让要求。

（1）方式

当刀轴运动到极限角度时，限制刀轴的方式，包括以下两种：

● 【移去刀具路径】：删除超过角度限界那部分刀具路径。

● 【移动刀轴】：改变超出角度限界那部分刀具路径的刀轴方向。

（2）用户坐标系

用于确定定义限界的用户坐标系。默认情况下使用激活的用户坐标系。如果没有可指定的用户坐标系，则使用世界坐标系。

（3）角度限界

用于确定角度限界的范围，包括以下选项：

● 【方位角】：定义刀轴在 XOY 平面内与 X 轴的夹角极限值，设置为 0° 表示刀轴沿 X 轴，设置为 90°，表示刀轴沿 Y 轴。

● 【仰角】：定义刀轴与 XOY 平面的角度限制，设置为 0° 表示刀轴在 XOY 面上，设置为 90°，表示刀轴沿 Z 轴。

（4）减速角

当刀轴限界起作用时，刀轴在极限位置会突然改变指向，这样会产生冲击，设置减速角，当刀轴角度与极限角度等于减速角时，开始减速。

（5）投影到平面

选中该复选框，等同将仰角设置为 0°，此时五轴加工变成四轴加工。

（6）显示限界

选中该复选框，在绘图区显示刀轴极限范围。

3. 碰撞避让

单击主工具栏上的“刀轴”按钮，弹出“刀轴”对话框，单击“定义”选项卡，选中“自动碰撞避让”复选框，单击“碰撞避让”选项卡，如图 2-319 所示。

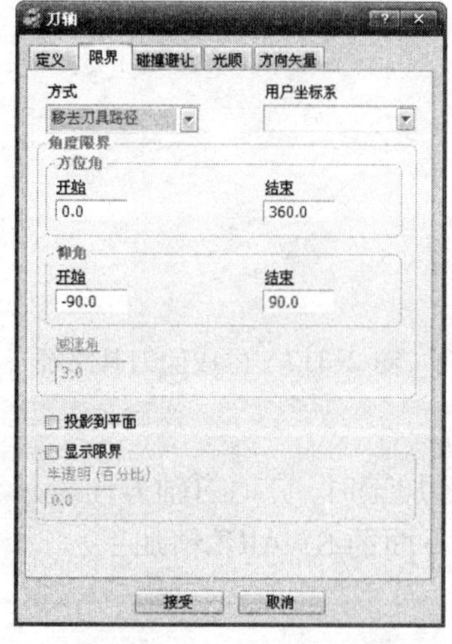

图 2-318 “限界”选项卡

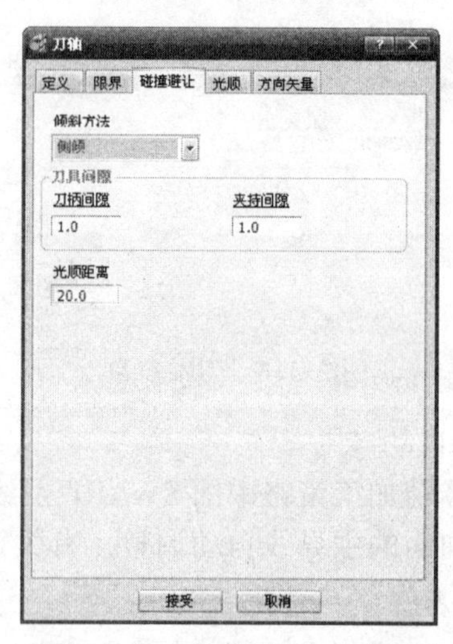

图 2-319 “碰撞避让”选项卡

“碰撞避让”选项卡主用是，加工中刀具夹持和工件发生干涉时，在不加长刀具伸出长度的前提下，控制自动调整刀轴来达到避免碰撞的目的。

（1）倾斜刀轴

对于发生碰撞的区域，设置倾斜刀轴，各方式与刀轴方式含义相同。

（2）刀具间隙

为了避免碰撞，设置刀柄和夹持的间隙。

2.3.2 SWARF 精加工

SWARF 精加工即通常所说的“靠面加工”，利用刀具侧刃加工已选曲面。由于刀具的侧切削刃在切削深度范围内与曲面完全接触，因此这种加工策略只适用于可展曲面。可展曲面是指沿着一条母线的所有切平面都相同的直纹曲面，包括柱面、锥面和切线面，其中切线面是指给定一条空间曲线，过这条空间曲线上的每一个点作切线，切线的全体所组成的曲面称为切线面，该空间曲线称为脊线。

单击主工具栏上的“刀具路径策略”按钮，弹出“策略选取器”对话框，单击“精加工”选项卡，选中“SWARF 精加工”选项，单击“接受”按钮，弹出“SWARF 精加工”对话框，如图 2-320 所示。

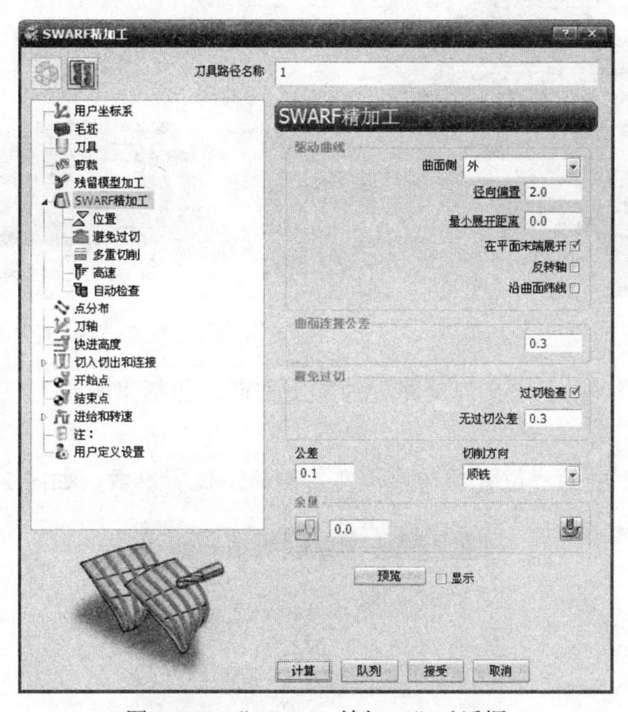

图 2-320　“SWARF 精加工”对话框

“SWARF 精加工”对话框中相关选项参数含义如下：

1. 平面投影

单击左侧列表框中的“SWARF 精加工”选项，在右侧显示 SWARF 精加工参数，如图 2-321 所示。

用于确定哪一张或哪一组曲面将用于计算刀具路径，包括以下选项：

● 【曲面侧】：用于确定轮廓刀具路径是在曲面外侧还是在内侧，该选项包括“外”和“内”2个选项，如图2-321所示。

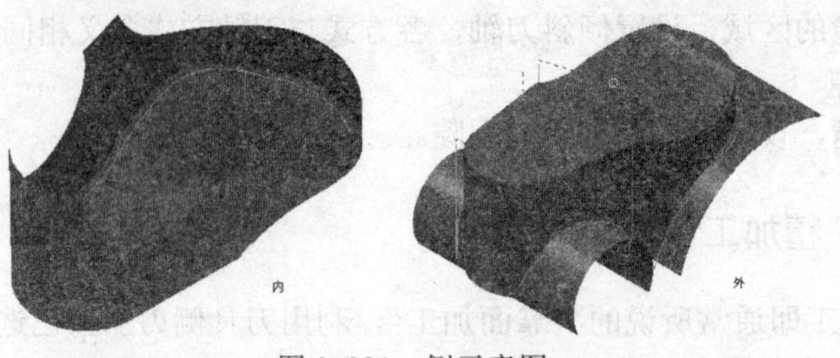

图2-321　侧示意图

● 【径向偏置】：用于定义刀具与驱动曲面之间的间距，该间距在刀具直径方向上测量，如图2-322所示。

● 【最小展开距离】：随着刀具路径从一张曲面过渡到另一张曲面，曲面的成长方向会发生改变。由于刀具轴线自动与曲面成长方向相对齐，必须指定刀具由一个方向向另一个方向转移的距离，如图2-323所示。

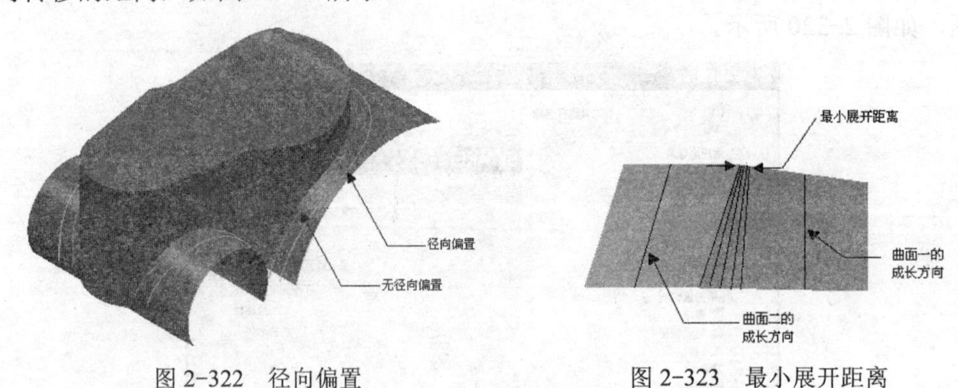

图2-322　径向偏置　　　　图2-323　最小展开距离

● 【切削方向】：用于定义刀具路径的加工方向，包括“顺铣”“逆铣”和“任意”。

2. 位置

单击左侧列表框中的“位置”选项，在右侧显示偏置参数，如图2-324所示。

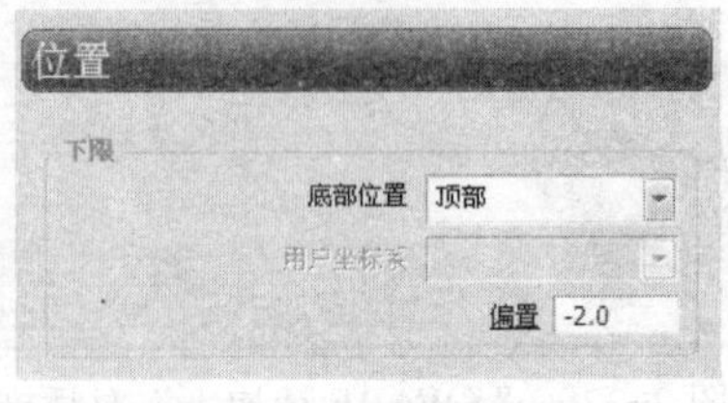

图2-324　位置参数

用于定义刀具路径的最低位置，包括以下选项：

● 【底部位置】：定义刀具路径的最低位置，包括以下选项：

➢ 【自动】：使刀具降低位置以接触到零件其他表面来计算刀具路径，如果没有其他表面，在该区域就不会产生刀具路径，如图2-325所示。

➢ 【顶部】：根据已选曲面的顶部边缘轮廓生成刀具路径，如图 2-326 所示。

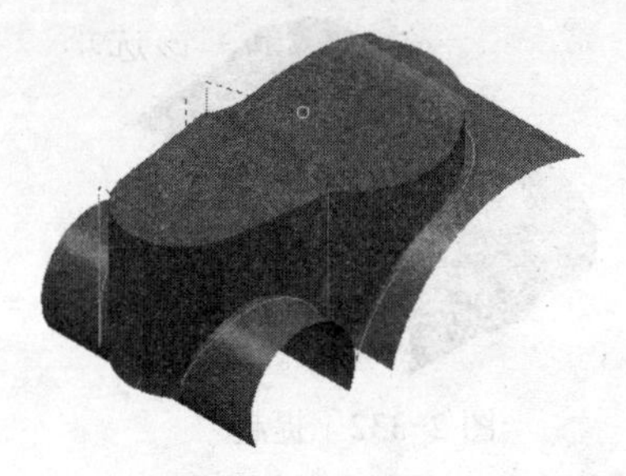

图 2-325　自动

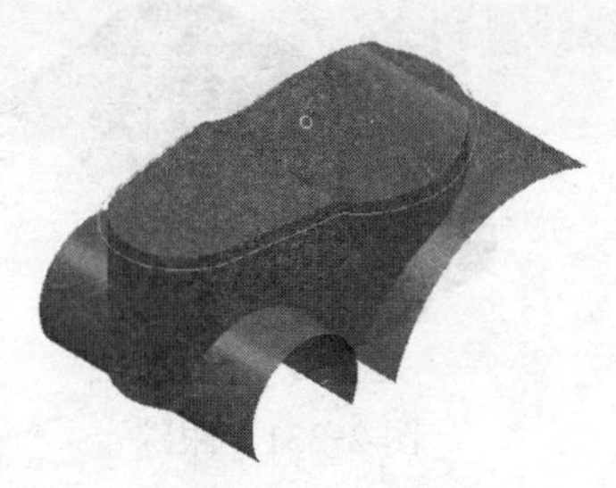

图 2-326　顶部

➢ 【底部】：根据已选曲面的底部边缘轮廓生成刀具路径，当底部边缘轮廓被其他曲面所挡住时，则取决于“避免过切”选项中的参数设置。如图 2-327 所示为避免过切策略设置为“提起”的状态。

➢ 【用户坐标系】：刀具沿已选曲面向下切削，直至用户坐标系的 XOY 平面为止，但是不允许移动到指定用户坐标系之下，如图 2-328 所示。

● 【用于坐标系】：用于定义“底部位置”中“用户坐标系”选项中所需要的坐标系。

● 【偏置】：用于定义从“底部位置”指定位置开始沿着刀轴方向偏置最小位置的刀具路径，正值沿 Z 轴正方向偏置，负值沿 Z 轴负方向偏置，2-329 所示。

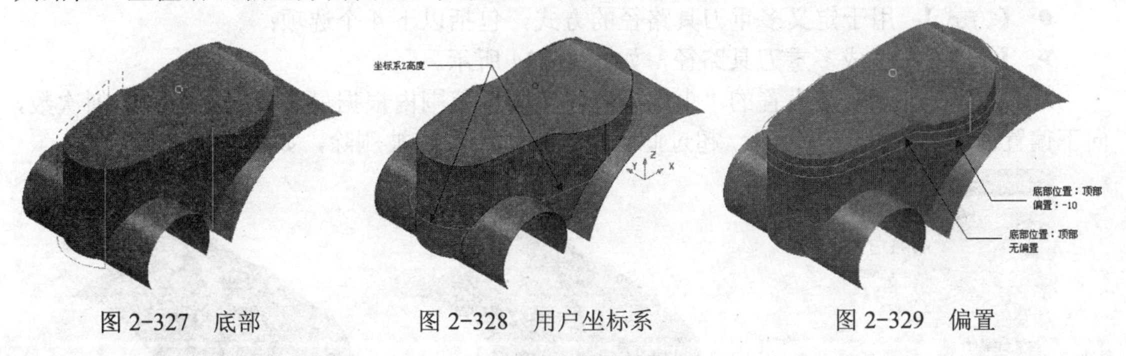

图 2-327　底部　　图 2-328　用户坐标系　　图 2-329　偏置

3. 避免过切

单击左侧列表框中的“避免过切”选项，在右侧显示避免过切参数，如图 2-330 所示。

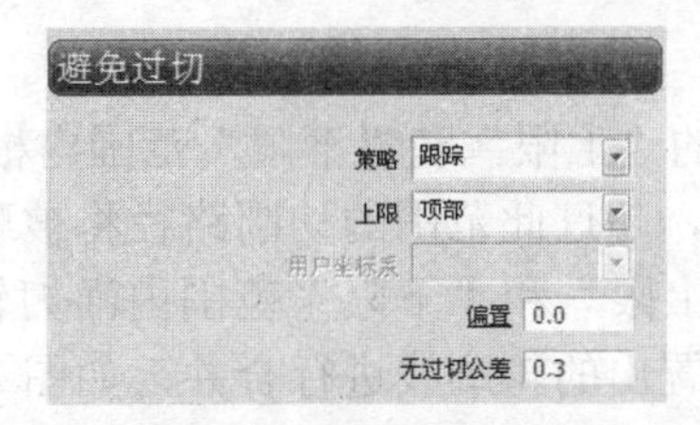

图 2-330　避免过切参数

用于检查所生成的轮廓刀具路径是否与模型发生过切现象，包括以下选项：

● 【策略】：用于定义刀具路径避免过切的方法。其中“跟踪”是指在刀具轴线方向上，系统在所选择曲面的最低位置尝试刀具路径，如果不能生成，系统将刀具提起到一个最低不过切位置生成刀具路径，如图 2-331 所示。“提起”指在刀具轴线方向上，系统在所选择曲面的最低位置尝试刀具路径，如果不能生成，系统将自动删除可能发生过切的刀具路径，如图 2-332 所示。

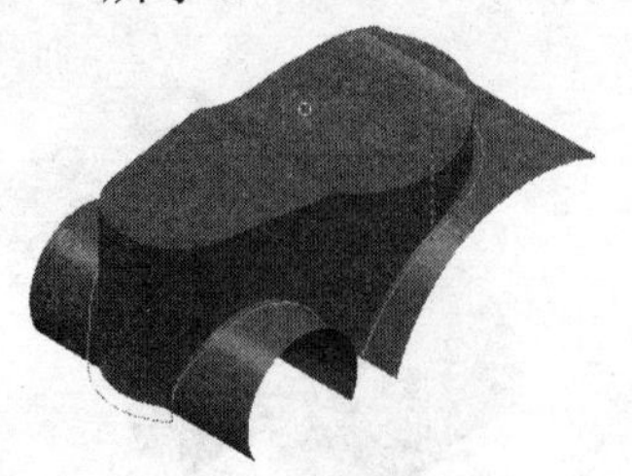

图 2-331 跟踪

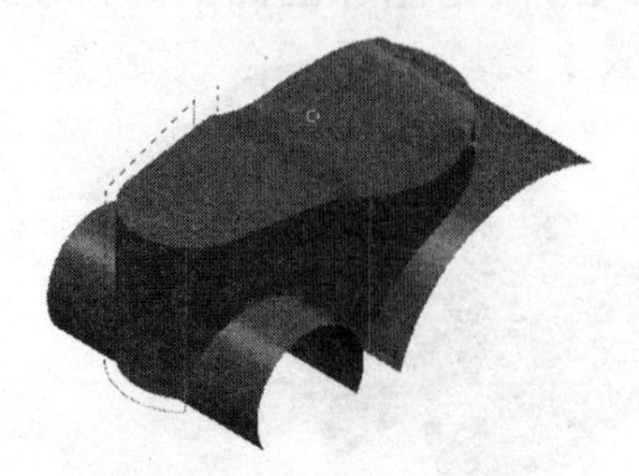

图 2-332 提起

- 【上限】：定义刀具路径向上提起的距离范围。当避免过切策略设置为“跟踪”时，如果抬刀的高度高于上限，系统将裁剪高于上限的刀具路径，包括以下选项：

➢【无】：刀具路径上无上限限制。

➢【顶部】：刀具路径的上限是曲面的顶部边缘线。

➢【底部】：刀具路径的上限是曲面的底部边缘线。

➢【用户坐标系】：刀具路径的上限是用户坐标系的 XOY 平面。

4. *多重切削*

单击左侧列表框中的“多重切削”选项，在右侧显示多重切削参数，如图 2-333 所示。用于在刀具轴线方向上生成多层刀具路径，包括以下选项：

- 【方式】：用于定义多重刀具路径的方式，包括以下 4 个选项：

➢【关】：不生成多重刀具路径，如图 2-334 所示。

➢【偏置向下】：在设置的“上限”和“下限”范围内根据最大下切步距和切削次数，向下偏置曲面的顶部轮廓边缘，超过此范围的切削路径将被删除，如图 2-335 所示。

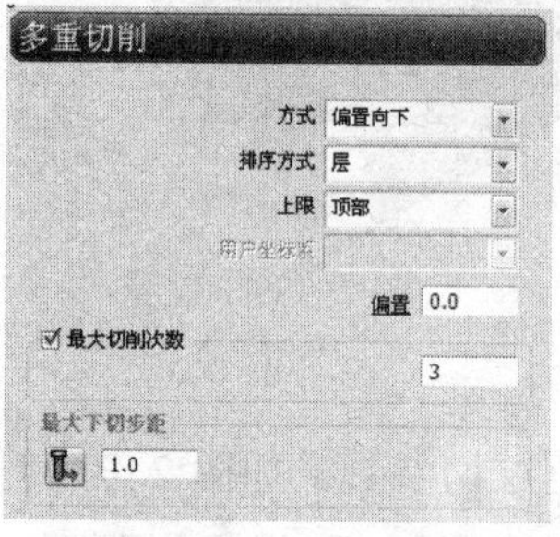

图 2-333 多重切削

图 2-334 关

图 2-335 偏置向下

➢【偏置向上】：在设置的“上限”和“下限”范围内根据最大下切步距和切削次数，向上偏置曲面的底部轮廓边缘，超过此范围的切削路径将被删除，如图 2-336 所示。

➢【合并】：在设置的“上限”和“下限”范围内沿刀轴向下偏置顶部轮廓线，同时向上偏置底部轮廓线，并将偏置出的轮廓线进行合并，如图 2-337 所示。

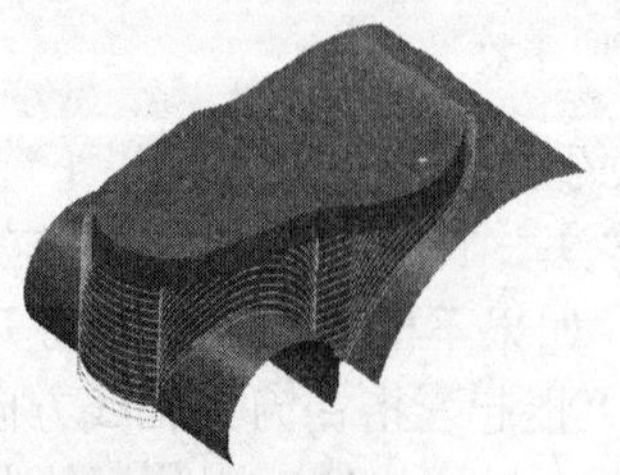

图 2-336 偏置向上

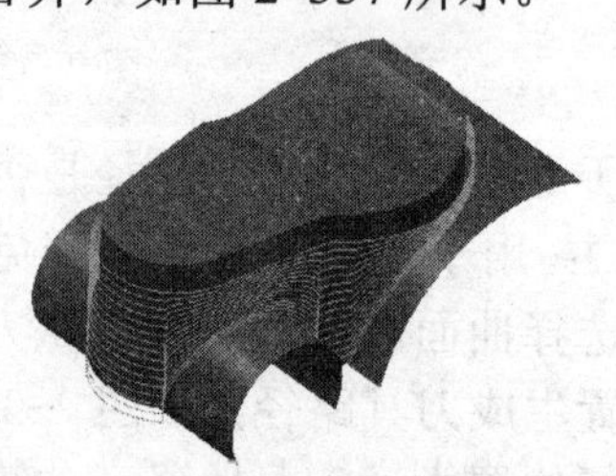

图 2-337 合并

● 【最大切削次数】：用于定义多重切削的刀具路径层数。

● 【最大下切步距】：用于定义多重切削的最大下切步距，即相邻切削路径之间的距离。

练习 34：SWARF 精加工范例演练

1）选择下拉菜单“文件”→“全部删除”命令，在弹出的“PowerMILL 询问”对话框中单击“是”按钮，删除所有文件。然后选择下拉菜单“工具”→“重设表格”命令，将所有表格重新设置为系统默认状态。

2）选择下拉菜单中的“文件”→“打开项目”命令，弹出“打开项目”对话框，选择“exercise34”（“随书光盘:\第 2 章\exercise34\uncompleted\exercise34”）文件，如图 2-338 所示。

3）单击主工具栏上的“刀具路径策略”按钮，弹出“策略选取器”对话框，单击“精加工”选项卡，选中“SWARF 精加工”选项，单击“接受”按钮，弹出“SWARF 精加工”对话框，如图 2-339 所示。

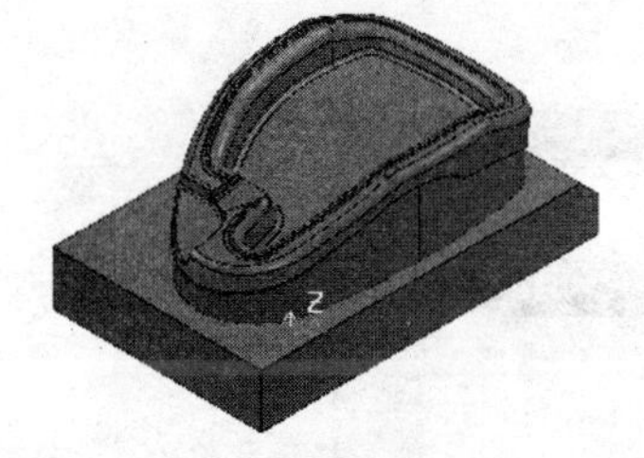

图 2-338　打开范例文件

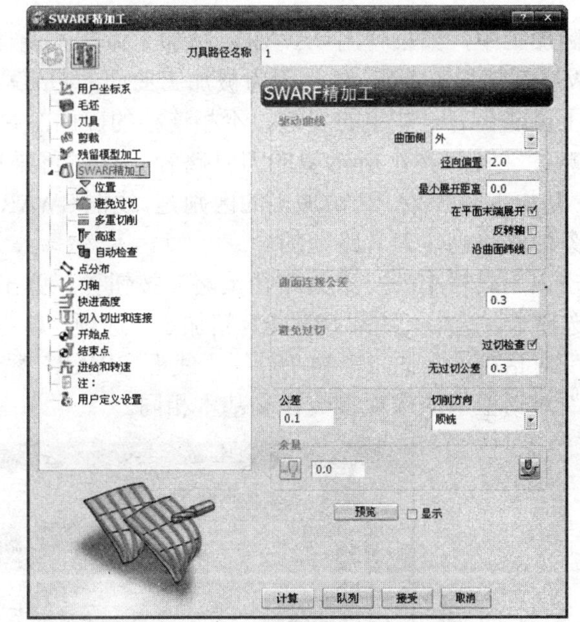

图 2-339 “SWARF 精加工”对话框

● 单击左侧列表框中的“多重切削”选项，在右侧选项卡中设置“方式”为“偏置向下”，“最大切削次数”为 3，如图 2-340 所示。

● 单击左侧列表框中的“刀轴”选项，在右侧选项卡中设置刀轴相关参数，如图 2-341 所示。

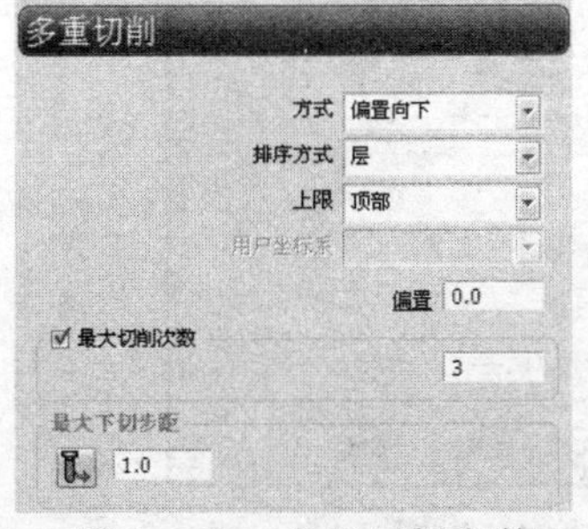

图 2-340　多重切削参数

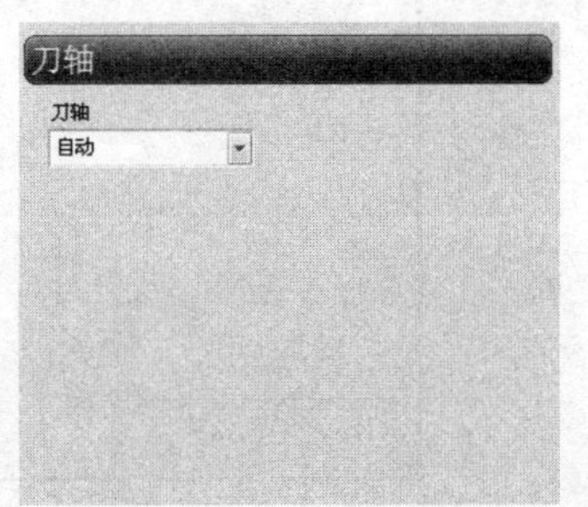

图 2-341　刀轴参数

4）在图形区选择图 2-342 所示的曲面，然后在“SWARF 精加工”对话框中单击“应用”按钮和“接受”按钮，确定参数并退出对话框，生成的刀具路径如图 2-343 所示。

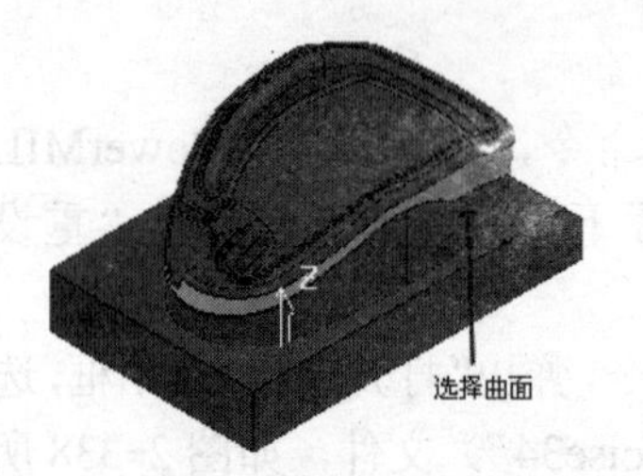

图 2-342 选择曲面

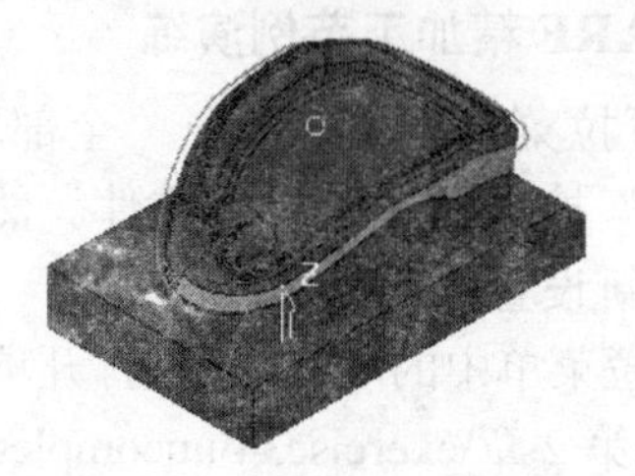
图 2-343 生成的刀具路径

2.3.3 线框 SWARF 精加工

实际加工中，如果使用 SWARF 精加工策略不能计算出正确的刀具路径，可考虑采用线框 SWARF 精加工策略。这是因为被加工曲面的 CAD 模型往往不是如所要求的那么完美，在曲面上可能会有一些小的裂缝、不相连接的碎面等缺陷，在这种情况下使用 SWARF 精加工策略往往计算不出所希望的刀具路径，此时可采用线框 SWARF 精加工策略。线框 SWARF 精加工与 SWARF 精加工的区别是，线框 SWARF 精加工策略是通过使用曲面的顶、底部两条曲线来创建刀具路径的。

单击主工具栏上的“刀具路径策略”按钮，弹出“策略选取器”对话框，单击“精加工”选项卡，选中“线框 SWARF 精加工”选项，单击“接受”按钮，弹出“线框 SWARF 精加工”对话框，如图 2-344 所示。“线框 SWARF 精加工”对话框中的选项与“SWARF 精加工”对话框中的选项参数含义基本相同。

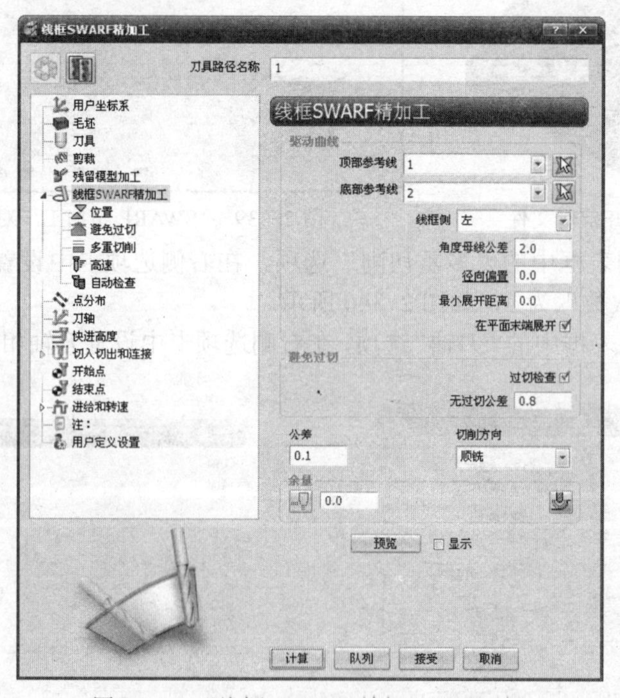

图 2-344 “线框 SWARF 精加工”对话框

练习 35：SWARF 精加工范例演练

1）选择下拉菜单“文件”→“全部删除”命令，在弹出的“PowerMILL 询问”对话框中单击“是”按钮，删除所有文件。然后选择下拉菜单“工具”→“重设表格”命令，将所有表格重新设置为系统默认状态。

2）选择下拉菜单中的“文件”→“打开项目”命令，弹出“打开项目”对话框，选择“exercise35”（“随书光盘: \第 2 章\exercise35\uncompleted\exercise35”）目录，如图 2-345 所示。

3）单击主工具栏上的“刀具路径策略”按钮，弹出“策略选取器”对话框，单击“精加工”选项卡，选中“线框 SWARF 精加工”选项，单击“接受”按钮，弹出“线框 SWARF 精加工”对话框，如图 2-346 所示。

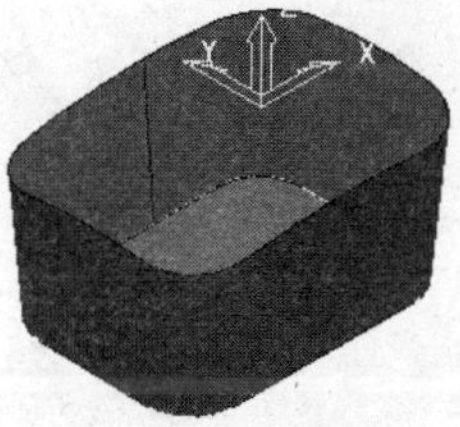

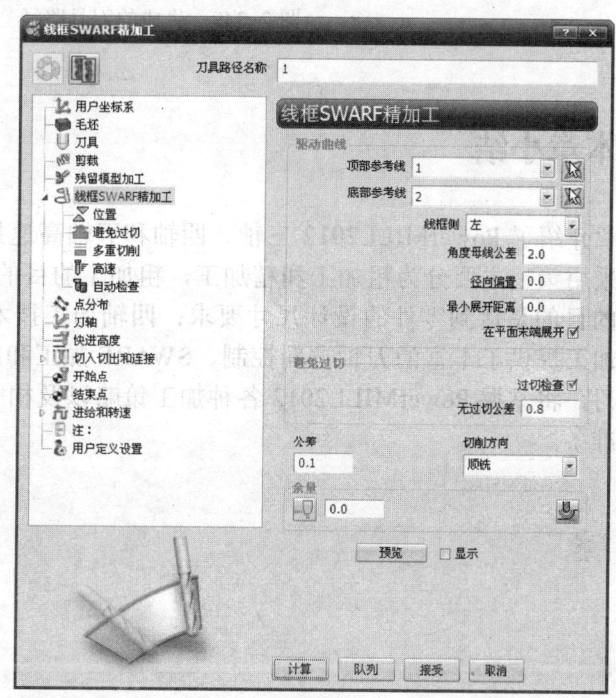

图 2-345 打开范例文件

图 2-346 “线框 SWARF 精加工”对话框

- 单击左侧列表框中的“多重切削”选项，在右侧选项卡中设置“方式”为“偏置向下”，如图 2-347 所示。
- 单击左侧列表框中的“刀轴”选项，在右侧选项卡中设置刀轴相关参数，如图 2-348 所示。

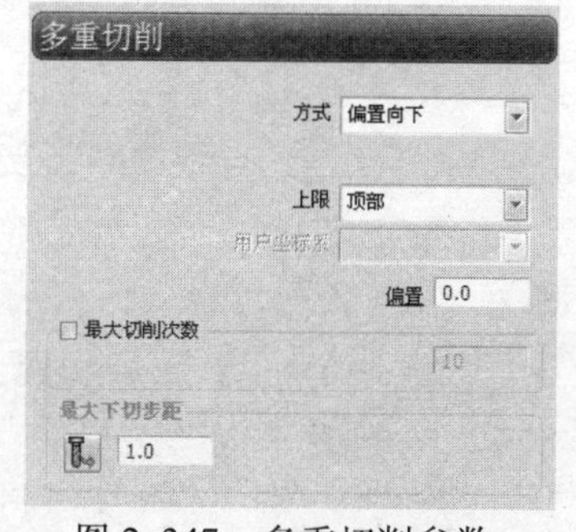

图 2-347 多重切削参数

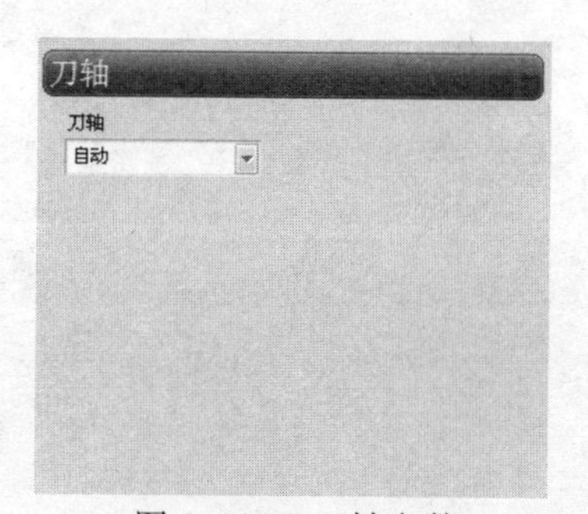

图 2-348 刀轴参数

4）在“线框 SWARF 精加工”对话框中单击“计算”按钮和“接受”按钮，确定参数并退出对话框，生成的刀具路径如图 2-349 所示。

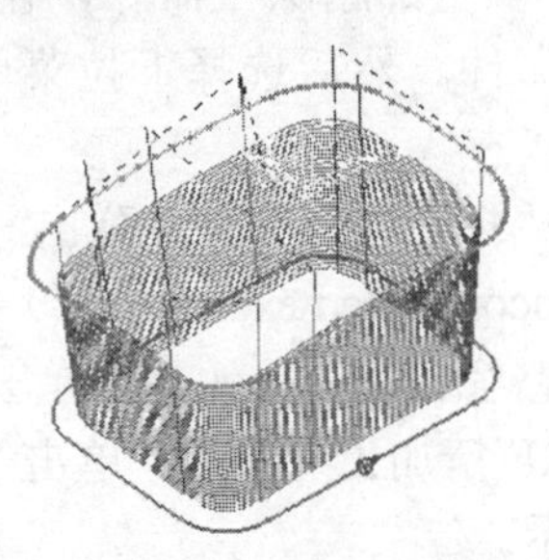

图 2-349　生成的刀具路径

2.4　本章小结

本章介绍了 PowerMILL2012 三轴、四轴和五轴高速加工的基本知识，其中三轴高速加工所采用策略主要分为粗加工和精加工，粗加工的目的是尽快清除零件上多余的材料，精加工的目的是达到零件的设计尺寸要求；四轴加工技术主要是旋转精加工技术；而五轴高速加工提供了丰富的刀轴方向控制、SWARF 加工和线框 SWARF 精加工技术。读者通过学习，将掌握 PowerMILL2012 各种加工策略以及相关选项参数的含义，为后面的学习做好准备。

第 3 章 PowerMILL 2012 三轴高速加工范例

数控三轴加工实现原理是通过控制系统控制三个轴（X、Y、Z）进行加工产品。由于三轴联动机床是多轴加工的标准配置，因此应用的比较广泛。本章按照由浅入深的原则，通过 3 个实例来具体讲解 PowerMILL 2012 轴高速加工的应用步骤和方法。

3.1 入门实例——垫板凸模高速加工

3.1.1 实例描述

垫板凸模零件如图 3-1 所示，整个零件由曲面分型面、侧面、顶面以及相连接的圆角组成。材料为淬硬工具钢，加工表面的表面粗糙度值 *Ra* 为 0.8μm，工件底部安装在工作台上。

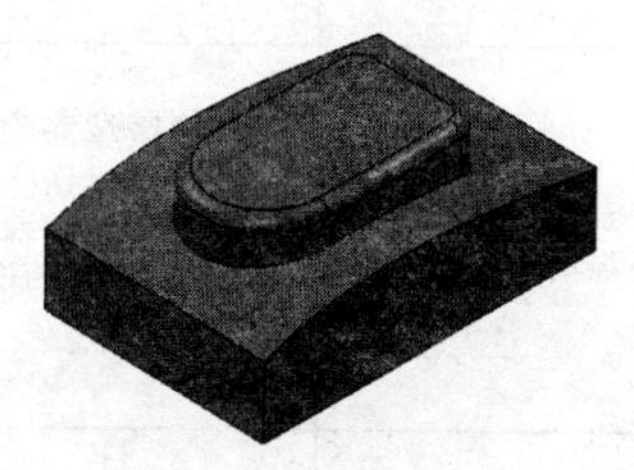

图 3-1 垫板凸模

3.1.2 加工方法分析

垫板凸模零件根据数控高速加工工艺要求，采用工艺路线为“粗加工”→“半精加工”→“精加工”。垫板凸模零件数控高速加工切削参数见表 3-1。

（1）粗加工

首先采用较大直径的刀具进行粗加工，以便去除大量多余留量，粗加工采用模型区域清除策略的方法，刀具为ϕ16R4 的圆鼻刀。

（2）半精加工

半精加工采用最佳等高加工，对于陡峭区域采用等高方式加工，对于平坦区域采用偏置方式加工，刀具为ϕ6mm 的球刀。

（3）精加工

精加工中顶部平面采用偏置平坦面精加工，陡峭侧面采用等高精加工，倒圆角采用参数偏置精加工，而曲面分型面采用三维偏置精加工策略。

表 3-1 垫板凸模零件数控高速加工切削参数

刀具直径/mm	刀 齿 数	轴向深度/mm	径向切深/mm	主轴转速/（r/min）	进给速度/(mm/min）	加 工 方 式
16	2	0.25	1	16710	8355	粗加工
6	2	0.2	0.2	44569	9805	精加工
4	2	0.2	0.2	55710	8915	精加工

3.1.3 加工流程与所用知识点

垫板凸模零件数控加工流程和知识点见表 3-2。

表 3-2 垫板凸模零件数控加工流程和知识点

步　骤	知 识 点	设计流程效果图
Step 1：导入模型	加工模型的导入是数控编程的第一步，它是生成数控代码的前提与基础	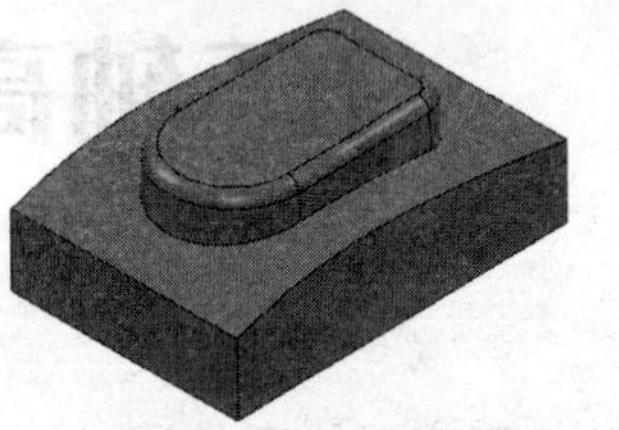
Step 2：创建毛坯	在数控加工中必须定义加工毛坯，产生的刀具路径始终在毛坯内部生成	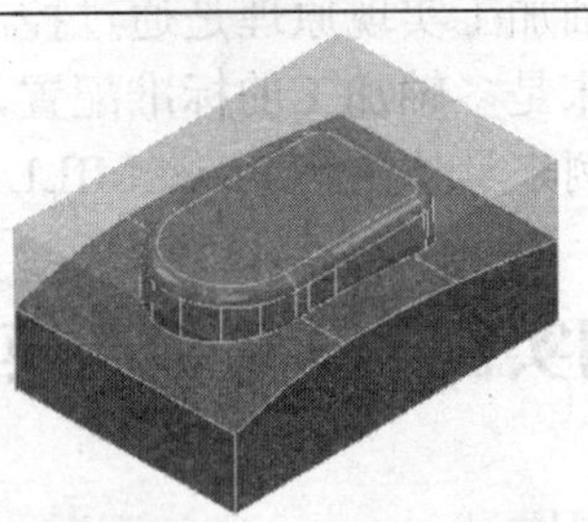
Step 3：模型区域清除粗加工	模型区域清除策略具有非常恒定的材料切除率，但代价是刀具在工件上存在大量的快速移动（对高速加工来说是可以接受的）	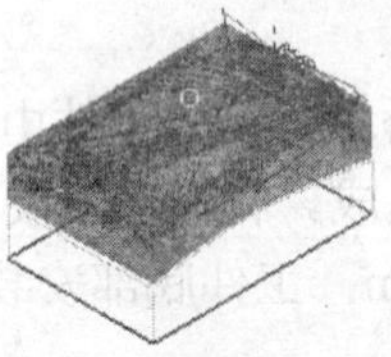 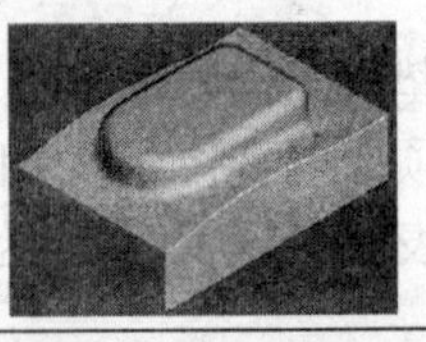
Step 4：最佳等高半精加工	最佳等高精加工综合了等高精加工和三维偏置精加工的特点，应用非常广泛，对加工一些复杂的模型曲面非常方便	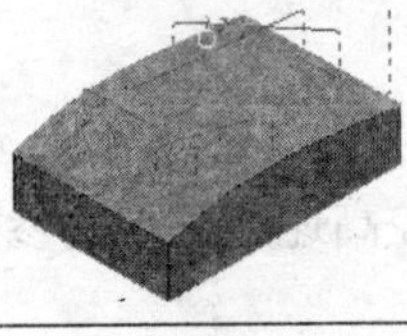 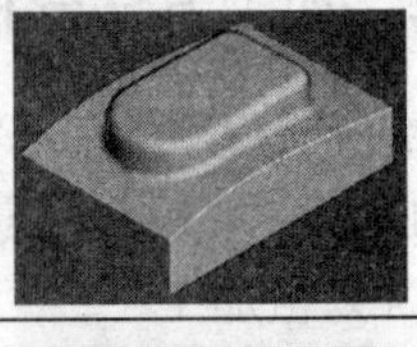
Step 5：偏置平坦面精加工顶面	偏置平坦面精加工只对零件的平面以偏置区域的形式进行平面精加工	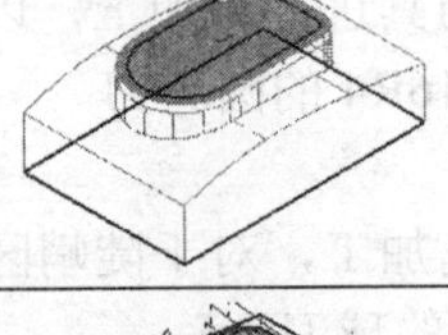 
Step 6：等高精加工侧面	等高精加工是按一定的 Z 轴下切步距沿着模型外形进行切削的一种加工方法，适用于陡峭面加工	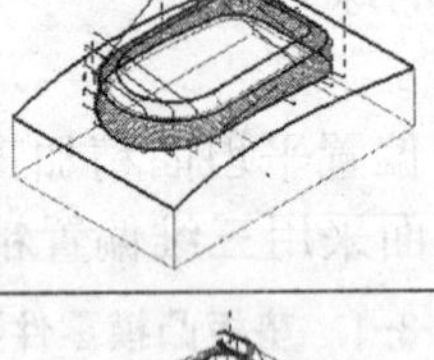 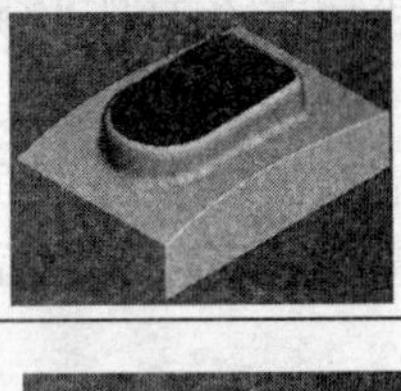
Step 7：参数偏置精加工圆角	参数偏置精加工是指将参考线作为限制线和引导线的加工方式，它在起始线和终止线之间按用户设置的行距沿模型曲面偏置起始线和终止线形成刀具路径	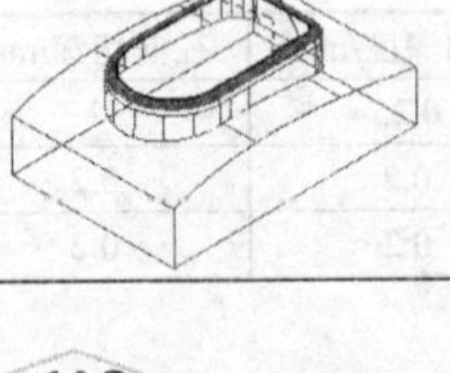 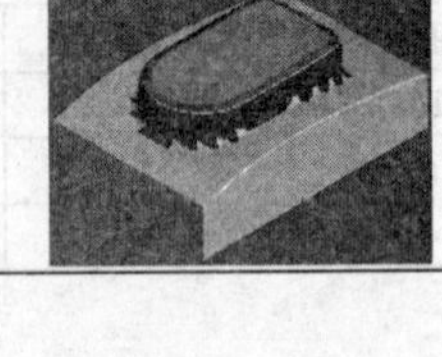

（续）

步　骤	知　识　点	设计流程效果图
Step 8：三维偏置精加工分型面	三维偏置精加工时根据三维曲面的形状定义行距，系统在零件的平坦区域和陡峭区域生成稳定的刀具路径，是一种应用极为广泛的精加工方式	

3.1.4　具体操作步骤

3.1.4.1　加工准备

1．**导入模型文件**

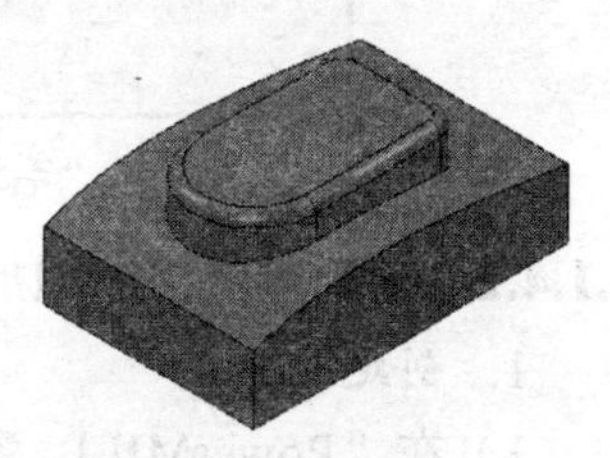

图 3-2　导入模型文件

1）选择下拉菜单“工具”→“重设表格”命令，将所有表格重新设置为系统默认状态。

2）选择下拉菜单中的“文件”→“输入模型”命令，弹出“输入模型”对话框，选择“dianban.dgk”（“随书光盘：\第 3 章\3.1\uncompleted\dianban.dgk”）文件，单击“打开”按钮即可，如图 3-2 所示。

2．**模型分析**

在“查看”工具栏中选中“最小半径阴影”按钮，接着选择下拉菜单“显示”→“模型”命令，弹出“模型显示选项”对话框，在“最小刀具半径”文本框中依次输入 10 和 5，在图形区可见，当设置为 5 时，整个模型显示为绿色，这就表示此模型可使用直径为 10mm 的球头刀加工，如图 3-3 所示。

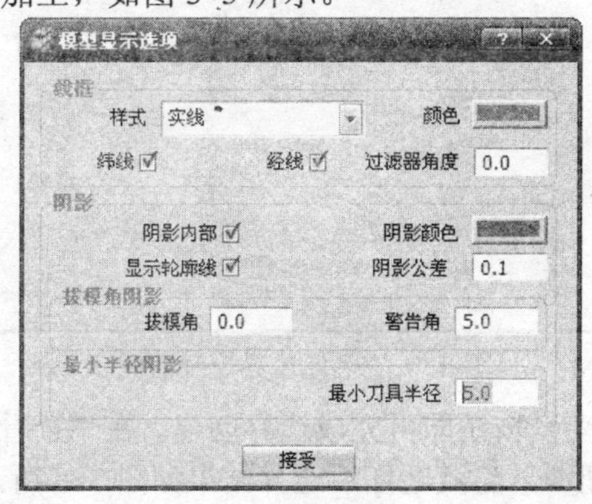

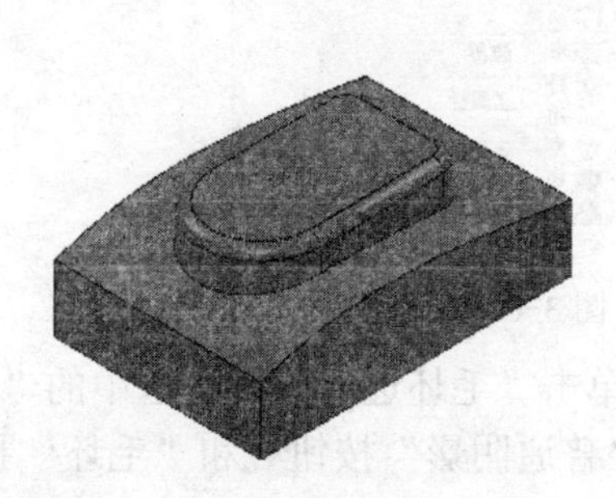

图 3-3　模型分析

3．**创建毛坯**

1）单击主工具栏上的“毛坯”按钮，弹出“毛坯”对话框。在“由...定义”下拉列表中选择“方框”，单击“估算限界”框中的“计算”按钮，设置相关参数，如图 3-4 所示。

2）单击“接受”按钮，图形区显示所创建的毛坯，如图 3-5 所示。

图 3-4 “毛坯”对话框

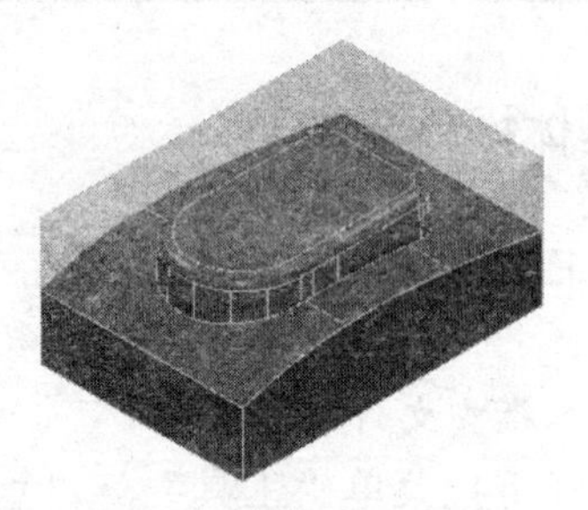

图 3-5 创建的毛坯

3.1.4.2 模型区域清除粗加工

1. *创建边界*

1）在“PowerMILL 资源管理器”中选中“边界”选项，单击鼠标右键，在弹出的快捷菜单中依次选择“定义边界”→“毛坯”命令，弹出“毛坯边界”对话框，如图 3-6、图 3-7 所示。

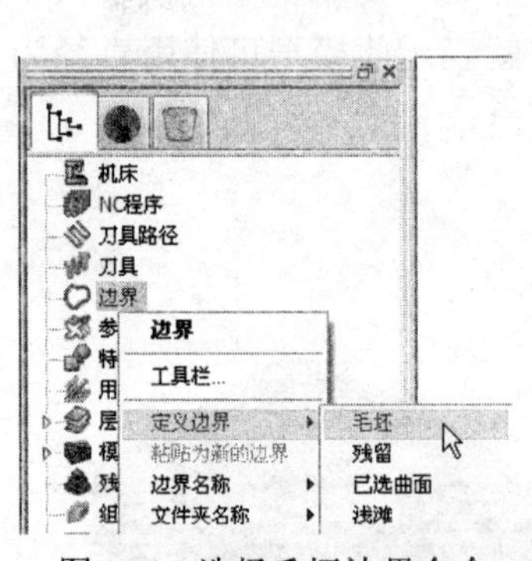

图 3-6 选择毛坯边界命令

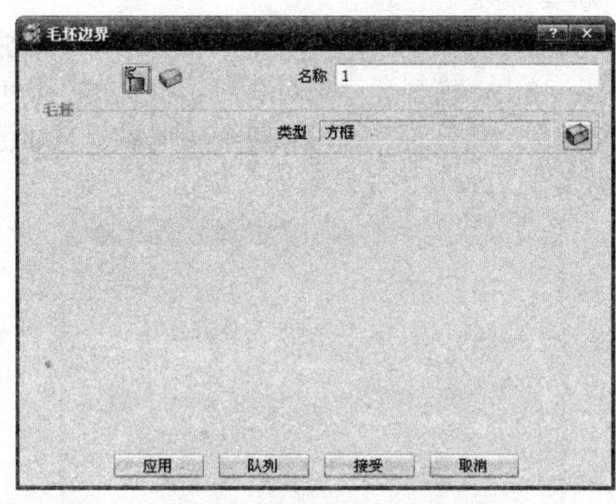

图 3-7 “毛坯边界”对话框

2）单击“毛坯边界”对话框中的“接受”按钮即可完成边界创建。在“查看”工具栏上单击“普通阴影”按钮和“毛坯”按钮，隐藏毛坯后边界结果如图 3-8 所示。

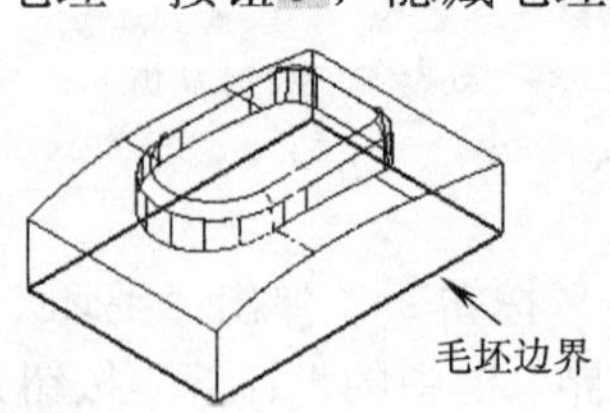

图 3-8 创建的边界

注意

通过创建毛坯边界来限制刀轨只加工模型区域，而不加工模型以外的区域，去除了不必要的抬刀，提高了加工效率。

2. 设置快进高度

单击主工具栏上的“快进高度”按钮，弹出“快进高度”对话框。在“几何体”选项的“安全区域”下拉列表中选择“平面”选项，设置“快进间隙”为 10.0，下切间隙为 5.0，如图 3-9 所示，单击“接受”按钮，完成快进高度设置。

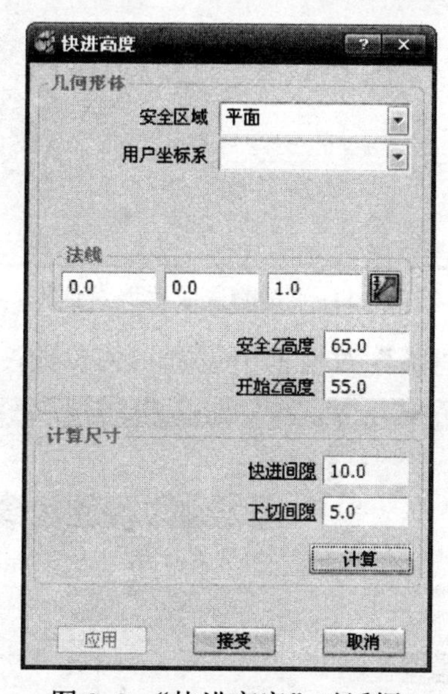

图 3-9 “快进高度”对话框

3. 设置开始点和结束点

单击主工具栏上的“开始点和结束点”按钮，弹出“开始点和结束点”对话框，设置开始点和结束点参数，如图 3-10 所示。

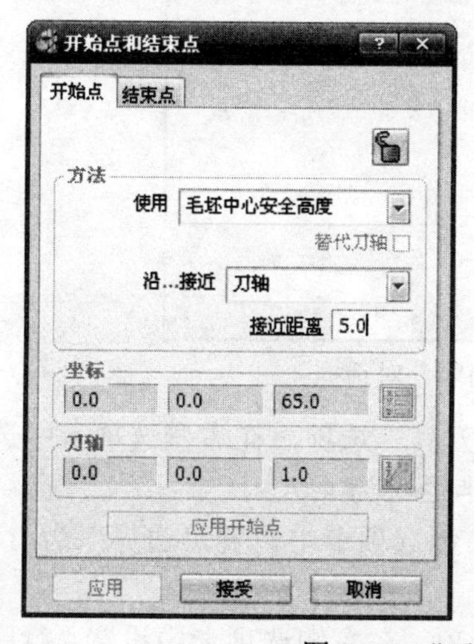

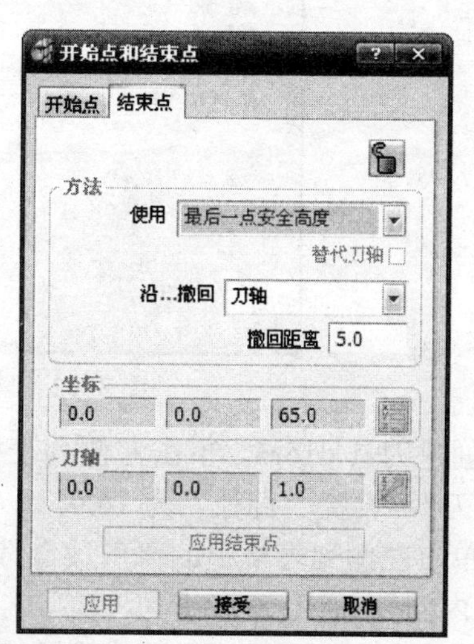

图 3-10 “开始点和结束点”对话框

4. *启动模型区域清除策略*

1）单击主工具栏上的“刀具路径策略”按钮，弹出“策略选取器”对话框，单击“三维区域清除”选项卡，在弹出的三维区域清除策略选项中选择“模型区域清除”加工策略，如图 3-11 所示。单击“接受”按钮完成。

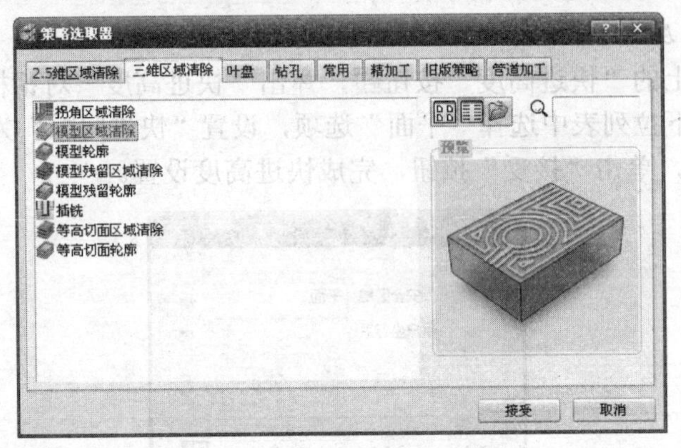

图 3-11 “策略选取器”对话框

2）在弹出的“模型区域清除”对话框中设置相关参数，如图 3-12 所示。

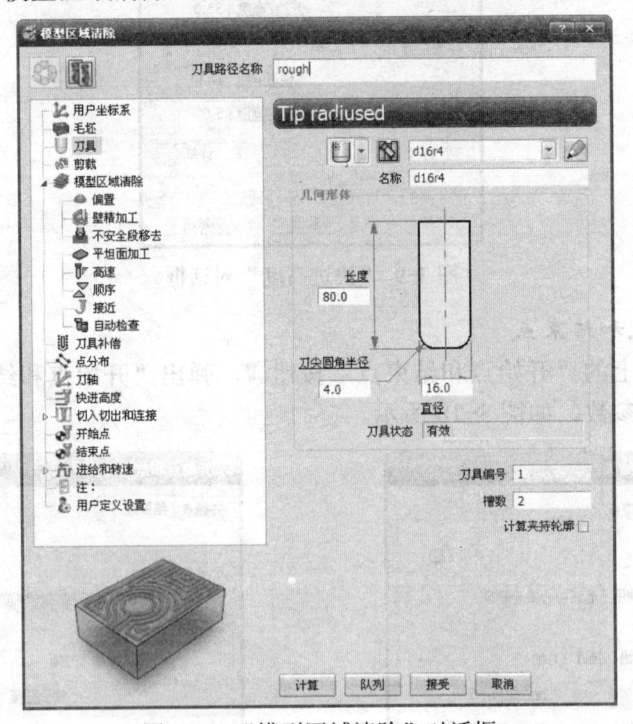

图 3-12 “模型区域清除”对话框

- 创建刀具 d16r4。单击左侧列表框中的“刀具”选项，在右侧选项卡中选择“刀尖圆角端铣刀”，设置“直径”为 16.0，“刀尖圆角半径”为 4.0。
- 单击左侧列表框中的“剪裁”选项，在右侧选项卡中设置“边界”为 1，“裁剪”为“保留内部”，如图 3-13 所示。
- 单击左侧列表框中的“模型区域清除”选项，在右侧选项卡中设置“行距”为 1.0，

“下切步距”为 0.25，“切削方向”为“顺铣”，如图 3-14 所示。

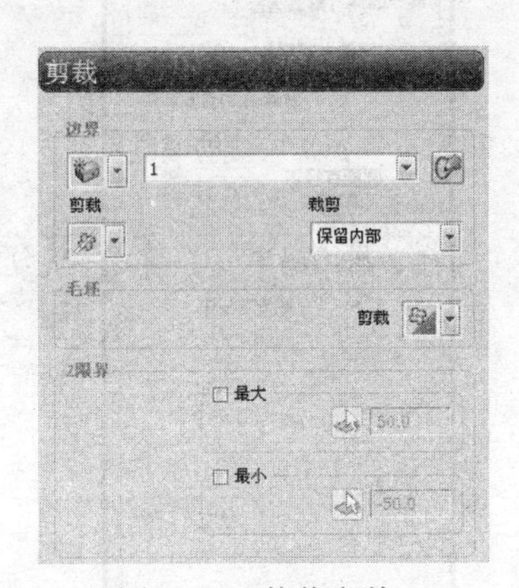

图 3-13 剪裁参数

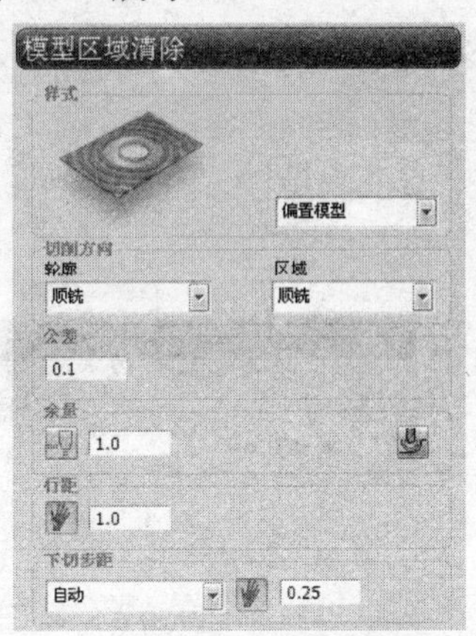

图 3-14 模型区域清除参数

● 单击左侧列表框中的“高速”选项，在右侧选项卡中选择“轮廓光顺”“光顺余量”和“摆线移动”复选框，选择“连接”为“光顺”，如图 3-15 所示。

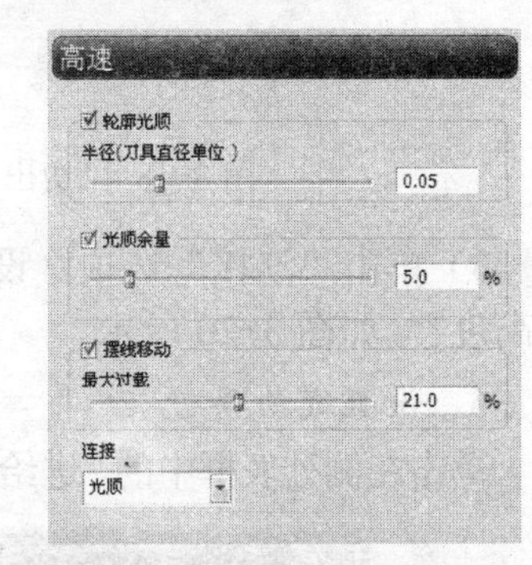

图 3-15 高速参数

5. 设置切入切出和连接

单击“模型区域清除”对话框左侧列表框中的“切入”“切出”和“连接”选项，设置切入切出参数。

1）选择“切入”选项，选择“斜向”切入方式，如图 3-16 所示。单击“斜向选项”按钮，弹出“斜向切入选项”对话框，设置相关参数，如图 3-17 所示。单击“接受”按钮完成。

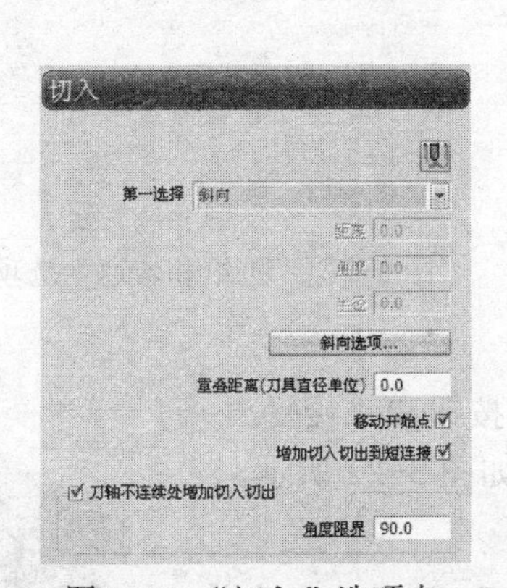

图 3-16 “切入”选项卡

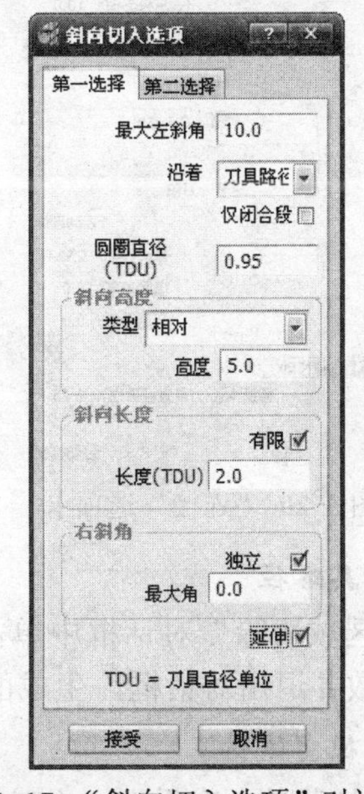

图 3-17 “斜向切入选项”对话框

2）选择“切出”选项，选择“斜向”切出方式，如图 3-18 所示。单击“斜向选项”按钮，弹出“斜向切出选项”对话框，设置相关参数，如图 3-19 所示。单击“接受”按钮完成。

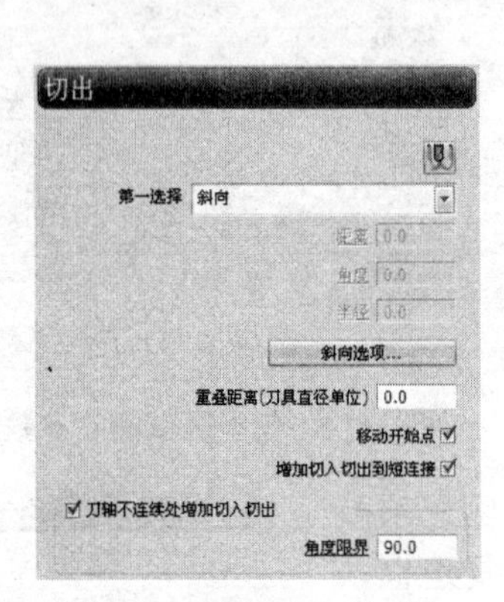

图 3-18 “切出”选项卡

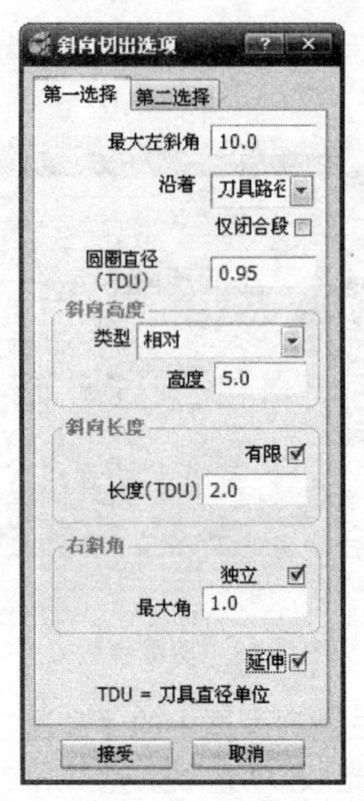

图 3-19 “斜向切出选项”对话框

3）单击“连接”选项，设置“短”为“圆形圆弧”，“长”为“掠过”，“缺省”为“安全高度”，如图 3-20 所示。

6. 设置进给率

单击左侧列表框中的“进给和转速”选项，在右侧选项卡中设置相关参数，如图 3-21 所示。

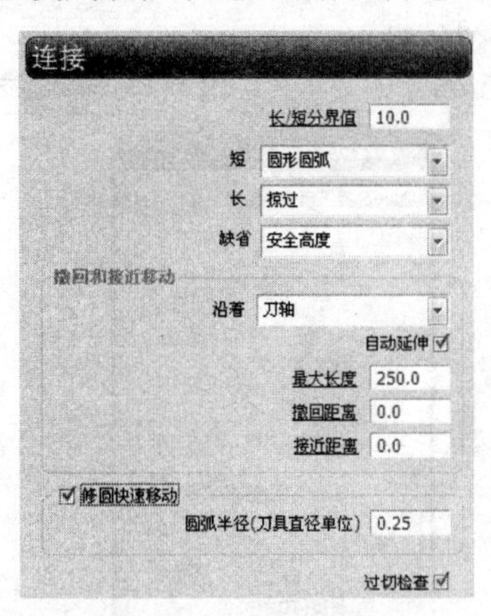

图 3-20 “连接”选项卡

图 3-21 “进给和转速”选项卡

7. 生成刀具路径

在“模型区域清除”对话框中单击“计算”按钮和“接受”按钮，确定参数并退出对话框，生成的刀具路径如图 3-22 所示。

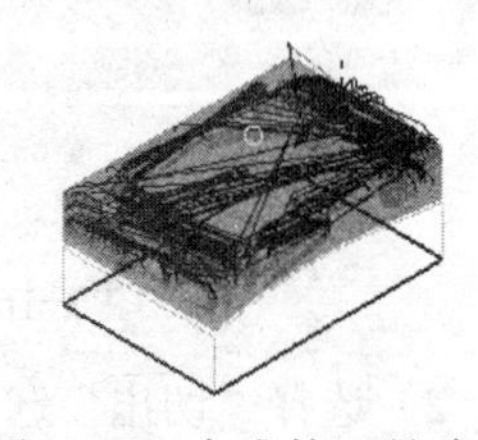

图 3-22 生成的刀具路径

8. 刀具路径实体仿真

1）选择下拉菜单“查看”→“工具栏”→“ViewMill”命令，显示出“ViewMill”工具栏，单击“开/关 ViewMill”按钮，切换到仿真界面。然后单击“彩虹阴影图像”按钮。

2）在“仿真”工具栏的“当前刀具路径”下拉列表中选择要模拟的刀具路径 rough，然后单击“执行”按钮▷，系统开始自动仿真加工，仿真加工结果如图 3-23 所示。

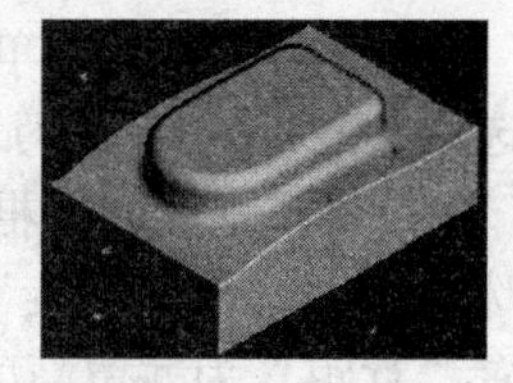

图 3-23　仿真加工结果

3）单击“ViewMill”工具栏上的“退出 ViewMill”按钮，删除仿真加工并返回 PowerMILL 界面。

3.1.4.3　最佳等高半精加工

1. ***启动最佳等高精加工***

1）单击主工具栏上的“刀具路径策略”按钮，弹出“策略选取器”对话框，单击“精加工”选项卡，在弹出的精加工策略选项中选择“最佳等高精加工”加工策略，如图 3-24 所示。单击“接受”按钮完成。

图 3-24　“策略选取器”对话框

2）在弹出的“最佳等高精加工”对话框中设置相关参数，如图 3-25 所示。

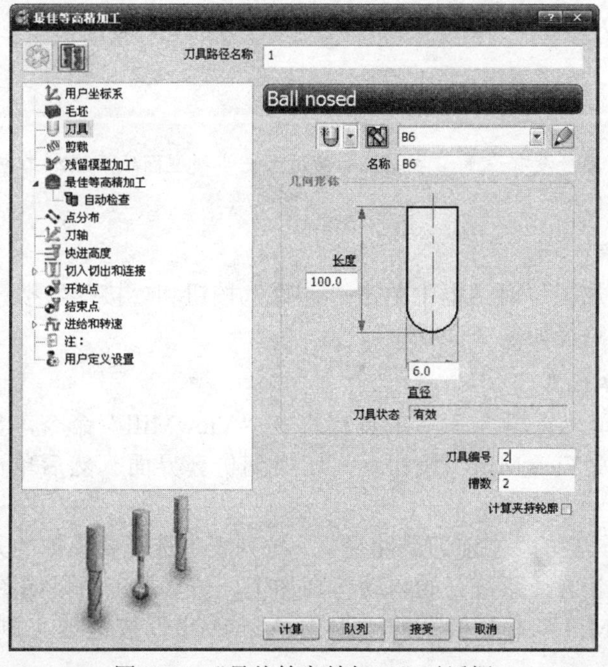

图 3-25　“最佳等高精加工”对话框

● 创建刀具B6。单击左侧列表框中的“刀具”选项，在右侧选项卡中选择“球头刀”，设置“直径”为6.0，“长度”为100.0。

● 单击左侧列表框中的“最佳等高精加工”选项，在右侧选项卡中选中“螺旋”“封闭式偏置”和“光顺”复选框，设置“行距”为残留高度0.02，选中“使用单独的浅滩行距”复选框，设置“浅滩行距”为0.5，如图3-26所示。

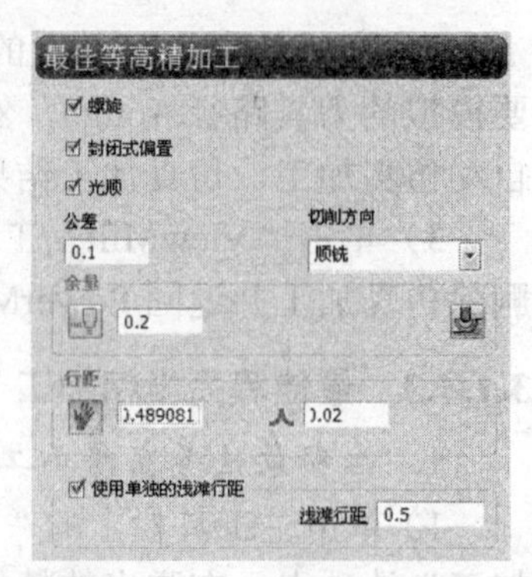

图3-26 最佳等高精加工

2. 设置切入切出和连接

单击“最佳等高精加工”对话框左侧列表框中的“切入”“切出”和“连接”选项，设置切入切出参数。

1）选择“切入”选项，选择“垂直圆弧”切入方式，“距离”为5.0，“角度”为60.0，“半径”为5.0，如图3-27所示。

2）选择“切出”选项，选择“垂直圆弧”切入方式，“距离”为5.0，“角度”为60.0，“半径”为5.0，如图3-28所示。

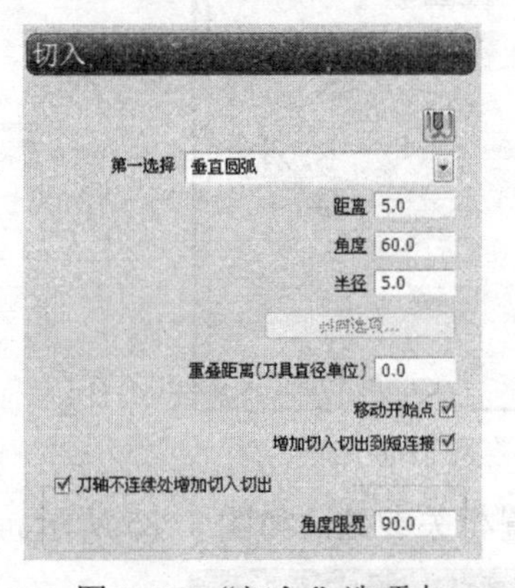

图3-27 “切入”选项卡

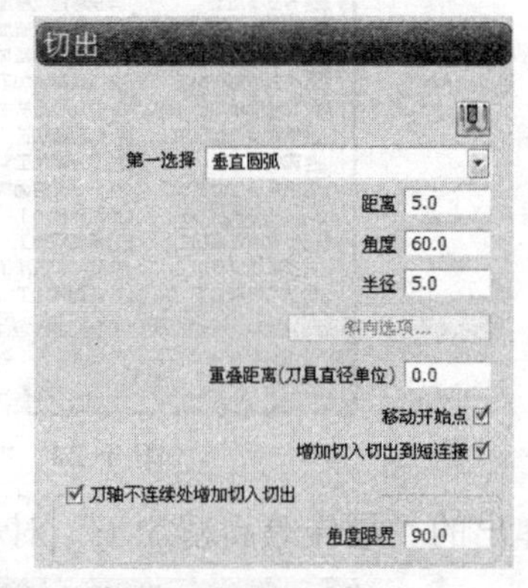

图3-28 “切出”选项卡

注意

该策略中“连接”参数没有设置，系统自动使用上一步模型区域清除加工中的连接参数作为本工序的连接参数。

3. 生成刀具路径

在“最佳等高精加工”对话框中单击“计算”按钮和“接受”按钮，确定参数并退出对话框，生成的刀具路径如图3-29所示。

4. 刀具路径实体仿真

1）选择下拉菜单“查看”→“工具栏”→“ViewMill”命令，显示出“ViewMill”工具栏，单击“开/关ViewMill”按钮，切换到仿真界面。然后单击“彩虹阴影图像”按钮。

2）在“仿真”工具栏的“当前刀具路径”下拉列表中选择要模拟的刀具路径semifinish，然后单击“执行”按钮，系统开始自动仿真加工，仿真加工结果如图3-30所示。

3）单击“ViewMill”工具栏上的“退出 ViewMill”按钮，删除仿真加工并返回PowerMILL界面。

图 3-29 生成的刀具路径

图 3-30 仿真加工结果

3.1.4.4 偏置平坦面精加工顶面

1. ***启动偏置平坦面精加工***

1）单击主工具栏上的“刀具路径策略”按钮，弹出“策略选取器”对话框，单击“精加工”选项卡，在弹出的精加工策略选项中选择“偏置平坦面精加工”加工策略，如图 3-31 所示。单击“接受”按钮完成。

图 3-31 “策略选取器”对话框

2）在弹出的“偏置平坦面精加工”对话框中设置相关参数，如图 3-32 所示。

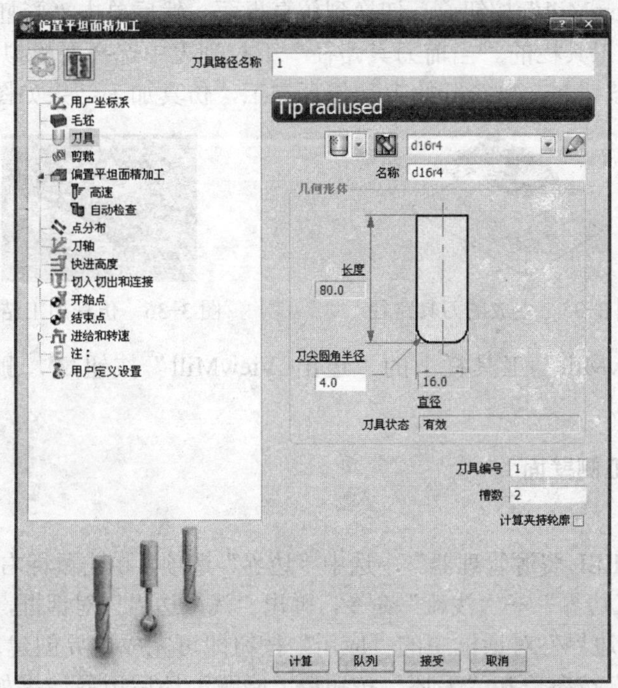

图 3-32 “偏置平坦面精加工”对话框

● 选择刀具 d16r4。单击左侧列表框中的“刀具”选项，在右侧选项卡中选择“d16r4”刀具。

● 单击左侧列表框中的“偏置平坦面精加工”选项，在右侧选项卡中设置“平坦面公差”为 1.0，“行距”为残留高度 0.005，如图 3-33 所示。

● 单击左侧列表框中的“高速”选项，在右侧选项卡中选择“轮廓光顺”“光顺余量”复选框，设置“连接”为“光顺”，如图 3-34 所示。

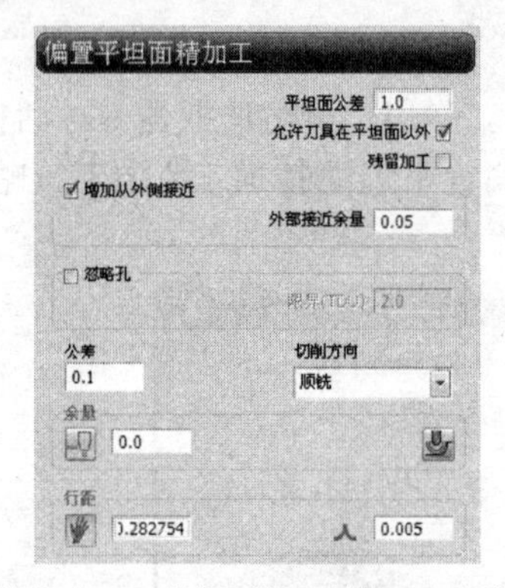

图 3-33 偏置平坦面精加工参数

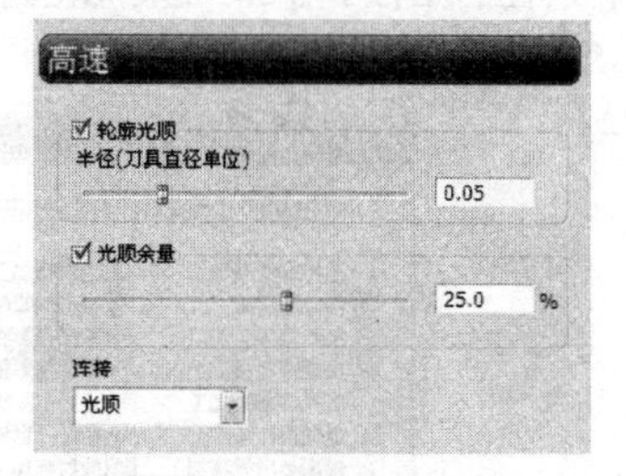

图 3-34 高速参数

2. ***生成刀具路径***

在“偏置平坦面精加工”对话框中单击“计算”按钮和“接受”按钮，确定参数并退出对话框，生成的刀具路径如图 3-35 所示。

3. ***刀具路径实体仿真***

1）选择下拉菜单“查看”→“工具栏”→“ViewMill”命令，显示出“ViewMill”工具栏，单击“开/关 ViewMill”按钮，切换到仿真界面。然后单击“彩虹阴影图像”按钮。

2）在“仿真”工具栏的“当前刀具路径”下拉列表中选择要模拟的刀具路径 finish1，然后单击“执行”按钮，系统开始自动仿真加工，仿真加工结果如图 3-36 所示。

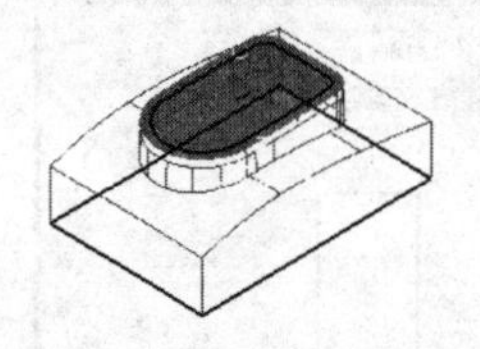

图 3-35 生成的刀具路径

图 3-36 仿真加工结果

3）单击“ViewMill”工具栏上的“退出 ViewMill”按钮，删除仿真加工并返回 PowerMILL 界面。

3.1.4.5 等高精加工侧壁面

1. ***创建边界***

1）在“PowerMILL 资源管理器”中选中“边界”选项，单击鼠标右键，在弹出的快捷菜单中依次选择“定义边界”→“浅滩”命令，弹出“浅滩边界”对话框，如图 3-37 所示。

2）单击“浅滩边界”对话框中的“应用”按钮即可完成边界创建。在“查看”工具栏上单击“普通阴影”按钮和“毛坯”按钮，隐藏毛坯后边界结果如图 3-37 所示。

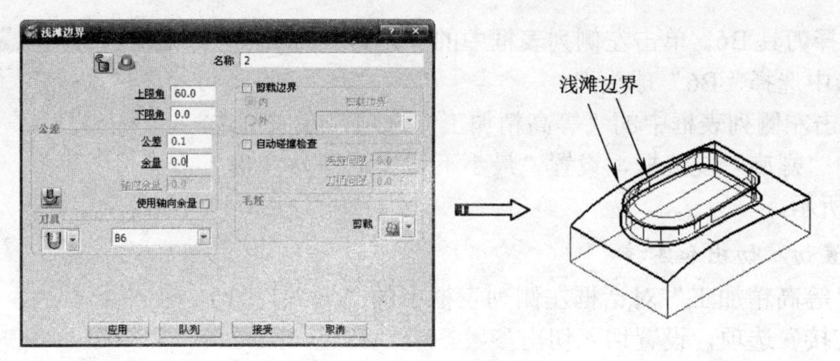

图 3-37　创建浅滩边界

2. 启动等高精加工

1）单击主工具栏上的“刀具路径策略”按钮，弹出“策略选取器”对话框，单击“精加工”选项卡，在弹出的精加工策略选项中选择“等高精加工”加工策略，如图 3-38 所示。单击“接受”按钮完成。

图 3-38　“策略选取器”对话框

2）在弹出的“等高精加工”对话框中设置相关参数，如图 3-39 所示。

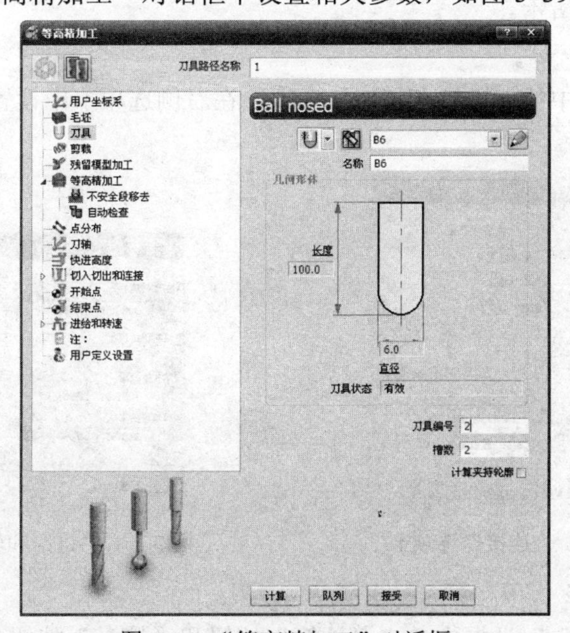

图 3-39　“等高精加工”对话框

● 选择刀具B6。单击左侧列表框中的“刀具”选项，在右侧选项卡中选择“B6”球头刀。

● 单击左侧列表框中的“等高精加工”选项，在右侧选项卡中选中“螺旋”复选框，设置“最小下切步距”为1.0，如图3-40所示。

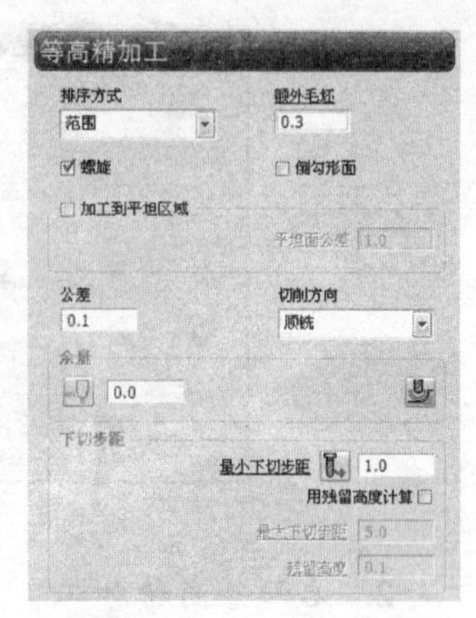

图3-40 等高精加工

3. 设置切入切出和连接

单击“等高精加工”对话框左侧列表框中的“切入”“切出”和“连接”选项，设置切入切出参数。

1）选择“切入”选项，选择“水平圆弧”切入方式，设置“距离”为5.0，“角度”为30.0，“半径”为2.0，如图3-41所示。

2）选择“切出”选项，选择“水平圆弧”切入方式，设置“距离”为5.0，“角度”为30.0，“半径”为2.0，如图3-42所示。

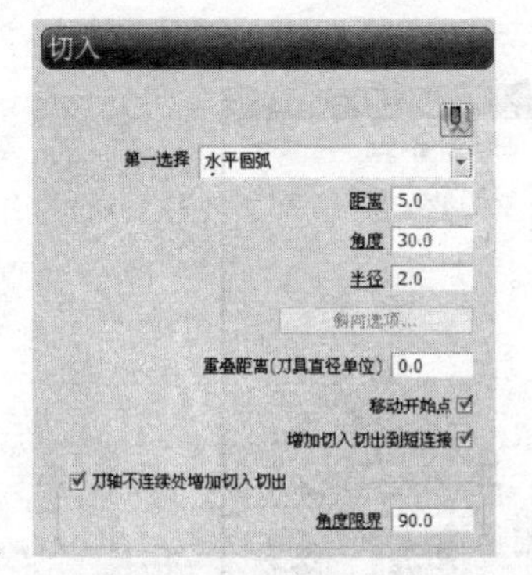

图3-41 “切入”选项卡

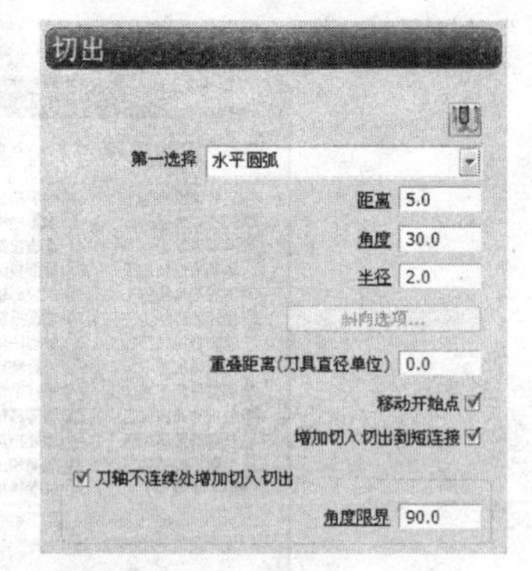

图3-42 “切出”选项卡

3）单击“连接”选项，设置“短”为“在曲面上”，“长”为“掠过”，“缺省”为“安全高度”，如图3-43所示。

4. 设置进给率

单击左侧列表框中的“进给和转速”选项，在右侧选项卡中设置相关参数，如图3-44所示。

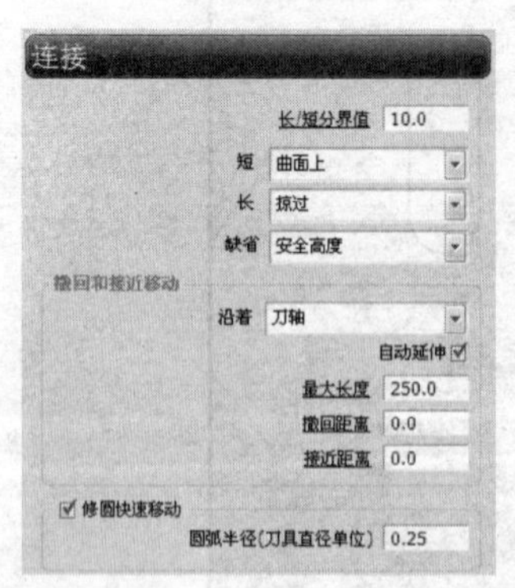

图3-43 “连接”选项卡

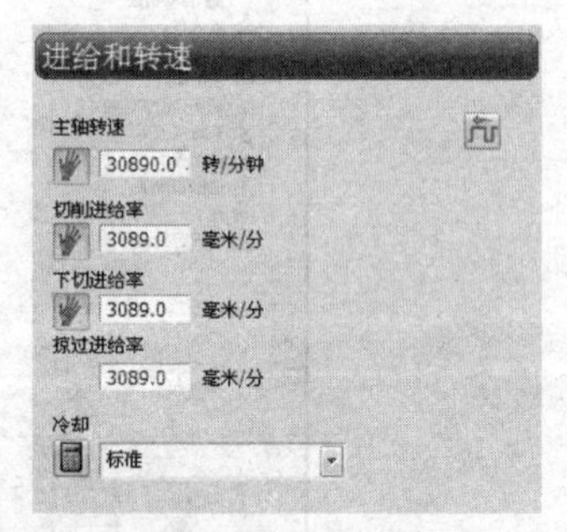

图3-44 “进给和转速”选项卡

5. 生成刀具路径

在“等高精加工”对话框中单击“计算”按钮和“接受”按钮，确定参数并退出对话框，生成的刀具路径如图 3-45 所示。

6. *刀具路径实体仿真*

1）选择下拉菜单“查看”→“工具栏”→“ViewMill”命令，显示出“ViewMill”工具栏，单击“开/关 ViewMill”按钮，切换到仿真界面。然后单击“彩虹阴影图像”按钮。

2）在“仿真”工具栏的“当前刀具路径”下拉列表中选择要模拟的刀具路径 finish2，然后单击“执行”按钮，系统开始自动仿真加工，仿真加工结果如图 3-46 所示。

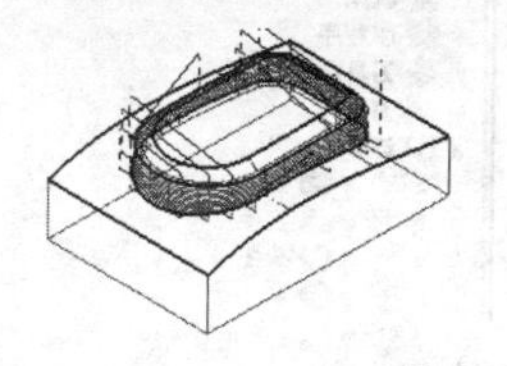

图 3-45　生成的刀具路径

图 3-46　仿真加工结果

3）单击“ViewMill”工具栏上的“退出 ViewMill”按钮，删除仿真加工并返回 PowerMILL 界面。

3.1.4.6　参数偏置精加工圆角

1. *创建边界*

1）在“PowerMILL 资源管理器”中选中“边界”选项，单击鼠标右键，在弹出的快捷菜单中依次选择“定义边界”→“用户定义”命令，弹出“用户定义边界”对话框，如图 3-47 所示。

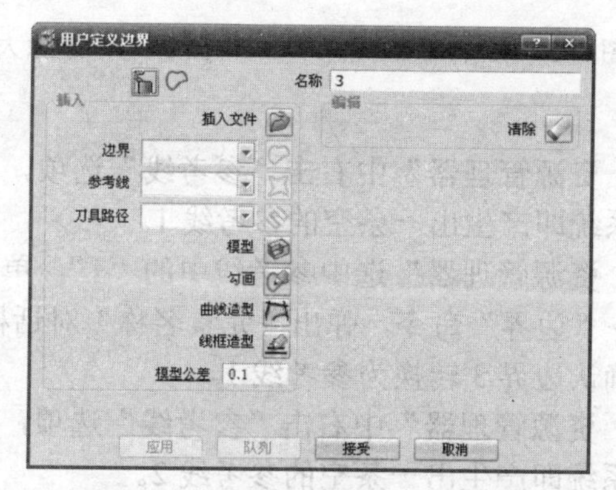

图 3-47　“用户定义边界”对话框

2）选择图 3-48 所示的曲面，然后单击“插入模型”按钮，单击“接受”按钮即可完成边界创建，如图 3-48 所示。

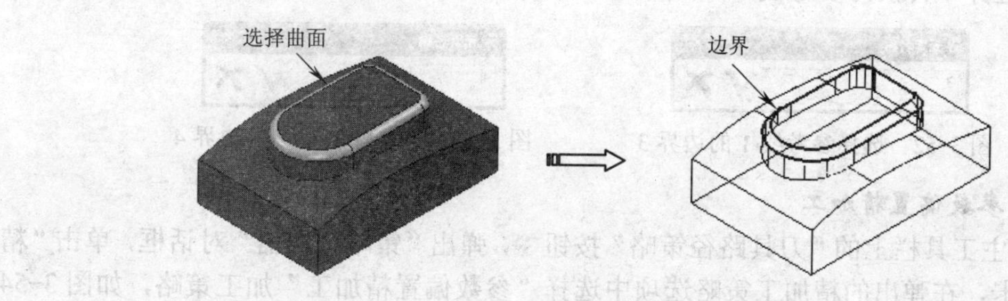

图 3-48　创建的边界

2. 编辑边界

1）在绘图区选择上一步所创建的边界3，在该线上单击鼠标右键，在弹出的快捷菜单中选择“编辑”→“复制边界”命令，在PowerMILL资源管理器中可将复制出一个新边界，将其重新命令为4，如图3-49所示。

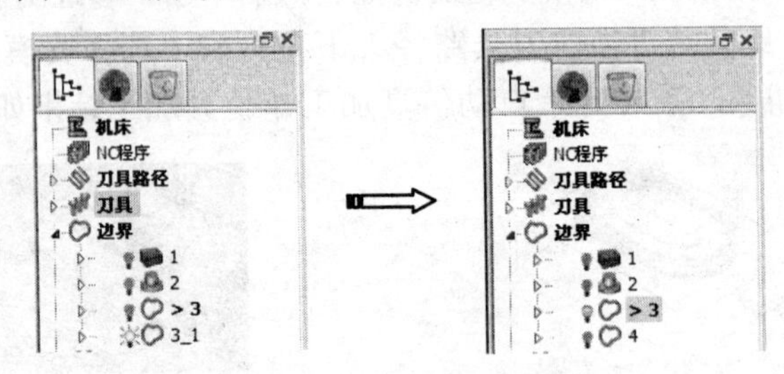

图3-49 重命名边界

2）在边界3中选中小边界，单击Delete键删除，使其仅剩下大边界，如图3-50所示。

3）重复步骤2)，在边界4中选中大边界，单击Delete键删除，使其仅剩下小边界，如图3-51所示。

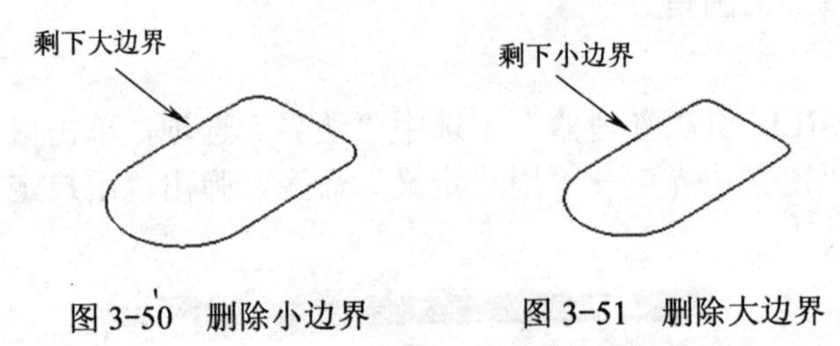

图3-50 删除小边界　　图3-51 删除大边界

3. 创建参考线

1）在“PowerMILL资源管理器”中右击“参考线”选项，在弹出的快捷菜单中选择“产生参考线”命令，系统即产生出一条空的参考线1。

2）在“PowerMILL资源管理器”选中参考线中的“1”，单击鼠标右键，在弹出的快捷菜单中选择“插入”→“边界”命令，弹出“元素名称”对话框，如图3-52所示。输入边界“3”，单击✔按钮确认边界3转换为参考线1。

3）在“PowerMILL资源管理器”中右击“参考线”选项，在弹出的快捷菜单中选择“产生参考线”命令，系统即产生出一条空的参考线2。

4）在“PowerMILL资源管理器”选中参考线中的“2”，单击鼠标右键，在弹出的快捷菜单中选择“插入”→“边界”命令，弹出“元素名称”对话框，输入边界“4”，单击✔按钮确认，边界4转换为参考线2，如图3-53所示。

图3-52 选择参考线1的边界3　　图3-53 选择参考线2的边界4

4. 启动参数偏置精加工

1）单击主工具栏上的“刀具路径策略”按钮，弹出“策略选取器”对话框，单击“精加工”选项卡，在弹出的精加工策略选项中选择“参数偏置精加工”加工策略，如图3-54

所示。单击“接受”按钮完成。

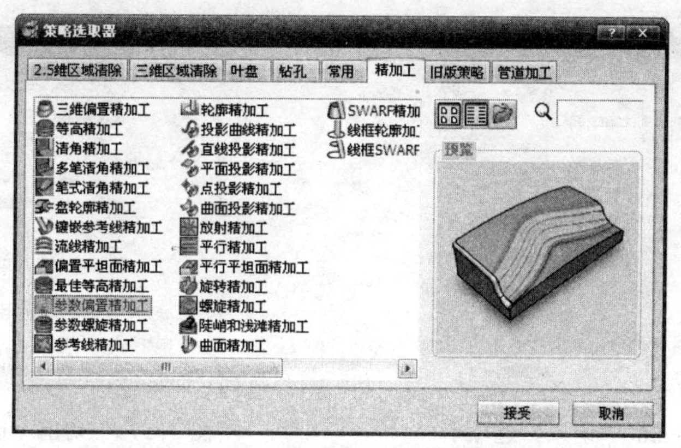

图 3-54 “策略选取器”对话框

2）在弹出的“参数偏置精加工”对话框，单击左侧列表框中的“参数偏置精加工”选项，在右侧选项卡中选中参考线“1”作为开始曲线，选择参考线“2”作为结束曲线，在“偏置方向”下拉列表中选择“沿着”，如图 3-55 所示。

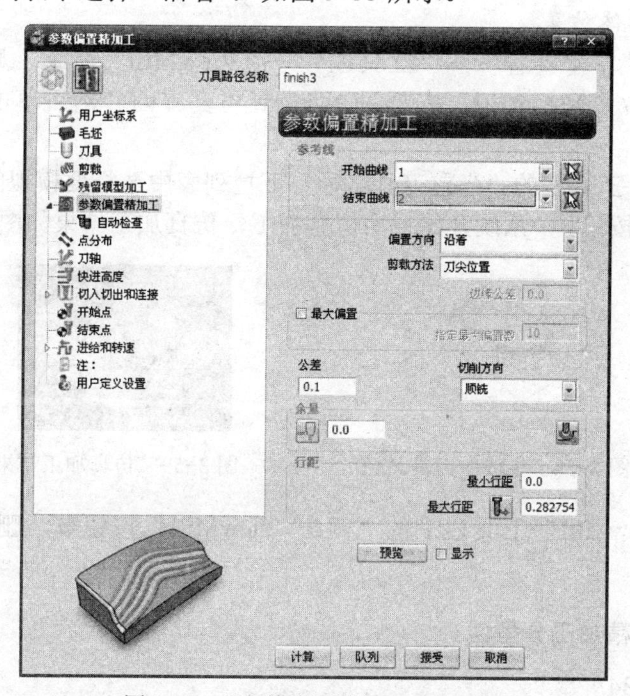

图 3-55 “参数偏置精加工”对话框

5. 设置切入切出和连接

单击“参数偏置精加工”对话框左侧列表框中的“切入”“切出”和“连接”选项，设置切入切出参数。

1）选择“切入”选项，选择“曲面法向圆弧”切入方式，设置“距离”为 5.0，“角度”为 60.0，“半径”为 2.0，如图 3-56 所示。

2）选择“切出”选项，选择“曲面法向圆弧”切入方式，设置“距离”为 5.0，“角度”

为 60.0，“半径”为 2.0，如图 3-57 所示。

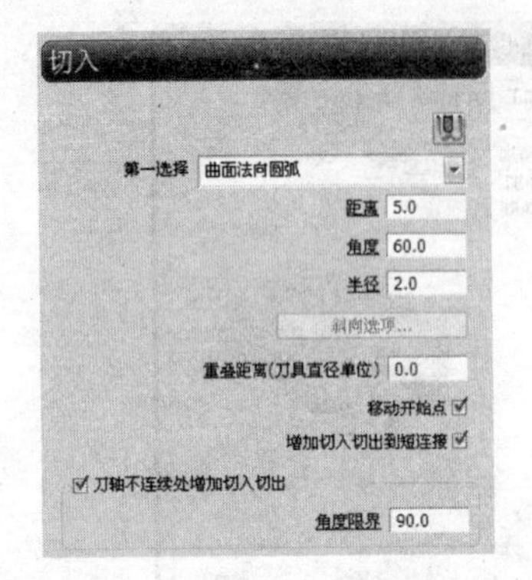

图 3-56 “切入”选项卡

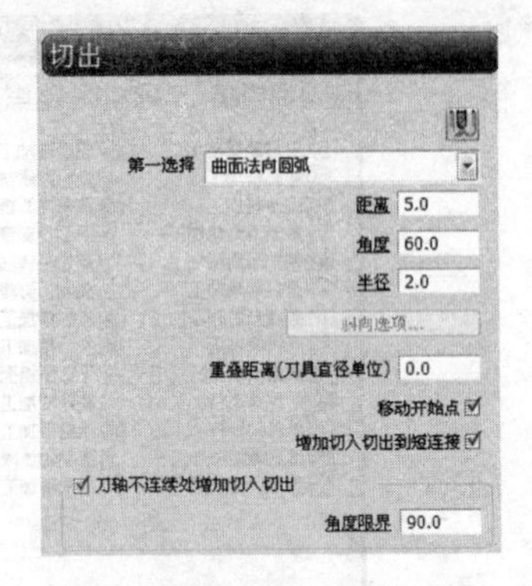

图 3-57 “切出”选项卡

6. **生成刀具路径**

在“参数偏置精加工”对话框中单击“计算”按钮和“接受”按钮，确定参数并退出对话框，生成的刀具路径如图 3-58 所示。

7. **刀具路径实体仿真**

1）选择下拉菜单“查看”→“工具栏”→“ViewMill”命令，显示出“ViewMill”工具栏，单击“开/关 ViewMill”按钮，切换到仿真界面。然后单击“彩虹阴影图像”按钮。

2）在“仿真”工具栏的“当前刀具路径”下拉列表中选择要模拟的刀具路径 finish3，然后单击“执行”按钮，系统开始自动仿真加工，仿真加工结果如图 3-59 所示。

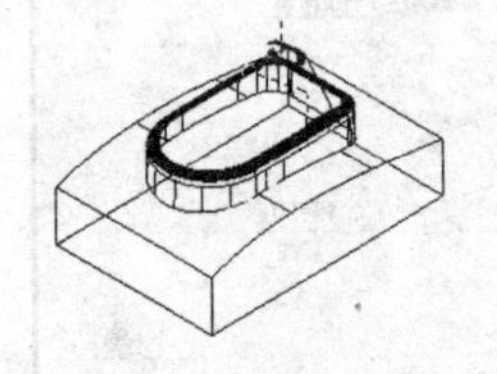

图 3-58 生成的刀具路径

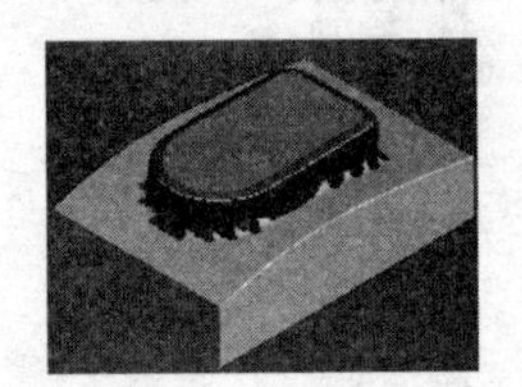

图 3-59 仿真加工结果

3）单击“ViewMill”工具栏上的“退出 ViewMill”按钮，删除仿真加工并返回 PowerMILL 界面。

3.1.4.7 三维偏置精加工分型面

1. **创建刀具 B4**

在“PowerMILL 资源管理器”中选中“刀具”选项，单击鼠标右键，在弹出的快捷菜单中依次选择“产生刀具”→“球头刀”命令，弹出“球头刀”对话框，设置相关参数，如图 3-60 所示。

2. **创建边界**

1）在“PowerMILL 资源管理器”中选中“边界”选项，单击鼠标右键，在弹出的快捷菜单中依次选择“定义边界”→“用户定义”命令，弹出“用户定义边界”对话框，如图 3-61 所示。

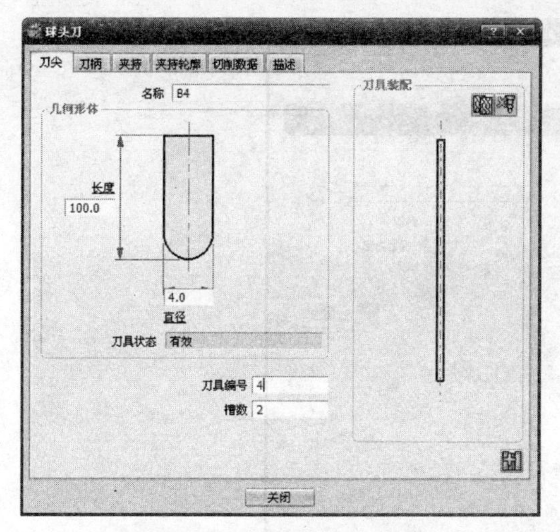

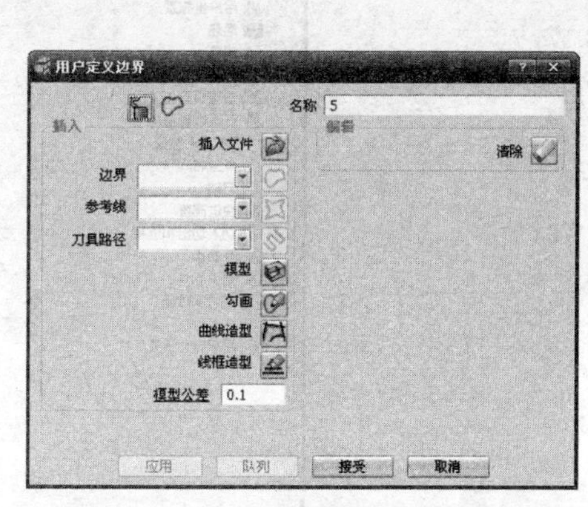

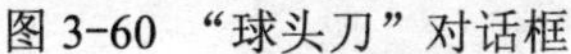
图 3-60 “球头刀”对话框　　　　图 3-61 “用户定义边界”对话框

2）选择图 3-62 所示的曲面，然后单击“插入模型”按钮，单击“接受”按钮即可完成边界创建。

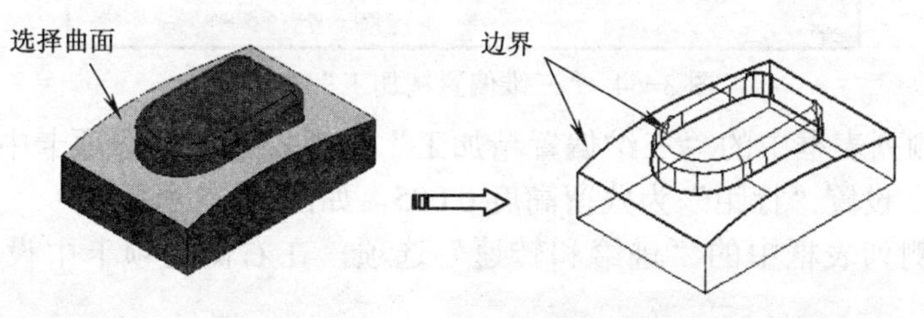

图 3-62 创建的边界

3. *启动三维偏置精加工*

1）单击主工具栏上的“刀具路径策略”按钮，弹出“策略选取器”对话框，单击“精加工”选项卡，在弹出的精加工策略选项中选择“三维偏置精加工”加工策略，如图 3-63 所示。单击“接受”按钮完成。

图 3-63 “策略选取器”对话框

2）在弹出的“三维偏置精加工”对话框中设置“剪裁”边界为 5，“裁剪”为“保留内部”，如图 3-64 所示。

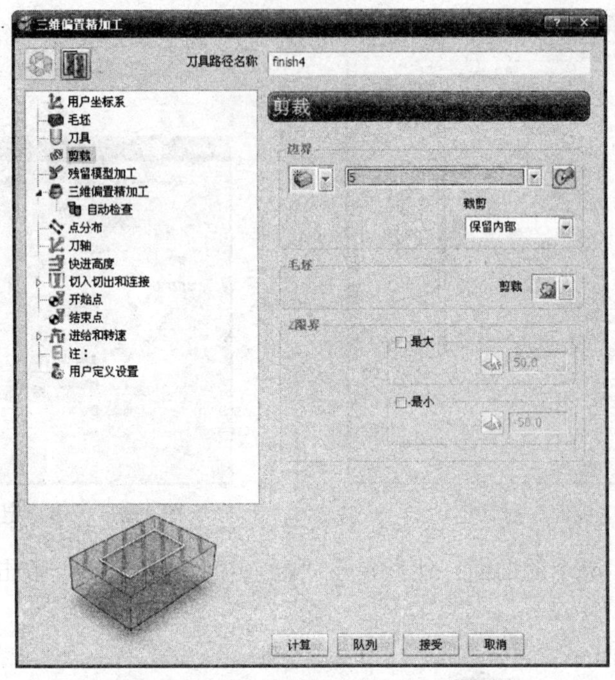

图 3-64 “三维偏置精加工”对话框

● 单击左侧列表框中的“三维偏置精加工”选项，在右侧选项卡中选中“螺旋”和“光顺”复选框，设置“行距”为残留高度 0.005，如图 3-65 所示。

● 单击左侧列表框中的“进给和转速”选项，在右侧选项卡中设置相关参数，如图 3-66 所示。

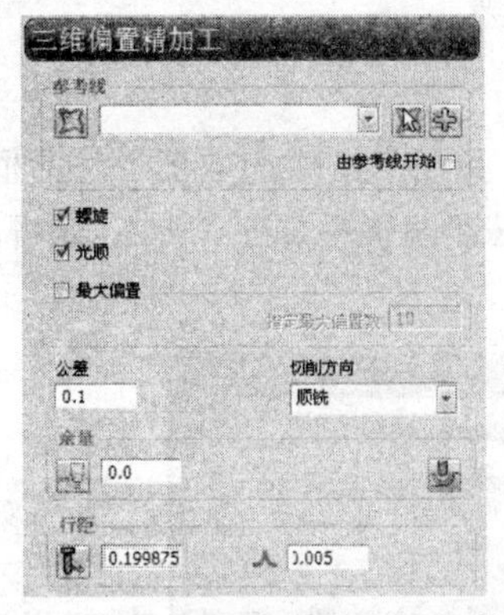

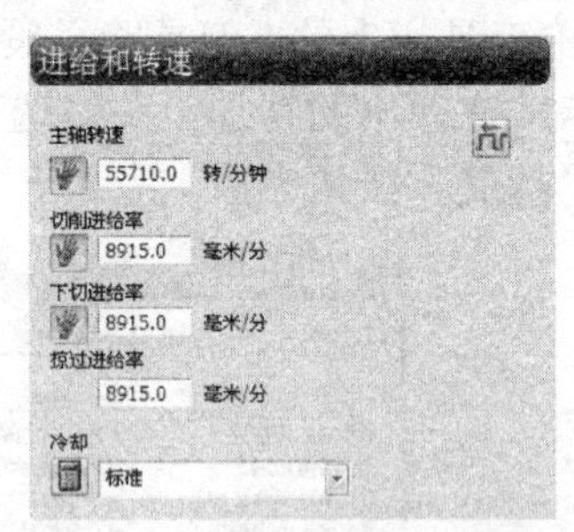

图 3-65 三维偏置精加工参数

图 3-66 进给和转速参数

4. 生成刀具路径

在“三维偏置精加工”对话框中单击“计算”按钮和“接受”按钮，确定参数并退出对话框，生成的刀具路径如图 3-67 所示。

5. 刀具路径实体仿真

1）选择下拉菜单“查看”→“工具栏”→“ViewMill”命令，显示出“ViewMill”工具栏，单击“开/关 ViewMill”按钮，切换到仿真界面。然后单击“彩虹阴影图像”按钮。

2）在“仿真”工具栏的“当前刀具路径”下拉列表中选择要模拟的刀具路径 finish4，然后单击“执行”按钮，系统开始自动仿真加工，仿真加工结果如图 3-68 所示。

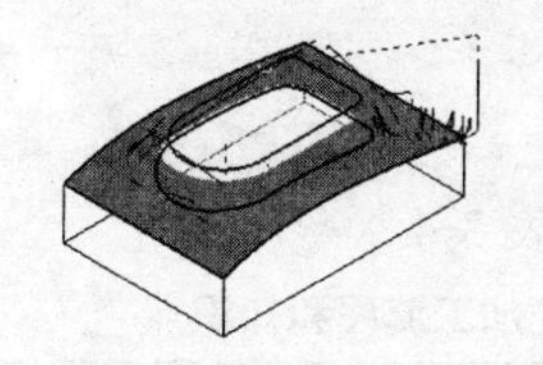

图 3-67　生成的刀具路径

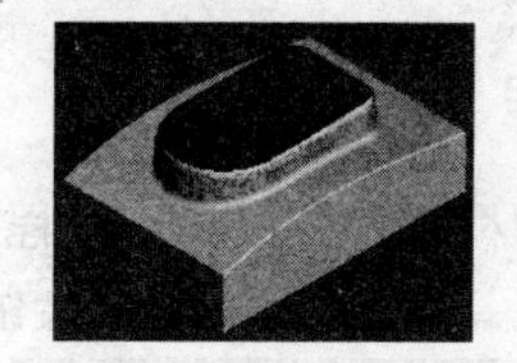

图 3-68　仿真加工结果

3）单击“ViewMill”工具栏上的“退出 ViewMill”按钮，删除仿真加工并返回 PowerMILL 界面。

3.1.5　实例总结

本节以垫板凸模零件为例讲解了 PowerMILL 三轴高速加工方法和具体应用步骤，读者在学习过程中要注意的是，对于凸模类零件的精加工通常要进行分型面精加工和凸模曲面精加工。分型面精加工可采用平行平坦面精加工、平行精加工、三维偏置精加工等方法进行；凸模曲面的精加工根据各种曲面不同的形态采用等高精加工陡峭壁、平坦面加工平面以及其他各种适宜的精加工方法。

3.2　提高实例——微波炉按钮凹模高速加工

3.2.1　实例描述

微波炉按钮凹模零件如图 3-69 所示，整个零件由平面分型面、按钮型凹腔以及相互连接的圆角组成。材料为淬硬工具钢，加工表面的表面粗糙度值 *Ra* 为 0.8μm，工件底部安装在工作台上。

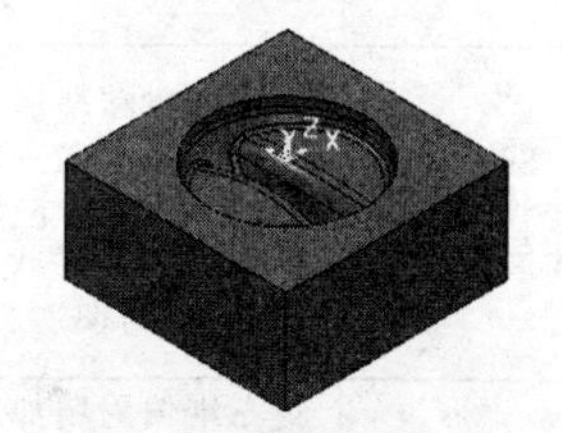

图 3-69　微波炉按钮凹模

3.2.2　加工方法分析

微波炉按钮凹模零件根据数控高速加工工艺要求，采用工艺路线为“粗加工”→“半精加工”→“精加工”。微波炉按钮凹模数控高速加工切削参数，见表 3-3。

（1）粗加工

首先采用较大直径的刀具进行粗加工，以便去除大量多余留量，粗加工采用模型区域清除策略的方法，刀具为ϕ10R2 的圆角刀。

（2）半精加工

半精加工采用最佳等高加工，对于陡峭区域采用等高方式加工，对于平坦区域采用偏置方式加工，刀具为ϕ6mm 的球刀。

（3）精加工

精加工中分型面平面采用偏置平坦面精加工，按钮凹腔采用三维偏置精加工策略，最后通过自动清角精加工清除圆角余量。

表 3-3　微波炉按钮凹模数控高速加工切削参数

刀具直径/mm	刀齿数	轴向深度/mm	径向切深/mm	主轴转速/（r/min）	进给速度/（mm/min）	加工方式
10	2	0.15	0.6	23870	8115	粗加工
6	2	—	0.5	38200	8405	半精加工
4	2	—	0.2	47750	7640	精加工
2	2	—	0.2	47750	7640	清角精加工

3.2.3 加工流程与所用知识点

微波炉按钮凹模零件数控加工流程和知识点见表3-4。

表3-4 微波炉按钮凹模零件数控加工流程和知识点

步骤	知识点	设计流程效果图
Step 1：导入模型	加工模型的导入是数控编程的第一步，它是生成数控代码的前提与基础	
Step 2：创建毛坯	在数控加工中必须定义加工毛坯，产生的刀具路径始终在毛坯内部生成	
Step 3：模型区域清除粗加工	模型区域清除策略具有非常恒定的材料切除率，但代价是刀具在工件上存在大量的快速移动（对高速加工来说是可以接受的）	
Step 4：最佳等高半精加工	最佳等高精加工综合了等高精加工和三维偏置精加工的特点，应用非常广泛，对加工一些复杂的模型曲面非常方便	
Step 5：三维偏置精加工按钮凹腔	三维偏置精加工时根据三维曲面的形状定义行距，系统在零件的平坦区域和陡峭区域生成稳定的刀具路径，是一种应用极为广泛的精加工方式	
Step 6：偏置平坦面精加工分型面	偏置平坦面精加工只对零件的平面以偏置区域的形式进行平面精加工	
Step 7：清角精加工	清角精加工用于对模型的转角和刀具加工不到的位置作局部精加工	

3.2.4 具体操作步骤

3.2.4.1 加工准备

1. **导入模型文件**

1）选择下拉菜单“工具”→“重设表格”命令，将所有表格重新设置为系统默认状态。

2）选择下拉菜单中的“文件”→“输入模型”命令，弹出“输入模型”对话框，选择“anniu.dgk”（“随书光盘：\第 3 章\3.2\uncompleted\ anniu.dgk”）文件，单击“打开”按钮即可，如图 3-70 所示。

图 3-70　导入模型文件

2. **模型分析**

在“查看”工具栏中选中“最小半径阴影”按钮，接着选择下拉菜单“显示”→“模型”命令，弹出“模型显示选项”对话框，在“最小刀具半径”文本框中依次输入 10 和 1，在图形区可见，当设置为 1 时，整个模型显示为绿色，这就表示此模型可使用直径为 2mm 的球头刀加工，如图 3-71 所示。

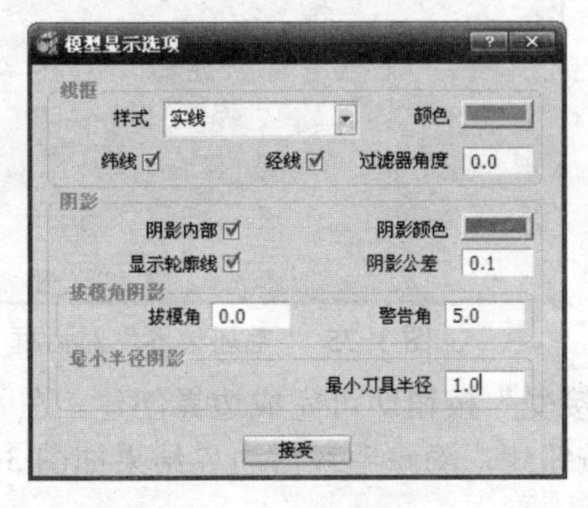

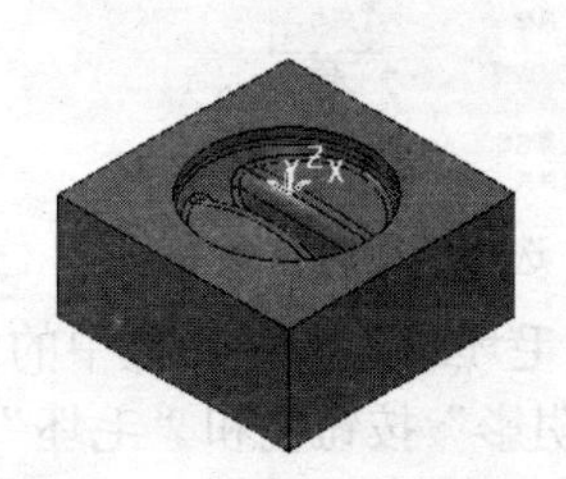

图 3-71　模型分析

3. **创建毛坯**

1）单击主工具栏上的“毛坯”按钮，弹出“毛坯”对话框。在“由...定义”下拉列表中选择“方框”，单击“估算限界”框中的“计算”按钮，设置相关参数，如图 3-72 所示。

2）单击“接受”按钮，图形区显示所创建的毛坯，如图 3-73 所示。

图 3-72　“毛坯”对话框

图 3-73　创建的毛坯

3.2.4.2 模型区域清除粗加工

1. 创建边界

1）在“PowerMILL 资源管理器”中选中“边界”选项，单击鼠标右键，在弹出的快捷菜单中依次选择“定义边界”→“毛坯”命令，弹出“毛坯边界”对话框，如图 3-74、图 3-75 所示。

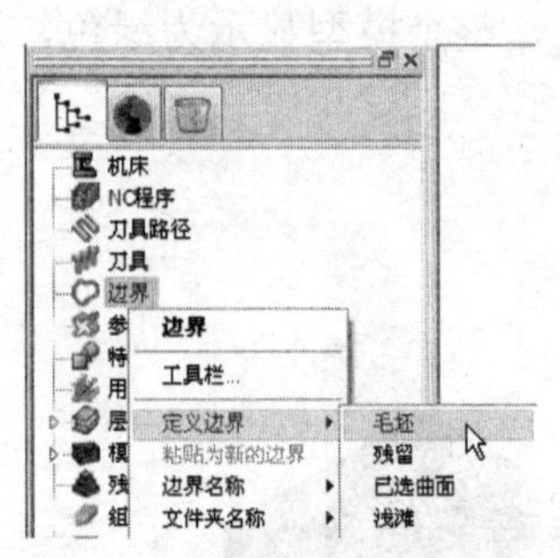

图 3-74 选择毛坯边界命令

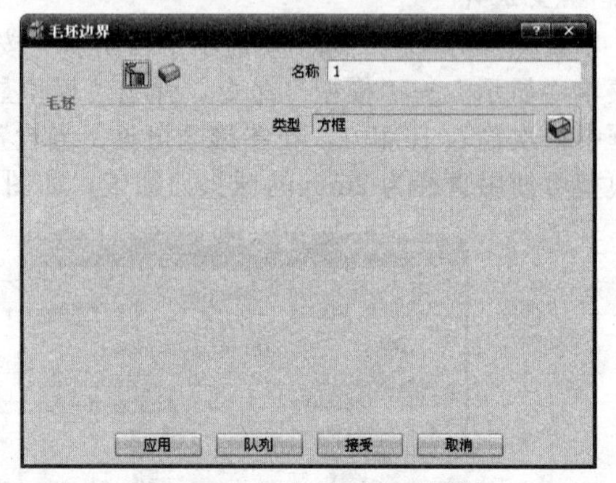

图 3-75 “毛坯边界”对话框

2）单击“毛坯边界”对话框中的“接受”按钮即可完成边界创建。在“查看”工具栏上单击“普通阴影”按钮和“毛坯”按钮，隐藏毛坯后边界结果如图 3-76 所示。

2. 设置快进高度

单击主工具栏上的“快进高度”按钮，弹出“快进高度”对话框。在“几何体”选项的“安全区域”下拉列表中选择“平面”选项，设置“快进间隙”为 10.0，下切间隙为 5.0，如图 3-77 所示，单击“接受”按钮，完成快进高度设置。

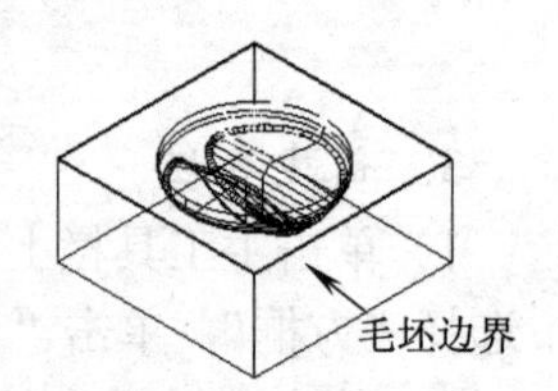

图 3-76 创建的边界

3. 设置开始点和结束点

单击主工具栏上的“开始点和结束点”按钮，弹出“开始点和结束点”对话框，设置开始点和结束点参数，如图 3-78 所示。

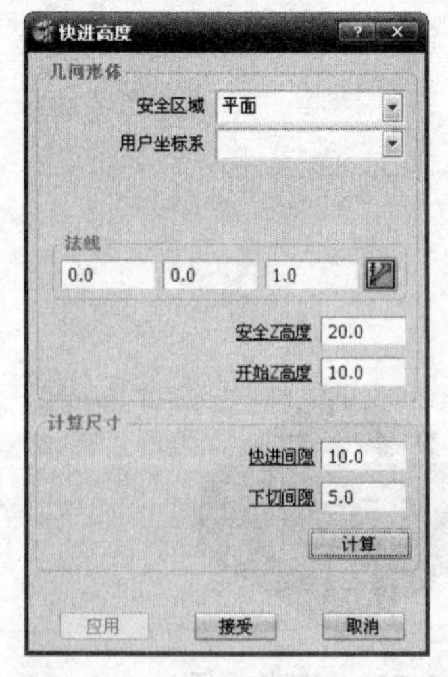

图 3-77 “快进高度”对话框

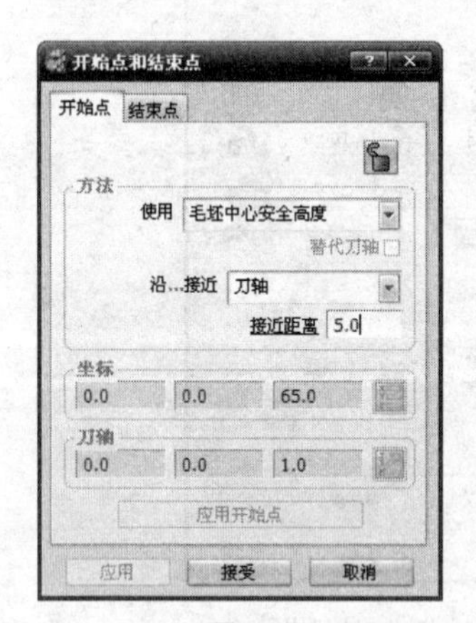

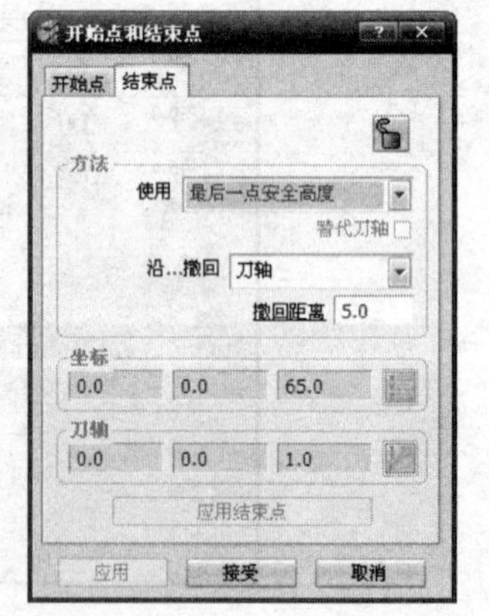

图 3-78 “开始点和结束点”对话框

4. ***启动模型区域清除策略***

1）单击主工具栏上的“刀具路径策略”按钮，弹出“策略选取器”对话框，单击“三维区域清除”选项卡，在弹出的三维区域清除策略选项中选择“模型区域清除”加工策略，如图 3-79 所示。单击“接受”按钮完成。

图 3-79 “策略选取器”对话框

2）在弹出的“模型区域清除”对话框中设置相关参数，如图 3-80 所示。

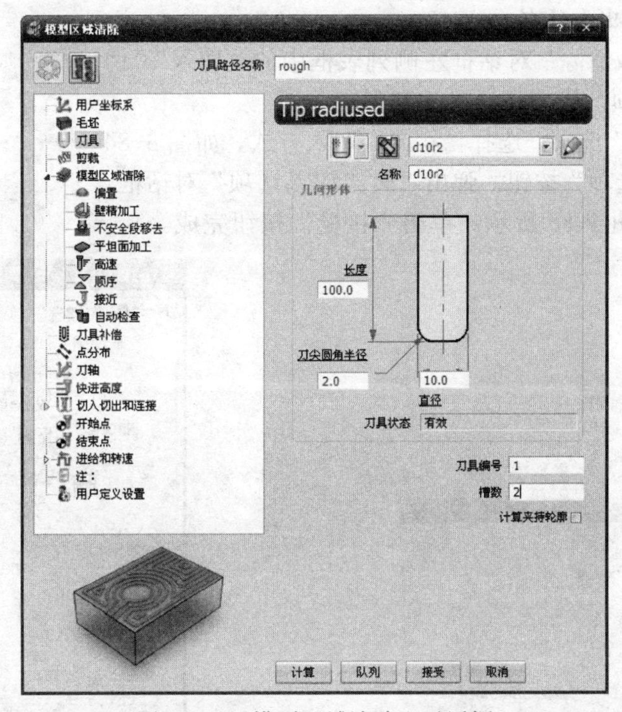

图 3-80 “模型区域清除”对话框

- 创建刀具 d10r2。单击左侧列表框中的“刀具”选项，在右侧选项卡中选择“刀尖圆角端铣刀”，设置“直径”为 10.0“刀尖圆角半径”为 2.0，刀具编号为 1。
- 单击左侧列表框中的“剪裁”选项，在右侧选项卡中设置“边界”为 1，“裁剪”为“保留内部”，如图 3-81 所示。
- 单击左侧列表框中的“模型区域清除”选项，在右侧选项卡中设置“行距”为 0.6，

“下切步距”为0.15，“切削方向”为“顺铣”，如图3-82所示。

图3-81　剪裁

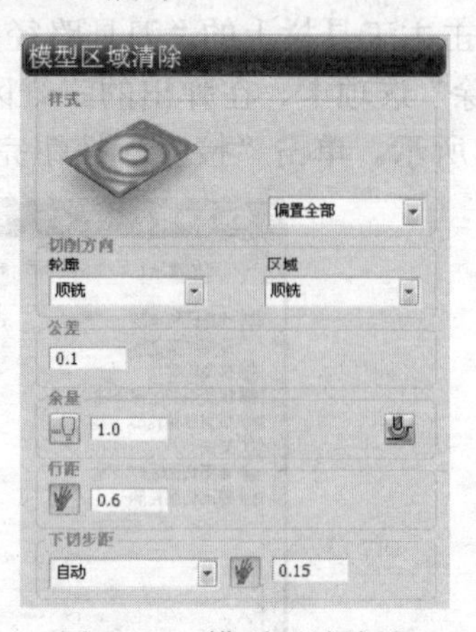

图3-82　模型区域清除

● 单击左侧列表框中的“高速”选项，在右侧选项卡中选择“轮廓光顺”“光顺余量”和“摆线移动”复选框，选择“连接”为“光顺”，如图3-83所示。

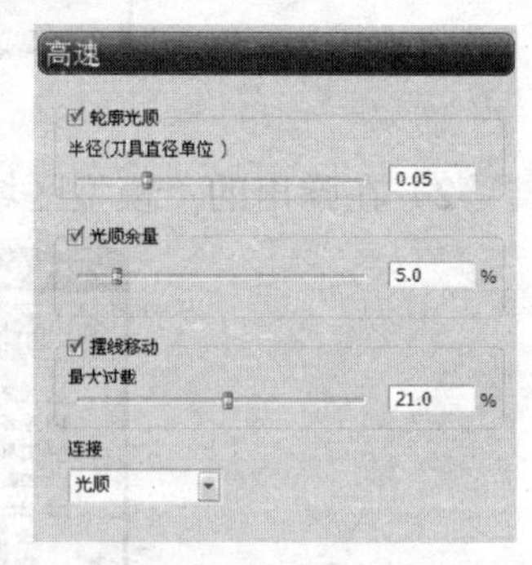

图3-83　高速

5. **设置切入切出和连接**

单击“模型区域清除”对话框左侧列表框中的“切入”“切出”和“连接”选项，设置切入切出参数。

1）选择“切入”选项，选择“斜向”切入方式，如图3-84所示。单击“斜向选项”按钮，弹出“斜向切入选项”对话框，设置相关参数，如图3-85所示。单击“接受”按钮完成。

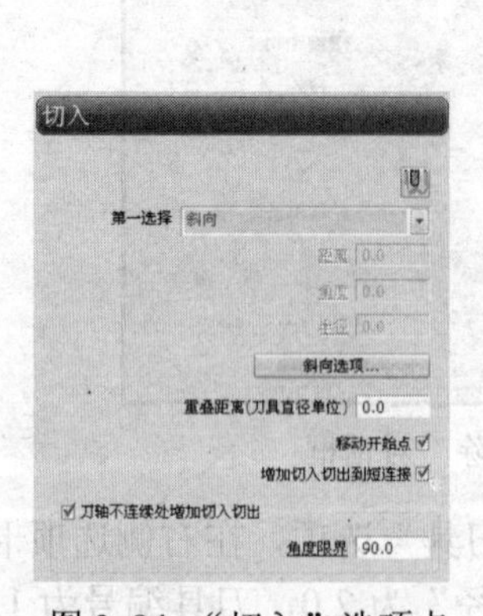

图3-84　“切入”选项卡

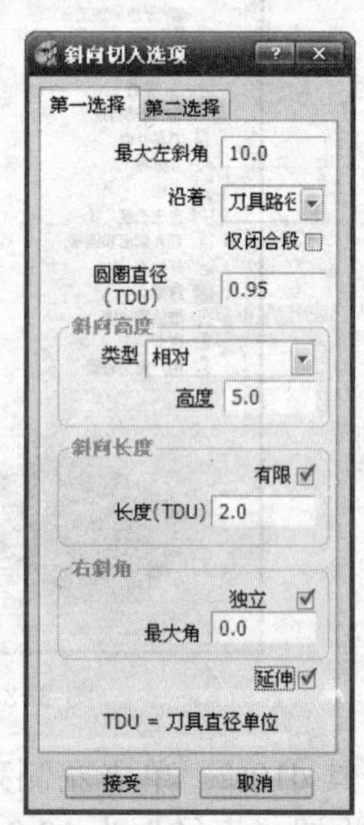

图3-85　“斜向切入选项”对话框

2）选择“切出”选项，选择“斜向”切出方式，如图3-86所示。单击“斜向选项”按钮，弹出“斜向切出选项”对话框，设置相关参数，如图3-87所示。单击“接受”按钮完成。

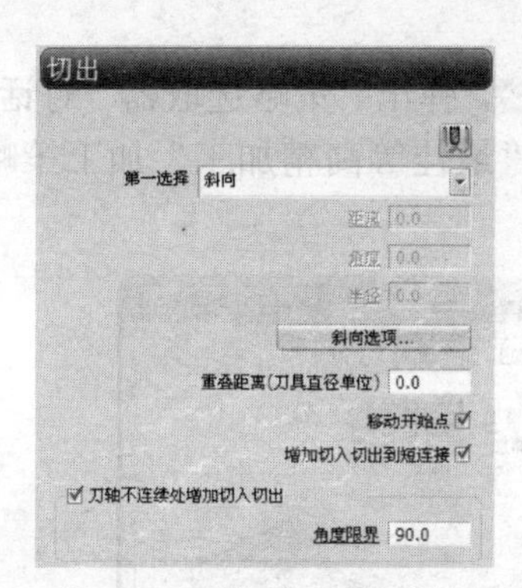

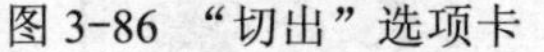

图 3-86 “切出”选项卡

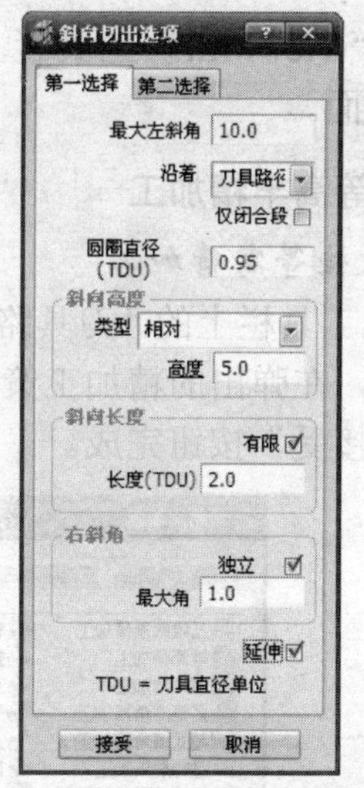

图 3-87 “斜向切出选项”对话框

3）单击“连接”选项，设置“短”为“圆形圆弧”，“长”为“掠过”，“缺省”为“安全高度”，如图 3-88 所示。

6. ***设置进给率***

单击左侧列表框中的“进给和转速”选项，在右侧选项卡中设置相关参数，如图 3-89 所示。

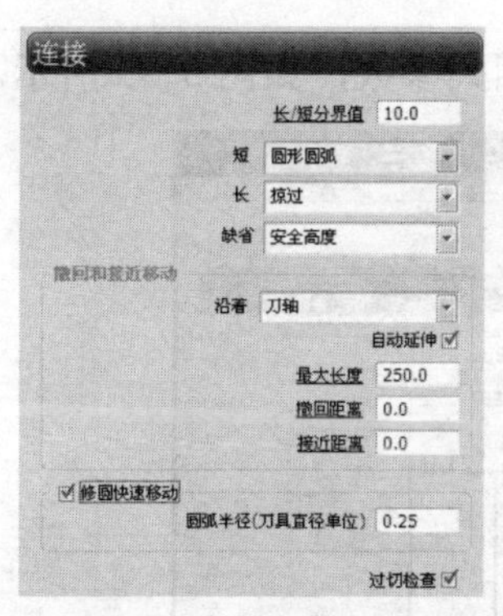

图 3-88 “连接”选项卡

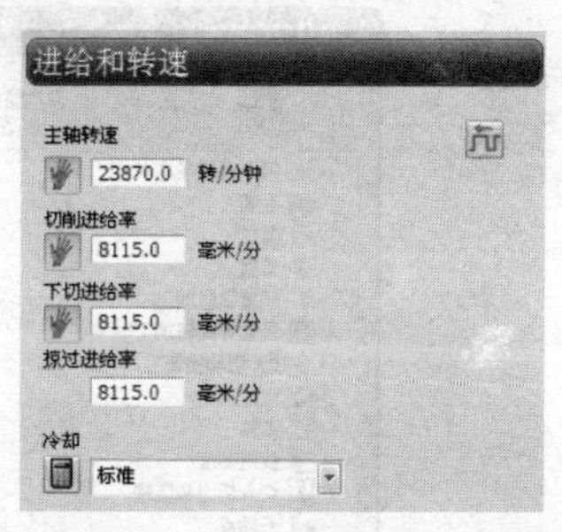

图 3-89 “进给和转速”选项卡

7. ***生成刀具路径***

在“模型区域清除”对话框中单击“计算”按钮和“接受”按钮，确定参数并退出对话框，生成的刀具路径如图 3-90 所示。

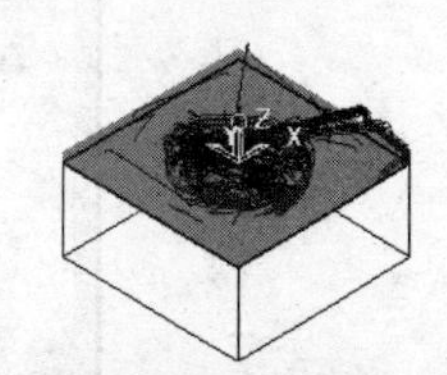

图 3-90 生成的刀具路径

8. ***刀具路径实体仿真***

1）选择下拉菜单“查看”→“工具栏”→“ViewMill”命令，显示出“ViewMill”工具栏，单击“开/关 ViewMill”按钮，切换到仿真界面。然后单击“彩虹阴影图像”按钮。

2）在“仿真”工具栏的“当前刀具路径”下拉列表中选择要模拟的刀具路径 rough，然后单击“执行”按钮，系统开始自动仿真加工，仿真加工结果如图 3-91 所示。

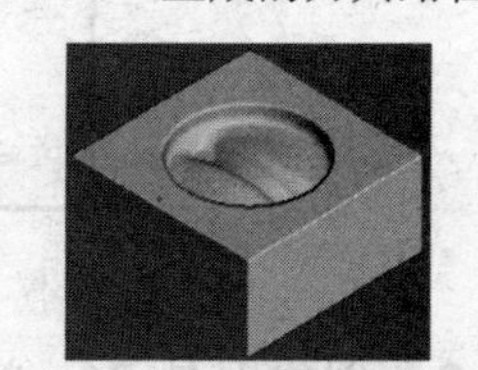

图 3-91 仿真加工结果

3）单击“ViewMill”工具栏上的“退出 ViewMill”按钮，删除仿真加工并返回 PowerMILL 界面。

3.2.4.3 最佳等高半精加工

1. ***启动最佳等高精加工***

1）单击主工具栏上的“刀具路径策略”按钮，弹出“策略选取器”对话框，单击“精加工”选项卡，在弹出的精加工策略选项中选择“最佳等高精加工”加工策略，如图 3-92 所示。单击“接受”按钮完成。

图 3-92 “策略选取器”对话框

2）在弹出的“最佳等高精加工”对话框中设置相关参数，如图 3-93 所示。

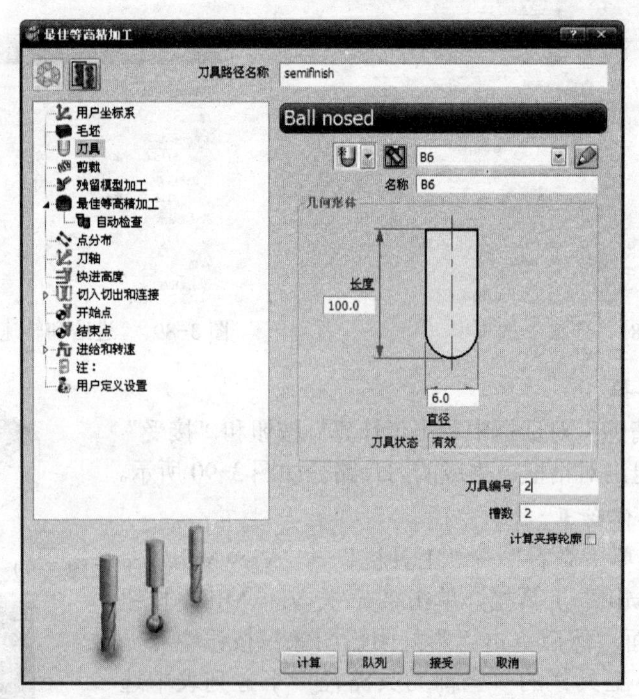

图 3-93 “最佳等高精加工”对话框

● 创建刀具 B6。单击左侧列表框中的“刀具”选项，在右侧选项卡中选择“球头刀”，

设置“直径”为6.0。

● 单击左侧列表框中的“最佳等高精加工”选项，在右侧选项卡中选中“螺旋”和“封闭式偏置”复选框，设置“行距”为残留高度 0.02，选中“使用单独的浅滩行距”复选框，设置“浅滩行距”为 0.5，如图 3-94 所示。

2. 设置切入切出和连接

单击“最佳等高精加工”对话框左侧列表框中的“切入”“切出”和“连接”选项，设置切入切出参数。

1）选择“切入”选项，选择“垂直圆弧”切入方式，“距离”为 5.0，“角度”为 60.0，“半径”为 5.0，如图 3-95 所示。

2）选择“切出”选项，选择“垂直圆弧”切入方式，“距离”为 5.0，“角度”为 60.0，“半径”为 5.0，如图 3-96 所示。

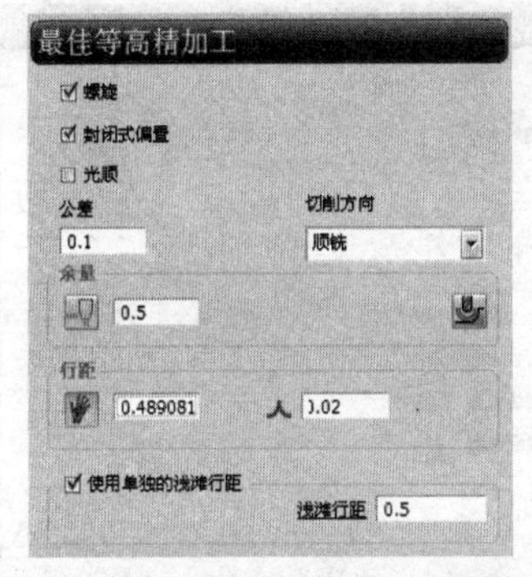

图 3-94 最佳等高精加工参数

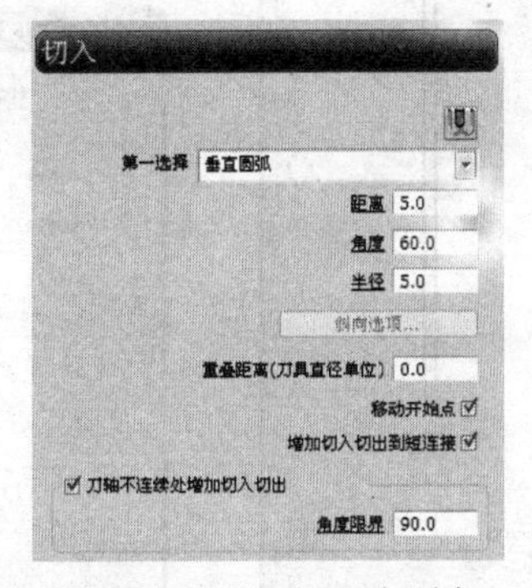

图 3-95 “切入”选项卡

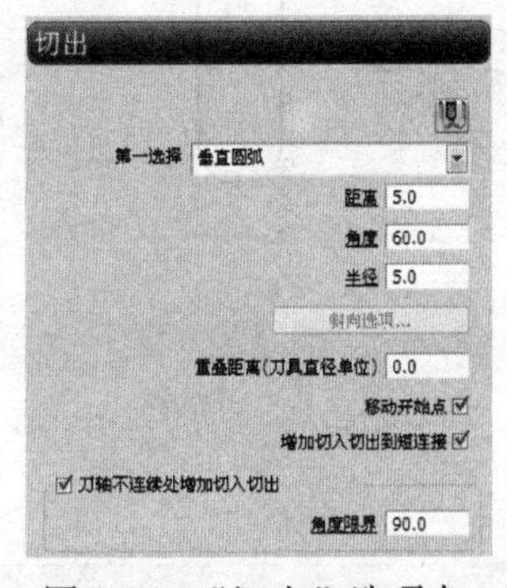

图 3-96 “切出”选项卡

3. 设置进给率

单击左侧列表框中的“进给和转速”选项，在右侧选项卡中设置相关参数，如图 3-97 所示。

4. 生成刀具路径

在“最佳等高精加工”对话框中单击“应用”按钮和“接受”按钮，确定参数并退出对话框，生成的刀具路径如图 3-98 所示。

图 3-97 进给和转速参数

5. 刀具路径实体仿真

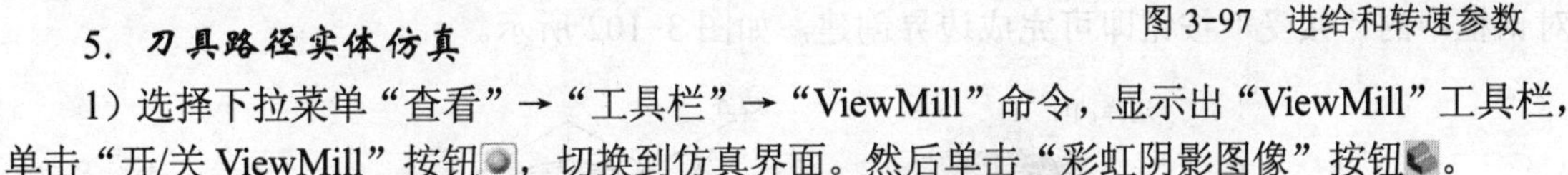

1）选择下拉菜单“查看”→“工具栏”→“ViewMill”命令，显示出“ViewMill”工具栏，单击“开/关 ViewMill”按钮，切换到仿真界面。然后单击“彩虹阴影图像”按钮。

2）在“仿真”工具栏的“当前刀具路径”下拉列表中选择要模拟的刀具路径 semifinish，然后单击“执行”按钮，系统开始自动仿真加工，仿真加工结果如图 3-99 所示。

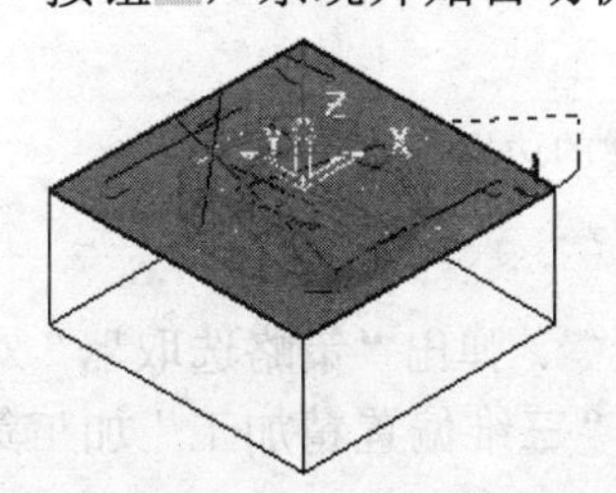

图 3-98 生成的刀具路径

图 3-99 仿真加工结果

3）单击“ViewMill”工具栏上的“退出 ViewMill”按钮，删除仿真加工并返回 PowerMILL 界面。

3.2.4.4 三维偏置精加工型腔

1. **创建刀具 B4**

在“PowerMILL 资源管理器”中选中“刀具”选项，单击鼠标右键，在弹出的快捷菜单中依次选择“产生刀具”→“球头刀”命令，弹出“球头刀”对话框，设置相关参数，如图 3-100 所示。

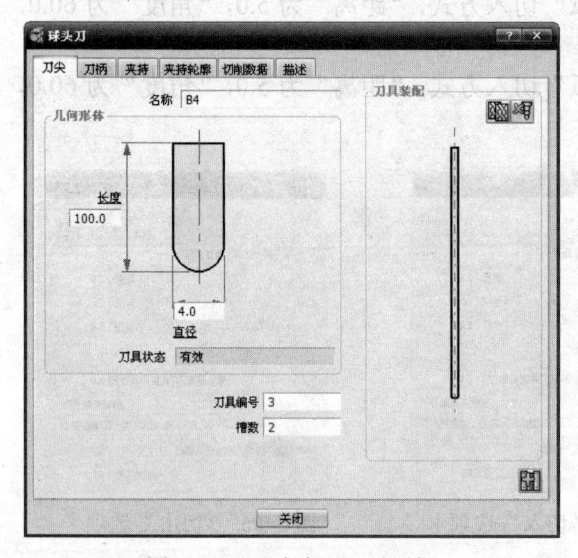

图 3-100 “球头刀”对话框

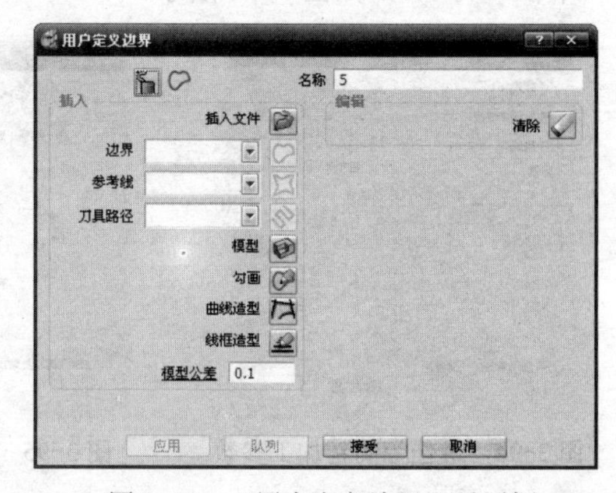

图 3-101 “用户定义边界”对话框

2. **创建边界**

1）在“PowerMILL 资源管理器”中选中“边界”选项，单击鼠标右键，在弹出的快捷菜单中依次选择“定义边界”→“用户定义”命令，弹出“用户定义边界”对话框，如图 3-101 所示。

2）选择图 3-102 所示的曲面，然后单击“插入模型”按钮，单击“用户定义边界”对话框中的“接受”按钮即可完成边界创建，如图 3-102 所示。

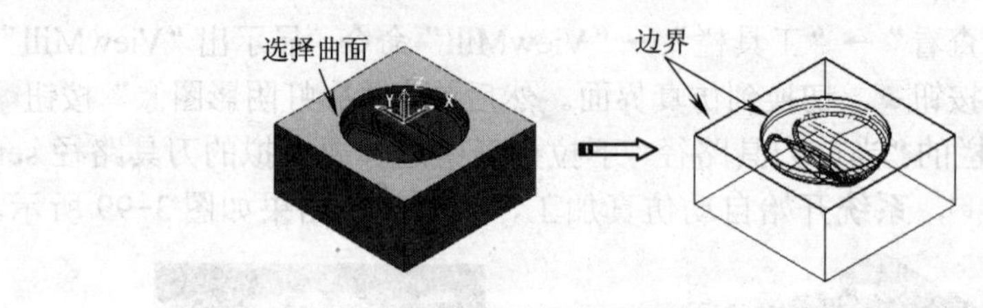

图 3-102 创建的边界

3. **启动三维偏置精加工**

1）单击主工具栏上的“刀具路径策略”按钮，弹出“策略选取器”对话框，单击“精加工”选项卡，在弹出的精加工策略选项中选择“三维偏置精加工”加工策略，如图 3-103 所示。单击“接受”按钮完成。

图 3-103 “策略选取器”对话框

2）在弹出的“三维偏置精加工”对话框中设置“剪裁”边界为 2，“裁剪”为“保留外部”，如图 3-104 所示。

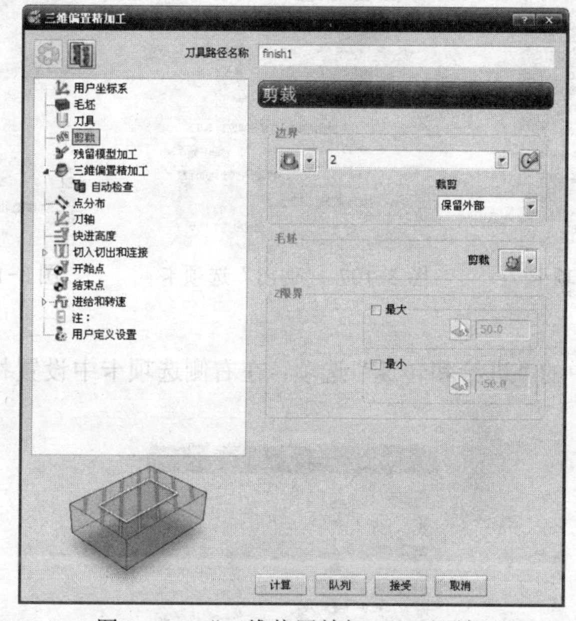

图 3-104 “三维偏置精加工”对话框

● 单击左侧列表框中的“三维偏置精加工”选项，在右侧选项卡中选中“螺旋”和“光顺”复选框，设置“行距”为残留高度 0.005，如图 3-105 所示。

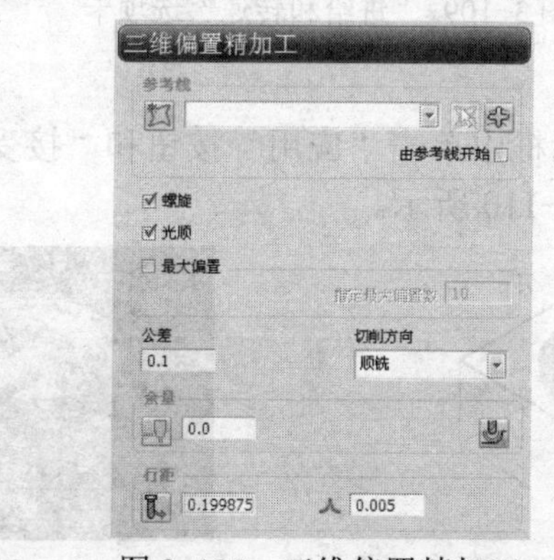

图 3-105 三维偏置精加工

4. 设置切入切出和连接

单击“三维偏置精加工”对话框左侧列表框中的“切入”“切出”和“连接”选项，设置切入切出参数。

1）选择“切入”选项，选择“水平圆弧”切入方式，设置“距离”为0.0，“角度”为30.0，“半径”为3.0，如图3-106所示。

2）选择“切出”选项，选择“水平圆弧”切入方式，设置“距离”为0.0，“角度”为30.0，“半径”为3.0，如图3-107所示。

3）单击“连接”选项，设置“短”为“在曲面上”，“长”为“掠过”，“缺省”为“安全高度”，如图3-108所示。

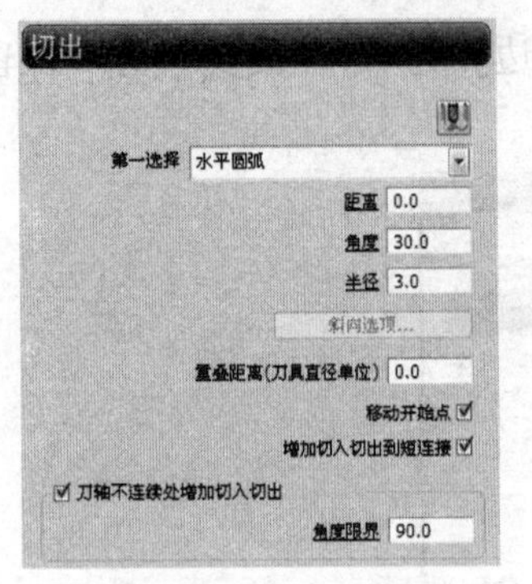

图3-106 “切入”选项卡

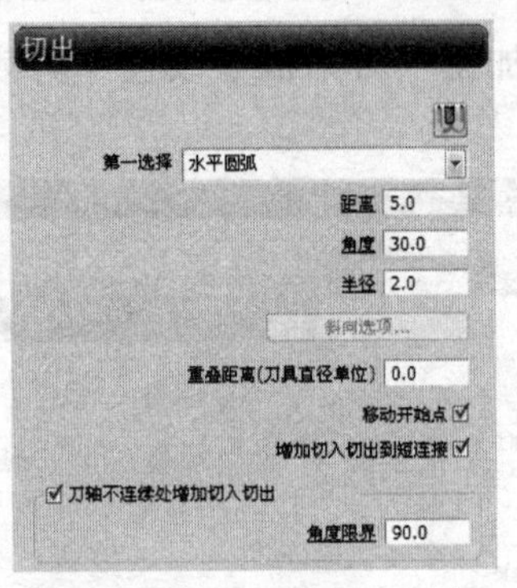

图3-107 “切出”选项卡

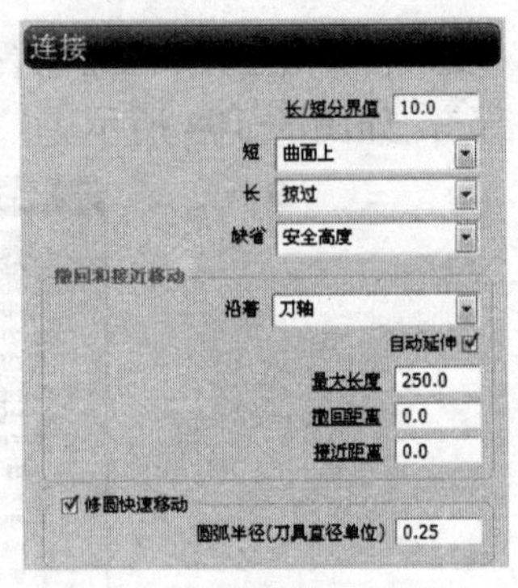

图3-108 “连接”选项卡

5. 设置进给率

单击左侧列表框中的“进给和转速”选项，在右侧选项卡中设置相关参数，如图3-109所示。

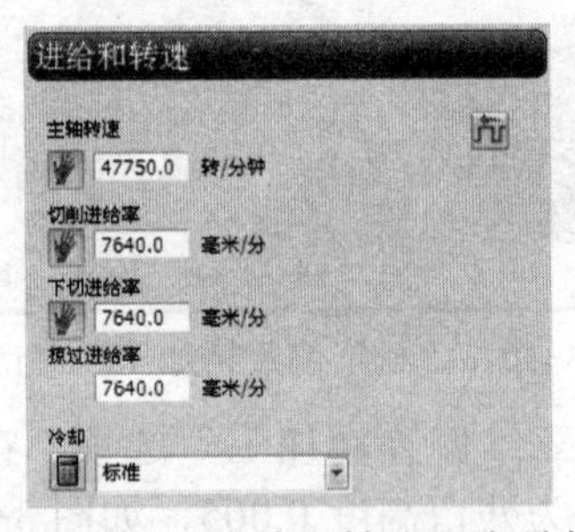

图3-109 “进给和转速”选项卡

6. 生成刀具路径

在“三维偏置精加工”对话框中单击“应用”按钮和“接受”按钮，确定参数并退出对话框，生成的刀具路径如图3-110所示。

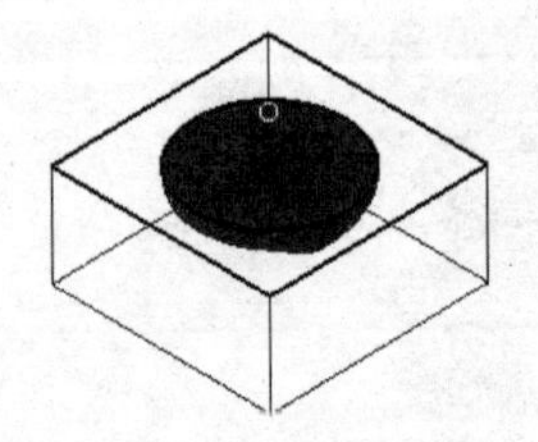

图3-110 生成的刀具路径

图3-111 仿真加工结果

7. *刀具路径实体仿真*

1）选择下拉菜单“查看”→“工具栏”→“ViewMill”命令，显示出“ViewMill”工具栏，单击“开/关 ViewMill”按钮，切换到仿真界面。然后单击“彩虹阴影图像”按钮。

2）在“仿真”工具栏的“当前刀具路径”下拉列表中选择要模拟的刀具路径 finish1，然后单击“执行”按钮，系统开始自动仿真加工，仿真加工结果如图 3-111 所示。

3）单击“ViewMill”工具栏上的“退出 ViewMill”按钮，删除仿真加工并返回 PowerMILL 界面。

3.2.4.5　偏置平坦面精加工顶面

1. *启动偏置平坦面精加工*

1）单击主工具栏上的“刀具路径策略”按钮，弹出“策略选取器”对话框，单击“精加工”选项卡，在弹出的精加工策略选项中选择“偏置平坦面精加工”加工策略，如图 3-112 所示。单击“接受”按钮完成。

图 3-112　“策略选取器”对话框

2）在弹出的“偏置平坦面精加工”对话框中设置相关参数，如图 3-113 所示。

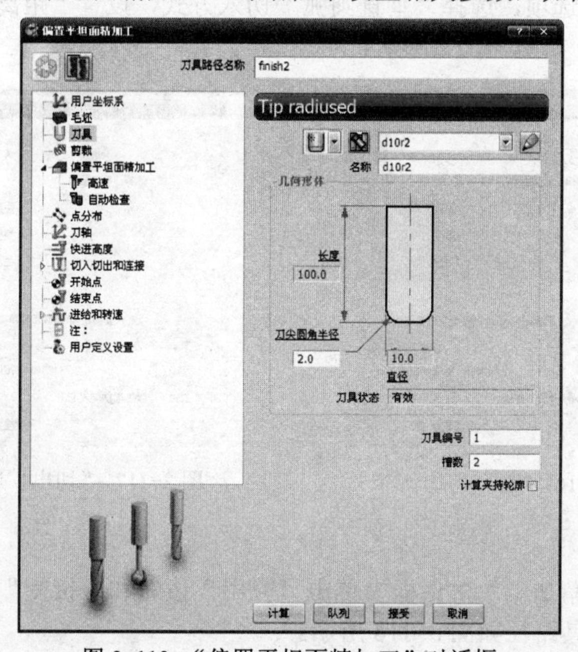

图 3-113　“偏置平坦面精加工”对话框

● 选择刀具 d10r2。单击左侧列表框中的“刀具”选项，在右侧选项卡中选择“d10r2”刀具。

● 单击左侧列表框中的“偏置平坦面精加工”选项，在右侧选项卡中设置“平坦面公差”为 1.0，“行距”为残留高度 0.005，如图 3-114 所示。

● 单击左侧列表框中的“高速”选项，在右侧选项卡中选择“轮廓光顺”和“光顺余量”复选框，设置“连接”为“光顺”，如图 3-115 所示。

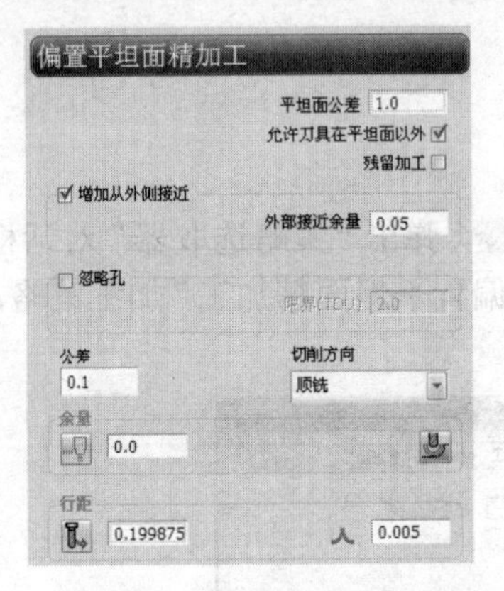

图 3-114 偏置平坦面精加工

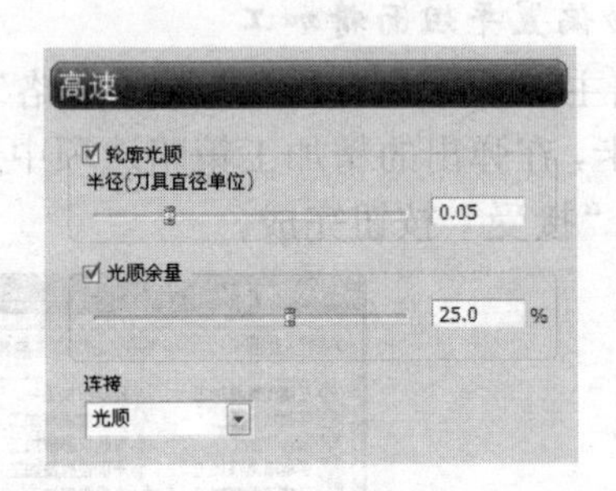

图 3-115 高速

2. 设置切入切出和连接

单击“偏置平坦面精加工”对话框左侧列表框中的“切入”“切出”和“连接”选项，设置切入切出参数。

1）选择“切入”选项，选择“垂直圆弧”切入方式，设置“距离”为 0.0，“角度”为 30.0，“半径”为 2.0，如图 3-116 所示。

2）选择“切出”选项，选择“垂直圆弧”切入方式，设置“距离”为 0.0，“角度”为 30.0，“半径”为 2.0，如图 3-117 所示。

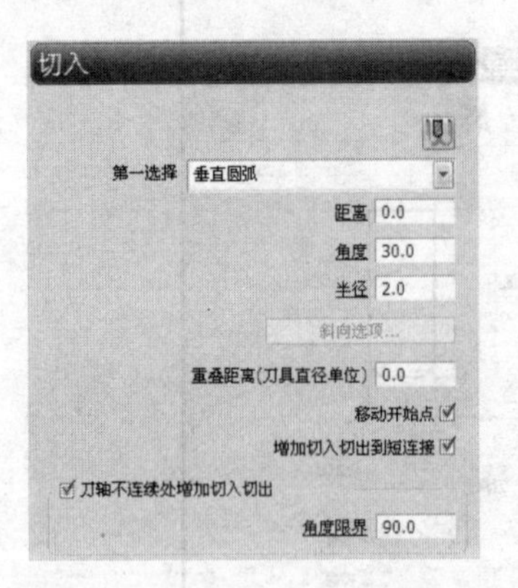

图 3-116 “切入”选项卡

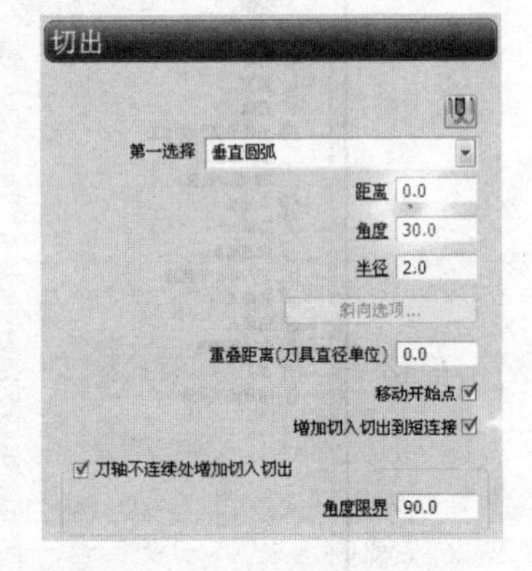

图 3-117 “切出”选项卡

3. 生成刀具路径

在“偏置平坦面精加工”对话框中单击“应用”按钮和“接受”按钮，确定参数并退出对话框，生成的刀具路径如图 3-118 所示。

4. *刀具路径实体仿真*

1）选择下拉菜单“查看”→“工具栏”→“ViewMill”命令，显示出“ViewMill”工具栏，单击“开/关 ViewMill”按钮，切换到仿真界面。然后单击“彩虹阴影图像”按钮。

2）在“仿真”工具栏的“当前刀具路径”下拉列表中选择要模拟的刀具路径 finish2，然后单击“执行”按钮，系统开始自动仿真加工，仿真加工结果如图 3-119 所示。

3）单击“ViewMill”工具栏上的“退出 ViewMill”按钮，删除仿真加工并返回 PowerMILL 界面。

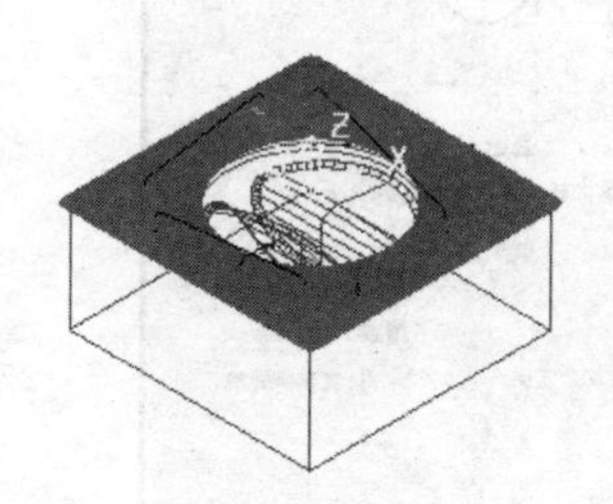

图 3-118　生成的刀具路径

图 3-119　仿真加工结果

3.2.4.6　清角精加工

1. *启动清角精加工*

1）单击主工具栏上的“刀具路径策略”按钮，弹出“策略选取器”对话框，单击“精加工”选项卡，选中“清角精加工”选项，如图 3-120 所示。

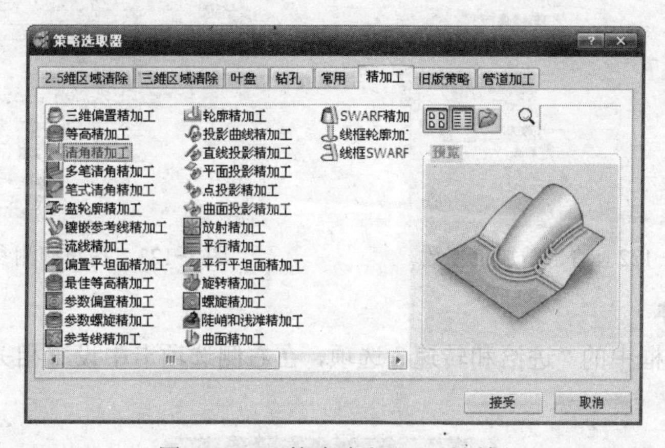

图 3-120　“策略选取器”对话框

2）单击“接受”按钮，弹出“清角精加工”对话框，如图 3-121 所示。

- 创建刀具 B2。单击左侧列表框中的“刀具”选项，在右侧选项卡中选择“球头刀”，设置“直径”为 2.0。
- 单击左侧列表框中的“清角精加工”选项，在右侧选项卡中设置“策略”为“自动”，“分界角”为“60.0”，如图 3-122 所示。
- 单击左侧列表框中的“拐角探测”选项，在右侧选项卡中设置“参考刀具”为“B4”，如图 3-123 所示。

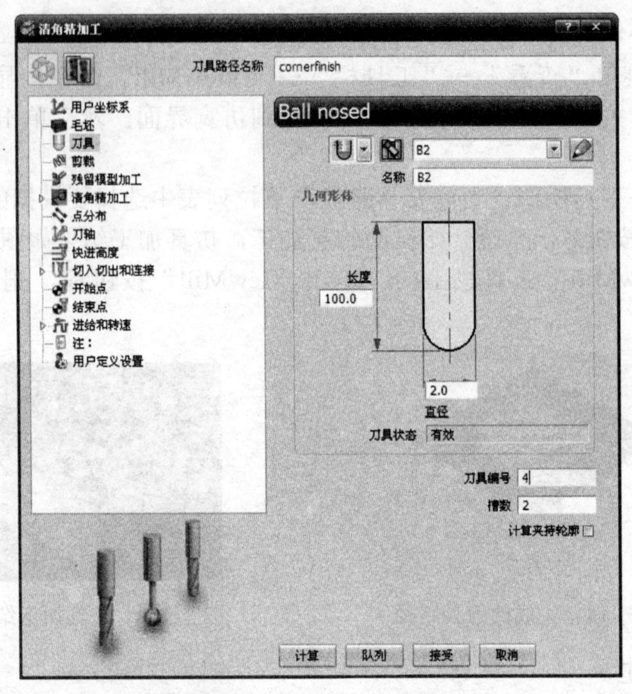

图 3-121 “清角精加工”对话框

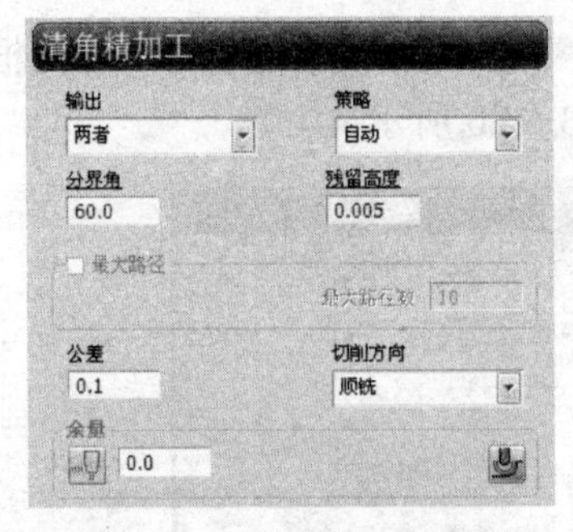

图 3-122 清角精加工参数

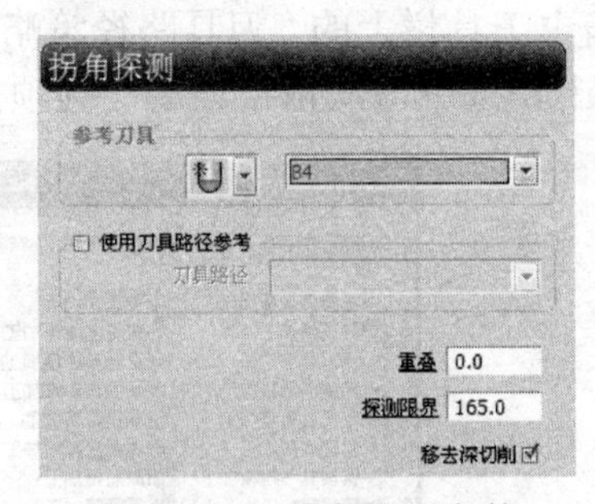

图 3-123 拐角探测参数

2. 设置进给率

单击左侧列表框中的“进给和转速”选项，在右侧选项卡中设置相关参数，如图 3-124 所示。

图 3-124 进给和转速参数

3. **生成刀具路径**

在“清角精加工”对话框中单击“计算”按钮和“接受”按钮，确定参数并退出对话框，生成的刀具路径如图 3-125 所示。

4. **刀具路径实体仿真**

1）选择下拉菜单“查看”→“工具栏”→“ViewMill”命令，显示出“ViewMill”工具栏，单击“开/关 ViewMill”按钮，切换到仿真界面。然后单击“彩虹阴影图像”按钮。

2）在“仿真”工具栏的“当前刀具路径”下拉列表中选择要模拟的刀具路径 cornerfinish，然后单击“执行”按钮，系统开始自动仿真加工，仿真加工结果如图 3-126 所示。

3）单击“ViewMill”工具栏上的“退出 ViewMill”按钮，删除仿真加工并返回 PowerMILL 界面。

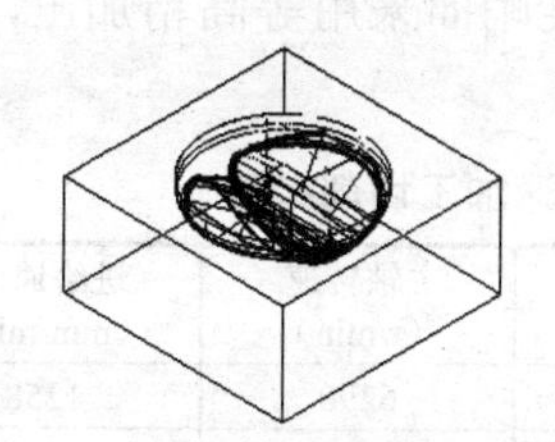

图 3-125　生成的刀具路径

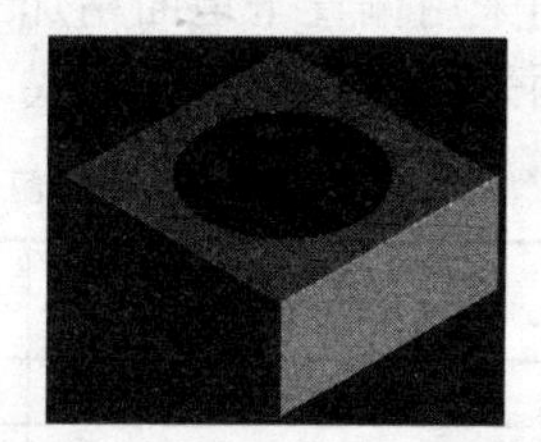

图 3-126　仿真加工结果

3.2.5　实例总结

本节以微波炉按钮凹模为例讲解了 PowerMILL 的模具型腔零件高速加工方法和具体应用步骤，读者在学习过程中要注意的是，一般来说对于零件上不同特征的曲面要在精加工时采用不同的精加工方法，但是零件结构复杂时，采用三维偏置精加工不失为一种较好的策略，因为该方式可在零件的平坦区域和陡峭区域生成稳定的刀具路径。

3.3　经典实例——烟灰缸凸模高速铣削加工

3.3.1　实例描述

烟灰缸凸模零件如图 3-127 所示，整个零件由平面分型面、凸台、小凹腔、两个凸圆柱面以及相互连接的圆角组成。材料为淬硬工具钢，加工表面的表面粗糙度值 *Ra* 为 0.8μm，工件底部安装在工作台上。

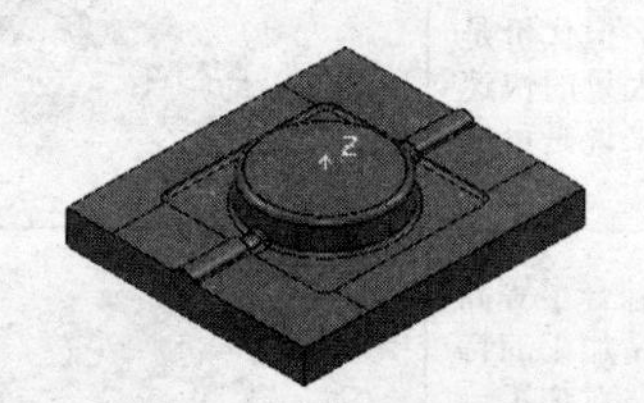

图 3-127　烟灰缸凸模

3.3.2 加工方法分析

烟灰缸凸模零件根据数控高速加工工艺要求，采用工艺路线为“粗加工”→“半精加工”→“精加工”。烟灰缸凸模数控高速加工切削参数见表 3-5。

（1）粗加工

首先采用较大直径的刀具进行粗加工，以便去除大量多余留量，粗加工采用模型区域清除策略的方法，刀具为ϕ20R4 的圆鼻刀。

（2）半精加工

半精加工采用最佳等高加工，对于陡峭区域采用等高方式加工，对于平坦区域采用偏置方式加工，刀具为ϕ10mm 的球刀。

（3）精加工

精加工中平面采用偏置平坦面精加工，凸台陡峭面采用等高精加工，圆角采用参数偏置精加工，圆柱面采用平行精加工方式。

表 3-5　烟灰缸凸模数控高速加工切削参数

刀具直径/mm	刀　齿　数	轴向深度/mm	径向切深/mm	主轴转速/（r/min）	进给速度/（mm/min）	加　工　方　式
20	2	1	2	6290	1258	粗加工
10	2	—	0.6	12500	2000	半精加工
6	2	—	0.14	7850	1570	精加工
4	2	0.15	—	30890	3000	精加工

3.3.3 加工流程与所用知识点

烟灰缸凸模零件数控加工流程和知识点见表 3-6。

表 3-6　烟灰缸凸模零件数控加工流程和知识点

步　　骤	知　识　点	设计流程效果图
Step 1：导入模型	加工模型的导入是数控编程的第一步，它是生成数控代码的前提与基础	
Step 2：创建毛坯	在数控加工中必须定义加工毛坯，产生的刀具路径始终在毛坯内部生成	
Step 3：模型区域清除粗加工	模型区域清除策略具有非常恒定的材料切除率，但代价是刀具在工件上存在大量的快速移动（对高速加工来说是可以接受的）	
Step 4：最佳等高半精加工	最佳等高精加工综合了等高精加工和三维偏置精加工的特点，应用非常广泛，对加工一些复杂的模型曲面非常方便	

（续）

步　骤	知　识　点	设计流程效果图
Step 5：偏置平坦面精加工平面	偏置平坦面精加工只对零件的平面以偏置区域的形式进行平面精加工	
Step 6：等高精加工侧面	等高精加工是按一定的 Z 轴下切步距沿着模型外形进行切削的一种加工方法，适用于陡峭面加工	
Step 7：三维偏置精加工按钮凹腔	三维偏置精加工时根据三维曲面的形状定义行距，系统在零件的平坦区域和陡峭区域生成稳定的刀具路径，是一种应用极为广泛的精加工方式	
Step 8：参数偏置精加工圆角	参数偏置精加工是指将参考线作为限制线和引导线的加工方式，它在起始线和终止线之间按用户设置的行距沿模型曲面偏置起始线和终止线形成刀具路径	
Step 9：平行精加工圆柱面	平行精加工是指在工作坐标系内的 XOY 平面上按指定的行距创建一组平行线，然后这这组平行线沿 Z 轴垂直向下投影到零件表面上形成平行加工刀具路径	

3.3.4　具体操作步骤

3.3.4.1　加工准备

1. **导入模型文件**

1）选择下拉菜单“工具”→“重设表格”命令，将所有表格重新设置为系统默认状态。

2）选择下拉菜单中的“文件”→“输入模型”命令，弹出“输入模型”对话框，选择“yanhuigang.dgk”（“随书光盘：\第 3 章\3.3\uncompleted\yanhuigang.dgk”）文件，单击“打开”按钮即可，如图 3-128 所示。

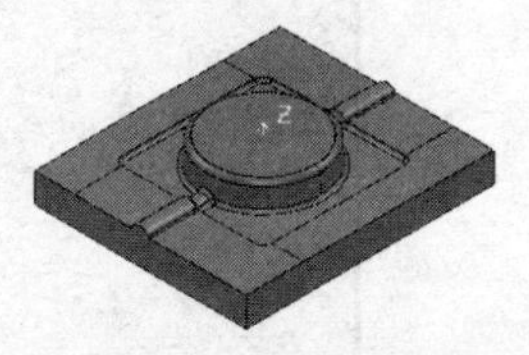

图 3-128　导入模型文件

2. **创建毛坯**

1）单击主工具栏上的“毛坯”按钮，弹出“毛坯”对话框。在“由...定义”下拉列表中选择“方框”，单击“估算限界”框中的“计算”按钮，设置相关参数，如图 3-129 所示。

2）单击“接受”按钮，图形区显示所创建的毛坯，如图 3-130 所示。

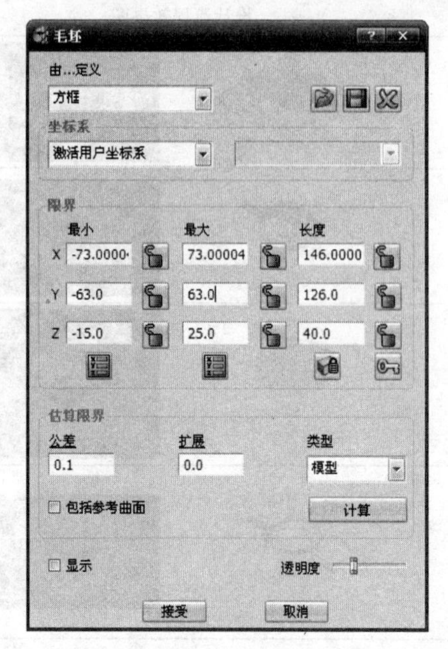

图 3-129 “毛坯”对话框

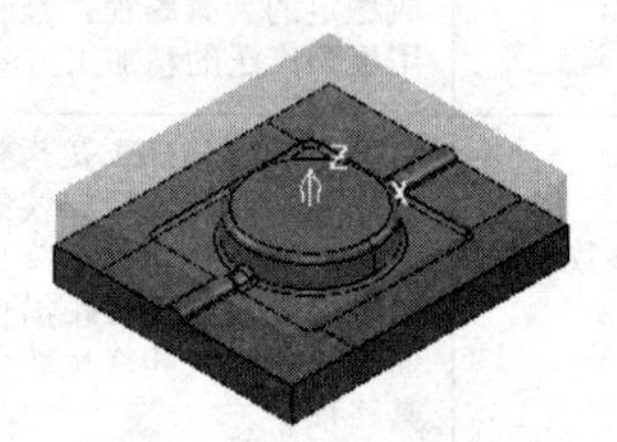

图 3-130 创建的毛坯

3.3.4.2 模型区域清除粗加工

1. *创建边界*

1）在“PowerMILL 资源管理器”中选中“边界”选项，单击鼠标右键，在弹出的快捷菜单中依次选择“定义边界”→“毛坯”命令，弹出“毛坯边界”对话框，如图 3-131、图 3-132 所示。

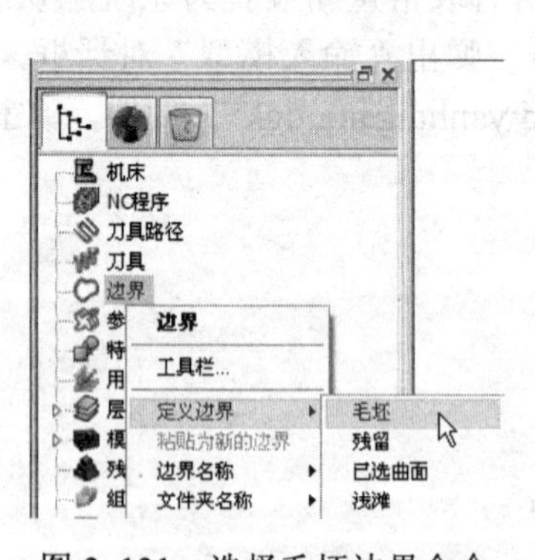

图 3-131 选择毛坯边界命令

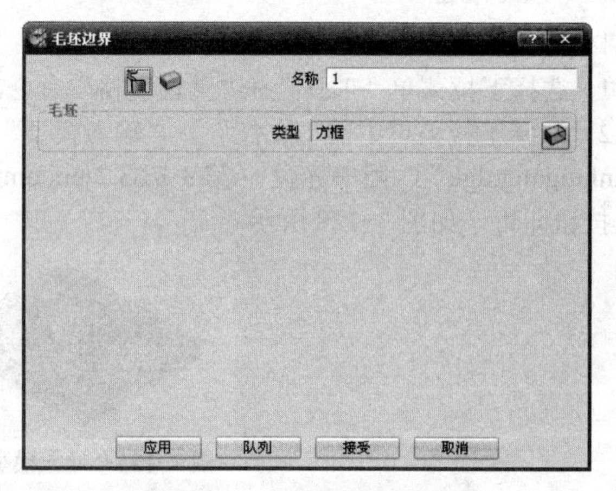

图 3-132 “毛坯边界”对话框

2）单击“毛坯边界”对话框中的“接受”按钮即可完成边界创建。在“查看”工具栏上单击“普通阴影”按钮和“毛坯”按钮，隐藏毛坯后边界结果如图 3-133 所示。

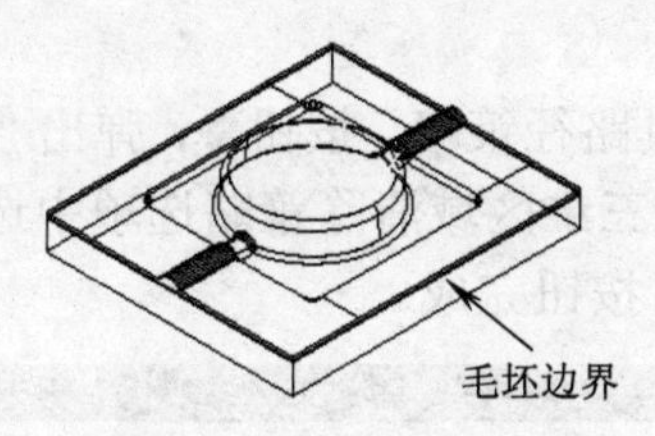

图 3-133　创建的边界

2. **设置快进高度**

单击主工具栏上的“快进高度”按钮，弹出“快进高度”对话框。在“几何体”选项的“安全区域”下拉列表中选择“平面”选项，设置“快进间隙”为 10.0，“下切间隙”为 5.0，如图 3-134 所示，单击“接受”按钮，完成快进高度设置。

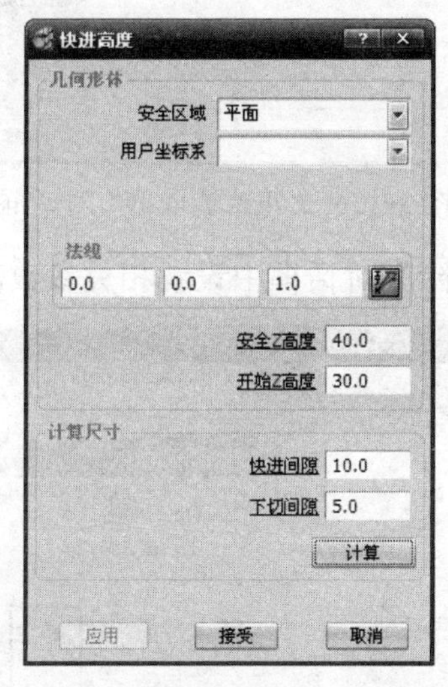

图 3-134　“快进高度”对话框

3. **设置开始点和结束点**

单击主工具栏上的“开始点和结束点”按钮，弹出“开始点和结束点”对话框，设置开始点和结束点参数，如图 3-135 所示。

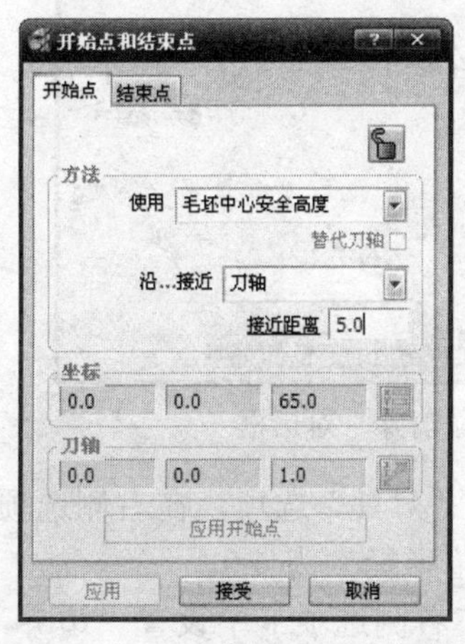

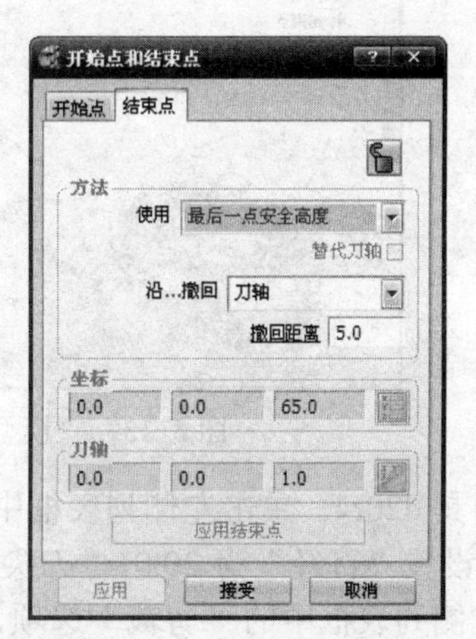

图 3-135　“开始点和结束点”对话框

4. *启动模型区域清除策略*

1）单击主工具栏上的“刀具路径策略”按钮，弹出“策略选取器”对话框，单击“三维区域清除”选项卡，在弹出的三维区域清除策略选项中选择“模型区域清除”加工策略，如图 3-136 所示。单击“接受”按钮完成。

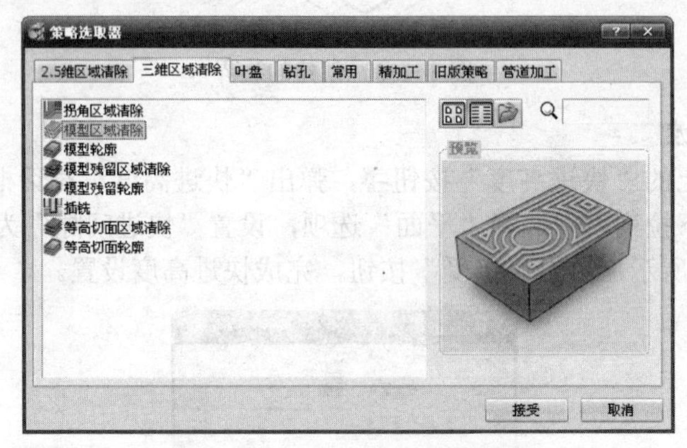

图 3-136 “策略选取器”对话框

2）在弹出的“模型区域清除”对话框中设置相关参数，如图 3-137 所示。

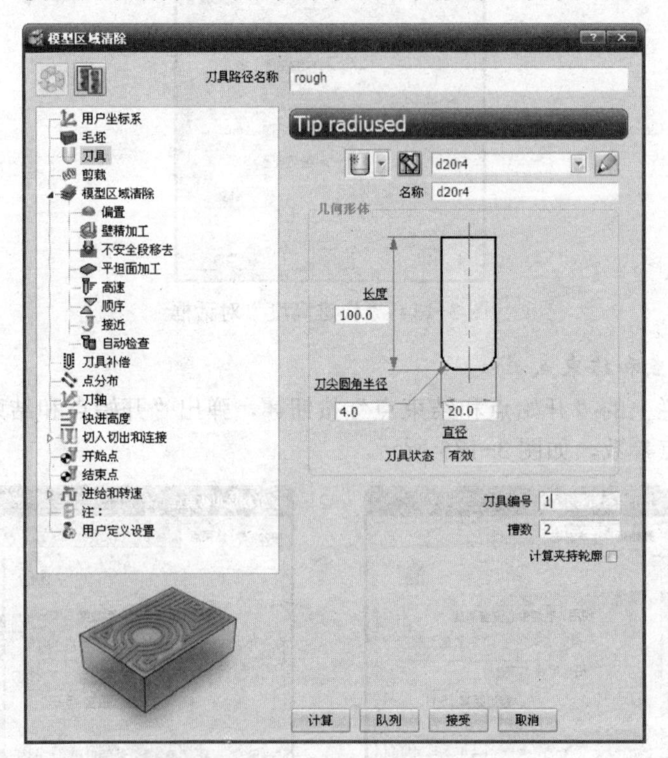

图 3-137 “模型区域清除”对话框

- 创建刀具 d20r4。单击左侧列表框中的“刀具”选项，在右侧选项卡中选择“刀尖圆角端铣刀”，设置“直径”为 20.0，“刀尖圆角半径”为 4.0。
- 单击左侧列表框中的“剪裁”选项，在右侧选项卡中设置“边界”为 1，“裁剪”为“保留内部”，如图 3-138 所示。

● 单击左侧列表框中的“模型区域清除”选项，在右侧选项卡中设置“行距”为 2.0，“下切步距”为 1.0，“切削方向”为“顺铣”，如图 3-139 所示。

● 单击左侧列表框中的“高速”选项，在右侧选项卡中选择“轮廓光顺”“光顺余量”和“摆线移动”复选框，选择“连接”为“光顺”，如图 3-140 所示。

图 3-138 剪裁参数

图 3-139 模型区域清除参数

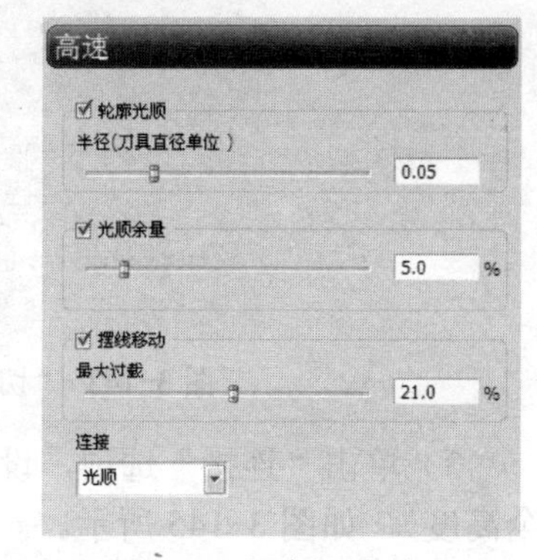

图 3-140 高速参数

5. 设置切入切出和连接

单击“模型区域清除”对话框左侧列表框中的“切入”“切出”和“连接”选项，设置切入切出参数。

1）选择“切入”选项，选择“斜向”切入方式，如图 3-141 所示。单击“斜向选项”按钮，弹出“斜向切入选项”对话框，设置相关参数，如图 3-142 所示。单击“接受”按钮完成。

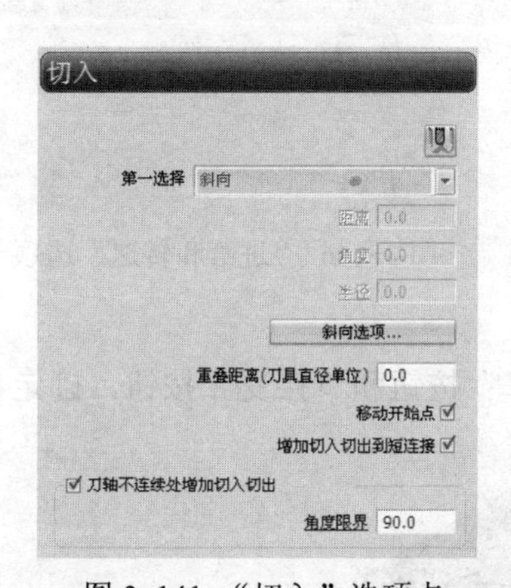

图 3-141 “切入”选项卡

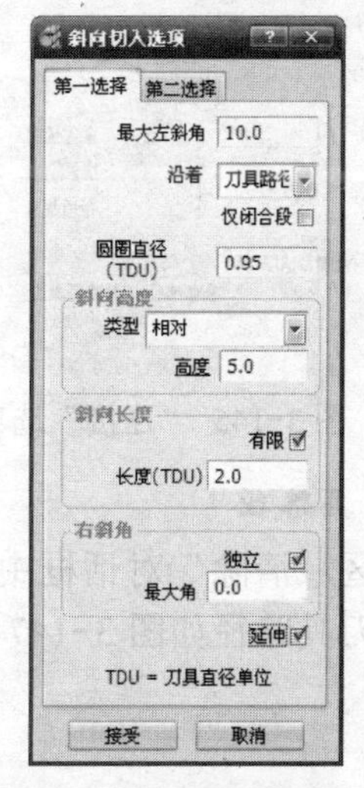

图 3-142 “斜向切入选项”对话框

2）选择“切出”选项，选择“斜向”切出方式，如图 3-143 所示。单击“斜向选项”按钮，弹出“斜向切出选项”对话框，设置相关参数，如图 3-144 所示。单击“接受”按钮完成。

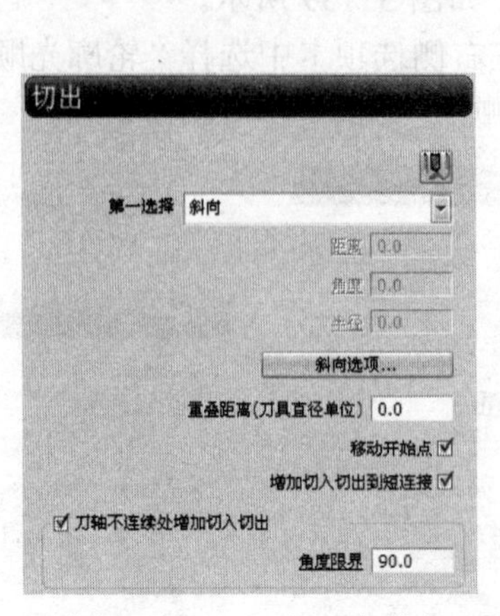

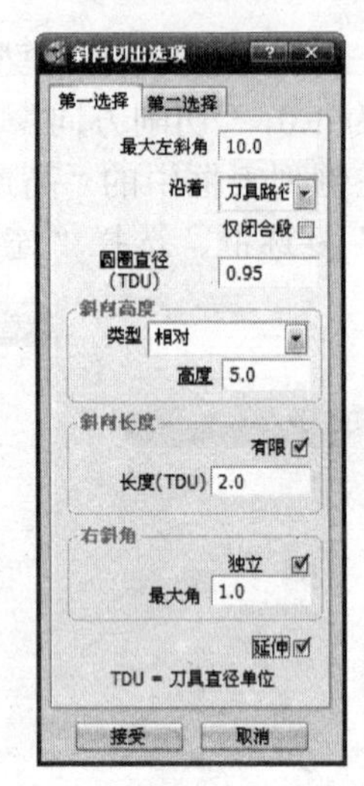

图 3-143 “切出”选项卡　　　　图 3-144 “斜向切出选项”对话框

3）单击“连接”选项，设置“短”为“圆形圆弧”，“长”为“掠过”，“缺省”为“安全高度”，如图 3-145 所示。

6. 设置进给率

单击左侧列表框中的“进给和转速”选项，在右侧选项卡中设置相关参数，如图 3-146 所示。

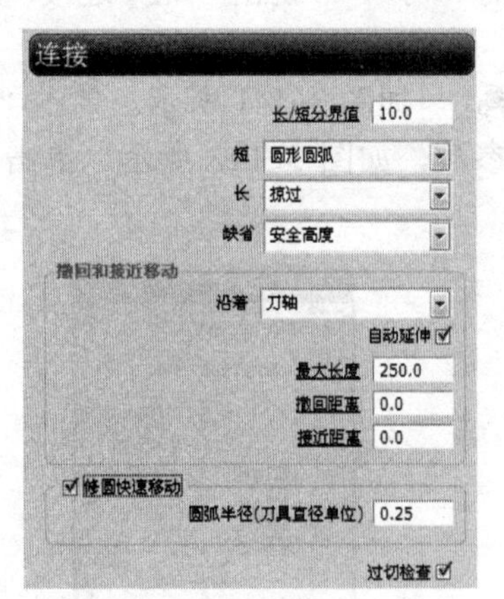

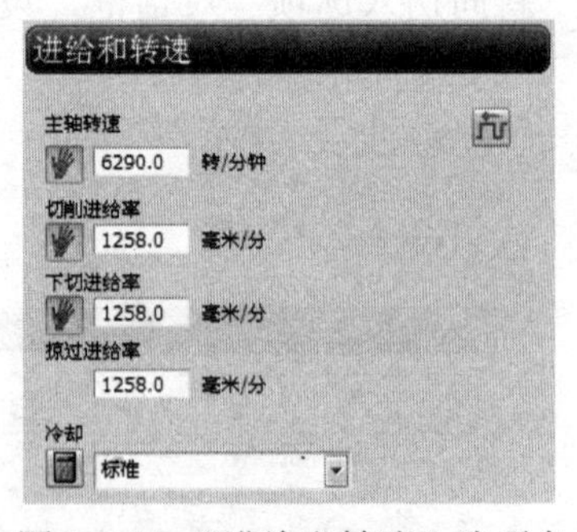

图 3-145 “连接”选项卡　　　　图 3-146 “进给和转速”选项卡

7. 生成刀具路径

在“模型区域清除”对话框中单击“计算”按钮和“接受”按钮，确定参数并退出对话框，生成的刀具路径如图 3-147 所示。

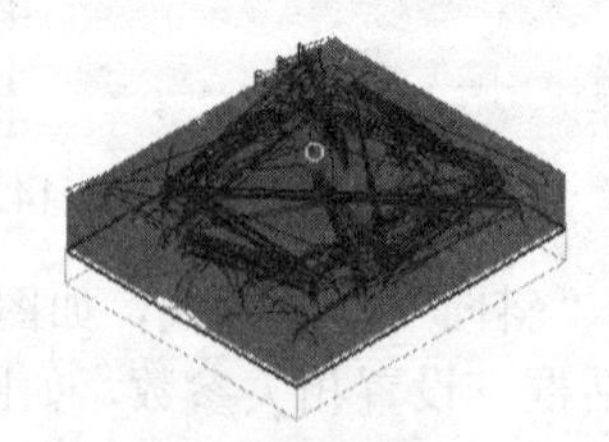

图 3-147 生成的刀具路径

8. *刀具路径实体仿真*

1）选择下拉菜单“查看”→“工具栏”→“ViewMill”命令，显示出“ViewMill”工具栏，单击“开/关 ViewMill”按钮，切换到仿真界面。然后单击“彩虹阴影图像”按钮。

2）在“仿真”工具栏的“当前刀具路径”下拉列表中选择要模拟的刀具路径 rough，然后单击“执行”按钮，系统开始自动仿真加工，仿真加工结果如图 3-148 所示。

图 3-148　仿真加工结果

3）单击“ViewMill”工具栏上的“退出 ViewMill”按钮，删除仿真加工并返回 PowerMILL 界面。

3.3.4.3　最佳等高半精加工

1. *启动最佳等高精加工*

1）单击主工具栏上的“刀具路径策略”按钮，弹出“策略选取器”对话框，单击“精加工”选项卡，在弹出的精加工策略选项中选择“最佳等高精加工”加工策略，如图 3-149 所示。单击“接受”按钮完成。

图 3-149 “策略选取器”对话框

2）在弹出的“最佳等高精加工”对话框中设置相关参数，如图 3-150 所示。

● 创建刀具 B10。单击左侧列表框中的“刀具”选项，在右侧选项卡中选择“球头刀”，设置“直径”为 10.0。

● 单击左侧列表框中的“最佳等高精加工”选项，在右侧选项卡中选中“螺旋”和“封闭式偏置”复选框，设置“行距”为残留高度 0.02，选中“使用单独的浅滩行距”复选框，设置“浅滩行距”为 1.0，如图 3-151 所示。

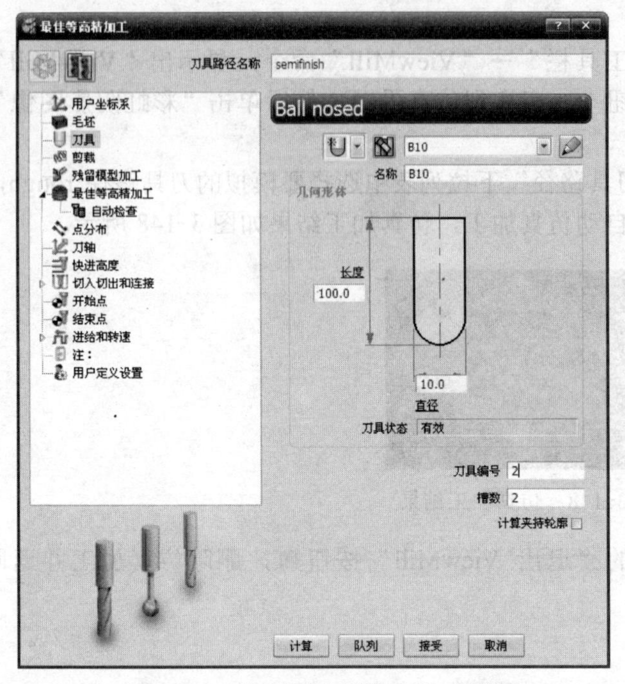

图 3-150 “最佳等高精加工”对话框

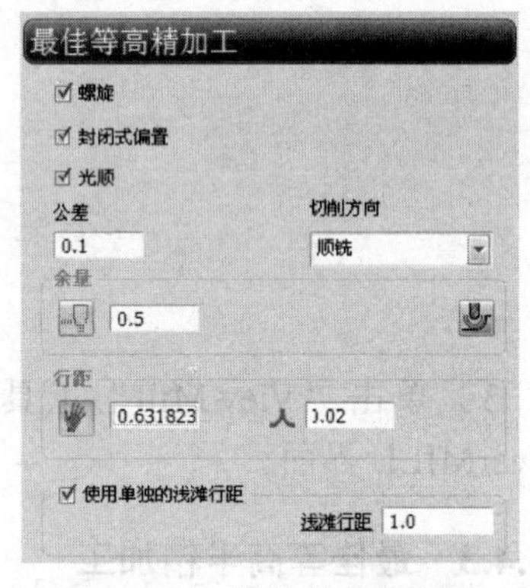

图 3-151 最佳等高精加工

2. **设置切入切出和连接**

单击“最佳等高精加工”对话框左侧列表框中的“切入”“切出”和“连接”选项，设置切入切出参数。

1）选择“切入”选项，选择“垂直圆弧”切入方式，“距离”为 5.0，“角度”为 60.0，“半径”为 5.0，如图 3-152 所示。

2）选择“切出”选项，选择“垂直圆弧”切入方式，“距离”为 5.0，“角度”为 60.0，“半径”为 5.0，如图 3-153 所示。

3. **设置进给率**

单击左侧列表框中的“进给和转速”选项，在右侧选项卡中设置相关参数，如图 3-154 所示。

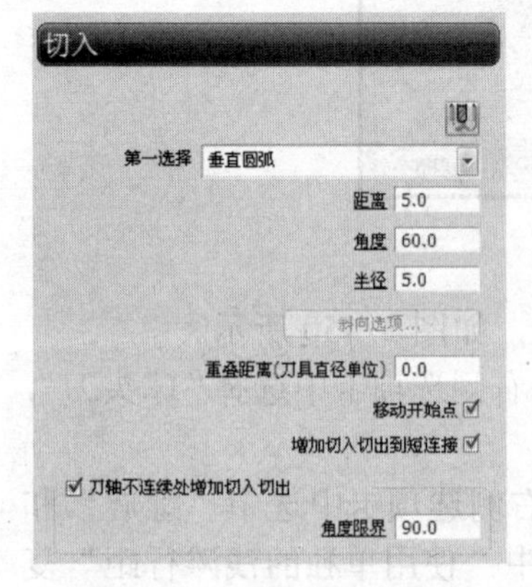

图 3-152 “切入”选项卡

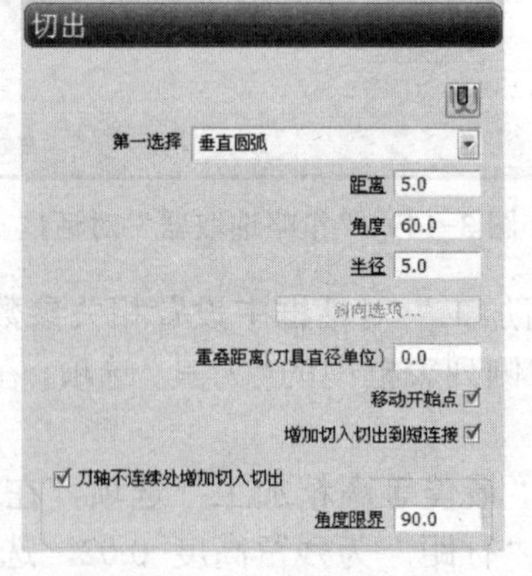

图 3-153 “切出”选项卡

图 3-154 进给和转速参数

4. *生成刀具路径*

在“最佳等高精加工”对话框中单击“应用”按钮和“接受”按钮，确定参数并退出对话框，生成的刀具路径如图 3-155 所示。

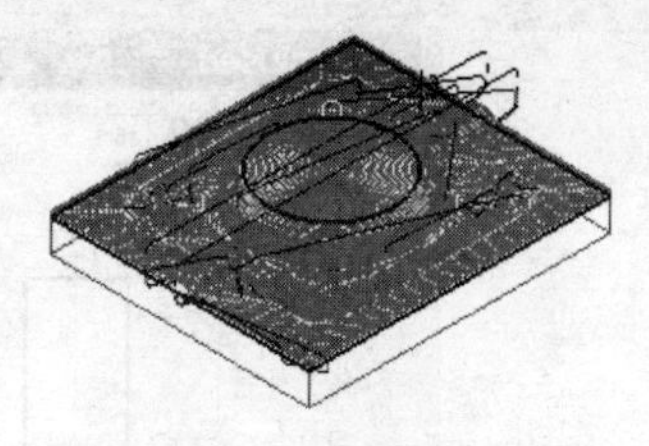

图 3-155 生成的刀具路径

5. *刀具路径实体仿真*

1）选择下拉菜单“查看”→“工具栏”→“ViewMill”命令，显示出“ViewMill”工具栏，单击“开/关 ViewMill”按钮，切换到仿真界面。然后单击“彩虹阴影图像”按钮。

2）在“仿真”工具栏的“当前刀具路径”下拉列表中选择要模拟的刀具路径 semifinish，然后单击“执行”按钮，系统开始自动仿真加工，仿真加工结果如图 3-156 所示。

3）单击“ViewMill”工具栏上的“退出 ViewMill”按钮，删除仿真加工并返回 PowerMILL 界面。

图 3-156 仿真加工结果

3.3.4.4 偏置平坦面精加工顶面

1. *启动偏置平坦面精加工*

1）单击主工具栏上的“刀具路径策略”按钮，弹出“策略选取器”对话框，单击“精加工”选项卡，在弹出的精加工策略选项中选择“偏置平坦面精加工”加工策略，如图 3-157 所示。单击“接受”按钮完成。

图 3-157 “策略选取器”对话框

2）在弹出的“偏置平坦面精加工”对话框中设置相关参数，如图 3-158 所示。

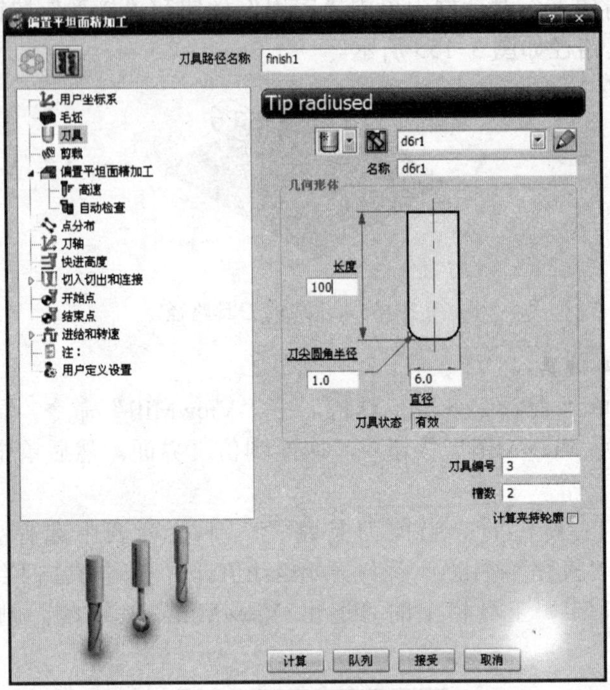

图 3-158 “偏置平坦面精加工”对话框

● 创建刀具 d6r1。单击左侧列表框中的“刀具”选项，在右侧选项卡中选择“刀尖圆角端铣刀”刀具，直径为 6.0，刀尖圆角半径为 1.0。

● 单击左侧列表框中的“偏置平坦面精加工”选项，在右侧选项卡中设置“平坦面公差”为 1.0，“行距”为残留高度 0.005，如图 3-159 所示。

● 单击左侧列表框中的“高速”选项，在右侧选项卡中选择“轮廓光顺”和“光顺余量”复选框，设置“连接”为“光顺”，如图 3-160 所示。

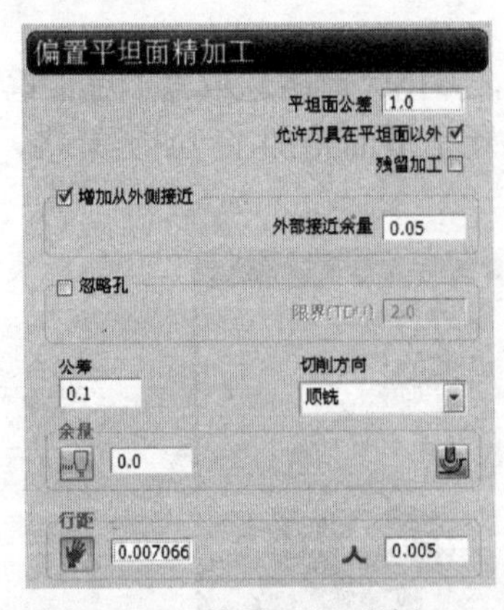

图 3-159 偏置平坦面精加工

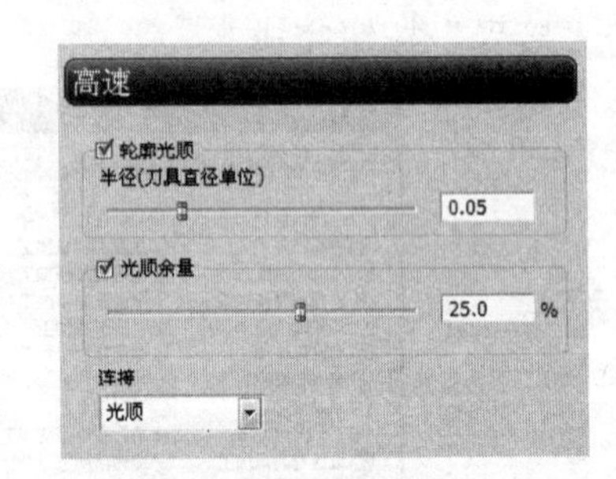

图 3-160 高速

2. **设置切入切出和连接**

单击“偏置平坦面精加工”对话框左侧列表框中的“切入”“切出”和“连接”选项，

设置切入切出参数。

1）选择“切入”选项，选择“水平圆弧”切入方式，设置“距离”为 0.0，“角度”为 30.0，“半径”为 2.0，如图 3-161 所示。

2）选择“切出”选项，选择“水平圆弧”切入方式，设置“距离”为 0.0，“角度”为 30.0，“半径”为 2.0，如图 3-162 所示。

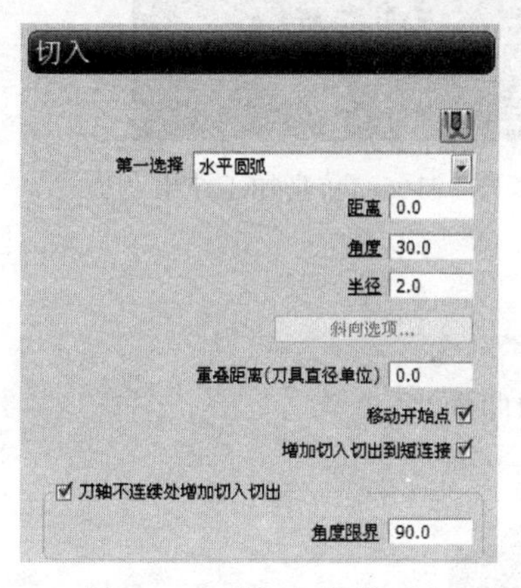

图 3-161　“切入”选项卡

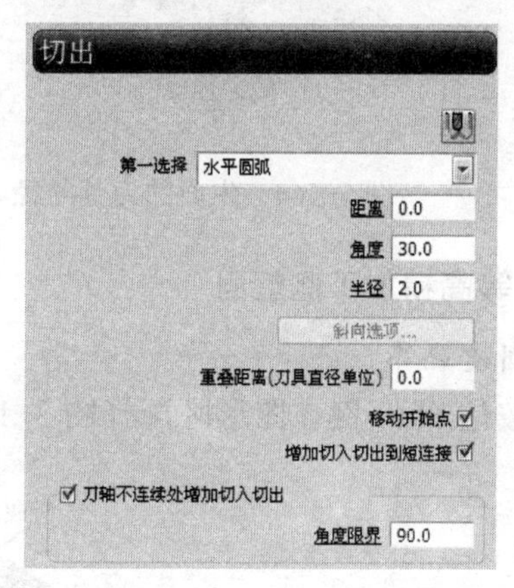

图 3-162　“切出”选项卡

3. 设置进给率

单击左侧列表框中的“进给和转速”选项，在右侧选项卡中设置相关参数，如图 3-163 所示。

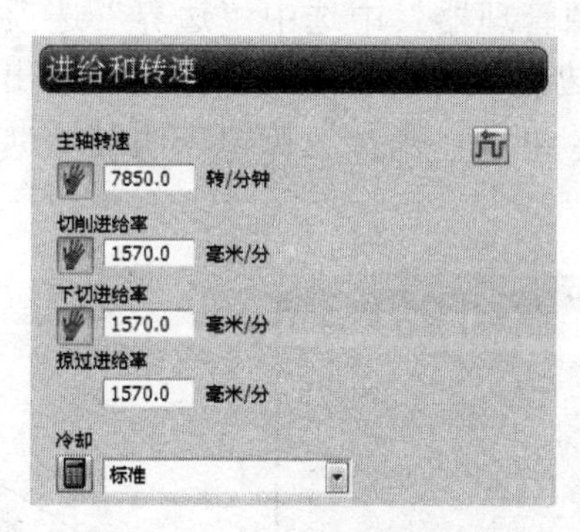

图 3-163　进给和转速参数

4. 生成刀具路径

在“偏置平坦面精加工”对话框中单击“应用”按钮和“接受”按钮，确定参数并退出对话框，生成的刀具路径如图 3-164 所示。

5. 刀具路径实体仿真

1）选择下拉菜单“查看”→“工具栏”→“ViewMill”命令，显示出“ViewMill”工具栏，单击“开/关 ViewMill”按钮，切换到仿真界面。然后单击“彩虹阴影图像”按钮。

2）在“仿真”工具栏的“当前刀具路径”下拉列表中选择要模拟的刀具路径 finish1，然后单击“执行”按钮，系统开始自动仿真加工，仿真加工结果如图 3-165 所示。

3）单击“ViewMill”工具栏上的“退出 ViewMill”按钮，删除仿真加工并返回PowerMILL界面。

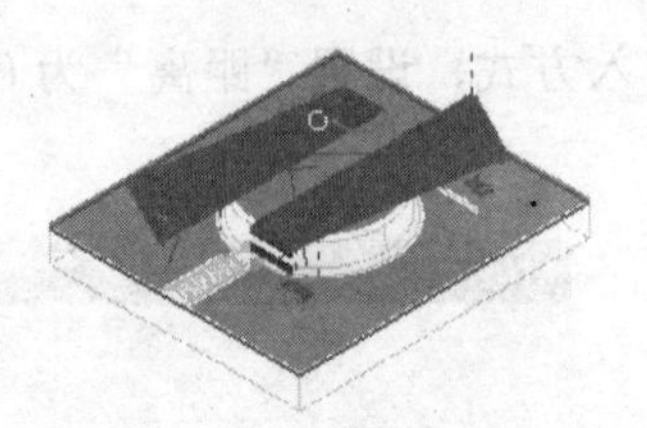

图 3-164 生成的刀具路径

图 3-165 仿真加工结果

3.3.4.5 等高精加工侧壁面

1. *创建边界*

1）按住 Shift 键在图形区选择图 3-166 所示的曲面。

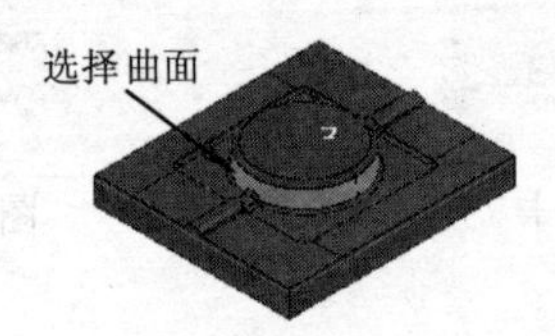

图 3-166 选择曲面

2）在“PowerMILL 资源管理器”中选中“边界”选项，单击鼠标右键，在弹出的快捷菜单中依次选择“定义边界”→“接触点”命令，弹出“接触点边界”对话框，单击“模型”按钮创建边界，单击“接受”按钮关闭对话框，创建的接触点边界结果如图 3-167 所示。

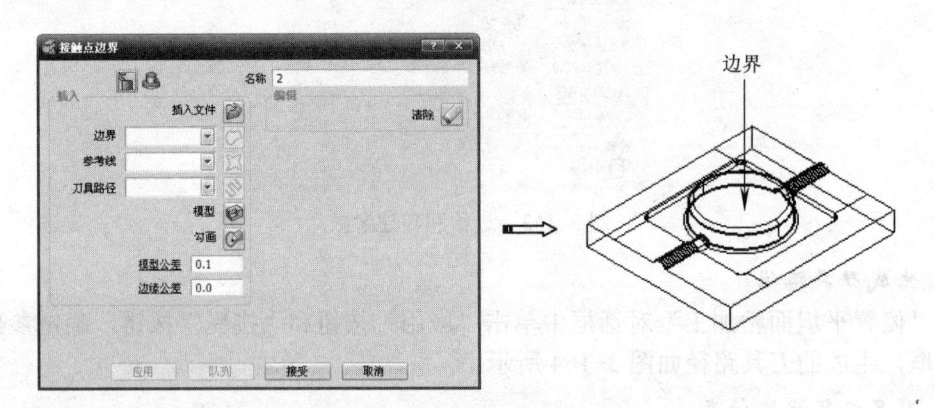

图 3-167 创建的接触点边界

2. *启动等高精加工*

1）单击主工具栏上的“刀具路径策略”按钮，弹出“策略选取器”对话框，单击“精加工”选项卡，在弹出的精加工策略选项中选择“等高精加工”加工策略，如图 3-168 所示。单击“接受”按钮完成。

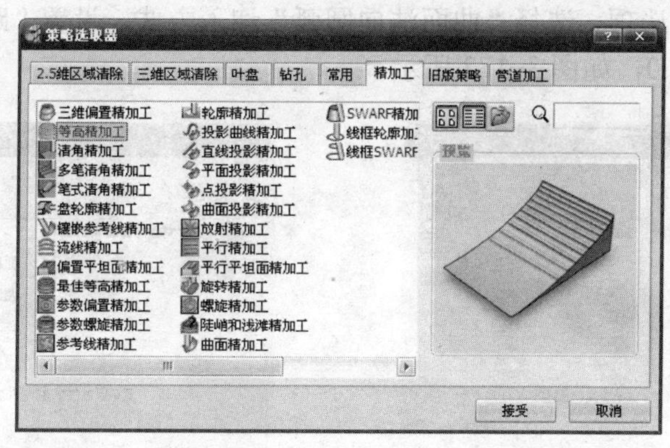

图 3-168　“策略选取器”对话框

2）在弹出的“等高精加工”对话框中设置相关参数，如图 3-169 所示。

● 选择刀具 B4。单击左侧列表框中的“刀具”选项，在右侧选项卡中选择“B4”球头刀。

● 单击左侧列表框中的“等高精加工”选项，在右侧选项卡中选中“螺旋”复选框，设置“最小下切步距”为 0.15，如图 3-170 所示。

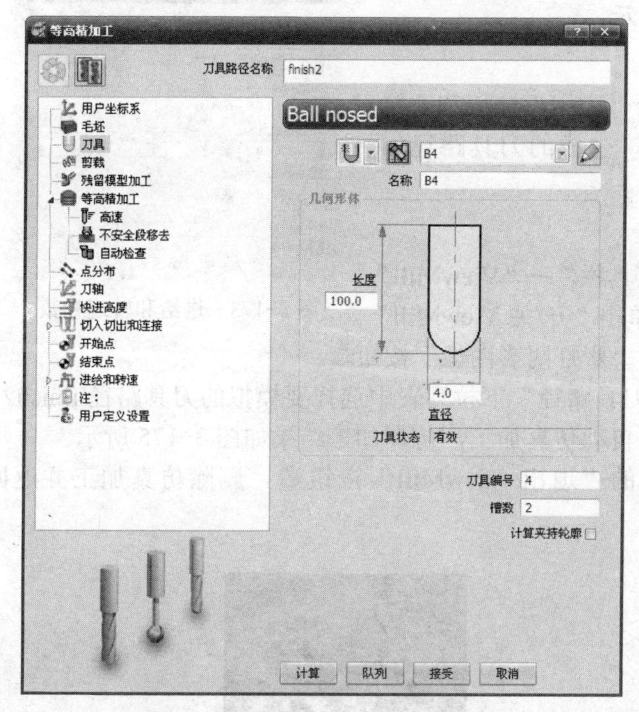

图 3-169　“等高精加工”对话框

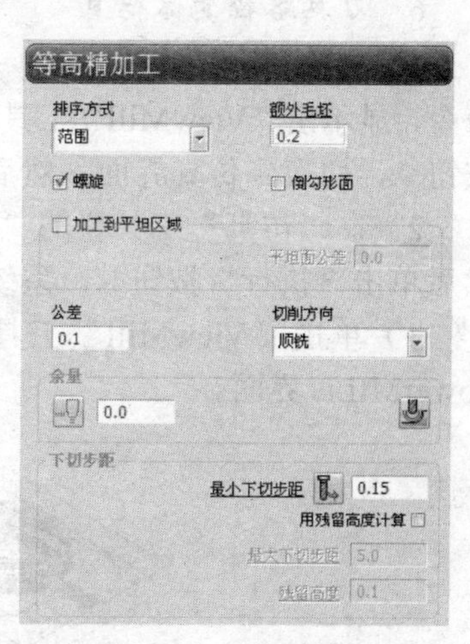

图 3-170　等高精加工

3. **设置切入切出和连接**

单击“等高精加工”对话框左侧列表框中的“切入”“切出”和“连接”选项，设置切入切出参数。

1）选择“切入”选项，选择“曲面法向圆弧”切入方式，设置“距离”为 0.0，“角度”为 30.0，“半径”为 2.0，如图 3-171 所示。

2）选择“切出”选项，选择“曲面法向圆弧”切入方式，设置“距离”为0.0，“角度”为30.0，“半径”为2.0，如图3-172所示。

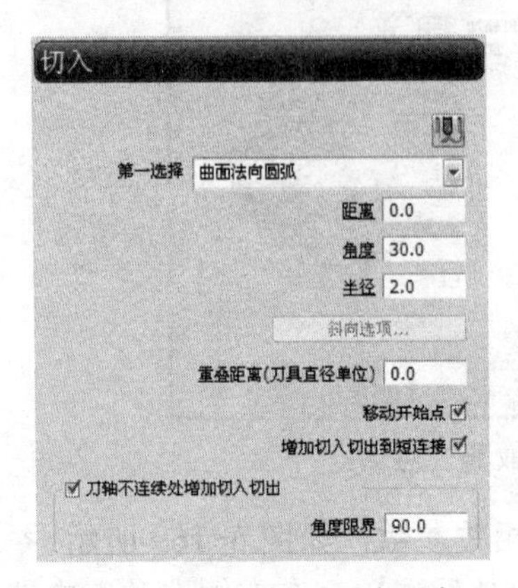

图3-171 “切入”选项卡

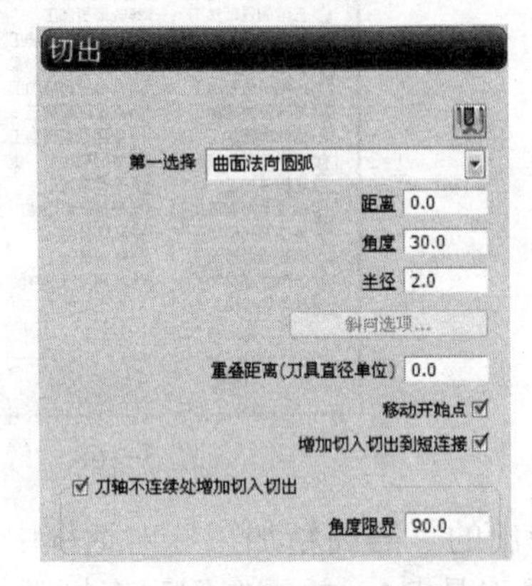

图3-172 “切出”选项卡

4. 设置进给率

单击左侧列表框中的“进给和转速”选项，在右侧选项卡中设置相关参数，如图3-173所示。

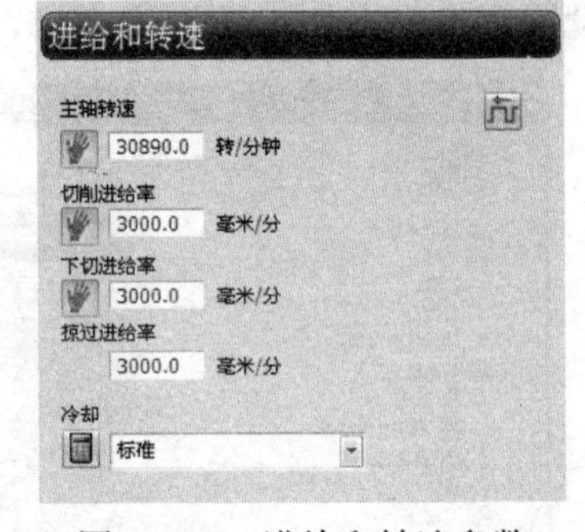

图3-173 进给和转速参数

5. 生成刀具路径

在“等高精加工”对话框中单击“应用”按钮和“接受”按钮，确定参数并退出对话框，生成的刀具路径如图3-174所示。

6. 刀具路径实体仿真

1）选择下拉菜单“查看”→“工具栏”→“ViewMill”命令，显示出“ViewMill”工具栏，单击“开/关 ViewMill”按钮，切换到仿真界面。然后单击“彩虹阴影图像”按钮。

2）在“仿真”工具栏的“当前刀具路径”下拉列表中选择要模拟的刀具路径finish2，然后单击“执行”按钮，系统开始自动仿真加工，仿真加工结果如图3-175所示。

3）单击“ViewMill”工具栏上的“退出 ViewMill”按钮，删除仿真加工并返回PowerMILL界面。

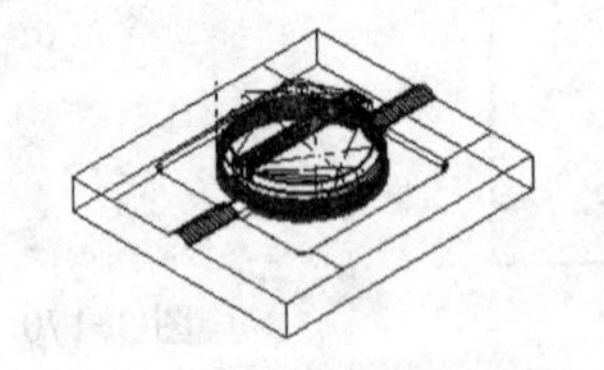

图3-174 生成的刀具路径

图3-175 仿真加工结果

3.3.4.6 参数偏置精加工圆角

1. 创建边界

1）在“PowerMILL 资源管理器”中选中“边界”选项，单击鼠标右键，在弹出的快捷菜单中依次选择“定义边界”→“用户定义”命令，弹出“用户定义边界”对话框，如图 3-176 所示。

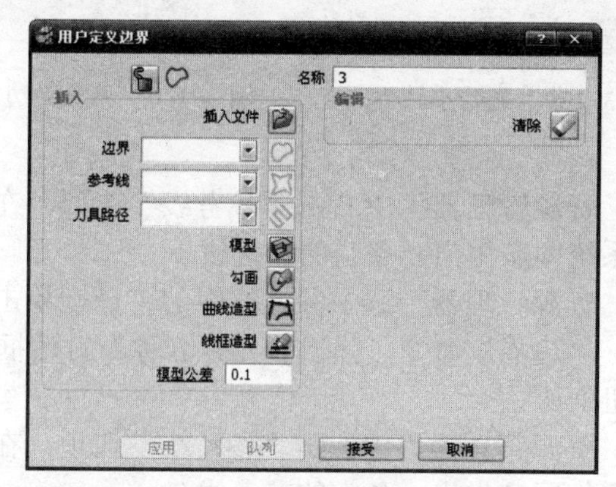

图 3-176 “用户定义边界”对话框

2）选择图 3-177 所示的曲面，然后单击“插入模型”按钮，单击“用户定义边界”对话框中的“接受”按钮即可完成边界创建，如图 3-177 所示。

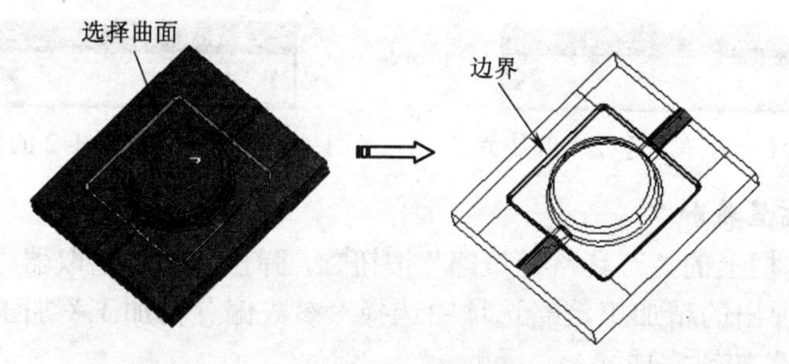

图 3-177　创建的边界

2. 编辑边界

1）在绘图区选择上一步所创建的边界 3，在该线上单击鼠标右键，在弹出的快捷菜单中选择“编辑”→“复制边界”命令，在 PowerMILL 资源管理器中可将复制出一个新边界，将其重新命令为 4，如图 3-178 所示。

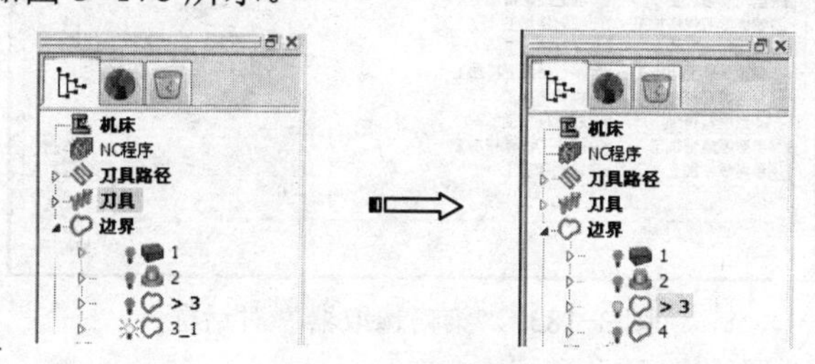

图 3-178　重命名边界

2）在边界 3 中选中小边界，单击 Delete 键删除，使其仅剩下大边界，如图 3-179 所示。

3）重复步骤 2)，在边界 4 中选中大边界，单击 Delete 键删除，使其仅剩下小边界，如图 3-180 所示。

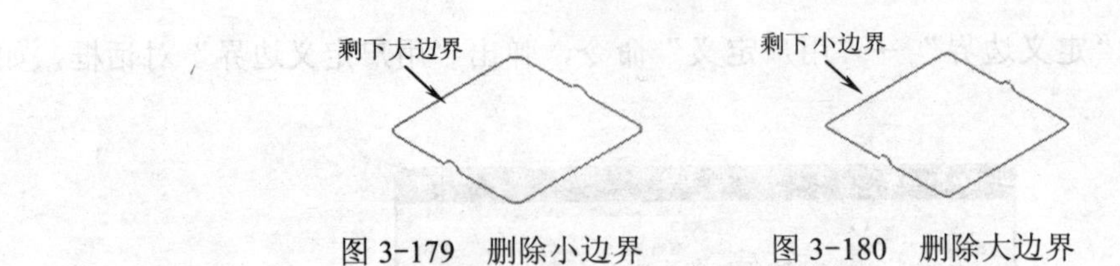

图 3-179 删除小边界　　图 3-180 删除大边界

3. *创建参考线*

1）在“PowerMILL 资源管理器”中右击“参考线”选项，在弹出的快捷菜单中选择“产生参考线”命令，系统即产生出一条空的参考线 1。

2）在“PowerMILL 资源管理器”选中参考线中的“1”，单击鼠标右键，在弹出的快捷菜单中选择“插入”→“边界”命令，弹出“元素名称”对话框，如图 3-181 所示。输入边界“3”，单击✓按钮确认。

3）在“PowerMILL 资源管理器”中右击“参考线”选项，在弹出的快捷菜单中选择“产生参考线”命令，系统即产生出一条空的参考线 2。

4）在“PowerMILL 资源管理器”选中参考线中的“2”，单击鼠标右键，在弹出的快捷菜单中选择“插入”→“边界”命令，弹出“元素名称”对话框，输入边界“4”，单击✓按钮确认，边界 4 转换为参考线 2，如图 3-182 所示。

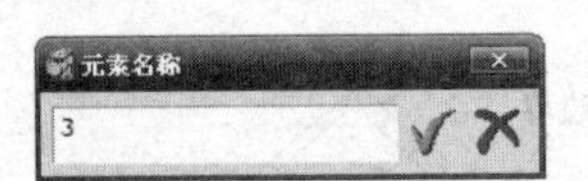

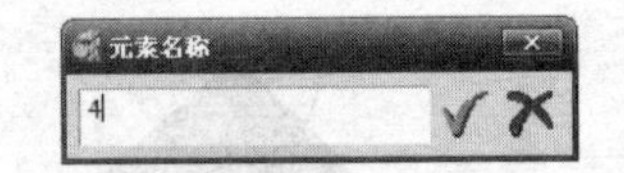

图 3-181 选择参考线 1 的边界 3　　图 3-182 选择参考线 2 的边界 4

4. *启动参数偏置精加工*

1）单击主工具栏上的“刀具路径策略”按钮，弹出“策略选取器”对话框，单击“精加工”选项卡，在弹出的精加工策略选项中选择“参数偏置精加工”加工策略，如图 3-183 所示。单击“接受”按钮完成。

图 3-183 “策略选取器”对话框

2）在弹出的“参数偏置精加工”对话框，单击左侧列表框中的“参数偏置精加工”选项，在右侧选项卡中选中参考线“1”作为开始曲线，选择参考线“2”作为结束曲线，在“偏置方向”下拉列表中选择“沿着”，如图 3-184 所示。

5. *生成刀具路径*

在“参数偏置精加工”对话框中单击“计算”按钮和“接受”按钮，确定参数并退出对话框，生成的刀具路径如图 3-185 所示。

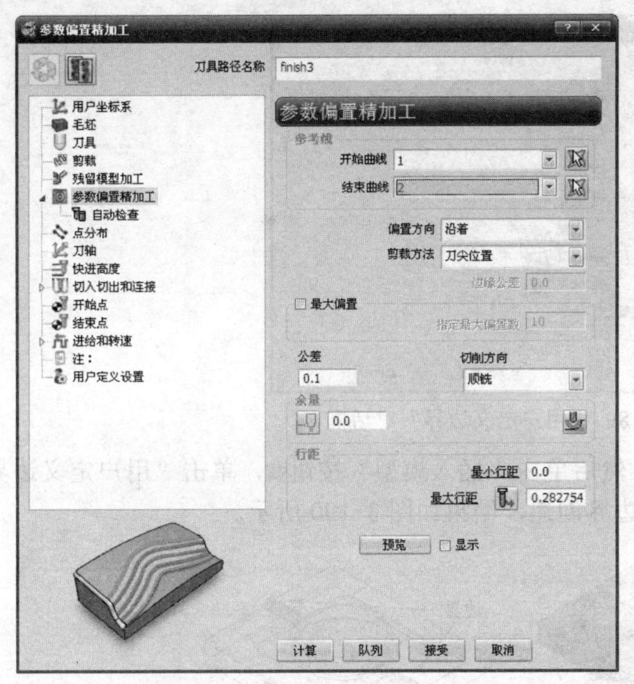

图 3-184 “参数偏置精加工”对话框

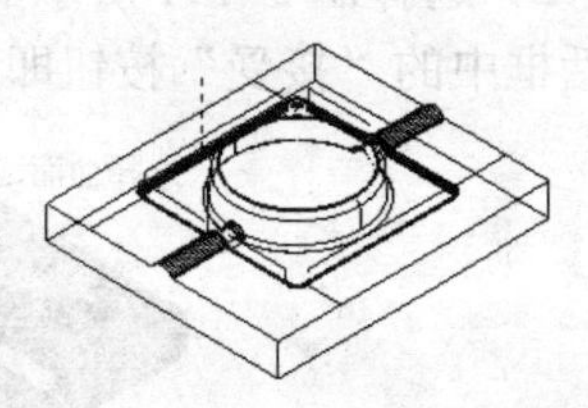

图 3-185 生成的刀具路径

6. *刀具路径实体仿真*

1）选择下拉菜单“查看”→“工具栏”→“ViewMill”命令，显示出“ViewMill”工具栏，单击“开/关 ViewMill”按钮，切换到仿真界面。然后单击“彩虹阴影图像”按钮。

2）在“仿真”工具栏的“当前刀具路径”下拉列表中选择要模拟的刀具路径 finish3，然后单击“执行”按钮，系统开始自动仿真加工，仿真加工结果如图 3-186 所示。

3）单击“ViewMill”工具栏上的“退出 ViewMill”按钮，删除仿真加工并返回 PowerMILL 界面。

7. *精加工另一圆角*

重复上述过程，精加工顶面的圆角，生成的刀具路径和实体验证分别如图 3-187、图 3-188 所示。

图 3-186 仿真加工结果

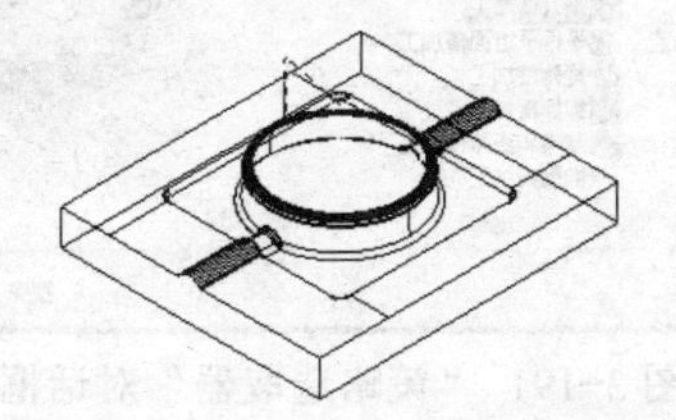

图 3-187 生成的刀具路径

图 3-188 仿真加工结果

3.3.4.7 平行精加工圆柱凸台

1. *创建边界*

1）在“PowerMILL 资源管理器”中选中“边界”选项，单击鼠标右键，在弹出的快捷菜单中依次选择“定义边界”→“用户定义”命令，弹出“用户定义边界”对话框，如

图 3-189 所示。

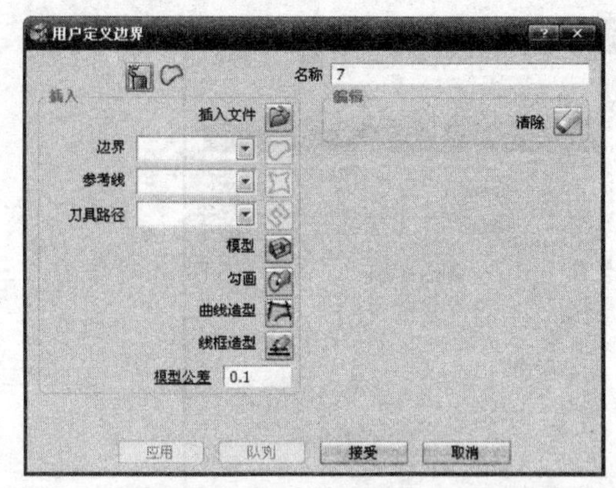

图 3-189 “用户定义边界”对话框

2）选择图 3-191 所示的曲面，然后单击“插入模型”按钮，单击“用户定义边界”对话框中的“接受”按钮即可完成边界创建，结果如图 3-190 所示。

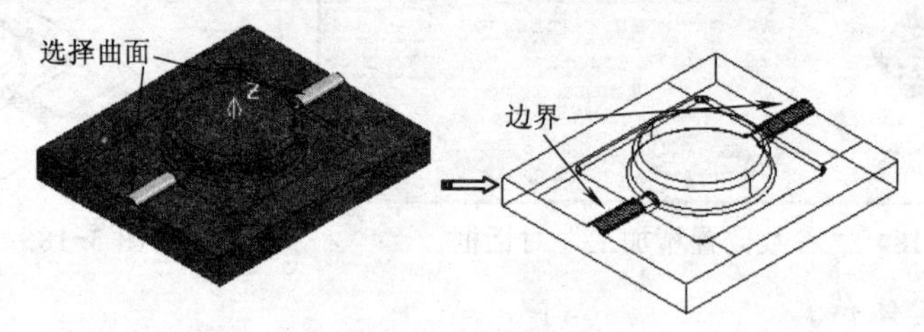

图 3-190 创建的边界

2. *启动平行精加工*

1）单击主工具栏上的“刀具路径策略”按钮，弹出“策略选取器”对话框，单击“精加工”选项卡，选中“平行精加工”选项，如图 3-191 所示。

图 3-191 “策略选取器”对话框

2）单击“接受”按钮，弹出“平行精加工”对话框，如图 3-192 所示。

● 单击左侧列表框中的“平行精加工”选项，在右侧选项卡中设置“开始角”为“左下”，“样式”为“双向”，如图 3-193 所示。

● 单击左侧列表框中的“高速”选项，在右侧选项卡中选择“修圆拐角”复选框，如图 3-194 所示。

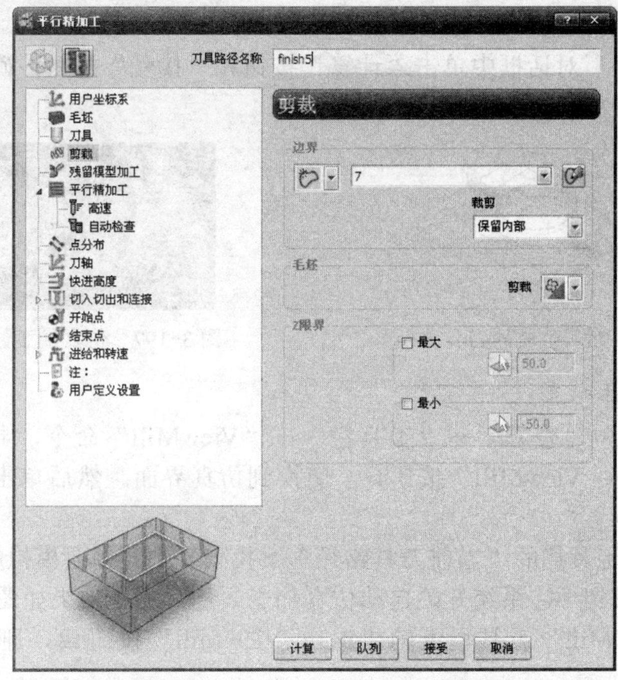

图 3-192　“平行精加工”对话框

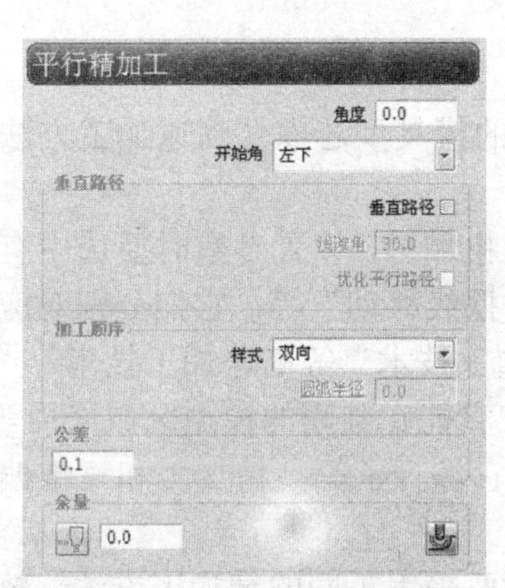

图 3-193　平行精加工参数

图 3-194　高速参数

3. **设置进给率**

单击左侧列表框中的“进给和转速”选项，在右侧选项卡中设置相关参数，如图 3-195 所示。

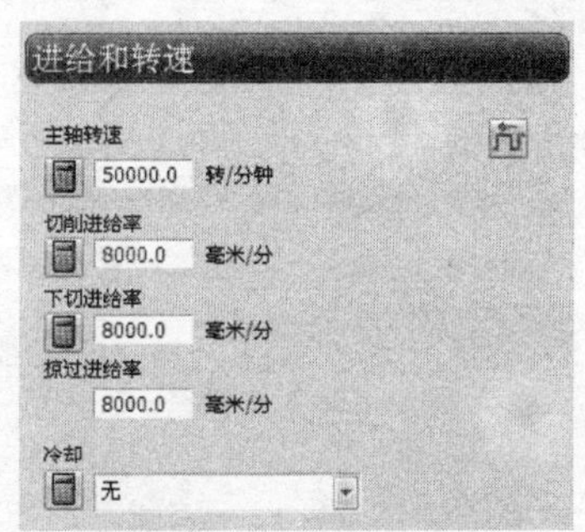

图 3-195　进给和转速参数

4. 生成刀具路径

在“平行精加工”对话框中单击“计算”按钮和“接受”按钮，确定参数并退出对话框，生成的刀具路径如图3-196所示。

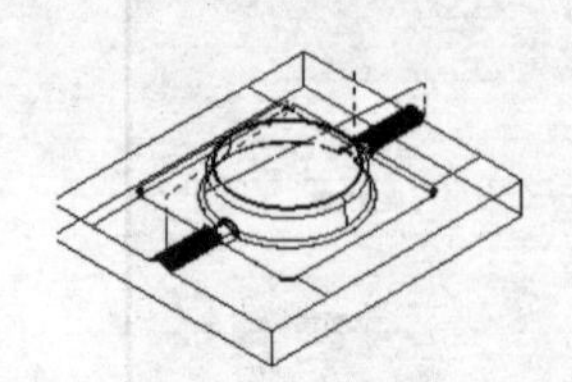

图3-196 生成的刀具路径

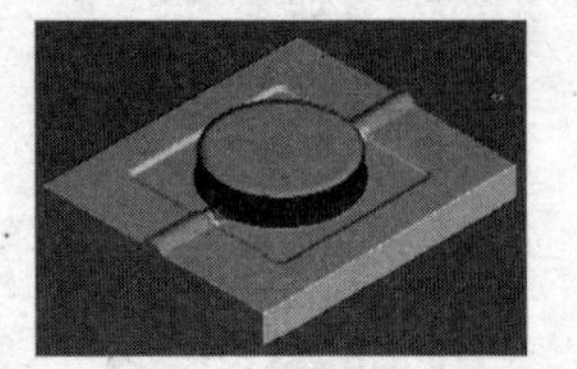

图3-197 仿真加工结果

5. 刀具路径实体仿真

1）选择下拉菜单“查看”→“工具栏”→“ViewMill”命令，显示出“ViewMill”工具栏，单击“开/关 ViewMill”按钮，切换到仿真界面。然后单击“彩虹阴影图像”按钮。

2）在“仿真”工具栏的“当前刀具路径”下拉列表中选择要模拟的刀具路径finish5，然后单击“执行”按钮，系统开始自动仿真加工，仿真加工结果如图3-197所示。

3）单击“ViewMill”工具栏上的“退出 ViewMill”按钮，删除仿真加工并返回PowerMILL界面。

3.3.5 实例总结

本节以烟灰缸凸模为例讲解了PowerMILL的模具型芯零件高速加工方法和具体应用步骤，读者在学习过程中要注意：

1）在高速加工中往往采用模型区域清除进行粗加工，设置参数时要选中有关的高速加工选项，主要包括“轮廓光顺”“光顺余量”和“摆线移动”等，它们分别对应于“倒圆行切加工技术”“赛车线加工技术”和“自动摆线加工技术”等高速加工技术。

2）在半精加工时往往采用最佳等高精加工，它能在陡峭的模型区域采用等高精加工，而在平坦区域使用三维偏置精加工的加工方式，它综合了等高精加工和三维偏置精加工的特点。

3）在精加工时，对于零件上不同特征的曲面要采用不同的精加工方法，熟练掌握各种精加工策略及其使用范围是实现零件高速加工的必要基础。

第 4 章　PowerMILL 2012 四轴高速加工范例

随着机械加工精度的要求和零件的复杂性的变化，四轴数控加工设备越来越多。目前最常见的四轴加工中心通常是在标准三轴加工中心的机床上增加 A 轴的旋转，从而在进行铣削加工的同时，对零件在 A 轴的方向上进行加工。本章结合 3 个具体实例，按照由浅入深的原则，来具体讲解 PowerMILL 四轴数控高速加工的操作方法和具体步骤。

4.1　入门实例—— 饮料瓶曲面高速加工

4.1.1　实例描述

饮料瓶如图 4-1 所示，材料为淬硬工具钢，加工表面的表面粗糙度值 *Ra* 为 0.8μm，工件安装在旋转台上。

4.1.2　加工方法分析

饮料瓶根据数控高速加工工艺要求，采用工艺路线为“粗加工”→“精加工”。饮料瓶曲面数控高速加工切削参数见表 4-1。

图 4-1　饮料瓶曲面

（1）粗加工

首先采用较大直径的刀具进行粗加工，以便去除大量多余留量，粗加工采用偏置区域清除策略的方法，刀具为ϕ12R2 的圆角刀，刀轴采用“垂直”方法加工上半部分，然后通过镜像刀具路径的方式加工下半部分。

（2）精加工

饮料瓶曲面采用旋转精加工来加工整个外形轮廓表面，刀具为ϕ4mm 的球刀。

表 4-1　饮料瓶曲面数控高速加工切削参数

刀具直径/mm	刀　齿　数	轴向深度/mm	径向切深/mm	主轴转速/（r/min）	进给速度/（mm/min）	加 工 方 式
12	2	1.5	2	4510	3520	粗加工
4	2	—	0.6	13530	4870	精加工

4.1.3　加工流程与所用知识点

饮料瓶曲面数控加工流程和知识点见表 4-2。

表 4-2 饮料瓶曲面加工流程和知识点

步　骤	知　识　点	设计流程效果图
Step 1：导入模型	加工模型的导入是数控编程的第一步，它是生成数控代码的前提与基础	
Step 2：创建毛坯	在数控加工中必须定义加工毛坯，产生的刀具路径始终在毛坯内部生成	
Step 3：偏置区域清除	模型区域清除策略具有非常恒定的材料切除率，但代价是刀具在工件上存在大量的快速移动（对高速加工来说是可以接受的）	
Step 4：刀具路径变换	应用刀具路径镜像功能可简化加工过程	
Step 5：旋转精加工	旋转精加工用于四轴铣床（X、Y、Z、A），用于加工带有非圆截面的回转体零件（数控车床上无法加工的类圆柱体）	

4.1.4 具体操作步骤

4.1.4.1 加工准备

1. **导入模型文件**

1）选择下拉菜单“工具”→“重设表格”命令，将所有表格重新设置为系统默认状态。

2）选择下拉菜单中的“文件”→“输入模型”命令，弹出“输入模型”对话框，选择“drinkbottle.dgk”（“随书光盘：\第4章\4.1\uncompleted\drinkbottle.dgk”）文件，单击“打开”按钮即可，如图4-2所示。

图 4-2 导入模型文件

2. 创建毛坯

1）单击主工具栏上的“毛坯”按钮，弹出“毛坯”对话框。在“由...定义”下拉列表中选择“方框”，单击“估算限界”框中的“计算”按钮，然后单击 X 方向的“最大”和“最小”后的按钮变成按钮锁紧该方向尺寸，设置“扩展”为 10.0，单击“计算”按钮，设置相关参数，如图 4-3 所示。

2）单击“接受”按钮，图形区显示所创建的毛坯，如图 4-4 所示。

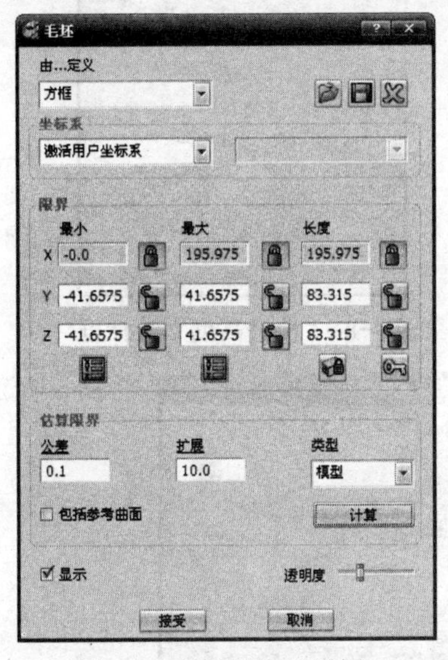

图 4-3 “毛坯”对话框

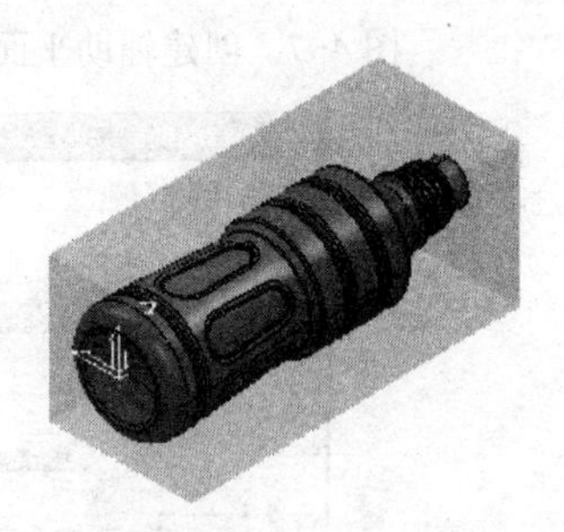

图 4-4 创建的毛坯

4.1.4.2 模型区域清除粗加工

1. 创建辅助平面

1）在“PowerMILL 资源管理器”中选中“模型”选项，在弹出的快捷菜单中选择“产生平面”→“自毛坯”命令，弹出“输入平面的 Z 轴高度”对话框，输入-1，如图 4-5、图 4-6 所示。

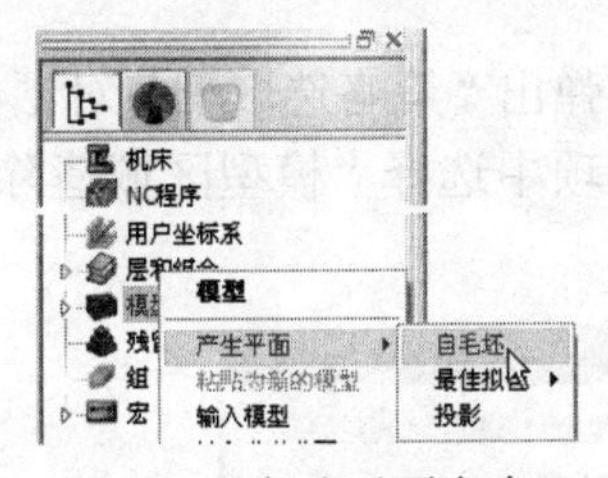

图 4-5 启动平面命令

图 4-6 “输入平面的 Z 轴高度”对话框

2）单击按钮，创建出图 4-7 所示的辅助平面，用于控制 Z 轴的加工深度。

2. 设置快进高度

单击主工具栏上的“快进高度”按钮，弹出“快进高度”对话框。在“几何体”选项的“安全区域”下拉列表中选择“平面”选项，设置“快进间隙”为 10.0，“下切间隙”为 5.0，如图 4-8 所示，单击“接受”按钮，完成快进高度设置。

3. 设置开始点和结束点

单击主工具栏上的“开始点和结束点”按钮，弹出“开始点和结束点”对话框，设置开始点和结束点参数如图 4-9 所示。

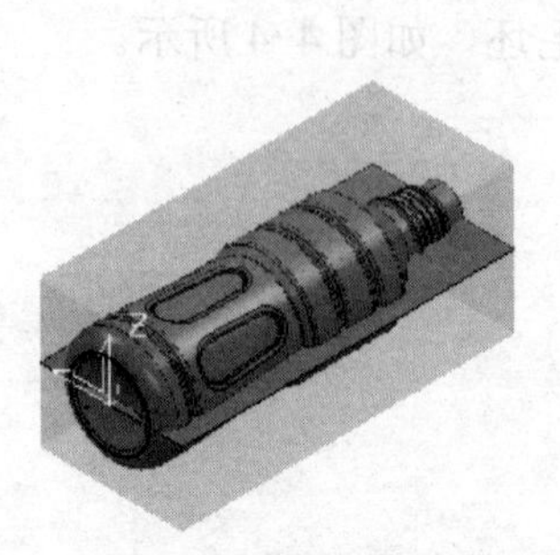

图 4-7 创建辅助平面

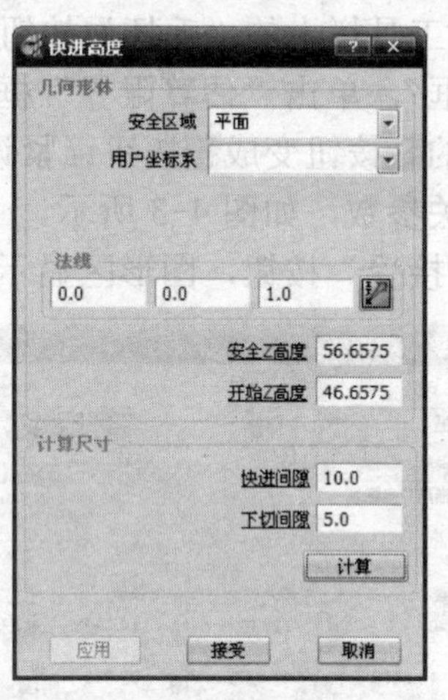

图 4-8 “快进高度”对话框

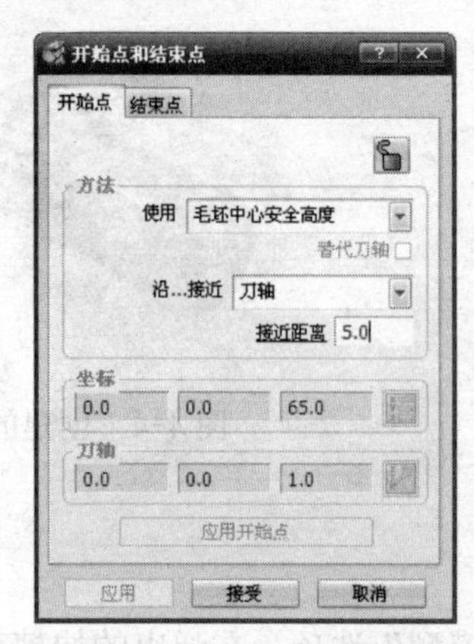

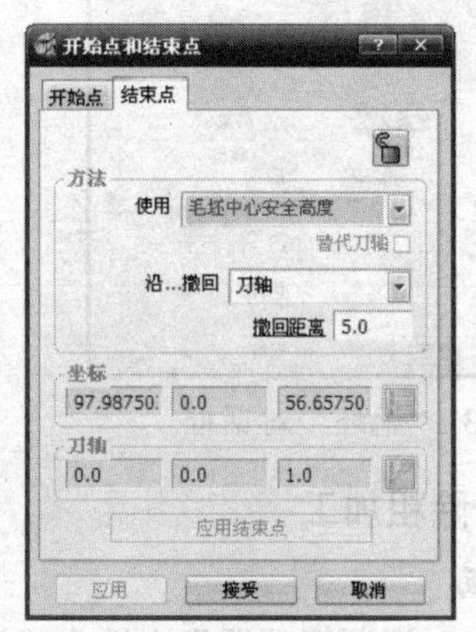

图 4-9 “开始点和结束点”对话框

4. *启动模型区域清除策略*

1）单击主工具栏上的“刀具路径策略”按钮，弹出“策略选取器”对话框，单击“三维区域清除”选项卡，在弹出的三维区域清除策略选项中选择“模型区域清除”加工策略，如图 4-10 所示。单击“接受”按钮完成。

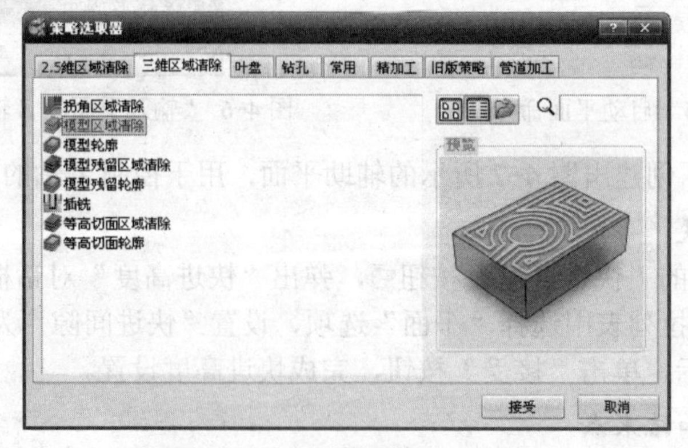

图 4-10 “策略选取器”对话框

2）在弹出的“模型区域清除”对话框中设置相关参数，如图 4-11 所示。

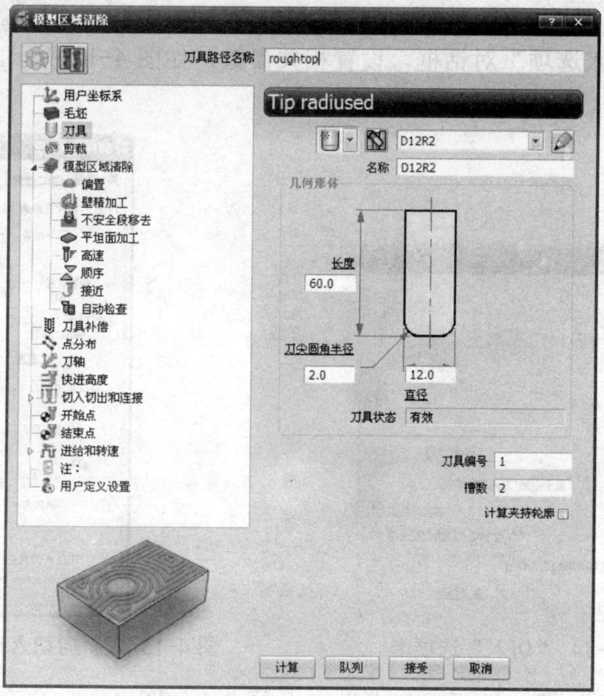

图 4-11　“模型区域清除”对话框

- 创建刀具 D12R2。单击左侧列表框中的“刀具”选项，在右侧选项卡中选择“刀尖圆角端铣刀”，设置“直径”为 12.0，“刀尖圆角半径”为 2.0，刀具编号为 1。
- 单击左侧列表框中的“模型区域清除”选项，在右侧选项卡中设置“行距”为 2.0，“下切步距”为 1.5，“切削方向”为“顺铣”，如图 4-12 所示。
- 单击左侧列表框中的“高速”选项，在右侧选项卡中选择“轮廓光顺”“光顺余量”和“摆线移动”复选框，选择“连接”为“光顺”，如图 4-13 所示。

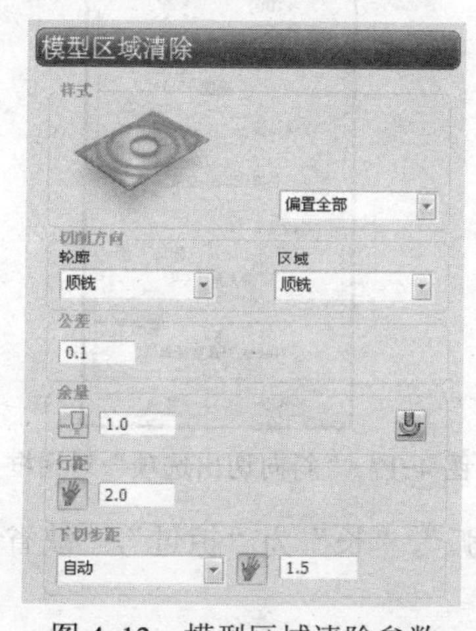

图 4-12　模型区域清除参数

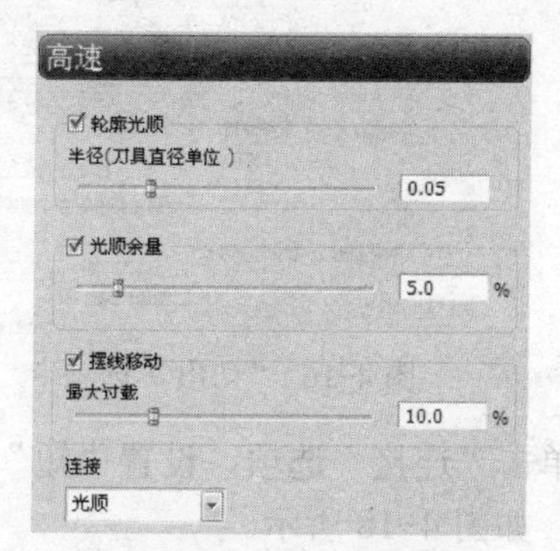

图 4-13　高速参数

5. **设置切入切出和连接**

单击“模型区域清除”对话框左侧列表框中的“切入”“切出”和“连接”选项，设置

切入切出参数。

1）选择“切入”选项，选择“斜向”切入方式，如图 4-14 所示。单击“斜向选项”按钮，弹出“斜向切入选项”对话框，设置相关参数，如图 4-15 所示。单击“接受”按钮完成。

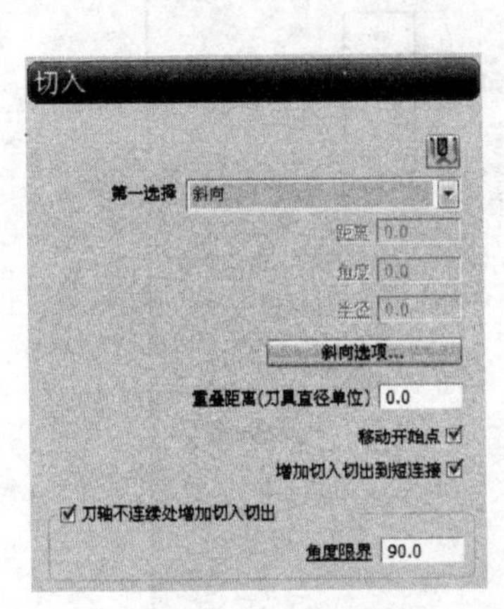

图 4-14 “切入”选项卡

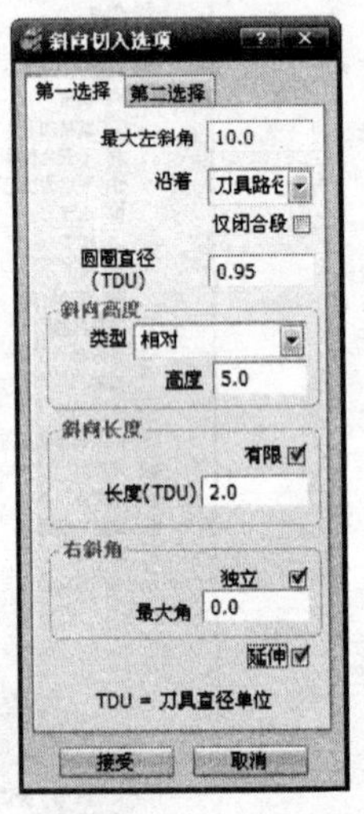

图 4-15 “斜向切入选项”对话框

2）选择“切出”选项，选择“斜向”切出方式，如图 4-16 所示。单击“斜向选项”按钮，弹出“斜向切出选项”对话框，设置相关参数，如图 4-17 所示。单击“接受”按钮完成。

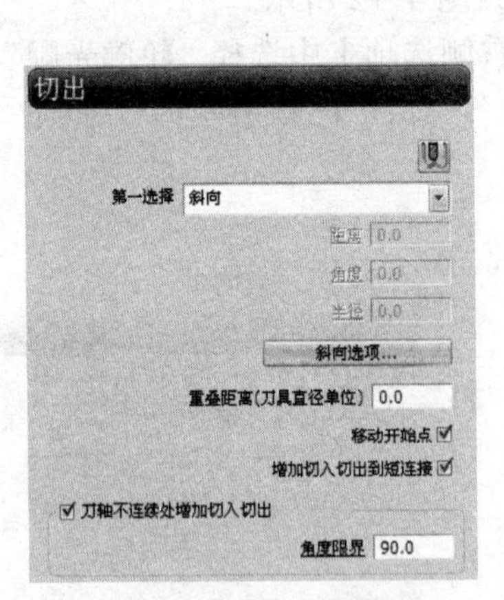

图 4-16 “切出”选项卡

图 4-17 “斜向切出选项”对话框

3）单击“连接”选项，设置“短”为“圆形圆弧”，“长”为“掠过”，“缺省”为“安全高度”，如图 4-18 所示。

6. 设置进给率

单击左侧列表框中的“进给和转速”选项，在右侧选项卡中设置相关参数，如图 4-19 所示。

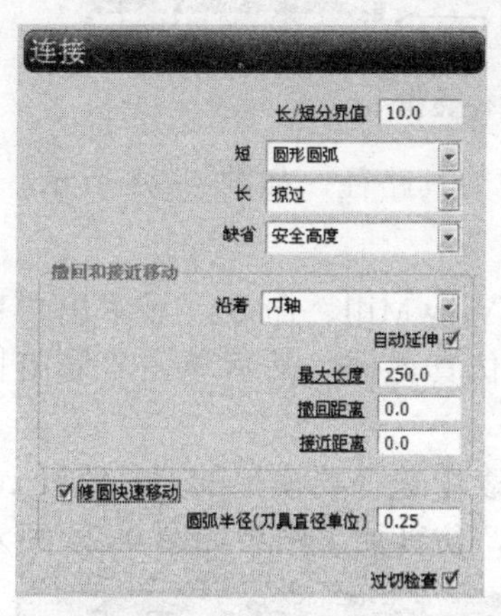

图 4-18 “连接”选项卡

图 4-19 “进给和转速”选项卡

7. ***生成刀具路径***

在“模型区域清除”对话框中单击“计算”按钮和“接受”按钮，确定参数并退出对话框，生成的刀具路径如图 4-20 所示。

8. ***刀具路径实体仿真***

1）选择下拉菜单“查看”→“工具栏”→“ViewMill”命令，显示出“ViewMill”工具栏，单击“开/关 ViewMill”按钮，切换到仿真界面。然后单击“彩虹阴影图像”按钮。

2）在“仿真”工具栏的“当前刀具路径”下拉列表中选择要模拟的刀具路径 rough，然后单击“执行”按钮，系统开始自动仿真加工，仿真加工结果如图 4-21 所示。

3）单击“ViewMill”工具栏上的“退出 ViewMill”按钮，删除仿真加工并返回 PowerMILL 界面。

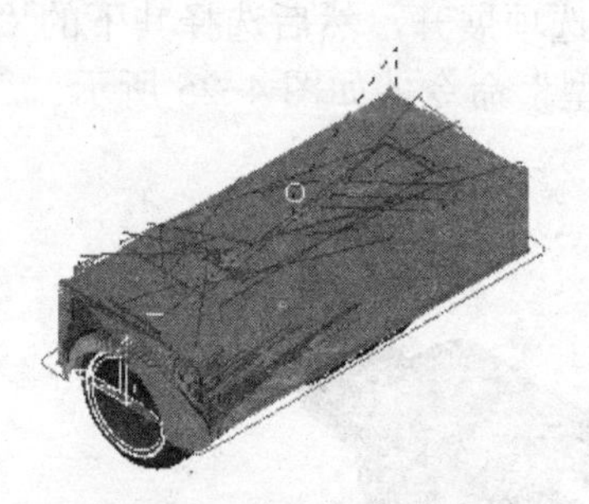

图 4-20 生成的刀具路径

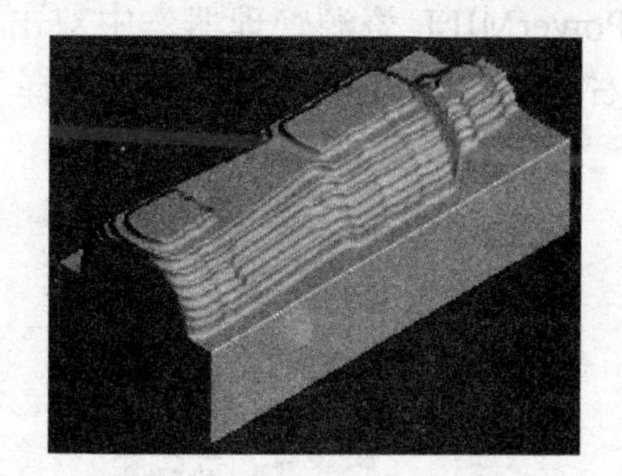

图 4-21 仿真加工结果

4.1.4.3 刀具路径镜像

上一步只加工了饮料瓶的上部分，对饮料瓶下部分的加工采用的方法与上部分完全相同，故采用变换刀具路径的方法来实现。

1. ***变换刀具路径***

1）单击“刀具路径”工具栏上的“变换”按钮，在弹出的工具栏中选择“镜像”按钮，弹出“镜像”工具栏，选择按钮，如图 4-22 所示。

图 4-22 镜像刀具路径操作

2）单击工具栏上的✓按钮，完成镜像操作生成刀具路径，如图 4-23 所示。

2. ***刀具路径实体仿真***

1）选择下拉菜单“查看”→“工具栏”→“ViewMill”命令，显示出“ViewMill”工具栏，单击“开/关 ViewMill”按钮，切换到仿真界面。然后单击“彩虹阴影图像”按钮。

2）在“仿真”工具栏的“当前刀具路径”下拉列表中选择要模拟的刀具路径 roughtop-1，然后单击“执行”按钮，系统开始自动仿真加工，仿真加工结果如图 4-24 所示。

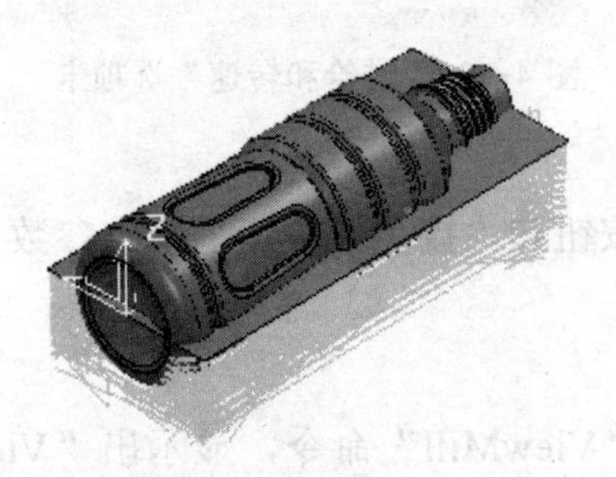

图 4-23 变换后的刀具路径

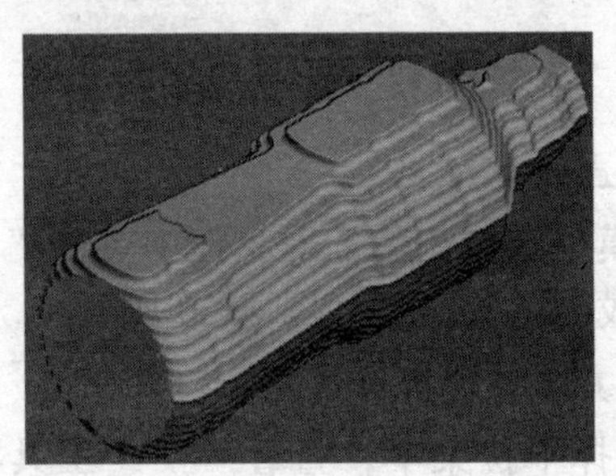

图 4-24 仿真加工结果

3）单击“ViewMill”工具栏上的“退出 ViewMill”按钮，删除仿真加工并返回 PowerMILL 界面。

4.1.4.4 旋转精加工

1. ***删除辅助平面***

在“PowerMILL 资源管理器”中双击“模型”选项展开，然后选择其下的“Planes”，单击鼠标右键，在弹出的快捷菜单中选择“删除模型”命令，如图 4-25 所示。

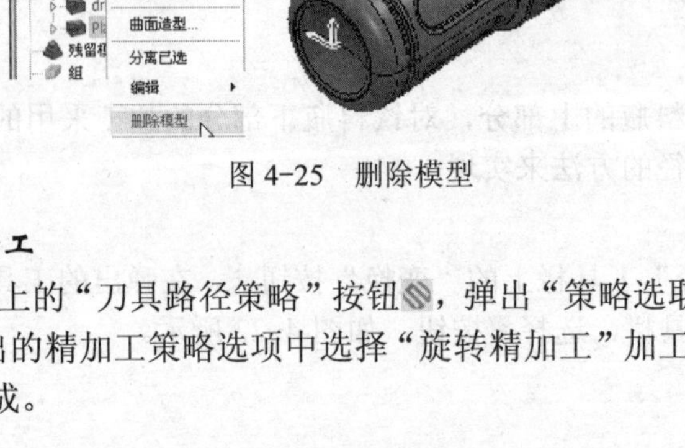

图 4-25 删除模型

2. ***启动旋转精加工***

1）单击主工具栏上的“刀具路径策略”按钮，弹出“策略选取器”对话框，单击“精加工”选项卡，在弹出的精加工策略选项中选择“旋转精加工”加工策略，如图 4-26 所示。单击“接受”按钮完成。

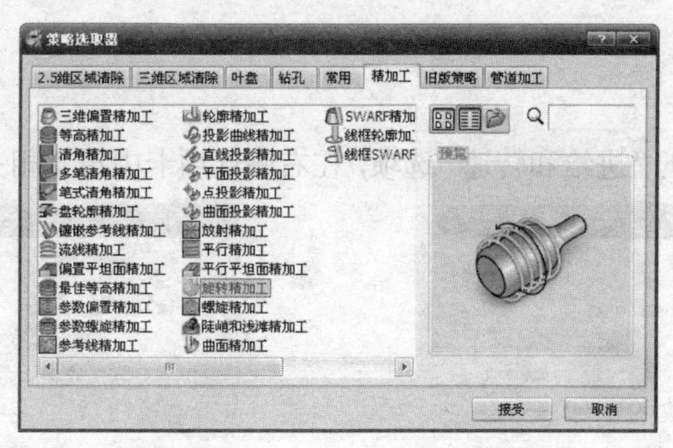

图 4-26　“策略选取器”对话框

2）在弹出的“旋转精加工”对话框中设置相关参数，如图 4-27 所示。

● 创建刀具 B4。单击左侧列表框中的“刀具”选项，在右侧选项卡中选择“球头刀”，设置“直径”为 4.0，“刀具编号”为 2。

● 单击左侧列表框中的“旋转精加工”选项，在右侧选项卡中设置“X 轴极限尺寸”为开始-0.0 和结束 195.975，“样式”为“螺旋”，其他参数如图 4-28 所示。

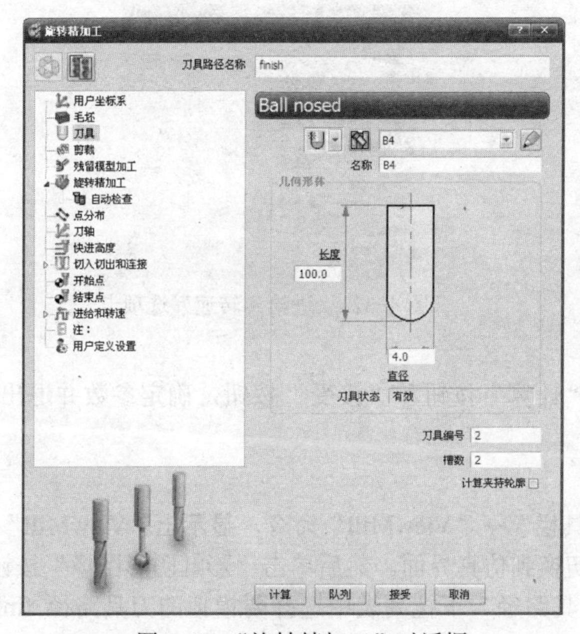

图 4-27 “旋转精加工”对话框

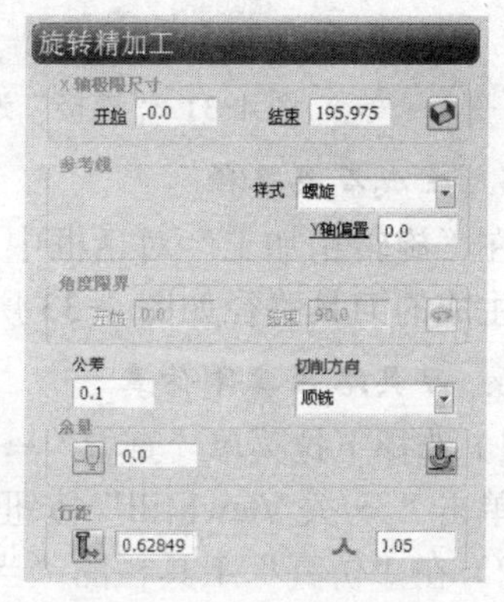

图 4-28　旋转精加工参数

3. 设置切入切出和连接

单击“旋转精加工”对话框左侧列表框中的“切入”“切出”和“连接”选项，设置切入切出参数。

1）选择“切入”选项，选择“曲面法向圆弧”切入方式，设置“距离”为 2.0，“角度”为 30.0，“半径”为 5.0，如图 4-29 所示。

2）选择“切出”选项，选择“曲面法向圆弧”切入方式，设置“距离”为 2.0，“角度”为 30.0，“半径”为 5.0，如图 4-30 所示。

3）单击“连接”选项，设置“短”为“曲面上”，“长”为“掠过”，“缺省”为“安全高度”，如图 4-31 所示。

4. 设置进给率

单击左侧列表框中的“进给和转速”选项，在右侧选项卡中设置相关参数，如图 4-32 所示。

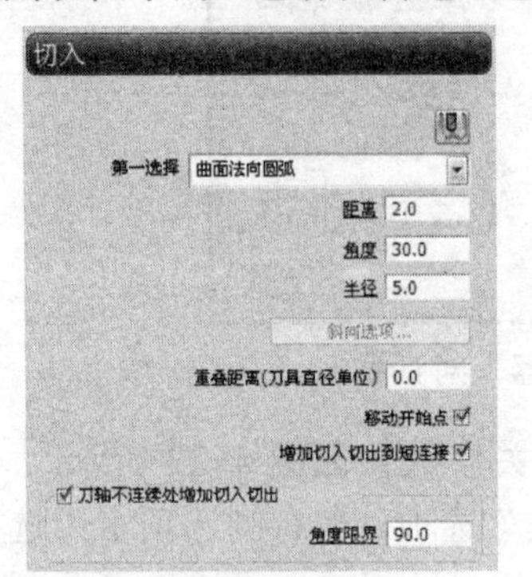

图 4-29 “切入”选项卡

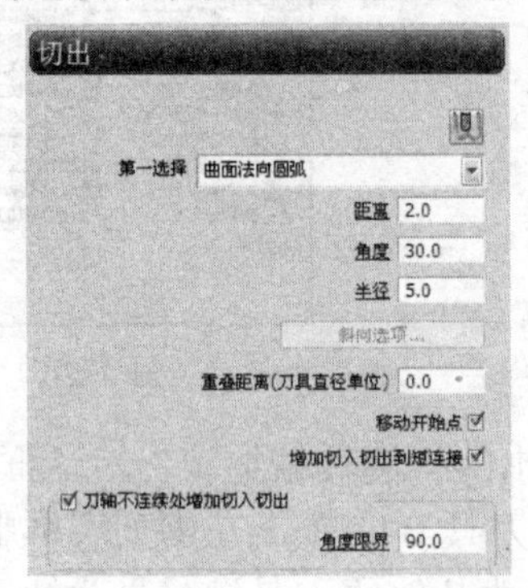

图 4-30 “切出”选项卡

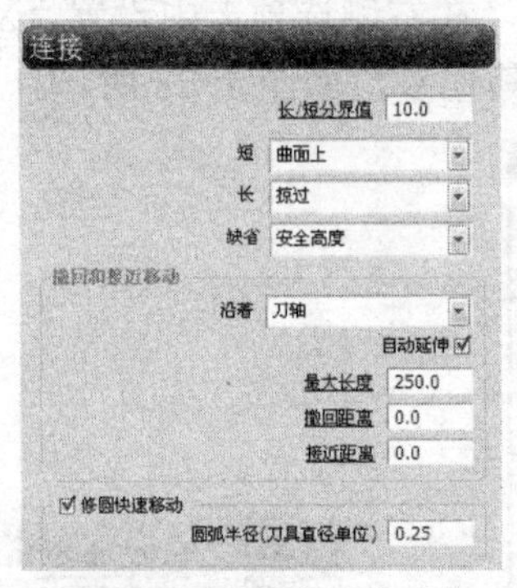

图 4-31 “连接”选项卡

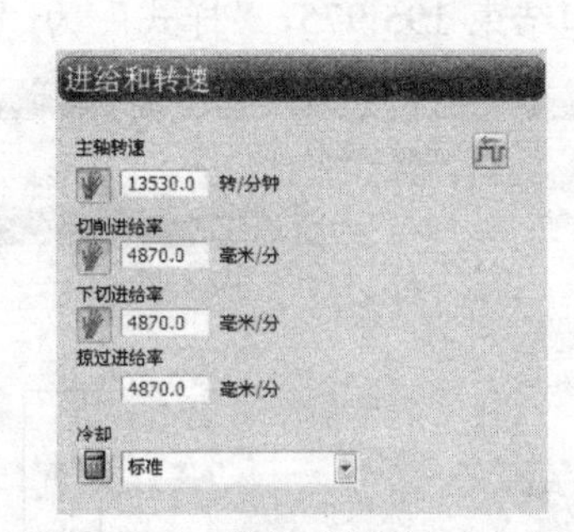

图 4-32 “进给和转速”选项卡

5. 生成刀具路径

在“旋转精加工”对话框中单击“计算”按钮和“接受”按钮，确定参数并退出对话框，生成的刀具路径如图 4-33 所示。

6. 刀具路径实体仿真

1）选择下拉菜单“查看”→“工具栏”→“ViewMill”命令，显示出“ViewMill”工具栏，单击“开/关 ViewMill”按钮，切换到仿真界面。然后单击“彩虹阴影图像”按钮。

2）在“仿真”工具栏的“当前刀具路径”下拉列表中选择要模拟的刀具路径 finish，然后单击“执行”按钮，系统开始自动仿真加工，仿真加工结果如图 4-34 所示。

3）单击“ViewMill”工具栏上的“退出 ViewMill”按钮，删除仿真加工并返回 PowerMILL 界面。

图 4-33 生成的刀具路径

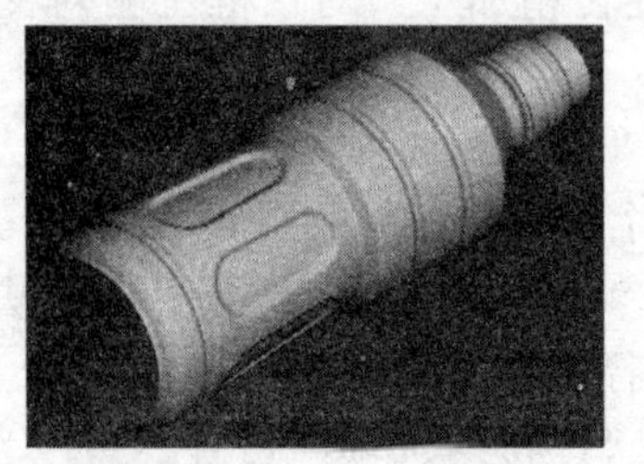

图 4-34 仿真加工结果

4.1.5　实例总结

本节以饮料瓶为例讲解了 PowerMILL 的四轴旋转精加工方法和具体应用步骤，读者在学习过程中要注意的是，旋转精加工常用于精加工，此时粗加工可采用偏置区域清除模型。此外，需要注意的是 PowerMILL 旋转四轴加工中模型的轴线与机床的 X 轴平行。

4.2　提高实例——空间凸轮高速加工

4.2.1　实例描述

空间凸轮零件如图 4-35 所示，主要由一个异形凸轮槽和一个圆柱槽组成，材料为淬硬工具钢，加工表面的表面粗糙度值 *Ra* 为 0.8μm，工件端部安装在旋转台上。

图 4-35　空间凸轮

4.2.2　加工方法分析

空间凸轮根据数控高速加工工艺要求，采用工艺路线为“粗加工”→“精加工”。空间凸轮数控高速加工切削参数见表 4-3。

（1）粗加工

首先采用较大直径的刀具进行粗加工，以便去除大量多余留量，粗加工采用旋转精加工方法，设置余量为 1.0，刀具为 ϕ6R1 的圆角刀。

（2）精加工

凸轮槽底面采用旋转精加工方式，侧壁面采用 SWARF 精加工，刀具直径为 ϕ4mm 的球刀。

表 4-3　空间凸轮数控高速加工切削参数

刀具直径/mm	刀　齿　数	轴向深度/mm	径向切深/mm	主轴转速/（r/min）	进给速度/(mm/min)	加　工　方　式
6	2	—	—	9020	6000	粗加工
4	2	—	1	13530	6000	精加工

4.2.3　加工流程与所用知识点

空间凸轮数控加工流程和知识点见表 4-4。

表 4-4 空间凸轮加工流程和知识点

步 骤	知 识 点	设计流程效果图
Step 1：导入模型	加工模型的导入是数控编程的第一步，它是生成数控代码的前提与基础	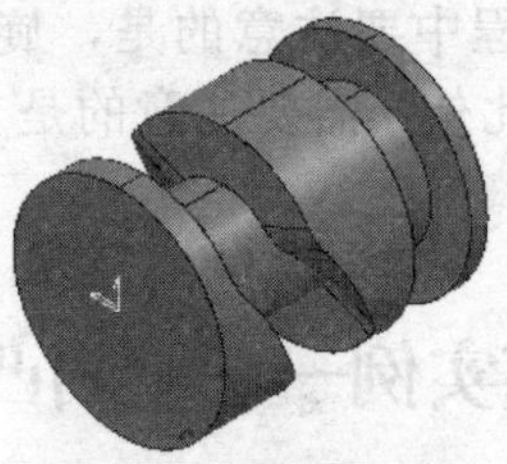
Step 2：创建毛坯	在数控加工中必须定义加工毛坯，产生的刀具路径始终在毛坯内部生成	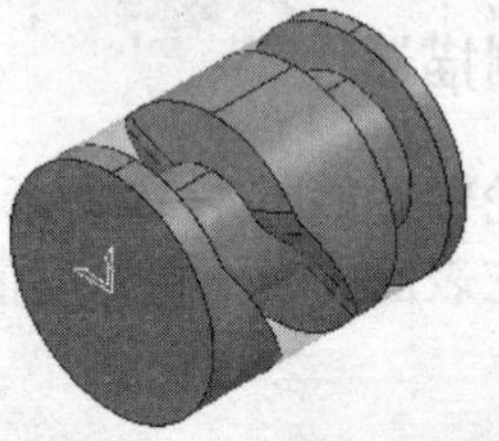
Step 3：旋转精加工粗加工凸轮槽	旋转精加工用于四轴铣床（X、Y、Z、A），用于加工带有非圆截面的回转体零件（数控车床上无法加工的类圆柱体）	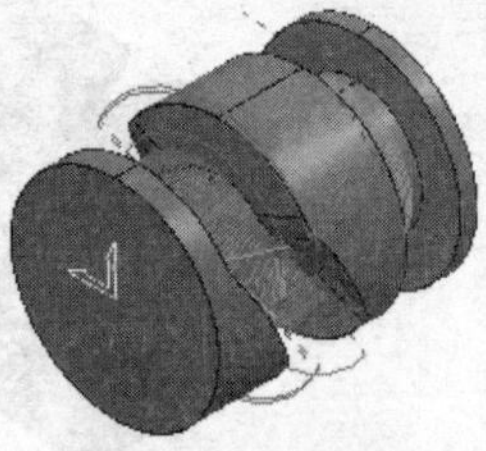 
Step 4：旋转精加工凸轮槽	旋转精加工用于四轴铣床（X、Y、Z、A），用于加工带有非圆截面的回转体零件（数控车床上无法加工的类圆柱体）	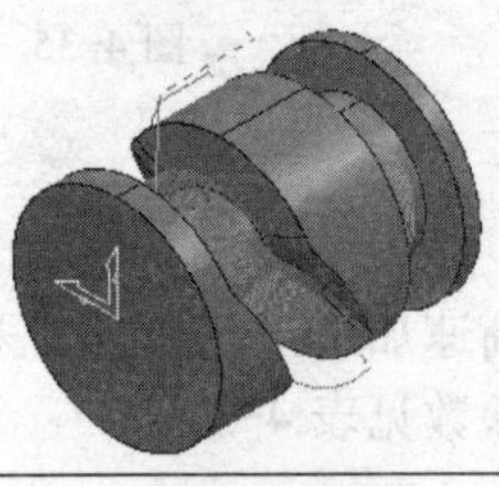 
Step 5：SWARF 精加工侧壁（一）	SWARF 精加工即通常所说的“靠面加工”，利用刀具侧刃加工已选曲面	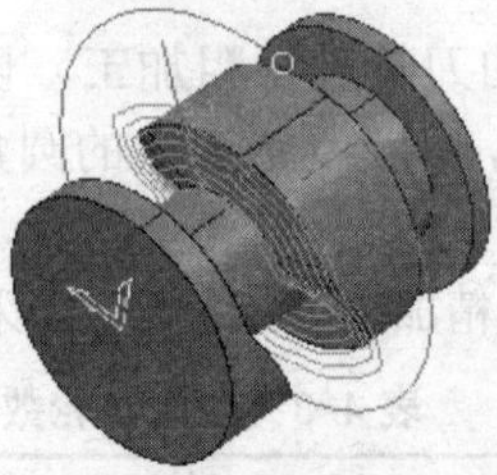 
Step 6：SWARF 精加工侧壁（二）	SWARF 精加工即通常所说的“靠面加工”，利用刀具侧刃加工已选曲面	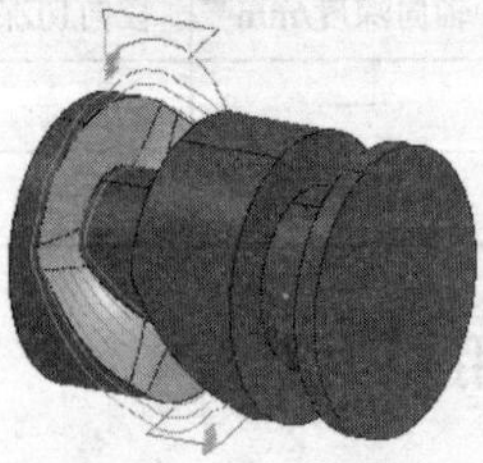 

4.2.4 具体操作步骤

4.2.4.1 加工准备

1. **导入模型文件**

1）选择下拉菜单“工具”→“重设表格”命令，将所有表格重新设置为系统默认状态。

2）选择下拉菜单中的“文件”→“输入模型”命令，弹出“输入模型”对话框，选择“tulun.dgk”（“随书光盘：\第 4 章\4.2\uncompleted\tulun.dgk”）文件，单击“打开”按钮即可，如图 4-36 所示。

图 4-36 导入模型文件

2. **创建毛坯**

1）单击主工具栏上的“毛坯”按钮，弹出“毛坯”对话框。在“由...定义”下拉列表中选择“三角形”，如图 4-37 所示。

2）单击“从文件装载毛坯”按钮，弹出“通过三角形模型打开毛坯”对话框，选择“maopi.sldprt”（“随书光盘：\第 4 章\4.2\uncompleted\maopi.sldprt”，单击“打开”按钮，如图 4-38 所示。

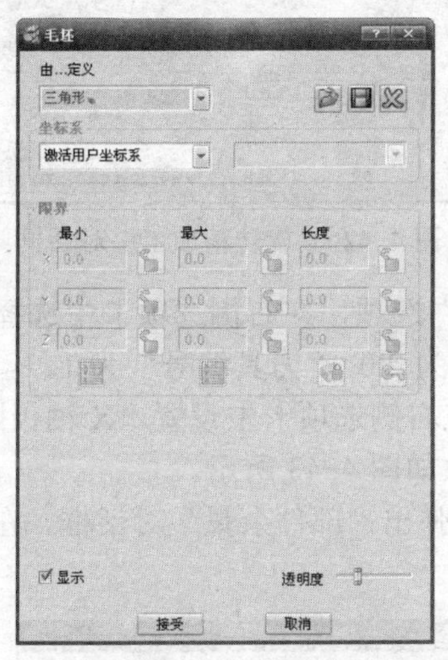

图 4-37 “毛坯”对话框

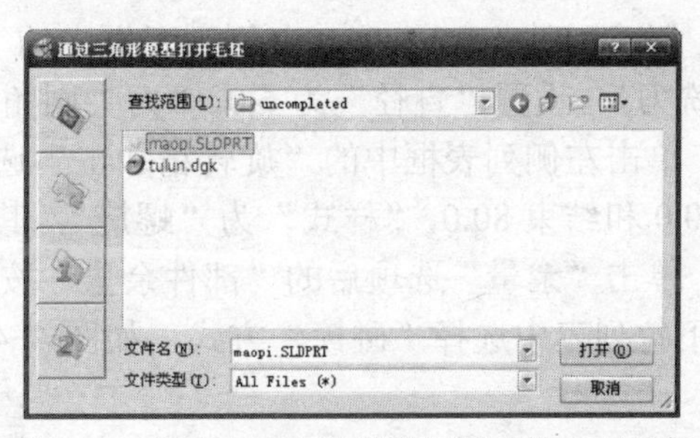

图 4-38 “通过三角形模型打开毛坯”对话框

3）系统进行转换加载完成后弹出“信息”对话框，如图 4-39 所示。然后单击“接受”按钮，图形区显示所创建的毛坯，如图 4-40 所示。

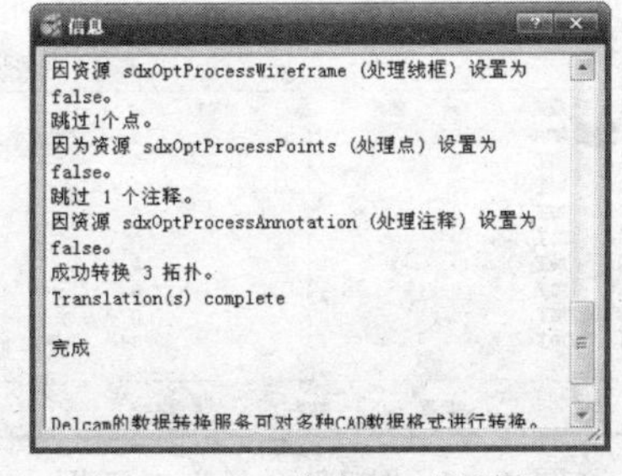

图 4-39 “信息”对话框

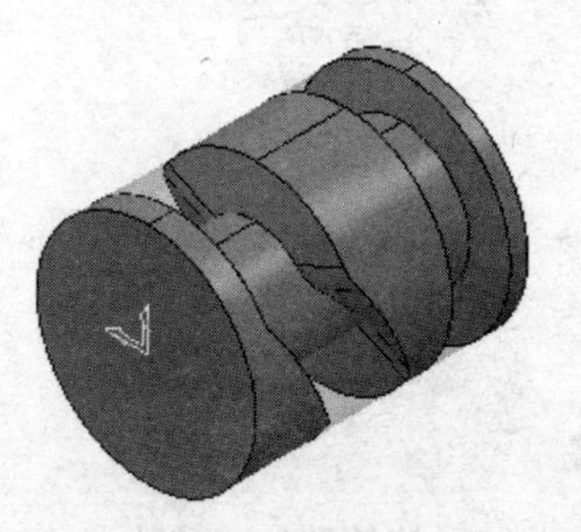

图 4-40 加载的毛坯

4.2.4.2 旋转精加工方式粗加工凸轮槽

1. *启动旋转精加工*

1）单击主工具栏上的“刀具路径策略”按钮，弹出“策略选取器”对话框，单击“精加工”选项卡，在弹出的精加工策略选项中选择“旋转精加工”加工策略，如图4-41所示。单击“接受”按钮完成。

2）在弹出的“旋转精加工”对话框中设置相关参数，如图4-42所示。

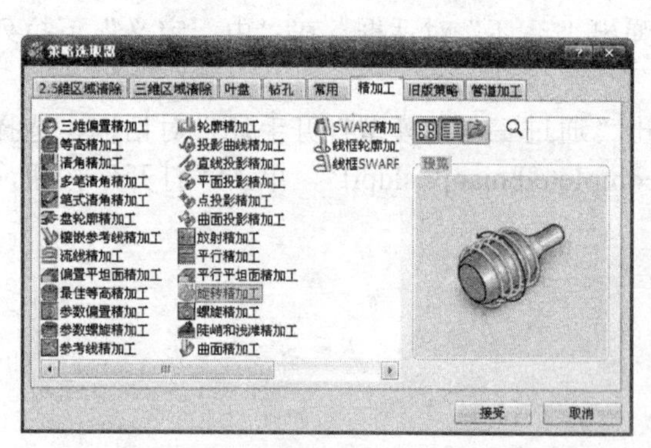

图4-41 “策略选取器”对话框

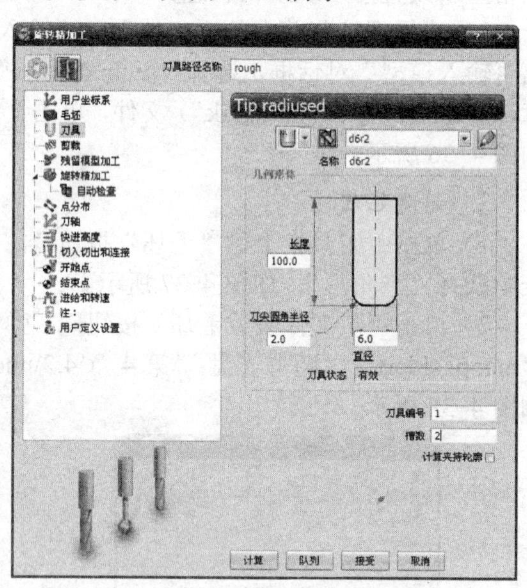

图4-42 “旋转精加工”对话框

- 创建刀具 d6r2。单击左侧列表框中的“刀具”选项，在右侧选项卡中选择“刀尖圆角端铣刀”，设置“直径”为6.0，“刀尖圆角半径”为2.0，“刀具编号”为1。
- 单击左侧列表框中的“旋转精加工”选项，在右侧选项卡中设置“X轴极限尺寸”为开始0.0和结束80.0，“样式”为“螺旋”，其他参数如图4-43所示。
- 单击“余量”选项后的“部件余量”按钮，弹出“部件余量”对话框，在“加工方式”下拉列表中选择“碰撞”方式，如图4-44所示。

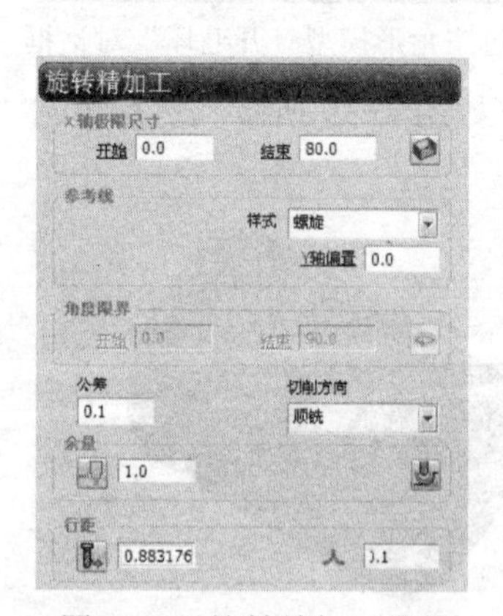

图4-43 旋转精加工参数

图4-44 “部件余量”对话框

● 按住 Shift 键选择图形区除两个圆柱面的所有表面，单击“获取部件”按钮，将所选曲面“模式”设置为碰撞，共计 26 个部件如图 4-45 所示。单击“接受”按钮关闭对话框。

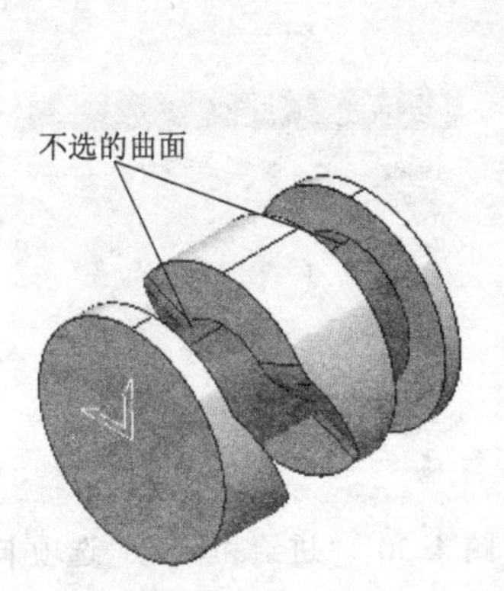

图 4-45　设置碰撞曲面

2. **设置快进高度**

单击左侧列表框中的“快进高度”选项，在“安全区域”下拉列表中选择“圆柱体”选项，如图 4-46 所示，单击“计算”按钮，完成快进高度设置。

3. **设置切入切出和连接**

单击“旋转精加工”对话框左侧列表框中的“切入”“切出”和“连接”选项，设置切入切出参数。

1）选择“切入”选项，选择“曲面法向圆弧”切入方式，设置“距离”为 0.0，“角度”为 30.0，“半径”为 5.0，如图 4-47 所示。

图 4-46 “快进高度”对话框

2）选择“切出”选项，选择“曲面法向圆弧”切入方式，设置“距离”为 0.0，“角度”为 30.0，“半径”为 5.0，如图 4-48 所示。

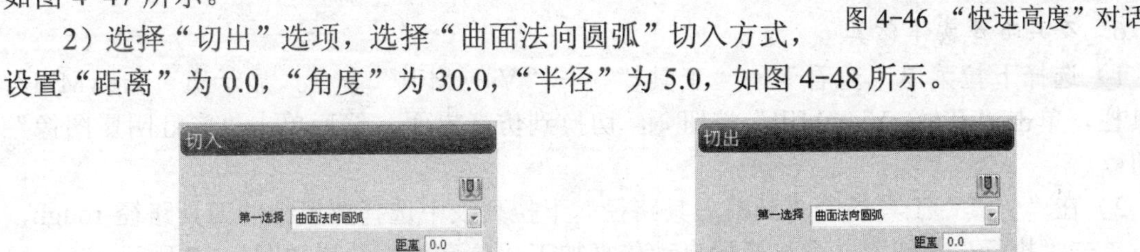

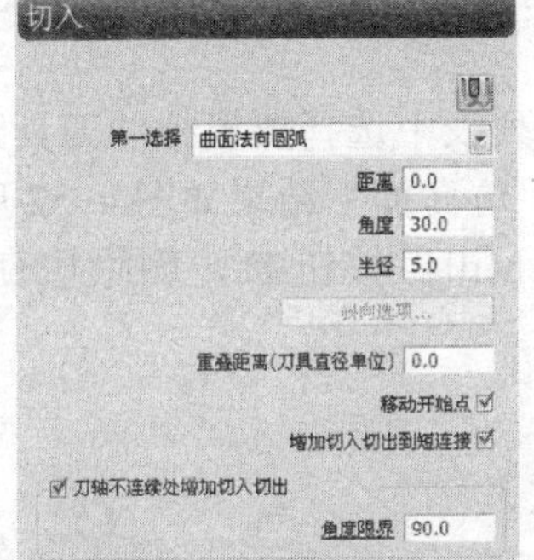

图 4-47 “切入”选项卡

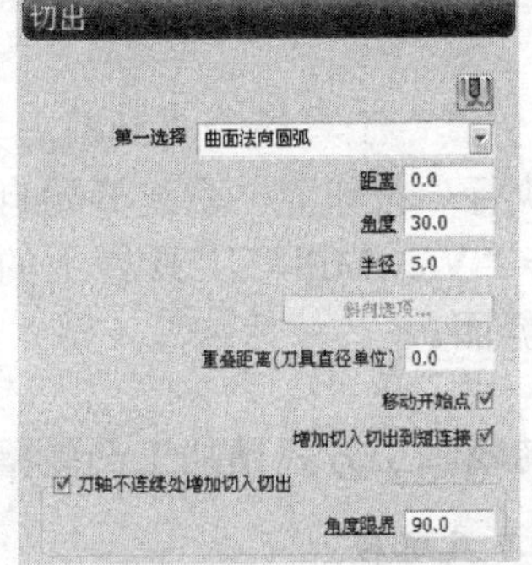

图 4-48 “切出”选项卡

3）单击“连接”选项，设置“短”为“曲面上”，“长”为“掠过”，“缺省”为“安全高度”，如图 4-49 所示。

4. 设置进给率

单击左侧列表框中的“进给和转速”选项，在右侧选项卡中设置相关参数，如图 4-50 所示。

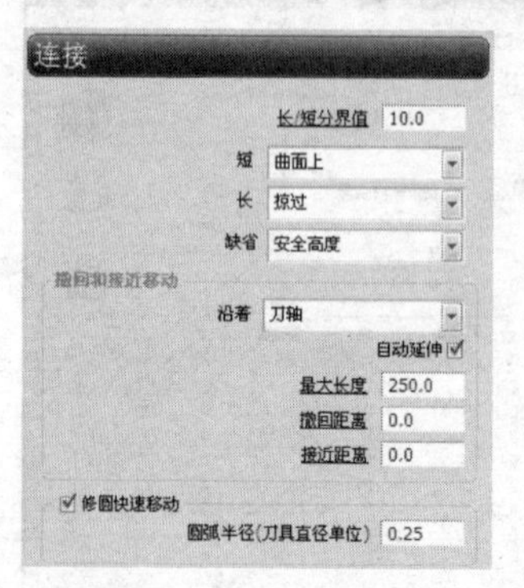

图 4-49 “连接”选项卡

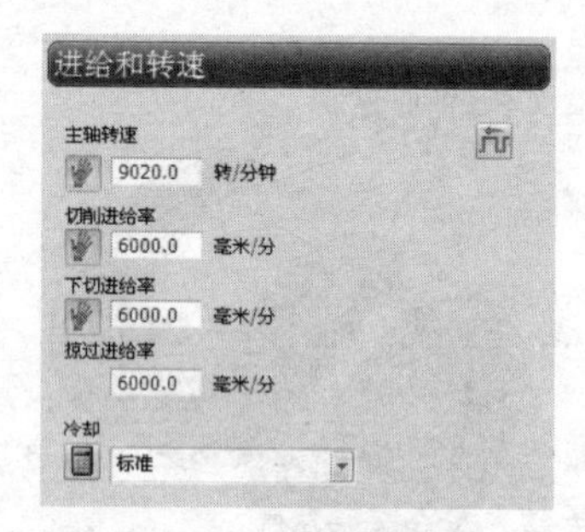

图 4-50 “进给和转速”选项卡

5. 生成刀具路径

在“旋转精加工”对话框中单击“计算”按钮和“接受”按钮，确定参数并退出对话框，生成的刀具路径如图 4-51 所示。

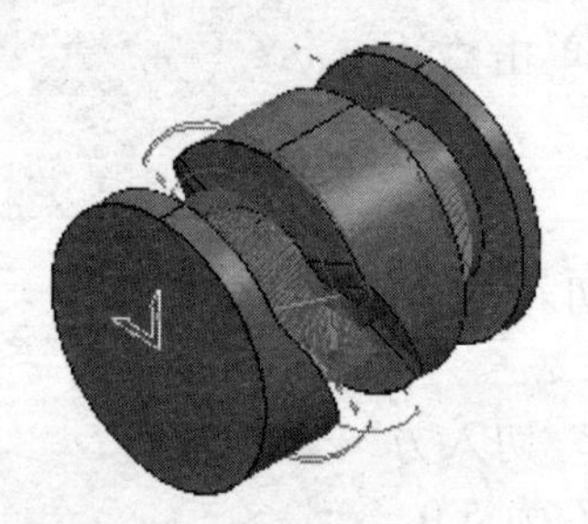

图 4-51 生成的刀具路径

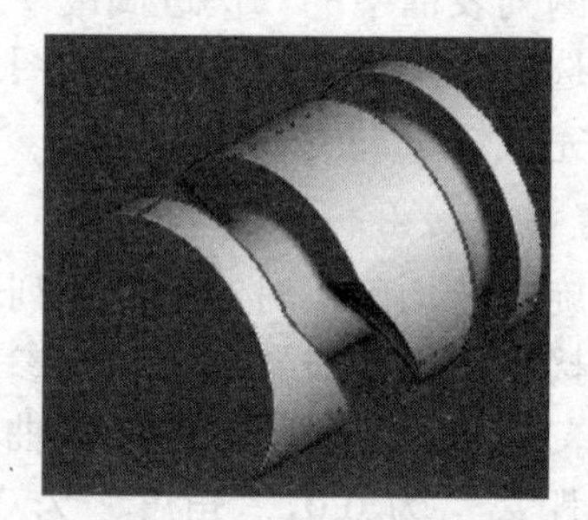

图 4-52 仿真加工结果

6. 刀具路径实体仿真

1）选择下拉菜单“查看”→“工具栏”→“ViewMill”命令，显示出“ViewMill”工具栏，单击“开/关 ViewMill”按钮，切换到仿真界面。然后单击“彩虹阴影图像”按钮。

2）在“仿真”工具栏的“当前刀具路径”下拉列表中选择要模拟的刀具路径 rough，然后单击“执行”按钮，系统开始自动仿真加工，仿真加工结果如图 4-52 所示。

3）单击“ViewMill”工具栏上的“退出 ViewMill”按钮，删除仿真加工并返回 PowerMILL 界面。

4.2.4.3 旋转精加工方式精加工凸轮槽

1. 复制刀具路径

在“PowerMILL 资源管理器”中选中“刀具路径”选项下的 rough 刀路，单击鼠标右键，在弹出的快捷菜单中依次选择“编辑”→“复制刀具路径”命令，将复制刀具路径更名为 finish1，如图 4-53 所示。

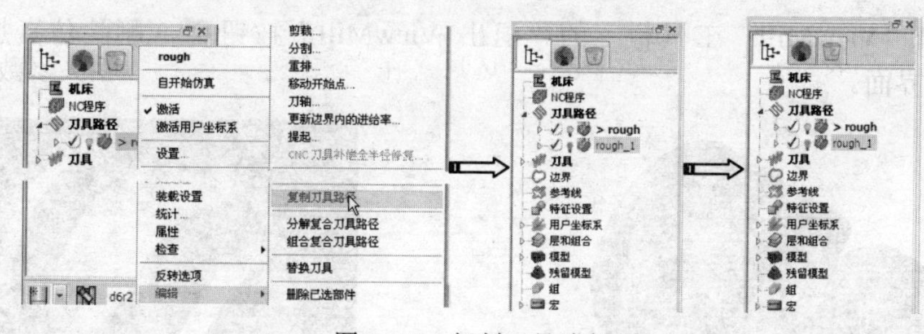

图 4-53　复制刀具路径

2. 修改刀具路径参数

1）在“PowerMILL 资源管理器”中选中“刀具路径”选项下的 finish1 刀路，单击鼠标右键，在弹出的快捷菜单中选择“激活”命令；然后再次单击鼠标右键，在弹出的快捷菜单中选择“设置”命令，弹出“旋转精加工”对话框，如图 4-54 所示。

2）单击“旋转精加工”对话框左侧列表框中的“旋转精加工”选项，在右侧设置“余量”为 0.0，如图 4-55 所示。

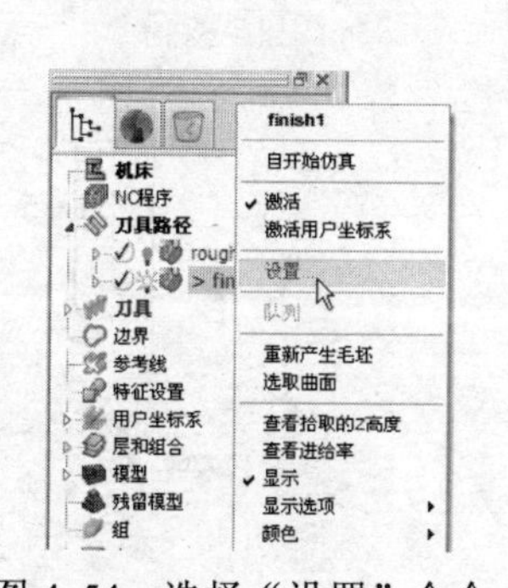

图 4-54　选择“设置”命令

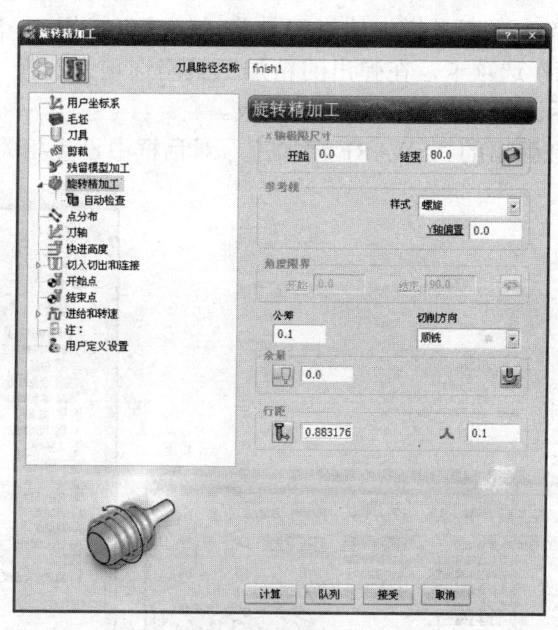

图 4-55　“旋转精加工”对话框

3. 生成刀具路径

在“旋转精加工”对话框中单击“计算”按钮和“接受”按钮，确定参数并退出对话框，生成的刀具路径如图 4-56 所示。

4. 刀具路径实体仿真

1）选择下拉菜单“查看”→“工具栏”→“ViewMill”命令，显示出“ViewMill”工具栏，单击“开/关 ViewMill”按钮，切换到仿真界面。然后单击“彩虹阴影图像”按钮。

2）在“仿真”工具栏的“当前刀具路径”下拉列表中选择要模拟的刀具路径 finishi1，然后单击“执行”按钮，系统开始自动仿真加工，仿真加工结果如图 4-57 所示。

3）单击“ViewMill”工具栏上的“退出 ViewMill”按钮，删除仿真加工并返回 PowerMILL 界面。

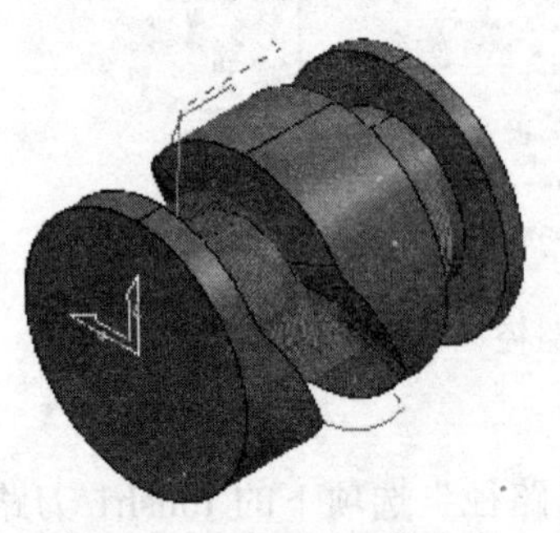

图 4-56　生成的刀具路径

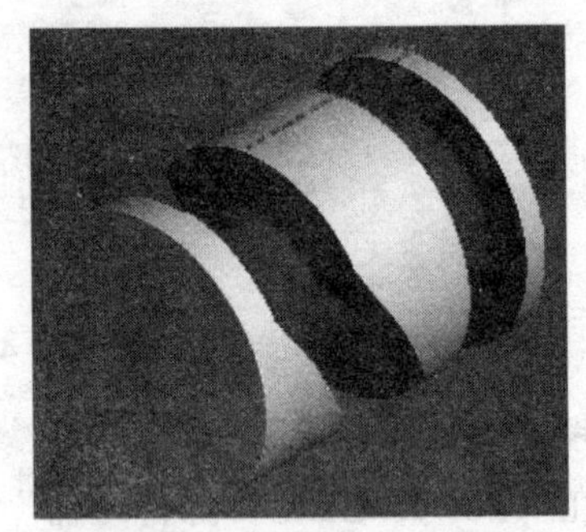

图 4-57　仿真加工结果

4.2.4.4　SWARF 精加工凸轮槽侧面

1. *启动 SWARF 精加工*

1）单击主工具栏上的“刀具路径策略”按钮，弹出“策略选取器”对话框，单击“精加工”选项卡，在弹出的精加工策略选项中选择“SWARF 精加工”加工策略，如图 4-58 所示。单击“接受”按钮完成。

2）在弹出的“SWARF 精加工”对话框中设置相关参数，如图 4-59 所示。

图 4-58　“策略选取器”对话框

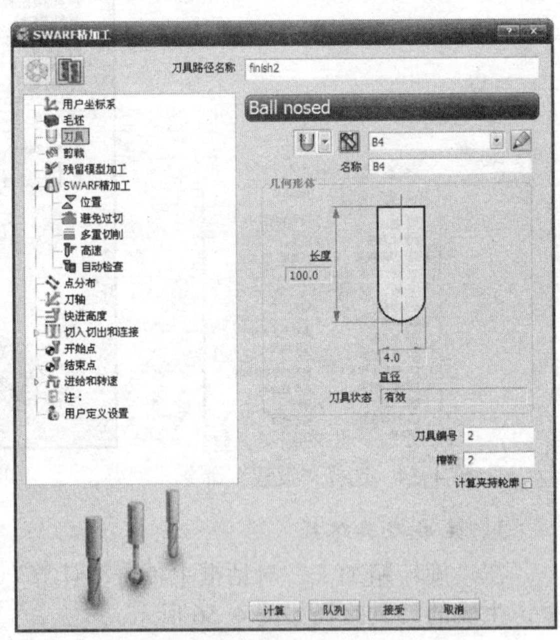

图 4-59　“SWARF 精加工”对话框

- 创建刀具 B4。单击左侧列表框中的“刀具”选项，在右侧选项卡中选择“球铣刀”，设置“直径”为 4.0，“刀具编号”为 2。
- 单击左侧列表框中的“SWARF 精加工”选项，在右侧选项卡中设置“曲面侧”为“外”，“余量”为“0.0”，其他参数如图 4-60 所示。

● 单击左侧列表框中的“多重切削”选项，在右侧选项卡中设置 “偏置”为“10.0”，选中“最大切削次数”复选框，设置“最大下切步距”为 3.0，其他参数如图 4-61 所示。

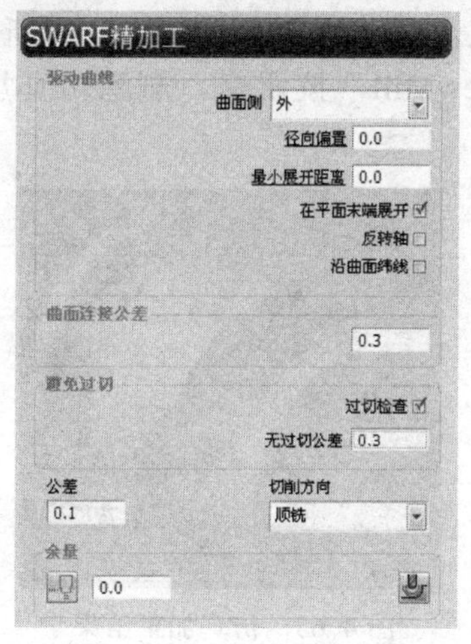

图 4-60 SWARF 精加工

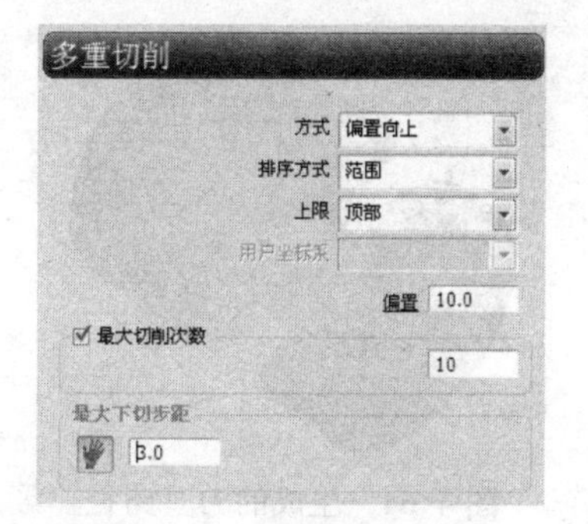

图 4-61 多重切削参数

注意

设置“无过切公差”是为了避免过切。如果偏离的距离超过了这个公差值，将刀具向上提起来避免过切。

2. 设置进给率

单击左侧列表框中的“进给和转速”选项，在右侧选项卡中设置相关参数，如图 4-62 所示。

3. 生成刀具路径

1）在图形区选择图 4-63 所示的曲面。

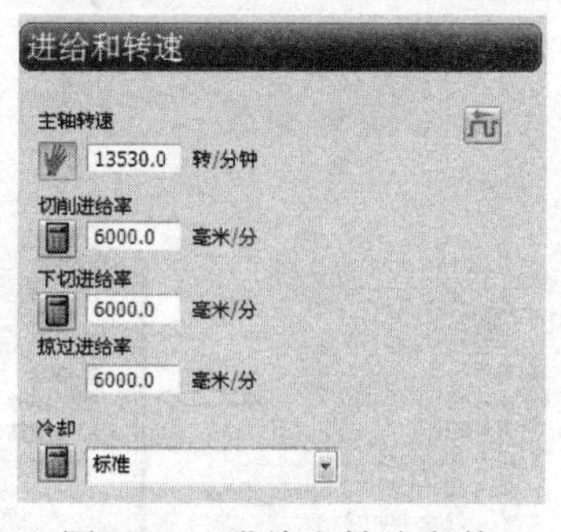

图 4-62 进给和转速参数

图 4-63 选择曲面

2）在“SWARF 精加工”对话框中单击“计算”按钮和“接受”按钮，确定参数并退出对话框，生成的刀具路径如图 4-64 所示。

4. 刀具路径实体仿真

1）选择下拉菜单“查看”→“工具栏”→“ViewMill”命令，显示出“ViewMill”工具栏，单击“开/关 ViewMill”按钮，切换到仿真界面。然后单击“彩虹阴影图像”

按钮。

2）在“仿真”工具栏的“当前刀具路径”下拉列表中选择要模拟的刀具路径 finish2，然后单击“执行”按钮，系统开始自动仿真加工，仿真加工结果如图 4-65 所示。

3）单击“ViewMill”工具栏上的“退出 ViewMill”按钮，删除仿真加工并返回 PowerMILL 界面。

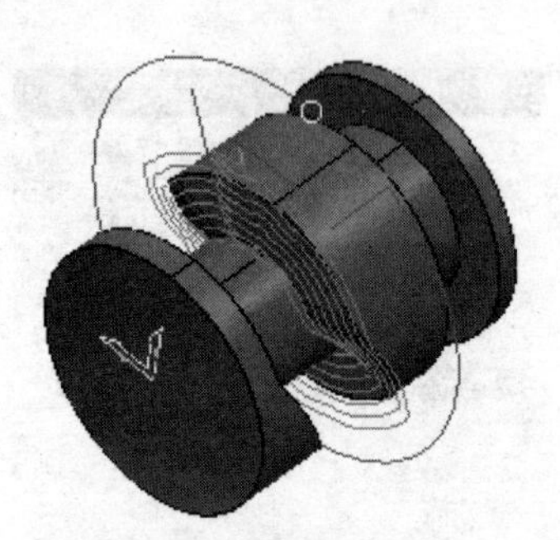

图 4-64 生成的刀具路径

图 4-65 仿真加工结果

注意

SWARF 精加工是指利用刀具的侧切削刃加工曲面。由于刀具的侧切削刃在切削深度范围内与曲面完全接触，因此这种加工策略只适合于可展曲面。可展曲面是指沿刀轴视图方向上其顶部边缘与底部边缘轮廓基本平行的曲面。

4.2.4.5 SWARF 精加工凸轮槽另一侧面

1. ***复制刀具路径***

在“PowerMILL 资源管理器”中选中“刀具路径”选项下的 finish2 刀路，单击鼠标右键，在弹出的快捷菜单中依次选择“编辑”→“复制刀具路径”命令，将复制刀具路径更名为 finish3，如图 4-66 所示。

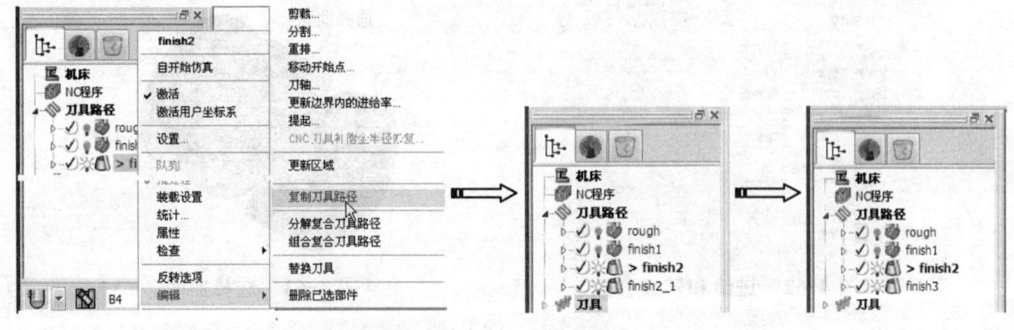

图 4-66 复制刀具路径

2. ***修改刀具路径参数***

1）在“PowerMILL 资源管理器”中选中“刀具路径”选项下中 finish3 刀路，单击鼠标右键，在弹出的快捷菜单中选择“激活”命令，然后选择“设置”命令，如图 4-67 所示。系统弹出“SWARF 精加工”对话框，如图 4-68 所示。

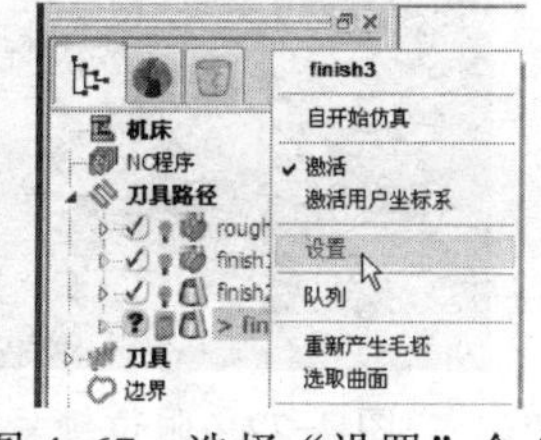

图 4-67　选择“设置”命令

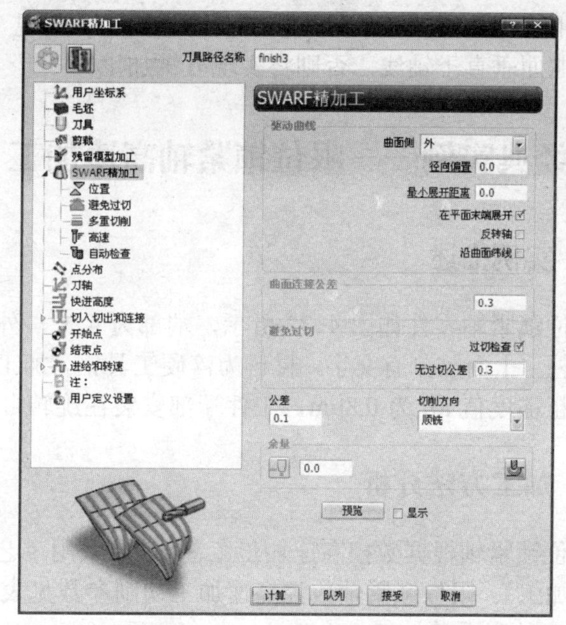

图 4-68　“SWARF 精加工”对话框

2）在图形区选择图 4-69 所示的曲面作为加工曲面。

3．***生成刀具路径***

在“SWARF 精加工”对话框中单击“计算”按钮和“接受”按钮，确定参数并退出对话框，生成的刀具路径如图 4-70 所示。

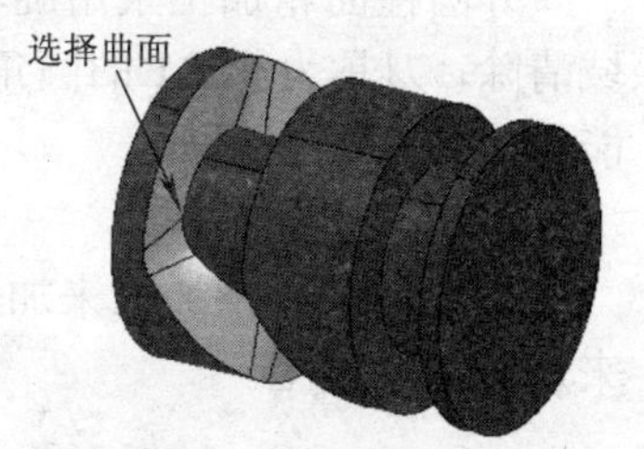

图 4-69　选择曲面

4．***刀具路径实体仿真***

1）选择下拉菜单“查看”→“工具栏”→“ViewMill”命令，显示出“ViewMill”工具栏，单击“开/关 ViewMill”按钮，切换到仿真界面。然后单击“彩虹阴影图像”按钮。

2）在“仿真”工具栏的“当前刀具路径”下拉列表中选择要模拟的刀具路径 finish3，然后单击“执行”按钮，系统开始自动仿真加工，仿真加工结果如图 4-71 所示。

3）单击“ViewMill”工具栏上的“退出 ViewMill”按钮，删除仿真加工并返回 PowerMILL 界面。

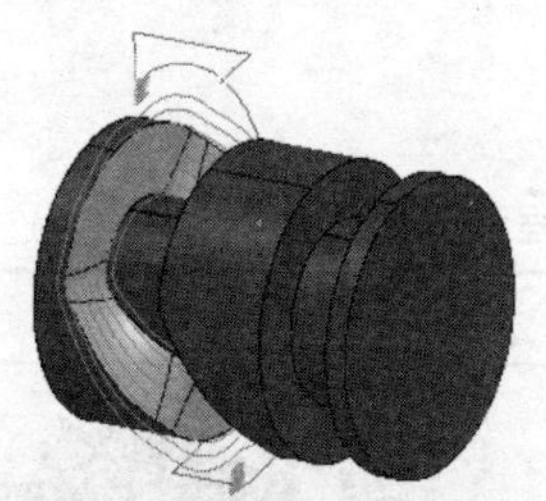

图 4-70　生成的刀具路径

图 4-71　仿真加工结果

4.2.5　实例总结

本节以空间凸轮为例讲解了 PowerMILL 中通过设置刀轴来进行四轴高速加工方法和

具体应用步骤，读者在学习过程中要注意的是，实现 SWARF 精加工进行四轴加工时，要求所选曲面垂直于轴线，否则将实现五轴加工。

4.3 经典实例——限位锁紧轴高速加工

4.3.1 实例描述

限位锁紧轴零件如图 4-72 所示，端部为 4 方，外圆表面为圆柱，上面雕刻有文字，材料为淬硬工具钢，加工表面的表面粗糙度值 *Ra* 为 0.8μm，工件端部安装在旋转台上。

图 4-72 限位锁紧轴

4.3.2 加工方法分析

限位锁紧轴根据数控高速加工工艺要求，采用工艺路线为“精加工”。限位锁紧轴数控高速加工切削参数见表 4-5。

（1）外表面精加工

外圆柱面精加工采用旋转精加工进行，刀具为ϕ6mm 的球头刀；端部平面采用模型区域清除，刀具为ϕ6R1 的圆角刀，先用刀具加工出一个平面，然后利用刀具路径旋转变换功能加工另外 3 个平面。

（2）文字加工

采用参考线精加工来加工文字，刀具路径跟随参考线，通过设置刀轴为“朝向直线”来达到四轴加工。

表 4-5 限位锁紧轴数控高速加工切削参数

刀具直径/mm	刀 齿 数	轴向深度/mm	径向切深/mm	主轴转速/（r/min）	进给速度/（mm/min）	加 工 方 式
6	2	5	0.8	9000	6000	精加工
6	2	1	0.8	9000	6000	精加工
3	2	0.3	—	12000	8000	精加工

4.3.3 加工流程与所用知识点

限位锁紧轴数控加工流程和知识点见表 4-6。

表 4-6 限位锁紧轴数控加工流程和知识点

步 骤	设计知识点	设计流程效果图
Step 1：导入模型	加工模型的导入是数控编程的第一步，它是生成数控代码的前提与基础	

（续）

步　骤	设计知识点	设计流程效果图
Step 2: 创建毛坯	在数控加工中必须定义加工毛坯，产生的刀具路径始终在毛坯内部生成	
Step 3: 旋转精加工外圆柱	旋转精加工用于四轴铣床（X、Y、Z、A），用于加工带有非圆截面的回转体零件（数控车床上无法加工的类圆柱体）	
Step 4: 偏置区域清除加工平面	偏置区域清除模型策略具有非常恒定的材料切除率，但代价是刀具在工件上存在大量的快速移动（对高速加工来说是可以接受的）	
Step 5: 刀具路径变换	应用刀具路径旋转功能可简化加工过程	
Step 6: 参考线精加工文字	参考线精加工是指将参考线投影到模型表面上，然后沿着投影后的参考线计算出刀具路径，生成刀具路径时，刀具中心始终会落在参考线上。通过控制刀轴方向来实现四轴加工	

4.3.4　具体操作步骤

4.3.4.1　加工准备

1. 导入模型文件

1）选择下拉菜单“工具”→“重设表格”命令，将所有表格重新设置为系统默认状态。

2）选择下拉菜单中的“文件”→“输入模型”命令，弹出“输入模型”对话框，选择“suojinzhou.dgk”（“随书光盘：\第 4 章\4.3\uncompleted\suojinzhou.dgk”）文件，单击“打开”按钮即可，如图 4-73 所示。

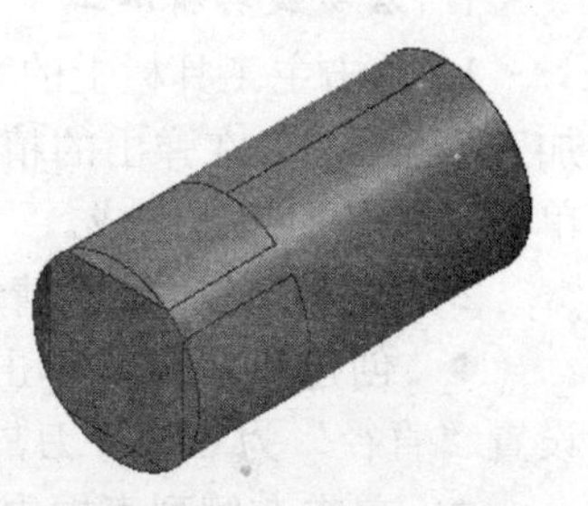

图 4-73　导入模型文件

2. *创建毛坯*

1）单击主工具栏上的“毛坯”按钮，弹出“毛坯”对话框。在“由...定义”下拉列表中选择“三角形”，如图 4-74 所示。

2）单击“从文件装载毛坯”按钮，弹出“通过三角形模型打开毛坯”对话框，选择“maopi.sldprt”（“随书光盘：\第 4 章\4.3\uncompleted\maopi.sldprt”，单击“打开”按钮，如图 4-75 所示。

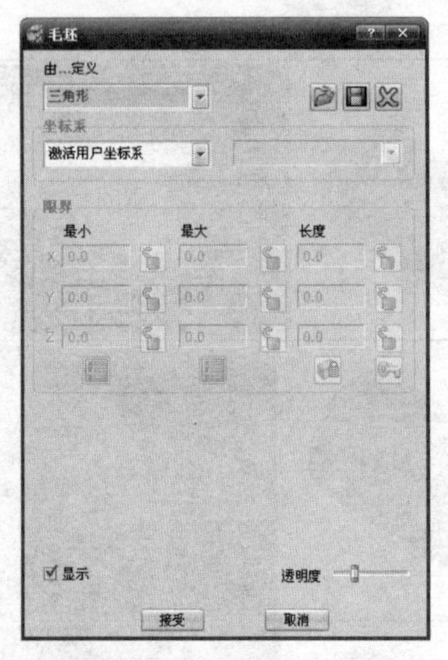

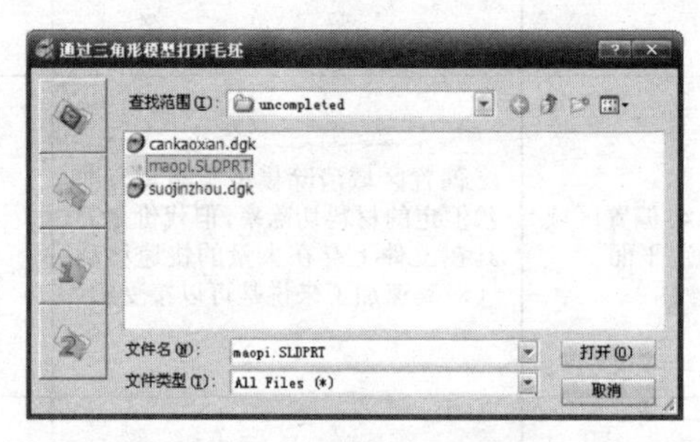

图 4-74 “毛坯”对话框　　图 4-75 “通过三角形模型打开毛坯”对话框

3）系统进行转换加载，完成后弹出“信息”对话框，如图 4-76 所示。然后单击“接受”按钮，图形区显示所创建的毛坯，如图 4-77 所示。

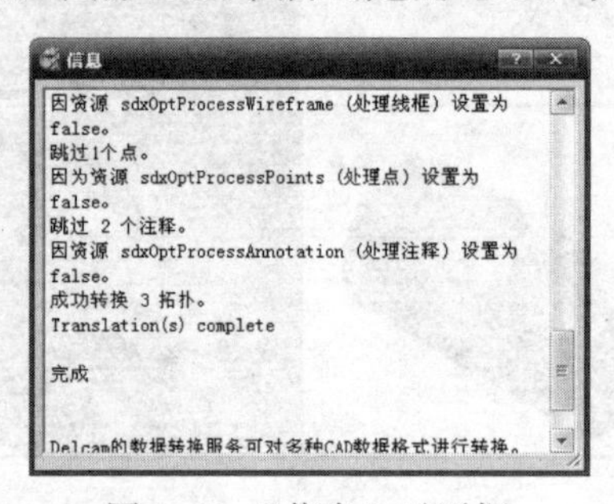

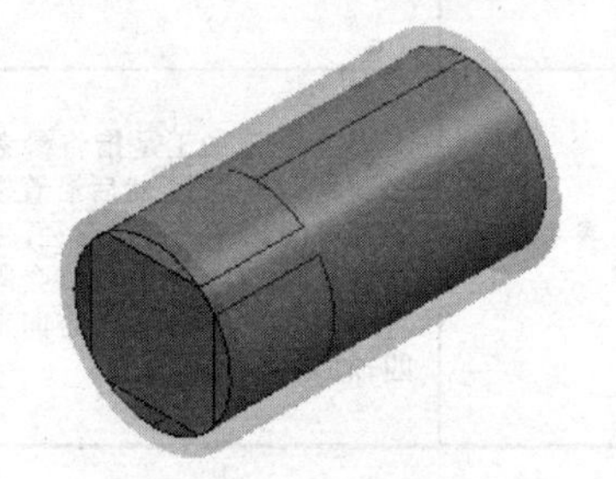

图 4-76 “信息”对话框　　图 4-77 加载的毛坯

4.3.4.2 旋转精加工外圆柱面

1. *启动旋转精加工*

1）单击主工具栏上的“刀具路径策略”按钮，弹出“策略选取器”对话框，单击“精加工”选项卡，在弹出的精加工策略选项中选择“旋转精加工”加工策略，如图 4-78 所示。单击“接受”按钮完成。

2）在弹出的“旋转精加工”对话框中设置相关参数，如图 4-79 所示。

● 创建刀具 B6。单击左侧列表框中的“刀具”选项，在右侧选项卡中选择“球铣刀”，设置“直径”为 6.0，“刀具编号”为 1。

● 单击左侧列表框中的“旋转精加工”选项，在右侧选项卡中设置“X 轴极限尺寸”

为开始–50.0 和结束 50.0，“样式”为“螺旋”，其他参数如图 4–80 所示。

2. **设置快进高度**

单击左侧列表框中的“快进高度”选项，在“安全区域”下拉列表中选择“圆柱体”选项，如图 4–81 所示，单击“计算”按钮，完成快进高度设置。

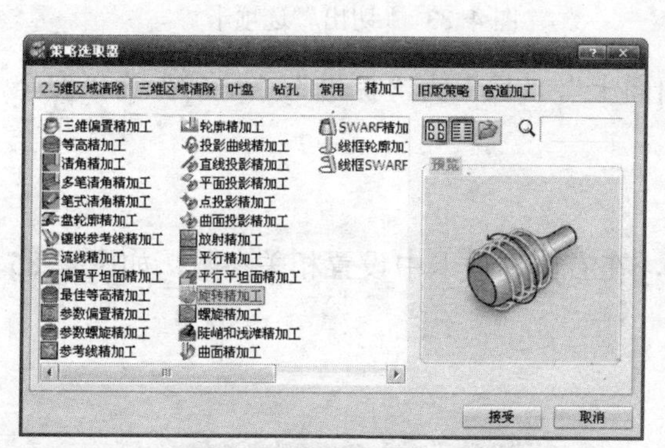

图 4–78　“策略选取器”对话框

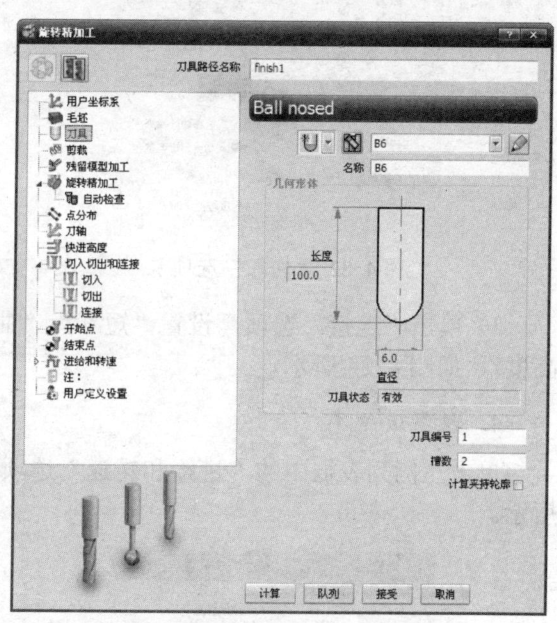

图 4–79　“旋转精加工”对话框

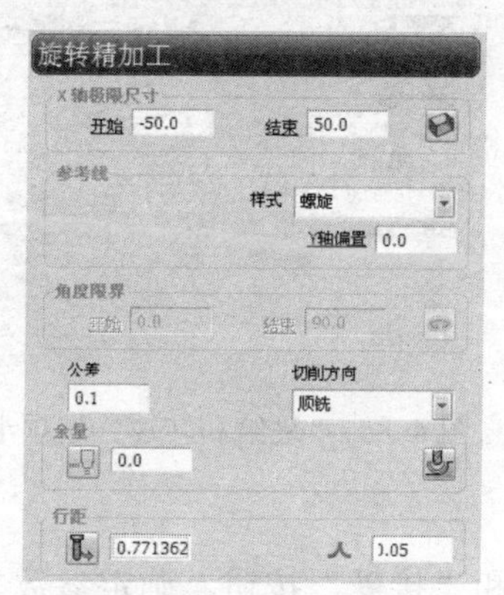

图 4–80　旋转精加工参数

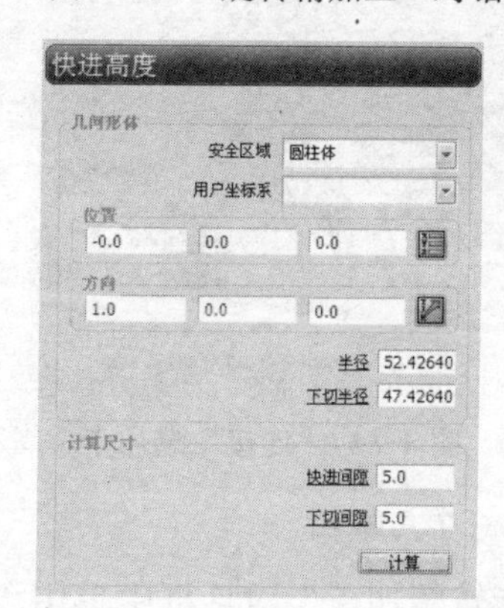

图 4–81　“快进高度”对话框

3. **设置切入切出和连接**

单击“旋转精加工”对话框左侧列表框中的“切入”“切出”和“连接”选项，设置切入切出参数。

1）选择“切入”选项，选择“曲面法向圆弧”切入方式，设置“距离”为 0.0，“角度”为 30.0，“半径”为 5.0，如图 4–82 所示。

2）选择“切出”选项，选择“曲面法向圆弧”切入方式，设置“距离”为 0.0，“角度”为 30.0，“半径”为 5.0，如图 4–83 所示。

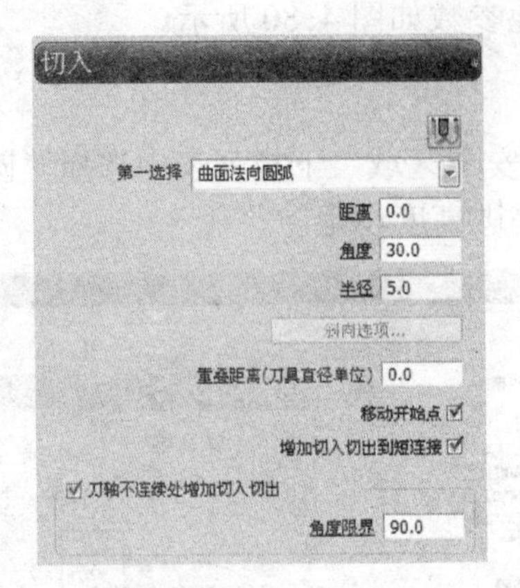

图 4-82 “切入”选项卡

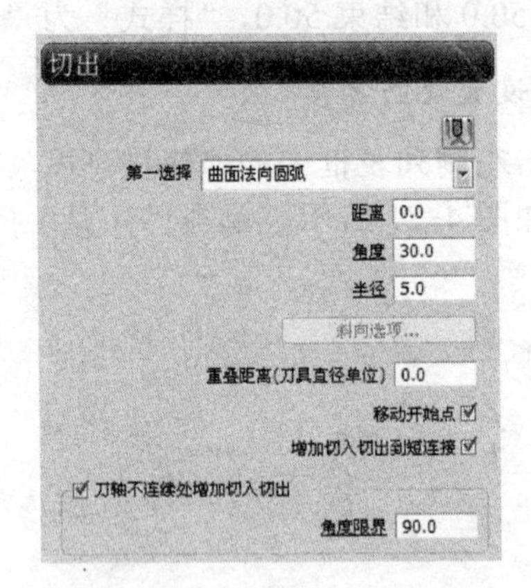

图 4-83 “切出”选项卡

3）单击“连接”选项，设置“短”为“曲面上”，“长”为“掠过”，“缺省”为“安全高度”，如图 4-84 所示。

4. **设置进给率**

单击左侧列表框中的“进给和转速”选项，在右侧选项卡中设置相关参数，如图 4-85 所示。

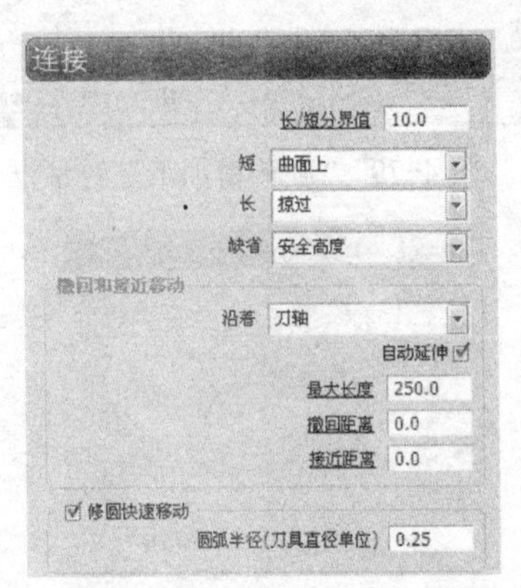

图 4-84 “连接”选项卡

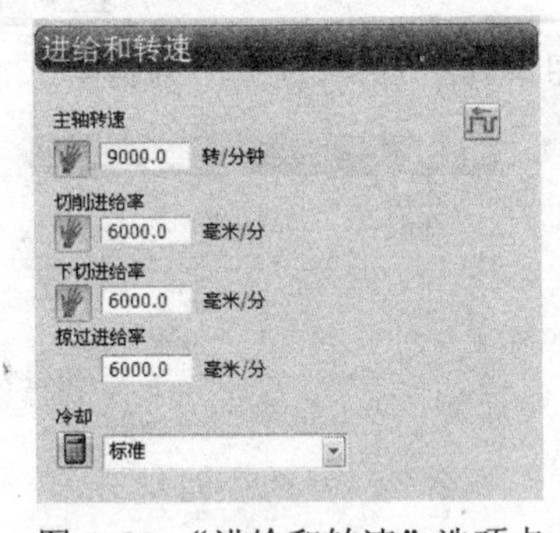

图 4-85 “进给和转速”选项卡

5. **生成刀具路径**

在“旋转精加工”对话框中单击“计算”按钮和“接受”按钮，确定参数并退出对话框，生成的刀具路径如图 4-86 所示。

6. **刀具路径实体仿真**

1）选择下拉菜单“查看”→“工具栏”→“ViewMill”命令，显示出“ViewMill”工具栏，单击“开/关 ViewMill”按钮，切换到仿真界面。然后单击“彩虹阴影图像”按钮。

2）在“仿真”工具栏的“当前刀具路径”下拉列表中选择要模拟的刀具路径 finish1，然后单击“执行”按钮，系统开始自动仿真加工，仿真加工结果如图 4-87 所示。

3）单击“ViewMill”工具栏上的“退出 ViewMill”按钮，删除仿真加工并返回

PowerMILL 界面。

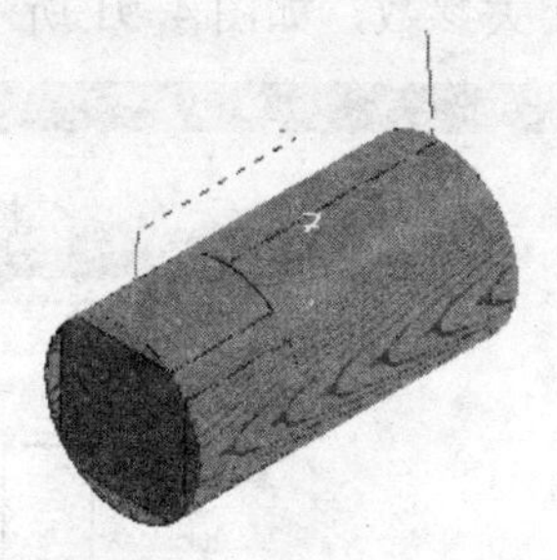
图 4-86　生成的刀具路径

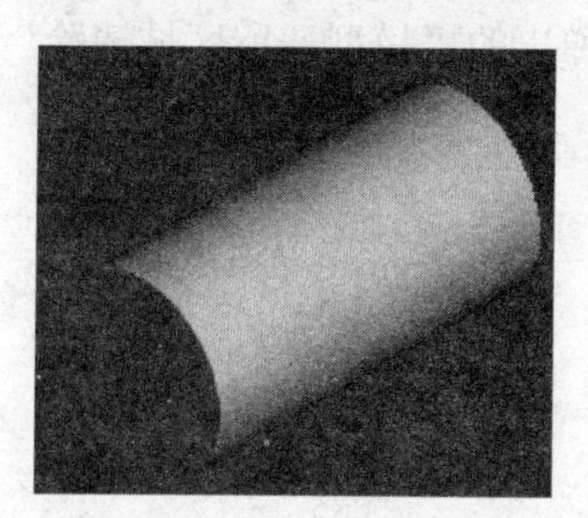
图 4-87　仿真加工结果

4.3.4.3　模型残留区域清除加工端部区域

1. 创建边界

1）在“PowerMILL 资源管理器”中选中“边界”选项，单击鼠标右键，在弹出的快捷菜单中依次选择“定义边界”→“用户定义”命令，弹出“用户定义边界”对话框，如图 4-88 所示。

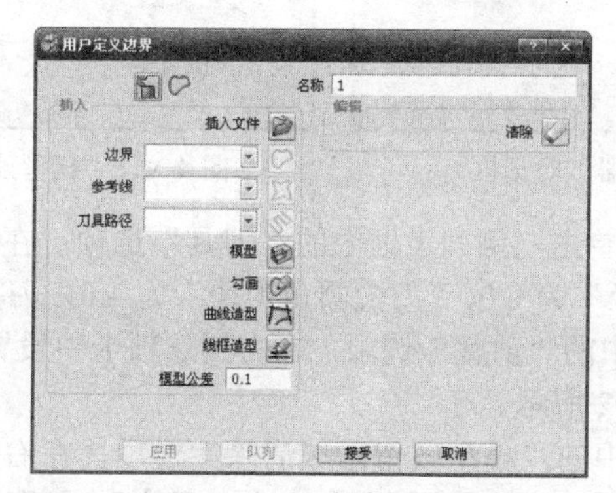

图 4-88 “用户定义边界”对话框

2）选择图 4-89 所示的曲面，然后单击“插入模型”按钮，单击“用户定义边界”对话框中的“接受”按钮即可完成边界创建，如图 4-89 所示。

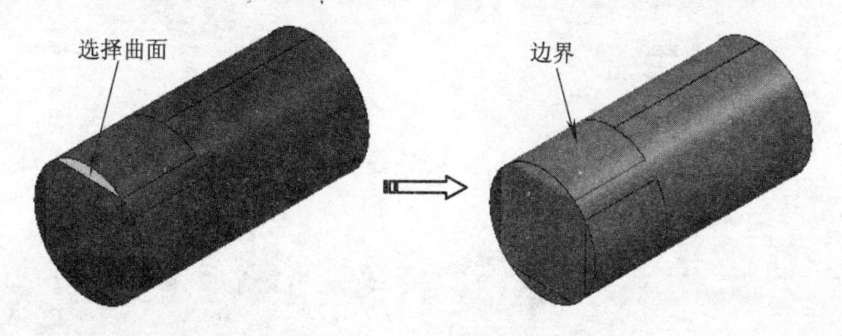

图 4-89　创建的边界

2. 启动模型残留区域清除策略

1）单击主工具栏上的“刀具路径策略”按钮，弹出“策略选取器”对话框，单击“三维区域清除”选项卡，在弹出的三维区域清除策略选项中选择“模型残留区域清除”加工策略，如图 4-90 所示。单击“接受”按钮完成。

2）在弹出的“模型残留区域清除”对话框中设置相关参数，如图 4-91 所示。

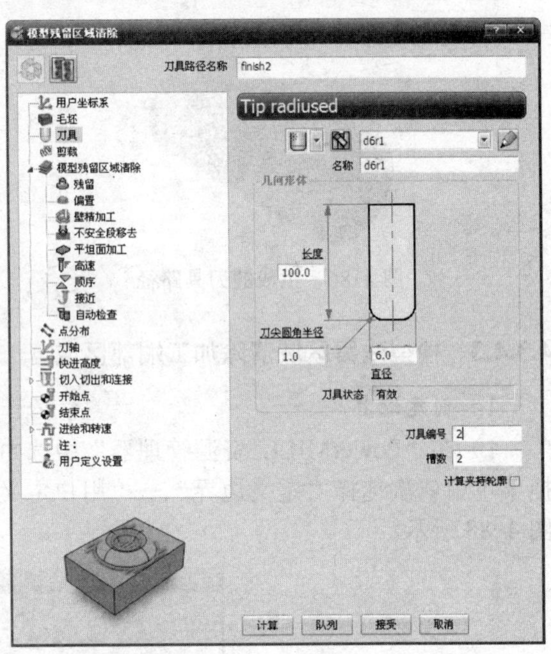

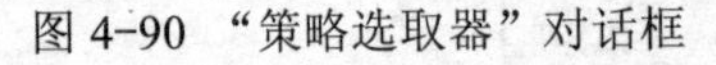
图 4-90 “策略选取器”对话框

图 4-91 “模型残留区域清除”对话框

● 创建刀具 d6r1。单击左侧列表框中的“刀具”选项，在右侧选项卡中选择“刀尖圆角端铣刀”，设置“直径”为 6.0，“刀尖圆角半径”为 1.0，刀具编号为 2。

● 单击左侧列表框中的“剪裁”选项，在右侧选项卡中设置“边界”为 1，“裁剪”为“保留内部”，如图 4-92 所示。

● 单击左侧列表框中的“模型残留区域清除”选项，在右侧选项卡中设置“行距”为 0.771362，“下切步距”为 1.0，“切削方向”为“顺铣”，如图 4-93 所示。

图 4-92 剪裁参数

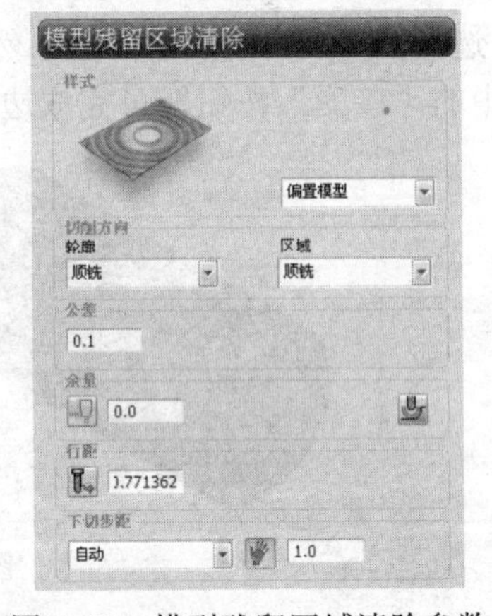

图 4-93 模型残留区域清除参数

● 单击“余量”选项后的“部件余量”按钮，弹出“部件余量”对话框，在“加工方式”下拉列表中选择“忽略”方式，如图 4-94 所示。

图 4-94　“部件余量”对话框

● 在图形区选择外圆柱表面，单击“获取部件”按钮，将所选曲面忽略不加工，共计 1 个部件如图 4-95 所示。单击“接受”按钮关闭对话框。

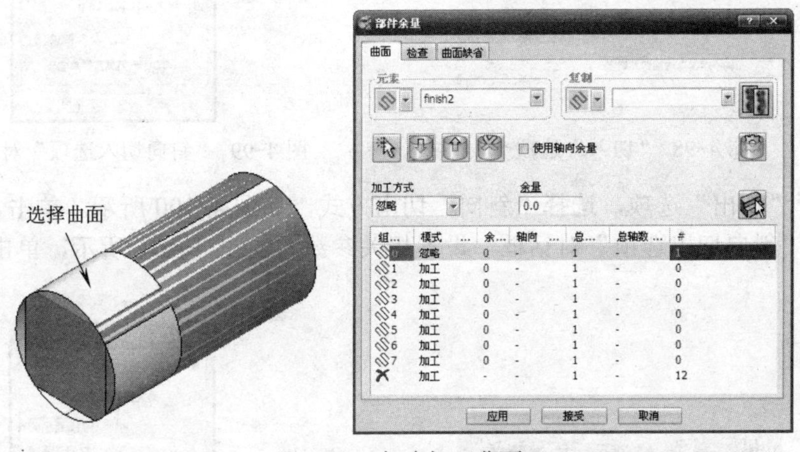

图 4-95　忽略加工曲面

● 单击左侧列表框中的“偏置”选项，在右侧选项卡中选择“螺旋”和“删除残留高度”，如图 4-96 所示。

● 单击左侧列表框中的“高速”选项，在右侧选项卡中选择“轮廓光顺”“光顺余量”和“摆线移动”复选框，选择“连接”为“光顺”，如图 4-97 所示。

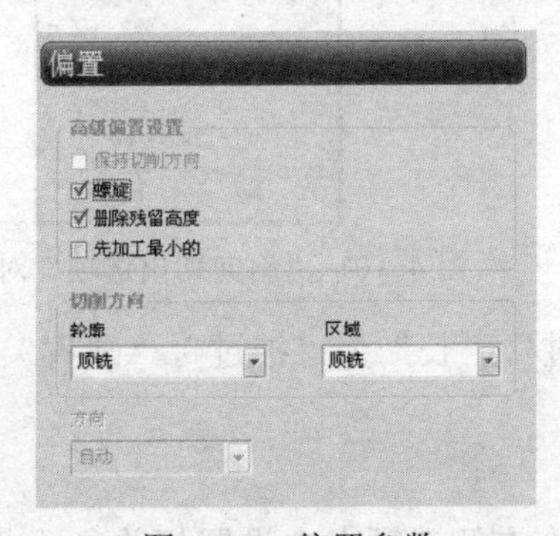

图 4-96　偏置参数

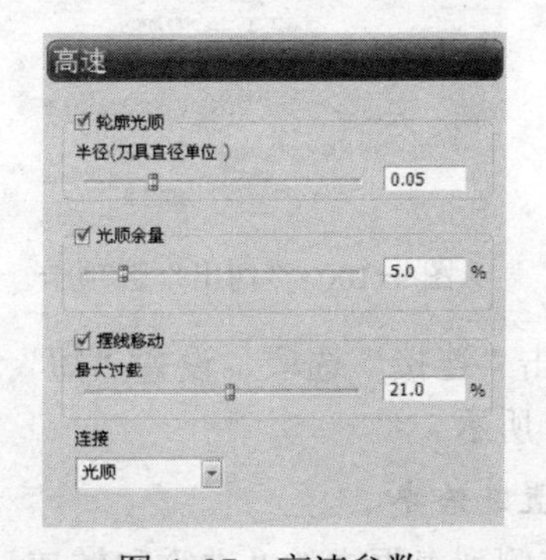

图 4-97　高速参数

3. 设置切入切出和连接

单击“模型残留区域清除”对话框左侧列表框中的“切入”“切出”和“连接”选项，设置切入切出参数。

1）选择“切入”选项，选择“斜向”切入方式，如图 4-98 所示。单击“斜向选项”按钮，弹出“斜向切入选项”对话框，设置相关参数，如图 4-99 所示，单击“接受”按钮完成。

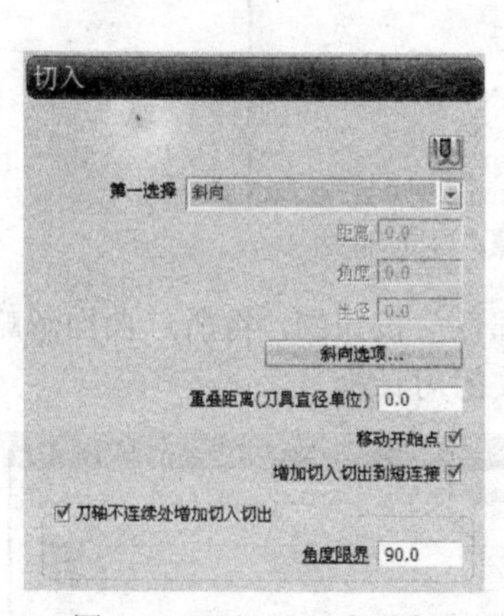

图 4-98 “切入”选项卡

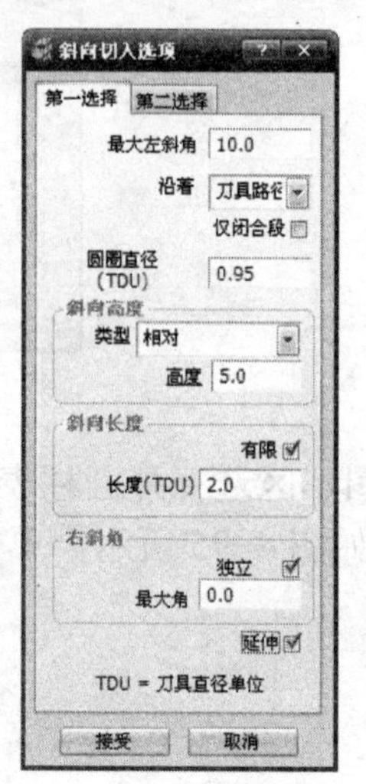

图 4-99 “斜向切入选项”对话框

2）选择“切出”选项，选择“斜向”切出方式，如图 4-100 所示。单击“斜向选项”按钮，弹出“斜向切出选项”对话框，设置相关参数，如图 4-101 所示，单击“接受”按钮完成。

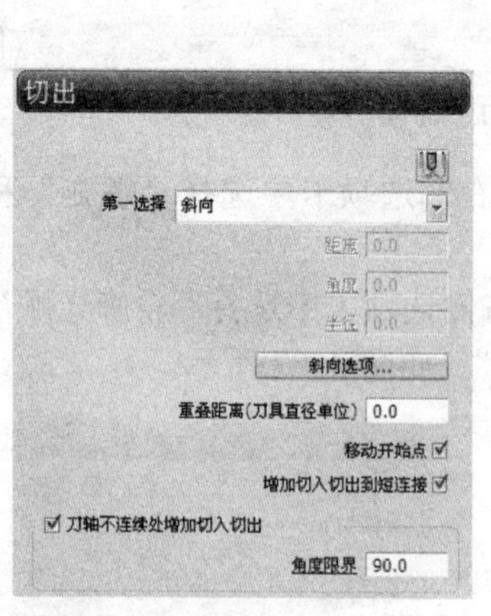

图 4-100 “切出”选项卡

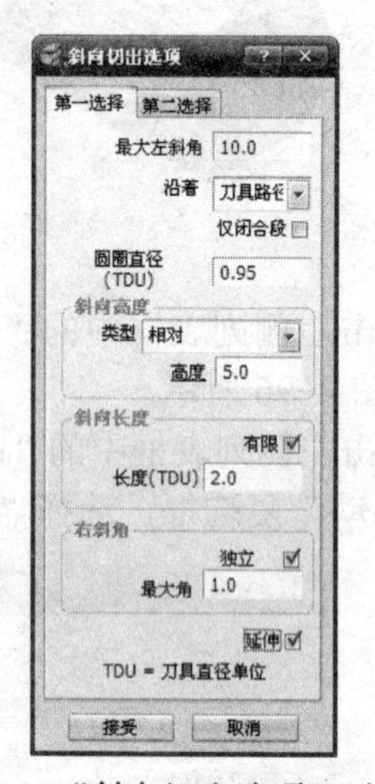

图 4-101 “斜向切出选项”对话框

3）单击“连接”选项，设置“短”为“掠过”，“长”为“掠过”，“缺省”为“相对”，如图 4-102 所示。

4. 设置进给率

单击左侧列表框中的“进给和转速”选项，在右侧选项卡中设置相关参数，如图 4-103

所示。

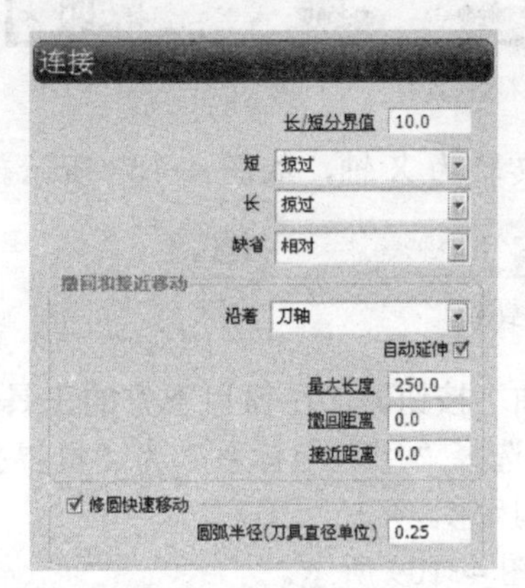

图 4-102 “连接”选项卡

图 4-103 “进给和转速”选项卡

5. **生成刀具路径**

在“模型残留区域清除”对话框中单击“计算”按钮和“接受”按钮，确定参数并退出对话框，生成的刀具路径如图 4-104 所示。

6. **刀具路径实体仿真**

1）选择下拉菜单“查看”→“工具栏”→“ViewMill”命令，显示出“ViewMill”工具栏，单击“开/关 ViewMill”按钮，切换到仿真界面。然后单击“彩虹阴影图像”按钮。

2）在“仿真”工具栏的“当前刀具路径”下拉列表中选择要模拟的刀具路径 finish2，然后单击“执行”按钮，系统开始自动仿真加工，仿真加工结果如图 4-105 所示。

3）单击“ViewMill”工具栏上的“退出 ViewMill”按钮，删除仿真加工并返回 PowerMILL 界面。

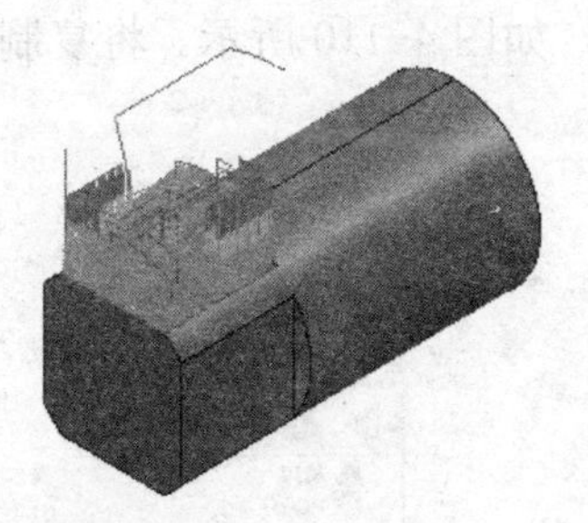

图 4-104 生成的刀具路径

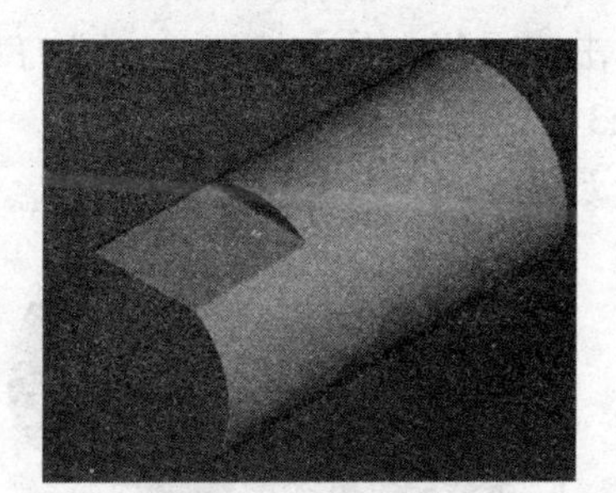

图 4-105 仿真加工结果

4.3.4.4 刀具路径旋转

上一步只加工了一个平面，对锁紧轴其余凹平面的加工采用的方法与上部分完全相同，故采用变换刀具路径的方法来实现。

1. **变换刀具路径**

1）单击“刀具路径”工具栏上的“变换”按钮，在弹出的工具栏中选择“旋转刀具路径”按钮，弹出“旋转”工具栏，选择“保留原始”按钮，如图 4-106 所示。

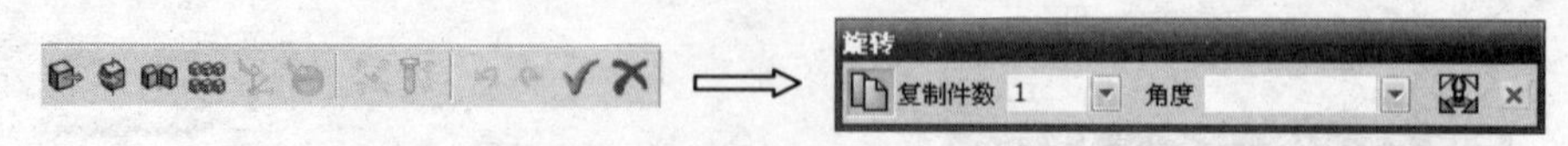

图 4-106　旋转刀具路径工具栏

2）在窗口下面工具栏中选中图标，设置旋转轴为 X 轴，如图 4-107 所示。

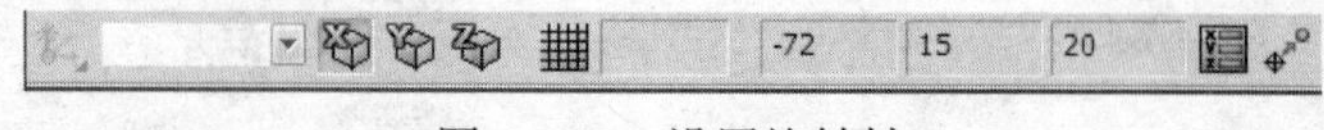

图 4-107　设置旋转轴

3）单击“旋转”工具栏上的“重新定位旋转轴”按钮，在窗口下方的工具栏上单击“打开位置表格”按钮，弹出“位置”对话框，选择“用户坐标系”为“世界坐标系”，输入坐标点位置为 X0.0、Y0.0、Z0.0，如图 4-108 所示。

4）在“旋转”工具栏上输入旋转角度 90，如图 4-109 所示。

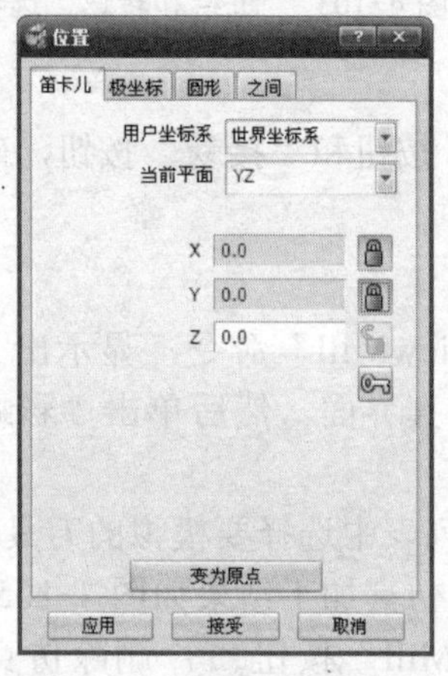

图 4-108　“位置”对话框

图 4-109　输入旋转角度

5）单击工具栏上的按钮，完成刀具路径旋转，如图 4-110 所示。将复制刀具路径更名为 finish3，如图 4-111 所示。

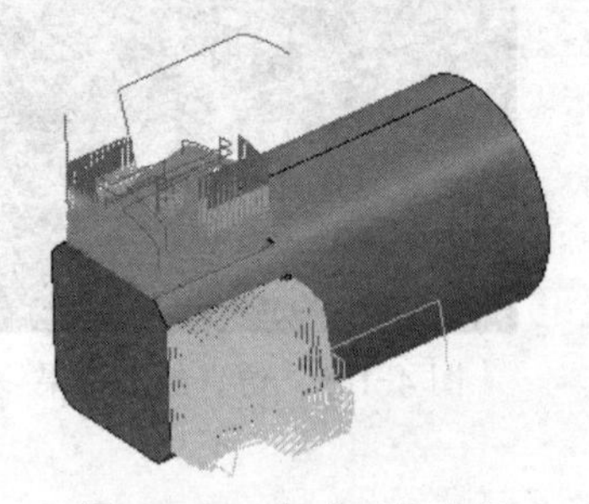

图 4-110　生成刀具路径

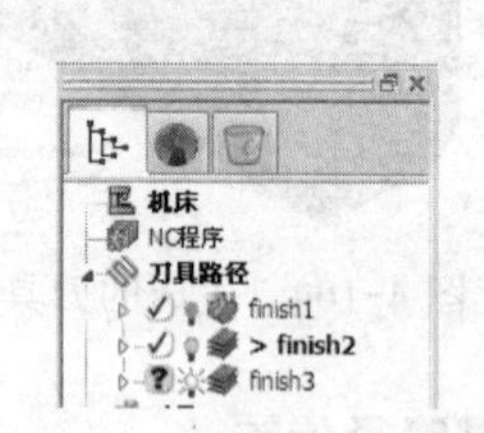

图 4-111　修改刀具路径名称

2. 刀具路径实体仿真

1）选择下拉菜单“查看”→“工具栏”→“ViewMill”命令，显示出“ViewMill”工具栏，单击“开/关 ViewMill”按钮，切换到仿真界面。然后单击“彩虹阴影图像”按钮。

2）在“仿真”工具栏的“当前刀具路径”下拉列表中选择要模拟的刀具路径 finish1，

然后单击“执行”按钮，系统开始自动仿真加工，仿真加工结果如图 4-112 所示。

3）单击“ViewMill”工具栏上的“退出 ViewMill”按钮，删除仿真加工并返回 PowerMILL 界面。

图 4-112　仿真加工结果

3. 变换刀具路径

同理，采用上述旋转刀具路径方法，设置旋转角度为 180、270，再次旋转复制两次刀具路径，如图 4-113、图 4-114 所示。

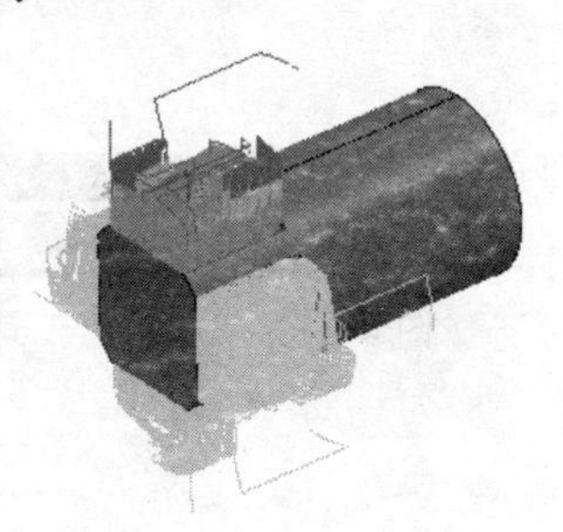

图 4-113　生成刀具路径

图 4-114　仿真加工结果

4.3.4.5　参考线精加工文字

1. 创建参考线

1）在“PowerMILL 资源管理器”中右键单击“参考线”选项，在弹出的快捷菜单中选择“产生参考线”命令，系统即产生出一条空的参考线 1，如图 4-115 所示。

2）选中所创建的参考线“1”，单击鼠标右键，在弹出的快捷菜单中选择“插入”→“文件”命令，弹出“打开参考线”对话框，选择“cankaoxian.dgk”（“随书光盘：\第 4 章\4.3\uncompleted\cankaoxian.dgk”）文件，单击“打开”按钮完成如图 4-115 所示。

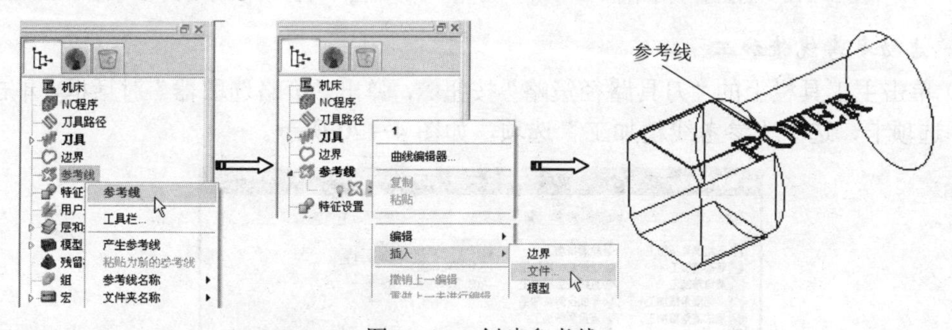

图 4-115　创建参考线

3）在“PowerMILL 资源管理器”中右键单击“参考线”选项中的“1”，在弹出的快捷菜单中选择“编辑”→“变换”→“移动”命令，如图 4-116 所示。

4）系统弹出“移动”工具栏，如图 4-117 所示。在窗口下方的工具栏上单击“打开位置表格”按钮，弹出“位置”对话框，选择“用户坐标系”为“相对”，输入坐标点位置为 X0.0、Y0.0、Z50.0，如图 4-118 所示。单击工具栏上的按钮，完成参考线移动，如图 4-119 所示。

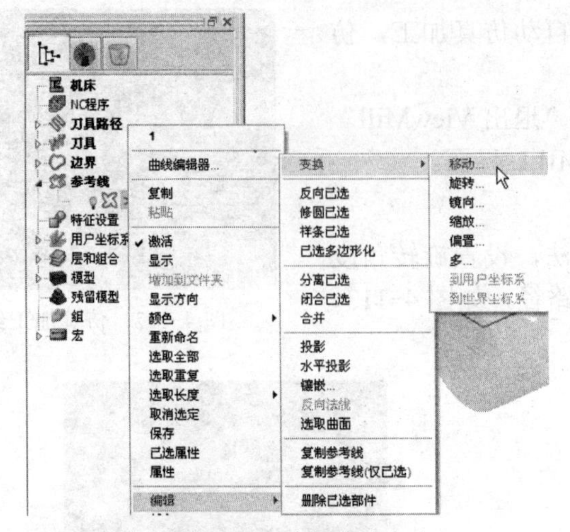

图 4-116 选择移动命令

图 4-117 “移动”工具栏

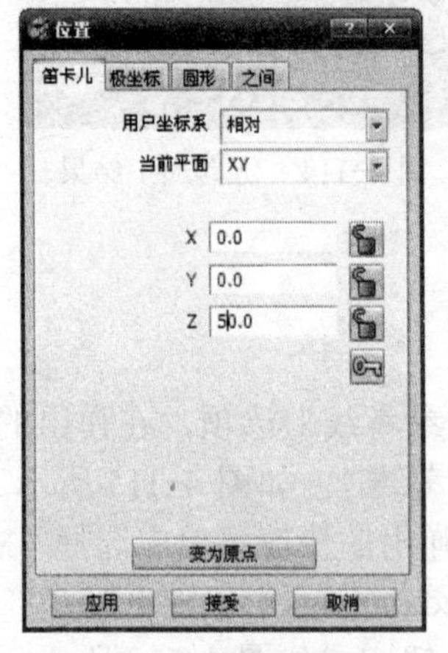

图 4-118 “位置”对话框

图 4-119 移动后的参考线

2. 启动参考线精加工

1）单击主工具栏上的“刀具路径策略”按钮，弹出“策略选取器”对话框，单击“精加工”选项卡，选中“参考线精加工”选项，如图 4-120 所示。

图 4-120 “策略选取器”对话框

2）单击“接受”按钮，弹出“参考线精加工”对话框，如图 4-121 所示。

● 创建刀具 d3r1。单击左侧列表框中的“刀具”选项，在右侧选项卡中选择“锥度球铣刀”，设置“直径”为 3.0，其他参数如图 4-121 所示。

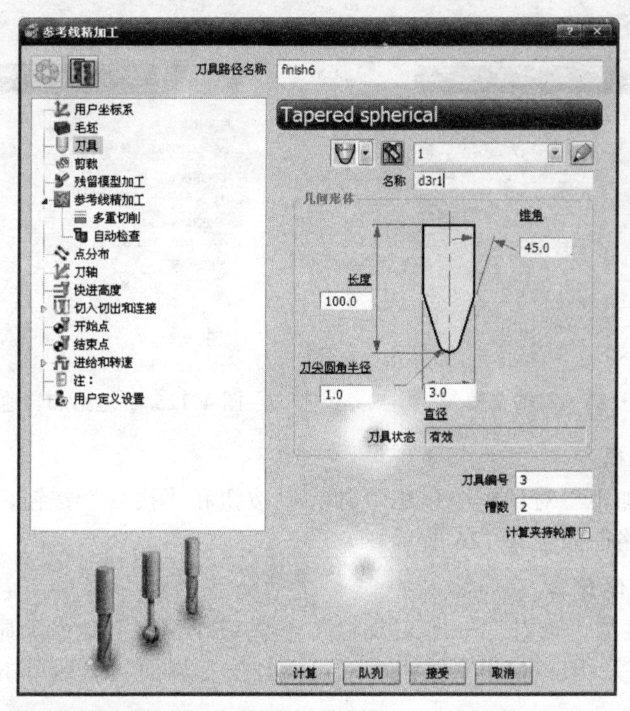

图 4-121 “参考线精加工”对话框

● 单击左侧列表框中的“剪裁”选项，在右侧选项卡中选中“边界”为“None”，即不设置边界，如图 4-122 所示。

● 单击左侧列表框中的“参考线精加工”选项，在右侧选项卡中选中参考线“1”作为驱动曲线，在“底部位置”下拉列表中选择“自动”，如图 4-123 所示。

图 4-122 剪裁参数

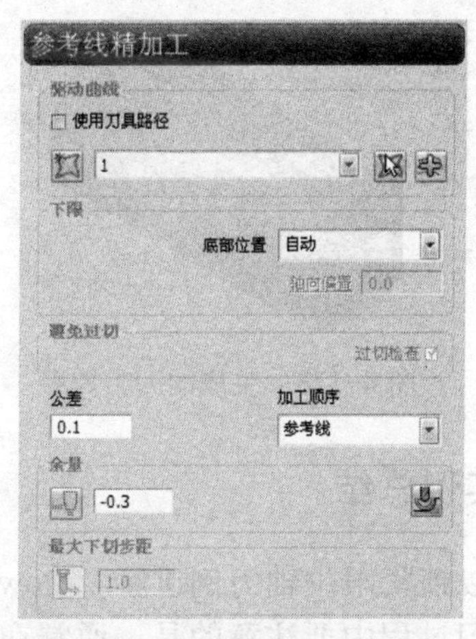

图 4-123 参考线精加工参数

● 单击左侧列表框中的“刀轴”选项，在右侧选项卡中选中“刀轴”为“朝向直线”，输入点为 0.0、0.0、0.0，“方向”为 1.0、0.0、0.0，如图 4-124 所示。

3. **设置进给率**

单击左侧列表框中的“进给和转速”选项，在右侧选项卡中设置相关参数，如图 4-125 所示。

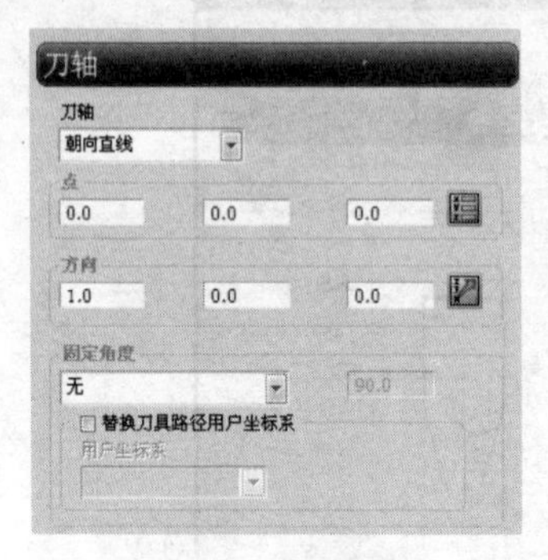

图 4-124 刀轴参数

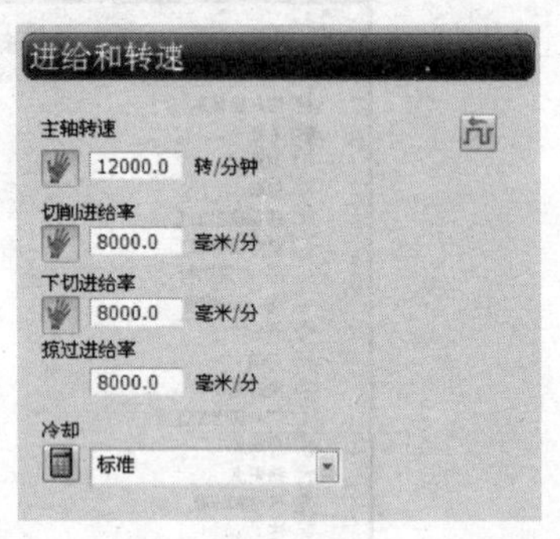

图 4-125 “进给和转速”选项卡

4. **生成刀具路径**

在“参考线精加工”对话框中单击“计算”按钮和“接受”按钮，确定参数并退出对话框，生成的刀具路径如图 4-126 所示。

5. **刀具路径实体仿真**

1）选择下拉菜单“查看”→“工具栏”→“ViewMill”命令，显示出“ViewMill”工具栏，单击“开/关 ViewMill”按钮，切换到仿真界面。然后单击“彩虹阴影图像”按钮。

2）在“仿真”工具栏的“当前刀具路径”下拉列表中选择要模拟的刀具路径 finish6，然后单击“执行”按钮，系统开始自动仿真加工，仿真加工结果如图 4-127 所示。

3）单击“ViewMill”工具栏上的“退出 ViewMill”按钮，删除仿真加工并返回 PowerMILL 界面。

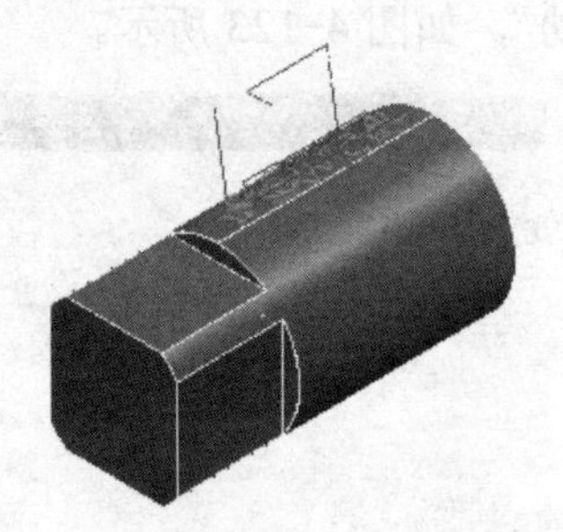

图 4-126 生成的刀具路径

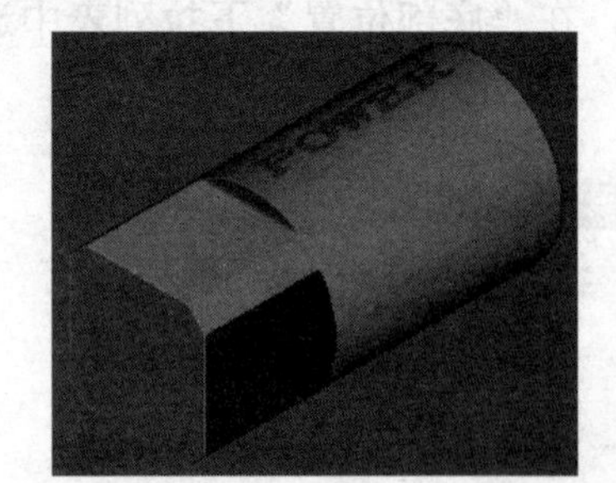

图 4-127 仿真加工结果

4.3.5 实例总结

本节以锁紧限位轴为例讲解了 PowerMILL 的四轴高速铣削加工方法和具体应用步骤，读者在学习过程中要注意的是，通常在 3+1 轴加工中将旋转轴当做分度头来使用，先加工一个区域，然后利用刀具路径变换功能（即分度头的旋转功能）将上述加工复制进行其他相同区域的加工，另外在利用参考线进行四轴加工时，要设置刀轴方向，通常朝向直线是指刀具刀尖总是指向用户定义的直线。

第 5 章　PowerMILL 2012 五轴高速加工范例

五轴是指 X、Y、Z 三个移动轴上加任意两个旋转轴。相对于常见的三轴（X、Y、Z 三个自由度）加工而言，五轴加工专门用于几何形状比较复杂的零件曲面，例如叶轮、叶片、船用螺旋桨、重型发电机转子、汽轮机转子等。本章通过 3 个具体的实例，按照由浅入深的原则，来讲解 PowerMILL2012 五轴高速加工的基本方法和具体步骤。

5.1　入门实例——灯罩凸模高速加工

5.1.1　实例描述

灯罩凸模零件如图 5-1 所示，整个零件包括分型面、倾斜侧壁、曲面顶面和凹槽面。材料为淬硬工具钢，加工表面的表面粗糙度值 *Ra* 为 0.8μm，工件底部安装在工作台上。

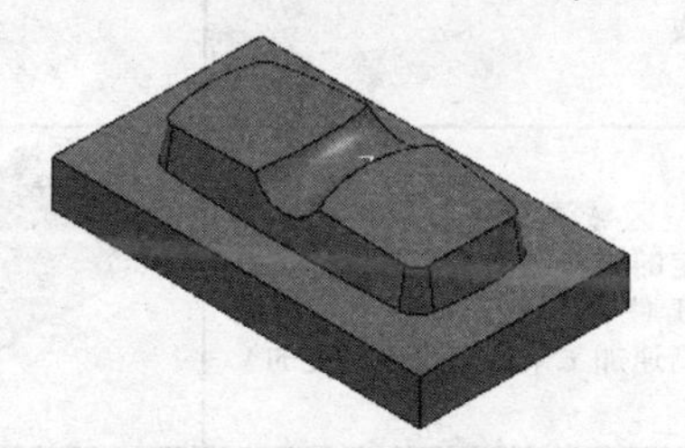

图 5-1　灯罩凸模零件

5.1.2　加工方法分析

灯罩凸模零件根据数控高速加工工艺要求，采用工艺路线为“粗加工”→“半精加工”→“精加工”。灯罩凸模零件数控高速加工切削参数见表 5-1。

（1）粗加工

首先采用较大直径的刀具进行粗加工，以便去除大量多余留量，粗加工采用偏置区域清除策略的方法，刀具为ϕ106R2 的圆角刀。

（2）半精加工

半精加工采用最佳等高加工，对于陡峭区域采用等高方式加工，对于平坦区域采用偏置方式加工，刀具为ϕ8mm 的球刀。

（3）精加工

精加工采用分区加工，凹槽面采用曲面投影精加工策略，刀轴采用“自直线”；顶面采用曲面投影精加工策略，刀轴采用“前倾/侧倾”，前倾为 5°，侧倾角为 15°；侧面采用 SWARF 精加工，刀轴采用自动刀轴；分型面采用偏置平坦面精加工。

表 5-1 灯罩凸模零件数控高速加工切削参数

刀具直径/mm	刀 齿 数	轴向深度/mm	径向切深/mm	主轴转速/（r/min）	进给速度/（mm/min）	加 工 方 式
16	2	1	2	7850	1570	粗加工
8	2	—	0.90	15570	2180	半精加工
6	2		0.77	20640	2477	精加工
4	2	—	—	30890	3089	精加工

5.1.3 加工流程与所用知识点

灯罩凸模零件数控加工流程和知识点见表 5-2。

表 5-2 灯罩凸模零件数控加工流程和知识点

步 骤	设计知识点	设计流程效果图
Step 1：导入模型	加工模型的导入是数控编程的第一步，它是生成数控代码的前提与基础	
Step 2：创建毛坯	在数控加工中必须定义加工毛坯，产生的刀具路径始终在毛坯内部生成	
Step 3：模型区域清除	模型区域清除模型策略具有非常恒定的材料切除率，但代价是刀具在工件上存在大量的快速移动（对高速加工来说是可以接受的）	
Step 4：最佳等高半精加工	最佳等高精加工综合了等高精加工和三维偏置精加工的特点，应用非常广泛，对加工一些复杂的模型曲面非常方便	
Step 5：曲面投影精加工凹面	曲面投影精加工是使用一张曲面光源照射形成参考线来计算出刀具路径的加工方式，刀轴为自直线	
Step 6：曲面投影精加工顶面	曲面投影精加工是使用一张曲面光源照射形成参考线来计算出刀具路径的加工方式，刀轴为前倾/侧倾	

（续）

步　　骤	设计知识点	设计流程效果图
Step 7：SWARF 精加工侧壁	SWARF 精加工即通常所说的“靠面加工”，利用刀具侧刃加工已选曲面	
Step 8：偏置平坦面精加工	偏置平坦面精加工只对零件的平面以偏置区域的形式进行平面精加工	

5.1.4　具体操作步骤

5.1.4.1　加工准备

1. 导入模型文件

1）选择下拉菜单“工具”→“重设表格”命令，将所有表格重新设置为系统默认状态。

2）选择下拉菜单中的“文件”→“输入模型”命令，弹出“输入模型”对话框，选择“dengzhao.dgk”（“随书光盘:\第 5 章\5.1\uncompleted\dengzhao.dgk”）文件，单击“打开”按钮即可，如图 5-2 所示。

2. 创建毛坯

1）单击主工具栏上的“毛坯”按钮，弹出“毛坯”对话框。在“由...定义”下拉列表中选择“方框”，单击“估算限界”框中的“计算”按钮，设置相关参数，如图 5-3 所示。

2）单击“接受”按钮，图形区显示所创建的毛坯，如图 5-4 所示。

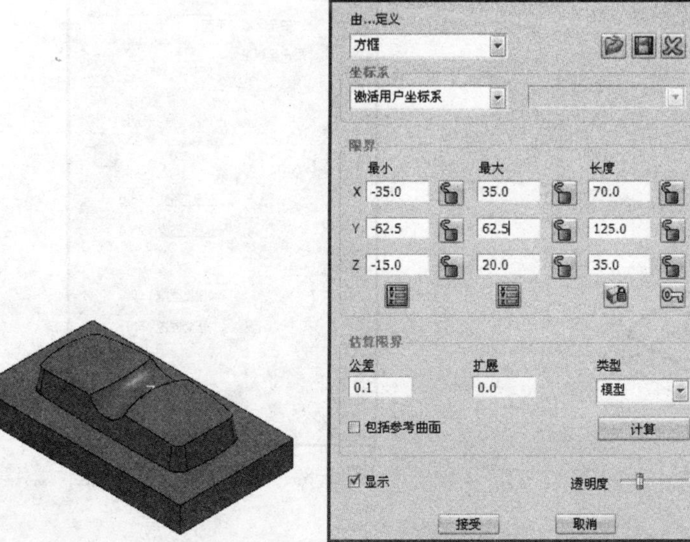

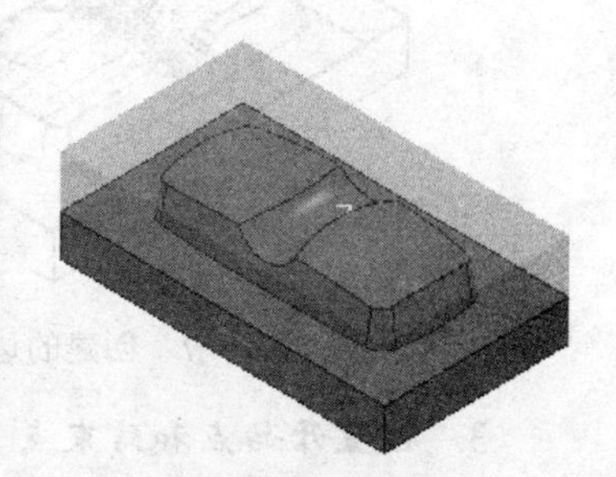

图 5-2　导入模型文件　　图 5-3　“毛坯”对话框　　图 5-4　创建的毛坯

5.1.4.2 模型区域清除粗加工

1. 创建边界

1）在“PowerMILL 资源管理器”中选中“边界”选项，单击鼠标右键，在弹出的快捷菜单中依次选择“定义边界”→“毛坯”命令，如图 5-5 所示，系统弹出“毛坯边界”对话框，如图 5-6 所示。

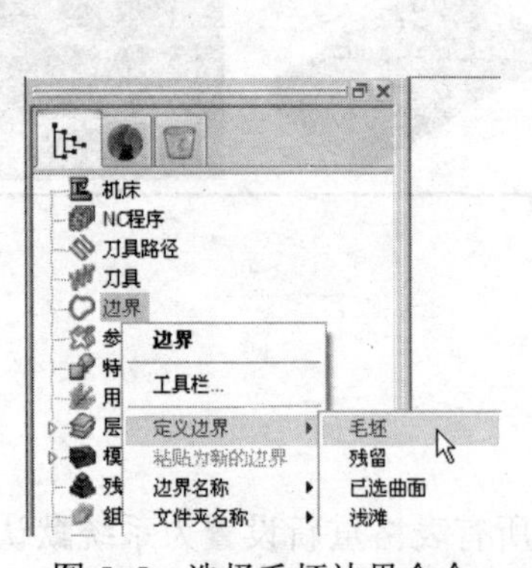

图 5-5 选择毛坯边界命令

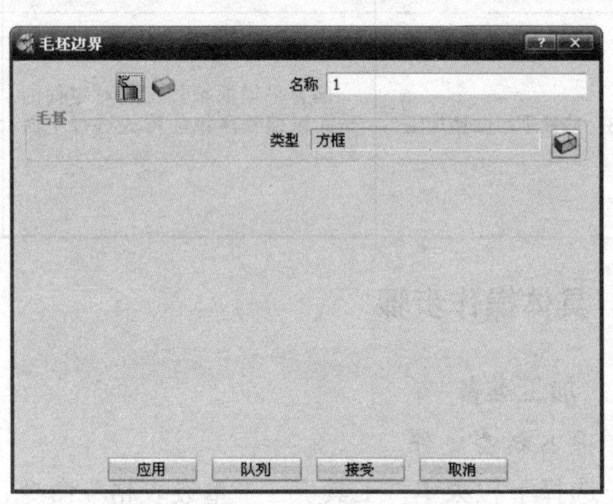

图 5-6 “毛坯边界”对话框

2）单击“毛坯边界”对话框中的“接受”按钮即可完成边界创建，如图 5-7 所示。

2. 设置快进高度

单击主工具栏上的“快进高度”按钮，弹出“快进高度”对话框。在“几何形体”选项的“安全区域”下拉列表中选择“平面”选项，设置“快进间隙”为 10.0，“下切间隙”为 5.0，如图 5-8 所示，单击“接受”按钮，完成快进高度设置。

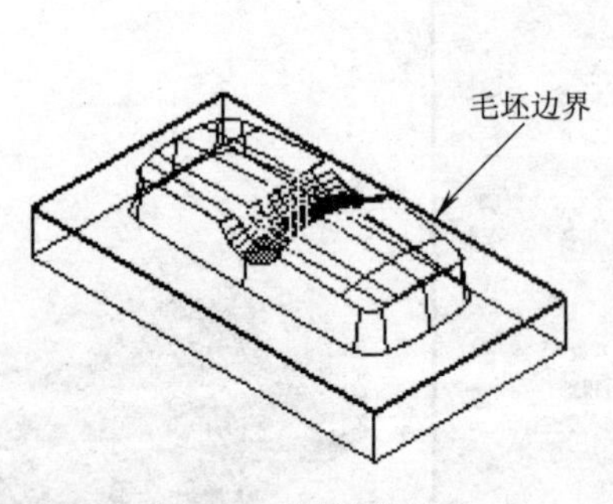

图 5-7 创建的边界

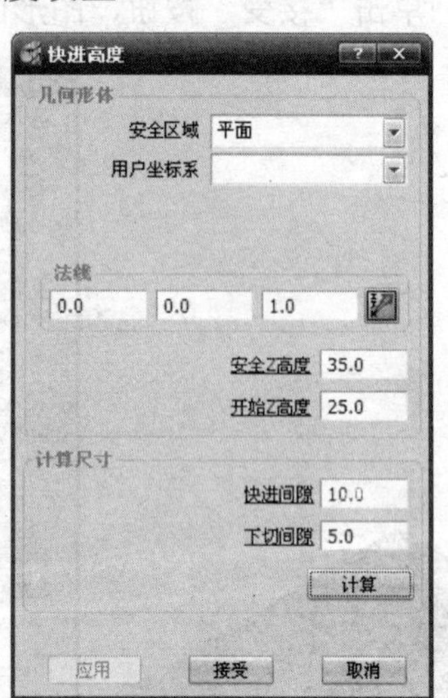

图 5-8 “快进高度”对话框

3. 设置开始点和结束点

单击主工具栏上的“开始点和结束点”按钮，弹出“开始点和结束点”对话框，设置开始点和结束点参数，如图 5-9 所示。

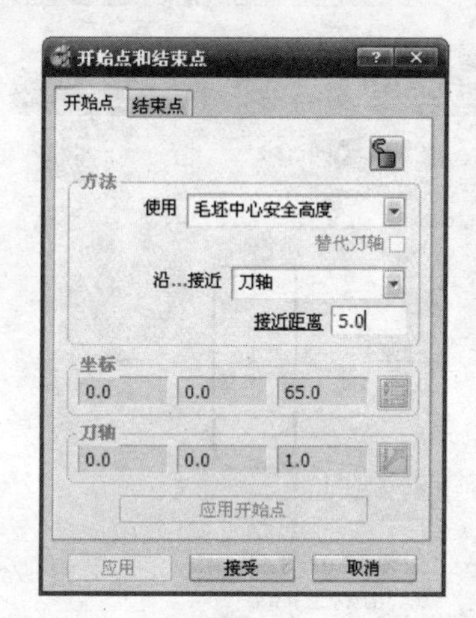

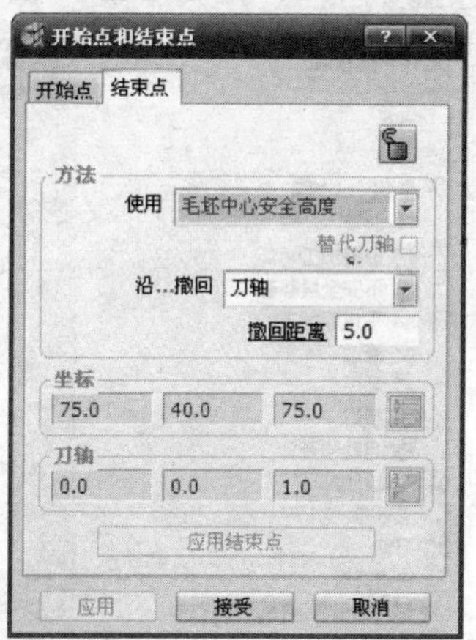

图 5-9 “开始点和结束点”对话框

4. 启动模型区域清除策略

1）单击主工具栏上的“刀具路径策略”按钮，弹出“策略选取器”对话框，单击“三维区域清除”选项卡，在弹出的三维区域清除策略选项中选择“模型区域清除”加工策略，如图 5-10 所示。单击“接受”按钮完成。

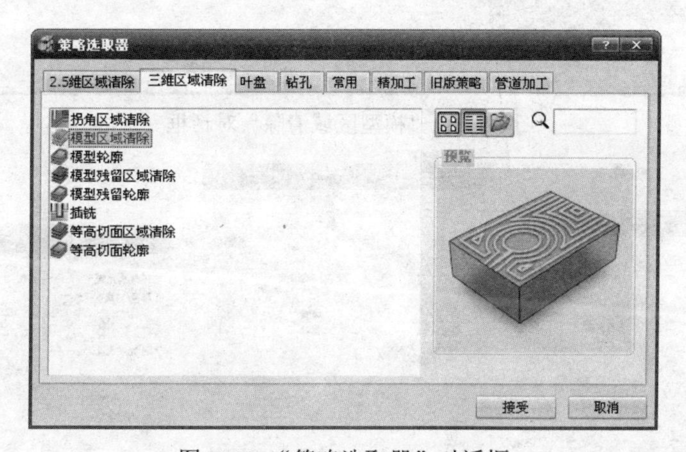

图 5-10 “策略选取器”对话框

2）在弹出的“模型区域清除”对话框中设置相关参数，如图 5-11 所示。

- 创建刀具 d16r2。单击左侧列表框中的“刀具”选项，在右侧选项卡中选择“刀尖圆角端铣刀”，设置“直径”为 16.0，“刀尖圆角半径”为 2.0，“刀具编号”为 1。
- 单击左侧列表框中的“剪裁”选项，在右侧选项卡中设置“边界”为 1，“裁剪”为“保留内部”，如图 5-12 所示。
- 单击左侧列表框中的“模型区域清除”选项，在右侧选项卡中设置“行距”为 2.0，“下切步距”为 1.0，“切削方向”为“顺铣”，如图 5-13 所示。
- 单击左侧列表框中的“高速”选项，在右侧选项卡中选择“轮廓光顺”“光顺余量”和“摆线移动”复选框，选择“连接”为“光顺”，如图 5-14 所示。

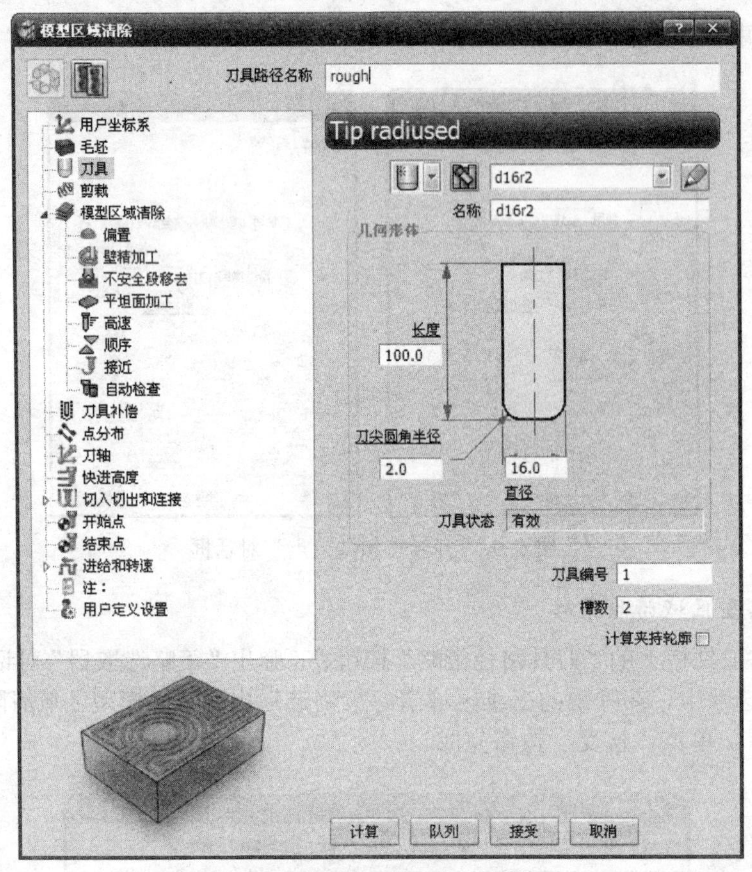

图 5-11 “模型区域清除”对话框

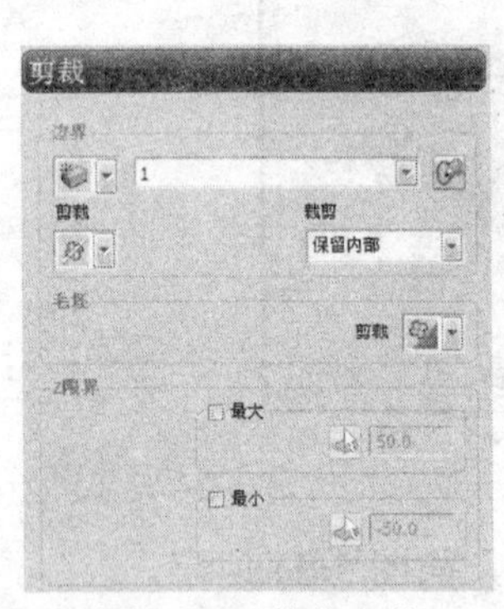

图 5-12 剪裁参数

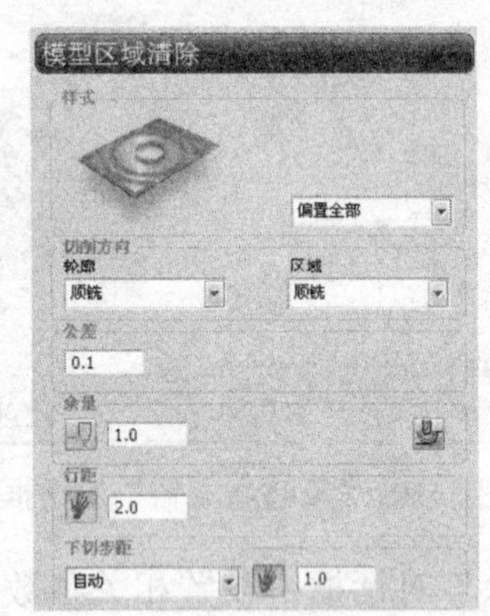

图 5-13 模型区域清除参数

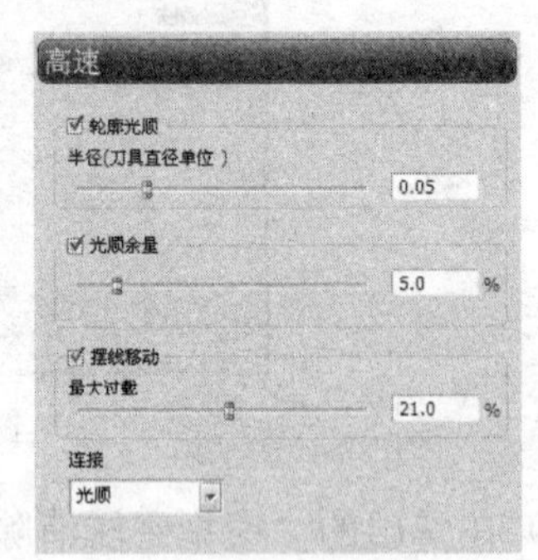

图 5-14 高速参数

5. 设置切入切出和连接

单击“模型区域清除”对话框左侧列表框中的“切入”“切出”和“连接”选项，设置切入切出参数。

1）选择“切入”选项，选择“斜向”切入方式，如图 5-15 所示。单击“斜向选项”按钮，弹出“斜向切入选项”对话框，设置相关参数，如图 5-16 所示，单击“接受”按钮完成。

2）选择“切出”选项，选择“斜向”切出方式，如图 5-17 所示。单击“斜向选项”按钮，弹出“斜向切出选项”对话框，设置相关参数，如图 5-18 所示。单击“接受”按钮完成。

3）单击“连接”选项，设置“短”为“圆形圆弧”，“长”为“掠过”，“缺省”为“安全高度”，如图 5-19 所示。

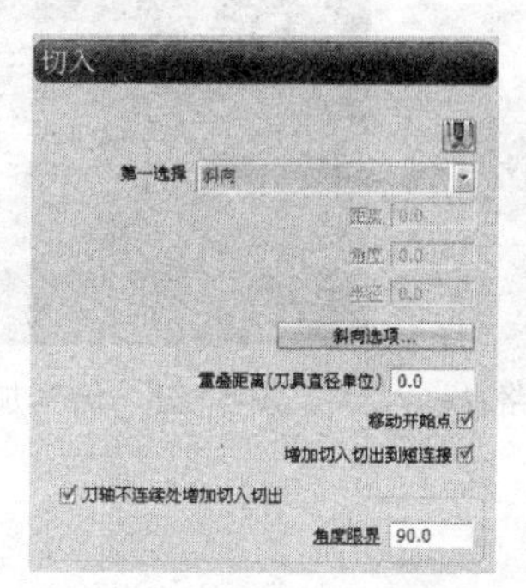

图 5-15　“切入”选项卡

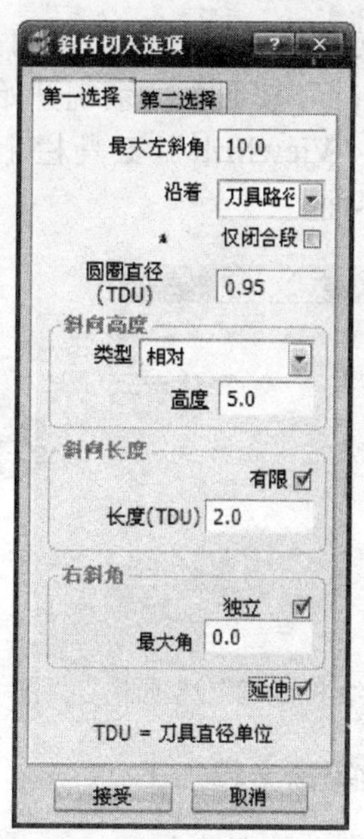

图 5-16　“斜向切入选项”对话框

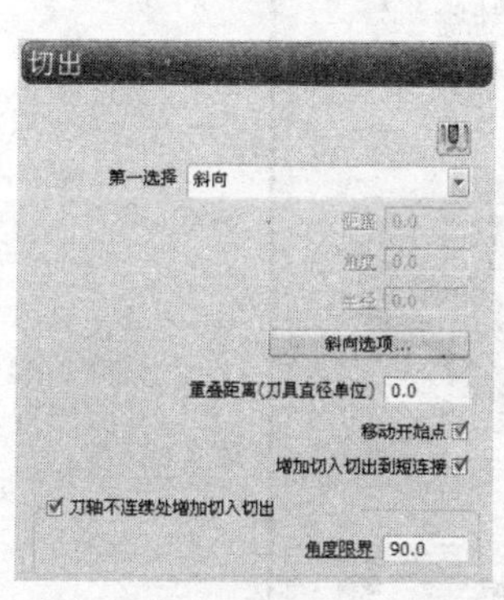

图 5-17　“切出”选项卡

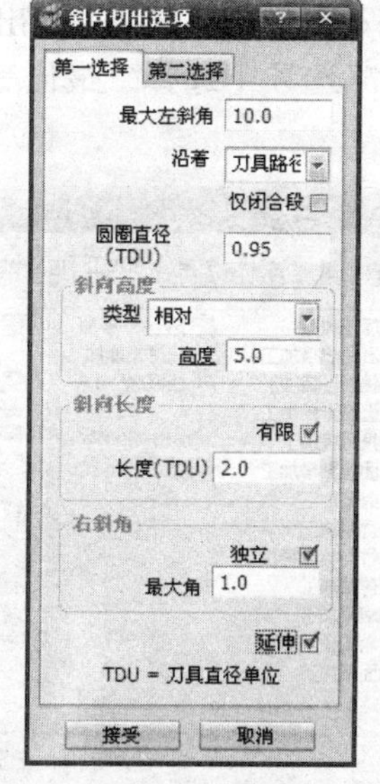

图 5-18　“斜向切出选项”对话框

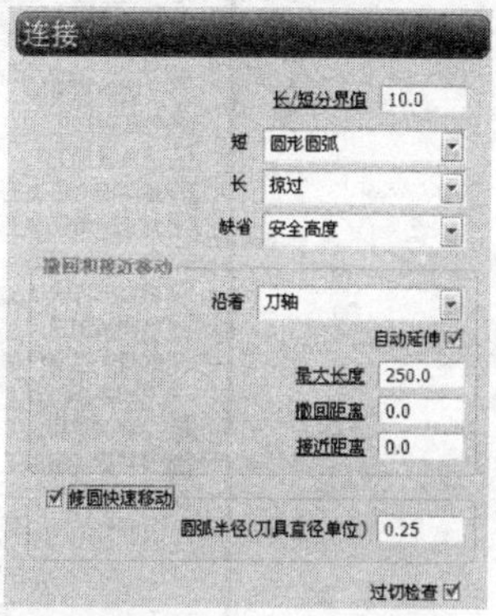

图 5-19　“连接”选项卡

6. ***设置进给率***

单击左侧列表框中的“进给和转速”选项，在右侧选项卡中设置相关参数，如图 5-20 所示。

7. ***生成刀具路径***

在“模型区域清除”对话框中单击“计算”按钮和“接受”按钮，确定参数并退出对话框，生成的刀具路径如图 5-21 所示。

8. ***刀具路径实体仿真***

1）选择下拉菜单“查看”→“工具栏”→“ViewMill”命令，显示出“ViewMill”

工具栏，单击“开/关 ViewMill”按钮，切换到仿真界面。然后单击“彩虹阴影图像”按钮。

2）在“仿真”工具栏的“当前刀具路径”下拉列表中选择要模拟的刀具路径 rough，然后单击“执行”按钮，系统开始自动仿真加工，仿真加工结果如图 5-22 所示。

3）单击“ViewMill”工具栏上的“退出 ViewMill”按钮，删除仿真加工并返回 PowerMILL 界面。

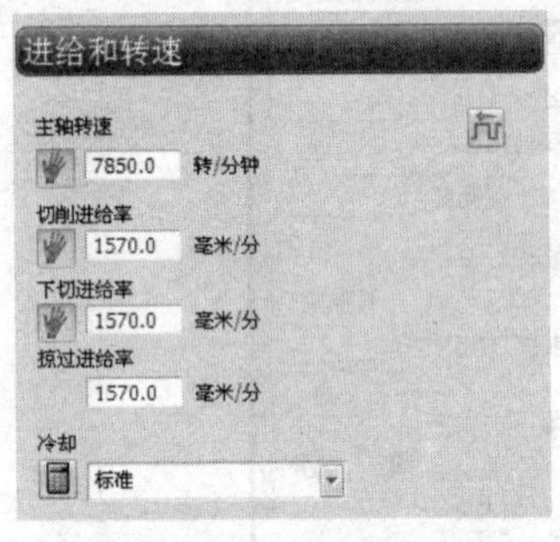

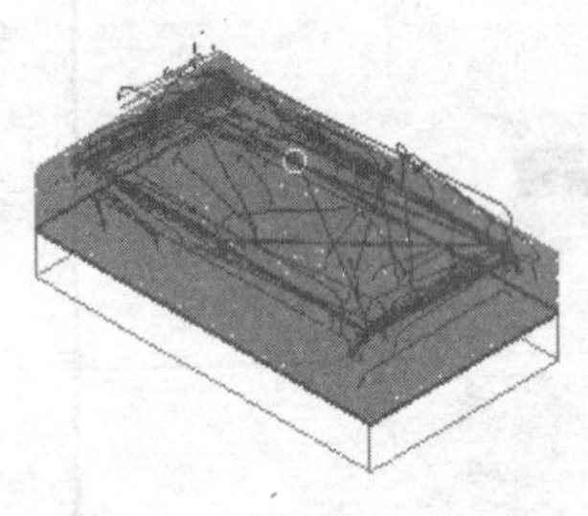

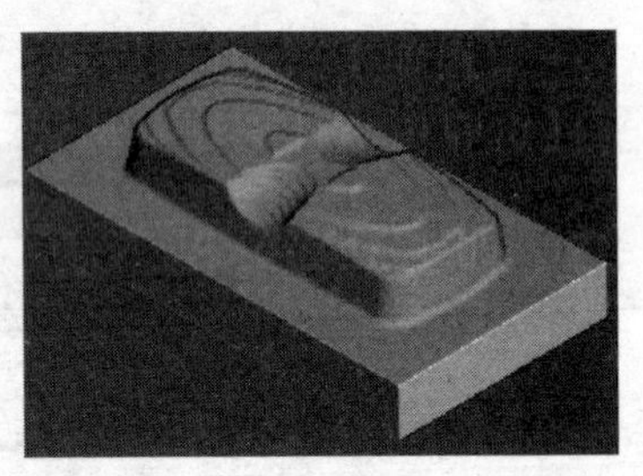

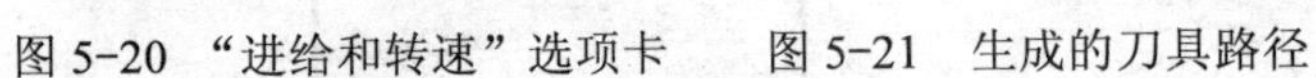

图 5-20 “进给和转速”选项卡　　图 5-21 生成的刀具路径　　图 5-22 仿真加工结果

5.1.4.3 最佳等高半精加工

1. ***启动最佳等高精加工***

1）单击主工具栏上的“刀具路径策略”按钮，弹出“策略选取器”对话框，单击“精加工”选项卡，在弹出的精加工策略选项中选择“最佳等高精加工”加工策略，如图 5-23 所示。单击“接受”按钮完成。

图 5-23 “策略选取器”对话框

2）在弹出的“最佳等高精加工”对话框中设置相关参数，如图 5-24 所示。

● 创建刀具 B8。单击左侧列表框中的“刀具”选项，在右侧选项卡中选择“球头刀”，设置“直径”为 8.0，“刀具编号”为 2。

● 单击左侧列表框中的“最佳等高精加工”选项，在右侧选项卡中选中“螺旋”和“封闭式偏置”复选框，设置“行距”为残留高度 0.05，选中“使用单独的浅滩行距”复选框，设置“浅滩行距”为 1.0，如图 5-25 所示。

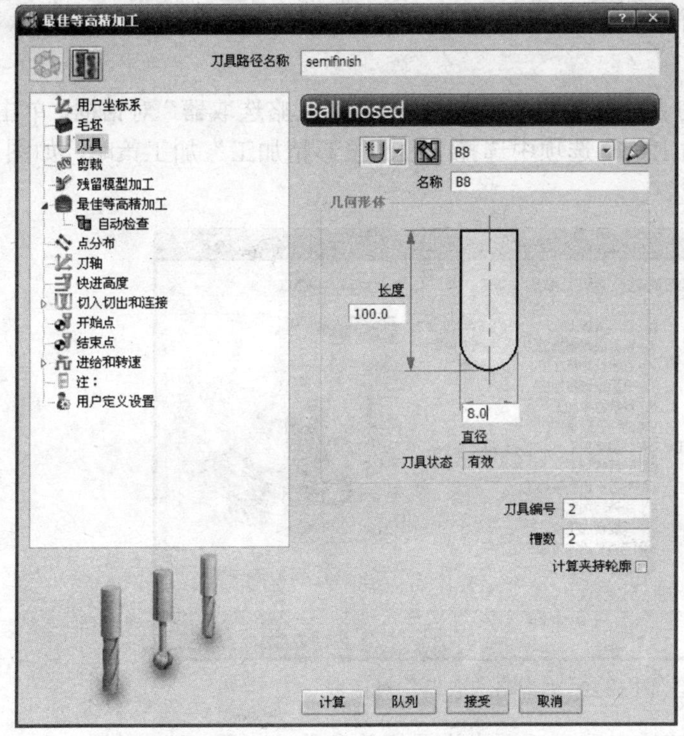

图 5-24 “最佳等高精加工”对话框

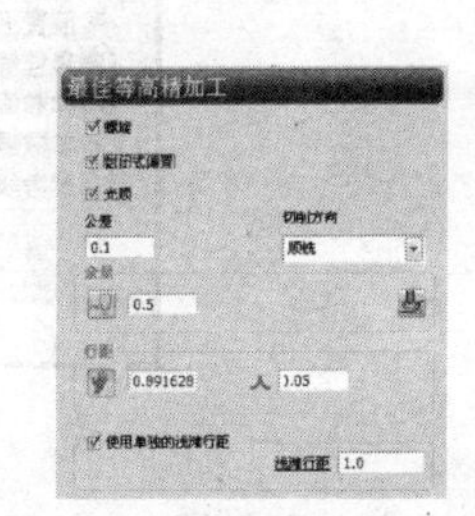

图 5-25 最佳等高精加工参数

2. 设置进给率

单击左侧列表框中的“进给和转速”选项，在右侧选项卡中设置相关参数，如图 5-26 所示。

3. 生成刀具路径

在“最佳等高精加工”对话框中单击“应用”按钮和“接受”按钮，确定参数并退出对话框，生成的刀具路径如图 5-27 所示。

4. 刀具路径实体仿真

1）选择下拉菜单“查看”→“工具栏”→“ViewMill”命令，显示出“ViewMill”工具栏，单击“开/关 ViewMill”按钮，切换到仿真界面。然后单击“彩虹阴影图像”按钮。

2）在“仿真”工具栏的“当前刀具路径”下拉列表中选择要模拟的刀具路径 semifinish，然后单击“执行”按钮，系统开始自动仿真加工，仿真加工结果如图 5-28 所示。

3）单击“ViewMill”工具栏上的“退出 ViewMill”按钮，删除仿真加工并返回 PowerMILL 界面。

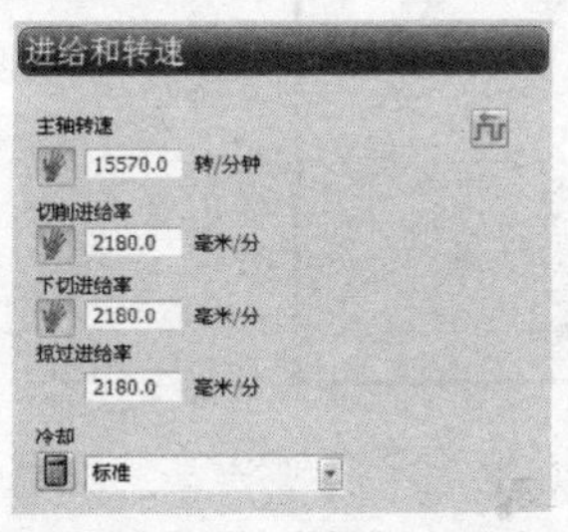

图 5-26 进给和转速参数

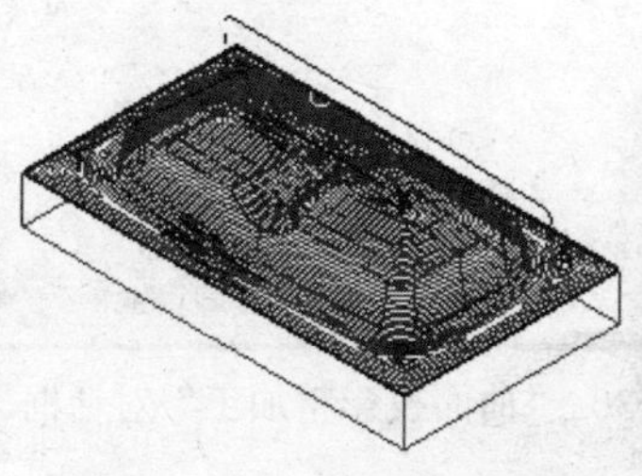

图 5-27 生成的刀具路径

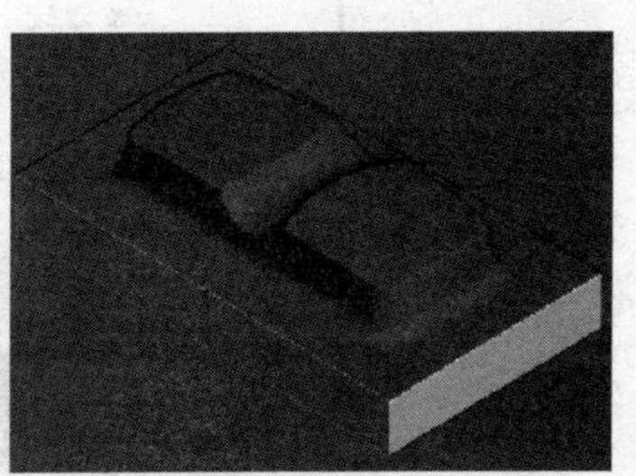

图 5-28 仿真加工结果

5.1.4.4 曲面投影精加工凹面

1. *启动曲面投影精加工*

1）单击主工具栏上的“刀具路径策略”按钮，弹出“策略选取器”对话框，单击“精加工”选项卡，在弹出的精加工策略选项中选择“曲面投影精加工”加工策略，如图 5-29 所示。单击“接受”按钮完成。

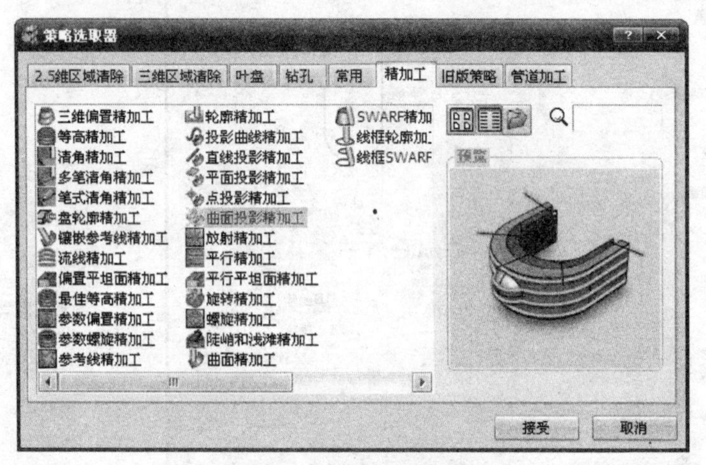

图 5-29 “策略选取器”对话框

2）在弹出的“曲面投影精加工”对话框中设置相关参数，如图 5-30 所示。

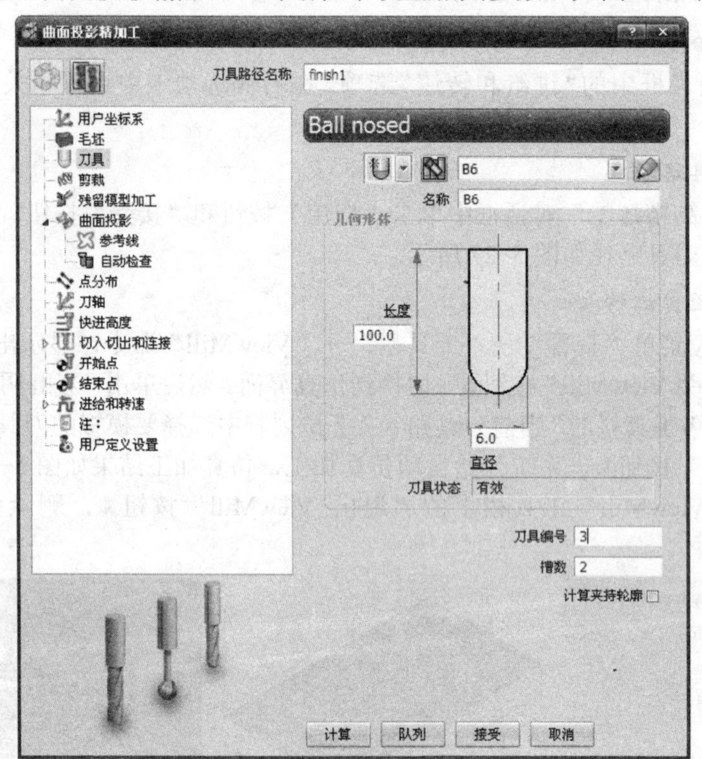

图 5-30 “曲面投影精加工”对话框

- 选择刀具 B6。单击左侧列表框中的“刀具”选项，在右侧选项卡中选择“B6”球头刀。

- 单击左侧列表框中的“曲面投影”选项，在右侧选项卡中设置“方向”为“向内”，“余量”为 0.0，如图 5-31 所示。
- 单击左侧列表框中的“参考线”选项，在右侧选项卡中设置“参考线方向”为“V”，“加工顺序”为“双向”，如图 5-32 所示。

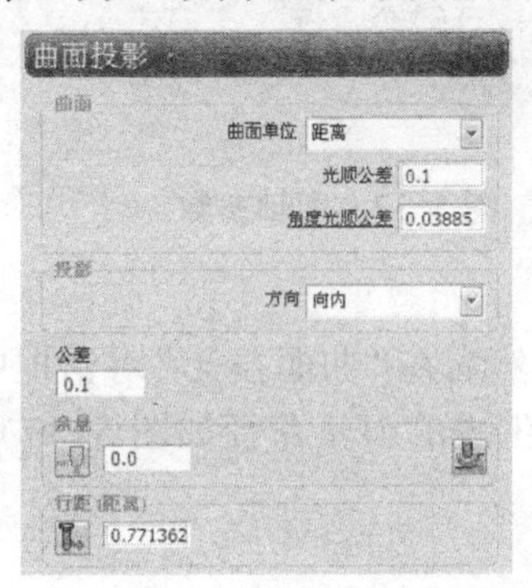

图 5-31 曲面投影参数

图 5-32 参考线参数

2. 设置切入切出和连接

单击“曲面投影精加工”对话框左侧列表框中的“切入”“切出”和“连接”选项，设置切入切出参数。

1）选择“切入”选项，选择“垂直圆弧”切入方式，设置“距离”为 5.0，“角度”为 30.0，“半径”为 2.0，如图 5-33 所示。

2）选择“切出”选项，选择“垂直圆弧”切入方式，设置“距离”为 5.0，“角度”为 30.0，“半径”为 2.0，如图 5-34 所示。

3）单击“连接”选项，设置“短”为“圆形圆弧”，“长”为“掠过”，“缺省”为“安全高度”，如图 5-35 所示。

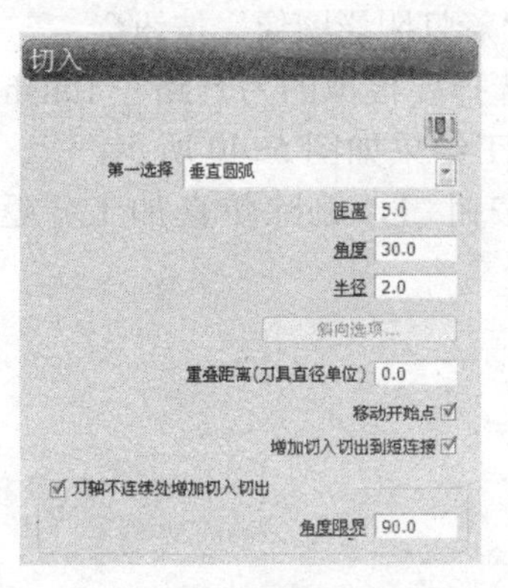

图 5-33 “切入”选项卡

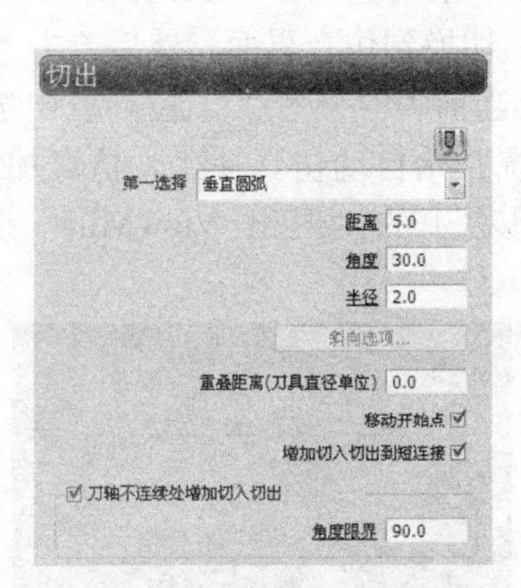

图 5-34 “切出”选项卡

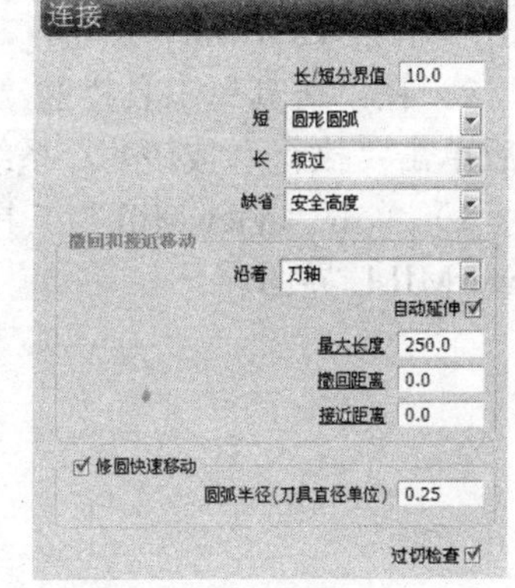

图 5-35 “连接”选项卡

3. 设置进给率

单击左侧列表框中的“进给和转速”选项，在右侧选项卡中设置相关参数，如图 5-36 所示。

4. 刀轴设置

单击左侧列表框中的“刀轴”选项，在右侧选项卡中设置“刀轴”为“自直线”，点为

0.0、0.0、50.0，方向为 1.0、0.0、0.0 如图 5-37 所示。

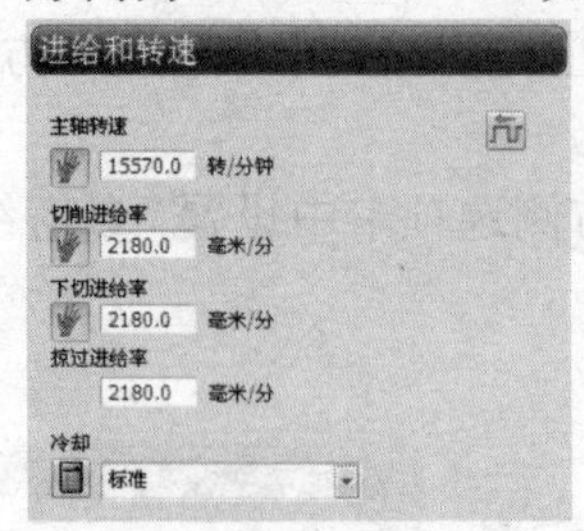

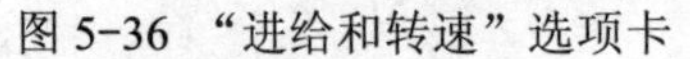
图 5-36 “进给和转速”选项卡

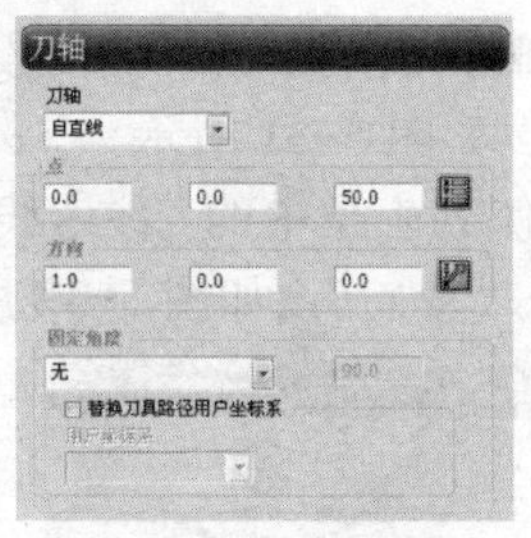

图 5-37 刀轴参数

5. ***生成刀具路径***

在图形区选择图 5-38 所示的曲面作为投影曲面，然后在“曲面投影”对话框中单击“计算”按钮和“接受”按钮，确定参数并退出对话框，生成的刀具路径如图 5-39 所示。

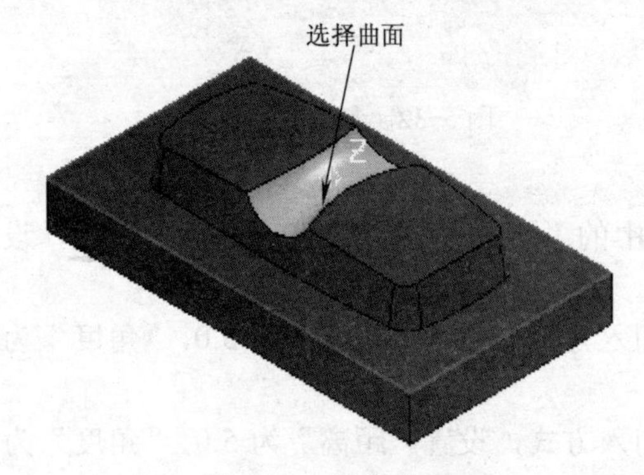

图 5-38 选择曲面

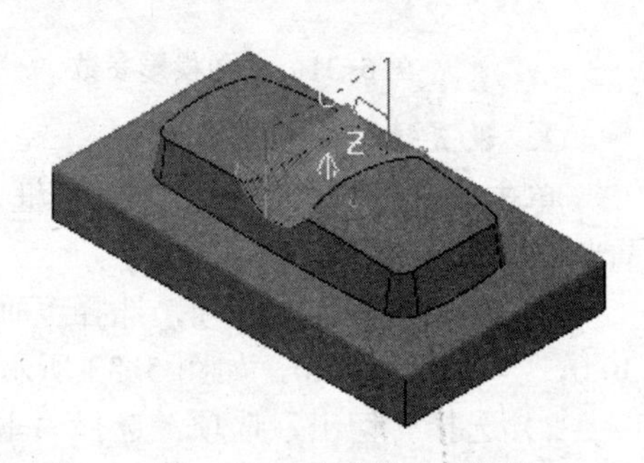

图 5-39 生成的刀具路径

6. ***刀具路径实体仿真***

1）选择下拉菜单“查看”→“工具栏”→“ViewMill”命令，显示出“ViewMill”工具栏，单击“开/关 ViewMill”按钮，切换到仿真界面。然后单击“彩虹阴影图像”按钮。

2）在“仿真”工具栏的“当前刀具路径”下拉列表中选择要模拟的刀具路径 finish1，然后单击“执行”按钮，系统开始自动仿真加工，仿真加工结果如图 5-40 所示。

3）单击“ViewMill”工具栏上的“退出 ViewMill”按钮，删除仿真加工并返回 PowerMILL 界面。

图 5-40 仿真加工结果

5.1.4.5 曲面投影精加工顶面

1. ***启动曲面投影精加工***

1）单击主工具栏上的“刀具路径策略”按钮，弹出“策略选取器”对话框，单击“精加工”选项卡，在弹出的精加工策略选项中选择“曲面投影精加工”加工策略，如图 5-41 所示。单击“接受”按钮完成。

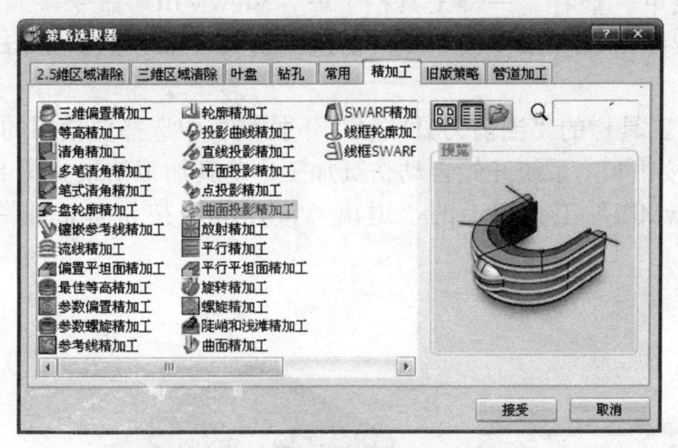

图 5-41　“策略选取器”对话框

2）在弹出的“曲面投影精加工”对话框中设置相关参数，如图 5-42 所示。

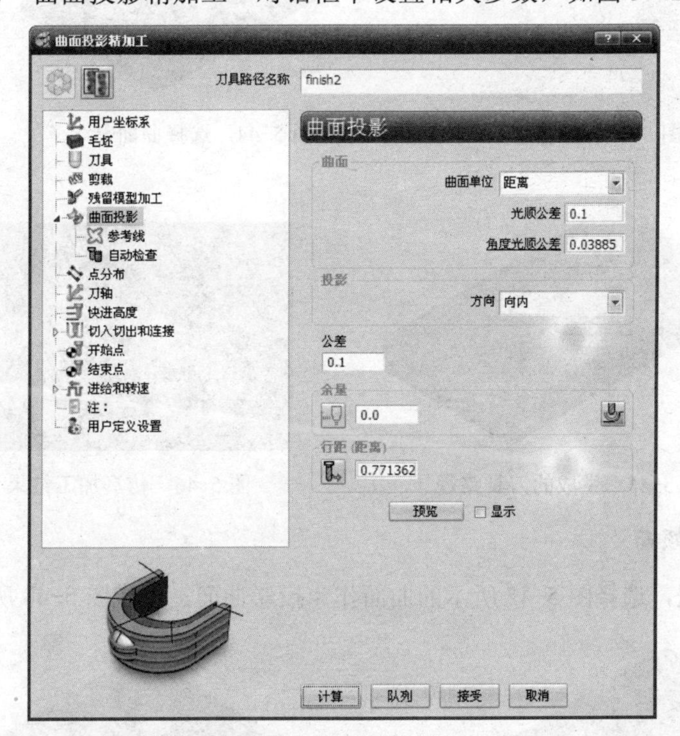

图 5-42　“曲面投影精加工”对话框

2．刀轴设置

单击左侧列表框中的“刀轴”选项，在右侧选项卡中设置“刀轴”为“前倾/侧倾”，“前倾”为 5.0，“侧倾”为 15.0，如图 5-43 所示。

3．生成刀具路径

在图形区选择图 5-44 所示的曲面作为投影曲面，然后在“曲面投影”对话框中单击“计算”按钮和“接受”按钮，确定参数并退出对话框，生成的刀具路径如图 5-45 所示。

4. **刀具路径实体仿真**

1）选择下拉菜单“查看”→“工具栏”→“ViewMill”命令，显示出“ViewMill”工具栏，单击“开/关 ViewMill”按钮，切换到仿真界面。然后单击“彩虹阴影图像”按钮。

2）在“仿真”工具栏的“当前刀具路径”下拉列表中选择要模拟的刀具路径 finish2，然后单击“执行”按钮，系统开始自动仿真加工，仿真加工结果如图 5-46 所示。

3）单击“ViewMill”工具栏上的“退出 ViewMill”按钮，删除仿真加工并返回 PowerMILL 界面。

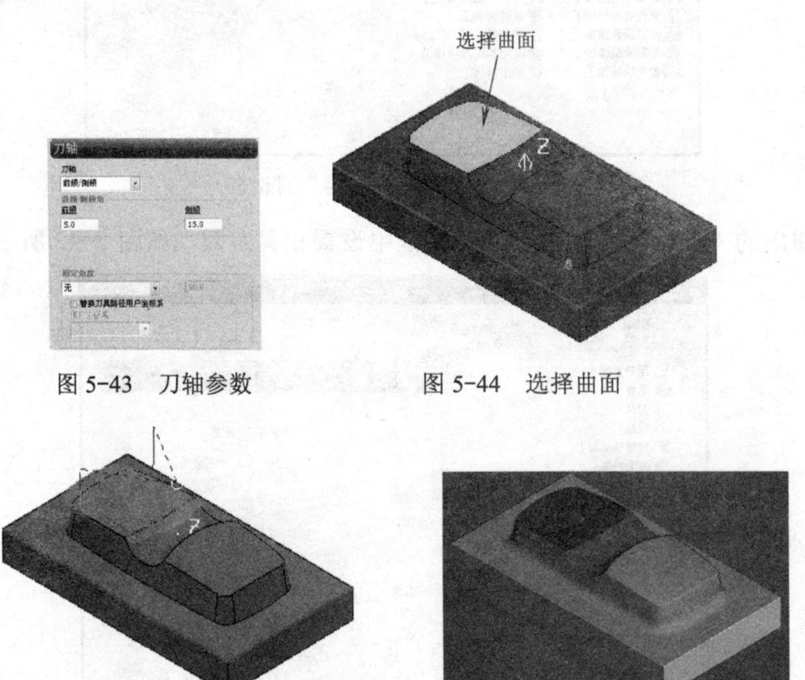

图 5-43　刀轴参数　　图 5-44　选择曲面

图 5-45　生成的刀具路径　　图 5-46　仿真加工结果

5. **加工另一顶面**

重复上述过程，选择图 5-47 所示的曲面作为投影曲面，生成图 5-48 所示的刀具路径。

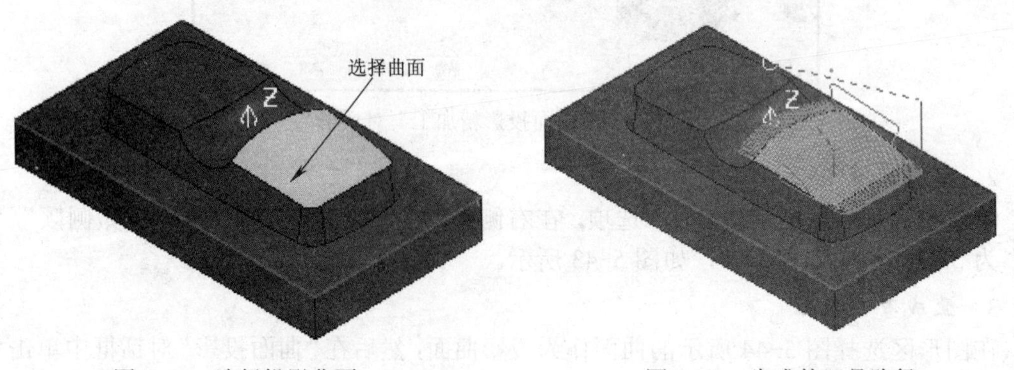

图 5-47　选择投影曲面　　图 5-48　生成的刀具路径

5.1.4.6 SWARF 精加工凸台侧面

1. ***启动 SWARF 精加工***

1）单击主工具栏上的“刀具路径策略”按钮，弹出“策略选取器”对话框，单击“精加工”选项卡，在弹出的精加工策略选项中选择“SWARF 精加工”加工策略，如图 5-49 所示。单击“接受”按钮完成。

图 5-49 “策略选取器”对话框

2）在弹出的“SWARF 精加工”对话框中设置相关参数，如图 5-50 所示。

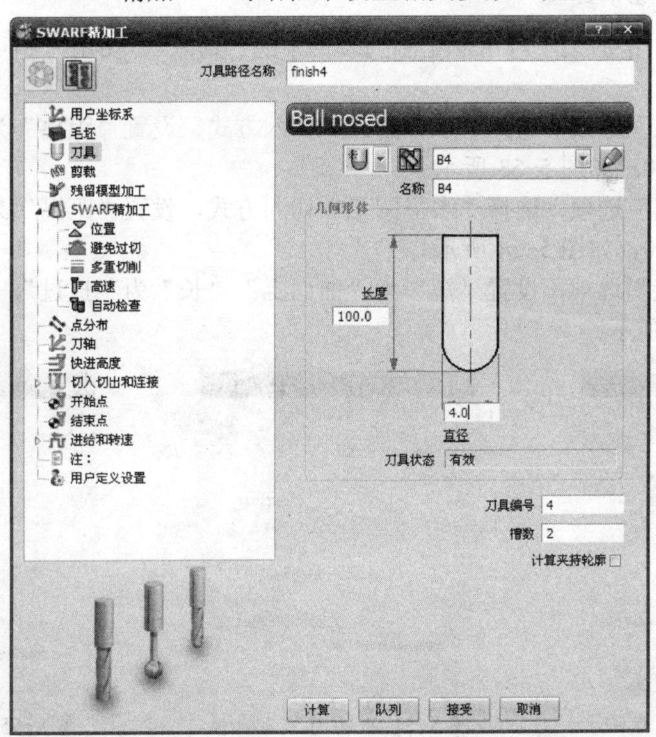

图 5-50 “SWARF 精加工”对话框

● 创建刀具 B4。单击左侧列表框中的“刀具”选项，在右侧选项卡中选择“球铣刀”，设置“直径”为 4.0。

● 单击左侧列表框中的“SWARF 精加工”选项，在右侧选项卡中设置“曲面侧”为“外”,“余量”为 0.0，其他参数如图 5-51 所示。

● 单击左侧列表框中的“多重切削”选项，在右侧选项卡中设置“曲面侧”为“外”,“偏置”为 0.0，选中“最大切削次数”复选框，设置“最大下切步距”为 2.0，其他参数如图 5-52 所示。

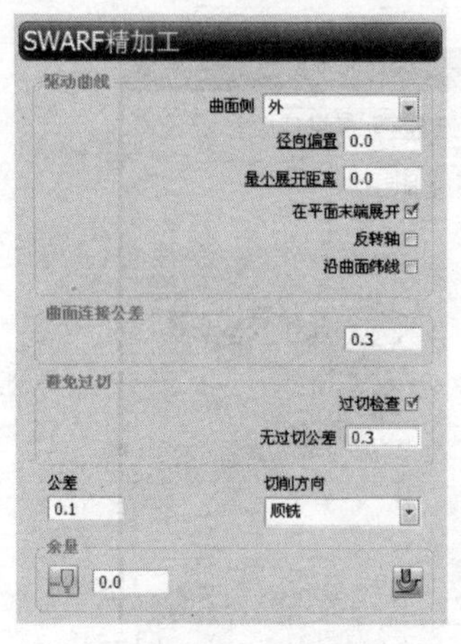

图 5-51 SWARF 精加工参数

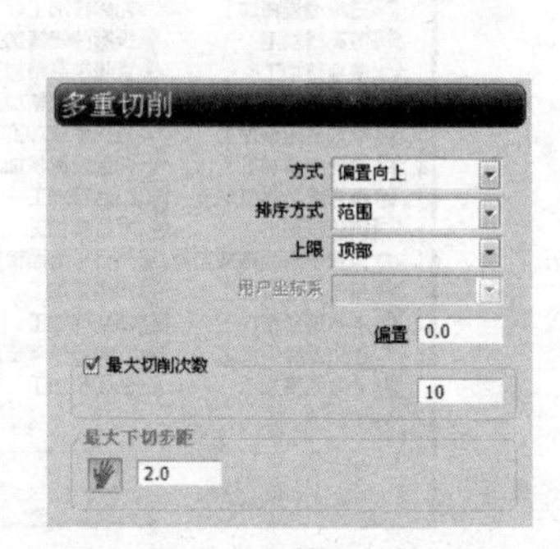

图 5-52 多重切削参数

2. 设置切入切出和连接

单击“SWARF 精加工”对话框左侧列表框中的“切入”“切出”和“连接”选项，设置切入切出参数。

1）选择“切入”选项，选择“水平圆弧”切入方式，设置“距离”为 5.0,“角度”为 30.0,“半径”为 2.0，如图 5-53 所示。

2）选择“切出”选项，选择“水平圆弧”切入方式，设置“距离”为 5.0,“角度”为 30.0,“半径”为 2.0，如图 5-54 所示。

3）单击“连接”选项，设置“短”为“曲面上”,“长”为“掠过”,“缺省”为“安全高度”，如图 5-55 所示。

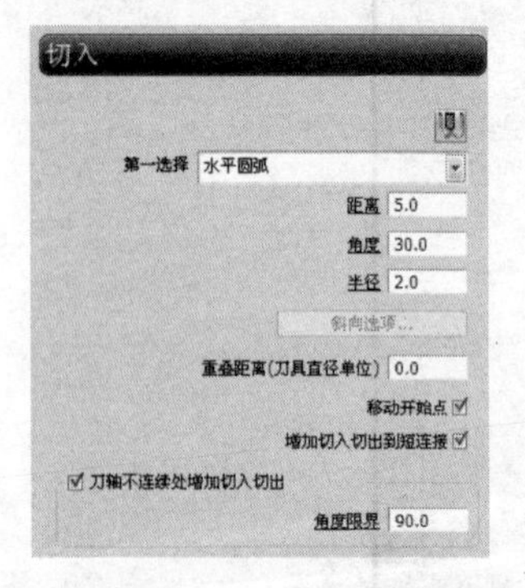

图 5-53 “ 切入”选项卡

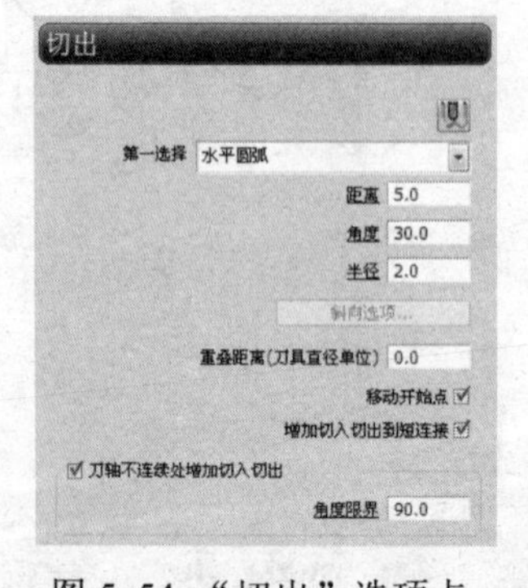

图 5-54 “切出”选项卡

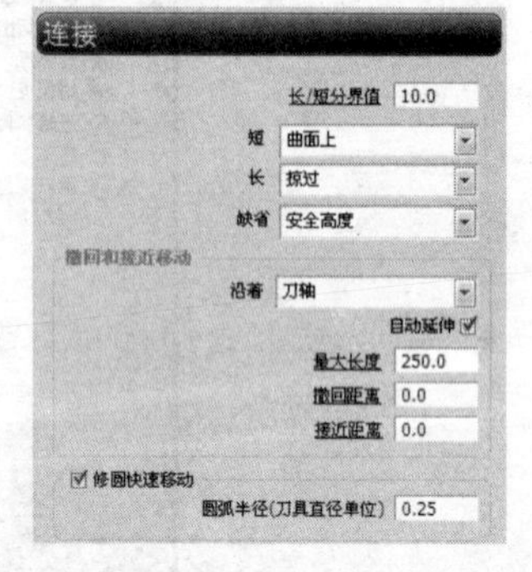

图 5-55 “连接”选项卡

3. 设置进给率

单击左侧列表框中的“进给和转速”选项，在右侧选项卡中设置相关参数，如图 5-56 所示。

4. 刀轴设置

单击左侧列表框中的“刀轴”选项，在右侧选项卡中设置“刀轴”为“自动”，如图 5-57 所示。

图 5-56　“进给和转速”选项卡

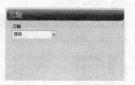

图 5-57　刀轴参数

5. 生成刀具路径

在图形区选择图 5-58 所示的曲面，在“SWARF 精加工”对话框中单击“计算”按钮和“接受”按钮，确定参数并退出对话框，生成的刀具路径如图 5-59 所示。

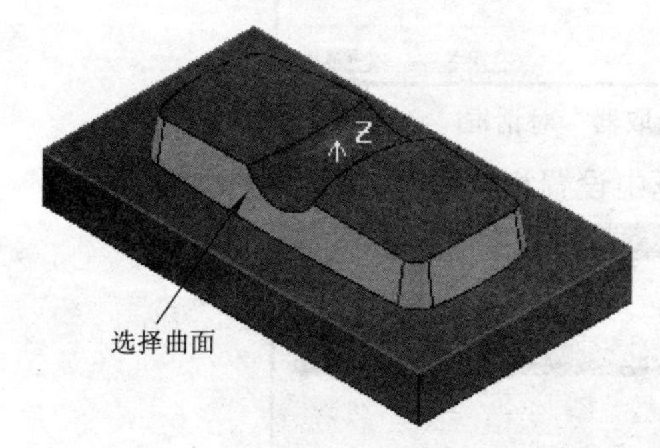

图 5-58　选择曲面

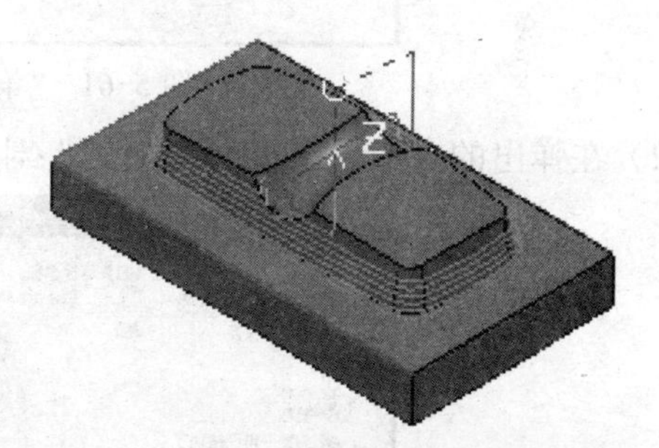

图 5-59　生成的刀具路径

6. 刀具路径实体仿真

1）选择下拉菜单“查看”→“工具栏”→“ViewMill”命令，显示出“ViewMill”工具栏，单击“开/关 ViewMill”按钮，切换到仿真界面。然后单击“彩虹阴影图像”按钮。

2）在“仿真”工具栏的“当前刀具路径”下拉列表中选择要模拟的刀具路径 finish4，然后单击“执行”按钮，系统开始自动仿真加工，仿真加工结果如图 5-60 所示。

图 5-60　仿真加工结果

3）单击“ViewMill”工具栏上的“退出 ViewMill”按钮，删除仿真加工并返回 PowerMILL 界面。

5.1.4.7 偏置平坦面精加工分型面

1. *启动偏置平坦面精加工*

1）单击主工具栏上的“刀具路径策略”按钮，弹出“策略选取器”对话框，单击“精加工”选项卡，在弹出的精加工策略选项中选择“偏置平坦面精加工”加工策略，如图5-61所示。单击“接受”按钮完成。

图5-61 “策略选取器”对话框

2）在弹出的“偏置平坦面精加工”对话框中设置相关参数，如图5-62所示。

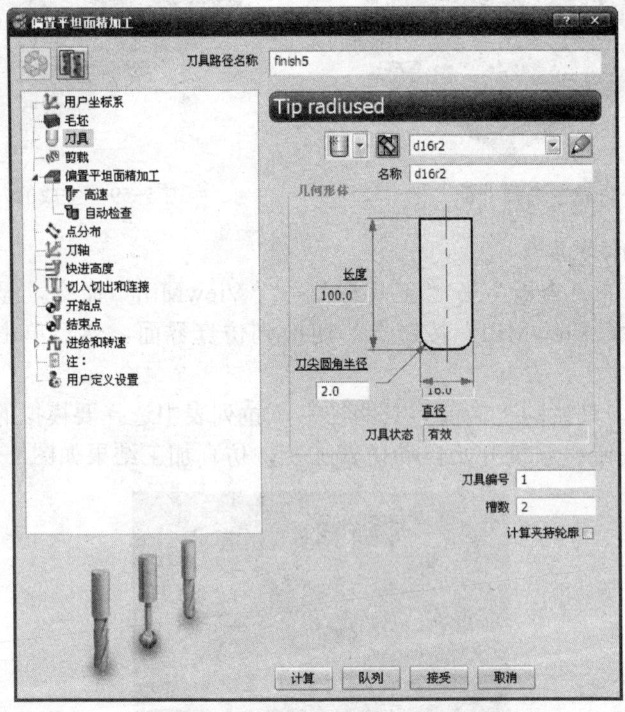

图5-62 “偏置平坦面精加工”对话框

- 选择刀具d16r2。单击左侧列表框中的“刀具”选项，在右侧选项卡中选择“d16r2”刀具。
- 单击左侧列表框中的“偏置平坦面精加工”选项，在右侧选项卡中设置“平坦面公差”为0.1，“行距”为残留高度0.05，如图5-63所示。

● 单击左侧列表框中的“高速”选项，在右侧选项卡中选择“轮廓光顺”“光顺余量”复选框，设置“连接”为“光顺”，如图 5-64 所示。

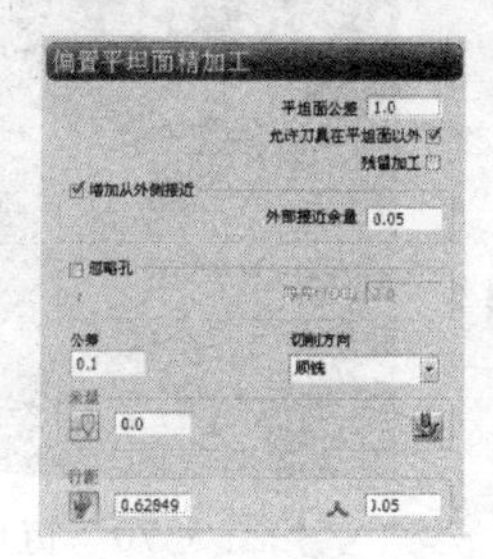

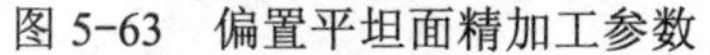

图 5-63 偏置平坦面精加工参数

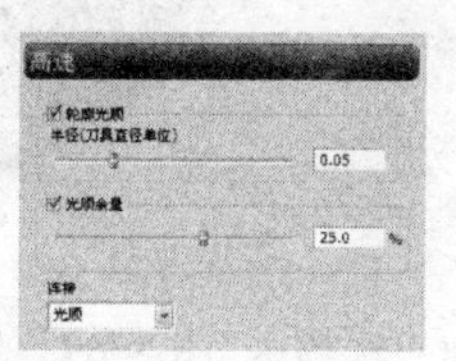

图 5-64 高速参数

2. 设置切入切出和连接

单击“偏置平坦面精加工”对话框左侧列表框中的“切入”“切出”和“连接”选项，设置切入切出参数。

1）选择“切入”选项，选择“垂直圆弧”切入方式，设置“距离”为 5.0，“角度”为 30.0，“半径”为 2.0，如图 5-65 所示。

2）选择“切出”选项，选择“垂直圆弧”切入方式，设置“距离”为 5.0，“角度”为 30.0，“半径”为 2.0，如图 5-66 所示。

3）单击“连接”选项，设置“短”为“圆形圆弧”，“长”为“掠过”，“缺省”为“安全高度”，如图 5-67 所示。

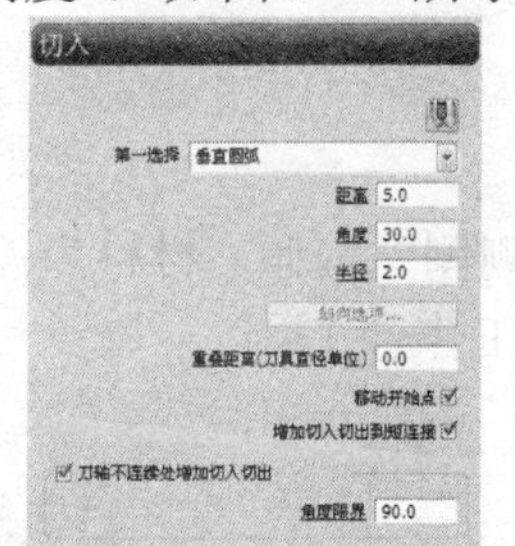

图 5-65 “切入”选项卡

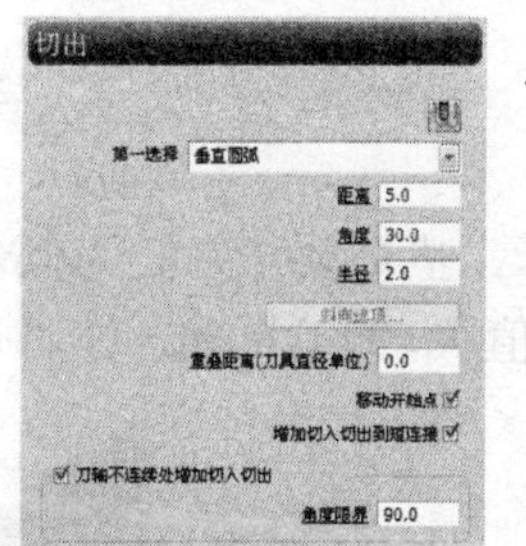

图 5-66 “切出”选项卡

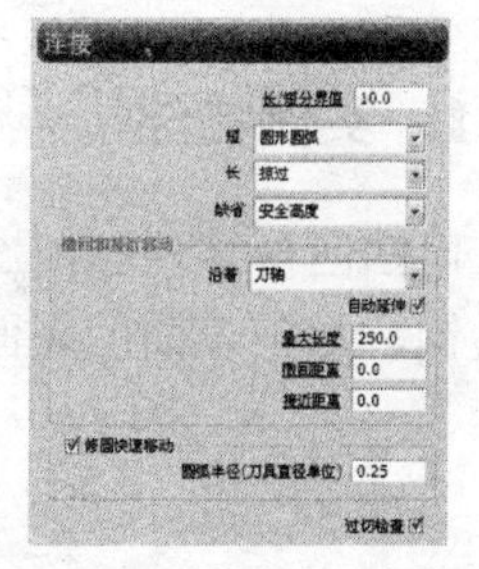

图 5-67 “连接”选项卡

3. 设置进给率

单击左侧列表框中的“进给和转速”选项，在右侧选项卡中设置相关参数，如图 5-68 所示。

4. 生成刀具路径

在“偏置平坦面精加工”对话框中单击“应用”按钮和“接受”按钮，确定参数并退出对话框，生成的刀具路径如图 5-69 所示。

5. 刀具路径实体仿真

1）选择下拉菜单“查看”→“工具栏”→“ViewMill”命令，显示出“ViewMill”工具栏，单击“开/关 ViewMill”按钮，切换到仿真界面。然后单击“彩虹阴影图像”按钮。

2）在“仿真”工具栏的“当前刀具路径”下拉列表中选择要模拟的刀具路径 finish5，然后单击“执行”按钮，系统开始自动仿真加工，仿真加工结果如图 5-70 所示。

3）单击“ViewMill”工具栏上的“退出 ViewMill”按钮，删除仿真加工并返回

PowerMILL 界面。

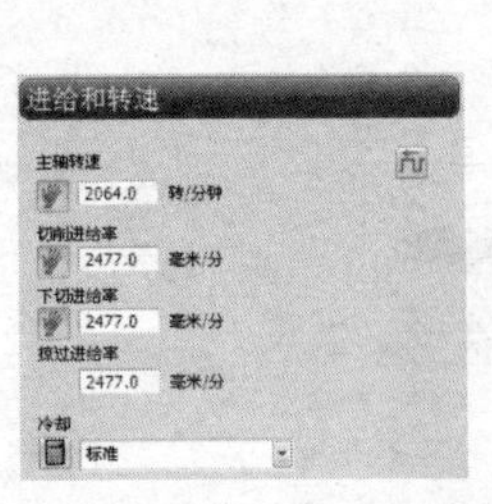

图 5-68 “进给和转速”选项卡

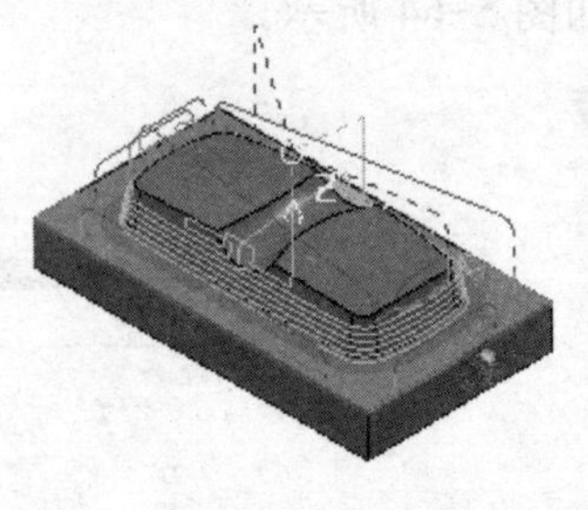

图 5-69 生成的刀具路径

图 5-70 仿真加工结果

5.1.5 实例总结

本节以灯罩凸模为例讲解了 PowerMILL 五轴高速加工的凸模零件铣加工方法和具体应用步骤，读者在学习过程中要注意的是，SWARF 加工策略使用刀具侧刃而不使用刀尖进行加工，因此可以得到更加光滑的加工表面，主要用于加工直纹曲面。此外，对于零件有些部位比较大，短刀具加工中很可能发生干涉问题的情况，可采用倾斜刀轴以免发生碰撞。

5.2 提高实例——内凹凸台高速加工

5.2.1 实例描述

内凹凸台零件如图 5-71 所示，整个零件中心为倾斜凸台、两侧侧壁内倾。材料为淬硬工具钢，加工表面的表面粗糙度值 *Ra* 为 0.8μm，工件底部安装在工作台上。

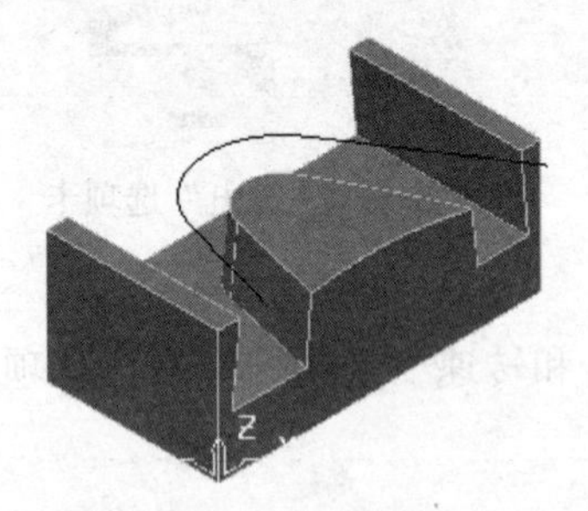

图 5-71 内凹凸台零件

5.2.2 加工方法分析

内凹凸台零件根据数控高速加工工艺要求，采用工艺路线为“粗加工”→“半精加工”→“精加工”。内凹凸台零件数控高速加工切削参数见表 5-3。

（1）粗加工

首先采用较大直径的刀具进行粗加工，以便去除大量多余留量，粗加工采用偏置区域清除策略的方法，刀具为ϕ10R2 的圆鼻刀。

（2）半精加工

半精加工采用最佳等高加工，对于陡峭区域采用等高方式加工，对于平坦区域采用偏置方式加工，刀具为ϕ6mm 的球刀。

（3）精加工

精加工采用分区加工，顶面采用曲面投影精加工策略，刀轴采用“前倾/侧倾”，前倾为 5°，侧倾角为 15°；侧面采用 SWARF 精加工，刀轴采用自动刀轴；分型面采用偏置平坦面精加工。

表 5-3　内凹凸台零件数控高速加工切削参数

刀具直径/mm	刀　齿　数	轴向深度/mm	径向切深/mm	主轴转速/（r/min）	进给速度/（mm/min）	加　工　方　式
10	2	1	2	5140	3895	粗加工
6	2	—	0.77	9020	5955	半精加工
4	2	—	—	13530	4870	精加工

5.2.3　加工流程与所用知识点

内凹凸台零件数控加工流程和知识点见表 5-4。

表 5-4　内凹凸台零件数控加工流程和知识点

步　　骤	设计知识点	设计流程效果图
Step 1：导入模型	加工模型的导入是数控编程的第一步，它是生成数控代码的前提与基础	
Step 2：创建毛坯	在数控加工中必须定义加工毛坯，产生的刀具路径始终在毛坯内部生成	
Step 3：模型区域清除	模型区域清除策略具有非常恒定的材料切除率，但代价是刀具在工件上存在大量的快速移动（对高速加工来说是可以接受的）	
Step 4：最佳等高半精加工	最佳等高精加工综合了等高精加工和三维偏置精加工的特点，应用非常广泛，对加工一些复杂的模型曲面非常方便	

（续）

步　骤	设计知识点	设计流程效果图
Step 5：曲面投影精加工顶面	曲面投影精加工是使用一张曲面光源照射形成参考线来计算出刀具路径的加工方式，刀轴为前倾/侧倾	
Step 6：SWARF 精加工侧壁（一）	SWARF 精加工即通常所说的“靠面加工”，利用刀具侧刃加工已选曲面	
Step 7：SWARF 精加工侧壁（二）	SWARF 精加工即通常所说的“靠面加工”，利用刀具侧刃加工已选曲面	
Step 8：SWARF 精加工侧壁（三）	SWARF 精加工即通常所说的“靠面加工”，利用刀具侧刃加工已选曲面	
Step 9：偏置平坦面精加工	偏置平坦面精加工只对零件的平面以偏置区域的形式进行平面精加工	

5.2.4 具体操作步骤

5.2.4.1 加工准备

1. 导入模型文件

1）选择下拉菜单“工具”→“重设表格”命令，将所有表格重新设置为系统默认状态。

2）选择下拉菜单中的“文件”→“输入模型”命令，弹出“输入模型”对话框，选择“neiaotutai.dgk”（“随书光盘: \第5章\5.2\uncompleted\neiaotutai.dgk”）文件，单击“打开”按钮即可，如图5-72所示。

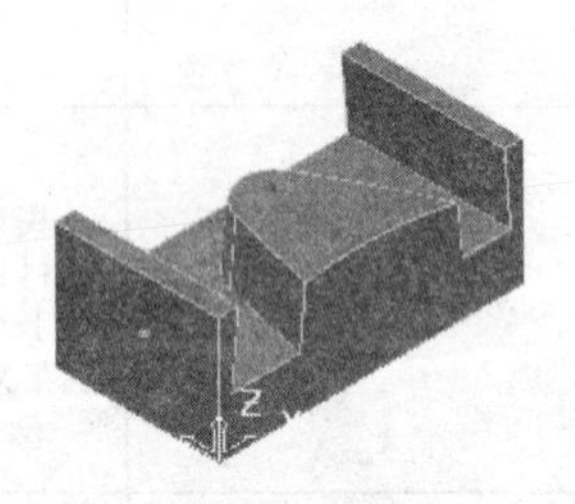

图5-72　导入模型文件

2. 创建毛坯

1）单击主工具栏上的“毛坯”按钮，弹出“毛坯”对话框。在“由...定义”下拉列表中选择“方框”，单击“估算限界”框中的“计算”按钮，设置相关参数，如图5-73所示。

2）单击“接受”按钮，图形区显示所创建的毛坯，如图 5-74 所示。

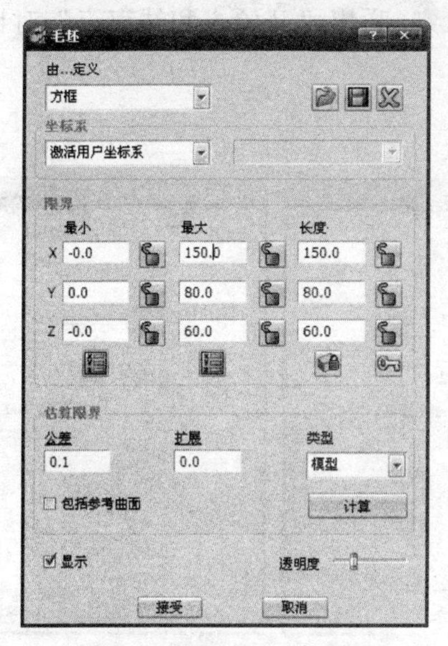

图 5-73 “毛坯”对话框

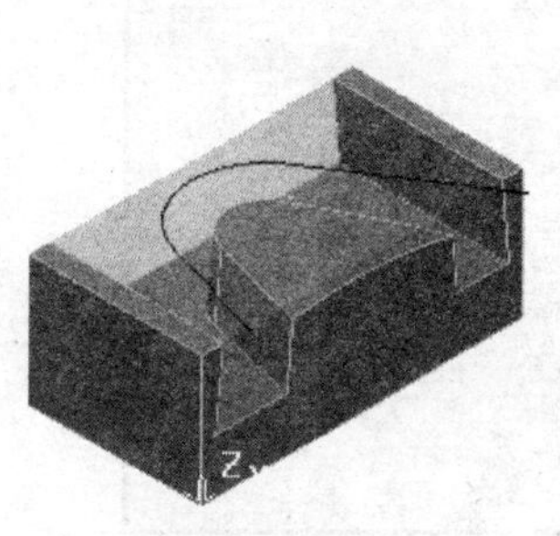
图 5-74　创建的毛坯

5.2.4.2　模型区域清除粗加工

1. 创建边界

1）在“PowerMILL 资源管理器”中选中“边界”选项，单击鼠标右键，在弹出的快捷菜单中依次选择“定义边界”→“毛坯”命令，如图 5-75 所示，系统弹出“毛坯边界”对话框，如图 5-76 所示。

2）单击“毛坯边界”对话框中的“接受”按钮即可完成边界创建，如图 5-77 所示。

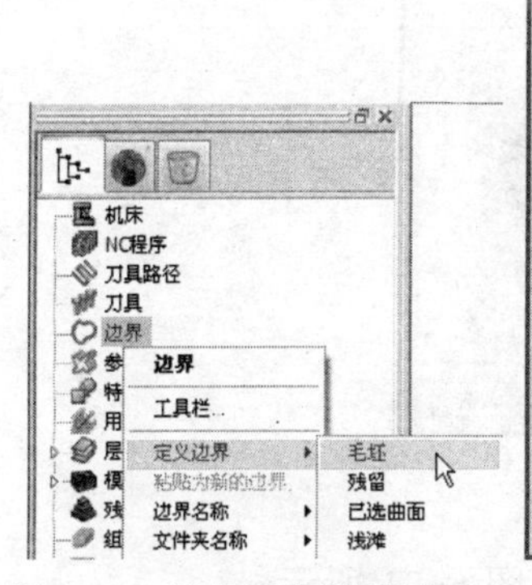

图 5-75　选择毛坯边界命令

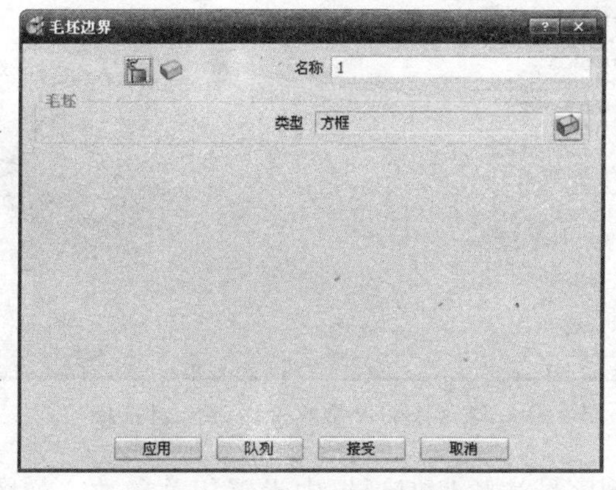

图 5-76 “毛坯边界”对话框

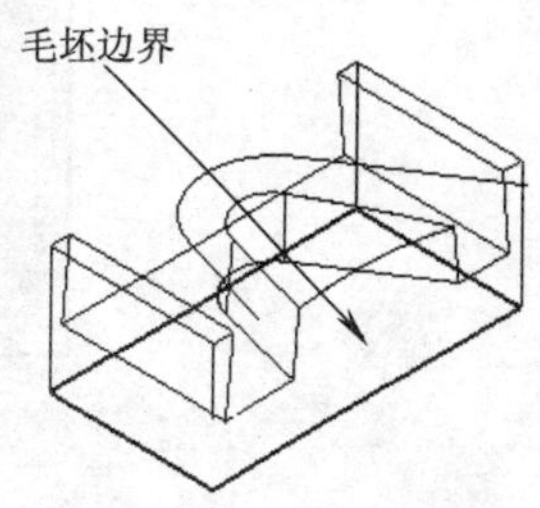

图 5-77　创建的边界

2. 设置快进高度

单击主工具栏上的“快进高度”按钮，弹出“快进高度”对话框。在“几何形体”选项的“安全区域”下拉列表中选择“平面”选项，设置“快进间隙”为 10.0，“下切间隙”为 5.0，如图 5-78 所示，单击“接受”按钮，完成快进高度设置。

3. 设置开始点和结束点

单击主工具栏上的“开始点和结束点”按钮，弹出“开始点和结束点”对话框，设置开始点和结束点参数，如图5-79所示。

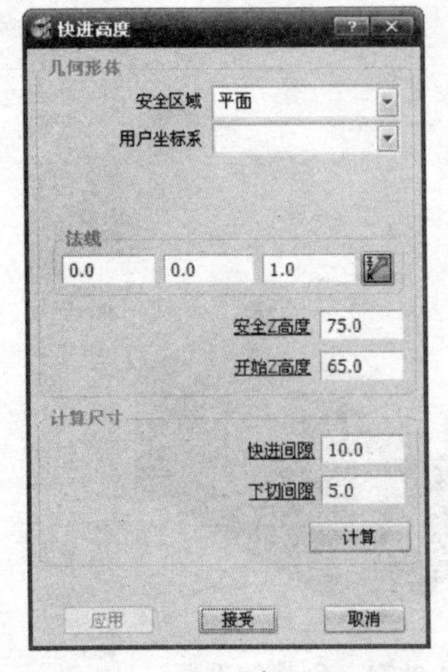

图5-78 “快进高度”对话框

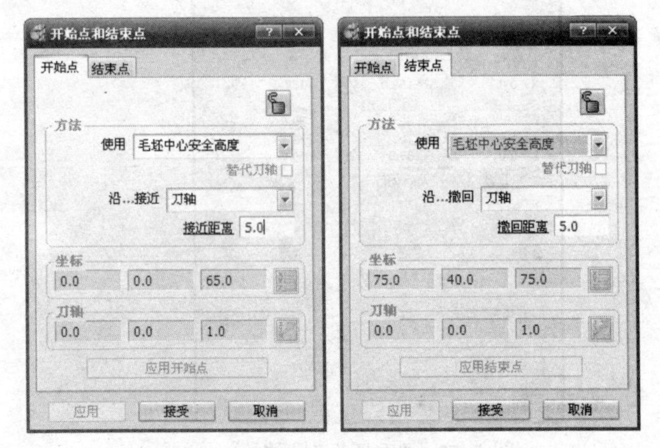

图5-79 “开始点和结束点”对话框

4. 启动模型区域清除策略

1）单击主工具栏上的“刀具路径策略”按钮，弹出“策略选取器”对话框，单击“三维区域清除”选项卡，在弹出的三维区域清除策略选项中选择“模型区域清除”加工策略，如图5-80所示。单击“接受”按钮完成。

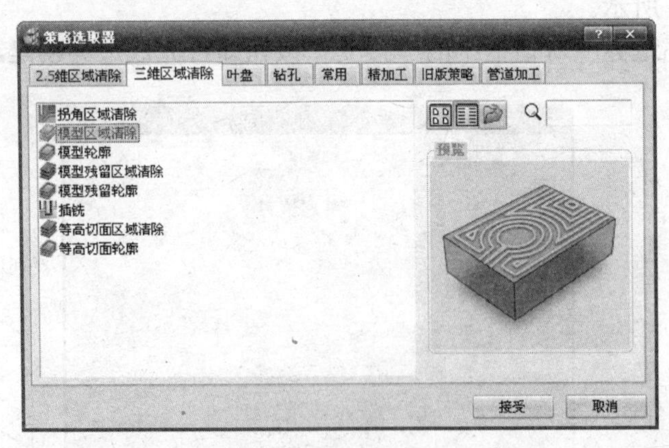

图5-80 “策略选取器”对话框

2）在弹出的“模型区域清除”对话框中设置相关参数，如图5-81所示。

- 创建刀具d10r2。单击左侧列表框中的“刀具”选项，在右侧选项卡中选择“刀尖圆角端铣刀”，设置“直径”为10.0，“刀尖圆角半径”为2.0，刀具编号为1。
- 单击左侧列表框中的“剪裁”选项，在右侧选项卡中设置“边界”为1，“裁剪”为“保留内部”，如图5-82所示。
- 单击左侧列表框中的“模型区域清除”选项，在右侧选项卡中设置“行距”为2.0，“下切步距”为1.0，“切削方向”为“顺铣”，如图5-83所示。

● 单击左侧列表框中的“高速”选项，在右侧选项卡中选择“轮廓光顺”“光顺余量”和“摆线移动”复选框，选择“连接”为“光顺”，如图 5-84 所示。

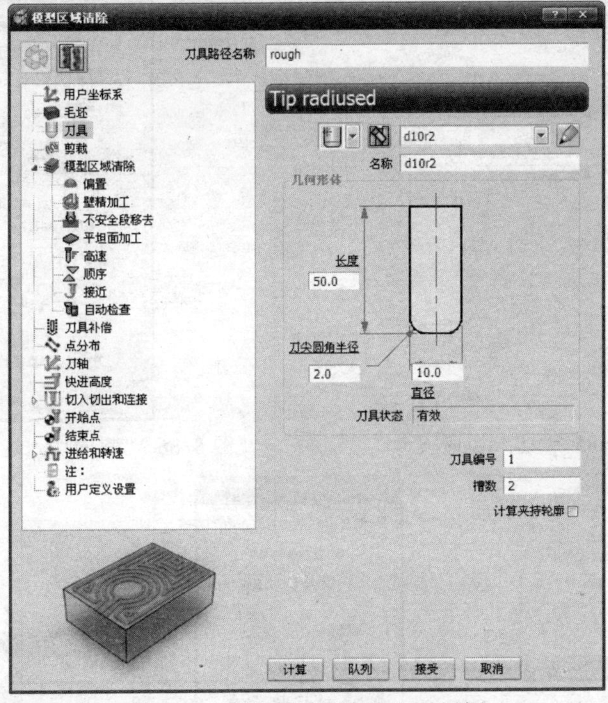

图 5-81 “模型区域清除”对话框

图 5-82 剪裁参数

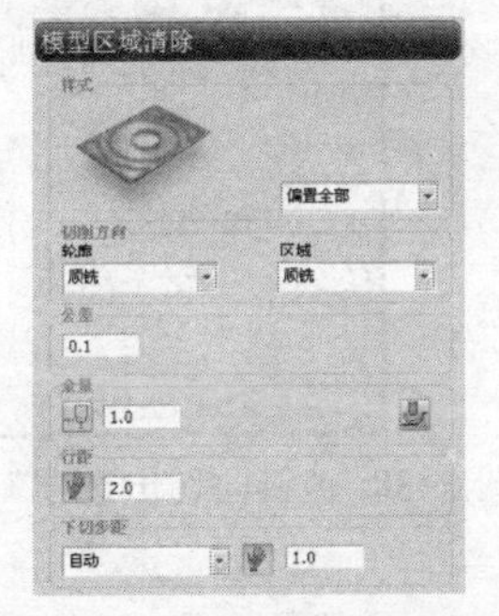

图 5-83 模型区域清除参数

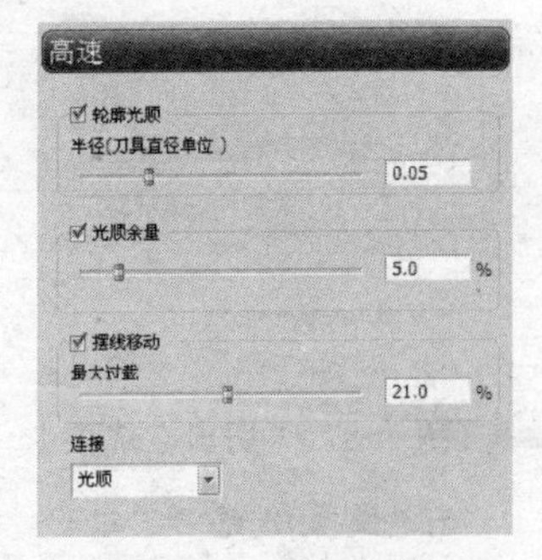

图 5-84 高速参数

5. 设置切入切出和连接

单击“模型区域清除”对话框左侧列表框中的“切入”“切出”和“连接”选项，设置切入切出参数。

1）选择“切入”选项，选择“斜向”切入方式，如图 5-85 所示。单击“斜向选项”按钮，弹出“斜向切入选项”对话框，设置相关参数，如图 5-86 所示。单击“接受”按钮完成。

2）选择“切出”选项，选择“斜向”切出方式，如图 5-87 所示。单击“斜向选项”按钮，弹出“斜向切出选项”对话框，设置相关参数，如图 5-88 所示。单击“接受”按钮完成。

3）单击“连接”选项，设置“短”为“圆形圆弧”，“长”为“掠过”，“缺省”为“安全高度”，如图 5-89 所示。

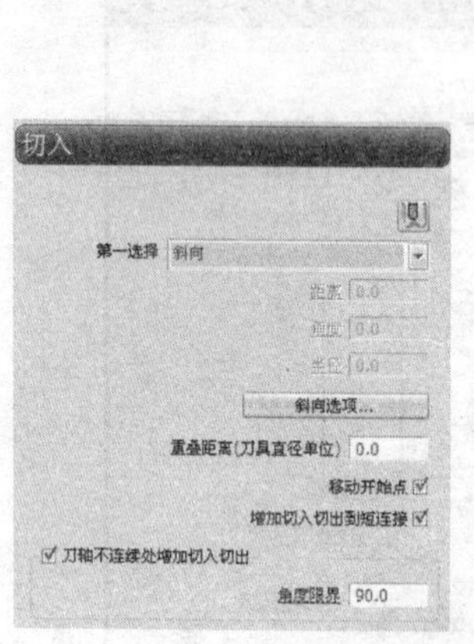

图 5-85 “切入”选项卡

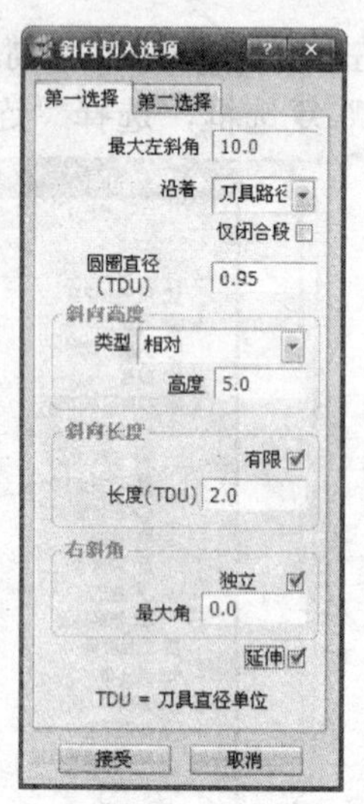

图 5-86 “斜向切入选项”对话框

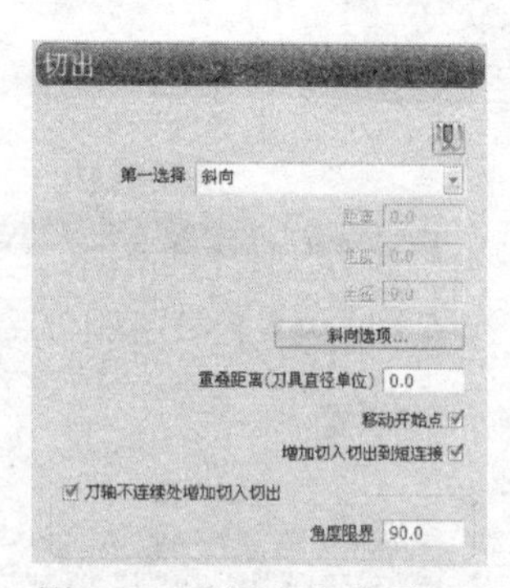

图 5-87 “切出”选项卡

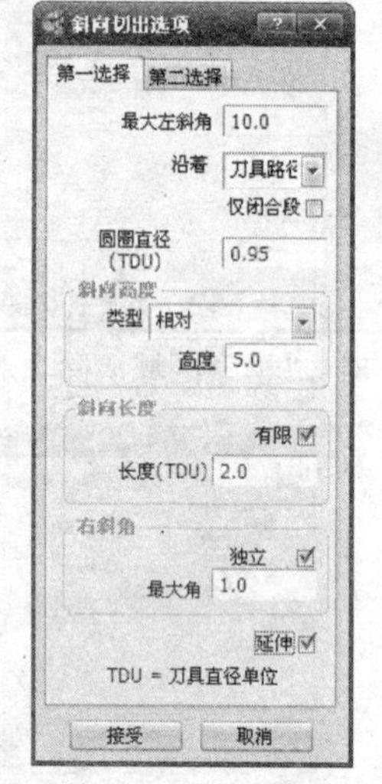

图 5-88 “斜向切出选项”对话框

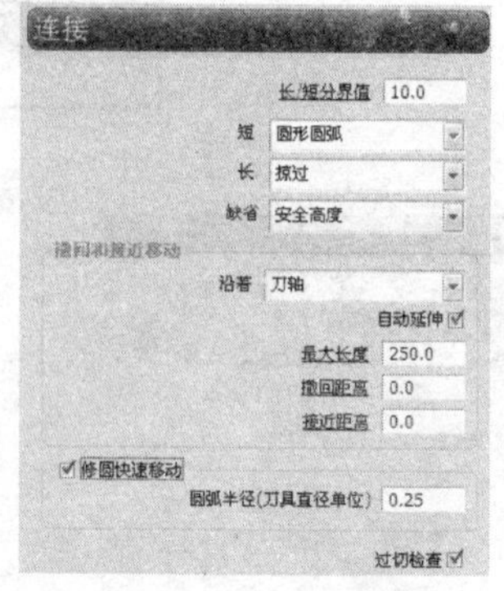

图 5-89 “连接”选项卡

6. **设置进给率**

单击左侧列表框中的“进给和转速”选项，在右侧选项卡中设置相关参数，如图 5-90 所示。

7. **生成刀具路径**

在“模型区域清除”对话框中单击“计算”按钮和“接受”按钮，确定参数并退出对话框，生成的刀具路径如图 5-91 所示。

8. **刀具路径实体仿真**

1）选择下拉菜单“查看”→“工具栏”→“ViewMill”命令，显示出“ViewMill”工具栏，单击“开/关 ViewMill”按钮，切换到仿真界面。然后单击“彩虹阴影图像”按钮。

2）在“仿真”工具栏的“当前刀具路径”下拉列表中选择要模拟的刀具路径 rough，然后单击“执行”按钮，系统开始自动仿真加工，仿真加工结果如图 5-92 所示。

3）单击“ViewMill”工具栏上的“退出 ViewMill”按钮，删除仿真加工并返回 PowerMILL 界面。

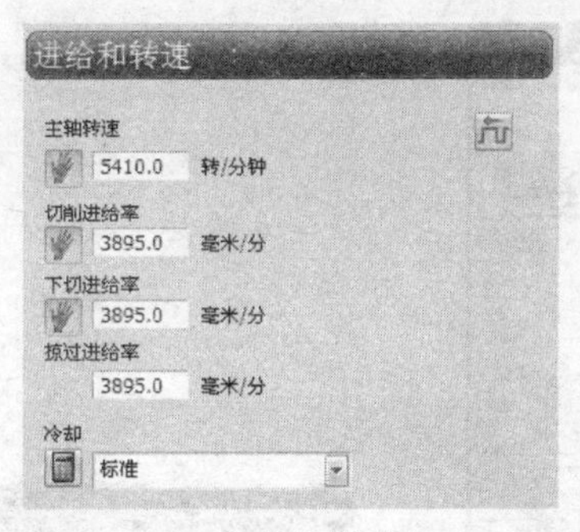

图 5-90　“进给和转速”选项卡

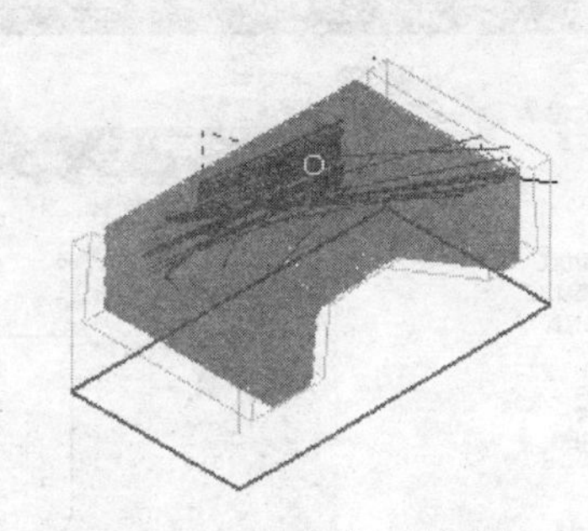

图 5-91　生成的刀具路径

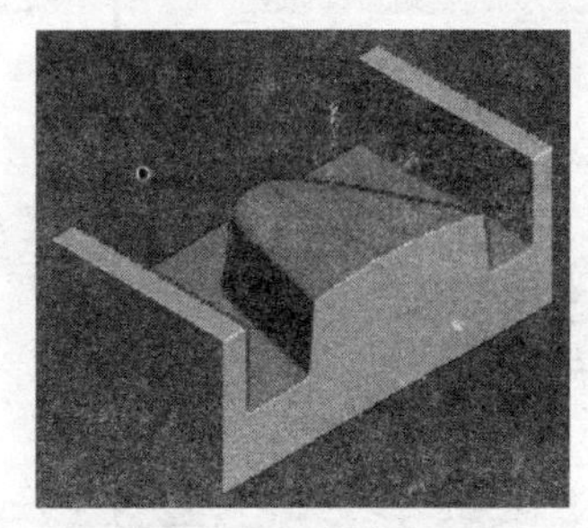

图 5-92　仿真加工结果

5.2.4.3　最佳等高半精加工

1. 启动最佳等高精加工

1）单击主工具栏上的“刀具路径策略”按钮，弹出“策略选取器”对话框，单击“精加工”选项卡，在弹出的精加工策略选项中选择“最佳等高精加工”加工策略，如图 5-93 所示。单击“接受”按钮完成。

图 5-93　“策略选取器”对话框

2）在弹出的“最佳等高精加工”对话框中设置相关参数，如图 5-94 所示。

- 创建刀具 B6。单击左侧列表框中的“刀具”选项，在右侧选项卡中选择“球头刀”，设置“直径”为 6.0。
- 单击左侧列表框中的“最佳等高精加工”选项，在右侧选项卡中选中“螺旋”和“封闭式偏置”复选框，设置“行距”为残留高度 0.05，选中“使用单独的浅滩行距”复选框，设置“浅滩行距”为 0.8，如图 5-95 所示。

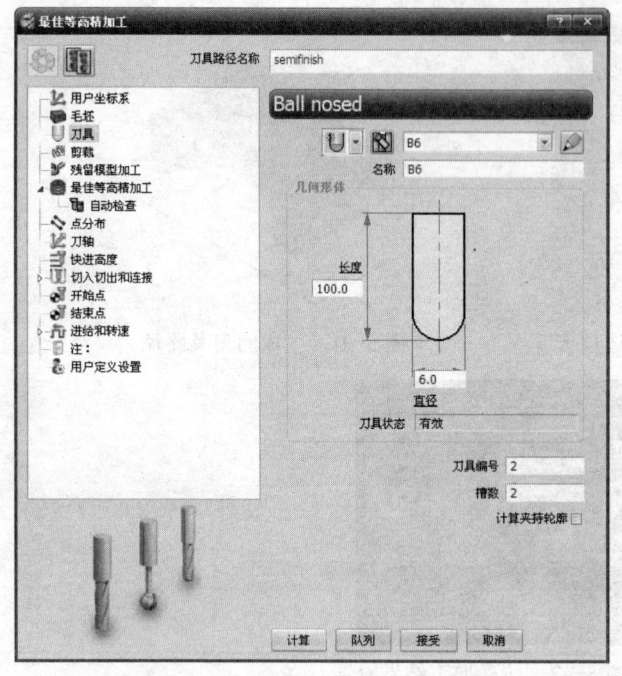

图5-94 “最佳等高精加工”对话框

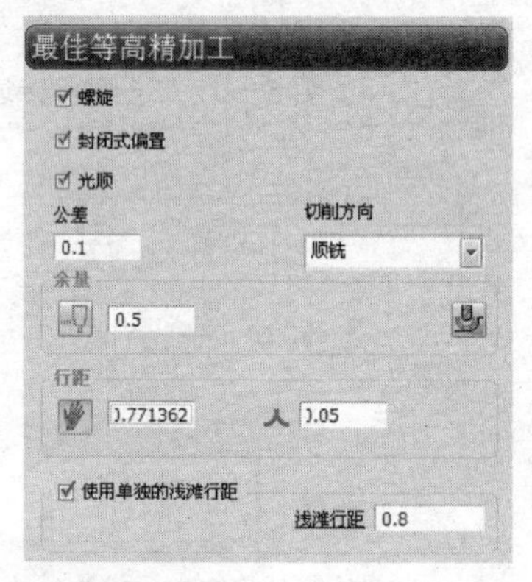

图5-95 最佳等高精加工

2. 设置切入切出和连接

单击“最佳等高精加工”对话框左侧列表框中的“切入”“切出”和“连接”选项，设置切入切出参数。

1）选择“切入”选项，选择“垂直圆弧”切入方式，“距离”为5.0，“角度”为60.0，“半径”为5.0，如图5-96所示。

2）选择“切出”选项，选择“垂直圆弧”切入方式，“距离”为5.0，“角度”为60.0，“半径”为5.0，如图5-97所示。

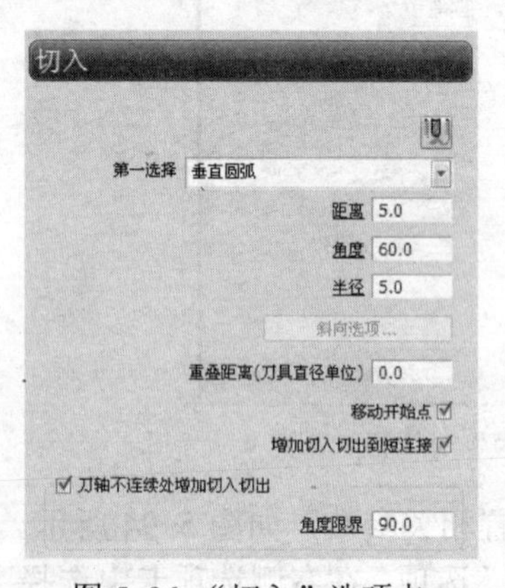

图5-96 “切入”选项卡

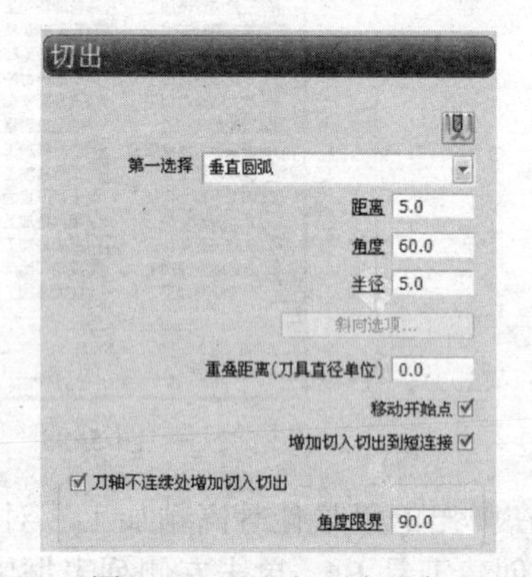

图5-97 “切出”选项卡

3. 设置进给率

单击左侧列表框中的“进给和转速”选项，在右侧选项卡中设置相关参数，如图5-98所示。

4. **生成刀具路径**

在“最佳等高精加工”对话框中单击“计算”按钮和“接受”按钮，确定参数并退出对话框，生成的刀具路径如图 5-99 所示。

5. **刀具路径实体仿真**

1）选择下拉菜单“查看”→“工具栏”→“ViewMill”命令，显示出“ViewMill”工具栏，单击“开/关 ViewMill”按钮，切换到仿真界面。然后单击“彩虹阴影图像”按钮。

2）在“仿真”工具栏的“当前刀具路径”下拉列表中选择要模拟的刀具路径 semifinish，然后单击“执行”按钮，系统开始自动仿真加工，仿真加工结果如图 5-100 所示。

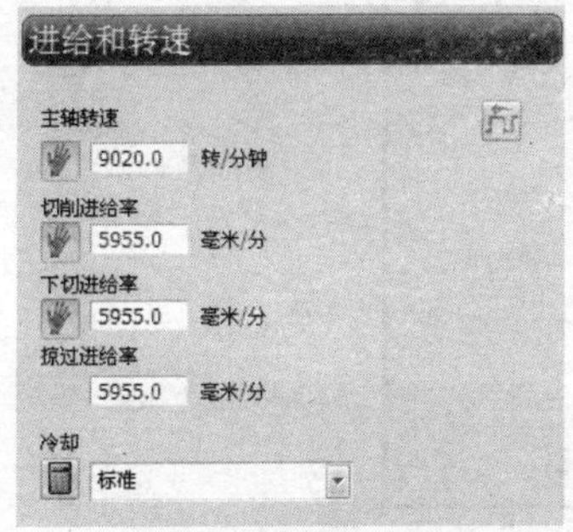

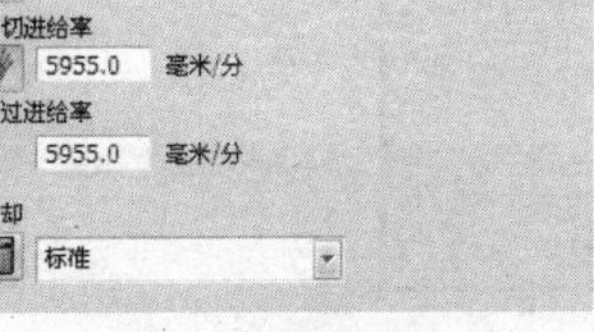

图 5-98　进给和转速参数

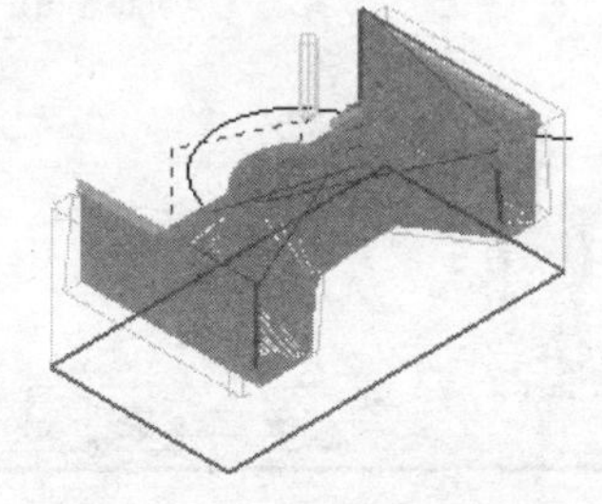

图 5-99　生成的刀具路径

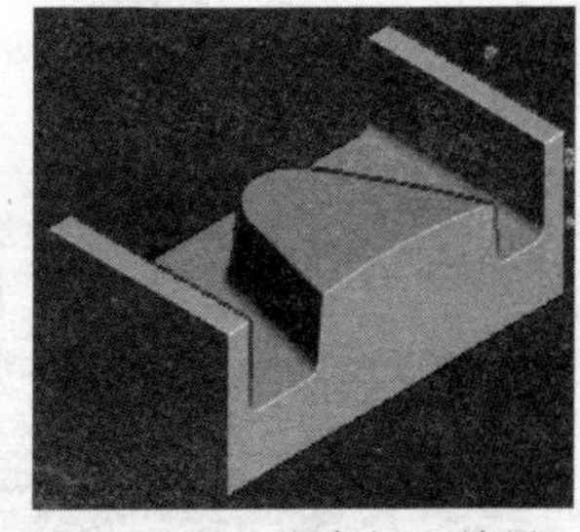

图 5-100　仿真加工结果

3）单击“ViewMill”工具栏上的“退出 ViewMill”按钮，删除仿真加工并返回 PowerMILL 界面。

5.2.4.4　曲面投影精加工顶面

1. **启动曲面投影精加工**

1）单击主工具栏上的“刀具路径策略”按钮，弹出“策略选取器”对话框，单击“精加工”选项卡，在弹出的精加工策略选项中选择“曲面投影精加工”加工策略，如图 5-101 所示。单击“接受”按钮完成。

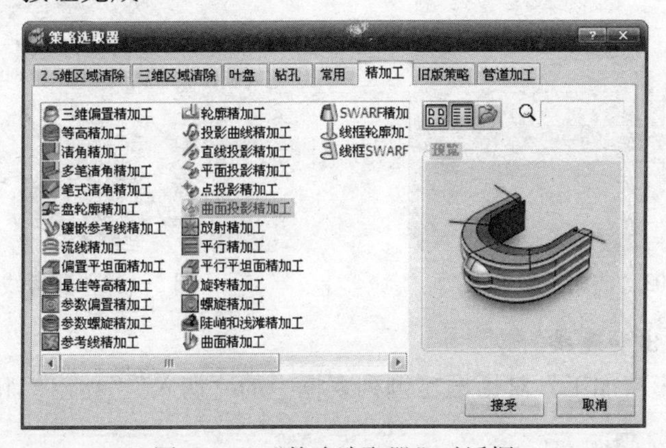

图 5-101　“策略选取器”对话框

2）在弹出的“曲面投影精加工”对话框中设置相关参数，如图 5-102 所示。

● 选择刀具 B6。单击左侧列表框中的“刀具”选项，在右侧选项卡中选择“B6”球头刀。

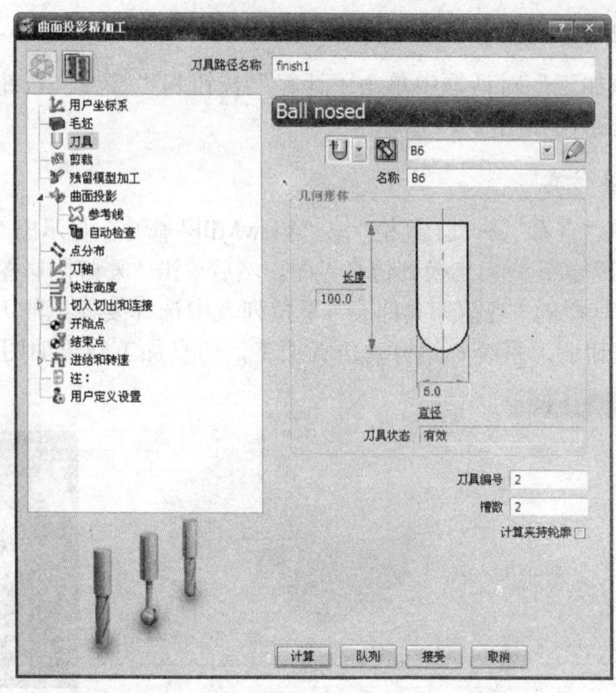

图 5-102 “曲面投影精加工”对话框

● 单击左侧列表框中的“曲面投影”选项，在右侧选项卡中设置“方向”为“向内”，“余量”为 0.0，如图 5-103 所示。

● 单击左侧列表框中的“参考线”选项，在右侧选项卡中设置“参考线方向”为“V”，如图 5-104 所示。

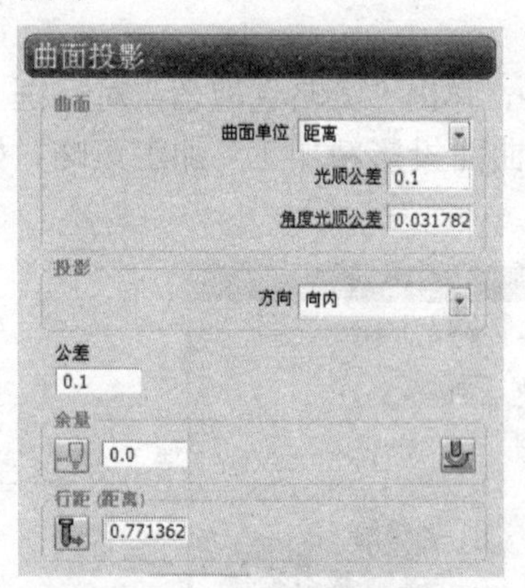

图 5-103 曲面投影参数

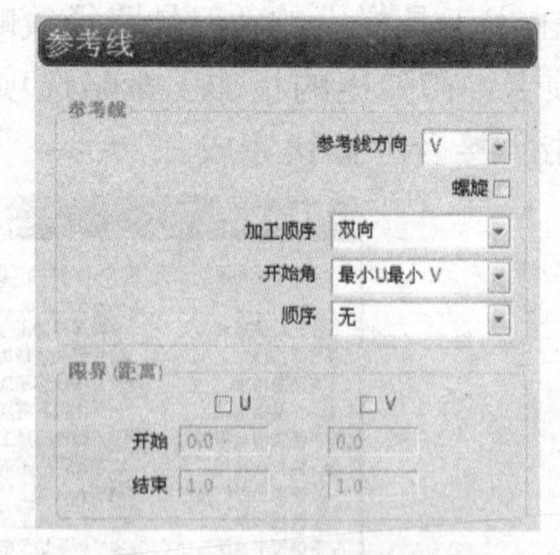

图 5-104 参考线参数

2. 设置切入切出和连接

单击“曲面投影精加工”对话框左侧列表框中的“切入”“切出”和“连接”选项，设置切入切出参数。

1）选择“切入”选项，选择“曲面法向圆弧”切入方式，设置“距离”为 5.0，“角度”为 60.0，“半径”为 2.0，如图 5-105 所示。

2）选择“切出”选项，选择“曲面法向圆弧”切入方式，设置“距离”为 5.0，“角度”

为 60.0，“半径”为 2.0，如图 5-106 所示。

3）单击“连接”选项，设置“短”为“曲面上”，“长”为“掠过”，“缺省”为“安全高度”，如图 5-107 所示。

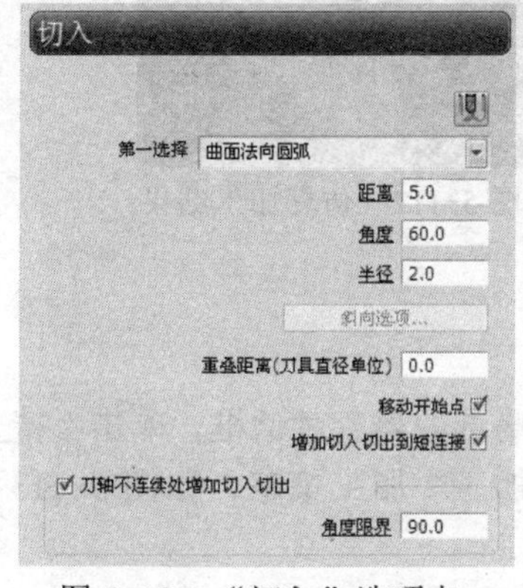

图 5-105 “切入”选项卡

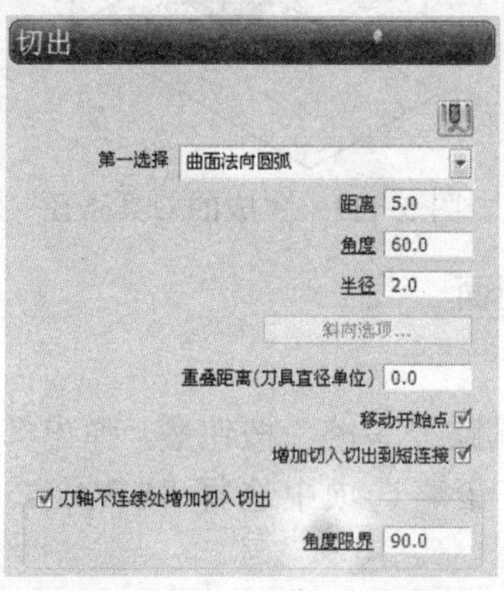

图 5-106 “切出”选项卡

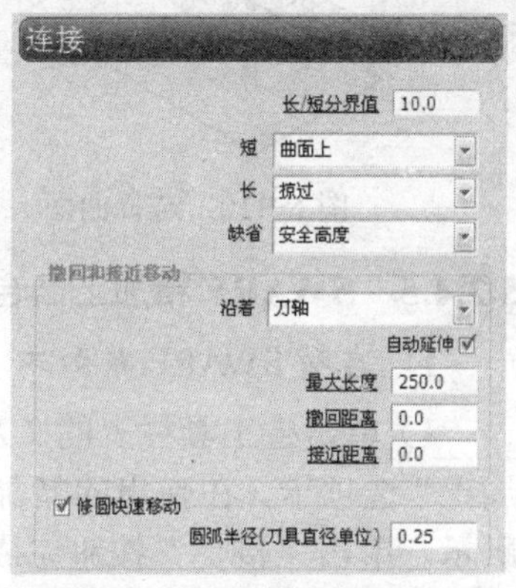

图 5-107 “连接”选项卡

3. ***设置进给率***

单击左侧列表框中的“进给和转速”选项，在右侧选项卡中设置相关参数，如图 5-108 所示。

4. ***刀轴设置***

单击左侧列表框中的“刀轴”选项，在右侧选项卡中设置“刀轴”为“前倾/侧倾”，“前倾”为 5.0，“侧倾”为 15.0，如图 5-109 所示。

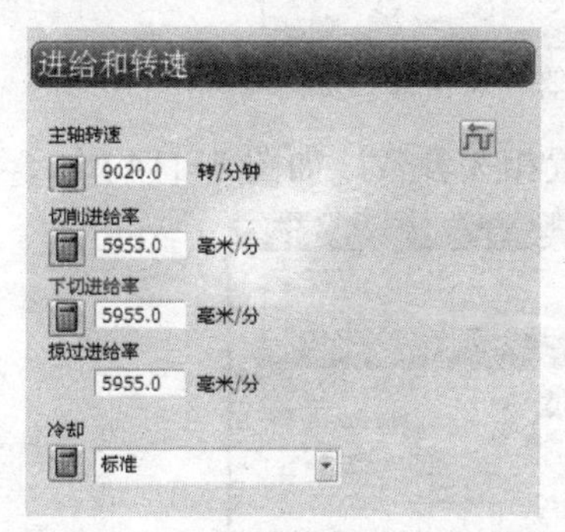

图 5-108 “进给和转速”选项卡

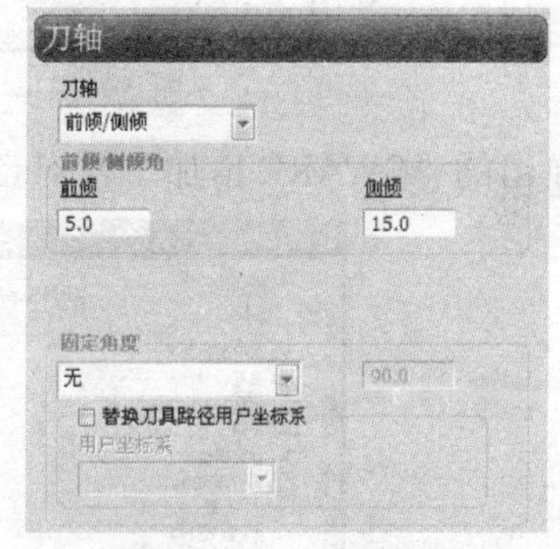

图 5-109 刀轴参数

5. ***生成刀具路径***

在图形区选择图 5-110 所示的曲面作为投影曲面，然后在“曲面投影”对话框中单击“计算”按钮和“接受”按钮，确定参数并退出对话框，生成的刀具路径如图 5-111 所示。

6. ***刀具路径实体仿真***

1）选择下拉菜单“查看”→“工具栏”→“ViewMill”命令，显示出“ViewMill”工具栏，单击“开/关 ViewMill”按钮，切换到仿真界面。然后单击“彩虹阴影图像”按钮。

2）在“仿真”工具栏的“当前刀具路径”下拉列表中选择要模拟的刀具路径 finish1，然后单击“执行”按钮，系统开始自动仿真加工，仿真加工结果如图 5-112 所示。

3）单击“ViewMill”工具栏上的“退出 ViewMill”按钮，删除仿真加工并返回 PowerMILL 界面。

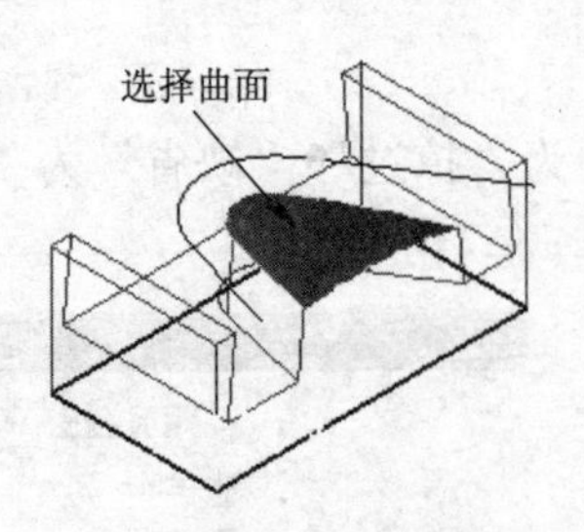

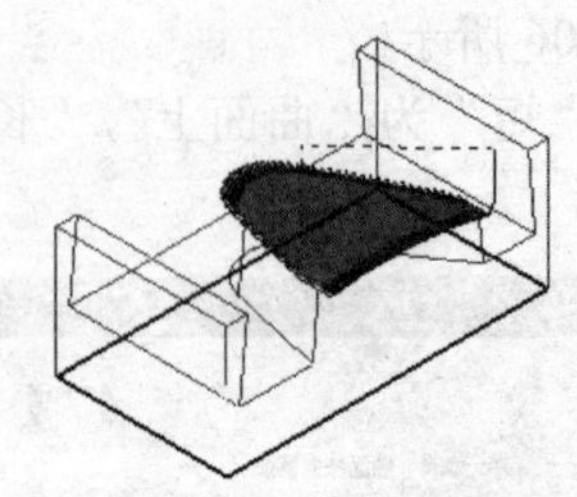

图 5-110 选择曲面　　图 5-111 生成的刀具路径　　图 5-112 仿真加工结果

5.2.4.5 SWARF 精加工凸台侧面

1. *启动 SWARF 精加工*

1）单击主工具栏上的“刀具路径策略”按钮，弹出“策略选取器”对话框，单击“精加工”选项卡，在弹出的精加工策略选项中选择“SWARF 精加工”加工策略，如图 5-113 所示。单击“接受”按钮完成。

图 5-113 “策略选取器”对话框

2）在弹出的“SWARF 精加工”对话框中设置相关参数，如图 5-114 所示。

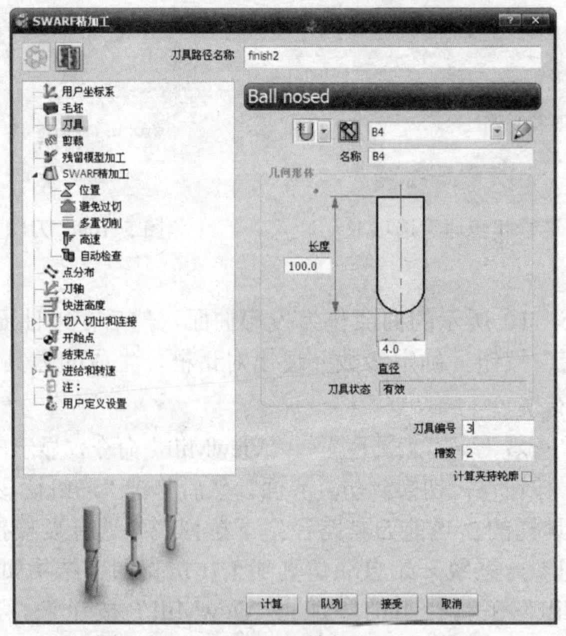

图 5-114 “SWARF 精加工”对话框

● 创建刀具 B4。单击左侧列表框中的“刀具”选项，在右侧选项卡中选择“球铣刀”，设置“直径”为 4.0。

● 单击左侧列表框中的“SWARF 精加工”选项，在右侧选项卡中设置“曲面侧”为“外”，“余量”为 0.0，其他参数如图 5-115 所示。

● 单击左侧列表框中的“多重切削”选项，在右侧选项卡中设置“偏置”为 10.0，选中“最大切削次数”复选框，设置“最大下切步距”为 3.0，其他参数如图 5-116 所示。

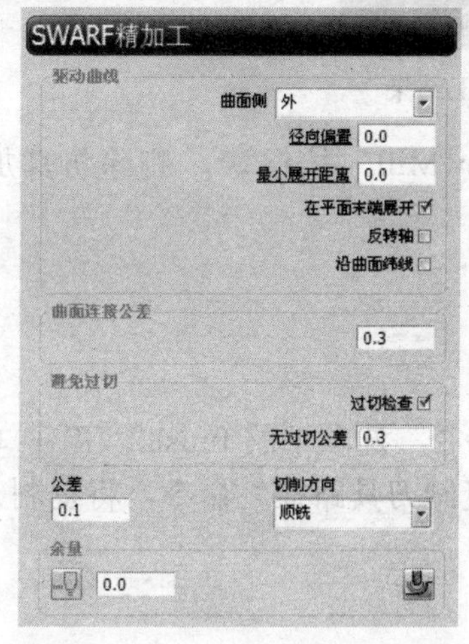

图 5-115　SWARF 精加工参数

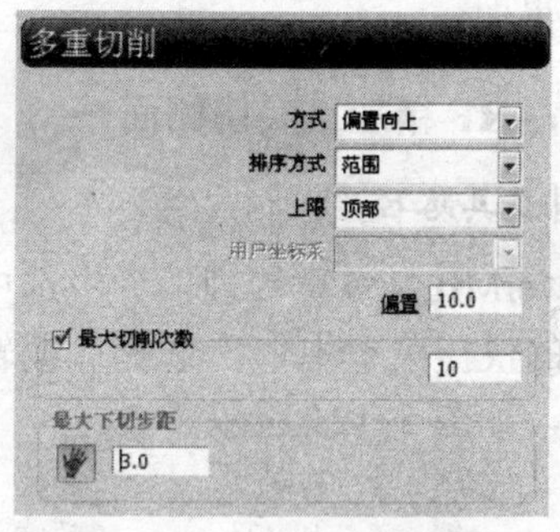

图 5-116　多重切削参数

2. 设置进给率

单击左侧列表框中的“进给和转速”选项，在右侧选项卡中设置相关参数，如图 5-117 所示。

3. 生成刀具路径

在图形区选择图 5-118 所示的曲面，在“SWARF 精加工”对话框中单击“计算”按钮和“接受”按钮，确定参数并退出对话框，生成的刀具路径如图 5-119 所示。

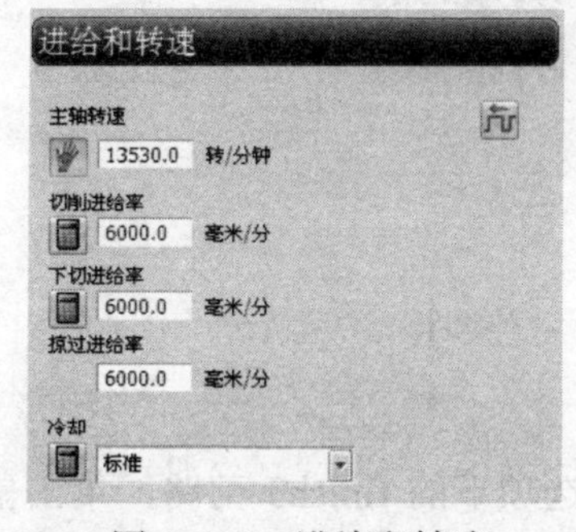

图 5-117　进给和转速

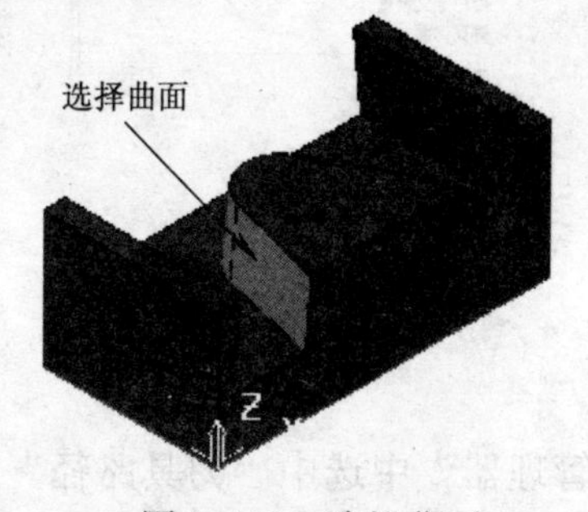

图 5-118　选择曲面

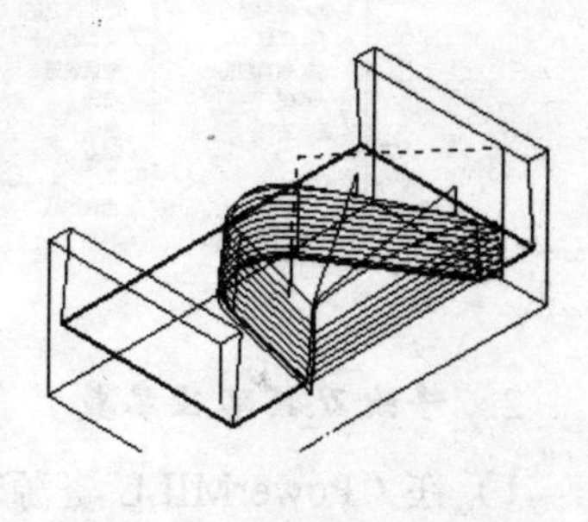

图 5-119　生成的刀具路径

4. 刀具路径实体仿真

1）选择下拉菜单“查看”→“工具栏”→“ViewMill”命令，显示出“ViewMill”工具栏，单击“开/关 ViewMill”按钮，切换到仿真界面。然后单击“彩虹阴影图像”按钮。

2）在“仿真”工具栏的“当前刀具路径”下拉列表中选择要模拟的刀具路径 finish2，然后单击“执行”按钮，系统开始自动仿真加工，仿真加工结果如图 5-120 所示。

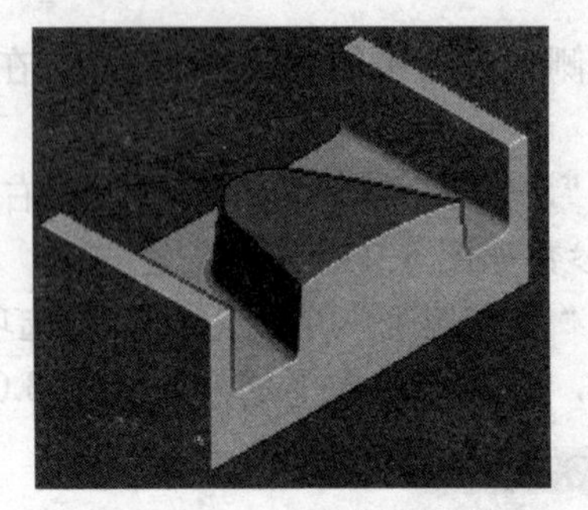

图 5-120　仿真加工结果

3）单击“ViewMill”工具栏上的“退出 ViewMill”按钮，删除仿真加工并返回 PowerMILL 界面。

5.2.4.6　SWARF 精加工底切侧面一

1. **复制刀具路径**

在“PowerMILL 资源管理器”中选中“刀具路径”选项下的 finish2 刀路，单击鼠标右键，在弹出的快捷菜单中依次选择“编辑”→“复制刀具路径”命令，将复制刀具路径更名为 finish3，如图 5-121 所示。

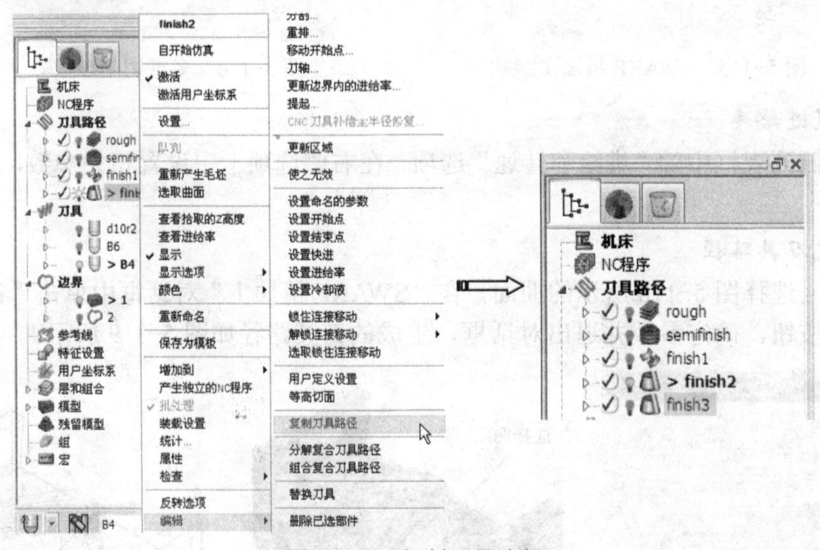

图 5-121　复制刀具路径

2. **修改刀具路径参数**

1）在“PowerMILL 资源管理器”中选中“刀具路径”选项下的 finish3 刀路，单击鼠标右键，在弹出的快捷菜单中选择“激活”命令，如图 5-122 所示。然后选择“设置”命令，弹出“SWARF 精加工”对话框，如图 5-123 所示。

2）在图形区选择图 5-124 所示的曲面作为加工曲面。

3. **生成刀具路径**

在“SWARF 精加工”对话框中单击“计算”按钮和“接受”按钮，确定参数并退出对话框，生成的刀具路径如图 5-125 所示。

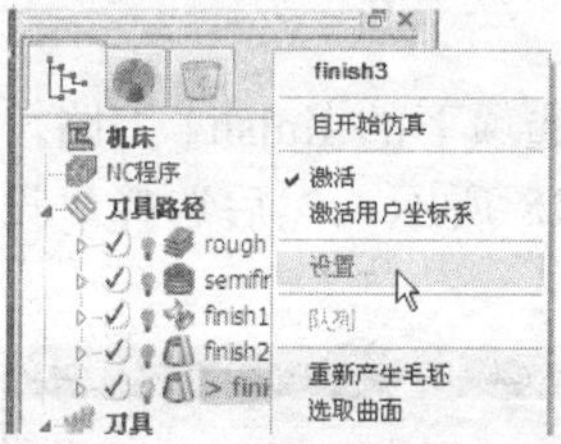

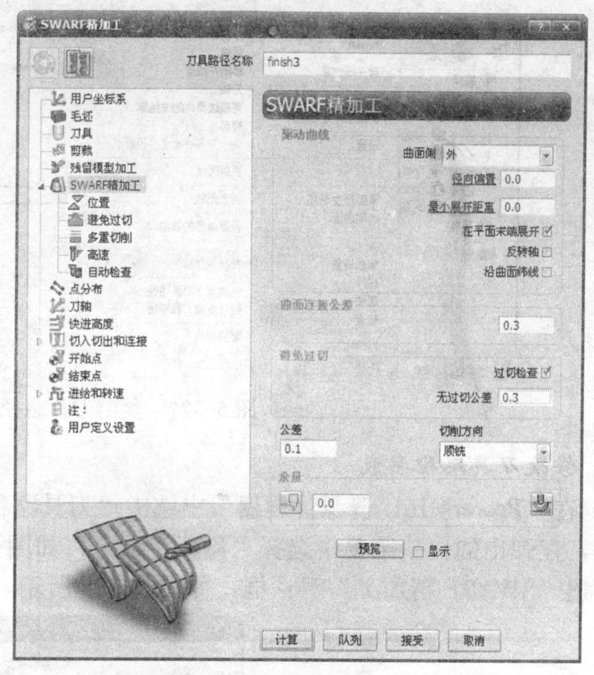

图 5-122 选择“设置”命令

图 5-123 “SWARF 精加工”对话框

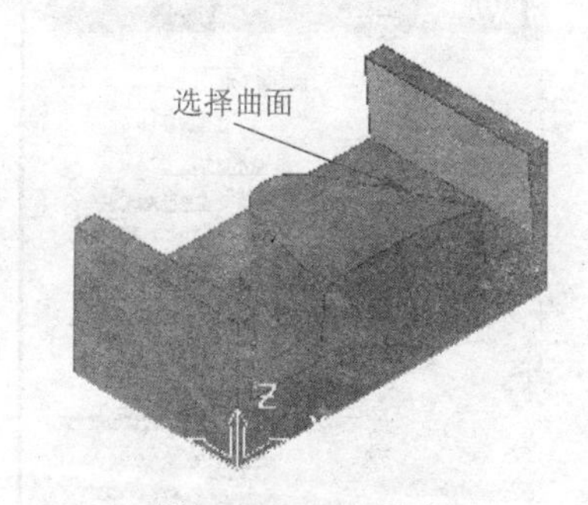

图 5-124 选择曲面

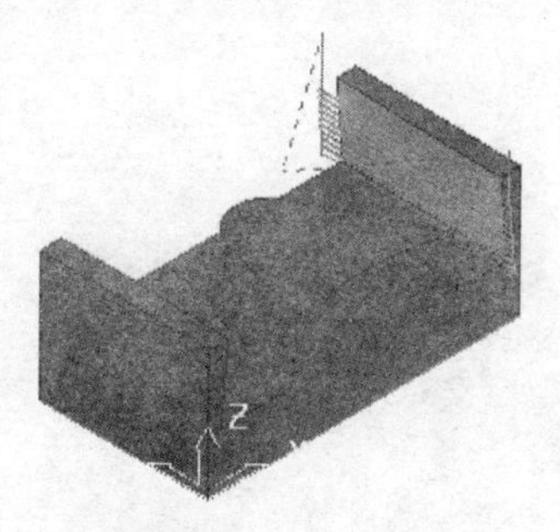

图 5-125 生成的刀具路径

4. *刀具路径实体仿真*

1）选择下拉菜单“查看”→“工具栏”→“ViewMill”命令，显示出“ViewMill”工具栏，单击“开/关 ViewMill”按钮，切换到仿真界面。然后单击“彩虹阴影图像”按钮。

2）在“仿真”工具栏的“当前刀具路径”下拉列表中选择要模拟的刀具路径 finish3，然后单击“执行”按钮，系统开始自动仿真加工，仿真加工结果如图 5-126 所示。

3）单击“ViewMill”工具栏上的“退出 ViewMill”按钮，删除仿真加工并返回 PowerMILL 界面。

图 5-126 仿真加工结果

5.2.4.7 SWARF 精加工底切侧面二

1. *复制刀具路径*

在“PowerMILL 资源管理器”中选中“刀具路径”选项下的 finish3 刀路，单击鼠标右键，在弹出的快捷菜单中依次选择“编辑”→“复制刀具路径”命令，将复制刀具路径更名为 finish4，如图 5-127 所示。

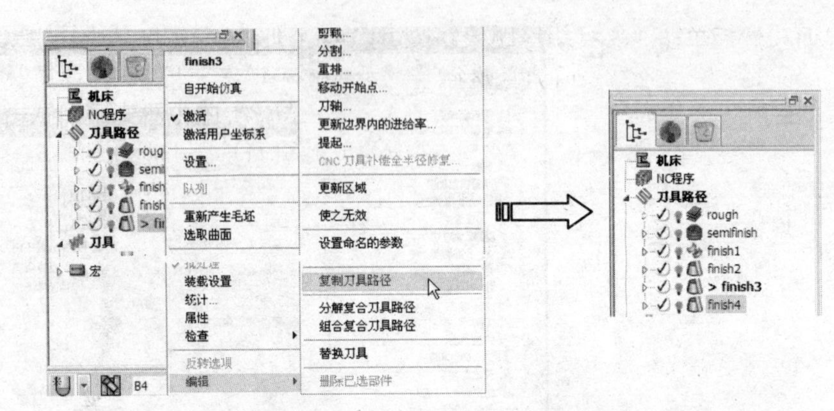

图 5-127　复制刀具路径

2. *修改刀具路径参数*

1）在“PowerMILL 资源管理器”中选中“刀具路径”选项下的 finish4 刀路，单击鼠标右键，在弹出的快捷菜单中选择“激活”命令，如图 5-128 所示。然后选择“设置”命令，弹出“SWARF 精加工”对话框，如图 5-129 所示。

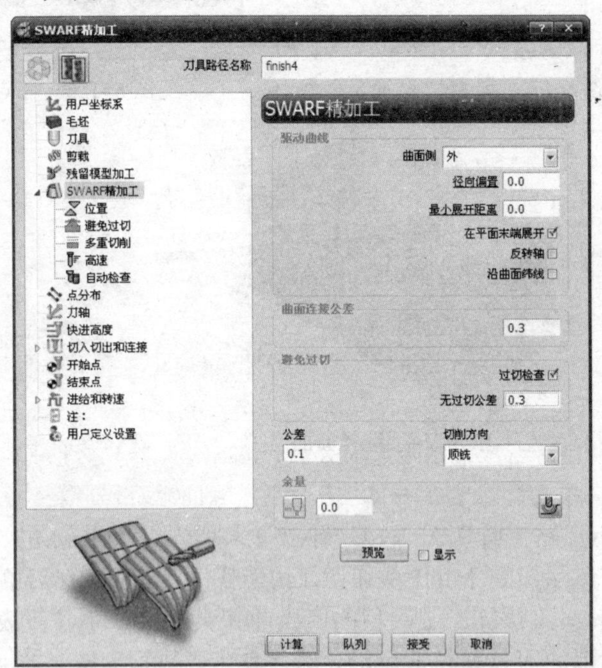

图 5-128　选择“设置”命令　　　　图 5-129　“SWARF 精加工”对话框

2）在图形区选择图 5-130 所示的曲面作为加工曲面。

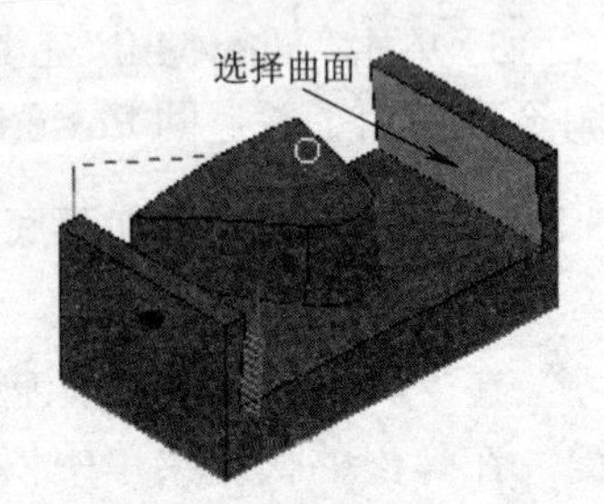

图 5-130　选择曲面

3. *生成刀具路径*

在“SWARF 精加工”对话框中单击“计算”按钮和“接受”按钮，确定参数并退出对话框，生成的刀具路径如图 5-131 所示。

4. *刀具路径实体仿真*

1）选择下拉菜单“查看”→“工具栏”→“ViewMill”命令，显示出“ViewMill”工具栏，单击“开/关 ViewMill”按钮，切换到仿真界面。然后单击“彩虹阴影图像”按钮。

2）在“仿真”工具栏的“当前刀具路径”下拉列表中选择要模拟的刀具路径 finish4，然后单击“执行”按钮，系统开始自动仿真加工，仿真加工结果如图 5-132 所示。

3）单击“ViewMill”工具栏上的“退出 ViewMill”按钮，删除仿真加工并返回 PowerMILL 界面。

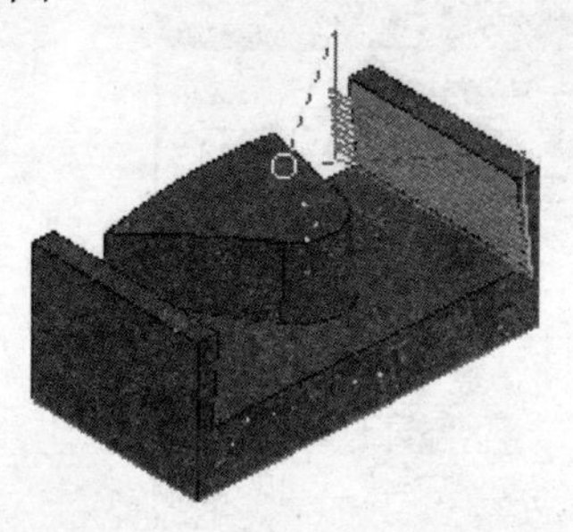

图 5-131　生成的刀具路径

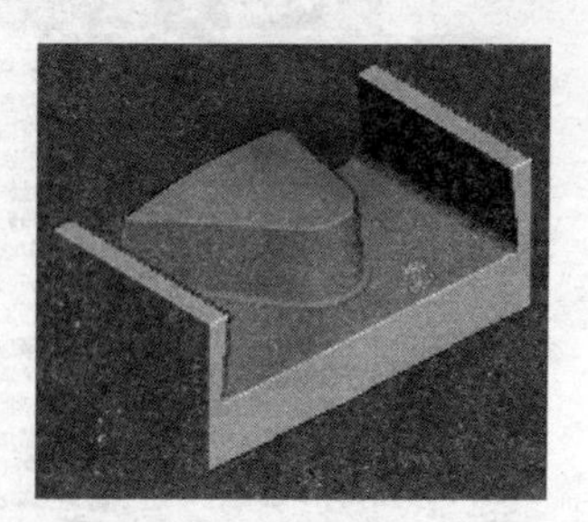

图 5-132　仿真加工结果

5.2.4.8　偏置平坦面精加工底面

1．创建边界

1）在“PowerMILL 资源管理器”中选中“边界”选项，单击鼠标右键，在弹出的快捷菜单中依次选择“定义边界”→“用户定义”命令，弹出“用户定义边界”对话框，如图 5-133 所示。

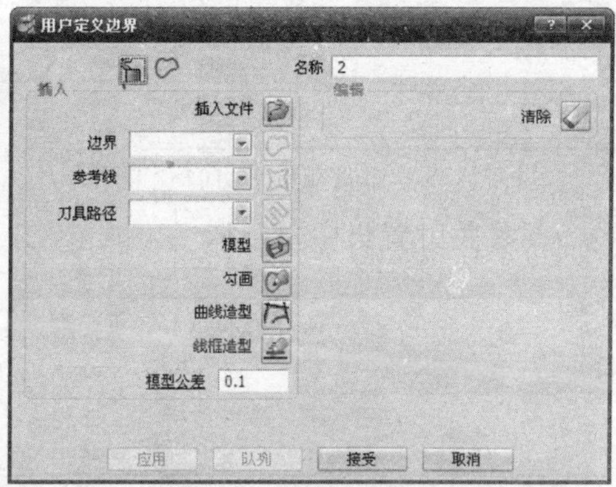

图 5-133　“用户定义边界”对话框

2）选择图 5-134 所示的曲面，然后单击“插入模型”按钮，单击“用户定义边界”对话框中的“接受”按钮即可完成边界创建，如图 5-134 所示。

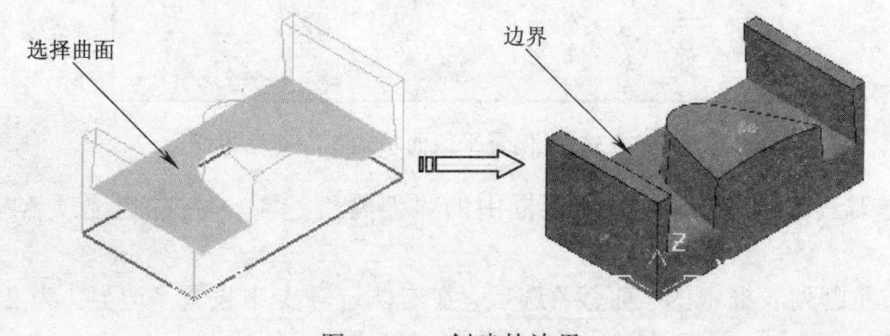

图 5-134　创建的边界

2. *启动偏置平坦面精加工*

1）单击主工具栏上的“刀具路径策略”按钮，弹出“策略选取器”对话框，单击“精加工”选项卡，在弹出的精加工策略选项中选择“偏置平坦面精加工”加工策略，如图 5-135 所示。单击“接受”按钮完成。

图 5-135 “策略选取器”对话框

2）在弹出的“偏置平坦面精加工”对话框中设置相关参数，如图 5-136 所示。

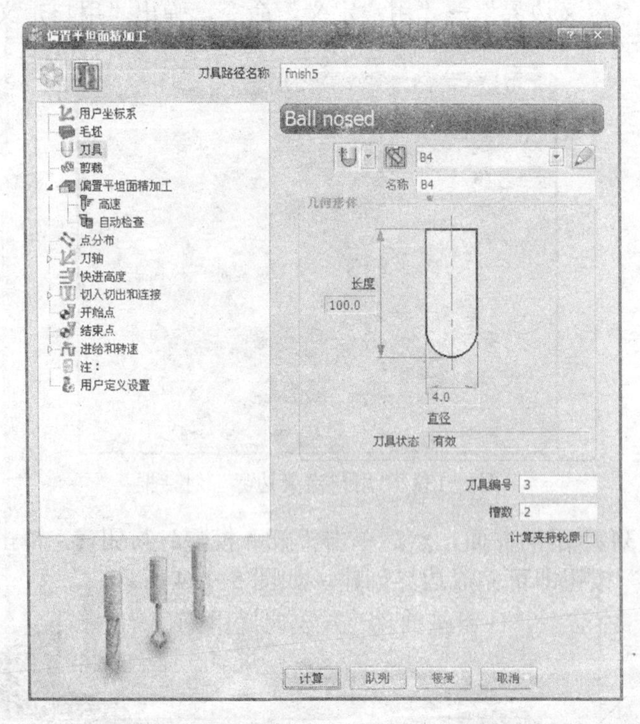

图 5-136 “偏置平坦面精加工”对话框

● 选择刀具 B4。单击左侧列表框中的“刀具”选项，在右侧选项卡中选择“B4”刀具。

● 单击左侧列表框中的“剪裁”选项，在右侧选项卡中设置“边界”为 2，如图 5-137 所示。

● 单击左侧列表框中的“偏置平坦面精加工”选项，在右侧选项卡中设置“平坦面公差”为 0.0，“行距”为残留高度 0.05，如图 5-138 所示。

● 单击左侧列表框中的“高速”选项，在右侧选项卡中选择“轮廓光顺”“光顺余量”复选框，设置“连接”为“光顺”，如图 5-139 所示。

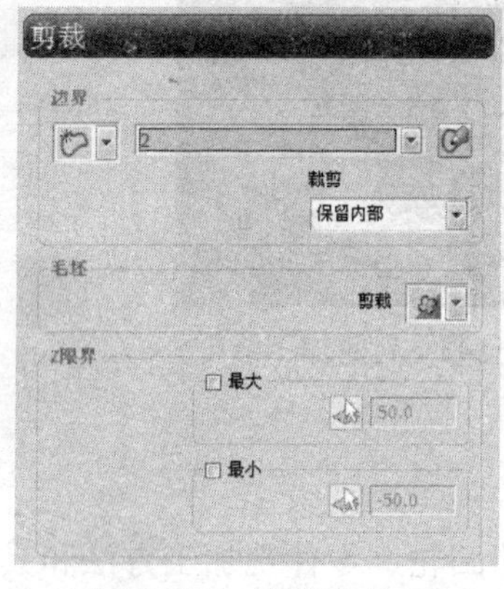

图 5-137 剪裁参数

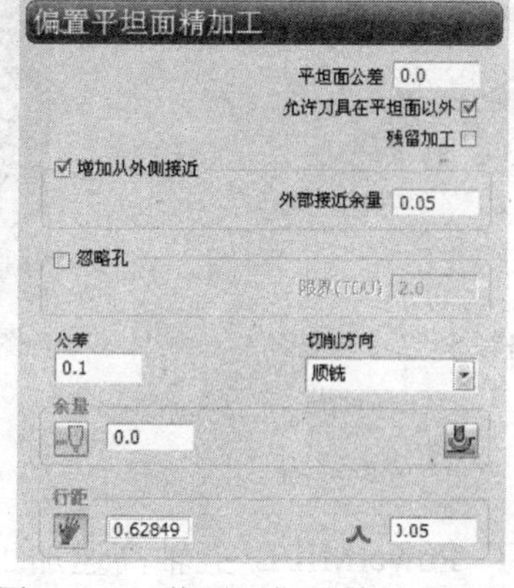

图 5-138 偏置平坦面精加工参数

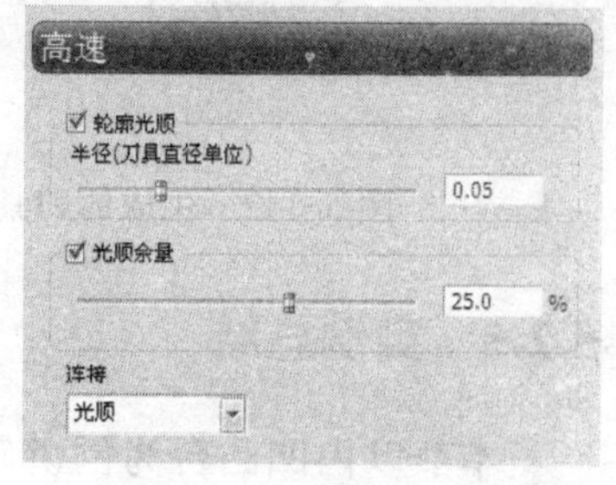

图 5-139 高速参数

3. **设置进给率**

单击左侧列表框中的“进给和转速”选项，在右侧选项卡中设置相关参数，如图 5-140 所示。

4. **刀轴设置**

单击左侧列表框中的“刀轴”选项，在右侧选项卡中设置“刀轴”为“自点”，点坐标为 75.0、40.0、200.0，如图 5-141 所示。

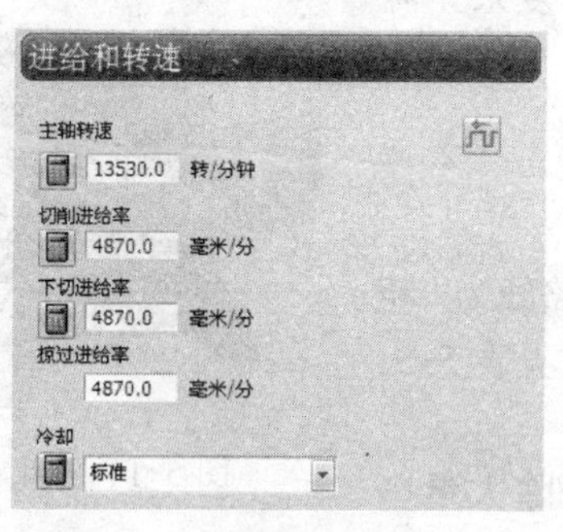

图 5-140 进给和转速参数

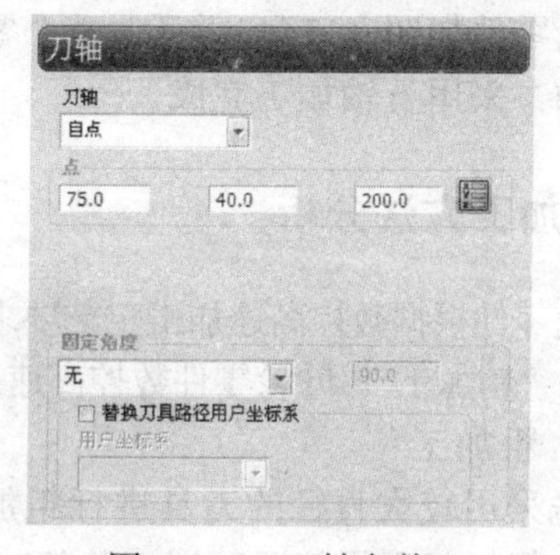

图 5-141 刀轴参数

5. **生成刀具路径**

在“偏置平坦面精加工”对话框中单击“应用”按钮和“接受”按钮，确定参数并退出对话框，生成的刀具路径如图 5-142 所示。

6. **刀具路径实体仿真**

1）选择下拉菜单“查看”→“工具栏”→“ViewMill”命令，显示出“ViewMill”工具栏，单击“开/关 ViewMill”按钮，切换到仿真界面。然后单击“彩虹阴影图像”按钮。

2）在“仿真”工具栏的“当前刀具路径”下拉列表中选择要模拟的刀具路径 finish5，

然后单击“执行”按钮，系统开始自动仿真加工，仿真加工结果如图 5-143 所示。

3）单击“ViewMill”工具栏上的“退出 ViewMill”按钮，删除仿真加工并返回 PowerMILL 界面。

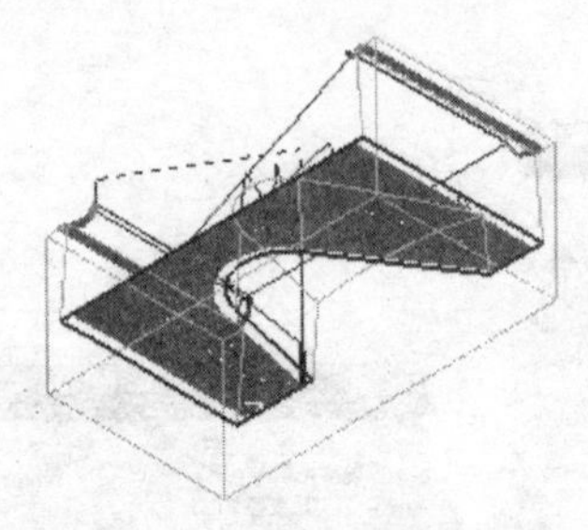

图 5-142　生成的刀具路径

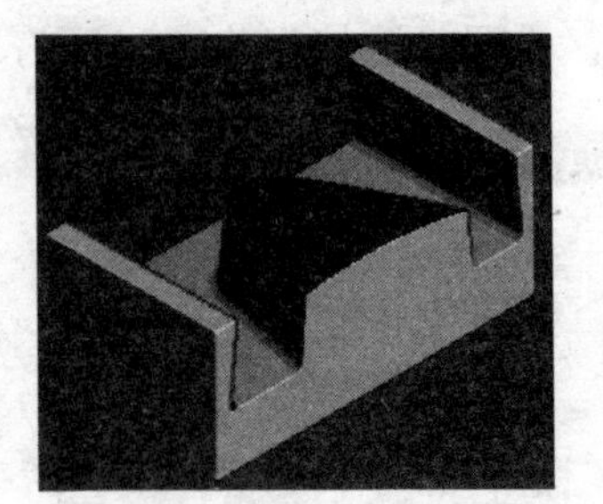

图 5-143　仿真加工结果

5.2.5　实例总结

本节以内凹凸台为例讲解了 PowerMILL 五轴高速加工的凹轮廓零件铣加工方法和具体应用步骤，读者在学习过程中要注意的是，对于像内凹侧壁的情况可采用 SWARF 加工方式，刀轴采用自动刀轴。

5.3　经典实例——叶轮高速加工

5.3.1　实例描述

叶轮零件如图 5-144 所示，整个零件结构较为复杂，叶片有扭曲，采用五轴加工完成。

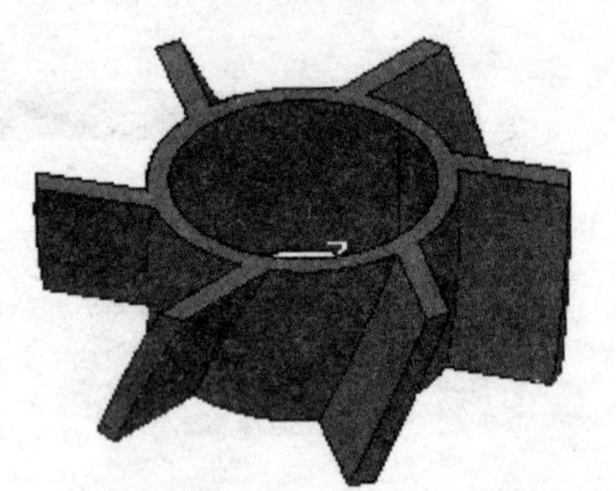

图 5-144　叶轮零件

5.3.2　加工方法分析

叶轮零件根据数控高速加工工艺要求，采用工艺路线为“粗加工”→“精加工”。叶轮零件数控高速加工切削参数见表 5-5。

（1）粗加工

首先采用较大直径的刀具进行粗加工，以便去除大量多余留量，粗加工采用偏置区域清除策略的方法，刀具为ϕ4R1 的圆鼻刀。

（2）精加工

精加工采用分区加工，流道采用曲面投影精加工策略，刀轴采用“朝向直线”；叶片采用曲面投影精加工，刀轴采用自动。

表 5-5　叶轮零件数控高速加工切削参数

刀具直径/mm	刀　齿　数	轴向深度/mm	径向切深/mm	主轴转速/（r/min）	进给速度/（mm/min）	加　工　方　式
4	2	1	2	15000	1000	粗加工
3	2	—	0.45	60000	6000	精加工

5.3.3 加工流程与所用知识点

叶轮零件数控加工流程和知识点见表 5-6。

表 5-6 叶轮零件数控加工流程和知识点

步 骤	知 识 点	设计流程效果图
Step 1：导入模型	加工模型的导入是数控编程的第一步，它是生成数控代码的前提与基础	
Step 2：创建毛坯	在数控加工中必须定义加工毛坯，产生的刀具路径始终在毛坯内部生成	
Step 3：偏置区域清除	偏置区域清除模型策略具有非常恒定的材料切除率，但代价是刀具在工件上存在大量的快速移动（对高速加工来说是可以接受的）	
Step 4：曲面投影精加工流道	曲面投影精加工是使用一张曲面光源照射形成参考线来计算出刀具路径的加工方式，刀轴朝向直线	
Step 5：SWARF 精加工右叶片	SWARF 精加工即通常所说的“靠面加工”，利用刀具侧刃加工已选曲面	
Step 6：SWARF 精加工左叶片	SWARF 精加工即通常所说的“靠面加工”，利用刀具侧刃加工已选曲面	

5.3.4 具体操作步骤

5.3.4.1 加工准备

1. **导入模型文件**

1）选择下拉菜单“工具”→“重设表格”命令，将所有表格重新设置为系统默认状态。

2）选择下拉菜单中的“文件”→“输入模型”命令，弹出“输入模型”对话框，选择“yelun.dgk”（“随书光盘: \第 5 章\5.3\uncompleted\yelun.dgk”）文件，单击“打开”按钮即可，如图 5-145 所示。

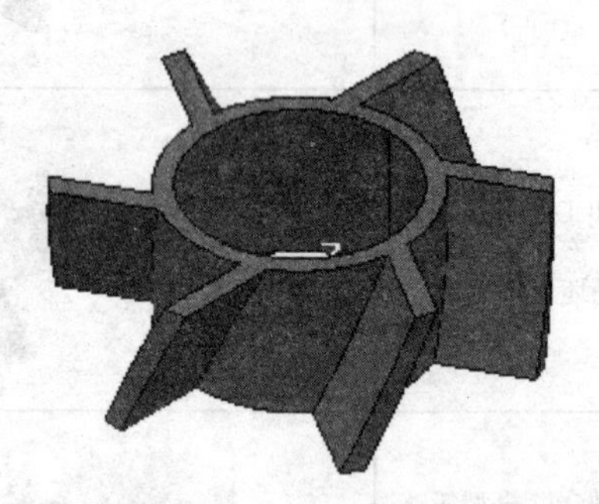

图 5-145 导入模型文件

2. **创建毛坯**

1）单击主工具栏上的“毛坯”按钮，弹出“毛坯”对话框。在“由...定义”下拉列表中选择“圆柱体”，单击“估算限界”框中的“计算”按钮，设置相关参数，如图 5-146 所示。

2）单击“接受”按钮，图形区显示所创建的毛坯，如图 5-147 所示。

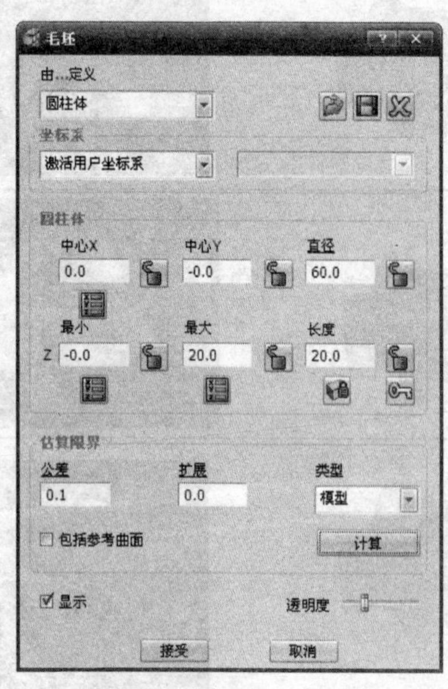

图 5-146 “毛坯”对话框

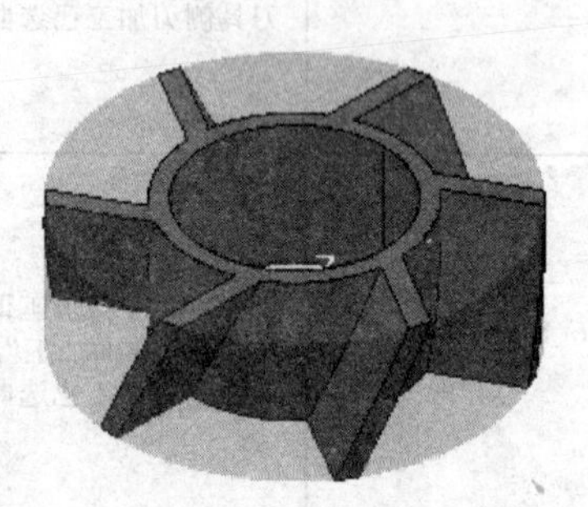

图 5-147 创建的毛坯

5.3.4.2　模型区域清除粗加工

1. **创建辅助平面**

1）在“PowerMILL 资源管理器”中选中“模型”选项，在弹出的快捷菜单中选择“产生平面”→“自毛坯”命令，如图 5-148 所示。在弹出“输入平面的 Z 轴高度”对话框中输入-2，如图 5-149 所示。

2）单击✔按钮，创建出图 5-150 所示的辅助平面，用于控制 Z 轴的加工深度。

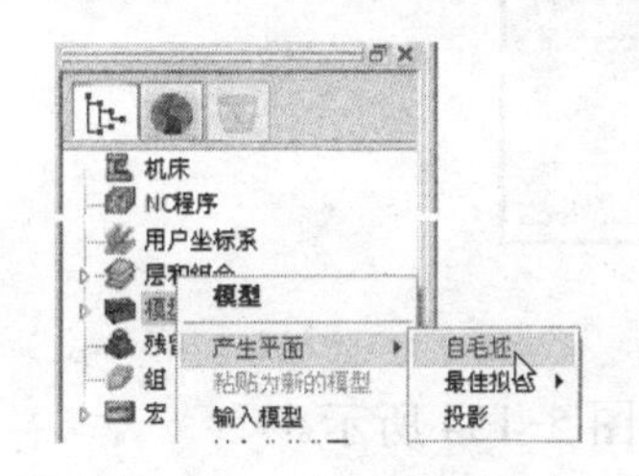

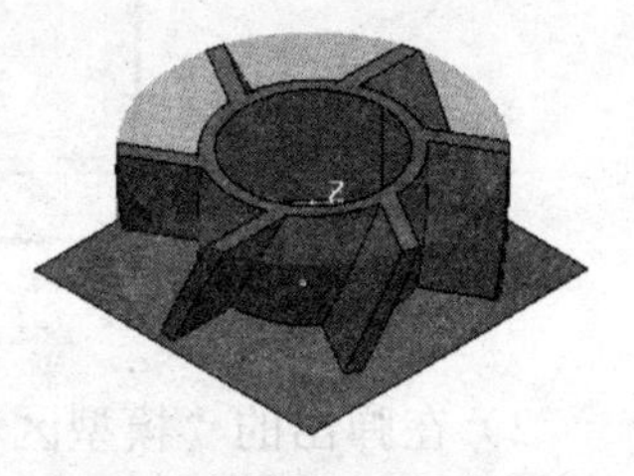

图 5-148　启动平面命令　图 5-149　“输入平面的 Z 轴高度”对话框　图 5-150　创建辅助平面

2. **设置快进高度**

单击主工具栏上的“快进高度”按钮，弹出“快进高度”对话框。在“几何形体”选项的“安全区域”下拉列表中选择“平面”选项，设置“快进间隙”为 10.0，“下切间隙”为 5.0，如图 5-151 所示，单击“接受”按钮，完成快进高度设置。

3. **设置开始点和结束点**

单击主工具栏上的“开始点和结束点”按钮，弹出“开始点和结束点”对话框，设置开始点和结束点参数，如图 5-152 所示。

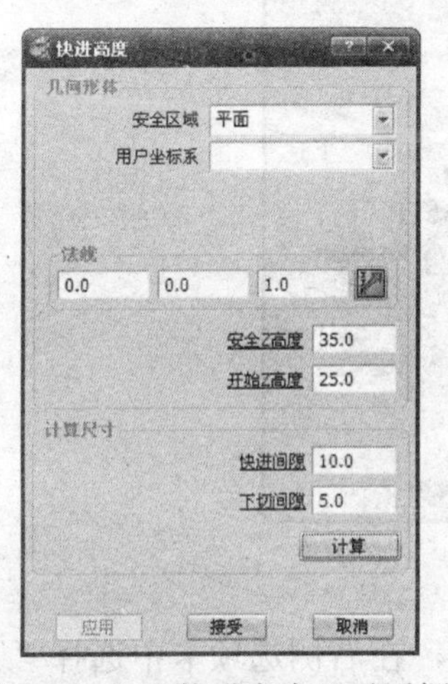

图 5-151　“快进高度”对话框

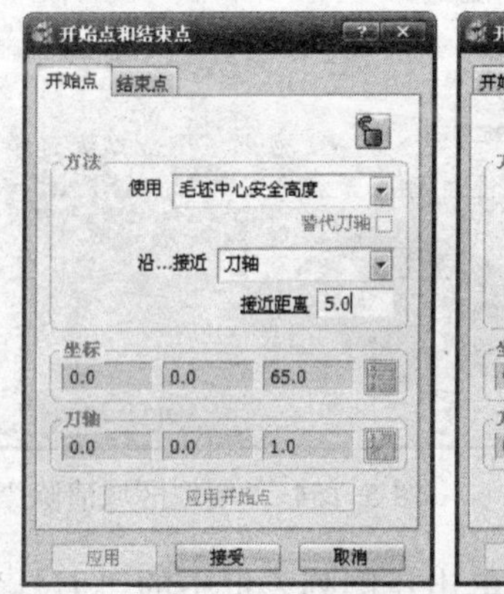

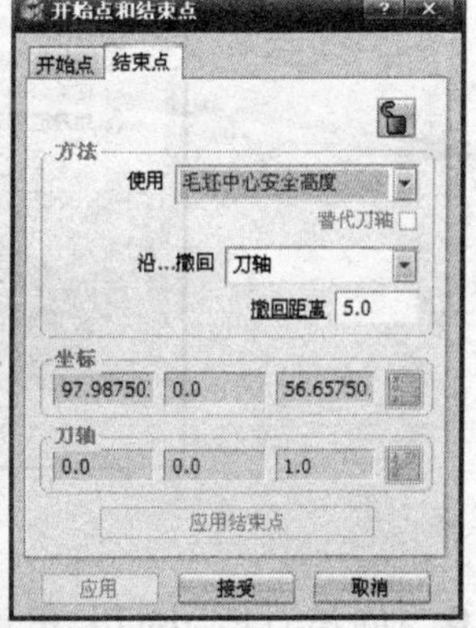

图 5-152　“开始点和结束点”对话框

4. **启动模型区域清除策略**

1）单击主工具栏上的“刀具路径策略”按钮，弹出“策略选取器”对话框，单击“三维区域清除”选项卡，在弹出的三维区域清除策略选项中选择“模型区域清除”加工策略，如图 5-153 所示。单击“接受”按钮完成。

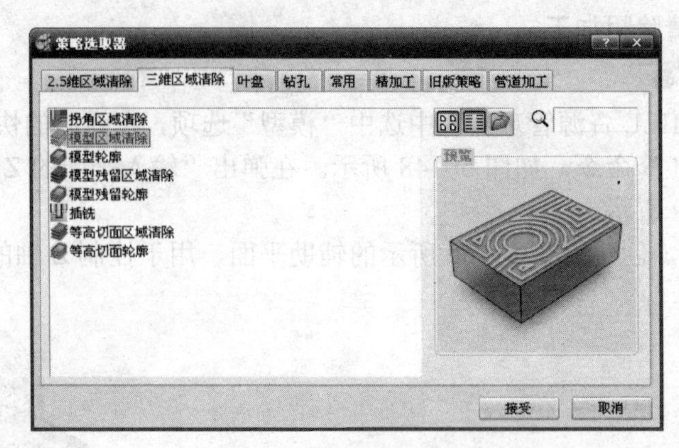

图 5-153 “策略选取器”对话框

2）在弹出的“模型区域清除”对话框中设置相关参数，如图 5-154 所示。

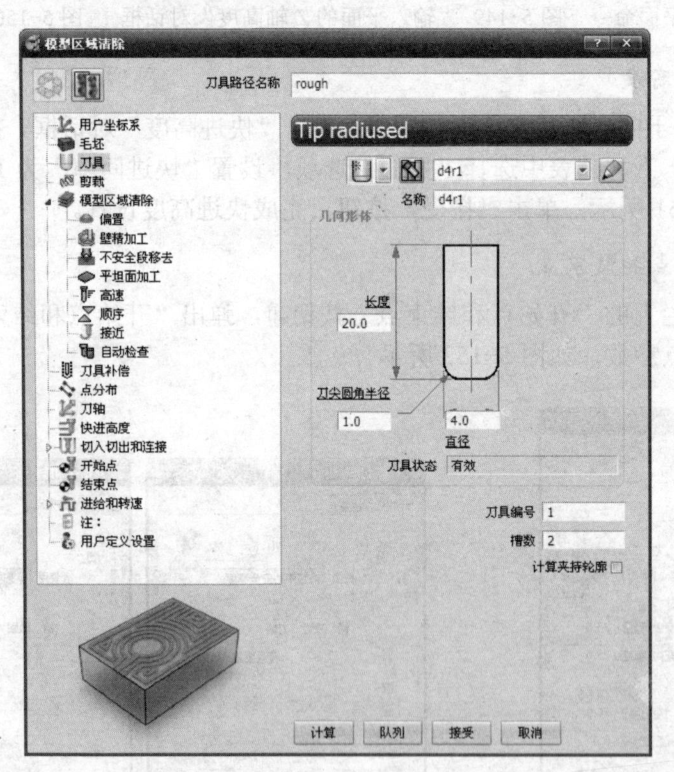

图 5-154 “模型区域清除”对话框

● 创建刀具 d4r1。单击左侧列表框中的“刀具”选项，在右侧选项卡中选择“刀尖圆角端铣刀”，设置“直径”为 4.0，“刀尖圆角半径”为 1.0，刀具编号为 1。

● 单击左侧列表框中的“模型区域清除”选项，在右侧选项卡中设置“行距”为 2.0，“下切步距”为 1.0，“切削方向”为“顺铣”，如图 5-155 所示。

● 单击左侧列表框中的“高速”选项，在右侧选项卡中选择“轮廓光顺”“光顺余量”和“摆线移动”复选框，选择“连接”为“光顺”，如图 5-156 所示。

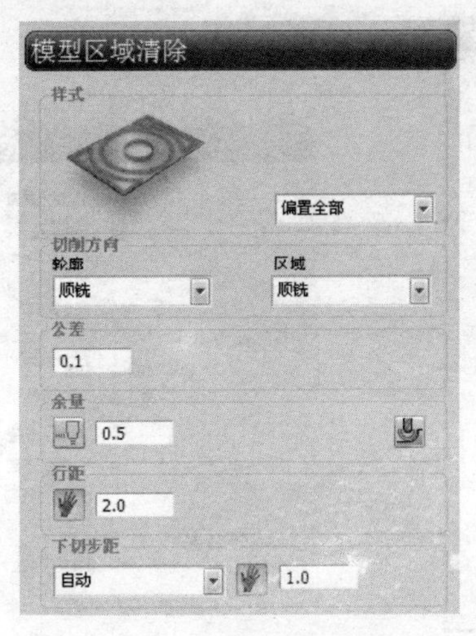

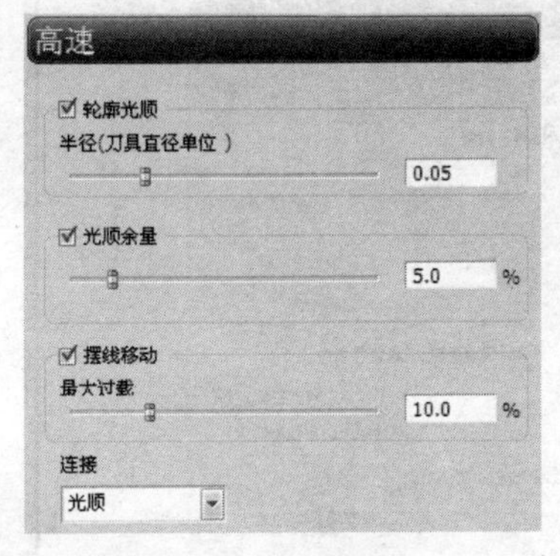

图 5-155　模型区域清除参数　　　　图 5-156　高速参数

5. 设置切入切出和连接

单击“模型区域清除”对话框左侧列表框中的“切入”“切出”和“连接”选项，设置切入切出参数。

1）选择“切入”选项，选择“斜向”切入方式，如图 5-157 所示。单击“斜向选项”按钮，弹出“斜向切入选项”对话框，设置相关参数，如图 5-158 所示，单击“接受”按钮完成。

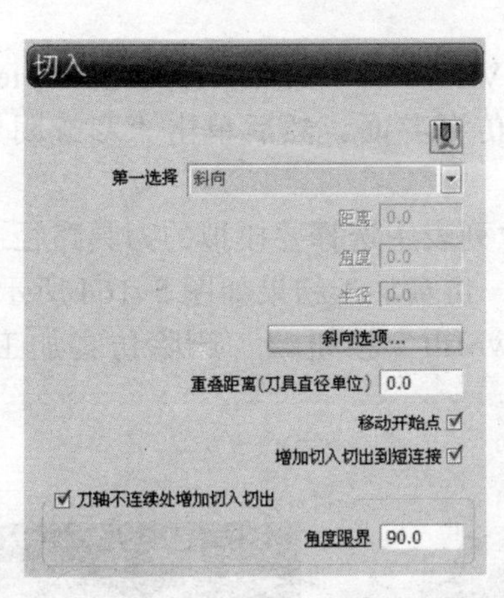

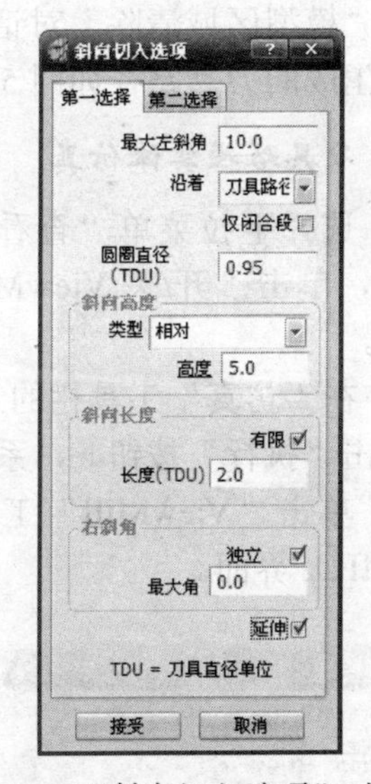

图 5-157　“切入”选项卡　　　　图 5-158　“斜向切入选项”对话框

2）选择“切出”选项，选择“斜向”切出方式，如图 5-159 所示。单击“斜向选项”按钮，弹出“斜向切出选项”对话框，设置相关参数，如图 5-160 所示，单击“接受”按钮完成。

3）单击“连接”选项，设置“短”为“圆形圆弧”，“长”为“掠过”，“缺省”为“安全高度”，如图 5-161 所示。

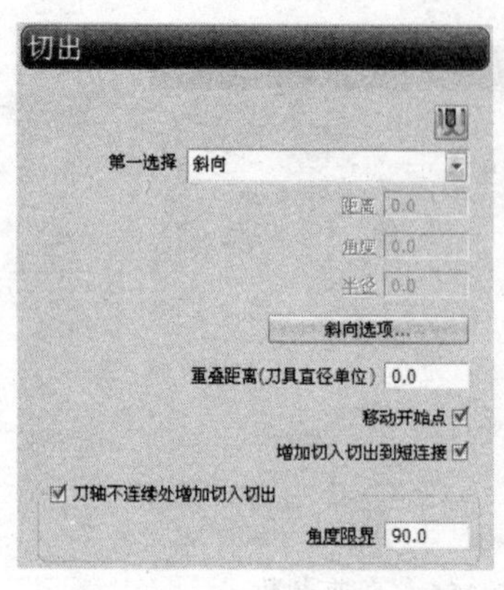

图 5-159 “切出”选项卡

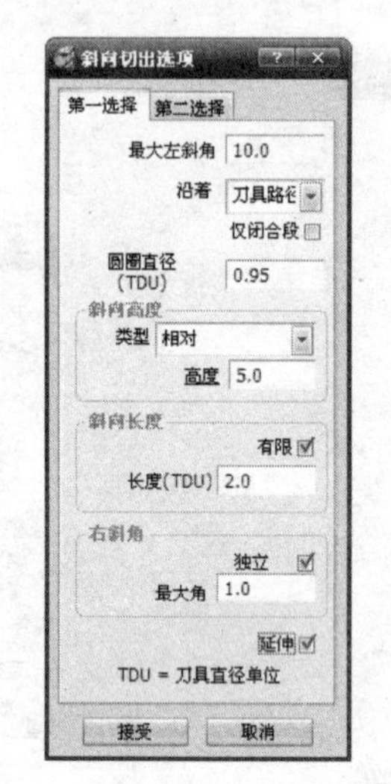

图 5-160 “斜向切出选项”对话框

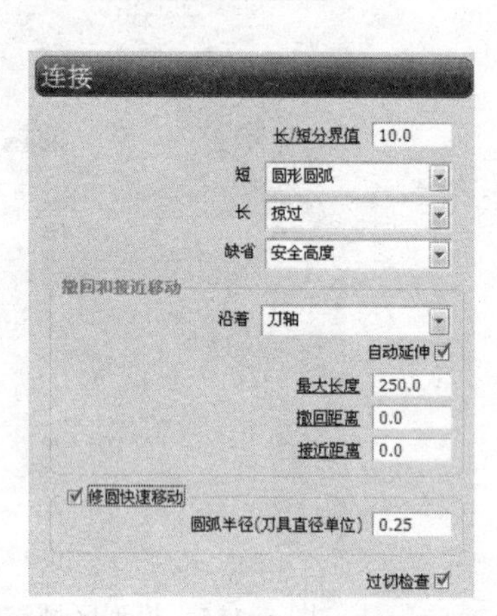

图 5-161 “连接”选项卡

6. ***设置进给率***

单击左侧列表框中的“进给和转速”选项，在右侧选项卡中设置相关参数，如图 5-162 所示。

7. ***生成刀具路径***

在“模型区域清除”对话框中单击“计算”按钮和“接受”按钮，确定参数并退出对话框，生成的刀具路径如图 5-163 所示。

8. ***刀具路径实体仿真***

1）选择下拉菜单“查看”→“工具栏”→“ViewMill”命令，显示出“ViewMill”工具栏，单击“开/关 ViewMill”按钮，切换到仿真界面。然后单击“彩虹阴影图像”按钮。

2）在“仿真”工具栏的“当前刀具路径”下拉列表中选择要模拟的刀具路径 rough，然后单击“执行”按钮，系统开始自动仿真加工，仿真加工结果如图 5-164 所示。

3）单击“ViewMill”工具栏上的“退出 ViewMill”按钮，删除仿真加工并返回 PowerMILL 界面。

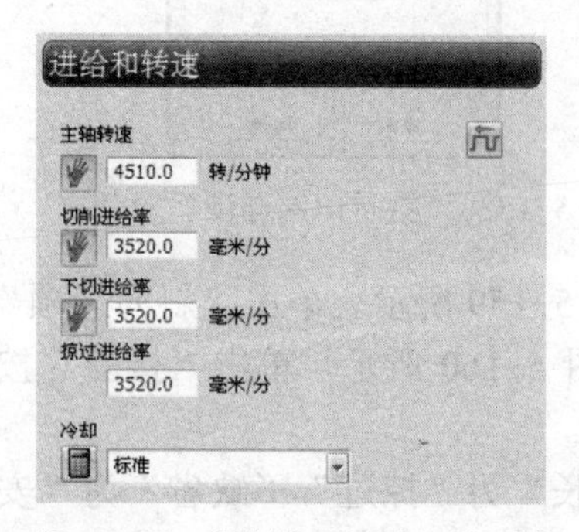

图 5-162 “进给和转速”选项卡

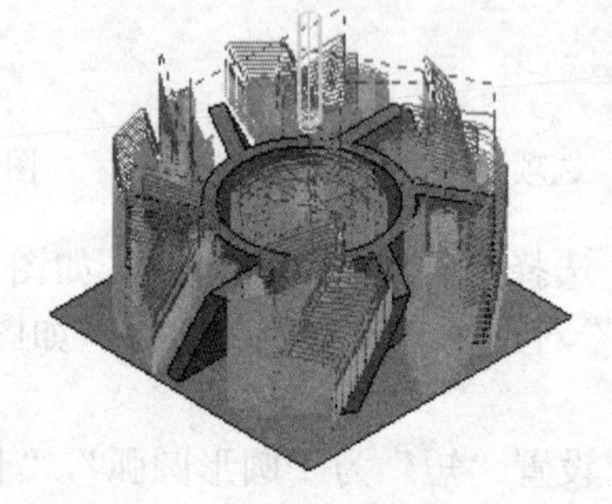

图 5-163 生成的刀具路径

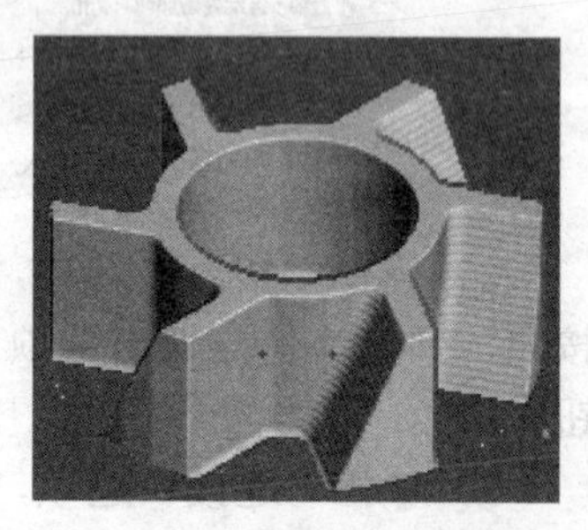

图 5-164 仿真加工结果

5.3.4.3　曲面投影精加工流道面

1. ***删除辅助平面***

在“PowerMILL 资源管理器”中双击“模型”选项展开，然后选择其下的“Planes”，单击鼠标右键，在弹出的快捷菜单中选择“删除模型”命令，如图 5-165 所示。

2. ***启动曲面投影精加工***

1）单击主工具栏上的“刀具路径策略”按钮，弹出“策略选取器”对话框，单击“精加工”选项卡，在弹出的精加工策略选项中选择“曲面投影精加工”加工策略，如图 5-166 所示。单击“接受”按钮完成。

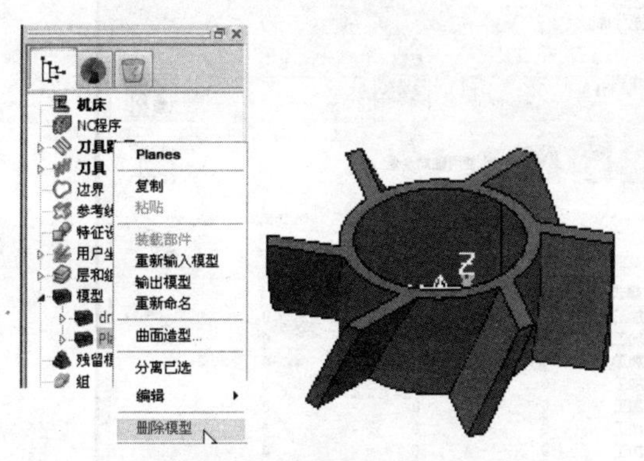

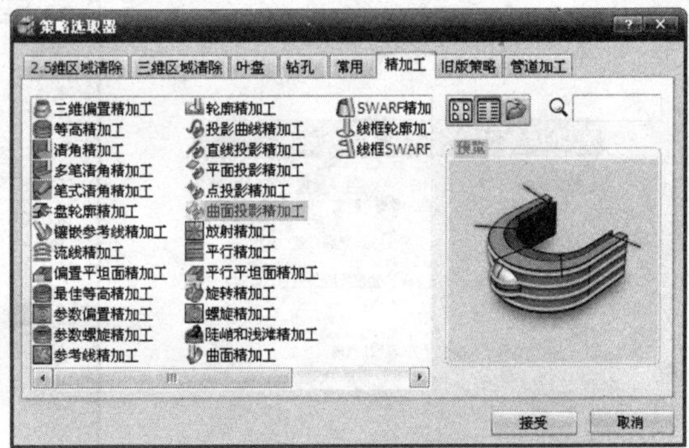

图 5-165　选择 Planes 选项　　　　图 5-166　“策略选取器”对话框

2）在弹出的“曲面投影精加工”对话框中设置相关参数，如图 5-167 所示。

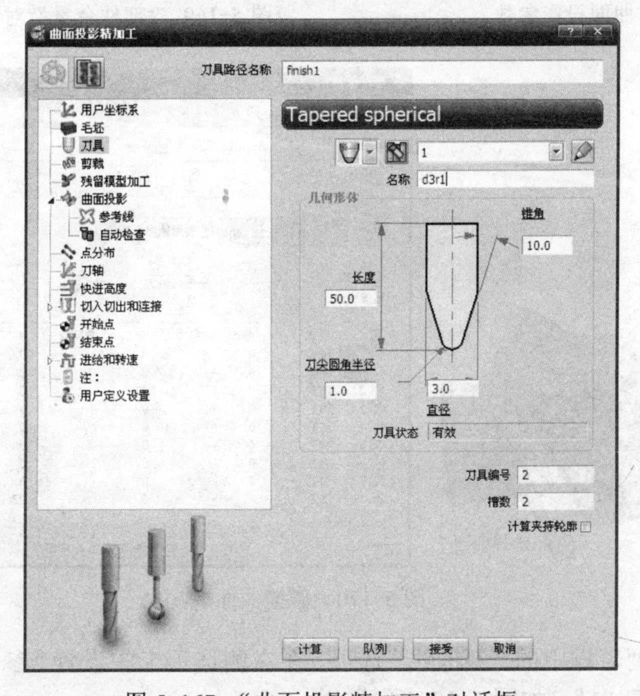

图 5-167　“曲面投影精加工”对话框

● 创建刀具 d3r1。单击左侧列表框中的“刀具”选项，在右侧选项卡中选择“锥度球铣刀”，“直径”为 3.0，“刀尖圆角半径”为 1.0，刀具编号 2。

● 单击左侧列表框中的“曲面投影”选项，在右侧选项卡中设置“方向”为“向内”，“余量”为 0.0，如图 5-168 所示。

● 单击“余量”选项后的“部件余量”按钮，弹出“部件余量”对话框，在“加工方式”下拉列表中选择“碰撞”方式，如图 5-169 所示。然后按住 Shift 键选择图形区 4 个曲面，单击“获取部件”按钮，将所选曲面“模式”设置为碰撞，如图 5-170 所示。单击“接受”按钮关闭对话框。

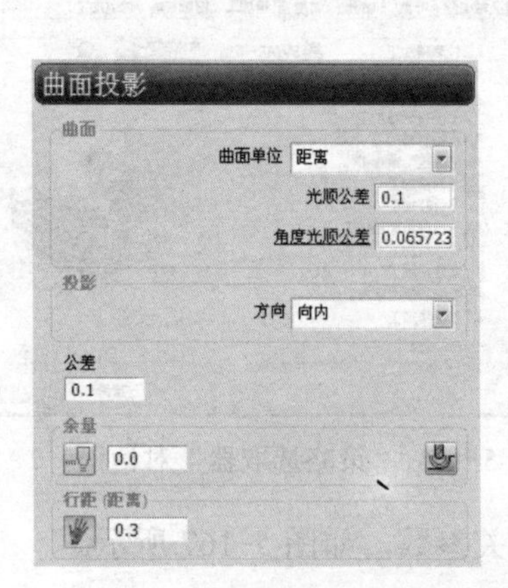

图 5-168 曲面投影参数

图 5-169 “部件余量”对话框

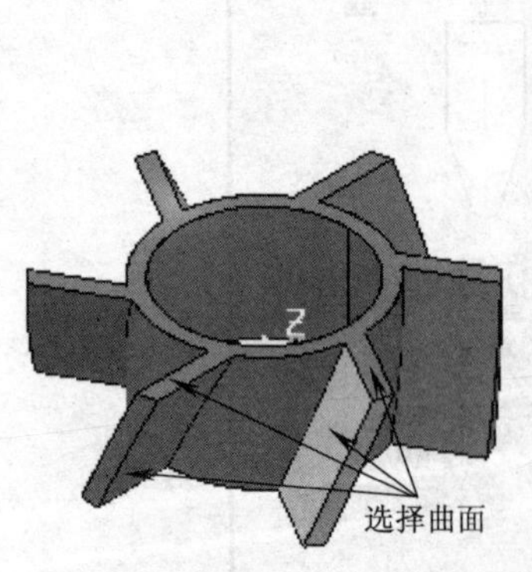

图 5-170 碰撞曲面

● 单击左侧列表框中的“参考线”选项，在右侧选项卡中设置“参考线方向”为“V”，“加工顺序”为“双向”，如图 5-171 所示。

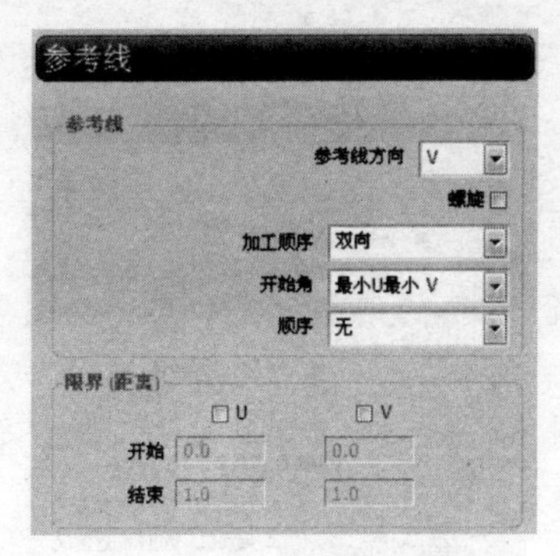

图 5-171　参考线参数

3. 设置快进高度

单击左侧列表框中的“快进高度”选项，在右侧选项卡“几何形体”选项的“安全区域”下拉列表中选择“圆柱体”选项，设置“快进间隙”为 10.0，“下切间隙”为 5.0，如图 5-172 所示，单击“接受”按钮，完成快进高度设置。

4. 设置开始点和结束点

1）单击左侧列表框中的“开始点”选项，在右侧选项卡的设置“方法”为“毛坯中心安全高度”，如图 5-173 所示。

2）单击左侧列表框中的“结束点”选项，在右侧选项卡的设置“方法”为“最后一点安全高度”，如图 5-174 所示。

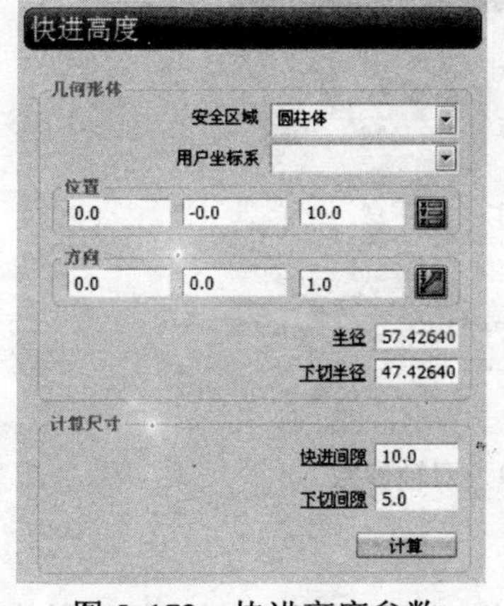

图 5-172　快进高度参数

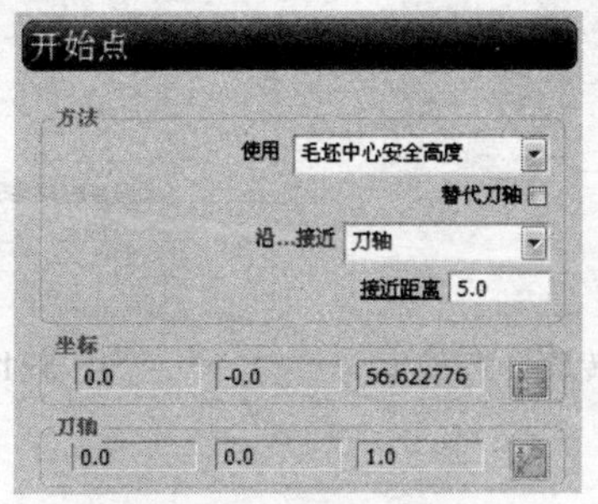

图 5-173　开始点参数

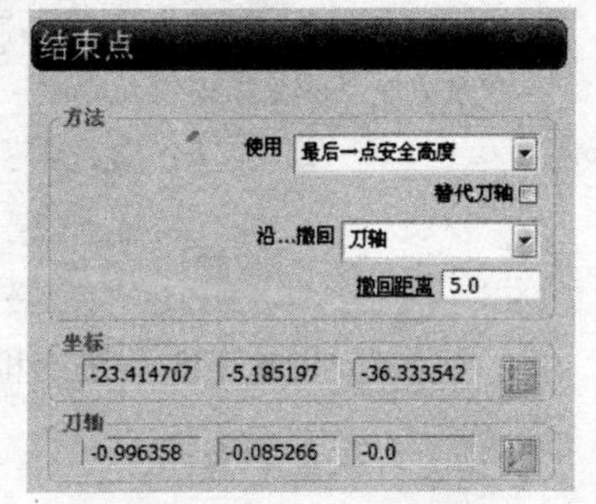

图 5-174　结束点参数

5. 设置切入切出和连接

单击“曲面投影精加工”对话框左侧列表框中的“切入”“切出”和“连接”选项，设置切入切出参数。

1）选择“切入”选项，选择“曲面法向圆弧”切入方式，设置“距离”为 5.0，“角度”为 60.0，“半径”为 2.0，如图 5-175 所示。

2）选择“切出”选项，选择“曲面法向圆弧”切入方式，设置“距离”为 5.0，“角度”为 60.0，“半径”为 2.0，如图 5-176 所示。

3）单击“连接”选项，设置“短”为“圆形圆弧”，“长”为“掠过”，“缺省”为“安全高度”，如图 5-177 所示。

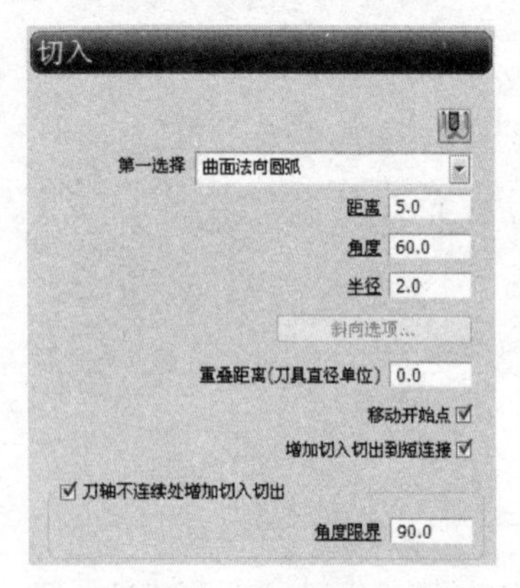

图 5-175 “切入”选项卡

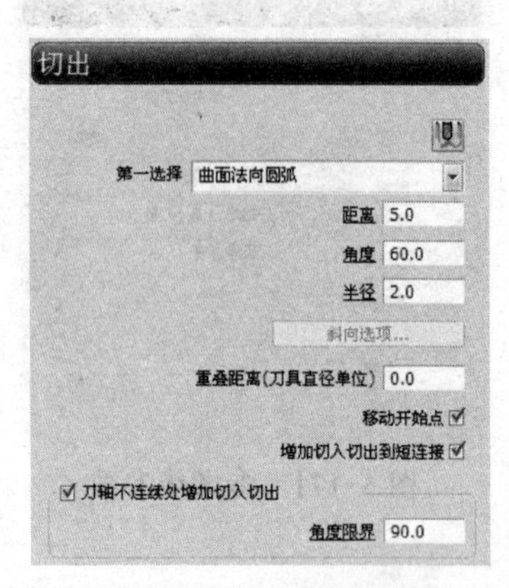

图 5-176 “切出”选项卡

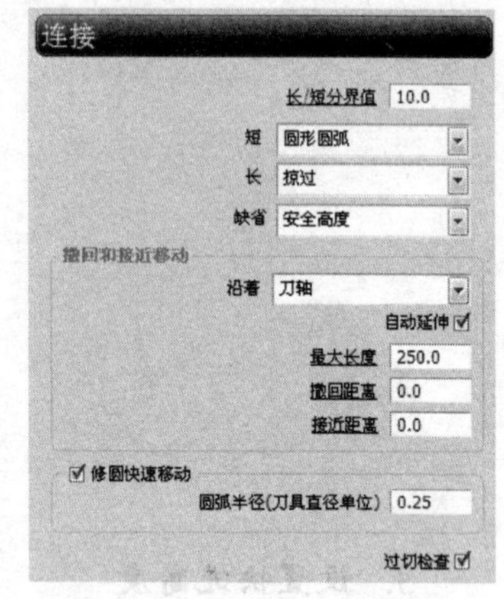

图 5-177 “连接”选项卡

6. 设置进给率

单击左侧列表框中的“进给和转速”选项，在右侧选项卡中设置相关参数，如图 5-178 所示。

7. 刀轴设置

单击左侧列表框中的“刀轴”选项，在右侧选项卡中设置“刀轴”为“朝向直线”，“点”为 0.0、0.0、0.0，方向为 0.0、0.0、1.0，如图 5-179 所示。

图 5-178 “进给和转速”选项卡

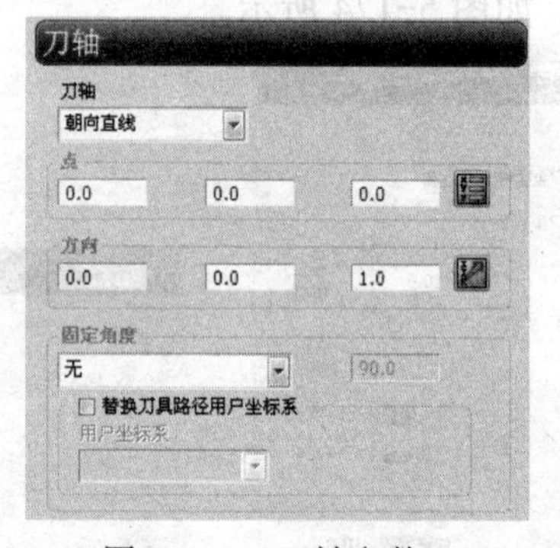

图 5-179 刀轴参数

8. 生成刀具路径

在图形区选择图 5-180 所示的曲面作为投影曲面，然后在“曲面投影”对话框中单击“计算”按钮和“接受”按钮，确定参数并退出对话框，生成的刀具路径如图 5-181 所示。

9. 刀具路径实体仿真

1）选择下拉菜单“查看”→“工具栏”→“ViewMill”命令，显示出“ViewMill”工具栏，单击“开/关 ViewMill”按钮，切换到仿真界面。然后单击“彩虹阴影图像”按钮。

2）在“仿真”工具栏的“当前刀具路径”下拉列表中选择要模拟的刀具路径 finish1，然后单击“执行”按钮，系统开始自动仿真加工，仿真加工结果如图 5-182 所示。

3）单击“ViewMill”工具栏上的“退出 ViewMill”按钮，删除仿真加工并返回 PowerMILL 界面。

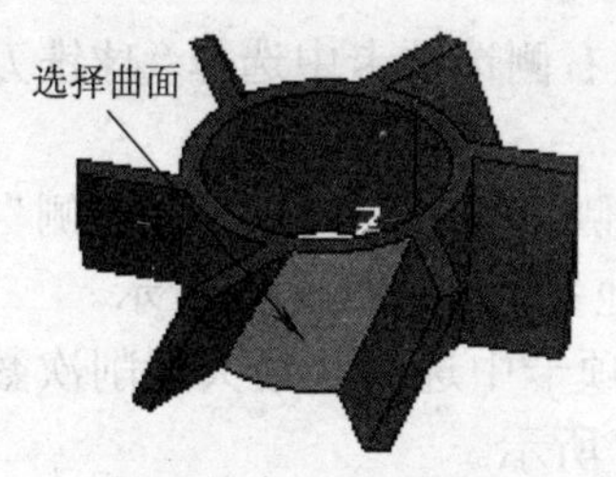

图 5-180　选择曲面

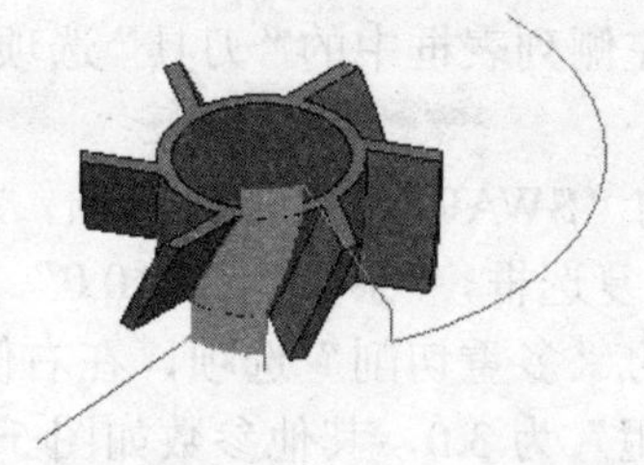
图 5-181　生成的刀具路径

图 5-182　仿真加工结果

5.3.4.4　SWARF 精加工右叶片

1. *启动 SWARF 精加工*

1）单击主工具栏上的“刀具路径策略”按钮，弹出“策略选取器”对话框，单击“精加工”选项卡，在弹出的精加工策略选项中选择“SWARF 精加工”加工策略，如图 5-183 所示。单击“接受”按钮完成。

图 5-183　“策略选取器”对话框

2）在弹出的“SWARF 精加工”对话框中设置相关参数，如图 5-184 所示。

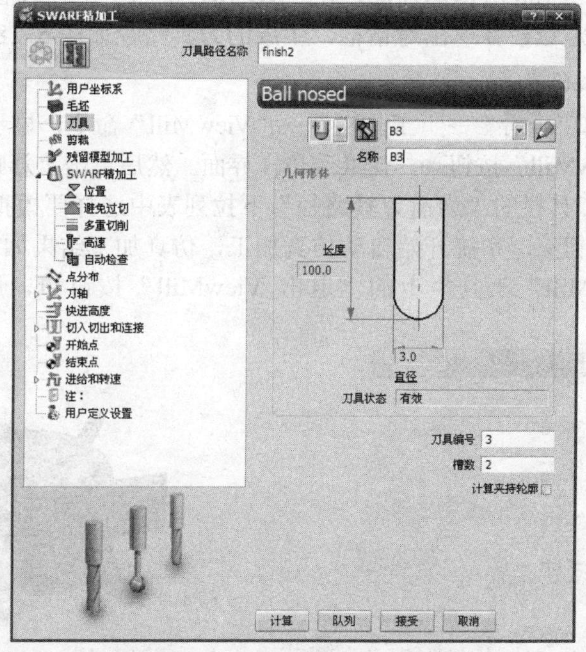

图 5-184　“SWARF 精加工”对话框

● 创建刀具 B3。单击左侧列表框中的“刀具”选项，在右侧选项卡中选择“球铣刀”，设置“直径”为 3.0。

● 单击左侧列表框中的“SWARF 精加工”选项，在右侧选项卡中设置“曲面侧”为“外”，选中“沿曲面纬线”复选框，“余量”为“0.0”，其他参数如图 5-185 所示。

● 单击左侧列表框中的“多重切削”选项，在右侧选项卡中选中“最大切削次数”复选框，设置“最大下切步距”为 3.0，其他参数如图 5-186 所示。

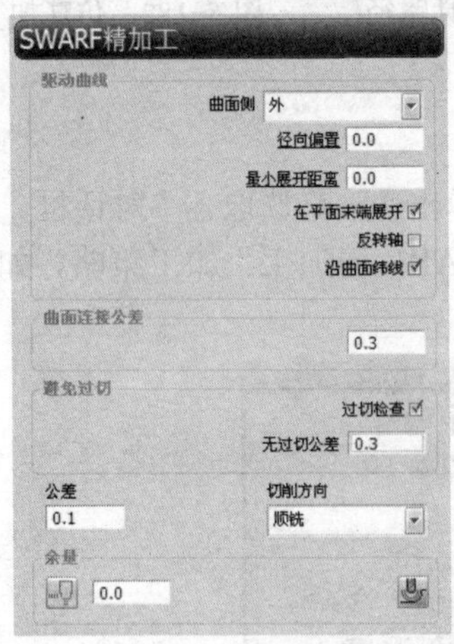

图 5-185 SWARF 精加工参数

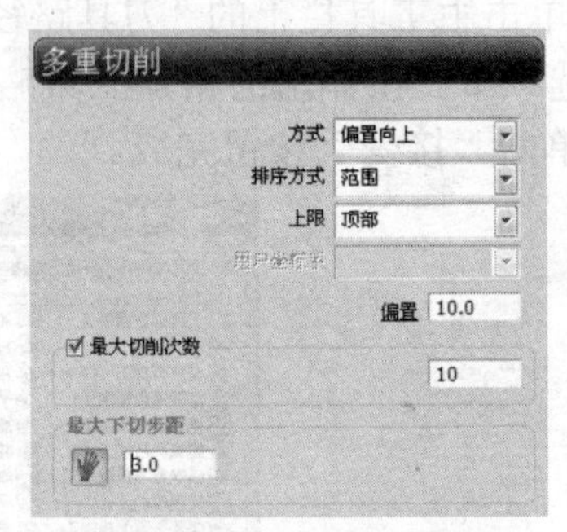

图 5-186 多重切削参数

2. 设置进给率

单击左侧列表框中的“进给和转速”选项，在右侧选项卡中设置相关参数，如图 5-187 所示。

3. 生成刀具路径

在图形区选择图 5-188 所示的曲面，在“SWARF 精加工”对话框中单击“计算”按钮和“接受”按钮，确定参数并退出对话框，生成的刀具路径如图 5-189 所示。

4. 刀具路径实体仿真

1）选择下拉菜单“查看”→“工具栏”→“ViewMill”命令，显示出“ViewMill”工具栏，单击“开/关 ViewMill”按钮，切换到仿真界面。然后单击“彩虹阴影图像”按钮。

2）在“仿真”工具栏的“当前刀具路径”下拉列表中选择要模拟的刀具路径 finish2，然后单击“执行”按钮，系统开始自动仿真加工，仿真加工结果如图 5-190 所示。

3）单击“ViewMill”工具栏上的“退出 ViewMill”按钮，删除仿真加工并返回 PowerMILL 界面。

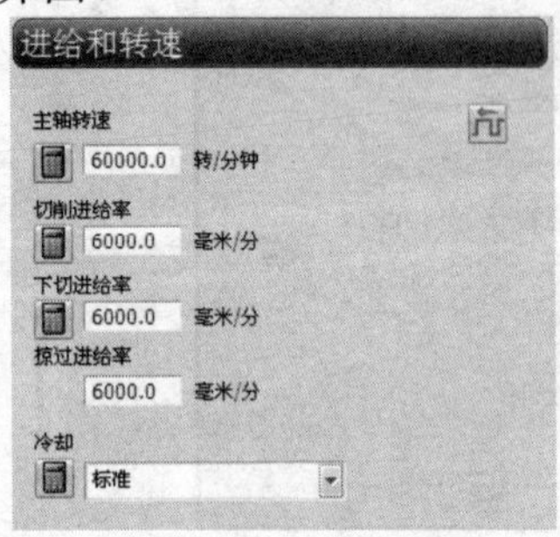

图 5-187 进给和转速参数

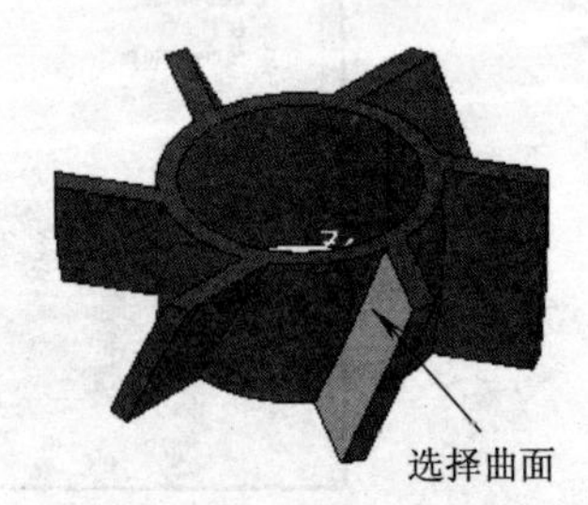

图 5-188 选择曲面

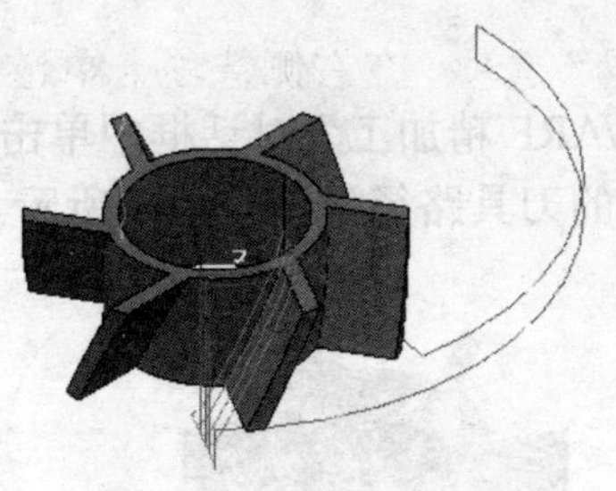

图 5-189　生成的刀具路径

图 5-190　仿真加工结果

5.3.4.5　SWARF 精加工左叶片

1. *启动 SWARF 精加工*

1）单击主工具栏上的“刀具路径策略”按钮，弹出“策略选取器”对话框，单击“精加工”选项卡，在弹出的精加工策略选项中选择“SWARF 精加工”加工策略，如图 5-191 所示。单击“接受”按钮完成。

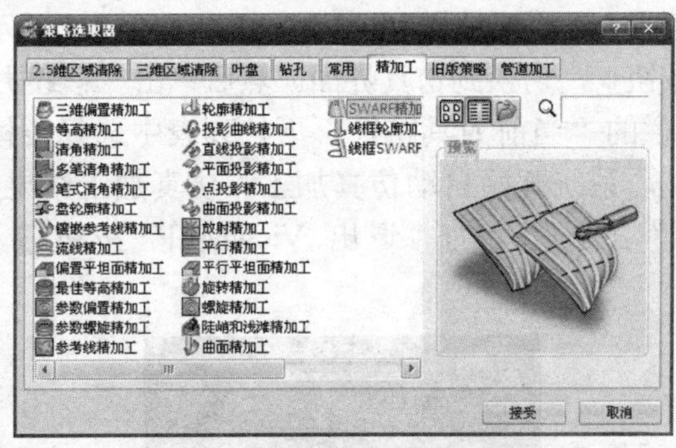

图 5-191　“策略选取器”对话框

2）在弹出的“SWARF 精加工”对话框中设置相关参数，如图 5-192 所示。

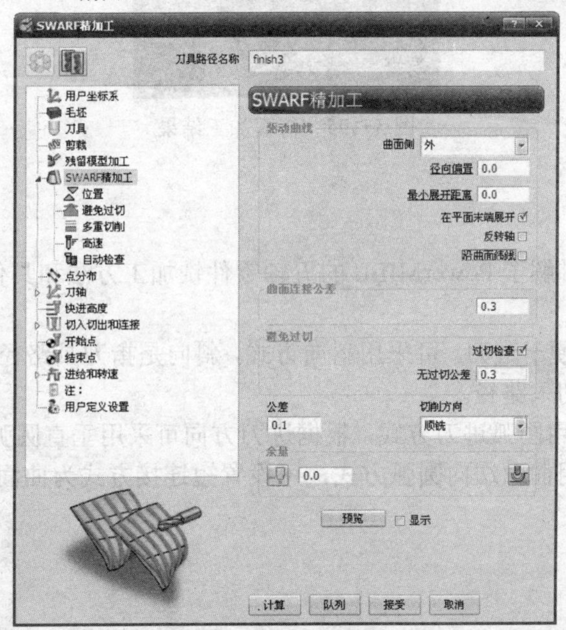

图 5-192　“SWARF 精加工”对话框

2. 生成刀具路径

在图形区选择图 5-193 所示的曲面，在“SWARF 精加工”对话框中单击“计算”按钮和“接受”按钮，确定参数并退出对话框，生成的刀具路径如图 5-194 所示。

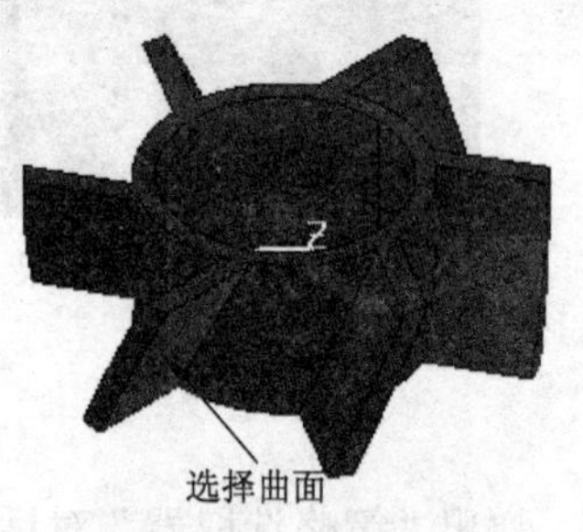

图 5-193 选择曲面

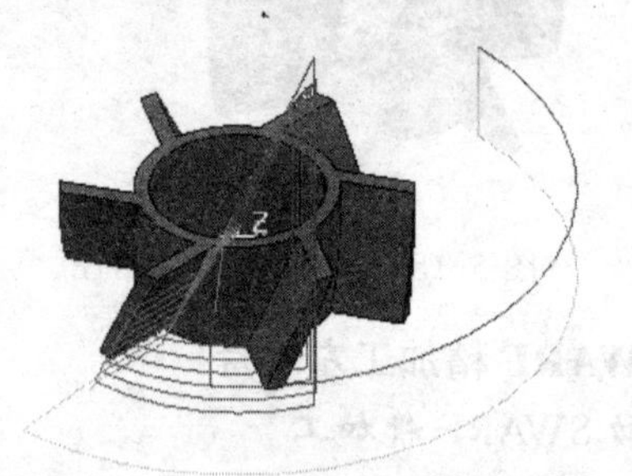
图 5-194 生成的刀具路径

3. 刀具路径实体仿真

1）选择下拉菜单“查看”→“工具栏”→“ViewMill”命令，显示出“ViewMill”工具栏，单击“开/关 ViewMill”按钮，切换到仿真界面。然后单击“彩虹阴影图像”按钮。

2）在“仿真”工具栏的“当前刀具路径”下拉列表中选择要模拟的刀具路径 finish3，然后单击“执行”按钮，系统开始自动仿真加工，仿真加工结果如图 5-195 所示。

3）单击“ViewMill”工具栏上的“退出 ViewMill”按钮，删除仿真加工并返回 PowerMILL 界面。

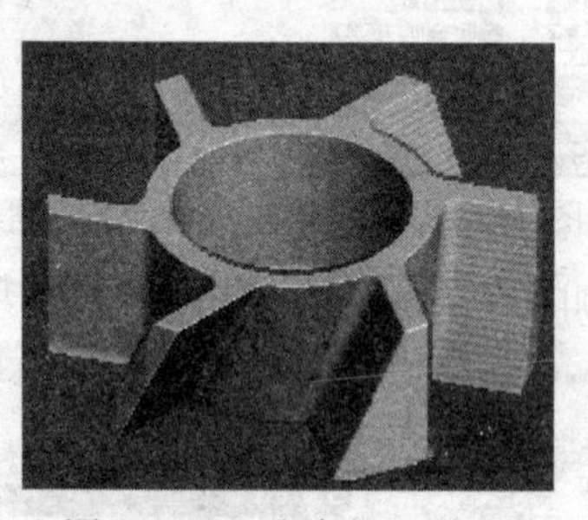
图 5-195 仿真加工结果

5.3.5 实例总结

本节以叶轮为例讲解了 PowerMILL 的五轴零件铣加工方法和具体应用步骤。读者在学习过程中要注意：

1）粗加工中为了便于进刀，可采用斜向方式，斜向是指刀具路径在指定高度，以圆弧、直线或轮廓方式斜向切入路径。

2）精加工最好采用圆弧进刀方式，根据进刀方向可采用垂直圆弧或水平圆弧，如果要与加工表面相切可采用曲面法向圆弧方式，可设置短连接方式为曲面上。

参考文献

[1] 杨书荣，周敏．深入浅出 PowerMILL 数控编程[M]．北京：中国电力出版社，2009．
[2] 朱克忆．PowerMILL 数控加工编程实用教程[M]．北京：清华大学出版社，2008．
[3] 谭雪松，李小龙，钟延志．PowerMILL6.0 基础培训教程[M]．北京：人民邮电出版社，2008．
[4] 朱克忆．PowerMILL 多轴数控加工编程实用教程[M]．北京：机械工业出版社，2010．
[5] 高长银，李万全，赵汶．PowerMILL10.0 数控高速加工技术与典型实例[M]．北京：化学工业出版社，2011．